JN142362

How to be good at science, technology & engineering

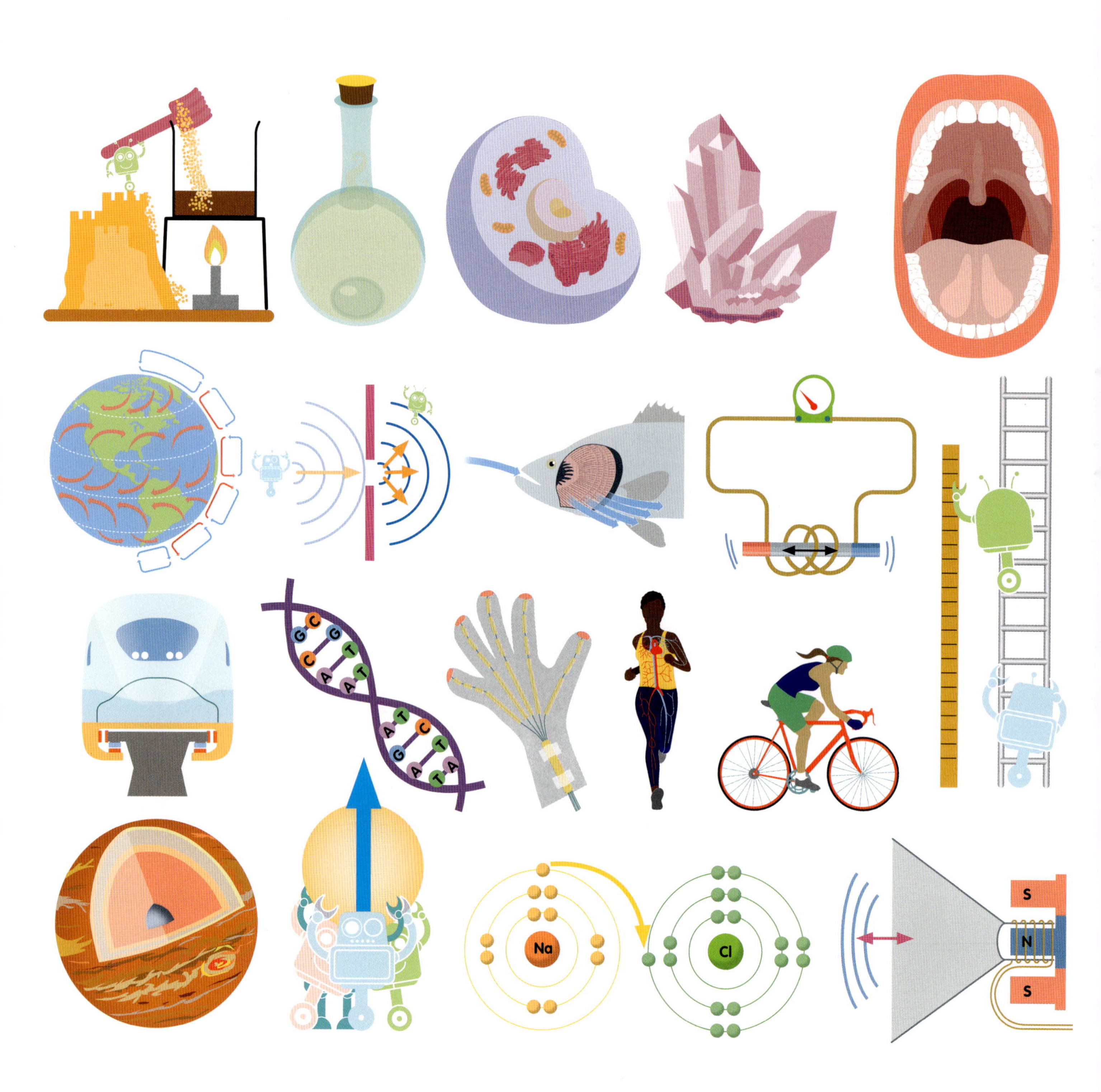
Na
Cl
S
N
S

子供の科学ビジュアル図鑑

How to be good at science, technology & engineering

理科の図鑑

生物、化学、物理、地学など全分野入っている！

小学生のうちに伸ばしたい

世界基準の理系脳を育てる

子供の科学 特別編集

田中 千尋 監修

お茶の水女子大学附属小学校教諭

誠文堂新光社

●監修

田中千尋（たなかちひろ）

お茶の水女子大学附属小学校理科部教諭。日本女子大学講師・理科教育担当。日々、子どもたちの好奇心を受け止める授業で、科学的な考え方や見方を広げている。また、理科の教育関係者向けメールマガジン「日々の理科」を毎日欠かさず発信し、探究力を高める実践を提案中。監修本は『しぜんとかがくのはっけん！366』（主婦の友社）など多数。日本理科教育学会では学会誌「月刊　理科の教育」にて連載中。

●翻訳

中里京子（なかざときょうこ）

翻訳家。訳書に『ハチはなぜ大量死したのか』『地球最後の日のための種子』（文藝春秋）、『不死細胞ヒーラ』『ぼくは科学の力で世界を変えることに決めた』（講談社）、『食べられないために』『第一印象の科学』（みすず書房）、『遺伝子は、変えられる。』（ダイヤモンド社）、『チャップリン自伝』（新潮社）ほか。

●日本語版カバー＆本文DTP：SPAIS（宇江喜桜　熊谷昭典　吉野博之）

●日本語版校正：佑文社

子供の科学ビジュアル図鑑

理科の図鑑

小学生のうちに伸ばしたい

世界基準の理系脳を育てる

NDC400

2019年12月15日　発　行

2022年10月22日　第2刷

監修者　田中千尋

発行者　小川雄一

発行所　株式会社 誠文堂新光社

〒113-0033 東京都文京区本郷3-3-11

電話 03-5800-5780

https://www.seibundo-shinkosha.net/

ISBN978-4-416-61953-7

Original Title: How to be good at science,technology and engineering

Printed and bound in China

For the curious

www.dk.com

Contents ―目次―

1 はじめに

2 生命

3 物質

4 エネルギー

むずかしい用語については312ページの「用語集」をみてネ！

5 力

6 地球と宇宙

第1章

はじめに

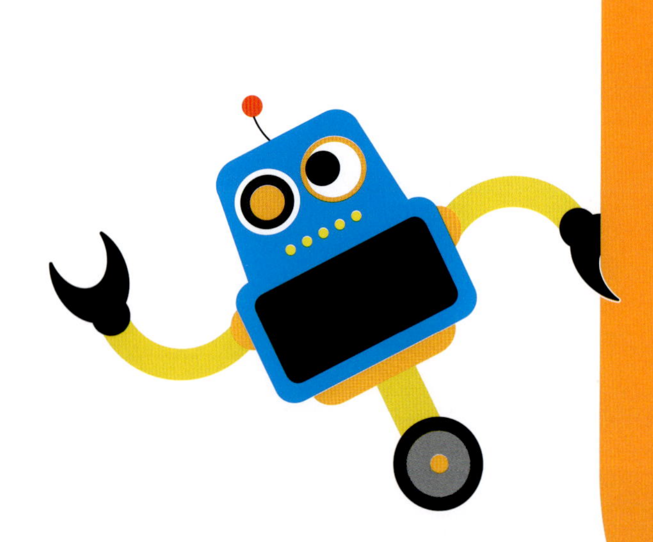

INTRODUCTION

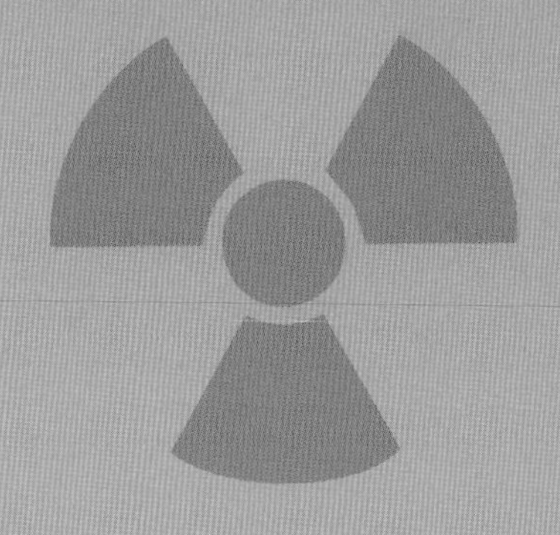

科学とは、世の中のしくみを理解するためのカギのようなものです。生き物はどうやって生きているの？　飛行機はどうして地面に落ちないの？　科学者は、こうしたさまざまな質問に答えるため、仮説を立て、それを実験で確かめます。技術者は科学と数学を使って、くらしをよくする新しい技術を生み出します。

科学ってなに？

科学とは、世の中で起きている事実を集めて記録すること。そして、ひらめいた考えを実験で確かめ、新しい事実を発見する方法でもあります。

正しいかどうかを実験で確かめようとしている新しい考えのことを仮説って呼ぶんだよ。

科学的な方法

科学者は思いついた考えが正しいかどうかを確かめるために、実験を行います。科学的な方法と呼ばれるものは、さまざまなステップを順序よくたどって、考えが正しいかどうかを確かめるやり方です。実験もそのステップの1つです。科学的な方法は、次のように行われます。

1 観察する

よく見られるおもしろいことに気づき、観察するのが、最初のステップです。たとえば、古い牛ふんの上に生えている草は、ほかのところに生えている草より背が高く、緑色も濃いことがわかったとしましょう。

2 仮説を立てる

次のステップでは、なぜそうなるのかについて科学的に考えます。これを仮説と呼びます。たとえば、牛ふんに含まれている何かが、草を高く、色濃く育てているのかもしれない、と思いつくようなことです。

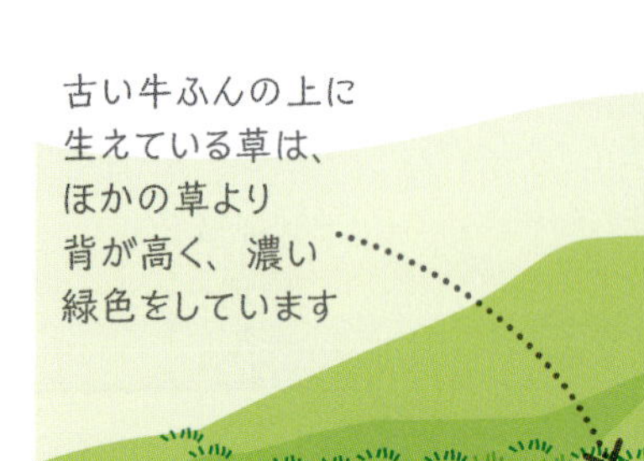

3 実験する

次のステップでは、この仮説を確かめるために実験を行います。この例でいうと、3種類の土を使って植物を育ててみる方法です。1つめは牛ふん肥料が入っていない土、2つめは牛ふん肥料が少し入った土、3つめは牛ふん肥料がたくさん入った土です。それぞれの土を使って何度も植物を育てれば、実験をより正確なものにすることができます。

4 データを集める

科学者は、実験の結果（データといいます）をとても注意深く集めます。ものさしや温度計やはかりなどの計測器を使うこともよくあります。植物の育ちぐあいを比べるには、ものさしを使って高さをはかってみるといいでしょう。

ものさしを使えば、植物がどれだけ成長したかが正確にわかります

はかった値をすべて記録します

5 結果を分せきする

結果をわかりやすくするにはグラフを作ってみるといいでしょう。このグラフは、それぞれの種類の土で育てた植物の高さの平均値を示したものです。それぞれの種類の土を使って何度も植物を育て、その平均値をとれば、結果はずっと確かなものになります。この例の実験の結果は、牛ふんが植物の成長を助けるという仮説をうらづけています。

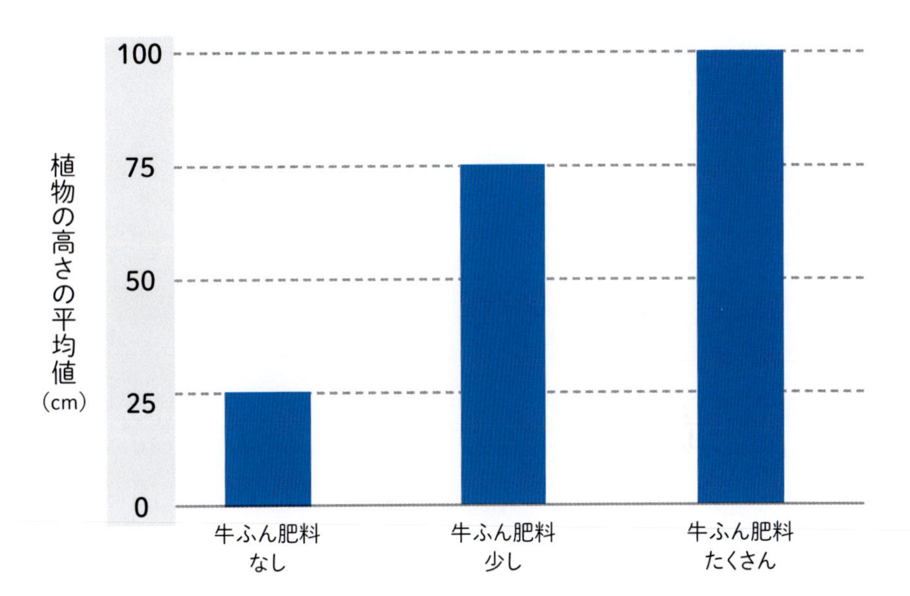

牛ふんがほかの植物の成長にも役立つかどうかを確かめるには、ほかの植物を使って同じ実験をやってみることが必要です。

6 実験をくり返す

1度実験しただけでは、仮説が本当に正しいかどうかは証明できません。そこで科学者は、結果をほかの科学者にも伝えます。同じ結果になるかどうかが確かめられるからです。こうして何度も実験が行われ、同じ結果がたくさん集まったあと、ようやく仮説は正しいものとして認められるのです。

科学的な研究方法ってなに？

科学的な研究方法というのは、まちがいが起きないように注意深く順序だてて研究を行うやり方です。
科学者は実験を行うとき、まちがいを起こさないように、とくに気をつけます。

はかる

多くの実験では、いろいろなものをはかります。たとえば化学実験では、液体の温度をはかることがあります。正しい答えを得るには、温度を何度かはかることが必要ですが、そうすると、はかった値にバラツキが出てしまうことがあります。

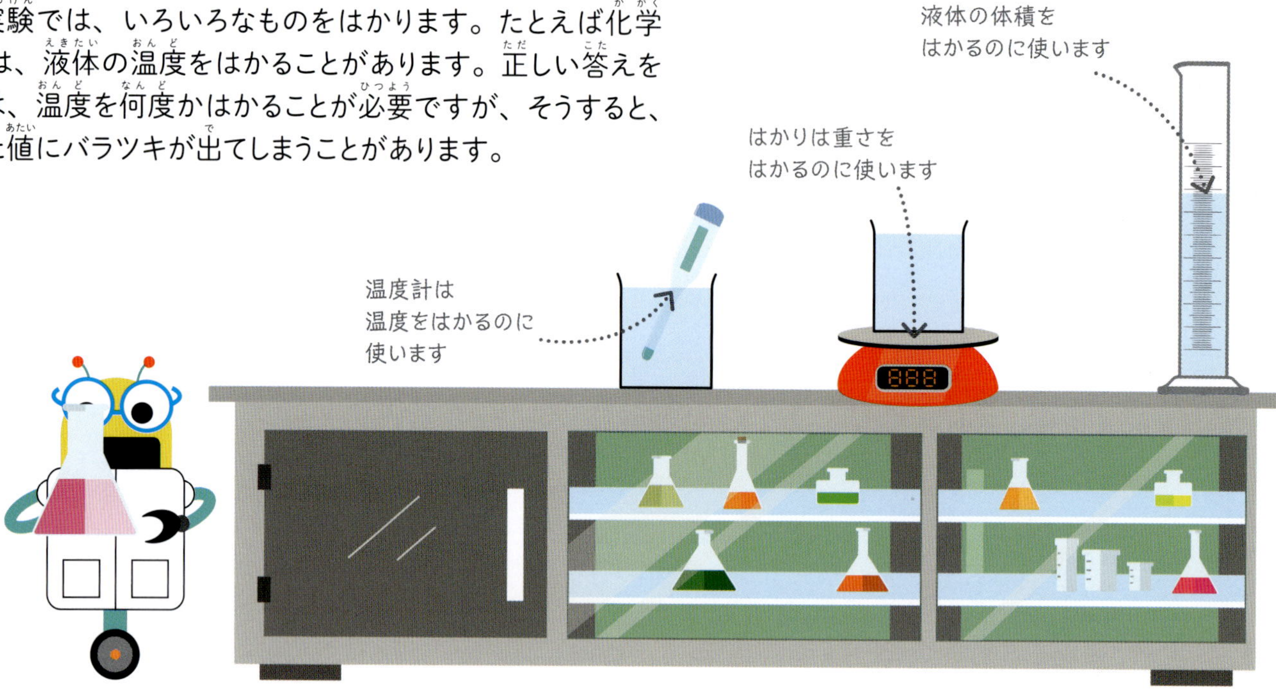

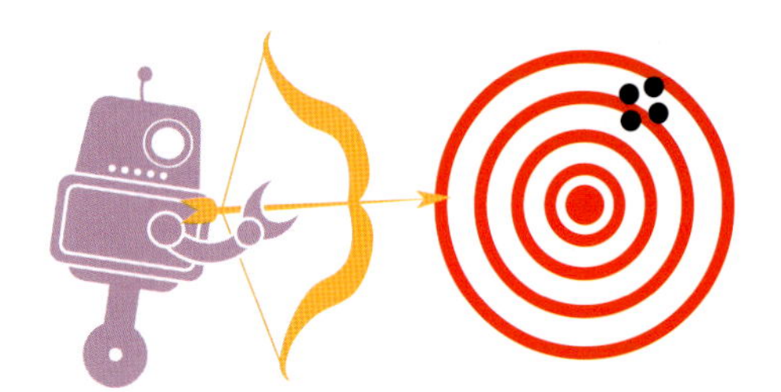

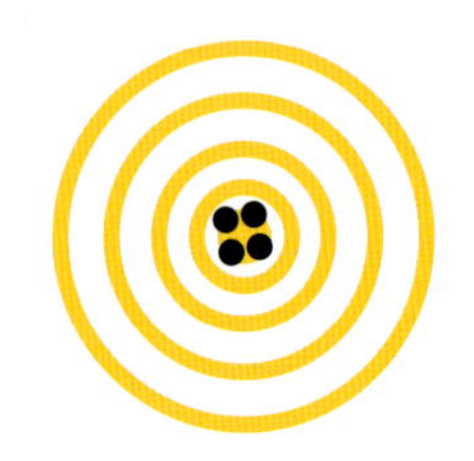

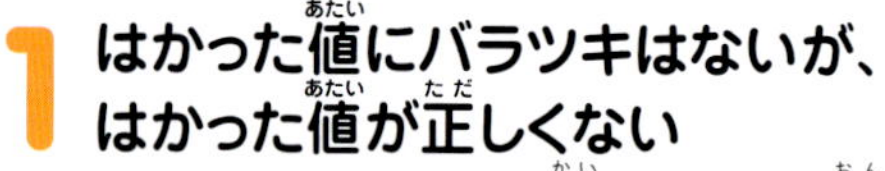

1 はかった値にバラツキはないが、はかった値が正しくない

これは、たとえば、4回はかった温度の値は、すべて小数点第2位まで同じだったけれど、温度計がこわれていたために、はかった温度がまちがっていた、というような場合です。

2 値は正しくはかられたが、はかった値にバラツキがある

今度は、温度計はこわれていなかったけれど、はかった値がすべて少しずつちがっていた、というような場合です。温度計の先が、毎回ちがう場所に差しこまれたためかもしれません。

3 はかった値にバラツキがなく、はかった値も正しい

最後は、液体をかき混ぜてはかったら、値が4回ともほぼ同じで温度計もこわれていなかった、という場合です。温度はバラツキがなく、正しくはかられました。このように科学者はいつも、バラツキのない正しい値が得られるように気をつけます。

バイアス

科学者はまた、「バイアス」と呼ばれるものが起きないように注意します。バイアスは、はかった値を正しくないものにしてしまうものです。たとえば、化学反応が起きている時間をストップウォッチではかるとしましょう。このストップウォッチは完ぺきに正しくて、はかる値にバラツキもありません。でも、もしボタンを押すのに0.5秒かかるとしたら、はかった値はその分だけ、すべてまちがってしまいます。

変数を使う

科学者が実験ではかるとき一番重要なものは、変数と呼ばれます。重要な変数には、独立変数、従属変数、制御変数の3種類があります。

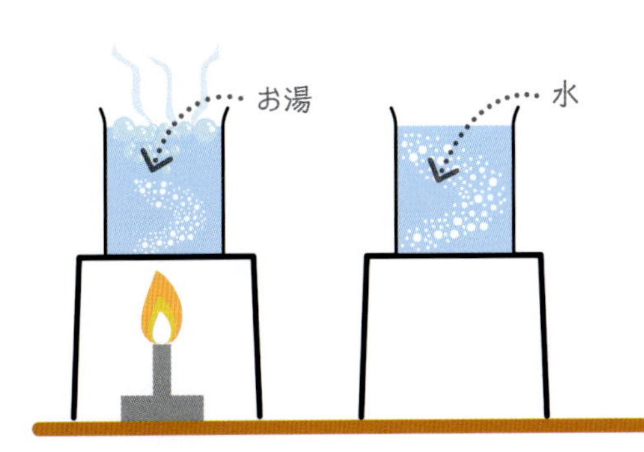

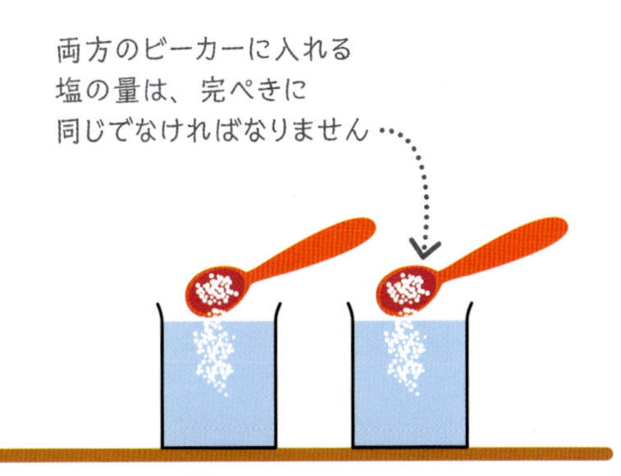

両方のビーカーに入れる
塩の量は、完ぺきに
同じでなければなりません

1 独立変数

これは科学者が実験をするときに、わざと、さまざまに変えてみるものです。たとえば、塩がお湯と水のどちらの方に速く溶けるかを調べる実験で、ビーカーを2つ用意して、1つにお湯を、もう1つに水を入れたとします。この場合、水の温度が独立変数になります。

2 従属変数

これは、結果を得るためにはかる変数です。たとえば、塩の実験では、塩が溶ける速さが従属変数になります。従属変数と呼ばれるわけは、ほかの変数（たとえば水の温度）によって値が変わってくるからです。

3 制御変数

これは、実験が失敗しないようにするため、注意深くはかる変数です。この塩の実験の場合には、塩の量と水の量が制御変数になります。従属変数に影響を与えないようにするため、それぞれのビーカーに入れる塩と水の量は、いつも同じにしなければいけません。

科学者どうしのつながり

科学では共同研究がとても重要です。科学者は、過去にほかの科学者が行った研究をもとにして研究を行い、新しい発見によって、すでにある考えをさらに強めたり、仮説をひっくり返したりします。科学者は論文を書いて自分の発見を発表しますが、最初の発見者になれるように、研究チームどうしで競争することもあります。

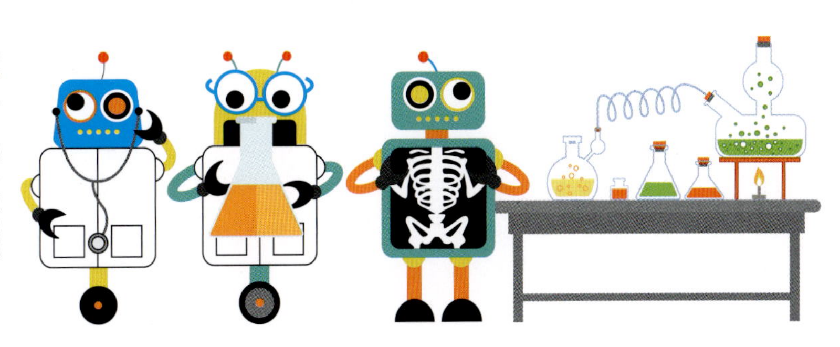

科学の分野ってなに？

科学には多くの分野（領域）がありますが、そのほとんどは、生物学、化学、物理学のどれかに分類されます。

科学者はみんな、ほかの
科学者が過去にやった
研究や発見をもとにして、
自分の研究をするんだよ。

生物学の研究

もっとも小さな細胞から、もっとも大きなクジラまで、生き物を科学的に研究する分野を生物学と呼びます。生物学者は、生き物の体のしくみや、生き物がどうやって生まれ、育ち、作用しあうか、そして、さまざまな種（生き物のタイプ）が時間の変化につれてどう変わっていくかを研究します。

1 動物
動物の体のしくみや行動を研究する分野を動物学といいます。

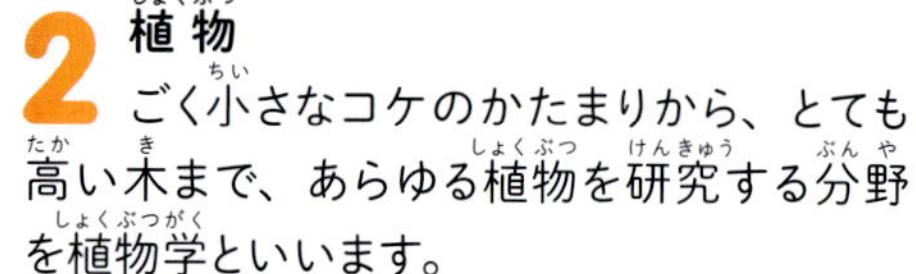

2 植物
ごく小さなコケのかたまりから、とても高い木まで、あらゆる植物を研究する分野を植物学といいます。

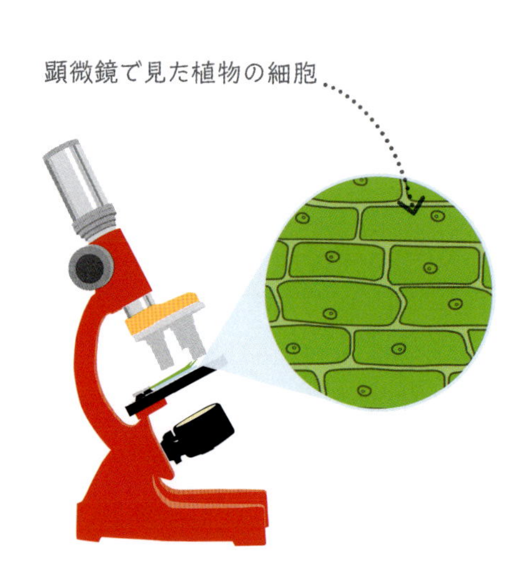

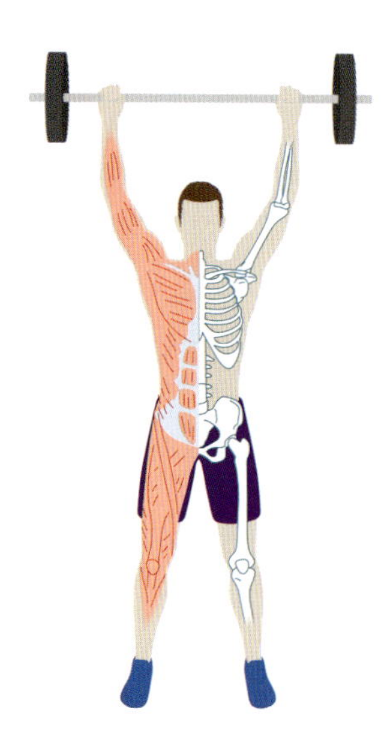

3 環境
生物学者には、生き物が生きていくために、生き物同士や回りの環境と作用しあうしくみを研究している人がいます。この科学分野を生態学といいます。

4 細胞
どんな生き物も、顕微鏡で見なければ見えないほど小さな細胞からできています。微生物学者は、このような細胞と、そのしくみを研究しています。

5 ヒトの体
生物学者には、ヒトの体と、体を健康に保つ方法を研究している人たちがいます。医学は、病気を科学的に研究し、その治療法をさぐる分野です。

物質の研究

物質を科学的に研究する分野を化学といいます。化学者は、原子や分子と呼ばれる粒子が、おたがいに作用しあって異なる物質になるしくみを研究しています。

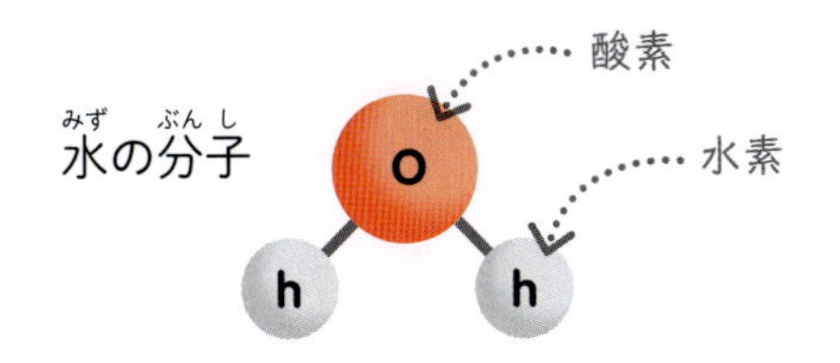

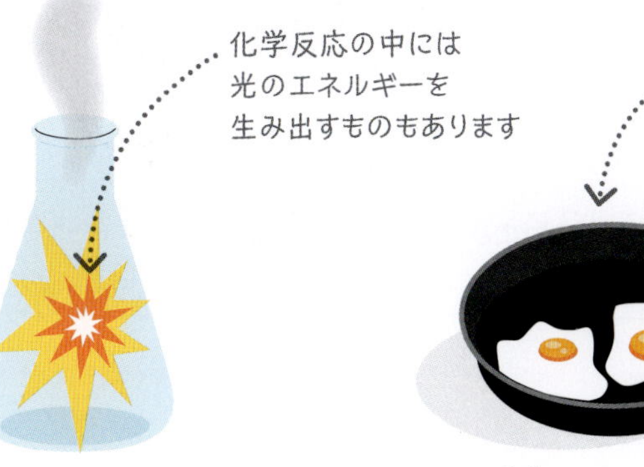

1 原子と分子
原子と分子は、あらゆる化学物質のもとです。たとえば、水の分子は1個の酸素原子と2個の水素原子からできています。

2 化学反応
2種類以上の化学物質をいっしょにすると、原子が並び方を変えて、新しい化学物質になることがあります。このことを化学反応と呼びます。

3 素材
化学は、自然界にはない便利な素材をたくさん生み出してきました。たとえば、食べ物がくっつきにくいフライパンなども、その例です。

力とエネルギーの研究

物理学は、力とエネルギーを研究する分野です。また、それらが原子レベルから宇宙全体にまで作用するしくみも研究します。

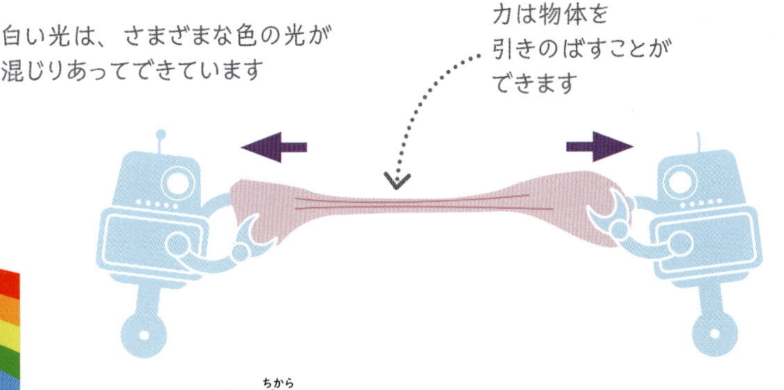

1 エネルギー
エネルギーは、物を変えたり動かしたりする能力です。エネルギーには、光、熱、運動など、さまざまな種類があります。

2 力
力は、押したり引いたりする働きのことで、何かが動く方向を変えたり、ものの形を変えたりします。

地球と宇宙の研究

科学者には、地球や、宇宙の遠くにある惑星や恒星の研究を行っている人がいます。地球科学（地質学）と宇宙科学（天文学）は、物理学、化学、さらには生物学など、多くの分野にまたがっています。

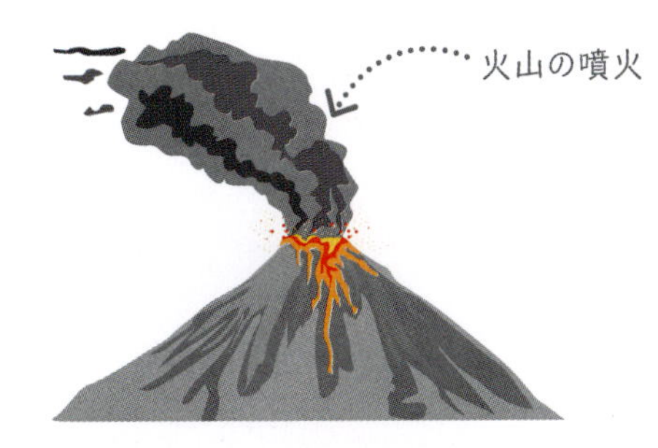

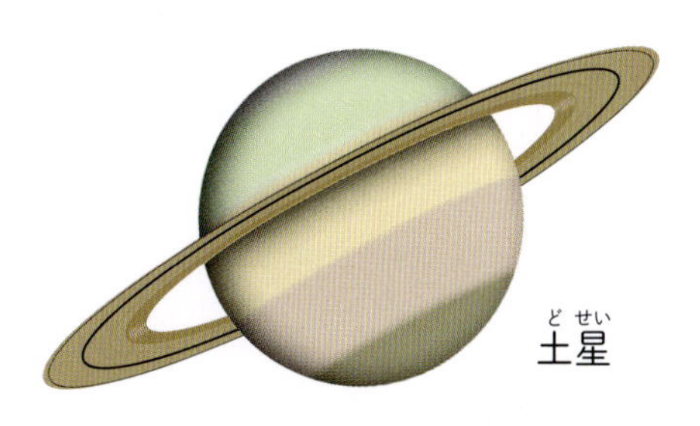

1 地球
地球を研究する科学者（地質学者）は、岩石や鉱物、地球内部の構造、そして地震や火山のしくみなどを研究します。

2 宇宙
宇宙を研究する科学者（天文学者）は望遠鏡を使って、月、惑星、恒星（太陽もふくみます）、そして銀河の研究を行います。

工学ってなに？

技術者が仕事をするやり方は科学者に似ていますが、仕事の内容はちがいます。
科学者は世の中のさまざまな仮説を、実験によって確かめますが、
技術者は発明や建設によって、人々がかかえている問題を解決します。

技術者のタイプ

大部分の技術者は工学の特定の分野の専門家で、専門知識と経験を身につけています。工学にはさまざまな分野がありますが、ほとんどのものは、土木工学、機械工学、電気工学、化学工学のいずれかに分類されます。

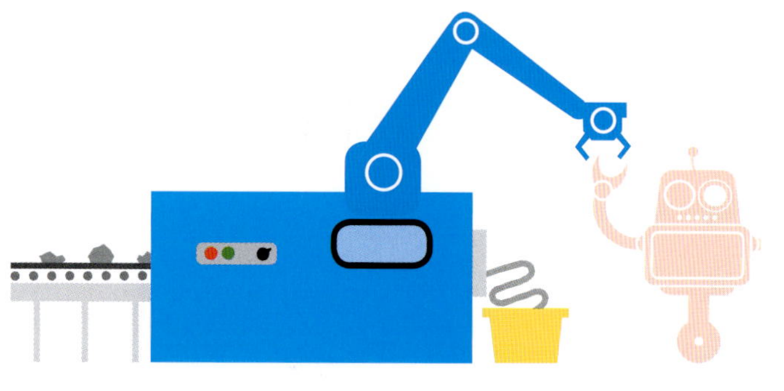

1 土木工学

土木技師は、ビル、道路、橋、トンネルといった、巨大な構造物を手がけます。そして、強くて安全な設計ができるように、数学と物理学の知識を使います。多くの土木工学分野では、材料科学と地球科学の知識も必要です。

2 機械工学

機械工学の技術者は、車、飛行機からロボットまで、さまざまな機械を作ります。機械工学の技術者になるには、数学、物理学、材料科学それぞれについて、深い知識が必要です。また、ほかの多くの技術者と同じように、模型を作るときには、キャド（CAD）と呼ばれる、コンピューターの設計システムを使います。

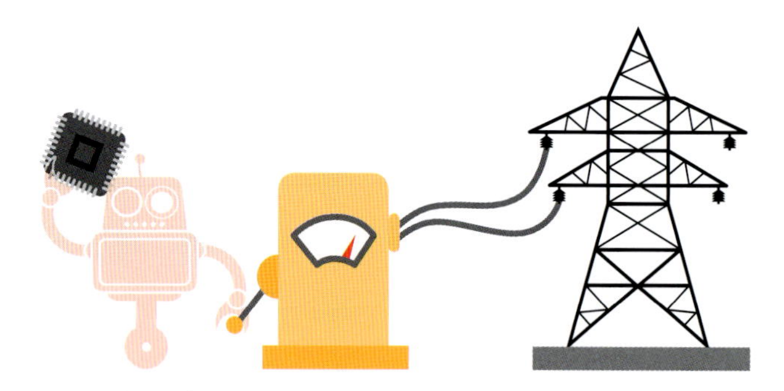

3 電気工学

電気技師は、電子機器に入っているごく小さなマイクロプロセッサ（集積回路）から発電用の大型機械まで、さまざまな電気機器の設計と製造を行います。電気技師になるには、数学と物理学の知識が欠かせません。

4 化学工学

化学技師は、化学の知識やほかの科学的知識を使って、化学物質を大量生産する工場の設計、建設、運営を行います。化学技師は、石油の精製や薬の製造をはじめ、多くの分野で働いています。

工学設計のやり方

どんなタイプの技師も、ほぼ同じやり方を使って課題をなしとげます。このやり方にはさまざまなステップがありますが、一部のステップは、設計や模型のテストや改良をするときに、何度もくり返して行われます。

1 問いを持つ

最初のステップは、何が問題なのかを考え、くわしい内容をできるかぎりつかむことです。たとえば、川を横切るための新しい方法が問題になっているとしましょう。この場合、次のようなことを考えてみます。川を横切らなければならない人はどれぐらいいる？ どれぐらいひんぱんに川を横切る必要がある？ 近くに道がある？ 川の幅と深さはどれぐらい？

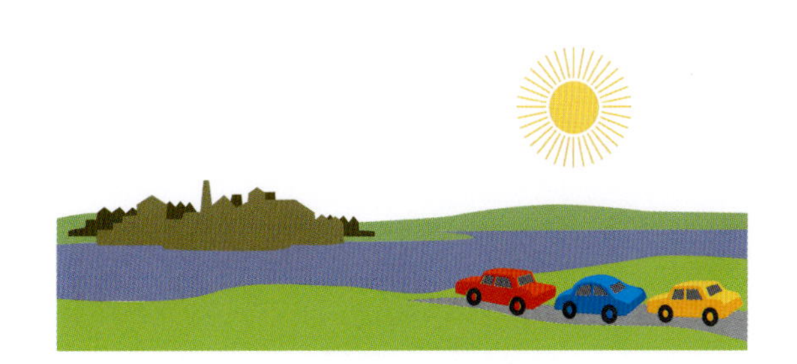

2 想像する

次のステップは、実現できそうなアイデアをたくさん考えてみることです。想像力を働かせましょう。橋をかけたり、トンネルを掘ったり、フェリーで車を運んだりすることができるかもしれません。それぞれのアイデアの長所と短所や、費用について考え、もっともよいアイデアを選んで、それをふくらませることになります。

3 計画する

アイデアが決まったら、計画を立てなければなりません。たとえば、橋をかけることにしたなら、スケッチを描きます。大きさはどれぐらいになるでしょう？ どうやって橋を支えたらいいでしょう？ どんな材料を使ったらいいでしょう？ などを考えます。

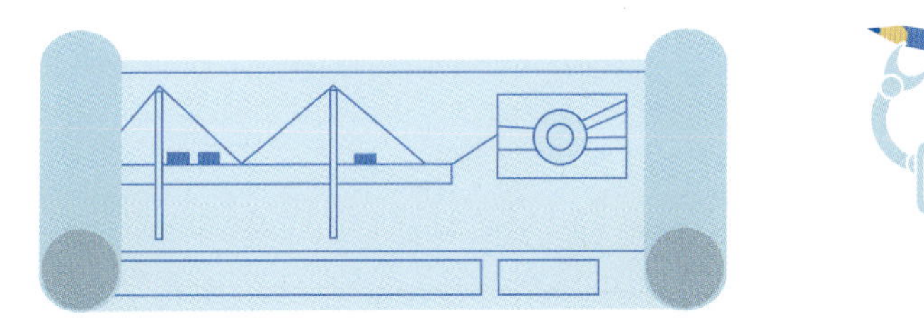

4 模型を作る

デザインを決めたら、こんどは模型を作る番です。これは、プラスチックや木材や金属を使って作る縮尺模型のこともありますし、CAD プログラムを使ってコンピューターで作るデジタル模型のこともあります。

5 テストと改良

模型ができたら、うまく働くかどうかを調べるためにテストします。何か問題がないかどうか見て、もし問題があったら、模型を改良して、またテストを行います。テストと改良は何度も行わなければならないかもしれません。テストを行う模型のことを、プロトタイプ（試作品）と呼びます。

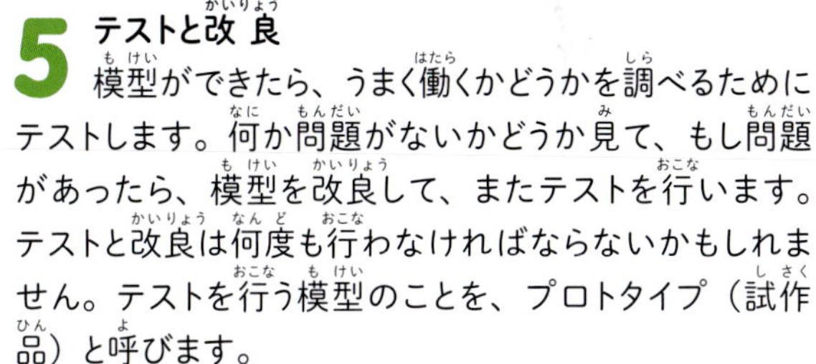

6 発表する

最後のステップでは、報告書を作成するか、プレゼンテーションを行うかして、結果を発表します。会社で働いている技師だったら、仕事を頼んできた相手に結果を報告します。もしアイデアが受け入れられて、構造物の建設と製造を行うことが決まったら、技師は、そのときも手伝うことになります。

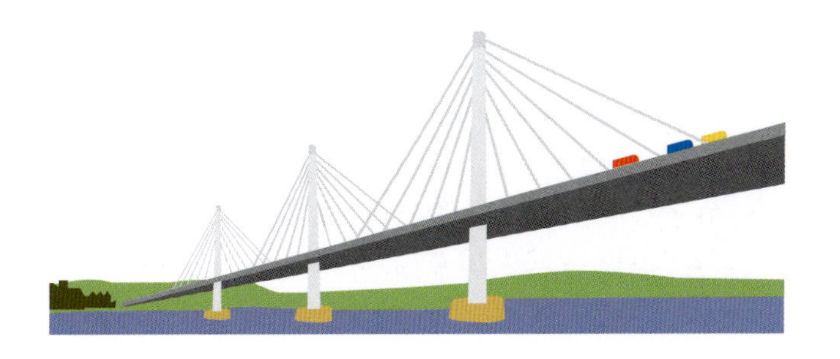

第2章

生命（せいめい）

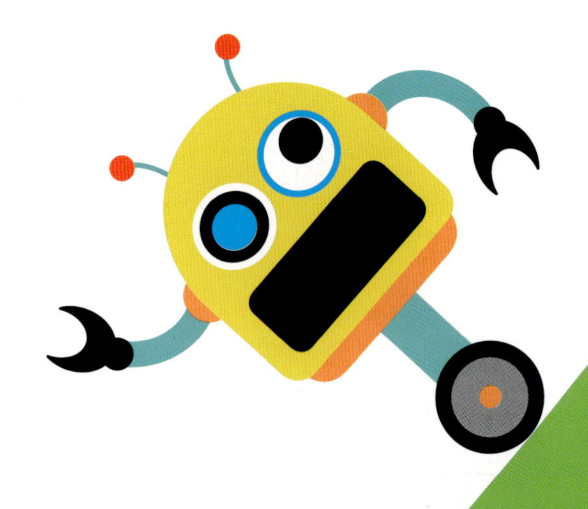

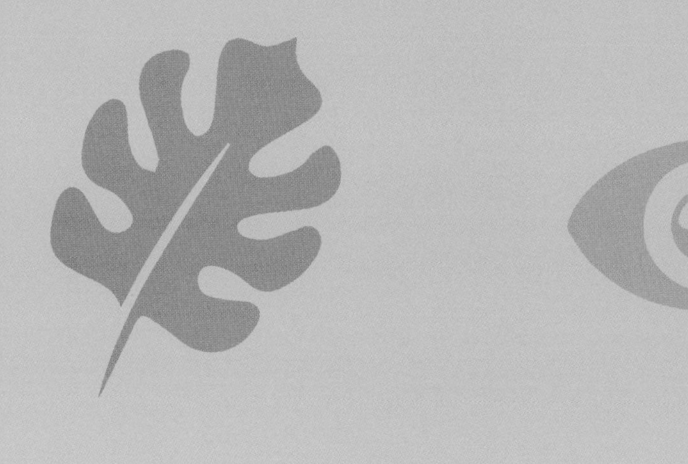

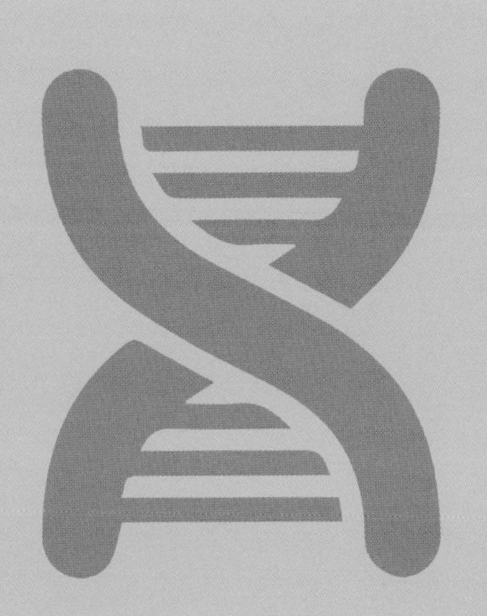

LIFE

地球は、おどろくほどさまざまな生命に満ちていますが、それらには共通する特徴があります。どんな生命も、みな細胞と呼ばれる小さな構成要素からできていて、これらの細胞が、DNA の中にある遺伝子に制御されているのです。そして、生命はみな、子孫を残そうと努力します。長い年月が経つうちに、あらゆる生命は、進化と呼ばれる変化をしてきました。

生命ってなに?

とても小さくて目に見えない細菌から、ゾウやクジラ、空にそびえる大木まで、生命には何百万もの種類があります。生命は、生物とも呼ばれています。

地球には約900万種もの複雑な生物がすんでいるっていう研究もあるんだよ。

生命の特徴

わたしたちがふだん目にする生物のほとんどは、動物か植物です。動物と植物はぜんぜんちがうように見えますが、実はあらゆる生物が持っている特徴を同じようにそなえています。

1 食べ物を得る

あらゆる生物は食べなければなりません。食べることによりエネルギーと、育つための材料を得ているのです。動物は、ほかの生物を食べることによって食物を得ます。植物は、主に太陽の光、空気、水を使って、食物を作り出します。

2 エネルギーを得る

あらゆる生物はエネルギーを使います。生物は、細胞の中で行われる細胞呼吸という化学的なやり方を使って、食物からエネルギーを取り出します。大部分の生物は、細胞呼吸のために、つねに酸素を必要としています。だから呼吸をしなければならないのです。

3 感覚を働かせる

あらゆる生物は自分のまわりの物事を感じ取ることができます。目で光を感じ、耳で音を感じ、鼻でにおいを感じ、皮ふでものにふれ、熱を感じ、舌で食物の味を感じ取ります。

4 老廃物を体の外に出す

生物の体内で起きている多くのことは、老廃物を生み出します。これらは、排泄と呼ばれるしくみによって体の外に出さなければなりません。老廃物がたまると、体によくないからです。

やってみよう

生物の数を数えてみよう

庭に出て、1分間に、ちがう種類の生物がいくつ見つけられるか数えてみましょう。小さな虫がよくいる場所は、石や植木ばちの下です。そうしたところは、小さな虫にとって、かくれるにも、太陽の光をさえぎるにも、ぴったりの場所だからです。

動物は、食べ物を見つけ、
危険から逃げ、結婚相手を
見つけるために動きます
ウマは結婚して
子ウマを産むことにより、
子孫を残します
子ウマは2～3年かけて、
おとなのウマになります

5 動く

あらゆる生物は動きます。でも、あまりにもゆっくり動くので、気がつかないこともあるでしょう。動物は、筋肉を使ってすばやく動きます。植物は、成長により動きます。芽は光に向かって上に伸び、根は土の中に向かって下に伸びていきます。

6 子孫を残す

あらゆる生物は生殖と呼ばれるしくみによって、子孫を残そうとします。たとえば、植物は種子を作り、この種子が新しい植物になります。動物は卵や赤ちゃんを産みます。

7 成長

若い生物は、年をとるにつれて体が大きくなり、おとなの生物に成長します。でも、年をとるにつれて、ただ体が大きくなるだけの生物もいれば、大きくなるだけでなく、体が変わってしまう生物もいます。たとえば、ドングリは成長するとカシやナラの木になりますし、イモムシは成長するとチョウやガになります。

分類

今までに200万近くの種（生物のタイプ）が発見され、分類されています。これらの種は、わたしたち人間の家系図のように、同じ祖先を持つグループごとに分けられています。

動物の種類の95%以上は無せきつい動物なんだよ。

生物の区分

地球にすむあらゆる生物は、動物界や植物界といった、大きく分けられた生物区分のどれかに分類されます。

動物は、感覚器官のおかげで環境に反応することができます

ほとんどの動物は、動き回ることができます

1 動物界

動物は、ほかの生物を食べる多細胞生物です。環境の変化に気づくことができる感覚器官と、すばやく反応できる神経系と筋肉をそなえています。

2 植物界

植物は、太陽の光をとらえて食物を作り出す多細胞生物です。大部分の植物には、光を吸収する葉と、体を固定し地面から水や養分を吸い上げる根があります。

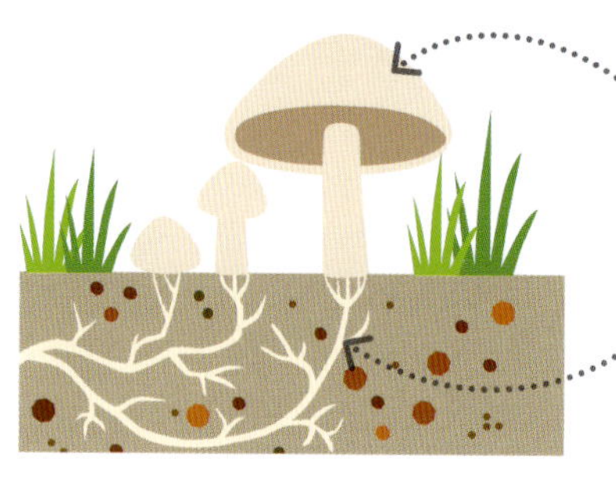

キノコは、土の中でくらしている菌糸が胞子をつくって飛ばす部分です
菌糸

3 菌界

菌類は、土、くさりかけた木、動物の死がいといった、命のない有機物、または生きている有機物から食物を吸収します。菌界のメンバーには、食用キノコ、毒キノコ、カビなどがいます。

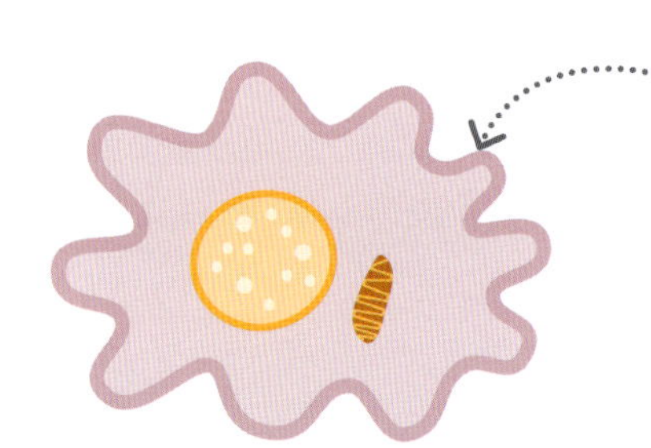

4 微生物

微生物はとても小さいので、顕微鏡で見なければ見えません。微生物の多くのタイプは、1個しか細胞がない単細胞生物です。微生物はさらに3つの界に分かれています。

動物の分類

地球の動物は2つの大きなグループに分かれています。1つめのグループは、背骨がある動物（せきつい動物）で、2つめのグループは背骨のない動物（無せきつい動物）です。それぞれのグループは、さらに細かいグループに分かれます。

せきつい動物ではない動物

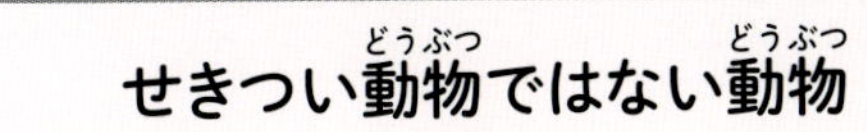

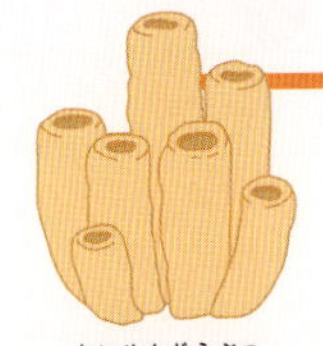

海綿動物
海綿動物は海底にすみ、海水をこして食物を取りこむ単純な動物です

扁形動物
扁形動物は、体節のない平らな体をしています

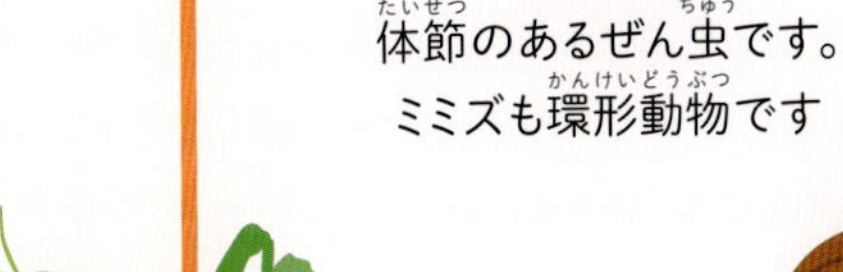

環形動物
環形動物は体節のあるぜん虫です。ミミズも環形動物です

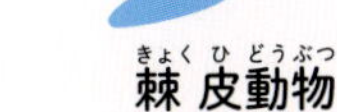

棘皮動物
棘皮動物はヒトデやウニのような海の生き物です

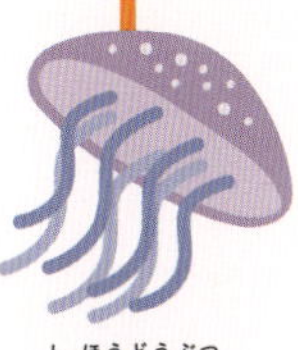

刺胞動物
クラゲやイソギンチャクなどの刺胞動物には、針のある触手があり、体は左右対称です

節足動物
昆虫やクモなどの節足動物には、かたい外骨格があります

軟体動物
大部分の軟体動物は、体を守るからを持つ、やわらかい体の動物です。カタツムリも軟体動物です

せきつい動物

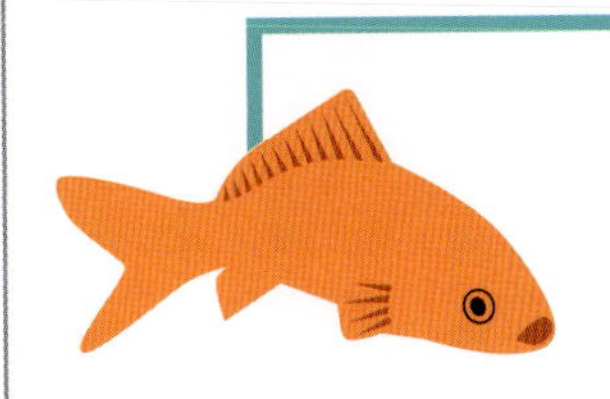

魚類
魚類には、息をするためのエラと、うろこがあります。まわりの環境に応じて体温が変わる変温動物です

は虫類
は虫類も変温動物ですが、うろこのある、かわいた皮ふを持ち、大部分は陸上で卵を産みます

ほ乳類
ほ乳類は、体毛またはかみの毛のある、恒温動物です。小さな子どもは乳で育ちます

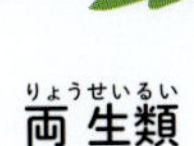

両生類
両生類も変温動物で、ヌルヌルした、しめり気のある皮ふを持ち、大部分は水の中で卵を産みます

鳥類
鳥類は、一定の体温を保つ、恒温動物です。羽毛があり、大部分が空を飛びます

細胞

きみの体は約30兆個の細胞からできていて、その約半分が血液細胞なんだよ。

あらゆる生き物は、細胞と呼ばれる、ごく小さな単位でできています。一番小さな生き物は1個の細胞からできていますが、動物や植物はいっしょに働く数百万個以上の細胞からできています。

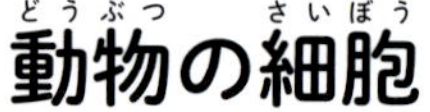

動物の細胞

動物と植物の細胞には同じ特徴がたくさんあります。でも動物の細胞にはがんじょうな壁がないため、不規則な形をしていることがよくあります。細胞はみなミニ工場のように働き、毎日、毎秒、絶えず多くの仕事をしています。こうした仕事の多くを引き受けているのが、小器官（オルガネラ）と呼ばれる、細胞の中にある小さな構造体です。

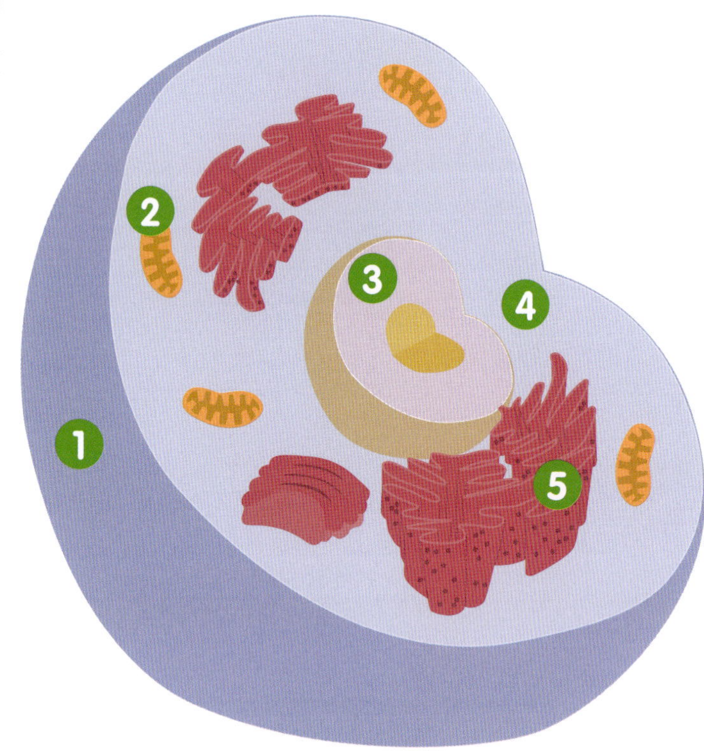

1 細胞膜

細胞膜は、細胞を囲んでいる壁です。油の膜のように、水分がしみ出すのを防いでいますが、小さな入り口があるので、そのほかの物質は出入りできます。

2 ミトコンドリア

棒のような形をした細胞小器官で、細胞に力を与えます。働くためには、絶えず糖と酸素をもらわなければなりません。

3 核

ここには、細胞に働き方や育ち方を指示する命令物質が、DNA（デオキシリボ核酸）の分子の形で入っています。

4 細胞質

細胞内部の大部分は、この細胞質と呼ばれるゼリーのような液体でしめられています。成分のほとんどは水分ですが、その中には多くの物質がとけています。

5 小胞体

小胞体は、管やふくろのような形をした構造物が、ひだのように折りたたまれているもので、タンパク質や脂肪のような大きな有機分子を作ります。

細胞の大きさ

ほとんどの細胞は、1mm よりずっと小さな大きさしかありません。人間の目には見えないので、科学者は顕微鏡を使って細胞を研究します。平均すると、植物の細胞は動物の細胞より少し大きめにできています。

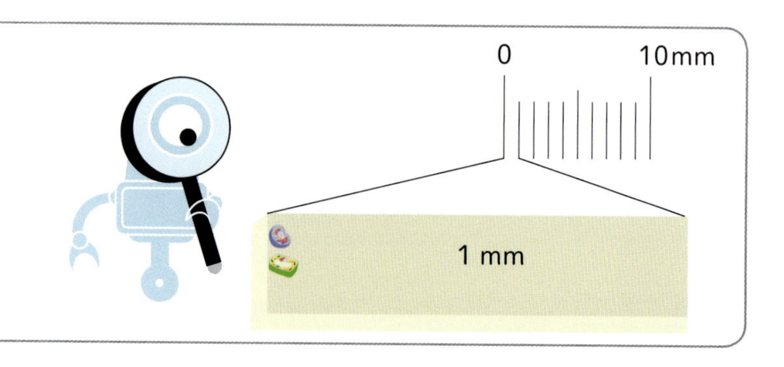

植物の細胞

植物の細胞には、動物の細胞と同じ細胞小器官がたくさんあります。でも、植物の細胞には、水分をたくわえる液胞と呼ばれる小器官と、太陽の光を受けてエネルギーをたくわえる葉緑体と呼ばれるあざやかな緑色の小器官もふくまれています。植物の細胞は、外壁ががんじょうなので、動物の細胞よりかたくなっています。

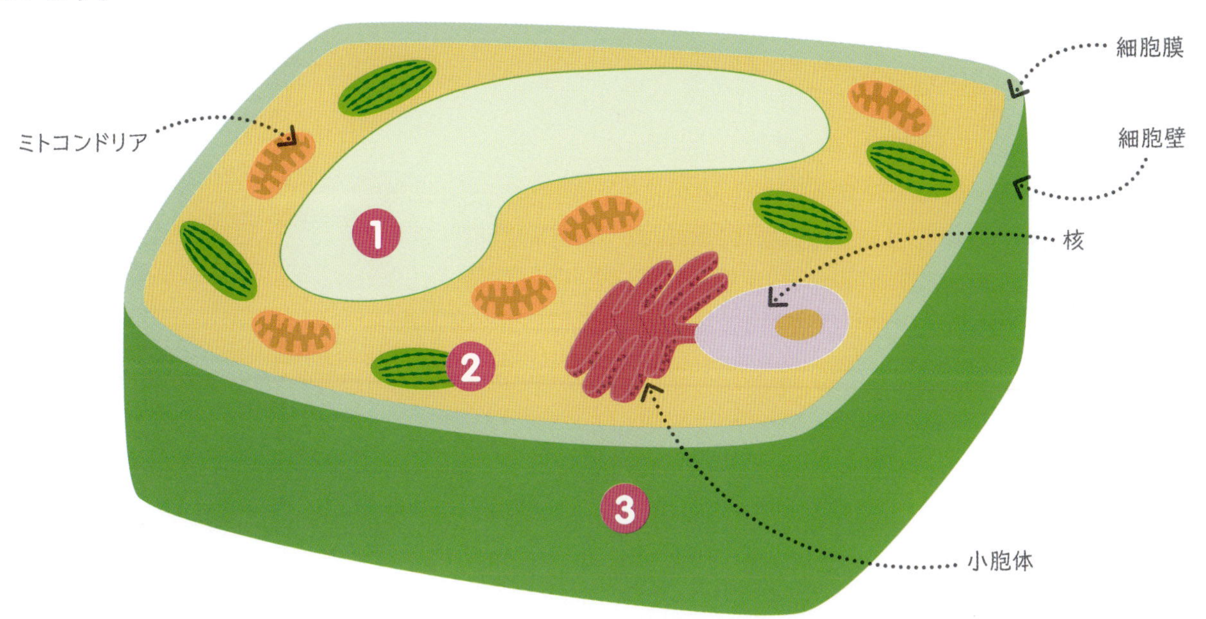

1 液胞は、細胞の中心にあって、水分をたくわえます。植物に水をやると、液胞が水分でふくらむため、くきと葉がかたくなって、しっかりします。

2 葉緑体は太陽のエネルギーを使って、エネルギー豊かな糖の分子を、空気と水から作ります。このしくみを光合成といいます。

3 細胞壁は、植物の細胞を囲んで支える壁で、セルロースと呼ばれる、がんじょうな繊維質の物質からできています。セルロースは、紙、綿、木材の主な成分です。

身の周りの科学

顕微鏡

顕微鏡は、細胞のように小さなものを見られるようにする装置です。拡大鏡のように働く、表面がカーブしたガラスのレンズをいくつか使って、何百倍にもものが大きく見えるようにします。細胞の標本をうすいガラス板の上にのせてレンズをのぞくのですが、下から光をあてると、細胞がよりよく見えるようになります。

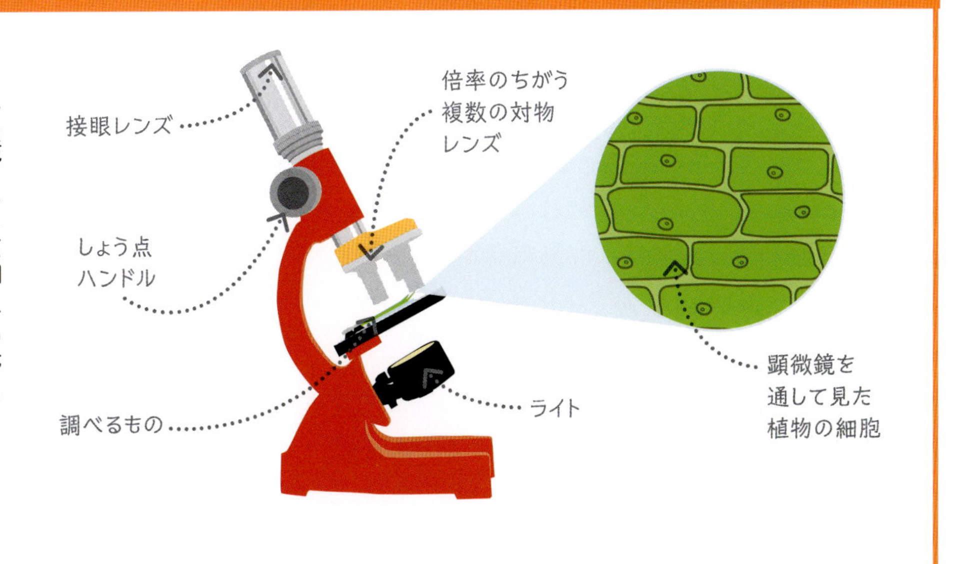

細胞、組織、器官

ヒトの体にある細胞は、グループを作っていっしょに働いています。このグループのことを組織と呼びます。さまざまな組織は、いっしょになって器官を作り、さまざまな器官は、系と呼ばれるグループの中でいっしょに働きます。

ミトコンドリアという小器官が細胞に力をあげるから、細胞は働くことができるんだよ。

細胞のタイプ

細胞には多くの形とタイプがあり、それぞれが専門的な仕事をしています。細胞はみな、同じ基本的な構造を持っています。どの細胞にも、細胞の表面を囲む細胞膜と、ゼリーのような細胞質があり、細胞質には、小器官と呼ばれる、細胞に生命を吹きこむ多くの構造物がふくまれています。そして細胞には、コントロールセンターの役割をする核もあります。

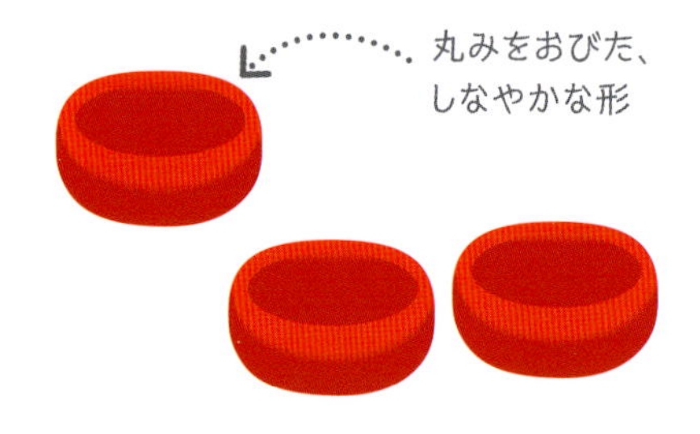

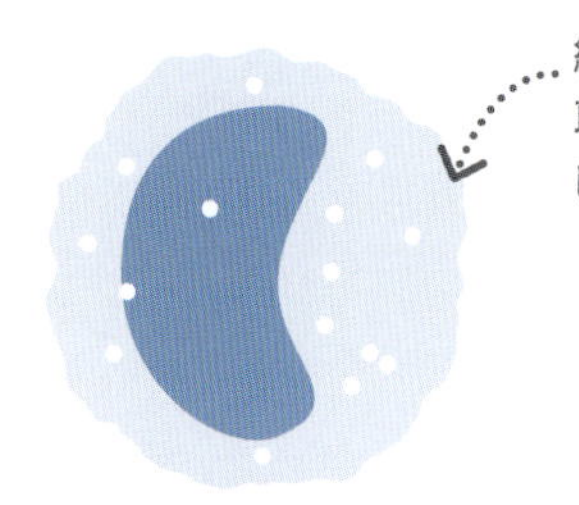

卵核

外側の膜

1 赤血球
円ばんのような形の赤血球は血液の中にあり、体中に酸素を運んでいます。

2 白血球
白血球は体中をめぐって細菌を探し、見つけると破かいします。

3 卵細胞
卵細胞は女性（メス）の生殖細胞です。精子といっしょになって受精すると、赤ちゃんに成長します。

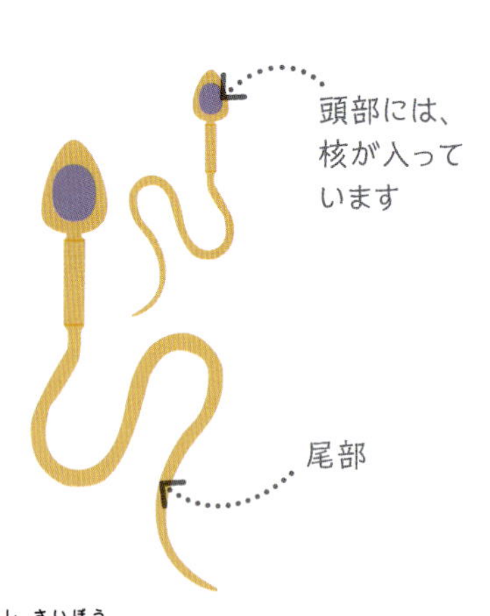

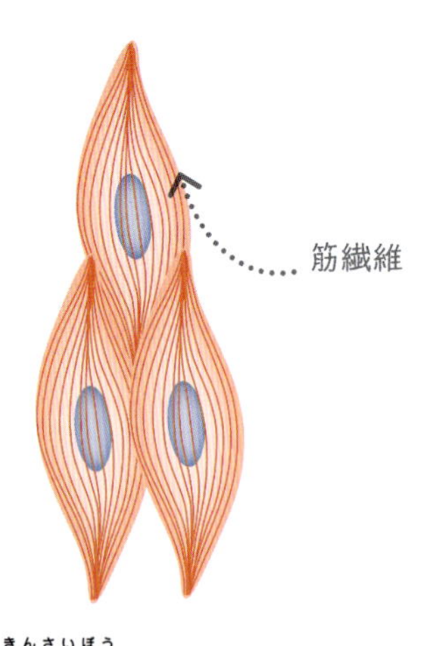

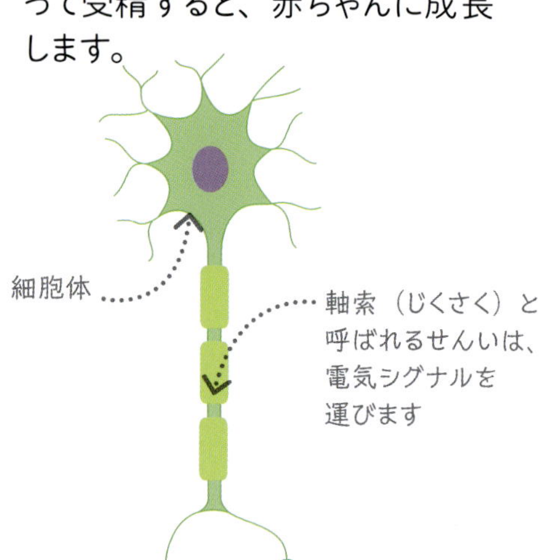

4 精子細胞
男性（オス）の生殖細胞で、頭部と、卵細胞まで泳ぐための強い尾部を持っています。

5 筋細胞
筋細胞に含まれる繊維は、伸び縮みをして、動きを生み出します。

6 神経細胞
神経細胞のネットワークは神経系を作っています。神経細胞は体中にシグナルを運びます。

組織

大部分の細胞は層になって結合し、組織を作ります。たとえば上皮細胞は、すき間なく結合して、口、胃、腸の内側表面をおおって保護する、かべのような組織を作っています。

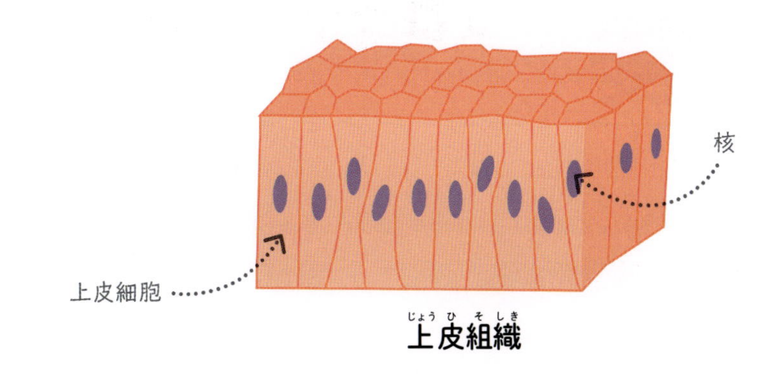

器官

器官は、さまざまなタイプの組織が結合したものからできています。胃は、食物をおさめて消化する器官です。胃の内部表面は上皮細胞でおおわれていますが、このかべには、筋肉組織と、消化液を分泌する、腺組織もふくまれています。

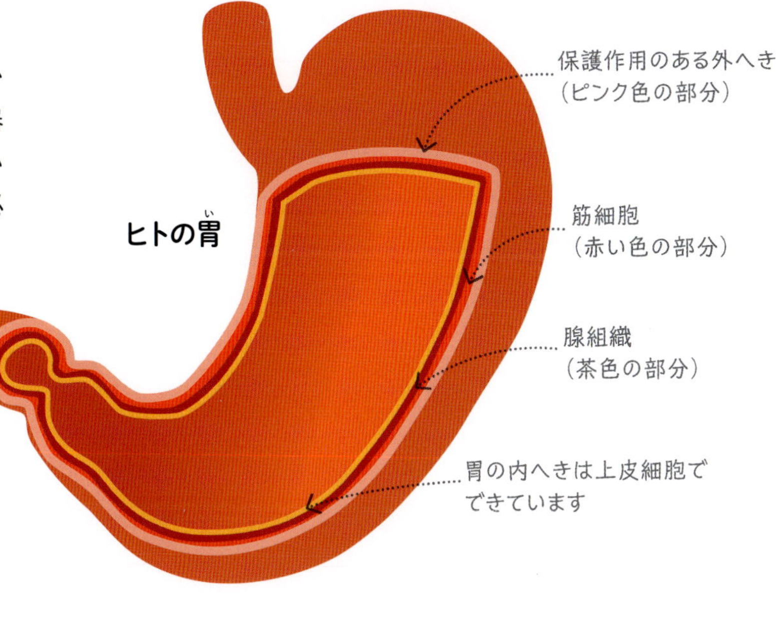

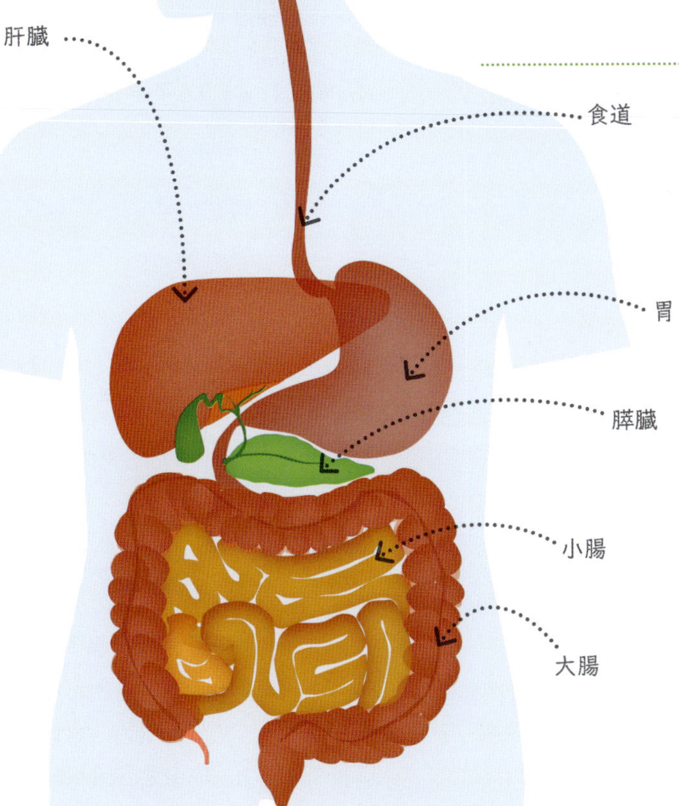

系

胃は、消化系の1つの器官にすぎません。消化系にはさまざまな器官が集まって、体が栄養を吸収できるように食物を分解しています。このように共同して働く器官のグループのことを器官系と呼びます。消化系には、食道、胃、小腸と大腸、肝臓と膵臓がふくまれています。ほかの系には、筋系、神経系、呼吸器系などがあります。

栄養

どんな生き物にも、食べ物が必要です。食べ物には栄養素と呼ばれる化学物質がふくまれており、体を育て、修復するために必要な材料を与えます。

体は、食べ物からの栄養素だけじゃなくて、いつも水を必要としているんだよ。

栄養素

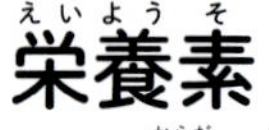

ヒトの体を健康に保つために欠かせない栄養素は、主に6種類あります。そのうちの3種類（タンパク質、炭水化物、脂肪）は、残りの3種類より多くとらなければなりません。必要とされるすべての栄養素と水分を体に与える一番よい方法は、バランスよくさまざまな食物をとることです。

1 タンパク質

タンパク質は、体の一番大事な構成要素で、新しい組織を作り、すでにある組織を修復するのに使われます。肉、魚、卵、豆、ナッツにはタンパク質がたくさんふくまれています。

2 炭水化物

炭水化物は燃料のような働きをし、呼吸によって使われて細胞にエネルギーを与えます。パン、ジャガイモ、コメ、パスタのほか、はちみつのように甘い食物には、炭水化物がたくさんふくまれています。

3 脂肪

脂肪と油（脂質）は、たくわえることのできる形で、体に大量のエネルギーをもたらします。脂肪はまた、あらゆる細胞の重要な一部でもあります。油、バター、チーズ、アボカドなどには、脂肪がたくさんふくまれています。

食物でとるエネルギー

車がガソリンを燃料にするように、体は食物にふくまれる化学エネルギーを燃料にします。バナナ1本には約12分間走りつづけるエネルギーがふくまれていますが、もっとたくさんのエネルギーを含む食物もあります。使える以上のエネルギーを取りこむと、体はそのエネルギーを脂肪としてたくわえます。

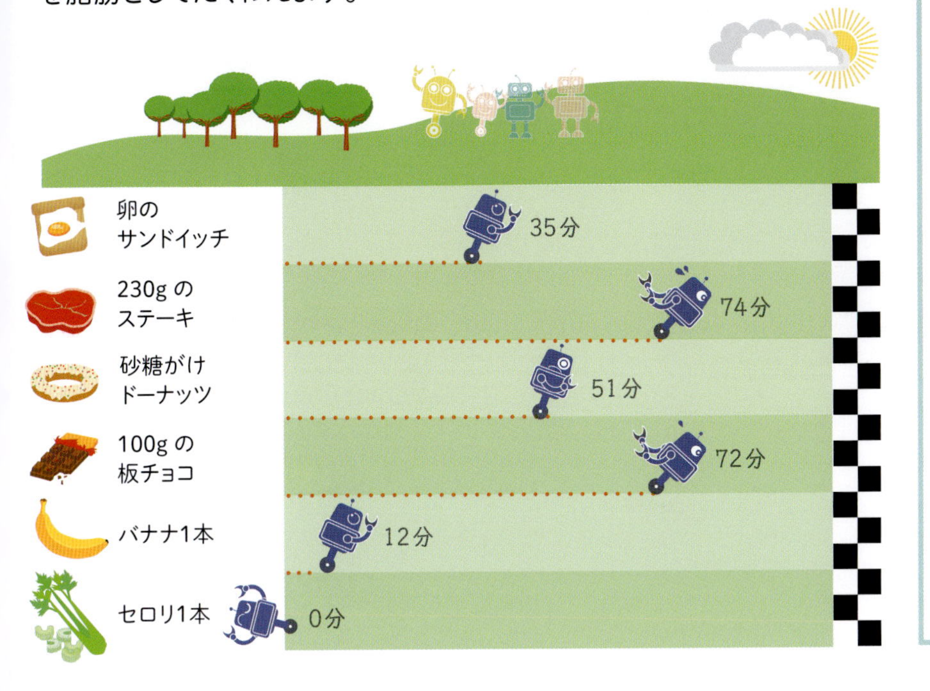

やってみよう

食品ラベルを見てみよう

いろいろな食品のパッケージを見てみましょう。そこに、栄養素の量と、キロカロリー(kcal)で測ったエネルギー量を示した表があるはずです。一番エネルギー量が多いのはどれでしょう? どれが一番健康的だと思いますか?

栄養情報

よくある表示	1食あたり	1日にとるべき量にしめる割合
エネルギー(kcal)	430	20%
脂肪	12 g	18%
炭水化物	31 g	10%
タンパク質	7.9 g	53%
食物繊維	0 g	0%
塩分	0.5 g	20%

4 ビタミン

ビタミンは、体を健康に保つために、ほんの少し必要な有機化合物です。ヒトには13種類のビタミンが必要です。その大部分は、新鮮なフルーツと野菜を食べることによって、体に取りこむことができます。

5 ミネラル

ミネラルは、体がほんの少し必要とする無機化学物質です。たとえば、カルシウムは歯や骨を作るのに必要です。ほとんどの新鮮な野菜には、ミネラルがたくさんふくまれています。

6 食物繊維

食物繊維は、植物の細胞壁からとります。ほとんどの食物繊維は消化されませんが、消化系を健康に保ってくれます。野菜と、皮や胚を取り除いていない穀物を使った食品には、食物繊維がたくさんふくまれています。

ヒトの消化系

消化系は食物を分解し、食物にふくまれる栄養素が血液に吸収される大きさになるまで小さくします。

1 口

口の中では、歯で食物が小さくくだかれ、唾液腺から分泌される、唾液（つば）により、湿り気を与えられます。

2 食道

食道は口と胃を結んでいます。食道の壁にある筋肉は、収縮（縮まる）と弛緩（緩む）をくり返して、食物を下に押しやります。このことを、「ぜん動」といいます。

3 胃

胃の中で、食物はかき回され、胃酸とまぜられます。そして、消化酵素がタンパク質を分解しはじめます。

4 小腸

7mにもなる、とぐろを巻いたような小腸は、栄養素を血液の中に吸収するため、その表面は広大です。小腸から分泌される酵素は、タンパク質と脂肪と炭水化物を消化します。

5 大腸

大腸にいるバクテリアは、消化されていない食物を食べて、より多くの栄養素を取り出します。その残りは、水分が吸収されたあと、肛門から排泄物（便）として体の外に出されます。

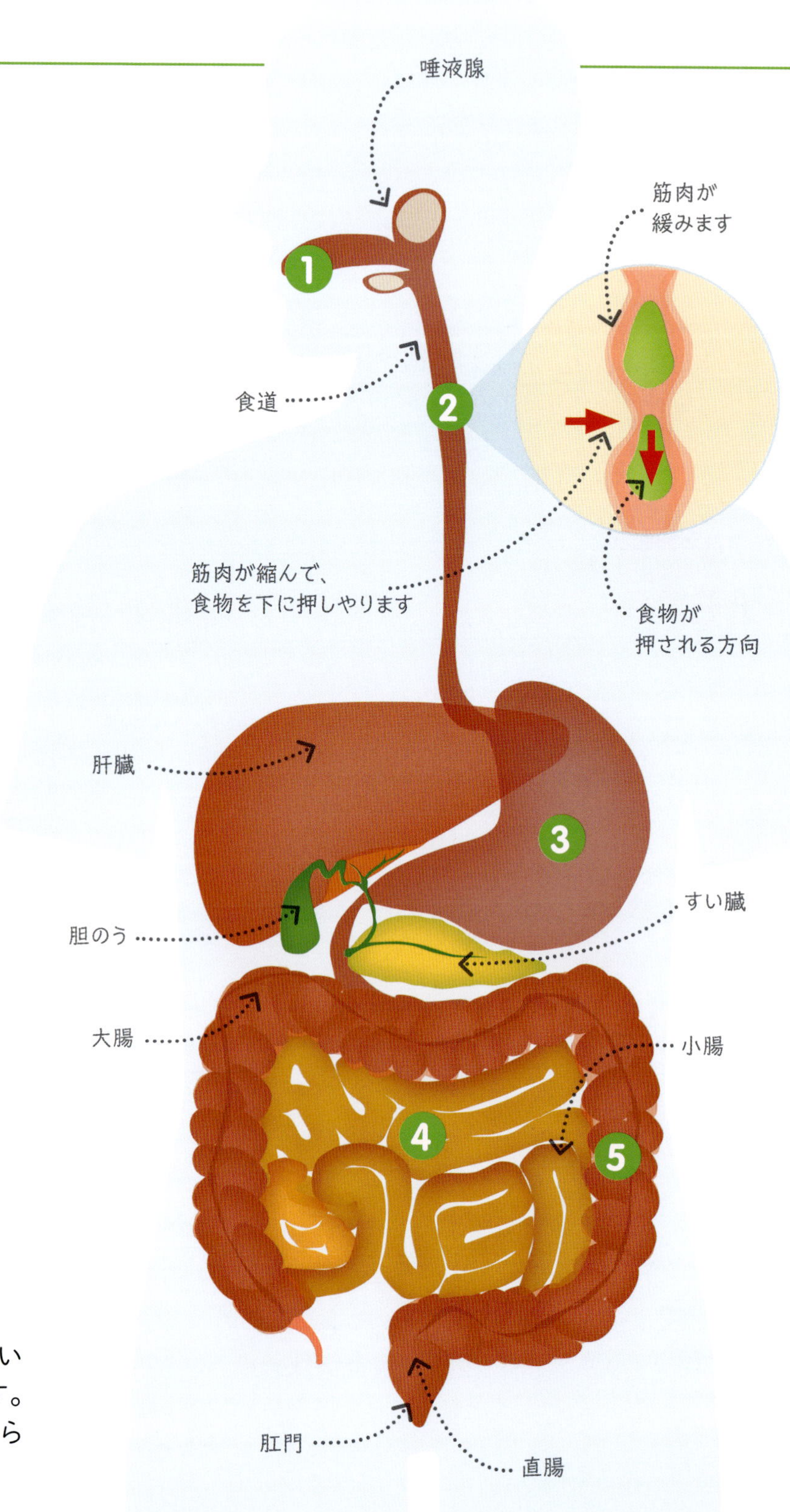

やってみよう

腸の模型

古いストッキング、オレンジジュース、クラッカー、バナナ、はさみを使って、腸の模型を作ってみましょう。ドロドロになるので、必ずトレーの上でやりましょう。

1 バナナ1本とクラッカー5枚をボウルに入れて、オレンジジュースをコップ1杯注ぎます。そのあと、全部つぶして、まぜましょう。

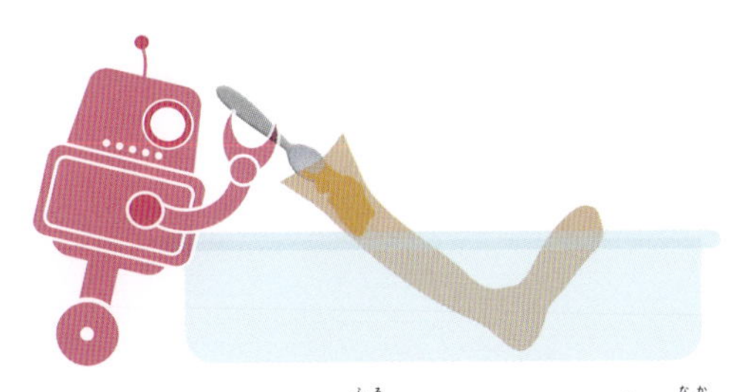

2 まぜたものを、古いストッキングの中にスプーンで入れます。そのあとトレーの上でストッキングを持って、中身の食物をしぼります。するとジュースがストッキングからしみ出してきます。腸の壁から栄養素がしみ出して、血液の中に入るのも、これと同じことです。

3 中身をストッキングのつま先まで押しこんで、消化されていない食物の残りをつま先の部分に押しやります。そうしたら、つま先をはさみで切って、中身を穴から押し出しましょう。

酵素が働くしくみ

食物の栄養素は、長いくさりのような分子からできていて、体が吸収するには大きすぎます。酵素と呼ばれる化学物質は、このくさりを攻撃して分子をバラバラにし、血流に入れるほど小さい粒子に分解します。それぞれの酵素は、決まった分子に対して働きます。

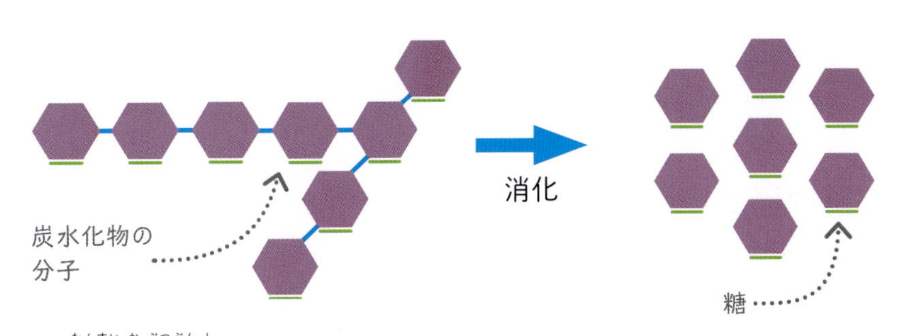

1 炭水化物分子
炭水化物の分子は、アミラーゼなどの酵素によって分解され、糖になります。アミラーゼは、口の中や小腸で働いています。パン、パスタ、米などは、炭水化物をたくさんふくむ食物です。

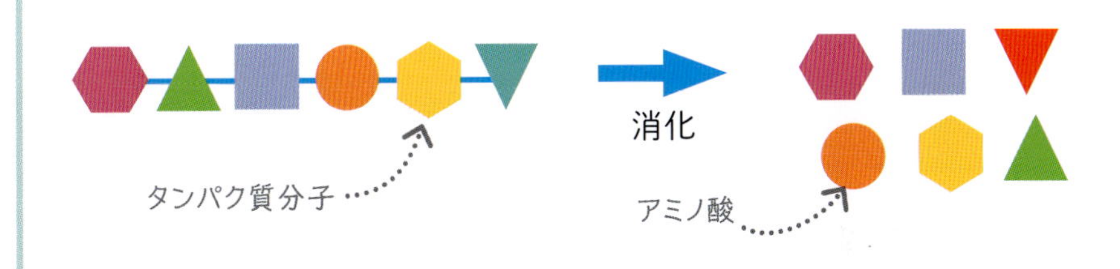

2 タンパク質分子
胃と小腸の中で働いているプロテアーゼ酵素は、タンパク質を分解して、アミノ酸にします。タンパク質は、肉やチーズのような食物にふくまれています。

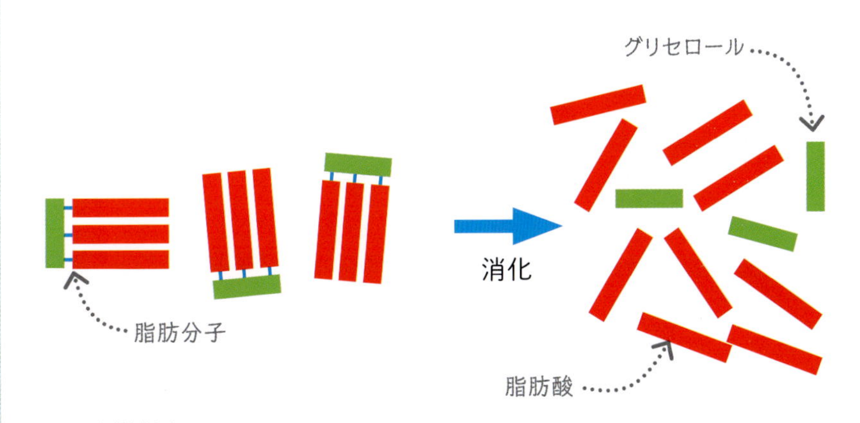

3 脂肪分子
肝臓から出る胆汁は、脂肪（油やバターなどの食品にふくまれているもの）を小さな液のつぶに変えます。この液は、小腸で働いているリパーゼ酵素により、脂肪酸とグリセロールに分解されます。

歯

動物は、あごから生えている歯を使って、食物を細かくします。あごは筋肉の働きを使って、食物をかみくだきます。歯は、食物をさいたりすりつぶしたり、かたい刃の役割を持ちます。

歯の表面は、人間の体の中で一番かたいエナメル質でおおわれているんだよ。

ヒトの歯

さまざまな形の歯は、それぞれちがう仕事をします。ヒトは雑食動物で、植物や動物など、さまざまなものを食べます。そのため、ヒトの歯は、たった1種類のものだけを食べるようにはできていないのです。

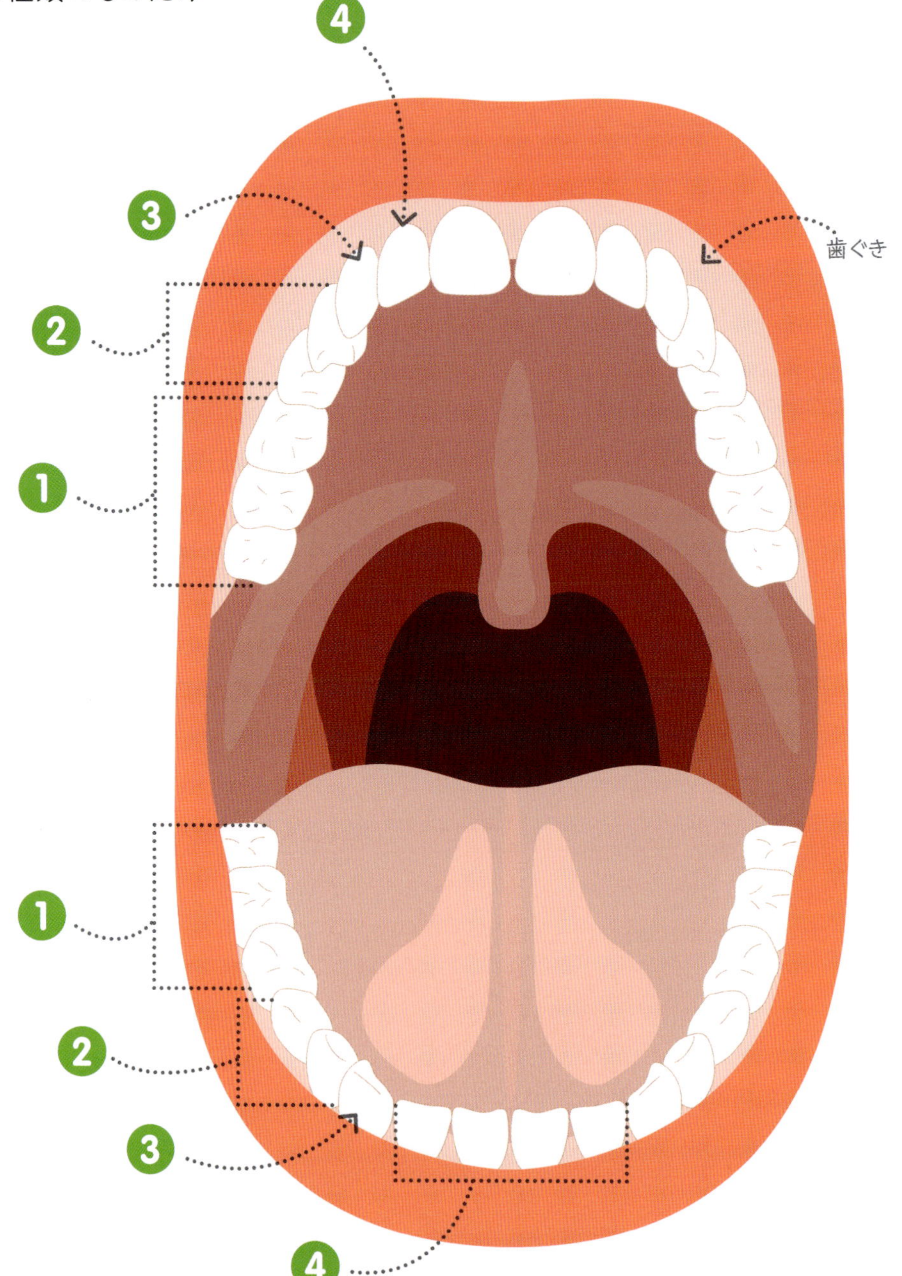

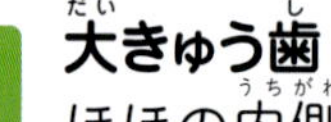

1 大きゅう歯

ほほの内側にあり、上部が平らで、こう頭と呼ばれる出っぱりがあります。大きゅう歯は、食物をかみくだいたり、すりつぶしたりするのに使います。

2 小きゅう歯

小きゅう歯は、大きゅう歯を助けて、食物をすりつぶし、ペースト状にします。

3 犬歯

先のとがった犬歯は、食物をつかんだり、かんだり、さいて細かくしたりします。

4 切歯

のみのような切歯は、口の前面にあり、食物をかじったり、切ったりするのに使います。

肉食動物の歯

ネコやイヌのような肉食動物は、肉を食べます。そのため、えものを殺して、細かく切りさくための歯が必要です。

1 えものをつかむための犬歯
とても大きなナイフのような犬歯は、えものをつかんで、その肉につきさします。この犬歯はえものの肉に食いこむので、肉食動物は、えものを殺すことと、肉を食べることの両方に犬歯を使います。

2 切りきざむための大きゅう歯
肉食動物の大きゅう歯の端は、するどいナイフのようになっているので、肉を切りきざむことができます。大きゅう歯の根はあごの深い場所に固定されているため、とてもがんじょうで、えものの骨をかみくだくことができます。

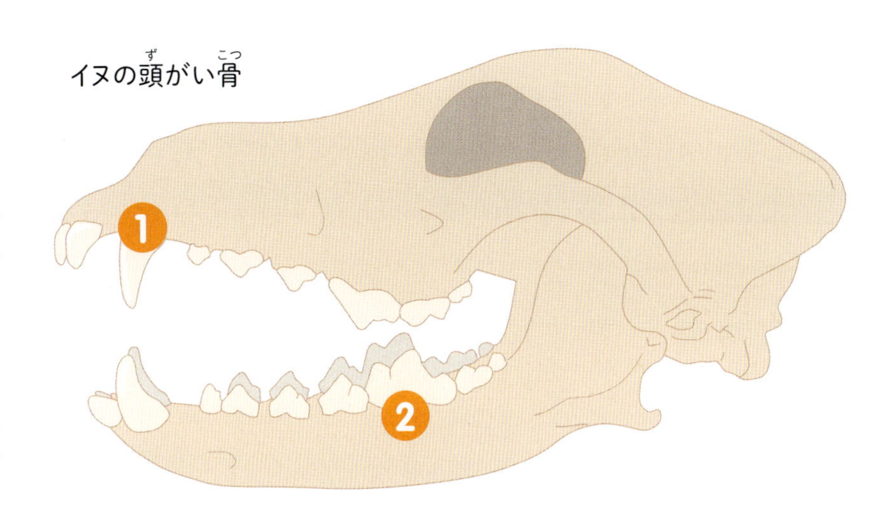

草食動物の歯

ウサギやウマなどの草食動物は植物を食べます。そのため、草や木をかり取ってかみくだくことのできる歯が必要です。

1 草を食べるための切歯
口の前に生えている長くてするどい切歯は、草や木をかり取ります。植物を食べるときに犬歯は必要ないので、犬歯を持たない草食動物もいます。

2 すりつぶすための大きゅう歯
草や木は肉よりかたいため、植物をすりつぶすことができるように、草食動物の大きゅう歯の表面はデコボコしていて、歯の端もするどくとがっています。

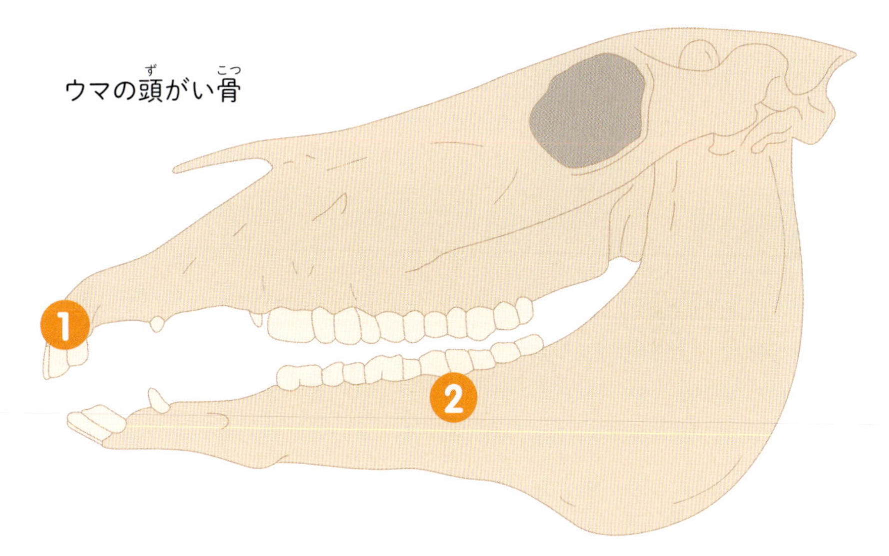

身の周りの科学

デンタルインプラント

おとなの歯を失ったときには、その歯のかわりにデンタルインプラントを利用することができます。インプラントというのは、チタンという金属で人工的に作った歯根のことで、歯ぐきの下にある、あごの骨の中にうめこまれます。上部にコネクターが付いているので、歯を交換することができます。

呼吸

生きている細胞はみなエネルギーが必要です。
そこで、呼吸というしくみを使って化学エネルギーを得ています。
食物の持つエネルギーを細胞が利用できる形に変えるのです。

走ると体はたくさんの酸素が必要になるんだ。
だからより深く、より速く、息をするようになるんだよ。

酸素呼吸

ほとんどの生き物は、酸素を使ってエネルギーを取り入れます。このことを酸素呼吸といいます。細胞が生き続けるには、絶えず酸素が必要ですが、動物が活動的になったときには、ふだんより多い酸素が必要になります。

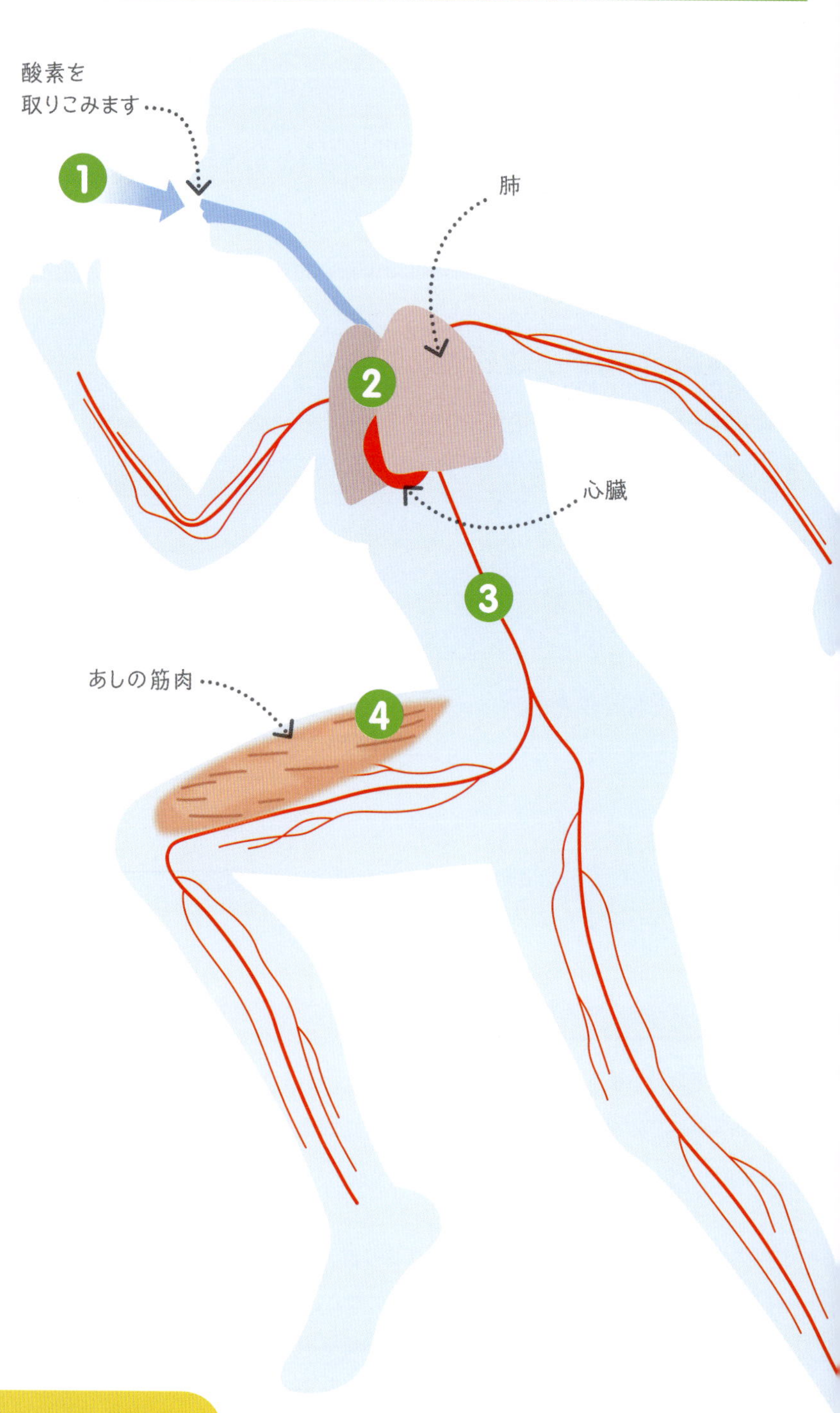

1 酸素を取り入れる

ヒトの体は、鼻と口から息を吸いこむことにより、必要な酸素を取り入れています。

2 肺の中

酸素は肺の中から血液に送られます。呼吸の老廃物である二酸化炭素は、血液から肺にもどされ、呼気によってはき出されます。

3 血液の中

酸素は血液の中にあるヘモグロビンによって体中に送られます。血液が赤いのはヘモグロビンがまっ赤な物質だからです。

4 筋肉細胞

筋肉細胞の中では、グルコース（食物からつくられる糖分子）と酸素が、化学反応によって水分と二酸化炭素に変わり、エネルギーが解き放たれて、筋肉が収縮できるようになります。

グルコース＋酸素 → 水分＋二酸化炭素＋エネルギー

嫌気呼吸

細胞は、酸素呼吸に必要な酸素が得られないと、嫌気呼吸（“酸素を使わない”呼吸）に切りかえます。嫌気呼吸は、酸素呼吸より少ないエネルギーしか解き放ちません。ヒトの体では、嫌気呼吸は、乳酸と呼ばれる老廃物を生み出し、それが運動中にたまります。酵母のような微生物は、酸素のない場所（たとえば、くさりかけのフルーツの中）で嫌気呼吸をします。

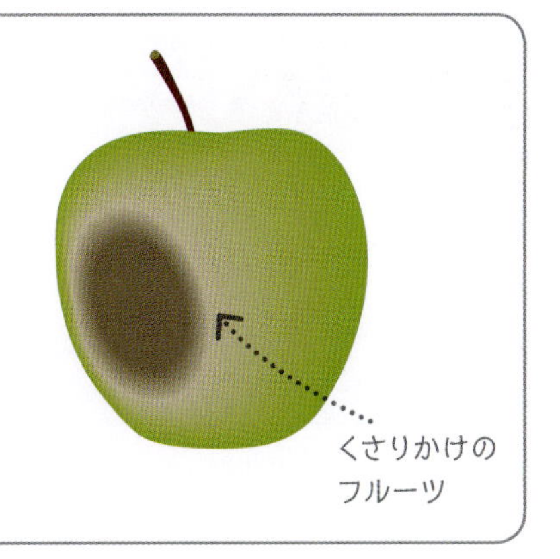

ガス交換

ほとんどの生き物には、酸素を体内に取りこみ、老廃物の二酸化炭素を排出するガス交換のための器官があります。昆虫の気管（空気を通す管）、魚のエラ、ほ乳類の肺はみな、ガス交換のための器官です。ガスを体内に入れやすくしたり体外に出しやすくしたりするため、器官の表面積は広く、壁もうすくなっています。

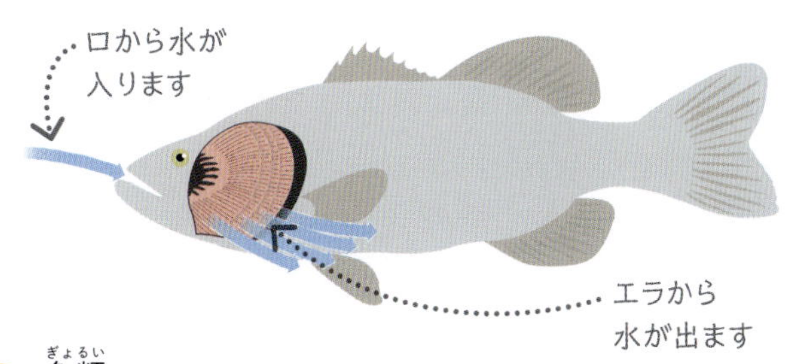

3 魚類
酸素が多く含まれる水を口から入れて、エラから出します。エラには、酸素を取り入れる小さな血管がたくさんつまった、ひだがあります。

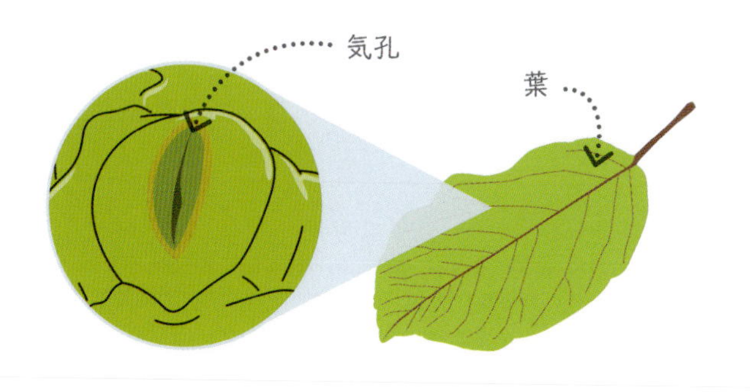

1 植物
植物の葉の裏には、気孔と呼ばれる数千個の小さな開口部があります。気孔は、ガスを葉の中に入れたり出したりするために、開いたり閉じたりします。

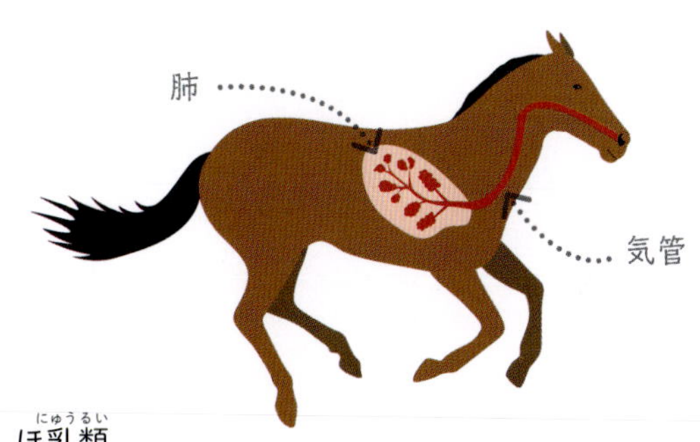

4 ほ乳類
ほ乳類が呼吸するときには、息を吸って、酸素がたくさんふくまれている空気を肺に入れ、そのあと息をはいて、老廃物である二酸化炭素を体の外に出します。

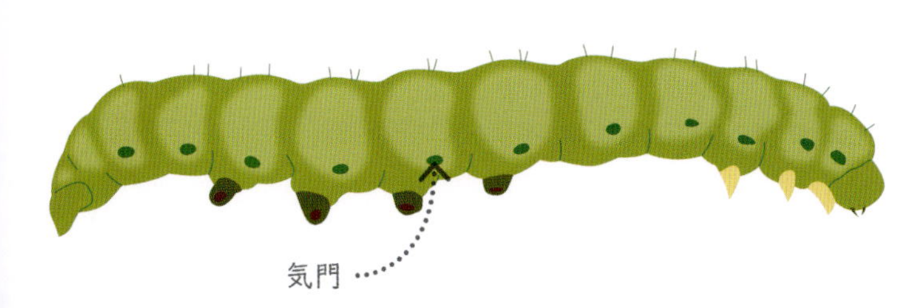

2 昆虫
昆虫は、体にある気門と呼ばれる小さな穴から、空気を取り入れます。この穴は、体中に張りめぐらされた気管と呼ばれる管のネットワークに通じています。

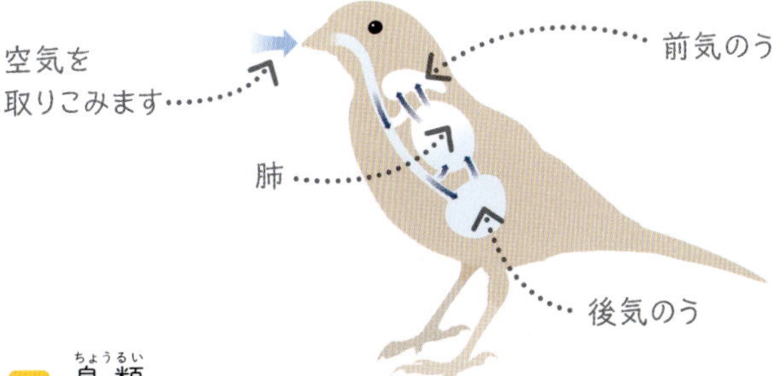

5 鳥類
鳥は、肺を通り抜ける空気が、一方向にしか移動しません。空気は、体内のさまざまな部位につながる気のうのあいだを通ります。

肺と呼吸

体の細胞が生き続けるためには、つねに酸素が必要です。肺は、息をするたびに空気を吸いこんで、血液に酸素を与えます。そのおかげで、酸素は体中に運ばれるのです。

肺の中には約4億8000万個もの空気のふくろ（肺胞）があるんだよ。

息を吸う

1 横隔膜は、胸部と胃とのあいだにある大きな筋肉です。横隔膜が平らになって下がると、ろっ骨のあいだの筋肉が縮んで、胸郭が上がります。これにより、肺がふくらみます。

2 空気が鼻と口から体に入り、気管を通って、肺に達します。

3 気管は、細気管支と呼ばれる数千個の小さな管に分かれていて、その先は肺胞と呼ばれる小さなふくろになっています。肺胞は空気でふくらみます。

4 酸素は、拡散（→39ページ）により、肺胞の壁を通して血液の中に入ります。一方、老廃物の二酸化炭素は、血液から拡散によって空気に入り、体の外に吐き出されます。肺胞の数は何億個もあり、ガス交換を行うための表面積を広大なものにしています。

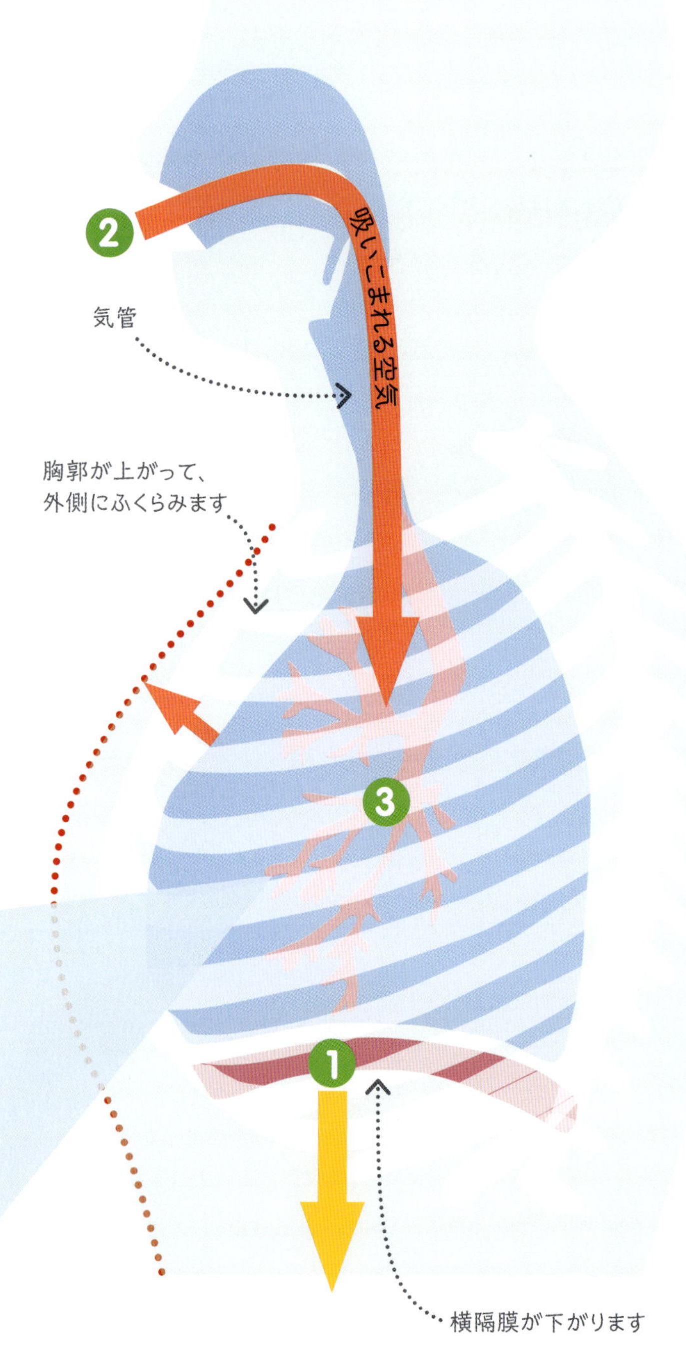

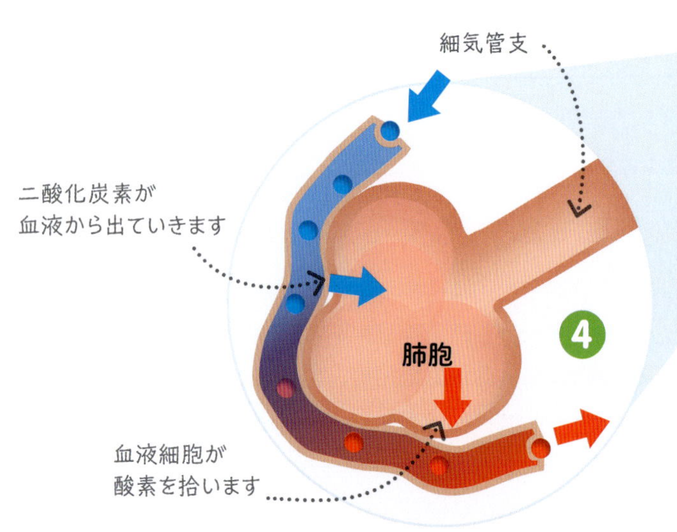

ぜんそく

ぜんそくのある人では、細気管支の壁が縮まり、炎症を起こす（はれる）ことがあります。すると、細気管支が細くなり、息をするのがむずかしくなります。これがぜんそくの発作です。

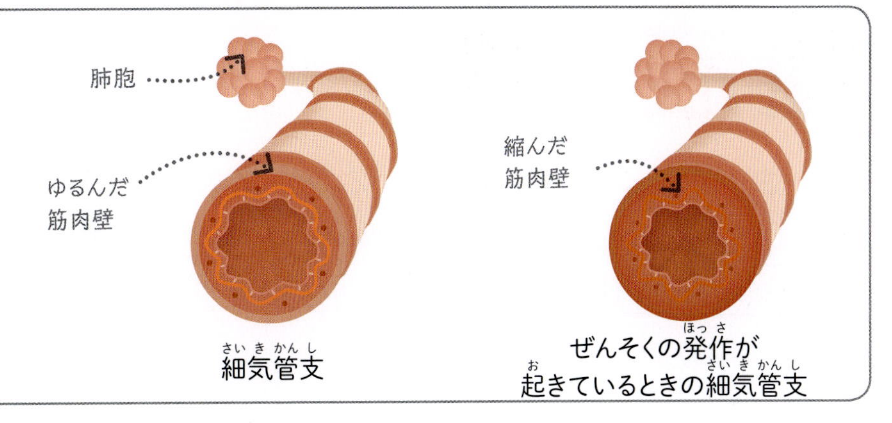

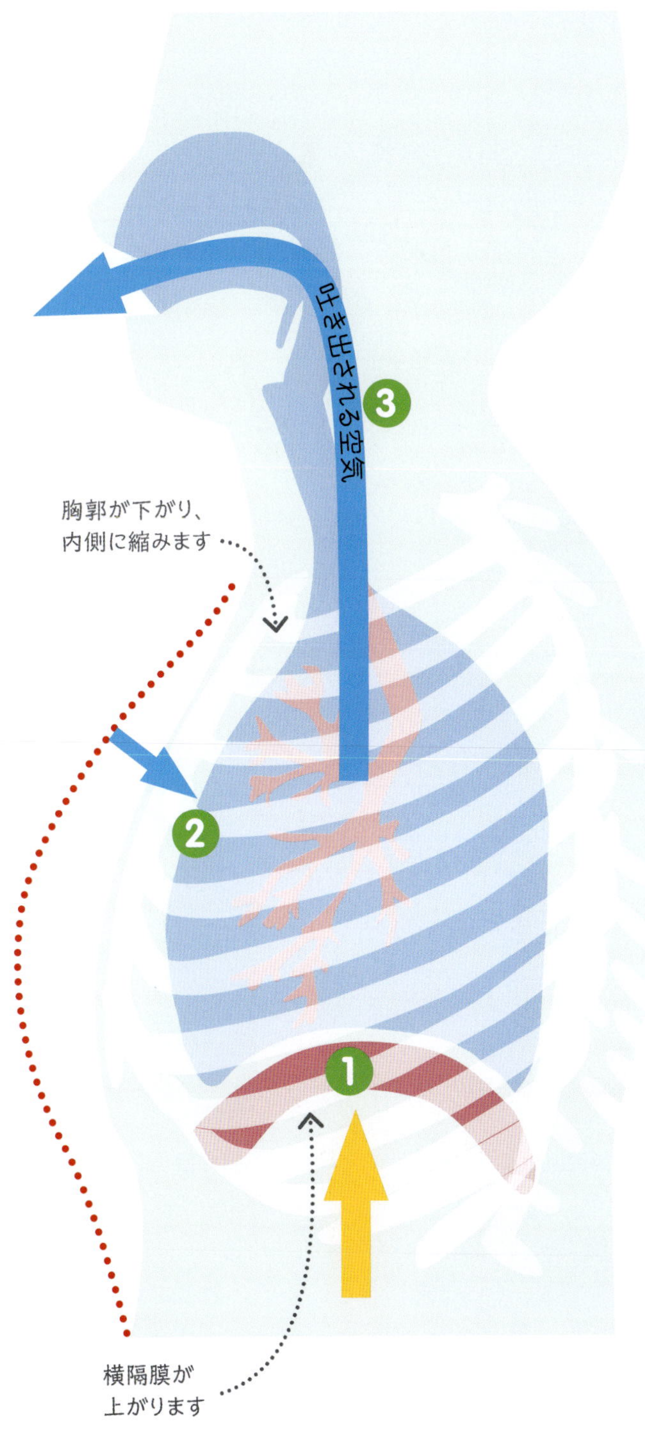

息を吐く

1 横隔膜が、元の弓のような形にもどり、肺を縮ませます。

2 胸郭が下がります。これも肺を縮ませます。

3 肺の中の空気が細気管支と気管から押し出され、鼻と口を通って体の外にはき出されます。

やってみよう

自分の肺活量をはかってみよう

ペットボトルに水をいっぱいに入れ、キャップをはめて、水を入れた容器の中に、さかさまに入れます。飲み口の部分が水につかるようにしましょう。次に、キャップをはずし、飲み口の中に、曲がるストローを入れます。さて、息をいっぱい吸ってから、ストローにできるだけ多く息を吹きこみましょう。ボトルにたまった空気が、あなたの肺活量です。

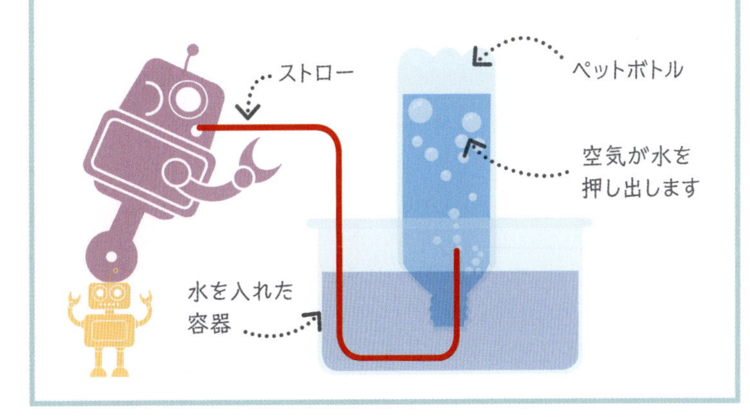

血液

血液は、動物の体に流れる液体で、酸素と栄養素を届け、老廃物を運び出します。心臓から押し出されたあと、巨大な網目のように張りめぐらされた管の中を流れ、体のすみずみに届けられます。

血液の輸送システム

大型の動物は、血液を、酸素と栄養素、そして老廃物を運ぶシステムとして使います。血液は、血管と呼ばれる管を通って体中をめぐります。筋肉質の心臓はポンプのように働き、血液が血管を通って、つねに一方向に流れるようにします。

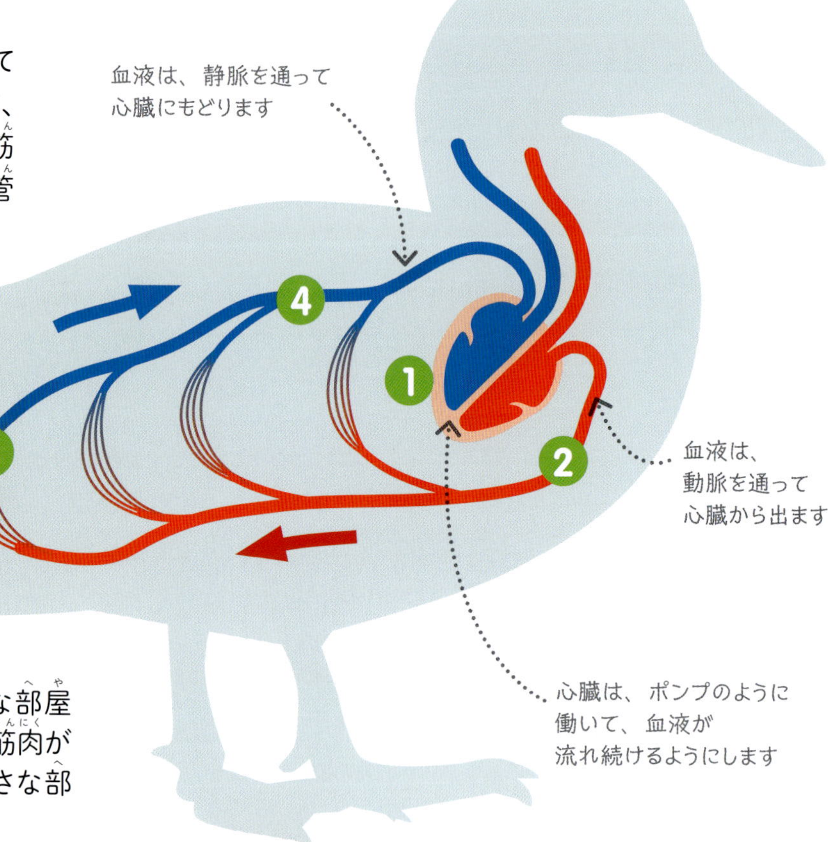

1 心臓

心臓には、血液がいっぱいつまった小さな部屋(心房と心室)があります。それらの壁には、筋肉がつまっています。筋肉が縮むと、これらの小さな部屋も縮み、血液が押し出されます。

2 動脈

心臓を出る太い血管は動脈と呼ばれ、体の組織に血液を運んでいます。動脈内では血液の圧力が高いため、動脈の壁は厚くなっています。

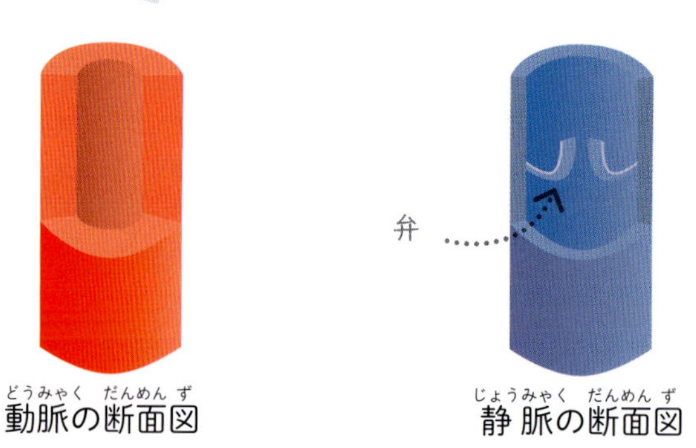

動脈の断面図　静脈の断面図

3 毛細血管

動脈は、組織の中で、毛細血管と呼ばれる何十億もの小さな血管に分かれています。毛細血管の壁はとてもうすくできています。血液で運ばれてきた栄養素、酸素、老廃物は、拡散によって組織の中に入ります。

4 静脈

静脈は血液を心臓にもどします。静脈の中には弁があって、血液が逆流するのを防いでいます。静脈内の血液の圧力は動脈内の血液の圧力より低いので、静脈の壁は動脈の壁よりうすくなっています。

血液の働き

血液は生きている液体で、何十億個もの小さな細胞がつまっています。血液には、それぞれちがう働きをする4つの構成要素があり、それぞれ赤血球、白血球、血小板、血しょうと呼ばれています。

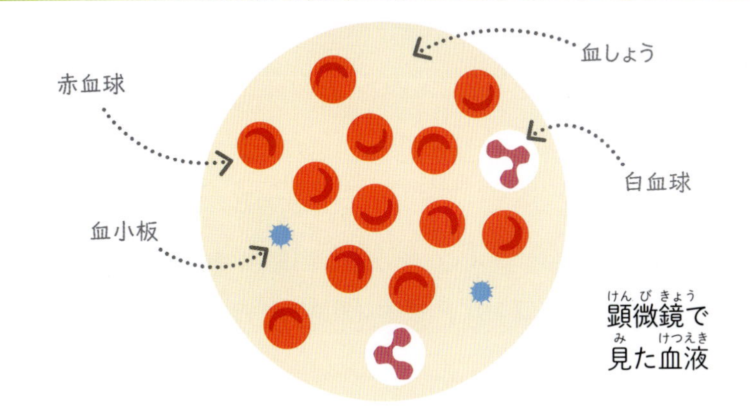

1 赤血球は、一番数が多い血液の構成要素です。赤血球には、肺から集められた酸素を運ぶヘモグロビンがふくまれています。赤血球は細胞ですが、核はありません。

2 白血球は、赤血球より大型です。白血球は物質を運ぶことはしませんが、細菌を殺して、体を感染から守っています。

3 血小板は細胞のかけらで、けがをすると、出血を止めるためにギザギザの形になります。そして、凝固する（密度が高くなる）ことにより、血液が血管からもれるのを防ぎます。

4 血しょうは、淡い黄色の液体で、大部分が水でできています。とけた栄養素や、二酸化炭素などの老廃物を体の中で運んでいます。

拡散

毛細血管は、血液中の酸素と栄養素を、体中のあらゆる細胞に届けます。これらの物質は、拡散というしくみによって細胞の中に入ります。拡散とは、物質が濃度の高いところから低いところに移ることです。二酸化炭素などの老廃物は、反対方向に、細胞から毛細血管へと移ります。毛細血管の壁は1細胞分ととてもうすいので、拡散のために移動しなければならない距離はとても短くてすみます。

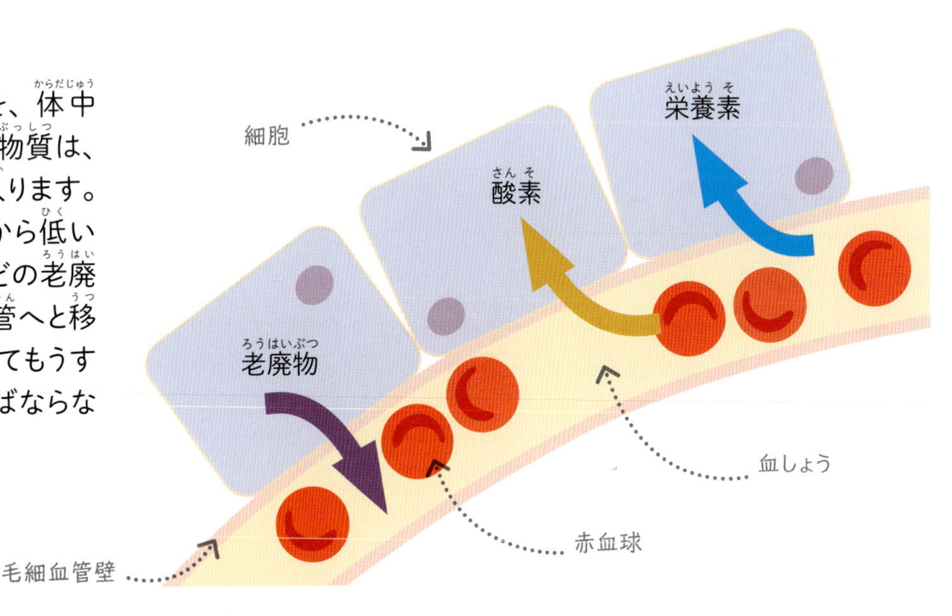

身の周りの科学

輸血

輸血とは、健康な人（献血者）の血液を、病気の人や、重大なけがをした人に移すことです。血液は、献血者の腕の静脈からプラスチックの管を通して集められます。集めた血液を患者の人に移す前に、血液の型が、患者の人の血液型と同じであるかどうかが調べられます。

心臓

心臓は、血液を体中に行きわたらせる強力なポンプです。ほかの筋肉とちがって、心臓は止まることができません。生きている間中、ひとときも休まず働き続けます。

心臓の心拍音は、弁がピシャリと閉まる音なんだよ。

心臓の内部

心臓の中には、4つの小さな部屋があります。その2つは上部にあって、心房と呼ばれ、残りの2つは下部にあって、心室と呼ばれています。心臓が弛緩する（緩む）と、心房と心室は血液でいっぱいになります。心臓が収縮する（縮む）と、血液はおし出されます。拍動（ポンプのような心臓の動き）が起きるたびに、弁と呼ばれるものが開いたり閉じたりして、血液が正しい方向に流れるようにします。

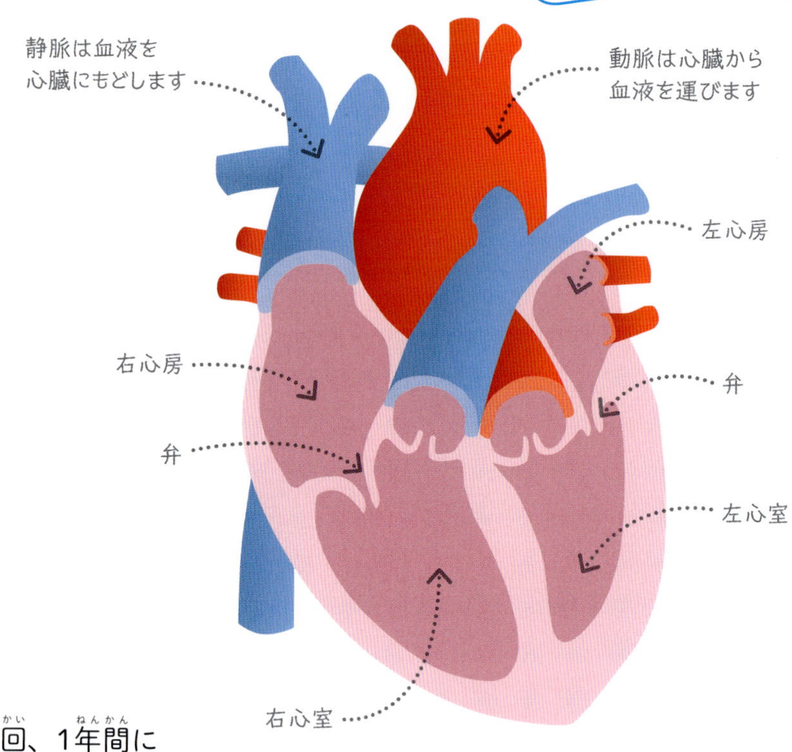

拍動のステップ

心臓は休むことなく働きます。1分間に70回、1年間に4000万回も拍動しているのです。拍動は、正確なタイミングで順序よく起こるステップによってきざまれます。

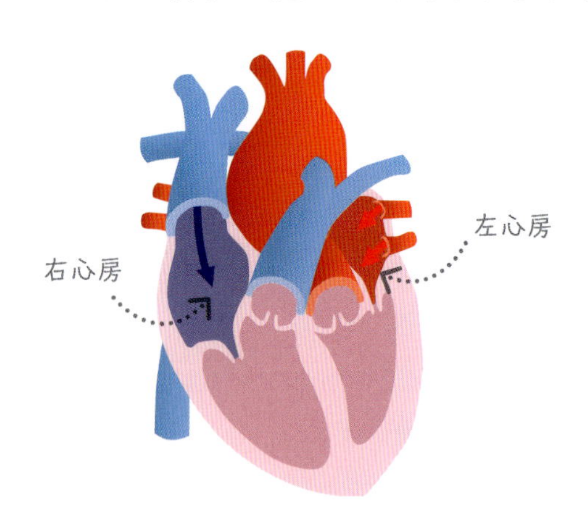

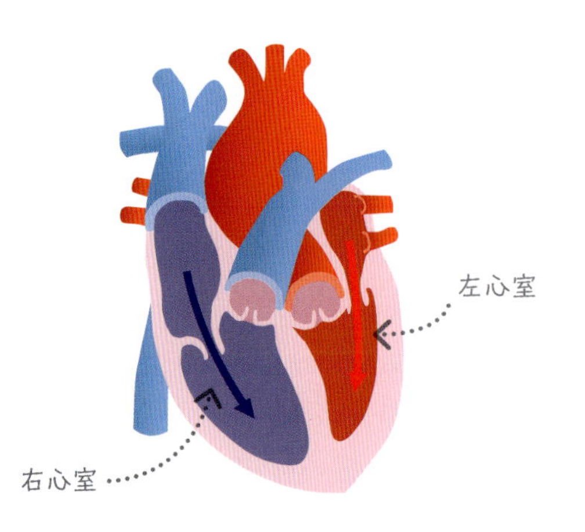

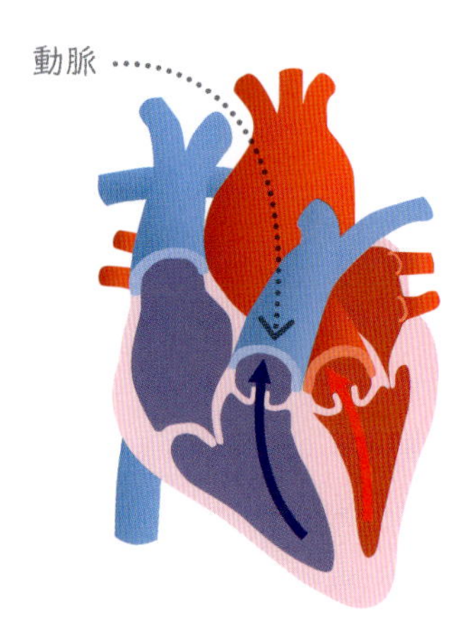

1 心臓が弛緩すると、静脈で運ばれてきた血液で、上部の2つの小さな部屋（心房）がいっぱいになります。

2 心房の壁が収縮し、血液を下部の2つの小さな部屋（心室）に押し出します。

3 心室の壁が収縮し、血液を心臓から動脈に押し出します。

2つの循環系

心臓の左側と右側は、それぞれちがう経路を使って血液を押し出しています。1つの経路は、血液を肺に運んで酸素を取りこみ、もう1つの経路は、血液を体中に運んで、器官に酸素を届けます。

1 心臓の右側は、肺に血液を送り出します。血液はそこで空気から酸素を取りこみ、老廃物の二酸化炭素のガスを放出します。

2 酸素をたくさんふくんだ血液（図の赤い線）は、心臓の左側にもどります。

3 そのあと、血液は残りの器官に送られ、重要な酸素を届けて、二酸化炭素を受け取ります。

4 酸素が少なくなった血液は、心臓にもどり、また1から同じステップをくり返します。

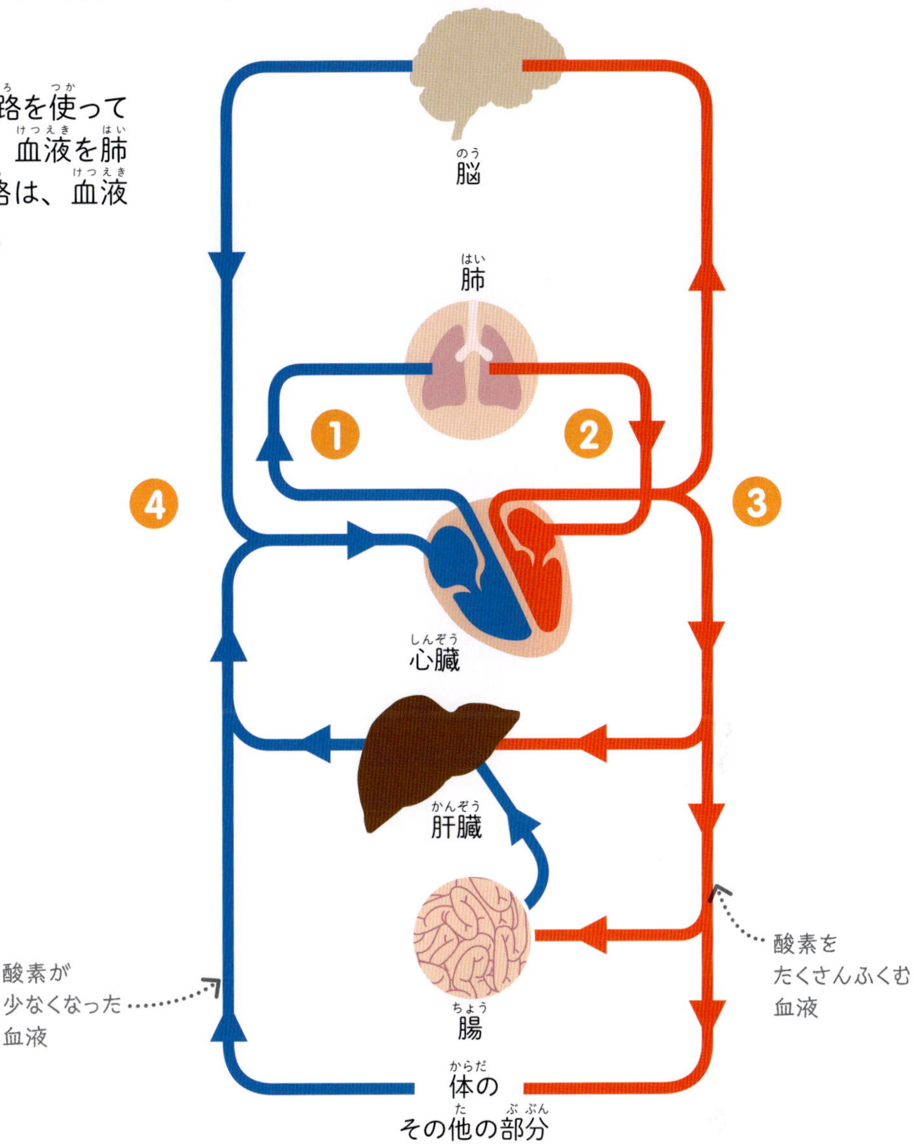

身の周りの科学

心臓の修復

不健康な食生活をしていると、心臓の筋肉に血液を届ける冠状動脈に、脂肪がたまることがあります。すると動脈が細くなって、正常に働かなくなります。そのような場合には、細くなった動脈に、ステントと呼ばれる金属製の管を入れて広げることで、動脈を修復できることがあります。

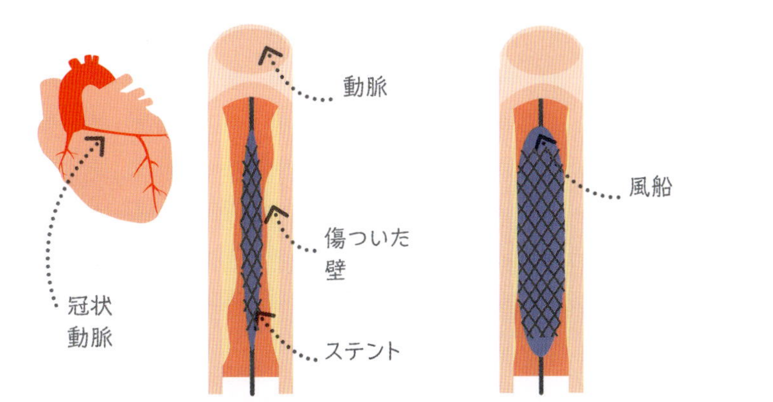

1 傷ついた動脈にステントを入れます。ステントの中には、風船が入っています。

2 風船をふくらませます。するとステントが広がり、せまくなっていた動脈の内部が広がります。

3 風船は取りのぞかれますが、ステントはその場所に残ります。これで血液がスムーズに流れるようになります。

排出

細胞が生きていくために起こる活動の多くは、不必要な化学物質を生み出します。この不必要な化学物質を体の外に出すことを排出といいます。

ヒトにおける排出

ヒトの一番重要な排出器官は、腎臓ですが、そのほかの器官も排出のしくみに重要な役割をはたしています。

1 皮ふ

皮ふから分泌される汗の主な役割は体を冷やすことですが、体から水分と塩分を排出する役割もはたしています。

2 肺

二酸化炭素ガスは、呼吸の老廃物です。このガスは血液によって肺に運ばれ、息をはくときに体から排出されます。

3 肝臓

肝臓は、余分なタンパク質を分解するとき、尿素と呼ばれる、チッ素をたくさんふくむ不必要な化学物質を作ります。肝臓はまた、古い血液細胞を分解したものから、胆汁と呼ばれる液体を作ります。

4 腎臓

腎臓は、血液をこすことによって、尿素や余分な水分などの多くの老廃物を、尿（おしっこ）と呼ばれる液体にします。

5 ぼうこう

ぼうこうは、腎臓から来た尿をためる器官で、尿が増えるにつれて、ふくらみます。いっぱいになってくると、ぼうこうの壁にある神経によって、トイレに行きたくなります。

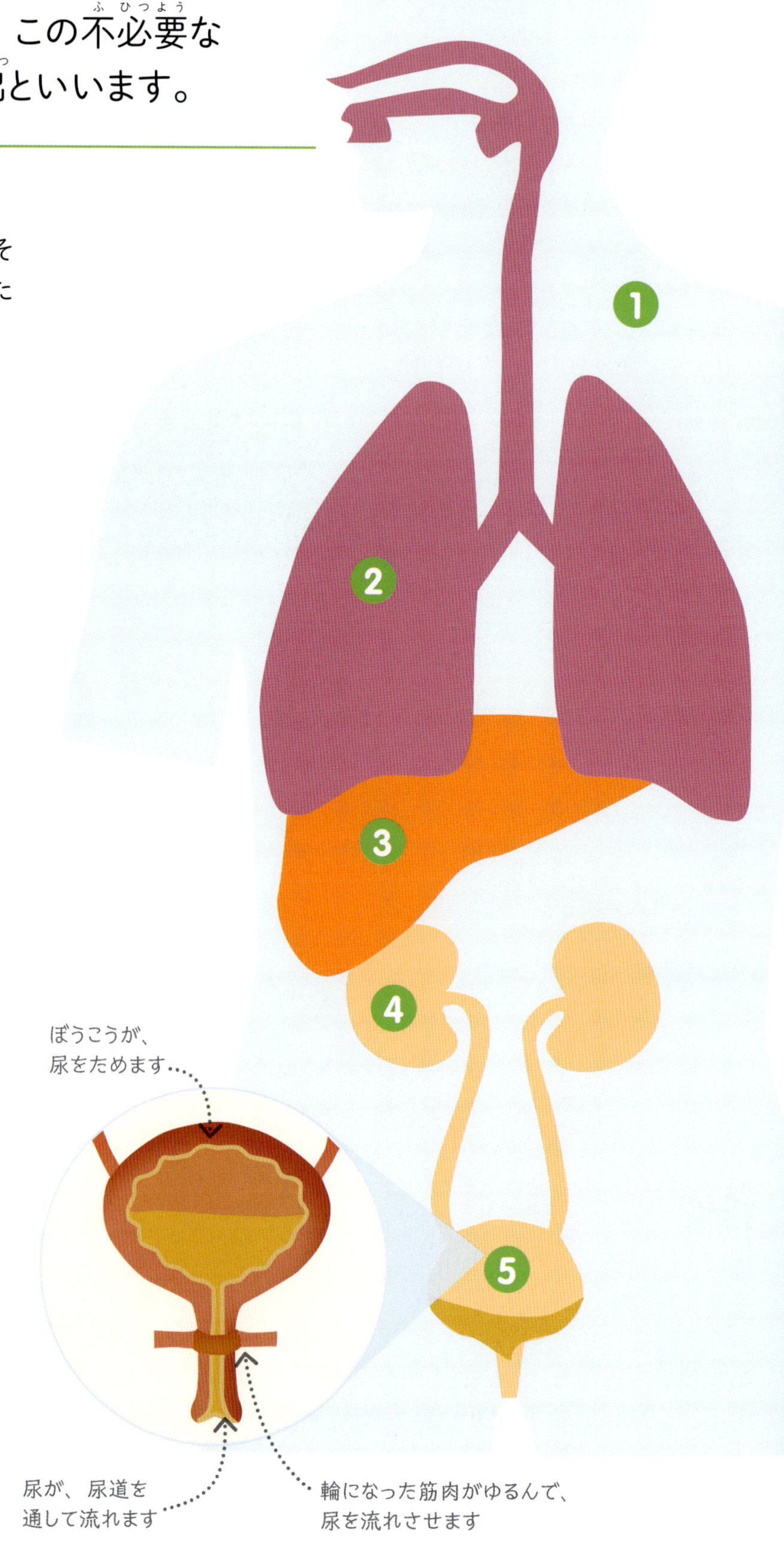

やってみよう

色の実験

おしっこは、いろんなことを教えてくれます。色がすごくうすいときは、体が余分な水分を出そうとしているときです。色が濃いときは、もっと水を飲むことが必要かもしれません。食物には、尿の色やにおいを変えるものがあります。ブラックベリーやアスパラガス、ビーツを食べて、おしっこがどうなるかみてみましょう！

植物における排出

植物は、葉を通して、不必要な化学物質を排出します。呼吸で生まれた不必要な二酸化炭素は、空気中に放出されるか、光合成で使われます。ほかの老廃物は、葉がかれて地面に落ちるまで、細胞内にためられたままになります。

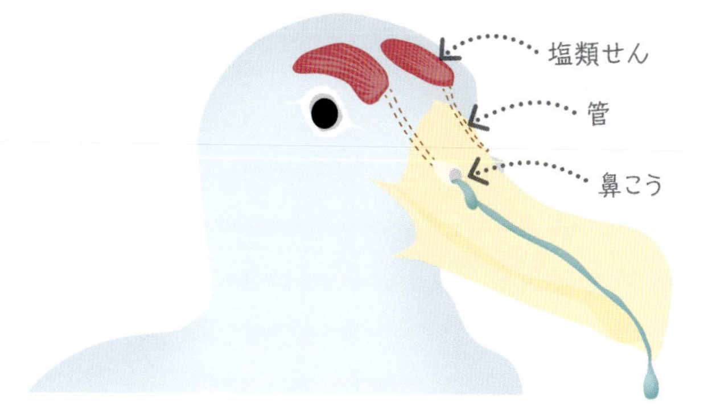

塩類せん

海水は、人間が飲むにはしょっぱすぎますが、塩分を排出する特別な器官のおかげで、海水が飲める動物もいます。海鳥には、血液をこして海水からの余分な塩分を排出する塩類せんと呼ばれる器官があります。この余分な塩分は、塩からい液体の形で、海鳥の鼻こうからもれ出します。また、ウミガメは塩分を涙の形で分泌します。

排便

排出とは、生きている細胞が生み出す不必要な化学物質を排除することです。けれども、多くの動物では、細胞が生み出すもの以外の老廃物も排除しなければなりません。たとえば、腸で消化されなかった食物の残りかすである、ふん（便）がその例です。これは排出ではなく、排便と呼びます。

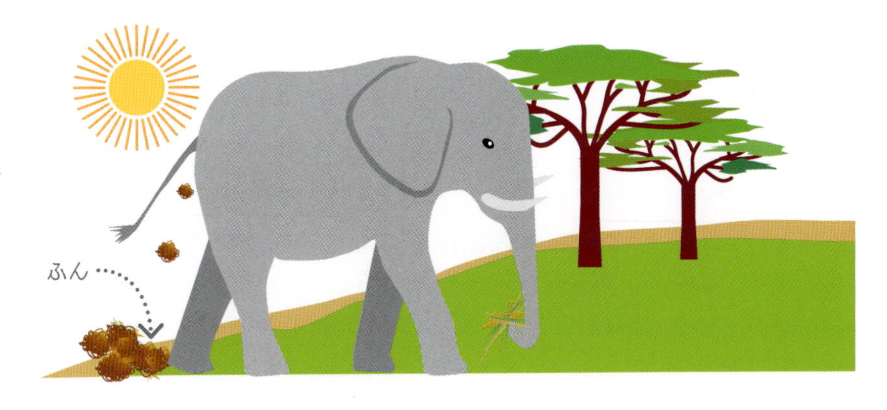

感染症と戦う

ヒトの体は、有害な微生物（病原体）の攻撃に、つねにさらされています。免疫系はこうした侵入者をみつけてこわし、将来にそなえて記憶しておきます。

ぜんそくのような一部の病気は、免疫系が過じょう反応するために起きるんだよ。

免疫ができるしくみ

体は、新しい病原体に出合うたびに、それをすばやく攻撃する方法を学びます。こうして、長く働く免疫ができるのです。

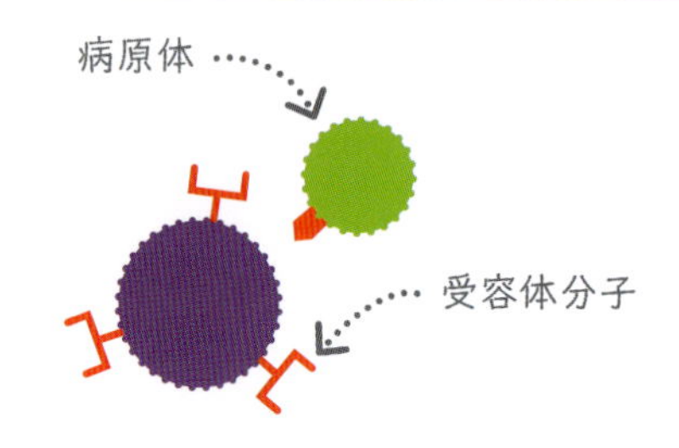

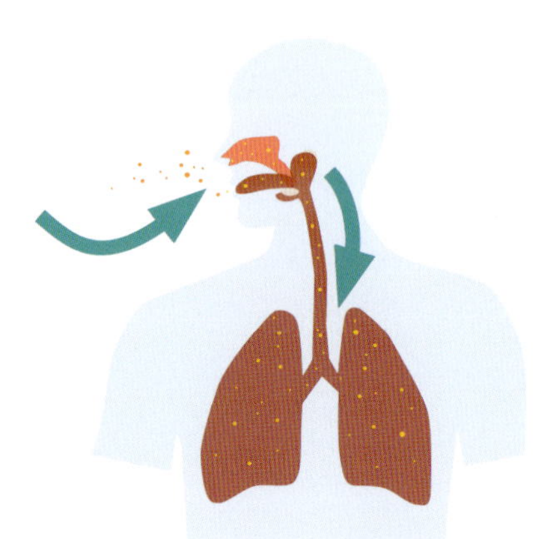

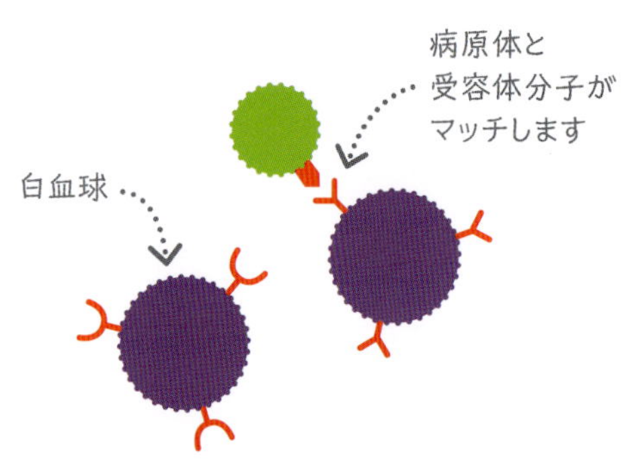

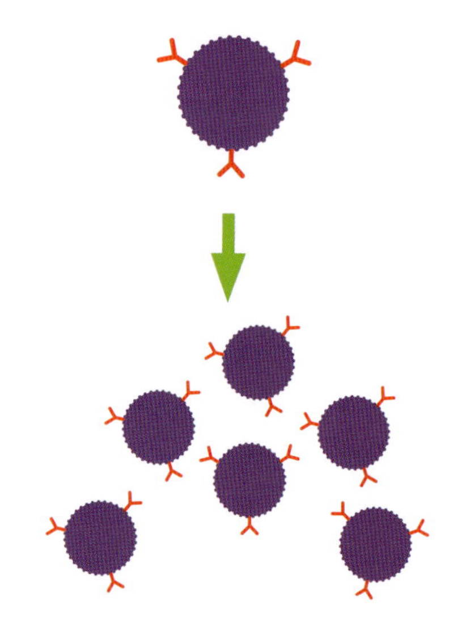

1 病原体には、空気を通して、人から人へと移るものがあります。こうした病原体は、息をしたときに、血液などの体液に入りこみます。

2 白血球は、病原体と結合しようとして、細胞表面にあるさまざまな受容体を試します。こうして、病原体と形が合う受容体をみつけます。

3 形の合う受容体をみつけた白血球は、何千もの新しい細胞に分裂します。これらすべての細胞には、病原体に形の合う受容体があります。

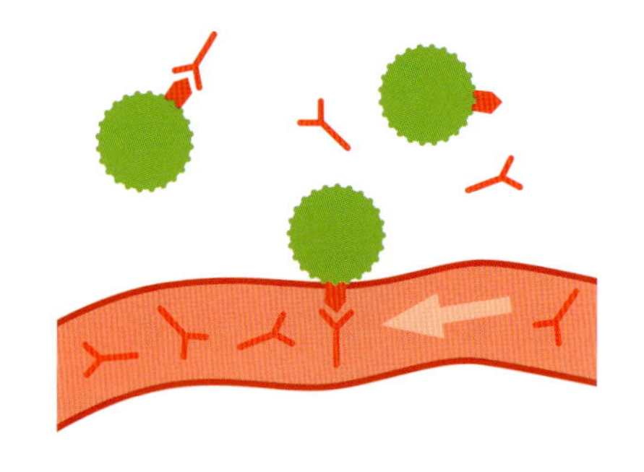

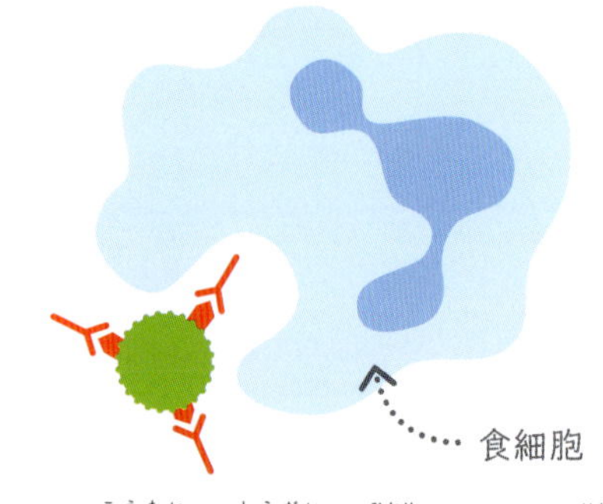

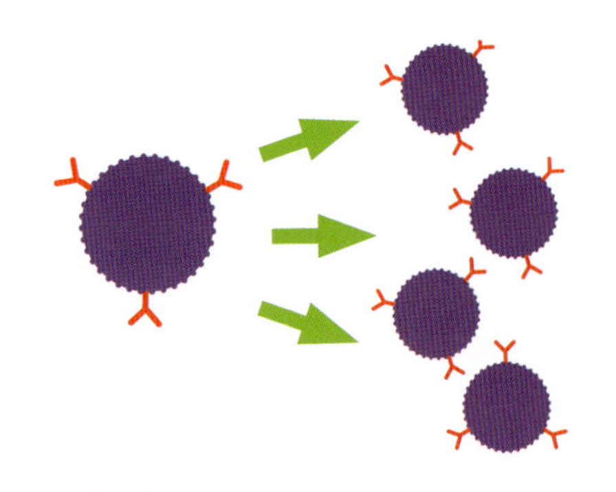

4 新しく作られた細胞は、受容体分子を大量に放出します。抗体と呼ばれるこれらの分子は、体中をめぐって病原体にくっつきます。

5 抗体は灯台の光のように働いて、食細胞と呼ばれる、もう1つのタイプの白血球を呼びよせます。やってきた食細胞は、病原体を飲みこんでこわします。

6 病原体をみつけた血液細胞は、記憶細胞も作ります。記憶細胞は長い年月体内にとどまり、病原体がもどってきたときに、すぐに攻撃できるよう待ちかまえます。

体のバリア

病原体に対する守りは大きくわけて身体のバリアと化学のバリアの2つです。体内のやわらかい組織に病原体が入りこめないようにするのです。

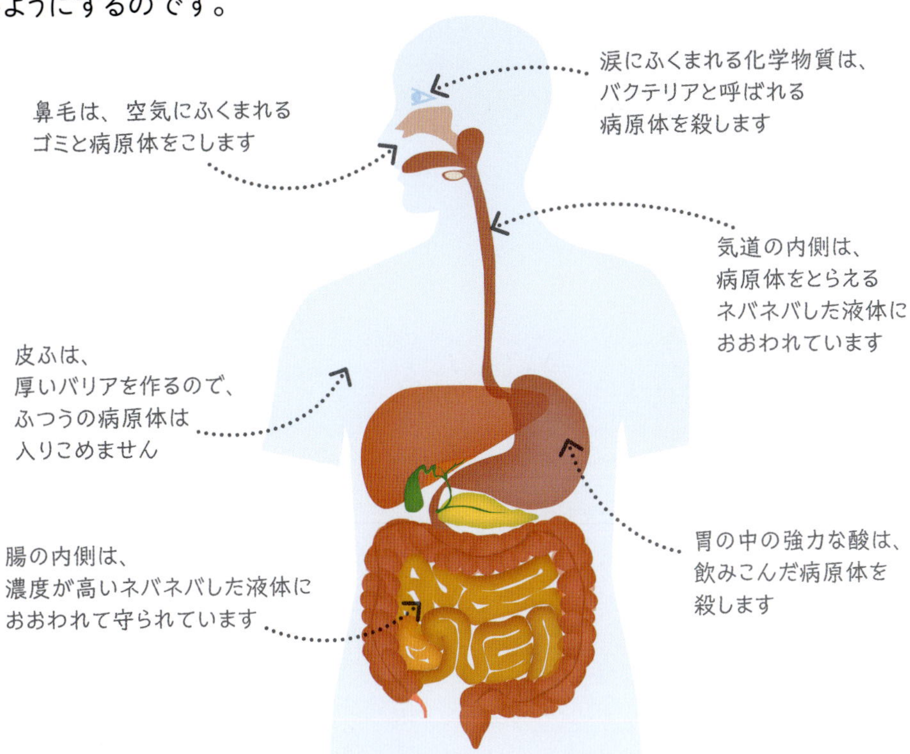

身の周りの科学

ワクチン

ワクチンは、人々が病気にかからないようにするためのもので、害を与えないよう弱められた病原体から作られています。この弱められた病原体が体の中に注射器で入れられると、白血球が抗体を作り、病原体を覚えるのです。

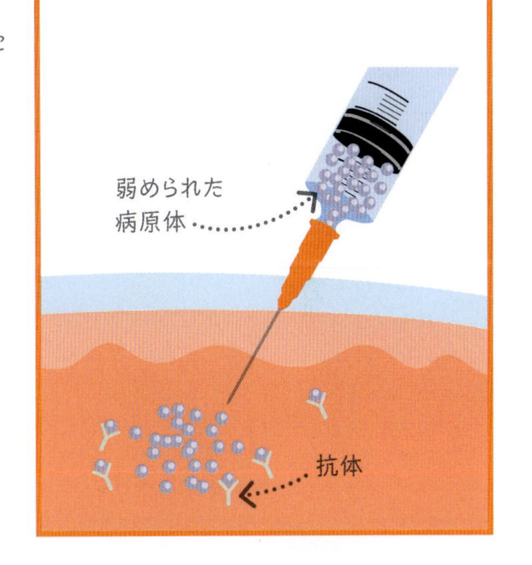

炎症

皮ふが傷つくと、病原体が入りこむ道ができます。この道をふさぐため、傷の回りがはれあがって痛くなり、赤くなります。このことを炎症といいます。

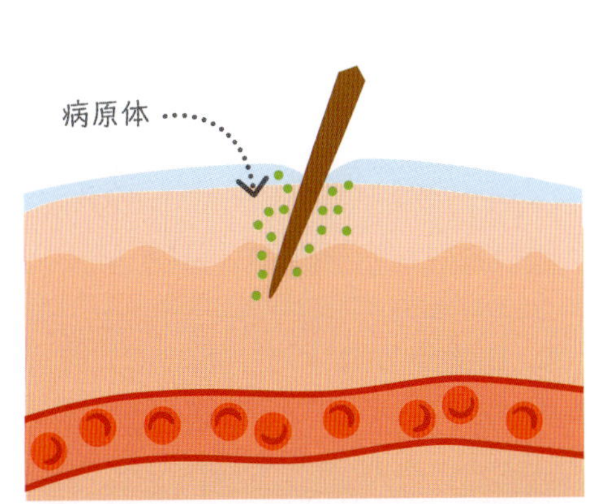

1 とがったものが皮ふをさすと、病原体が入りこみます。傷の回りのこわれた細胞は、炎症を引きおこす化学物質を放出します。

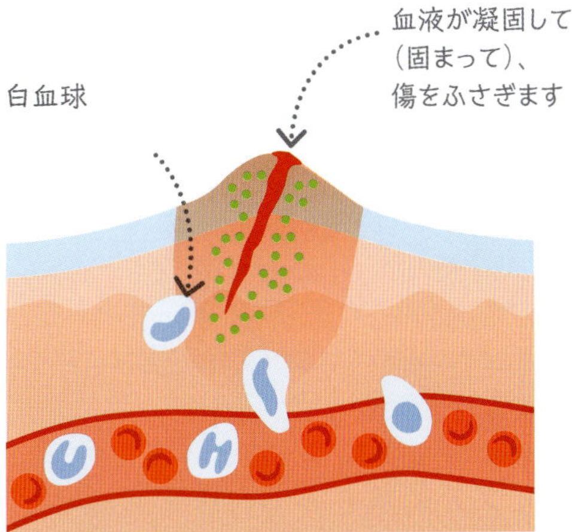

2 傷口付近の血管が広がるため、皮ふが赤くなります。そして液体がしみ出すので、皮ふがはれあがり、白血球が傷ついた部位に入りこみます。

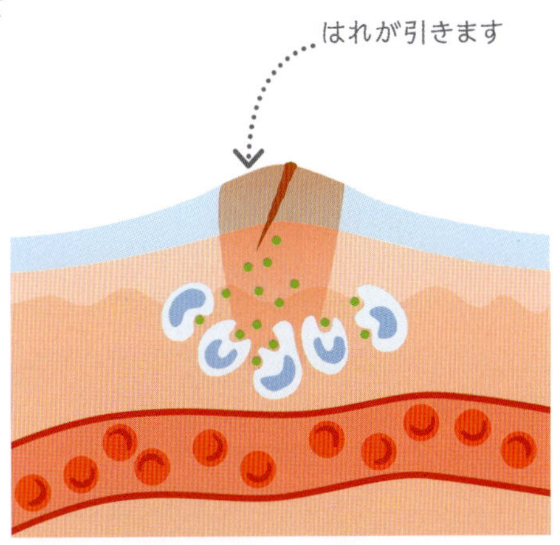

3 白血球が病原体を攻撃して、食べてしまいます。傷ついた組織は治りはじめ、はれも引きます。

感覚と反応

生き物は、生きていくために、周りのことを感じ取り、
食物や危険に反応しなければなりません。
動物は、神経系と筋肉のおかげで、
植物よりすばやく周りのことを感じ取って
反応することができます。

ヒトの神経系は、
最高時速360kmの
速さで信号を運ぶんだよ。

生きのびる

動物の神経系の管理センターは脳です。脳は、周りの変化に反応する方法を、5段階のステップで判断します。

ウサギの脳は、
刺激に関する情報を
受けとって処理します

ウサギにとって、
キツネは刺激です

1 刺激

刺激とは、生き物に反応を引きおこす、あらゆる周囲の変化をさします。ウサギにとって、キツネのような自分を食べるほ食者の姿とにおいは強力な刺激になります。

2 感覚器

ウサギには、さまざまなタイプの刺激をみつける感覚器（目や鼻や耳など）があります。感覚器がいっしょになって集めた情報は脳に送られます。

3 管理センター

ウサギの脳は、感覚器から送られてきた情報を処理します。そして、キツネを危険なものとみなして、どのように反応するかを判断します。

植物は、どうやって周りのことを感じ取って反応するの?

植物は光や水分を感じ取りますが、神経系と筋肉がないので、すばやく反応することはできません。そのため、成長するなかで長い時間をかけて、ゆっくりとそれらに反応していきます。

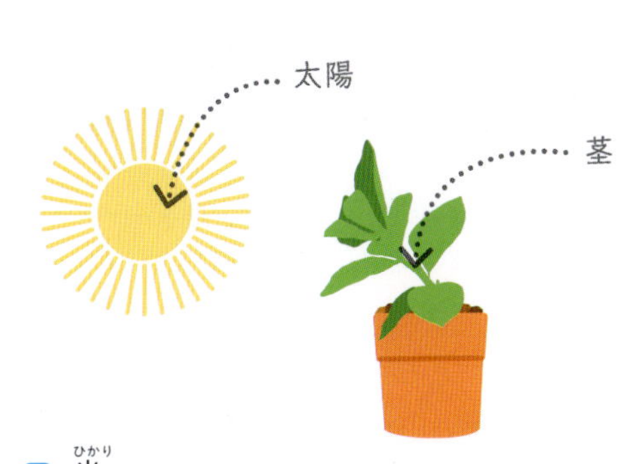

1 光
光は、植物の茎にとって刺激になります。刺激を受けると、日かげになるほうの茎の面が光の当たる面より早く成長するので、植物は光の方にかたむきます。

2 触れる
つる性植物の茎（巻きひげ）は何かに触れると、曲がるという反応を起こします。そのため、成長するにつれて支柱に巻きついていくのです。

3 重力
植物の根は重力を感じて、下に向かって土の中に根を伸ばしていきます。発芽したときに種子が逆の方向を向いていたとしても、根は必ず下の方向に向かって伸びます。

4 効果器官
ウサギの脳は、効果器官と呼ばれる器官に信号を送ります。効果器官というのは反応を生みだす体の部分のことで、筋肉もその一例です。脳は、ウサギのあしの筋肉に、収縮するように命令します。

5 反応
こうしてウサギはキツネを見つけたとたんに大急ぎで逃げ出し、キツネが入りこめない巣穴の中に逃げこむことができるのです。

やってみよう

敏感な皮ふ

ヒトの皮ふには、とくに敏感な場所があります。こうした場所には、触覚受容体（何かにさわった感じを拾いあげる神経細胞）が、より多くふくまれています。ヘアピンやピンセットを手に持ち、その2つのはしを、あまり離さないようにして、指先に当ててみましょう。ものが2つ触れていると感じられますか？　それとも1つに感じられますか？　次に、体の皮ふのほかの場所で、同じことをやってみましょう。ものが2つ感じられるところは、触覚受容体がもっとも多くふくまれている場所です。

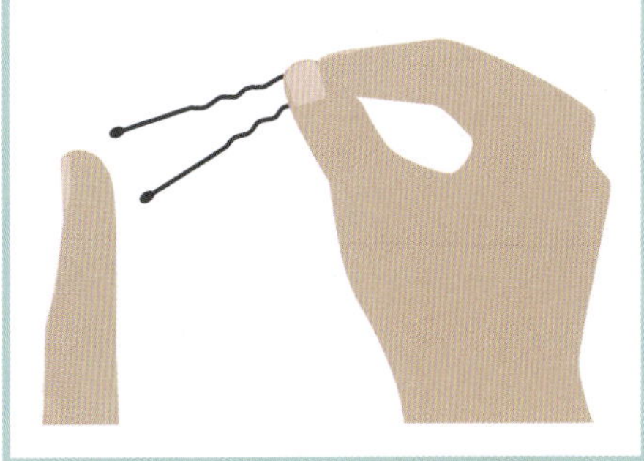

ヒトの神経系

神経系は、あなたの体をコントロールしているネットワークです。あみの目のように広がるこの神経系は、何十億個もの神経細胞からできていて、脳と体のあいだでやりとりされる電気信号を超高速で運んでいます。

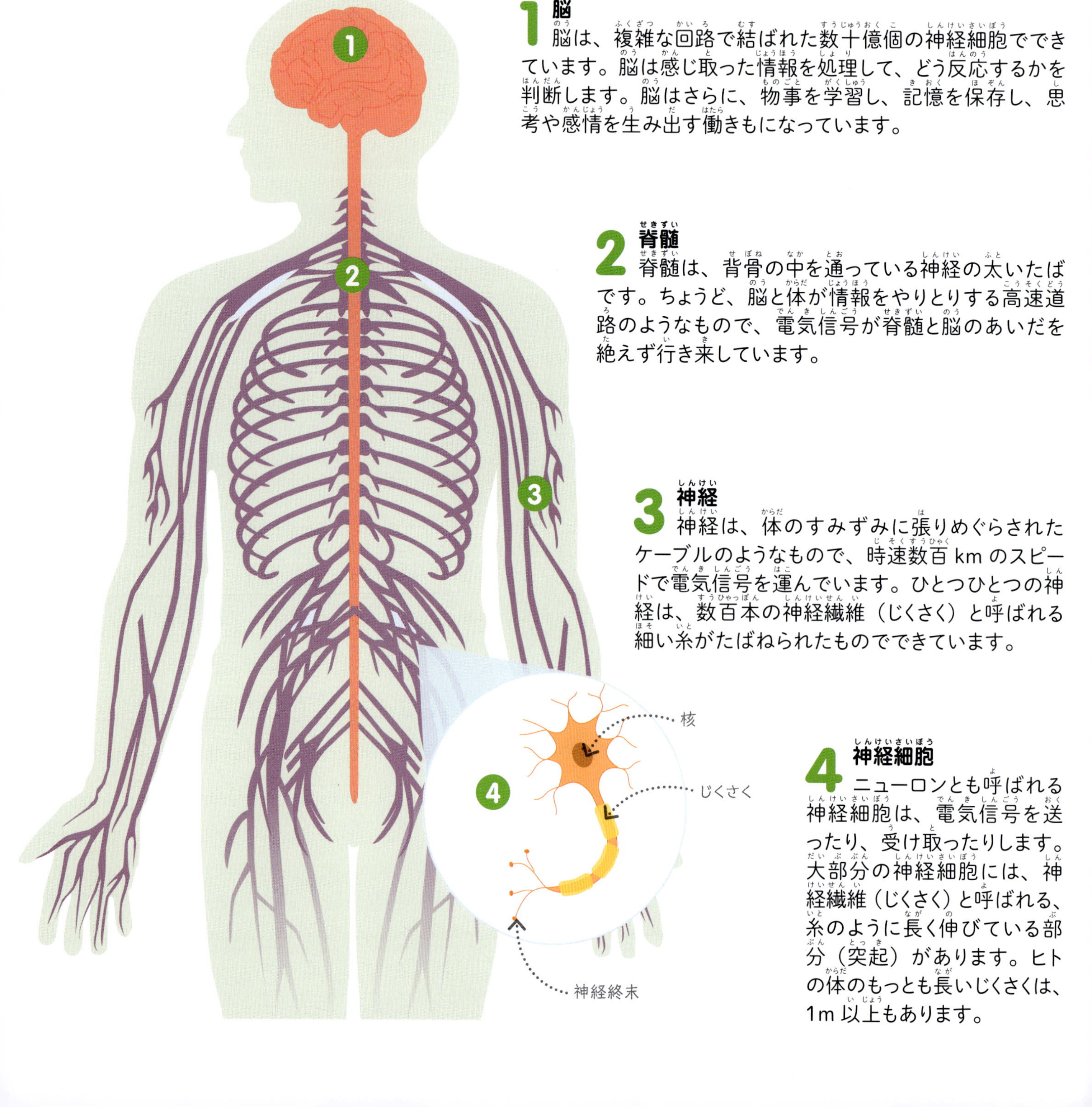

1 脳

脳は、複雑な回路で結ばれた数十億個の神経細胞でできています。脳は感じ取った情報を処理して、どう反応するかを判断します。脳はさらに、物事を学習し、記憶を保存し、思考や感情を生み出す働きもになっています。

2 脊髄

脊髄は、背骨の中を通っている神経の太いたばです。ちょうど、脳と体が情報をやりとりする高速道路のようなもので、電気信号が脊髄と脳のあいだを絶えず行き来しています。

3 神経

神経は、体のすみずみに張りめぐらされたケーブルのようなもので、時速数百 km のスピードで電気信号を運んでいます。ひとつひとつの神経は、数百本の神経繊維（じくさく）と呼ばれる細い糸がたばねられたものでできています。

4 神経細胞

ニューロンとも呼ばれる神経細胞は、電気信号を送ったり、受け取ったりします。大部分の神経細胞には、神経繊維（じくさく）と呼ばれる、糸のように長く伸びている部分（突起）があります。ヒトの体のもっとも長いじくさくは、1m 以上もあります。

神経信号が送られるしくみ

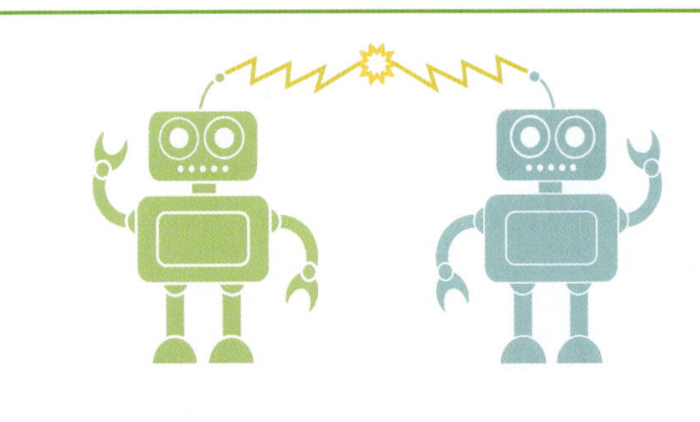

ニューロンが、もう1つのニューロンとつながる場所は、シナプスと呼ばれています。でもシナプスには小さなすき間があるので、電気信号を、細胞から細胞に直接渡すことができません。そこで、神経伝達物質と呼ばれる化学物質が、このすき間をこえて電気信号を運んでいます。

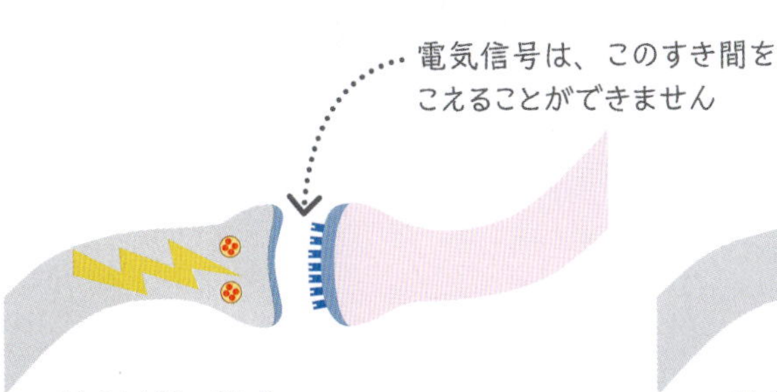

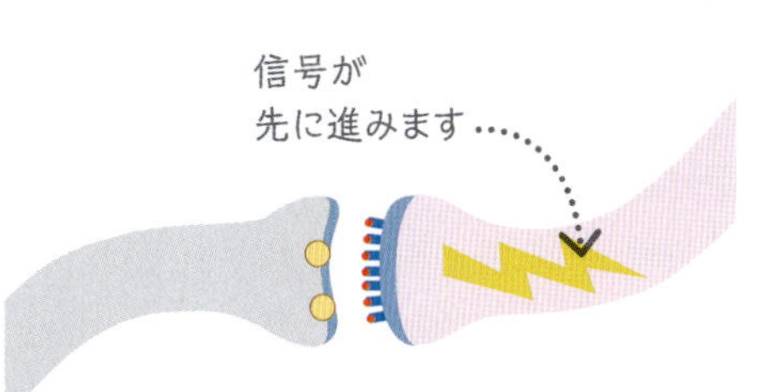

1 電気信号（電気インパルス）がニューロンを伝って、細胞のはしに届きます。

2 電気信号が、神経細胞のはしにある小さな貯蔵庫から神経伝達物質を放出させます。

3 この化学物質が次の細胞にある受容体と結びつき、新しい電気信号が生まれます。

大脳皮質

脳のもっとも外側にある部分は、大脳皮質と呼ばれます。ヒトの大脳皮質は、ほかの動物に比べてずっと大きくなっています。大脳皮質には深いみぞがあり、いくつかの脳葉と呼ばれる領域に分かれています。知的作業の一部（言語処理など）は、特定の脳葉に集まっていますが、大部分の知的作業には脳のさまざまな部分が、まだよくわかっていない方法で関わっています。

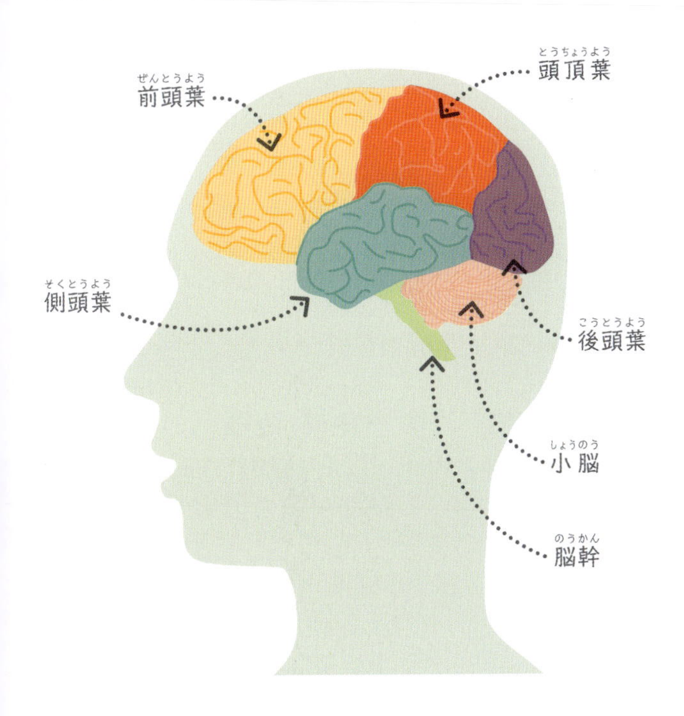

身の周りの科学

義肢

失われた手足を人工的に補うものをまとめて義肢と呼びますが、腕の場合は義手と呼ばれます。最近の義手には、筋肉の神経信号を感知するセンサーが付いているので、考えただけで、機械の手が動かせるようになっています。

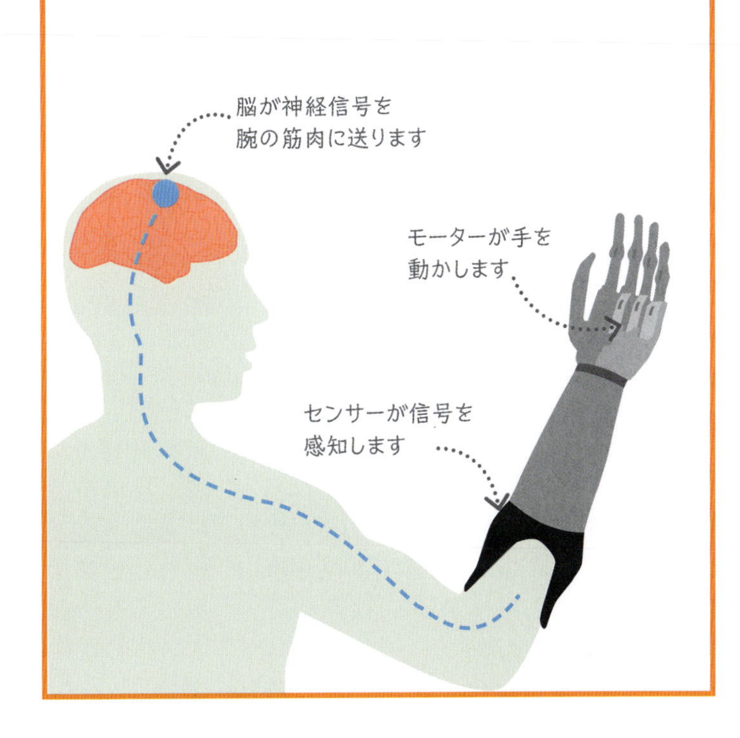

ヒトの目

目は、世の中を見えるようにする感覚器です。
光の刺激を受けると、目は神経信号を脳に送ります。
その情報は脳の中で処理されて像を作ります。

脳は両方の目からの
画像を組み合わせて、
立体的な像を作るんだよ。

目のしくみ

目はカメラのように働き、光線をしぼって焦点を合わせ、はっきりした像を作られるようにします。ふつう光は、太陽や電球といった光源から直接目に入ってきますが、物体の表面に反射して（ぶつかって、はねかえり）目に入ってくる光もあります。

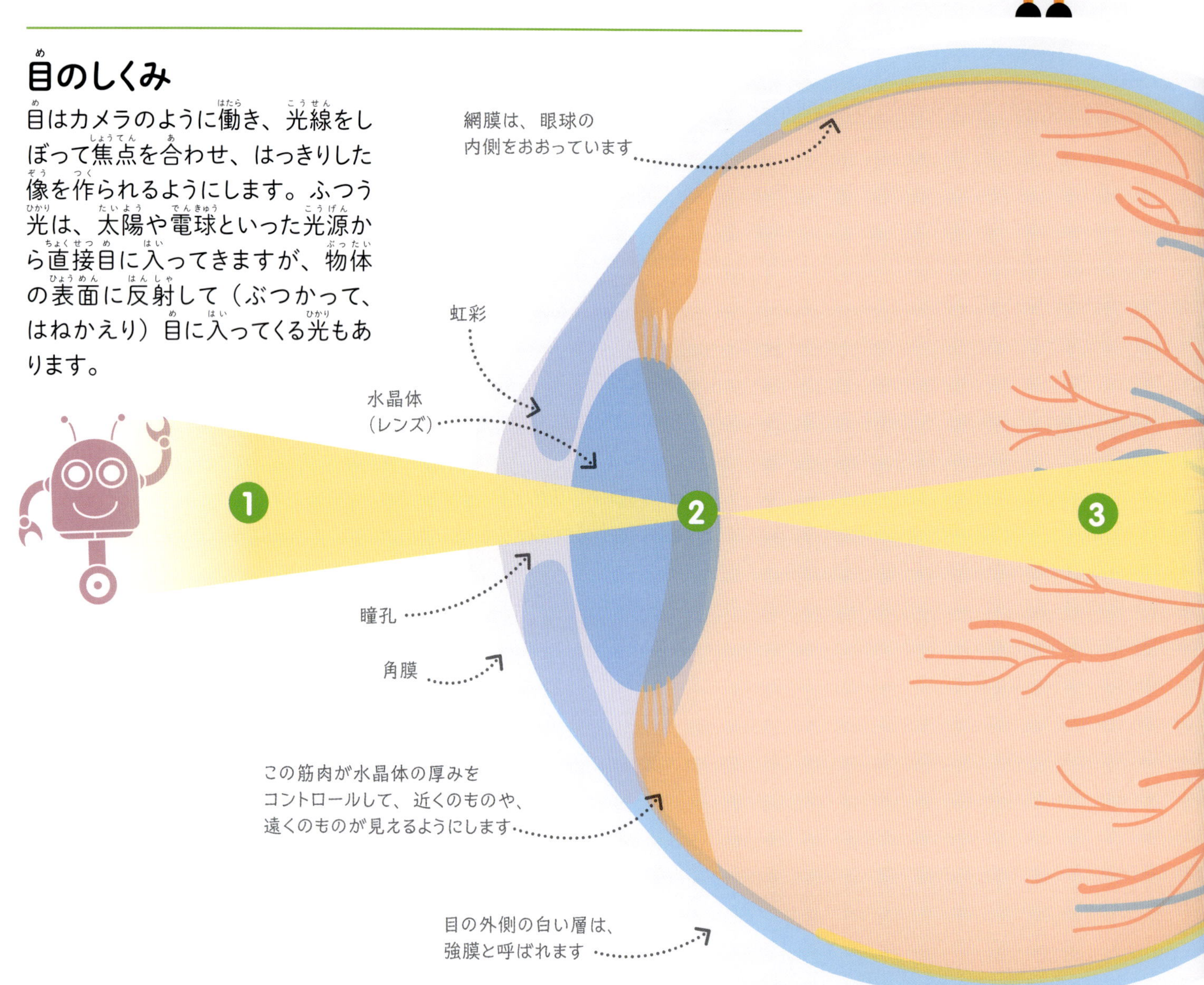

1 光が入る

光は、眼球をおおっている、角膜と呼ばれる、透明な部分を通して目に入ります。光線はここで少し曲げられてから、瞳孔と呼ばれる、虹彩の中央にある穴に入ります。

2 光線をしぼって焦点を合わせる

目の筋肉は、自動的に水晶体の厚みを変え、光線をしぼって焦点を合わせます。そのあと光線は目の奥にある、網膜に届きます。すると、さかさまになっている像が作られます。

3 光を感じとる

網膜の裏側には、光を感じとる細胞が数百万個もあります。明るい光のもとで色を感じるすい体細胞と、暗いところでも形が見えるようにするかん体細胞の2種類があります。

焦点を合わせる

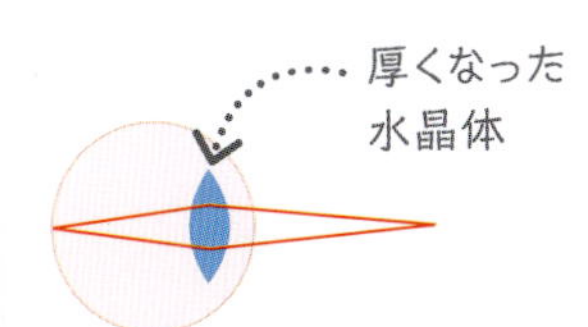

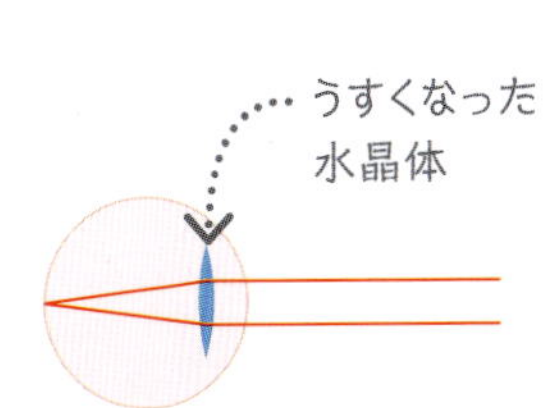

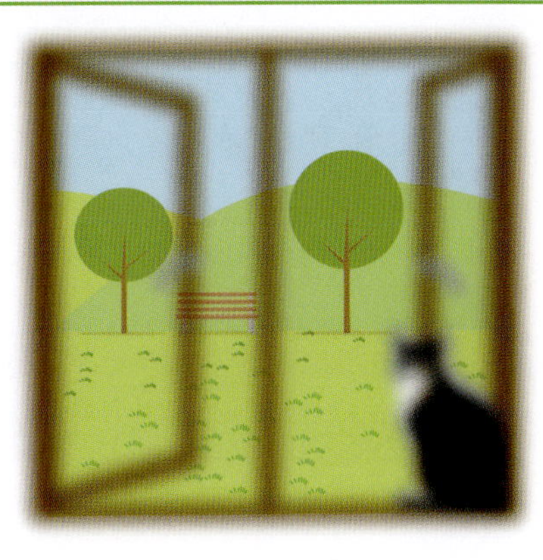

1 近くを見る
近くのものを見ると、水晶体の回りの筋肉が縮んで水晶体の厚みを増やすため、焦点が合って、はっきり見えるようになります。すると、遠くのものはぼんやり見えるようになります。

2 遠くを見る
遠くのものを見ると、水晶体の回りの筋肉がゆるんで、水晶体がうすくなります。すると、遠くの物ははっきり見えるようになりますが、近くのものはぼんやり見えるようになります。

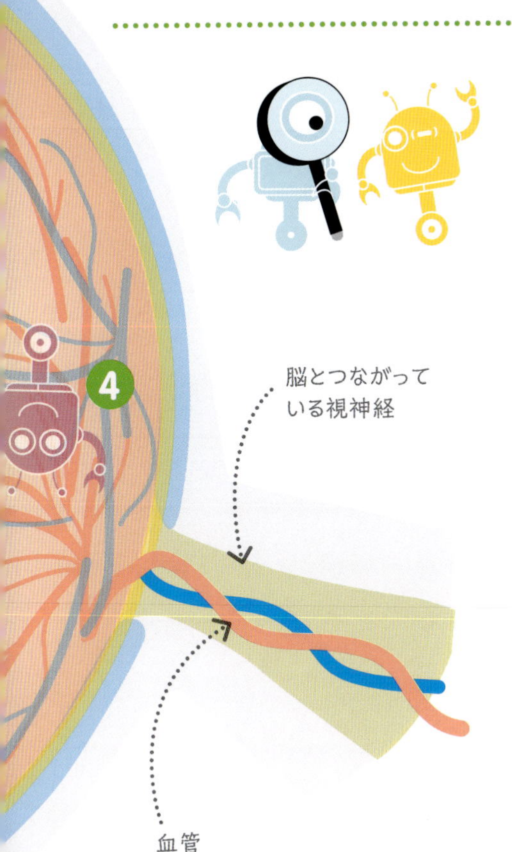

虹彩の反射

虹彩（目の色のついている部分）は、瞳孔を大きくしたり小さくしたりして、目に入ってくる光の量をコントロールします。明るい光のもとでは、瞳孔は小さくなり、暗いところでは、瞳孔は大きくなります。

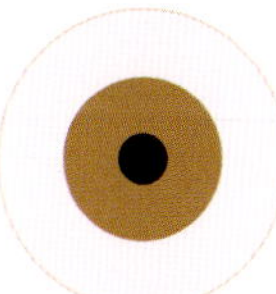

とても明るい場所にいるときの目

とても暗い場所にいるときの目

4 像を作る
網膜は、光線を電気信号に変えます。これらは視神経を伝って脳に届き、そこで処理されて、細部のはっきりした、まっすぐ立った像になります。

身の周りの科学

めがねとコンタクトレンズ

網膜に届く光線の焦点が正しく調節できないために、ものがぼんやり見えてしまう人がいます。そういう人には、めがねやコンタクトレンズが、目に入ってくる光線を曲げて、水晶体の働きを助けてくれます。

近視の人は、遠くのものからの光線の焦点が、網膜の前で合ってしまいます

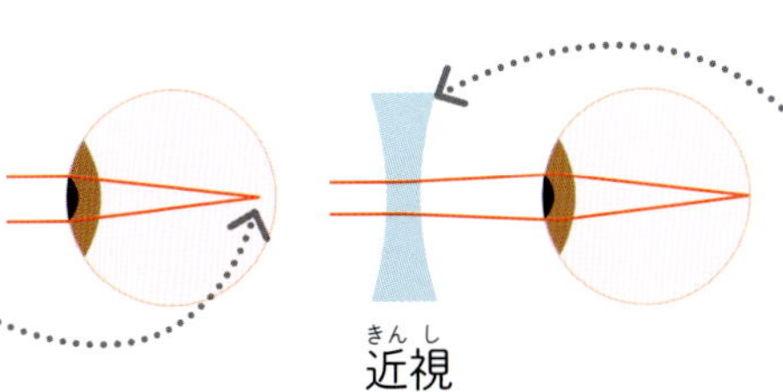

内側にへこんだレンズが、近視を補います

遠視の人は、近くの物からの光線の焦点が、網膜の後ろで合ってしまいます

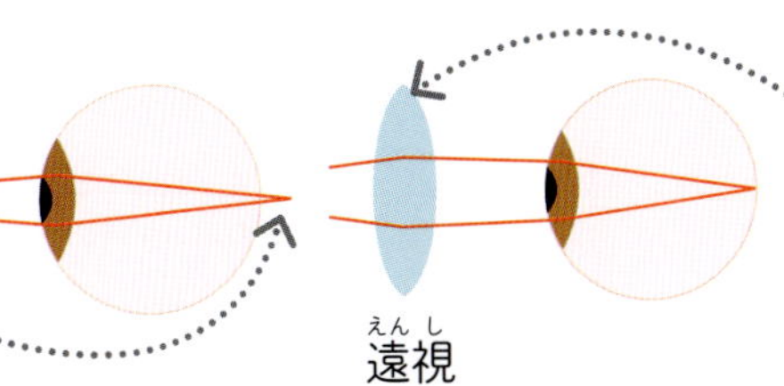

外側にふくらんだレンズが、遠視を補います

ヒトの耳

耳は、音を聞くための器官です。
空気中の音波をとらえて、電気信号を脳に送ります。
すると脳は、音の感覚を作り出します。

一番大きな外耳、まん中の中耳、そして内側にある内耳の3つの部分からできているんだよ。

耳のしくみ

ものが振動すると（すばやく行ったり来たりすると）音波が出ます。この音波が、空気を通して耳に入ると、一度振動にもどされたあと、また音波に変えられて、液体の中を進みます。

1 外耳

外耳で集められた音波は、鼓膜に入ります。鼓膜はうすい皮ふでできていて、音がぶつかると振動します。

2 中耳

鼓膜からの振動は、中耳にある3つの小さな骨を通りぬけます。耳小骨と呼ばれるこれらの骨は、てこのように前後に動いて音を大きく（増ふく）し、振動を内耳に伝えます。

3 内耳

音は、こんどは音波になって、内耳にある液の中を進みます。音波は、かぎゅう（うずまき管）と呼ばれるカタツムリのような形をした管に入ります。かぎゅうの中には小さな毛のような細胞（有毛細胞）がつまっていて、それらが動きをとらえます。

4 脳に信号を送る

かぎゅうの中に入った音波は、有毛細胞をさまざまなレベルで曲げます。そして、有毛細胞の動きの形が電気信号として脳に送られるのです。

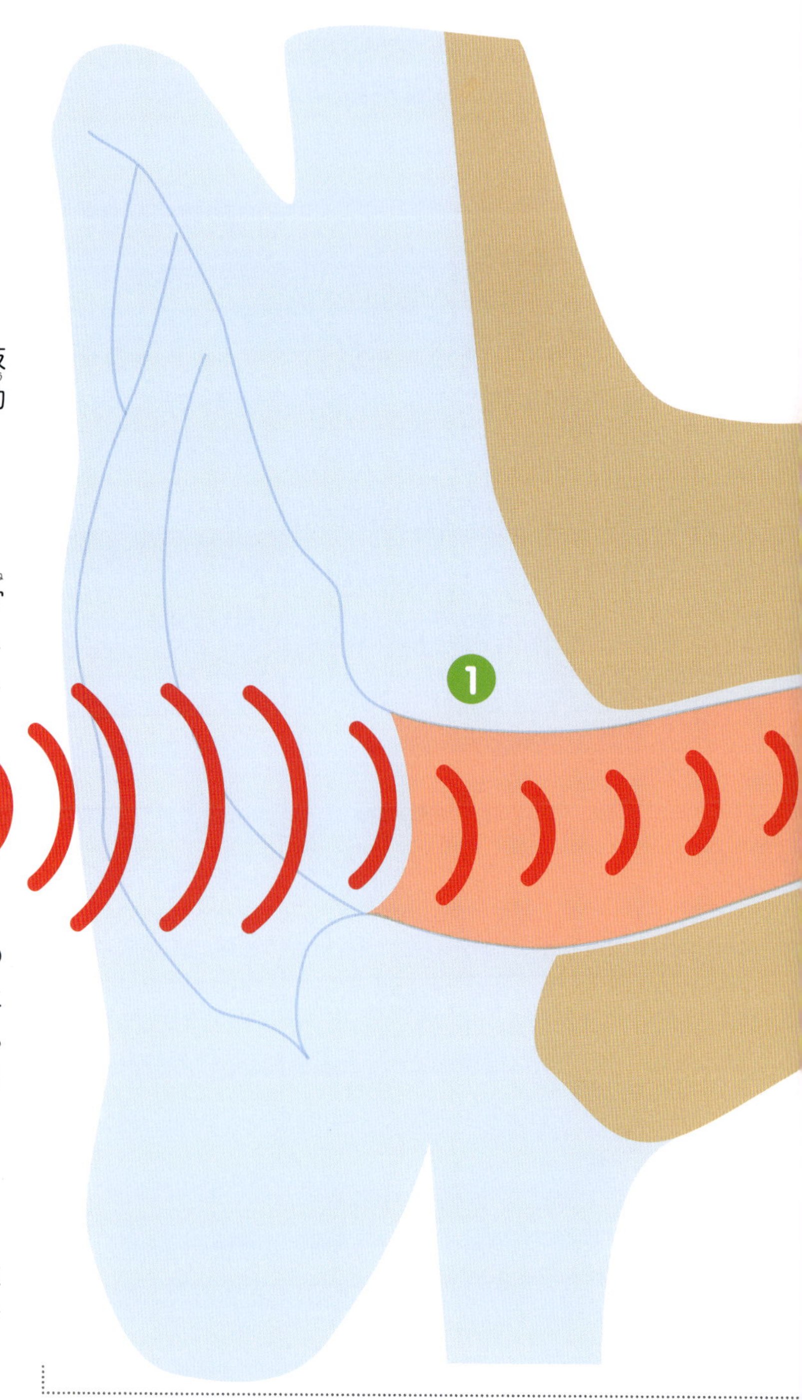

音の高さを聞きとる

人間の耳は、音が高いか低いかを聞きとることができます。なぜなら、かぎゅう内のさまざまな場所にある有毛細胞が、音の高さをとらえるからです。たとえば、かみなりのような低い音は、かぎゅうの中央部でとらえられ、鳥の鳴き声のような高い音は、かぎゅうの入り口付近でとらえられます。

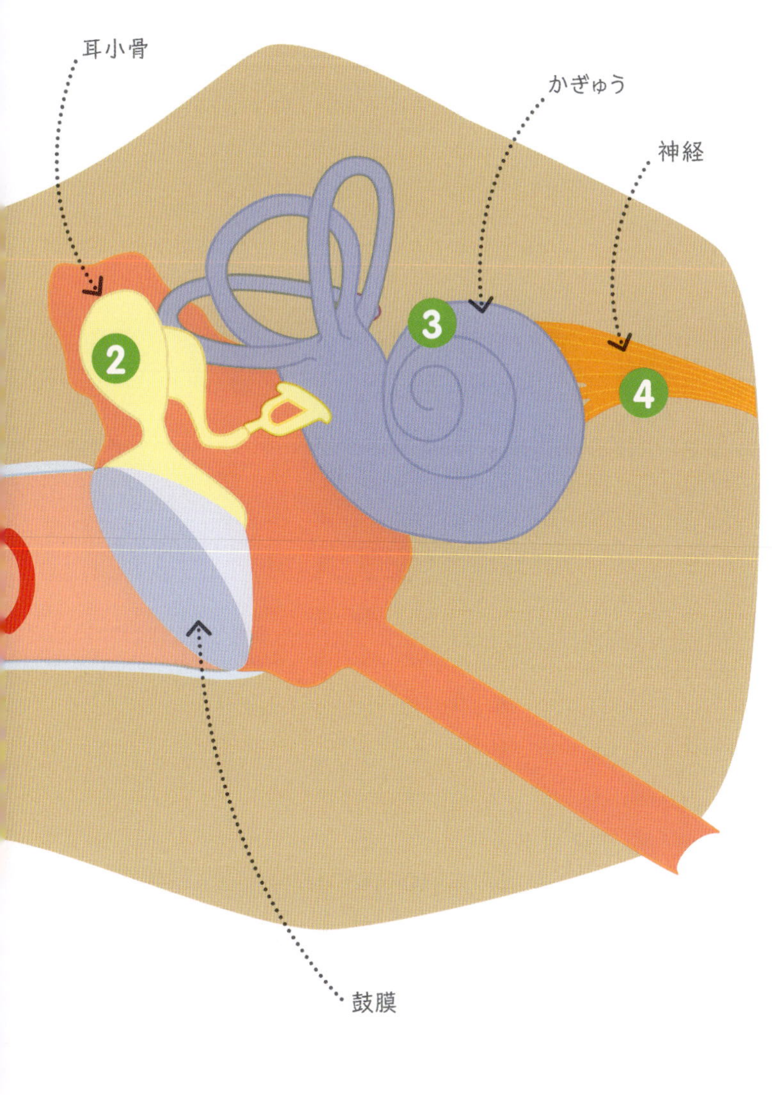

バランス感覚

耳は、バランス感覚ももたらしています。頭を動かすと、かぎゅうのとなりにある、複雑な管や小部屋の中に入っている液体がゆり動かされます。この液体の動きを運動センサーが感知し、センサーが脳に信号を送って、頭の向きと動きを教えるのです。

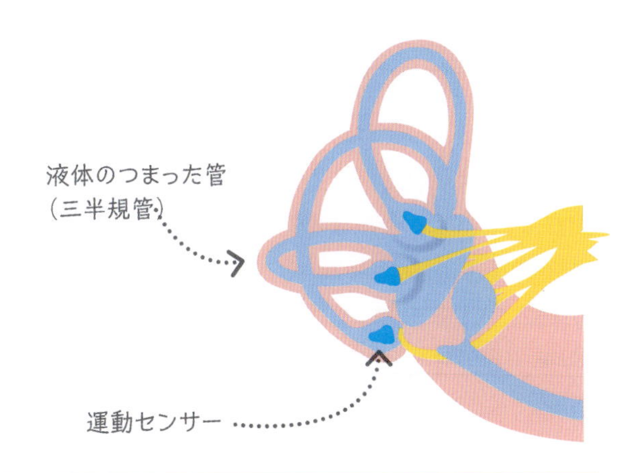

身の周りの科学

人工内耳

人工内耳は、耳の不自由な人が音を聞けるようにするための電子機器です。マイクが音を拾い、手術で皮ふの下にうめこまれた受信機に、無線電波として送ります。すると、無線電波をキャッチした受信機が導線を通して、かぎゅうにうめこまれた電極にこの電気信号を送り、そこにある有毛細胞を刺激するのです。

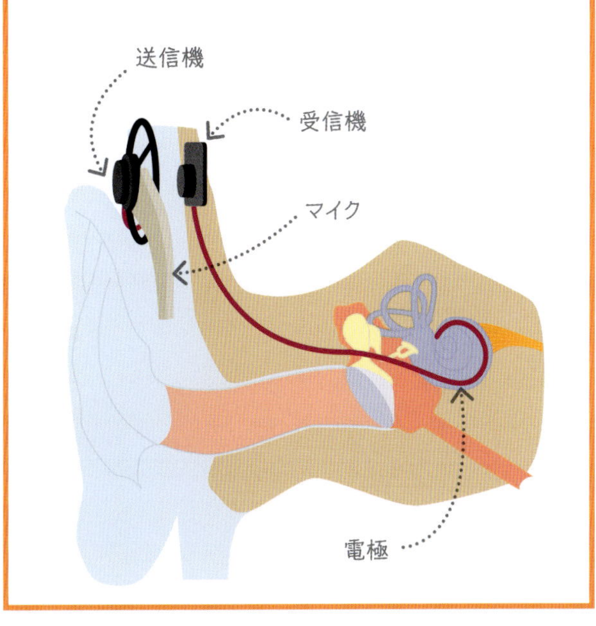

動物が動くしくみ

あらゆる生き物は動きます。でも動物は、植物に比べて、ずっと多く動きます。そのわけは、より大きくすばやい動きがコントロールできる筋肉と神経系があるからです。

動物は、食物と結婚相手を探すため、そして危険から逃げるために動かなければならないんだよ。

動物の動き方

動物は筋肉を縮めることによって動きます。筋肉が縮むと体の一部が引っぱられるので、体のポジションを変えたり、ほかの場所に移ったりすることができます。動くにはエネルギーを使いますが、このエネルギーは呼吸から作り出されます。動物には、とても高速で縮む筋肉を持っているものがあり、こうした動物は、とてもすばやく動くことができます。

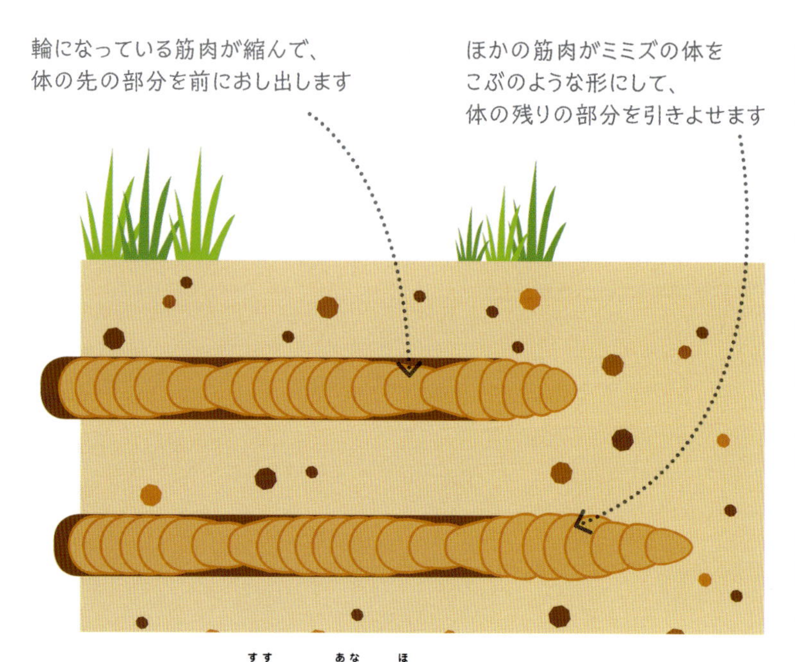

輪になっている筋肉が縮んで、
体の先の部分を前におし出します
ほかの筋肉がミミズの体を
こぶのような形にして、
体の残りの部分を引きよせます

1 泳ぐ

魚は体の両側にある強力な筋肉を、片方ずつ縮ませることによって泳ぎます。これらの筋肉の働きにより体が右左に曲がるため、魚は尾の部分を使い、ひれでバランスをとって、水の中を進むことができるのです。

2 クネクネ進む、穴を掘る

多くのやわらかい体の動物には、動きを助けるための筋肉がつまっています。ミミズはとてもゆっくり前進しますが、その筋肉は、土をおしのけてトンネルを掘ることができる大きな力を生み出しているのです。

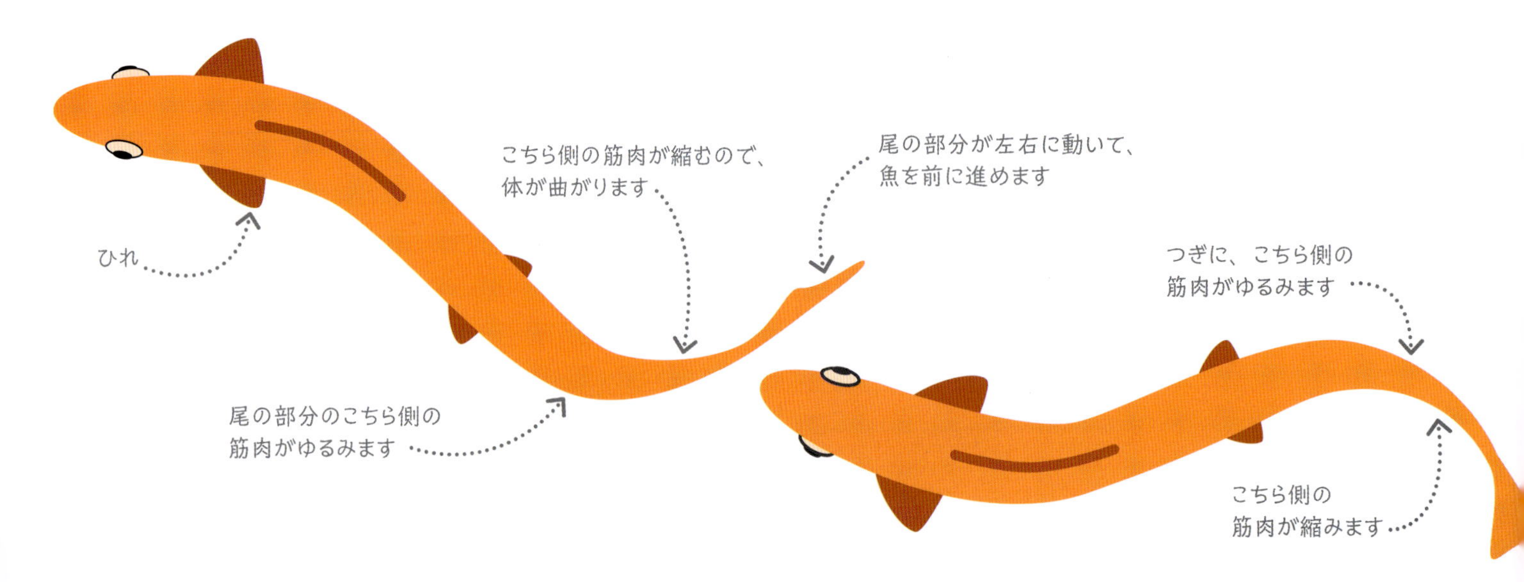

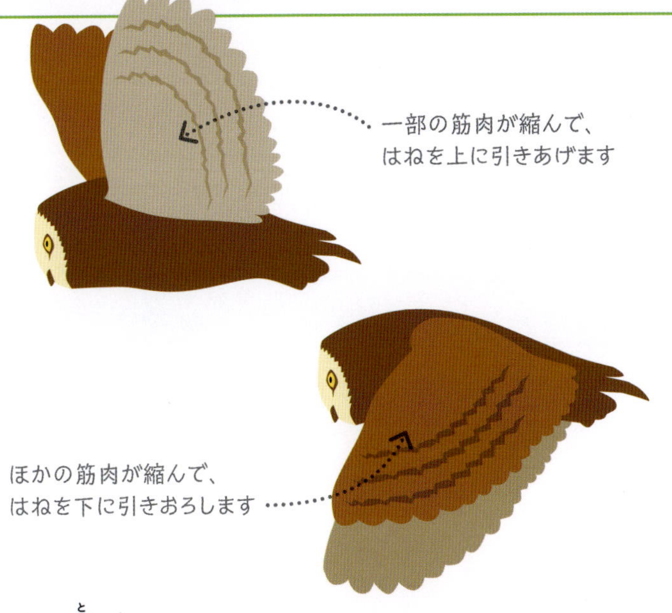

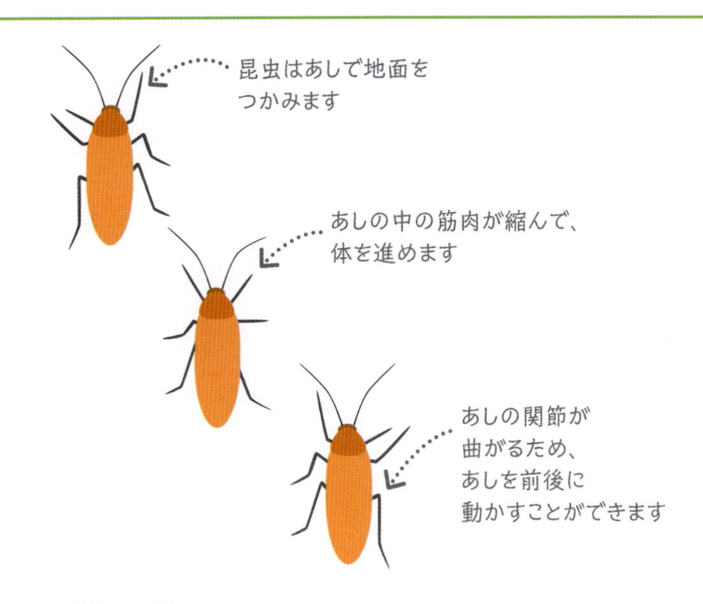

3 飛ぶ

空を飛ぶ動物には強力な筋肉があり、それが翼を上下に動かします。昆虫には背中にはねがありますが、これは手あしではありません。鳥は、“前あし”に当たる部分をはねとして使って空を飛びます。

4 歩く、走る

あしを持つ動物は、それを使って、歩いたり、走ったり、穴を掘ったり、登ったり、泳いだりします。昆虫、クモ、トカゲ、鳥、ほ乳類は、みな強力な筋肉のあるあしを持っています。これらの筋肉が縮むと、あしが関節で曲がるため、体を進めることができます。あらゆる動物の中で、もっとも速く走れるのはチーターです。

5 触手が動く

イソギンチャクは植物のように見えますが、肉食性の動物です。ほとんどの時間は、そくばん（あし）が海底に固定されているので、筋肉質の触手を使って、近くを通りすぎるえものをつかまえ、体の中心にある口に入れています。

やってみよう

ヨロヨロ歩き

わたしたちは歩いたり走ったりするとき、腕を反対側のあしに合わせてふっています。でも、右腕を右あしに、左腕を左あしに合わせたらどうなるでしょう? とても変な感じがするはずです。あしと反対の腕をふるのは、あしが前に出たときに体がひねられるので、それを補って体のバランスをとるためなのです。

筋肉

筋肉は、運動を生み出す体の部位です。
筋肉はみな、収縮する（短くなる）ことによって働きます。
そのようにして、ほかの体の部位を縮めたり引っぱったりするのです。

体の中で一番速く動く筋肉はまばたき用の筋肉。1秒間に5回も動くんだ。

一組の筋肉

筋肉は、骨を引っぱることはできますが、押しもどすことはできません。この問題を解決するため、骨を2つの方向から引っぱれるように、一組の筋肉が反対側に位置していることがよくあります。

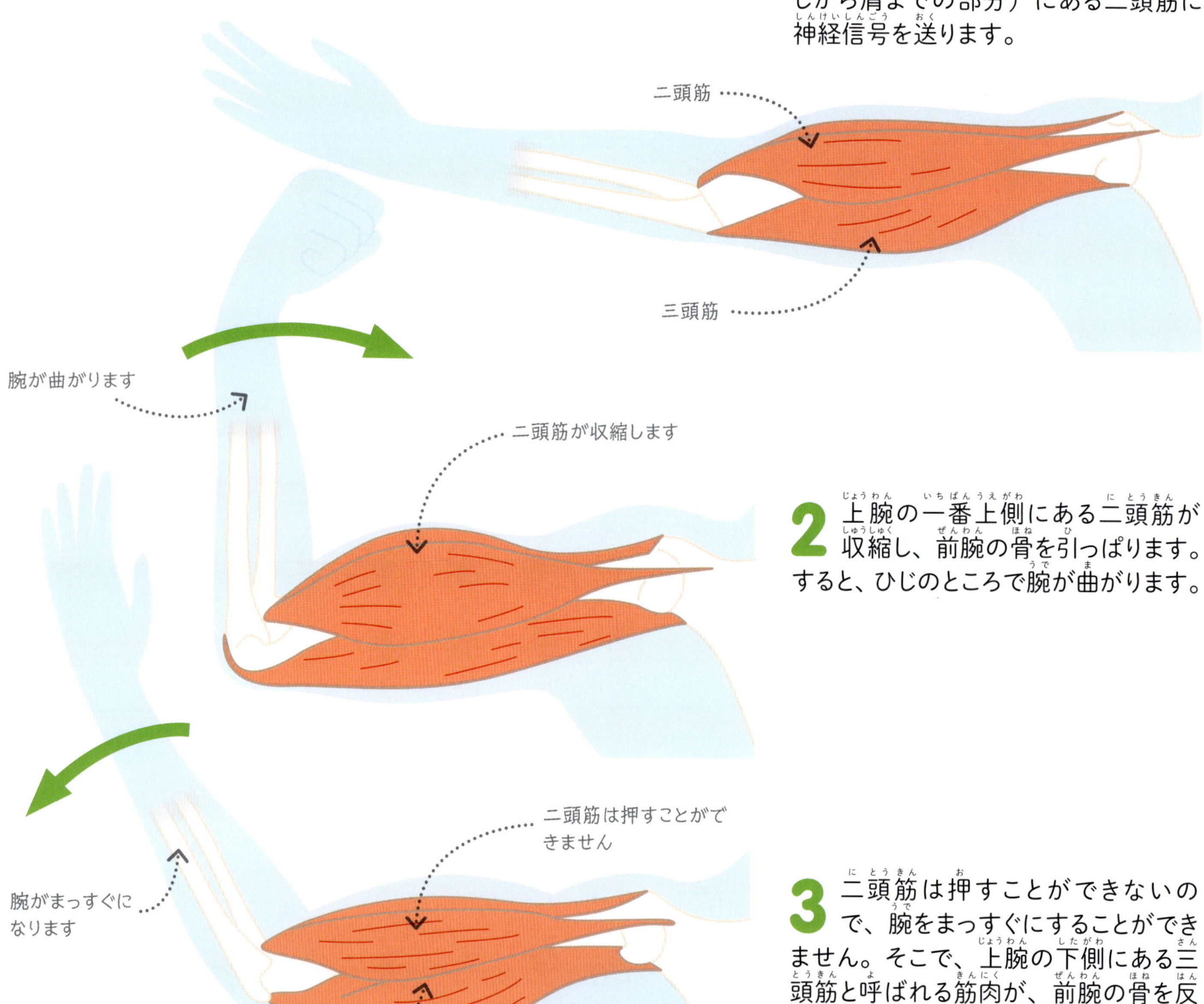

1 前腕（ひじから手首までの部分）を曲げたいとき、脳はまず、上腕（ひじから肩までの部分）にある二頭筋に神経信号を送ります。

2 上腕の一番上側にある二頭筋が収縮し、前腕の骨を引っぱります。すると、ひじのところで腕が曲がります。

3 二頭筋は押すことができないので、腕をまっすぐにすることができません。そこで、上腕の下側にある三頭筋と呼ばれる筋肉が、前腕の骨を反対側に引っぱります。

筋肉の種類

ヒトの体には、主に3種類の筋肉があります。骨の上についている筋肉は、骨格筋と呼ばれますが、随意筋と呼ばれることもあります。なぜなら、意識して（随意で）コントロールすることができるからです。でも、ほかの筋肉は不随意筋で、わたしたちが意識することなく、自動的に働きます。

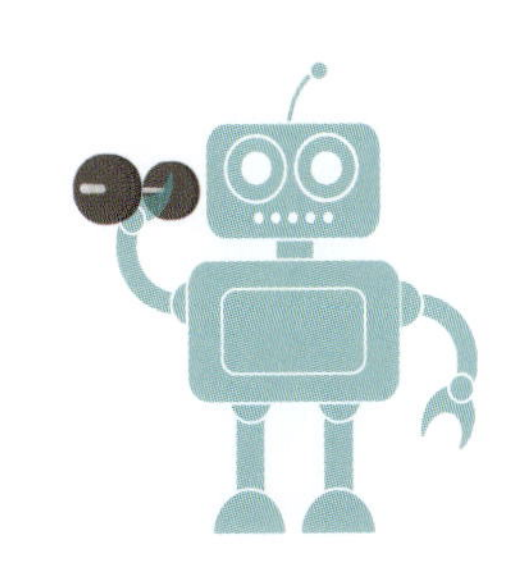

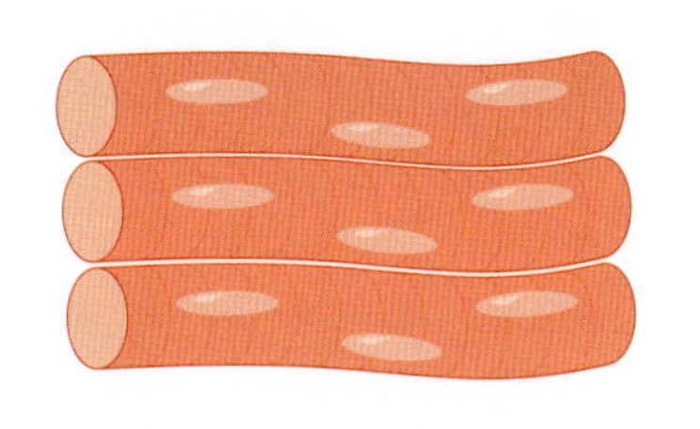

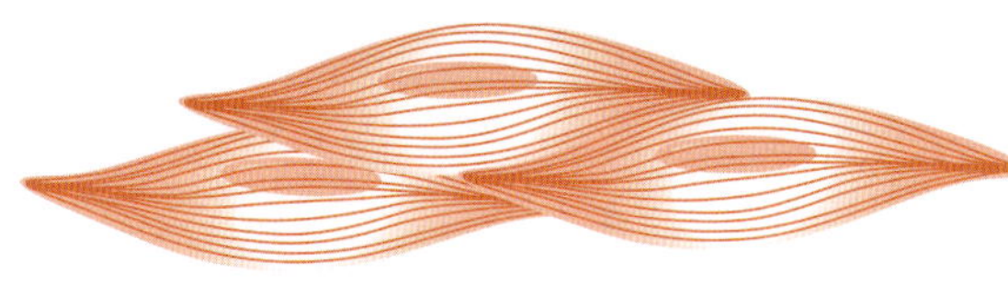

1 骨格筋
骨格筋は、とても長くて細い、筋繊維と呼ばれる細胞でできています。とても強力に収縮しますが、何度も収縮すると疲れてしまい、回復のために休めることが必要になります。

2 平かつ筋
平かつ筋は、たとえば腸と胃の壁にあります。これらは自動的に働いて、あなたが考えることなく収縮し、食物を消化系に送ります。

3 心筋
心臓の筋肉質の壁は、枝分かれした細胞が集まった心筋でできています。心筋は約1秒間に1回収縮し、休みなく働きます。

やってみよう

ロボットハンド

筋肉は、けんと呼ばれる、がんじょうなすじのような繊維のたばによって骨に固定されています。たとえば、手の指は、手のひらの皮ふの下にあるけんによって上腕の筋肉につながり、引っぱられます。厚紙、ひも、ストローを使ってロボットハンドを作り、このしくみを見てみましょう。

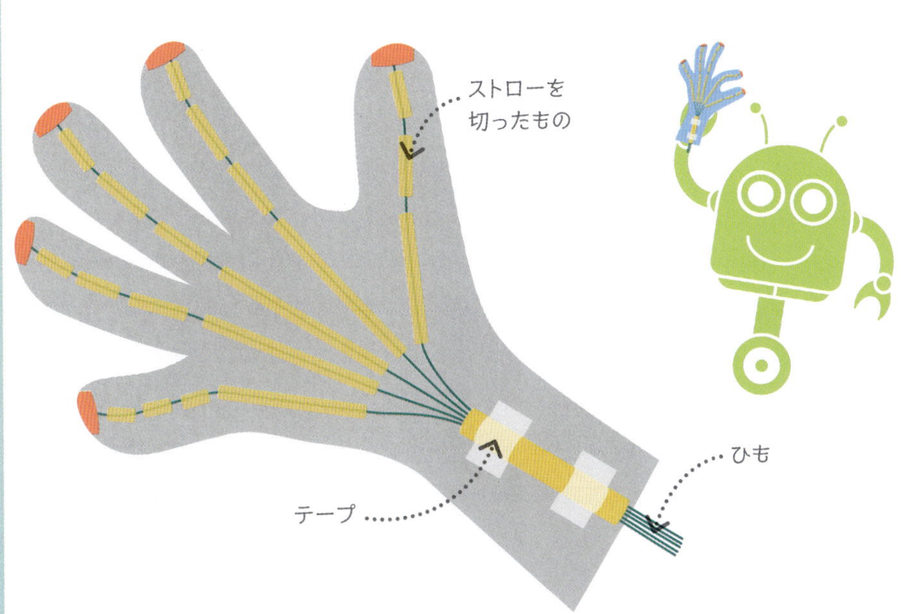

1. 厚紙に手の形をなぞり、はさみで切りぬきます。
2. ストローを短く切り、厚紙の“手のひら”と指の上にテープではりつけます。指の関節の場所は空けるようにしましょう。そのあと、関節のところを少し内側に折り曲げます。
3. ひもを手首のストローから指先まで通し、指先のところでテープを使ってしっかりとめます。
4. 手首のところでひもを引っぱり、指を1本ずつ曲げてみましょう。

骨格

ヒトの骨格は、200以上の骨からなる、柔軟性のあるわく組です。骨は、体を支え、体が動けるようなやり方で、それぞれにつながっています。

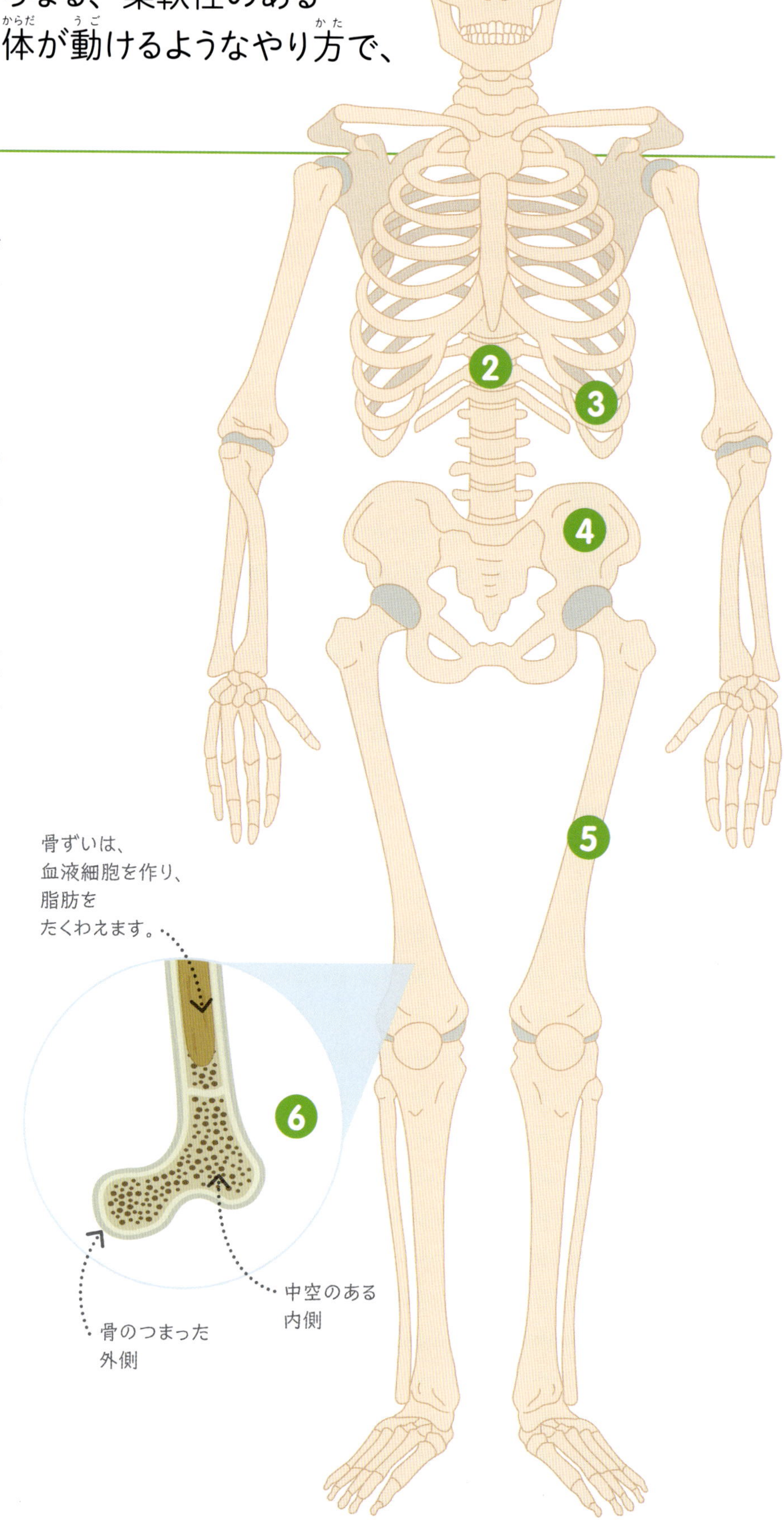

1 頭がい骨

頭がい骨は22の骨からなり、それぞれがっしり組み合わさって、脳を守るじょうぶなヘルメットを形づくっています。

2 背骨

背骨は、せきついと呼ばれる、33の骨が組み合わさった柱で、上半身を支えています。

3 ろっ骨

24の骨が、胸を囲むかごのような形を作っています。ろっ骨は呼吸を助け、心臓と肺を守っています。

4 骨盤

大きな骨盤は、あしの強力な筋肉を支えるとともに、腹部の中のやわらかい器官を収める骨のゆりかごとして働いています。

5 大腿骨

体の中でもっとも長く、もっとも強い骨は、あしの骨です。あしの骨にあるとてもしなやかな関節は、体の動きを助けています。

6 骨の内部

体のもっとも大きな骨でも、骨がぎっしりつまっているわけではありません。内部は中空のあるハチの巣状になっていて、骨を軽く、がんじょうにしています。

関節

2つ以上の骨が出会うところには、関節があります。関節は繊維組織の帯と筋肉で支えられていますが、多くの関節では、骨を特定のやり方で動けるようにしています。

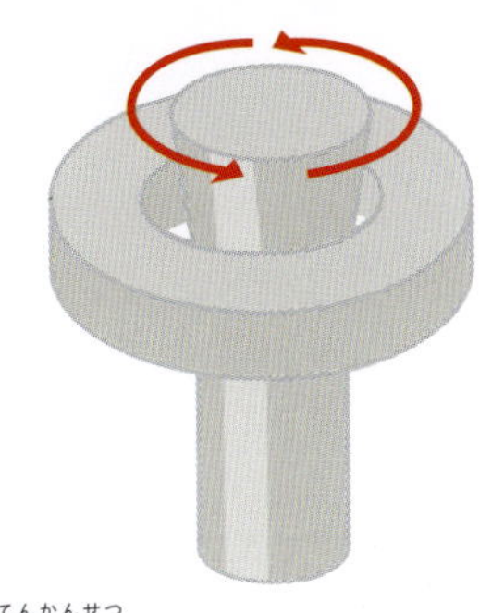

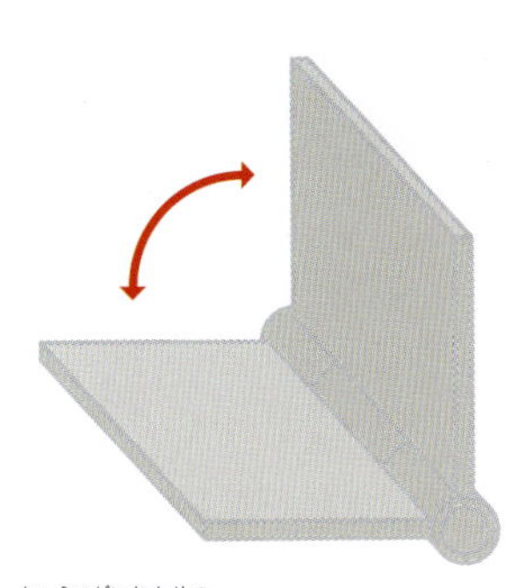

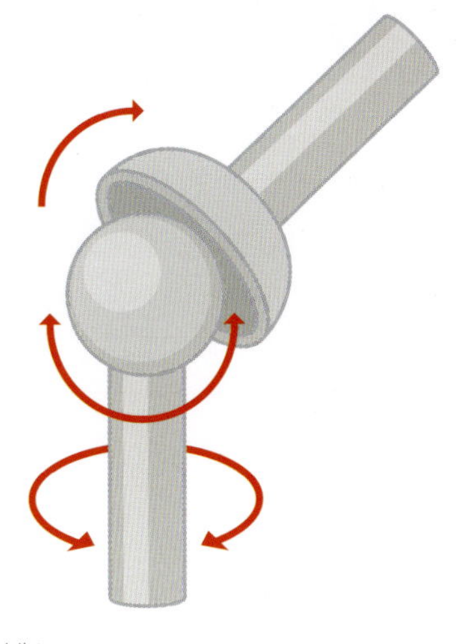

1 回転関節
首を回すときには、回転関節を使います。このタイプの関節では、骨が他の骨の回りを回転できるようになっています。

2 蝶番関節
指を曲げるときには、蝶番関節を使います。ドアの蝶番（上の図）のように、骨は一方向にだけ動きます。

3 球関節
あしの付け根と肩には、ボールとソケットからなる球関節があり、あしと腕をあらゆる方向に動けるようにしています。

動物の骨格

動物の骨格にはさまざまなものがあります。わたしたち人間のように、体の中にある骨でできているものもありますし、体の外側にあるものもあります。一部のやわらかい体の動物は、液体を骨格のように使っています。

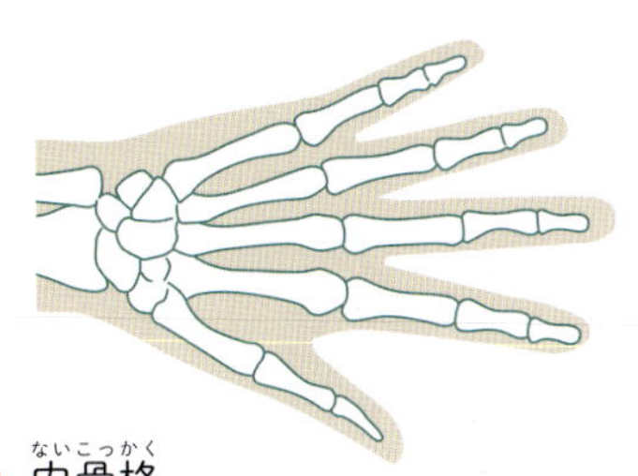

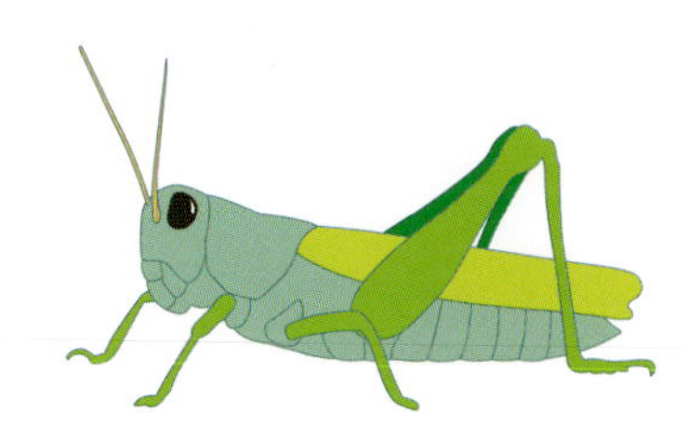

1 内骨格
ヒトとほとんどの大型動物は、体の内部に内骨格と呼ばれる骨格があります。

2 外骨格
昆虫のような小さな動物には、外骨格があります。外骨格には、よろいのように、体を守る働きもあります。

3 静水力学的骨格
ミミズのような生物には、筋肉の中に、静水力学的骨格と呼ばれる、体液のつまった長い小部屋があります。

身の周りの科学

人工股関節

年をとると、関節がすり減ってしまうので、動くと痛くなることがあります。とりわけ、あしの付け根にある股関節は大きな痛みをもたらします。股関節を人工のものに置きかえる手術では、金属のボールとプラスチックのソケットでできた人工股関節が使われます。

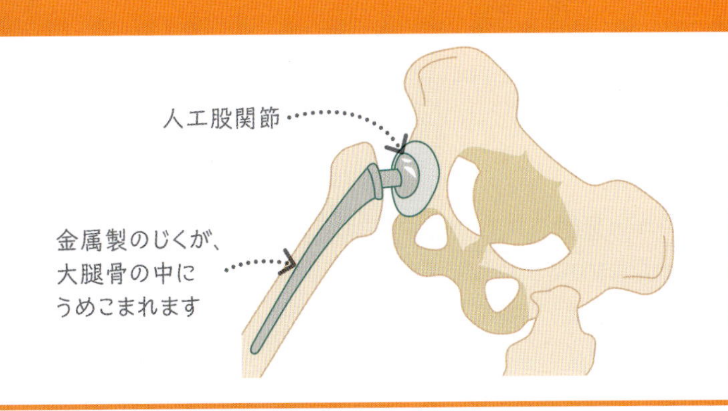

健康でいるには

毎日の暮らしぶりは健康に影響を与えます。
運動をして、バランスのよい食事をとれば、
体は強くなり、病気にもかかりにくくなります。

体を使った遊びやスポーツも、トレーニングと同じぐらい効果があるんだよ。

運動をするとどうなるの?

体を使った遊びやトレーニングをして体を動かすと、心臓や、肺、筋肉は、ふだんよりいっしょうけんめい働かなければなりません。でも、いつも運動していると、体はそれに慣れていきます。おかげで心臓や、肺、筋肉だけでなく、骨も強くなり、健康を保つことができます。

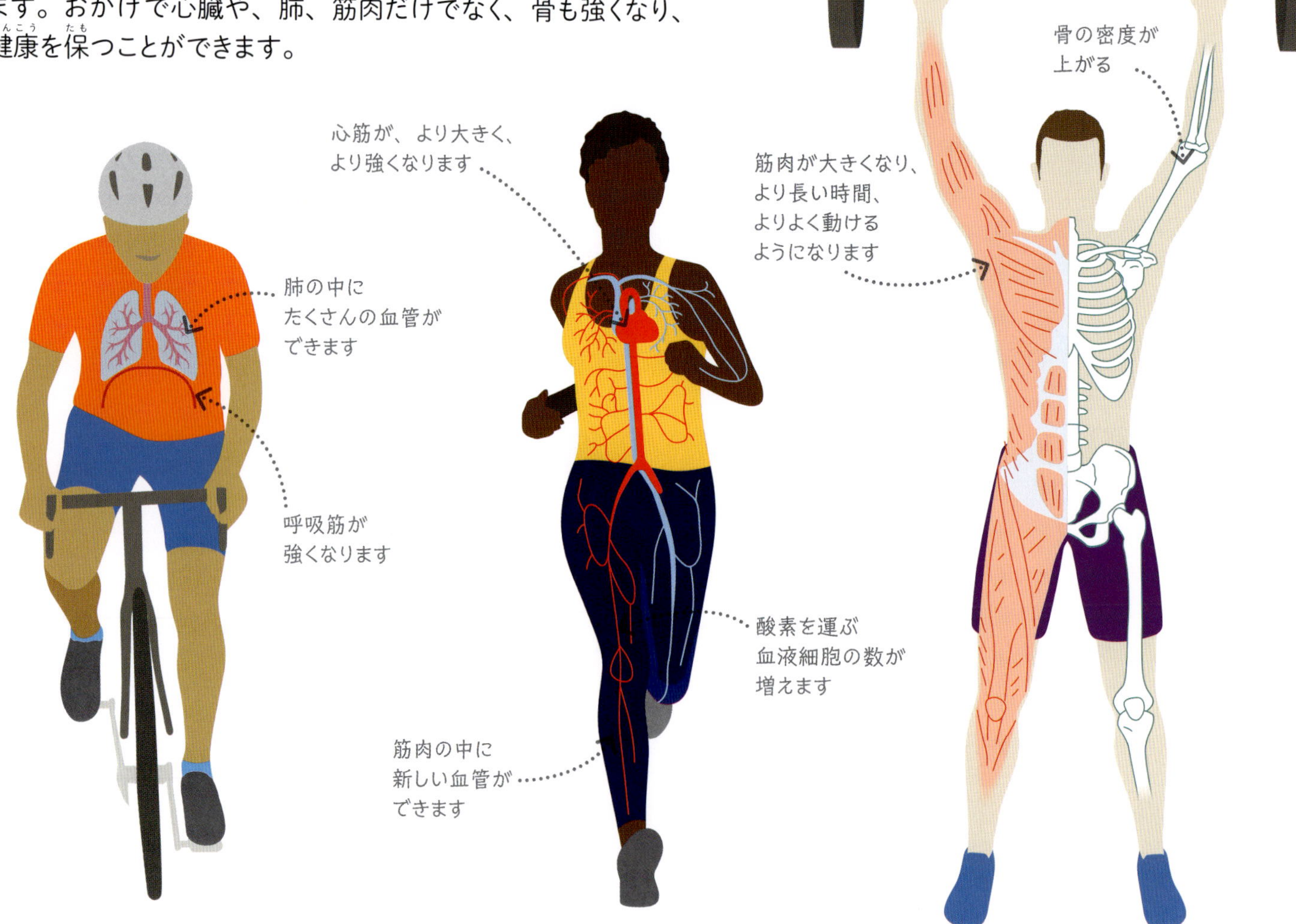

1 呼吸系

いつも運動していると、呼吸筋が強くなり、肺にも新しい血管ができます。そのため、体は酸素がより速く取り入れられるようになります。

2 循環系

心臓が大きく強くなり、血液をより多く押し出せるようになります。血液などを体中にめぐらせる器官は効率よく酸素を運び、静かにしているときの脈拍数も少なくなります。

3 筋肉と骨

筋肉、けん、じん帯が大きく、強くなります。骨も太くなり、密度も高くなって、より大きな負担にたえられるようになります。関節も、よりよく動けるようになります。

さまざまな運動のタイプ

運動は、有酸素運動と無酸素運動の2つに大きく分かれます。有酸素運動をすると、長い時間にわたって息切れする状態になりますが、これがかえって呼吸系と循環系に良い影響を与えます。無酸素運動では、短い時間、激しく体を動かすことによって、筋肉と骨がきたえられます。

有酸素運動

1 球技
サッカーのような試合形式のスポーツでは、キツい運動より有酸素運動を楽しく行うことができます。

2 ジョギング
ふだんからゆっくり走る習慣をつけると、心臓と肺に良い影響があらわれ、スタミナ（体を長い時間動かす力）も増えます。

3 サイクリング
サイクリングをすると、おもに心臓と肺に良い影響があらわれます。筋肉、骨、関節にかかる負担も、ほかのほとんどの運動より、少なくてすみます。

無酸素運動

4 ウエイト・トレーニング
バーベルやダンベルを持ち上げると、特定の筋肉がより強く、より大きくなり、骨の密度も上がります。

5 体操
さまざまな種類の体操は、体の力、しなやかさ、バランス力などを養います。

6 短距離走
短距離走は、下半身と腕の筋肉を強くし、心臓と肺をきたえます。

タバコと健康

タバコを吸うと、健康にさまざまな悪い影響が出ます。タバコのけむりは、気道の内側をおおっている細胞を変え、肺胞にタールを残すので、肺の機能が下がります。また、血管を傷つけて心臓発作や脳卒中を引き起こすだけでなく、けむりにふくまれる有害な化学物質が、体中のほぼすべての場所にがんを作ります。

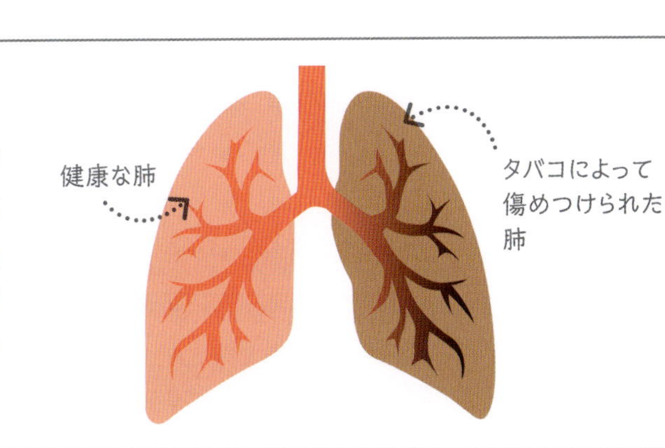

動物の生殖

動物は、おとなに成長すると、子どもを作ることができます。これを生殖と呼びます。生物が生殖を行う方法には、有性生殖と無性生殖の2種類があります。

有性生殖

有性生殖では、オスとメスが生殖細胞を作り、この2つの生殖細胞が合体して、子どもになります。子どもは両方の親からそれぞれの性質を受けつぐので、どの子どもも、自分だけの性質を持つようになります。

1 オスの生殖細胞

生殖細胞は、生殖器官の中で作られます。オスには精巣と呼ばれる生殖器官があり、その中で、精子という、泳ぐ生殖細胞が作られます。

2 メスの生殖細胞

メスには卵巣と呼ばれる生殖器官があり、その中で、卵という生殖細胞が作られます。卵には子どもを育てる栄養がつまっています。

3 受精

ウサギなどのほ乳類では、オスとメスが交尾すると、精巣で作られた精子がメスの体に入ります。すると、生殖細胞どうしが合体します。これを受精といいます。

4 赤ちゃん

受精した卵細胞は何回も分裂をくり返して、胚と呼ばれる新しい個体（命を持つ1つの生物）になります。動物には卵を産むものもあり、この場合、胚は母親の体の外で育ちますが、ほ乳類の場合、胚は母親の子宮の中で育って、赤ちゃんになります。

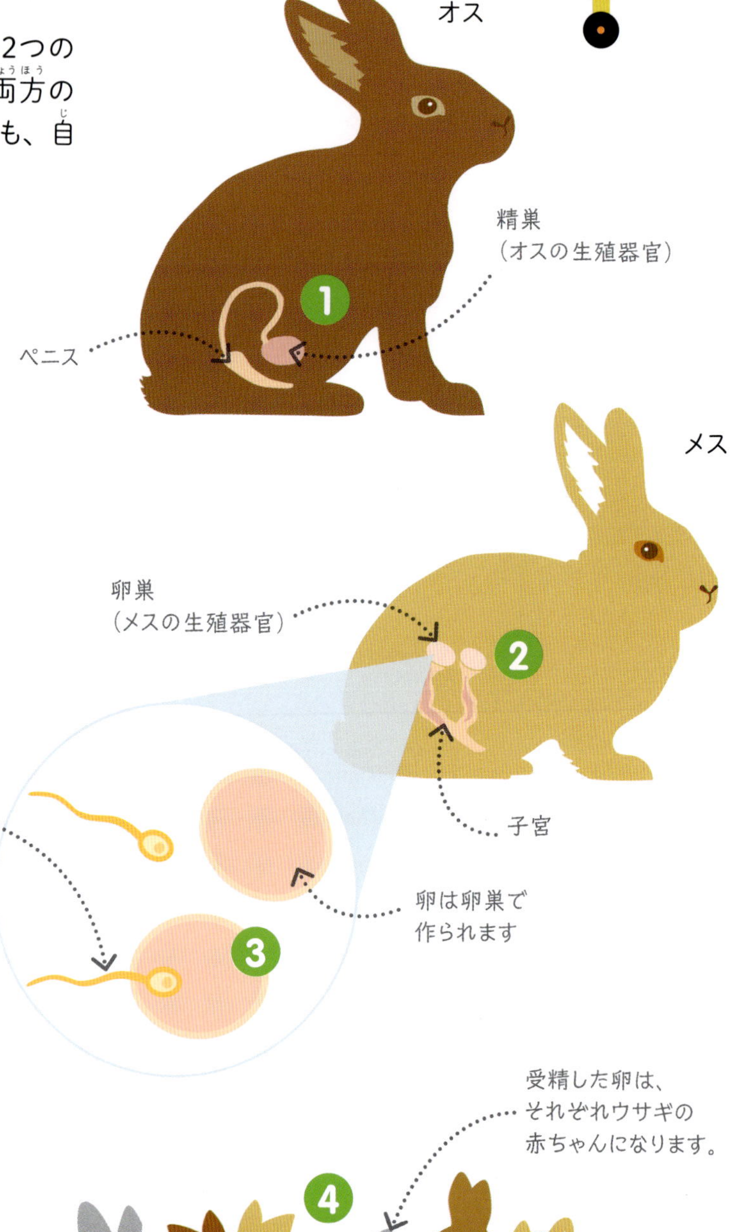

無性生殖

無性生殖の場合、親の数は1つだけです。多くの小動物や微生物は、無性生殖で子どもを作ります。子どもの遺伝子は親と同じになるので、遺伝的に親とまったく同じ個体になります(これをクローンといいます)。よく見られる無性生殖の3つのタイプは、単為生殖、縦分裂、横分裂です。

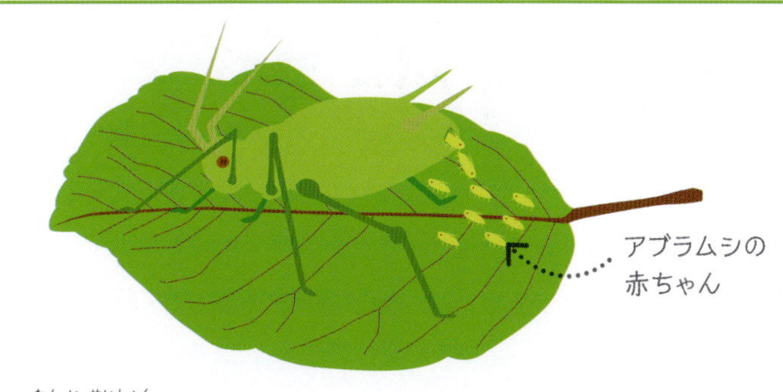

1 単為生殖

アブラムシは交尾を行わずに、クローンの子どもを作ります。そのため、すぐに数をたくさん増やすことができます。子どもは、次の世代の赤ちゃんが体内にいる状態で生まれてきます。

2 縦分裂

イソギンチャクには、2つに分かれることによって、無性生殖を行うものがあります。この場合、同じ遺伝子を持つ、まったく同じ個体ができます。分裂は口の部分から始まり、やがて体全体が2つに分かれます。5分で分裂するものもあれば、数時間かかるものもあります。

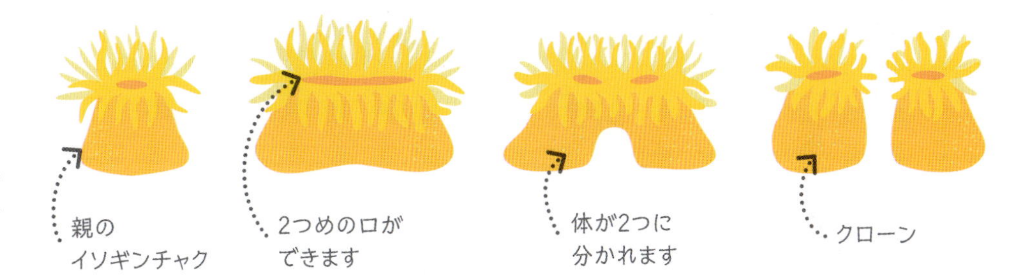

3 横分裂

一部の動物では、体がいくつかに分かれ、それぞれの部分が新たな個体に育つものがあります。たとえば、プラナリアの体をいくつかに切ると、それぞれの部分が新たなプラナリアになります。

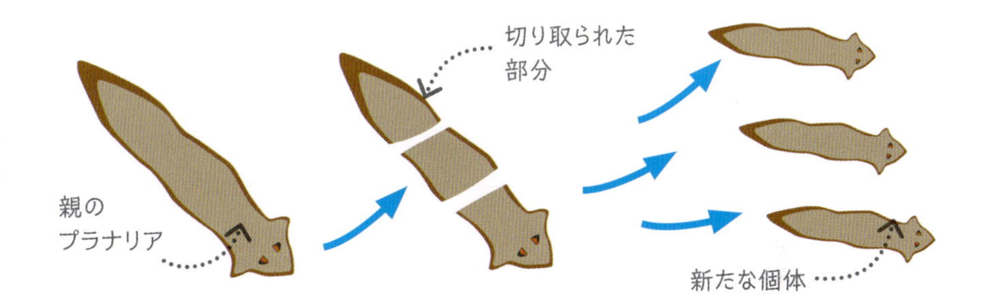

身の周りの科学

クローン動物

科学者たちは医学研究を進めるために、人工的にクローン動物を作る技術を生み出しました。1996年にクローンヒツジが生まれ、ドリーと名付けられたこのヒツジが、世界で初めておとなの動物の体細胞から作られたほ乳類の動物になりました。

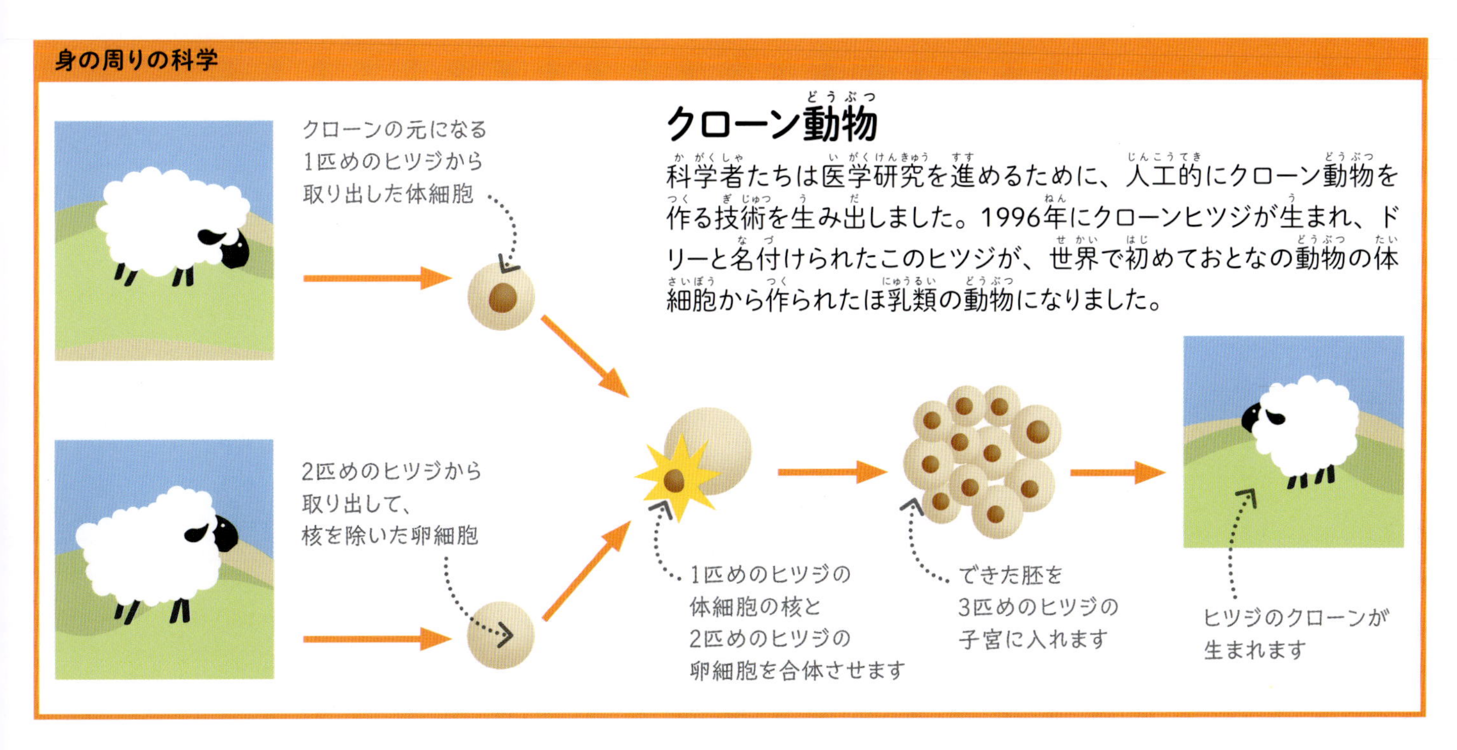

ほ乳類のライフサイクル

動物は、さまざまな段階をたどっておとなになり、子どもを作ります。ヒトをふくめた多くの動物は、このライフサイクルの最初の段階を母親の体内で過ごします。

ほ乳類の中には、カモノハシやハリモグラといった卵を産むめずらしい動物も、少しだけどいるんだよ。

生まれる前のほ乳類の赤ちゃんは、胎児と呼ばれます

1 子どもがお腹にいるお母さん
ほ乳類の赤ちゃんは、お母さんのお腹にある子宮という器官の中で育ちます。

ネズミは一度に何匹も赤ちゃんを産みます

2 赤ちゃん
生まれたばかりのほ乳類の赤ちゃんは、お母さんの体にある乳腺という器官が作る乳を飲みます。乳には、赤ちゃんの成長に必要な栄養がすべてふくまれています。

3 成長
ほ乳類の子どもは、育つにつれて好奇心が強くなり、よく遊びます。そうやって自分のまわりのことを学んでいきます。

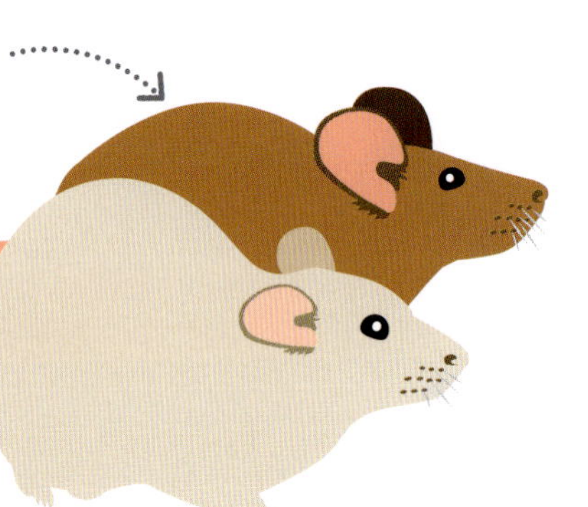

おとなのネズミは、子どもを作ることができます

4 おとなのネズミ
ほ乳類はおとなになると、パートナーを探してカップルになり、生殖によって自分たちの子どもを作ります。

鳥のライフサイクル

ほ乳類とちがって、鳥の赤ちゃんは、ふつう巣の中に産み落とされる卵の中で育ちます。それでも、ほとんどの鳥は、ほ乳類と同じように、ライフサイクルの最初の時期を親に世話してもらって過ごします。

ダチョウの卵の重さは、スズメの卵の500倍もあるんだよ。

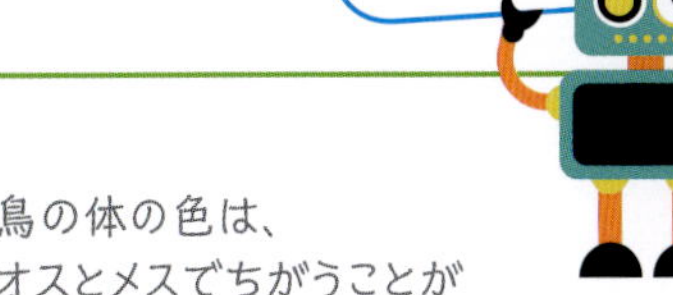

鳥の体の色は、オスとメスでちがうことがよくあります

1 おとなの鳥
スズメをふくめ、多くの鳥は、鳴き声によってパートナーを探します。オスとメスのスズメは協力して巣を作ります。

はねの生えそろったヒナ

鳥の巣は、小枝、草、葉、はねでできています

2 卵
お母さん鳥が卵を産むと、お父さん鳥とお母さん鳥が交代で卵を抱えて温めます。

3 ひな鳥
ひな鳥（子どもの鳥）が卵からかえると、親鳥はイモムシやケムシなどの虫をとってきて食べさせます。

4 巣立ち
成長して飛べるようになると、子どもは巣を離れます。そのあとも親鳥は、1週間ぐらいのあいだ、えさを与え続けます。

卵の働き

鳥はほ乳類とはちがい、産み落とされた卵の中で育ちます。卵は、最初は巨大な1個の細胞ですが、そのあと分裂をくり返し、さまざまなひな鳥の組織や器官になっていきます。

ひな鳥はくちばしの上にある歯で殻をコツコツ割って出てくるんだよ。

1 卵核（殻）
卵核には小さな穴があり、空気が出入りできるようになっています。

2 気室
気室は、ひな鳥が卵を割って出てくる前に、呼吸を始められるようにします。

3 カラザ（卵帯）
殻の両はしから延びている2本のひものような形をしていて、卵黄を中央に固定します。

4 卵黄（黄身）
卵黄の大部分は、脂質（油脂）とタンパク質です。胚が育つときの栄養になり、胚が成長すると使いつくされます。

5 胚
胚は細胞のかたまりとして始まりますが、分裂をくり返して、最終的にひな鳥になります。

6 卵白（白身）
卵白と呼ばれる白身の部分は、胚のクッションとして働き、栄養にもなります。大部分は水分ですが、タンパク質もふくんでいます。

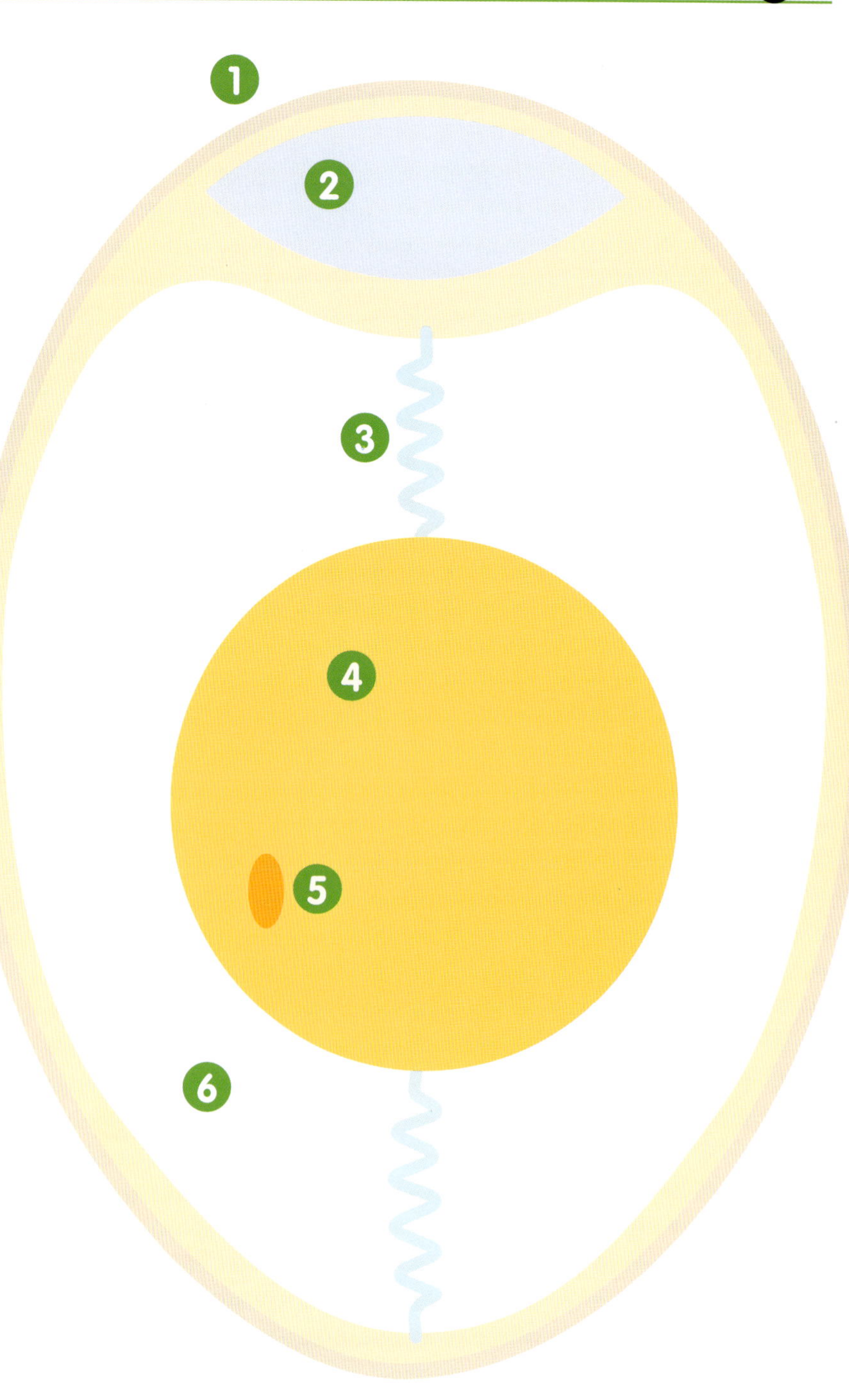

ひな鳥の成長

卵の中で完全なひな鳥に育つには、21日かかります。親鳥はそのあいだ、卵を温め続けます。

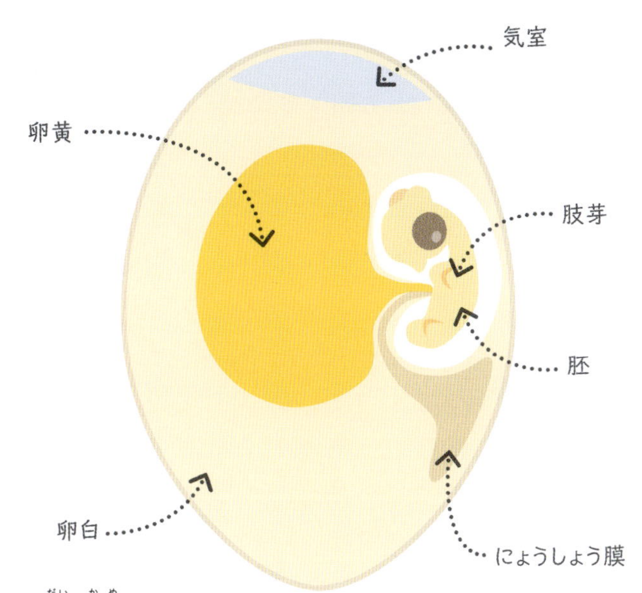

1 第5日目
胚の手あしが育ち始めます。胚から、にょうしょう膜という袋ができて、殻の内側にくっつきます。この袋は胚の呼吸器官として働き、殻を通して酸素を取りこんだり、二酸化炭素を排出したりします。

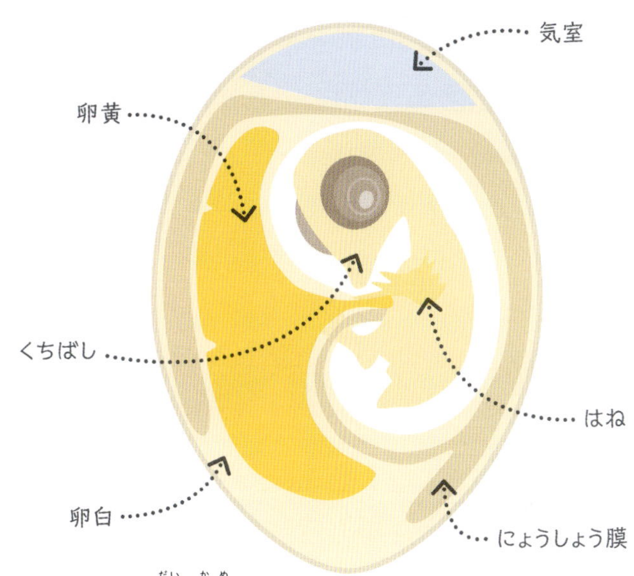

2 第9日目
胚が育ってきます。はねもでき始め、くちばしも現れてきます。にょうしょう膜が広がり始め、やがて殻の内側全体をおおいます。

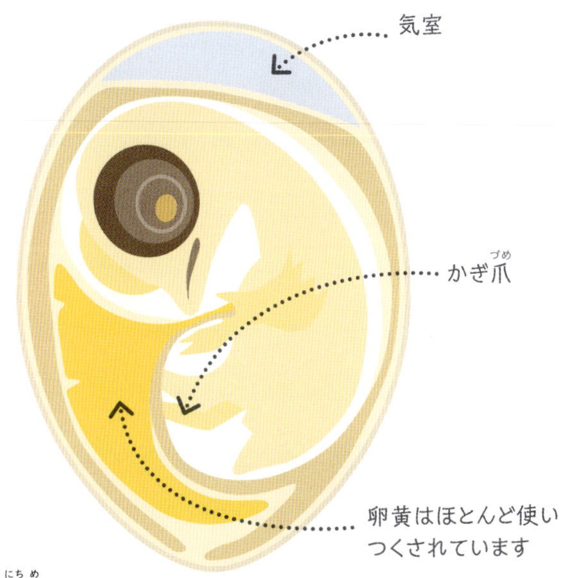

3 第12日目
手あしが長くなり、あし指と鼻の内部も発達し始めます。綿毛（ダウン）というやわらかい羽毛がひな鳥をおおい始め、あしにはうろこができます。

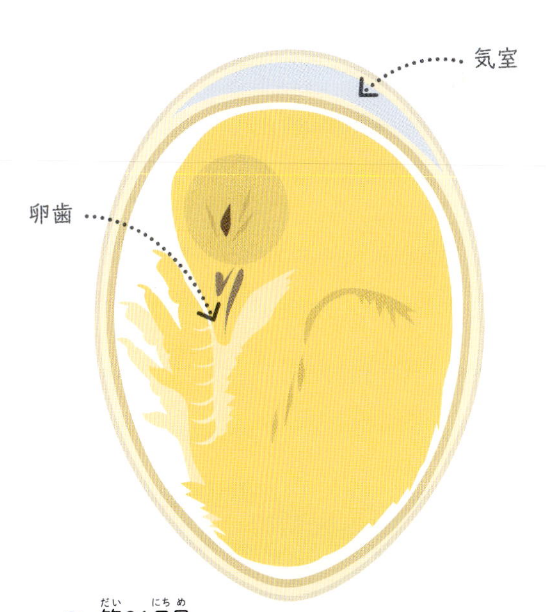

4 第21日目
ひな鳥は、気室から最初の空気を吸い、体を動かして、殻にひびを入れます。そのあと、くちばしの上の卵歯を使って、殻をコツコツ割り、卵の片方のはしから出てきます。

両生類のライフサイクル

カエルは、両生類と呼ばれる動物のグループに入っています。両生類の多くは、幼いときを水の中で過ごし、おとなになると陸の上で暮らします。陸の上で暮らせるようになる前に、変態と呼ばれる大きな変化が起きます。

1 おとなのカエル

カエルは空気を吸いますし、陸の上で動くための手あしもあります。でも、泳ぎも得意で、池などの水場で生殖を行います。

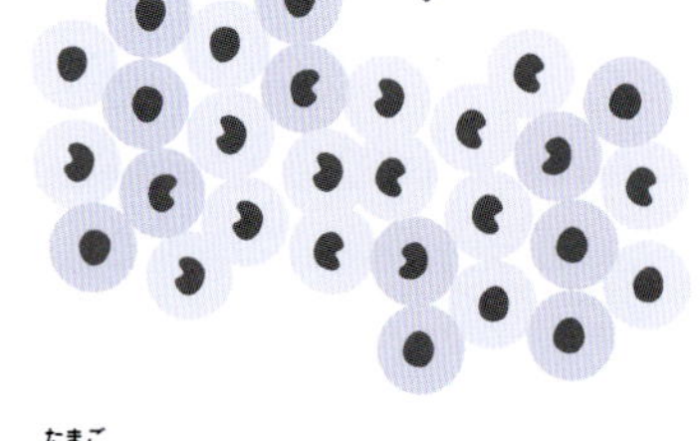

2 卵

カエルは卵を水の中で産みます。それぞれの卵は、ゼリーのような厚い層で守られています。

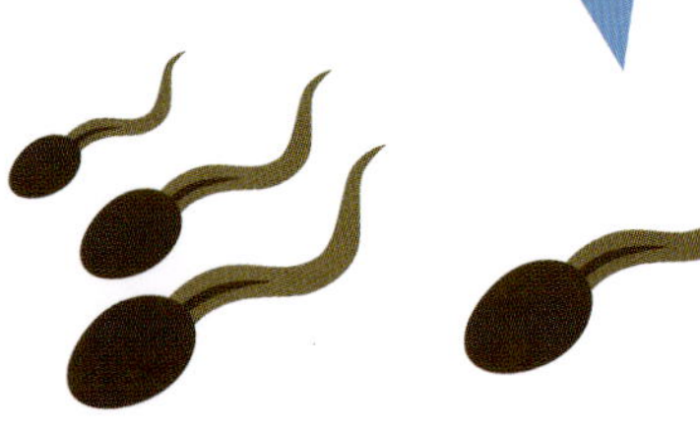

3 オタマジャクシ

卵から、オタマジャクシと呼ばれる、魚のような動物が現れます。オタマジャクシには、水中で呼吸するためのえらと尾があります。

4 あしが生えてくる（変態）

オタマジャクシが育つにつれ、あしが発達します。えらは消えて、水面から空気を取りこむようになります。

5 カエルになる前

前あしが生え、尾が体に吸収されて消えます。オタマジャクシは、このあと、カエルに近い姿になっていきます。

6 小さなカエル

小さなカエルは陸の上を歩けるので水場を離れることができますが、それでも、日かげのしめった場所にいます。

昆虫のライフサイクル

昆虫の多くは、変態しておとなになります。変態は、ライフサイクルの中で、動かない段階のときに起こります。この段階の昆虫を、さなぎと呼びます。

昆虫の中には、生きているあいだの大部分を幼虫で過ごし、おとなになってから数時間で死んでしまうものもいるんだよ。

1 チョウ
おとなのチョウは水分しかとれず、それ以上成長することはありません。大部分は数週間のうちに死んでしまいます。

2 卵
チョウはふつう、目立たないように、葉の裏に卵を産みつけます。

3 ふ化
イモムシ（またはケムシ）が卵から出てきて、食べることを始めます。最初に卵の殻を食べたあと、葉を食べ始めます。

葉を食べる幼虫

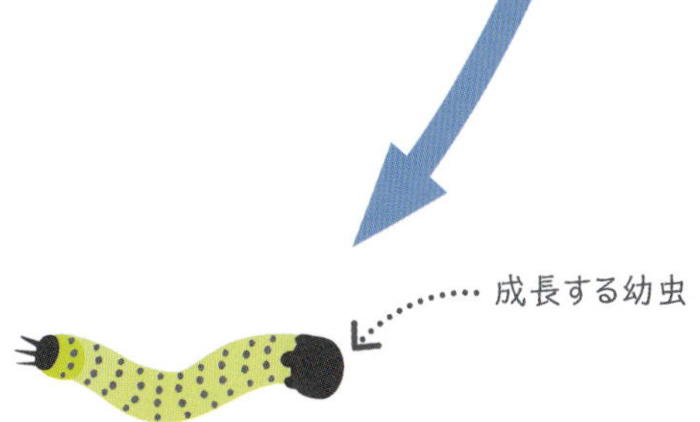

4 幼虫
モゾモゾ動く幼い昆虫のことを幼虫といいます。イモムシやケムシはチョウの幼虫です。

5 大きく育つ
幼虫はほぼノンストップで食べ続け、急速に大きくなります。体が大きくなれるように、何度か脱皮をくり返します。

6 さなぎ
幼虫は食べるのをやめて動かなくなり、さなぎになります。その後、2～3日から数週間経つと、チョウになります。

ヒトの生殖

ヒトの生殖は、男性の精子が女性の卵と受精する（いっしょになる）ことによって起こります。いっしょになった細胞は胚になり、その後9か月かけて成長して、赤ちゃんになります。

女性の卵巣は、一生のあいだに約400個の卵を送り出すんだよ。

ヒトの生殖器

男性と女性の生殖器には、それぞれ配偶子（男性と女性の生殖細胞）を専門に作る器官があります。女性の生殖器には、子宮と呼ばれる、赤ちゃんを体内で育てるための、筋肉でできた器官もあります。

1 男性の生殖器

男性の生殖器にあるおもな器官は、ペニスと2つの精巣です。精巣は、体の外にぶら下がっている陰のうの中に入っています。精巣の中では、毎日何百万個もの精子が作られています。

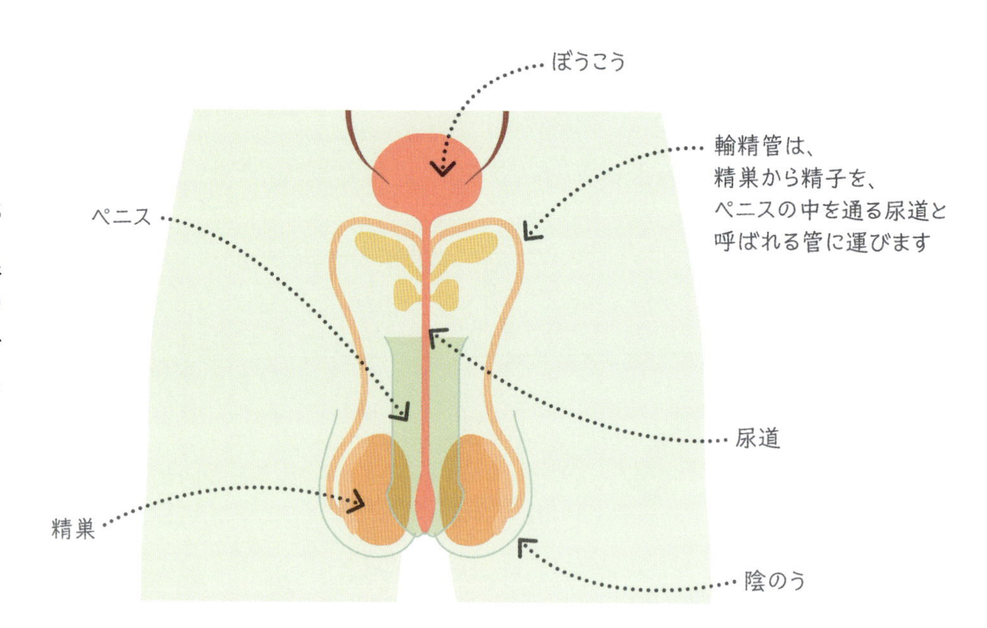

2 女性の生殖器

女性の生殖器のおもな部分は、子宮、ちつ、2つの卵巣です。卵巣は、卵を収め、放出する器官です。受精した卵子は、9か月間子宮の中で育てられて赤ちゃんになります。じゅうぶんに育った赤ちゃんは、出産時にお母さんのちつを通って生まれてきます。

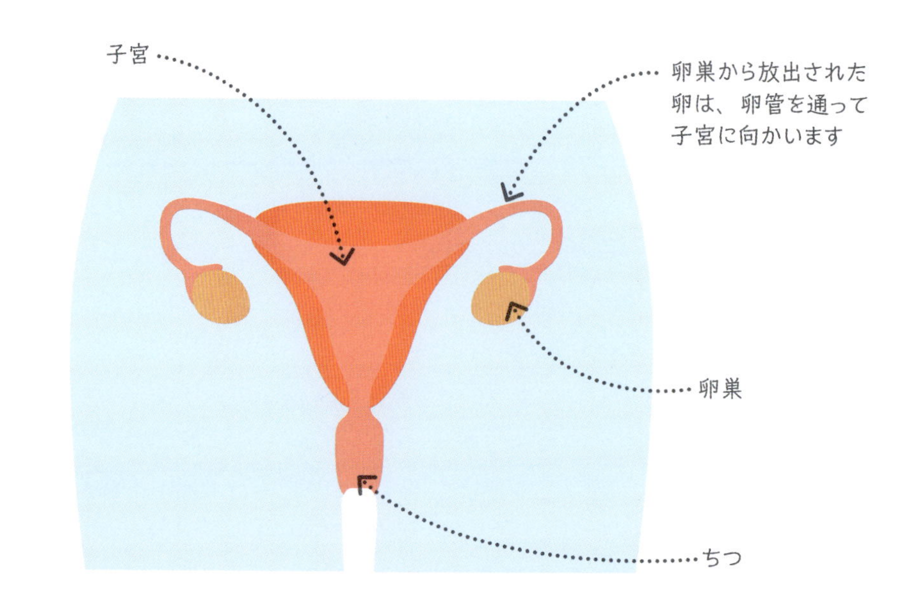

月経周期（生理）

月経周期は、胎児（赤ちゃん）を育てるために、女性の体を整えるものです。1つの周期には4つの段階があり、約28日間で1つのサイクルが完了します。

28日周期

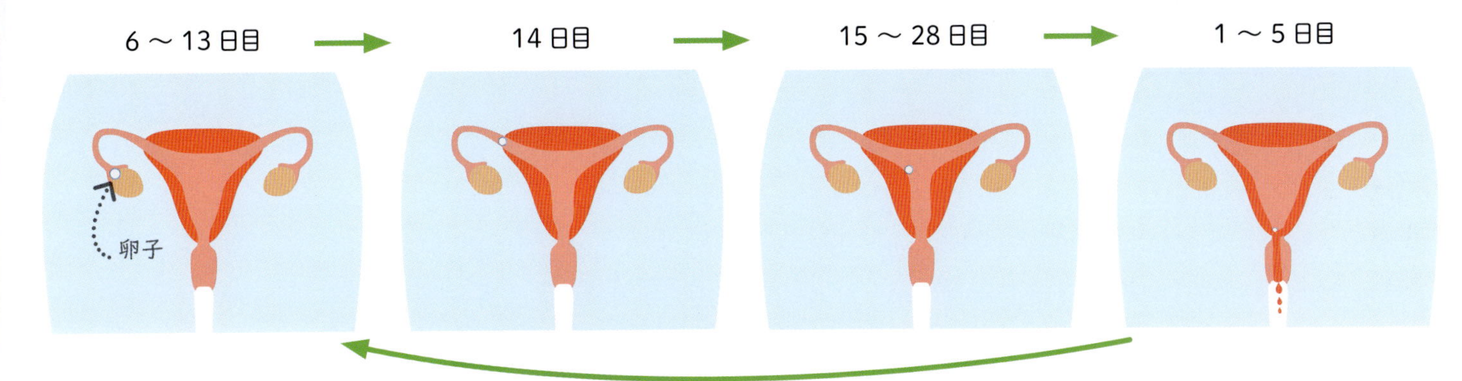

1 子宮の内膜が、卵の放出にそなえて厚くなります。放出される卵は、2つある卵巣のどちらかで育っています。こうして体は、妊娠にそなえて準備をととのえるのです。

2 卵が卵巣から放出されます。これを排卵と呼びます。卵は卵管を通って子宮にたどりつきます。卵が受精すると、子宮の内膜は、さらに厚くなります。

3 卵が受精しなかった場合、子宮の厚い内膜は必要なくなります。卵は分解し、ちつを通じて体外に出されます。

4 子宮が内膜をそぎ落とします。これは、ちつからの出血という形で起こり、月経または生理と呼ばれます。

受精

性交（セックス）によって男性が精子を女性のちつ内に放出すると、精子が卵に向かって泳いでいきます。受精は、精子が卵にたどりついて合体に成功したときに起こります。合体した細胞はいくつにも分裂して細胞のかたまりになり、数週間かけて胚になります。

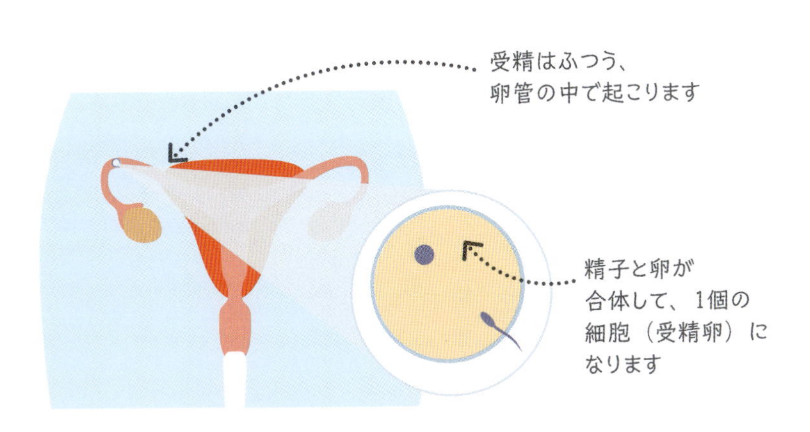

受精はふつう、卵管の中で起こります
精子と卵が合体して、1個の細胞（受精卵）になります

身の周りの科学

体外受精（IVF）

体外受精は、妊娠しにくい人を助ける方法です。精子と卵を男性と女性の体から取り出し、培養室で混ぜ合わせて受精させます。場合によっては、精子を卵に注入針で直接入れることもあります。受精した卵は女性の子宮にもどされ、子宮にうまく定着すると、妊娠が起きたことになります。

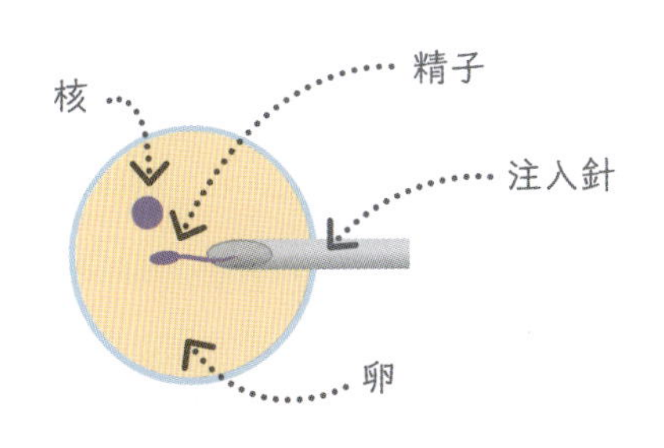

妊娠と出産

人間の卵は、受精すると、お母さんの子宮内で赤ちゃんに育ちます。このことを妊娠と呼びます。お母さんの体は、赤ちゃんが育つために必要なあらゆるものを提供します。

ヒトの妊娠期間は9か月だけど、ゾウは21か月にもなるんだよ。

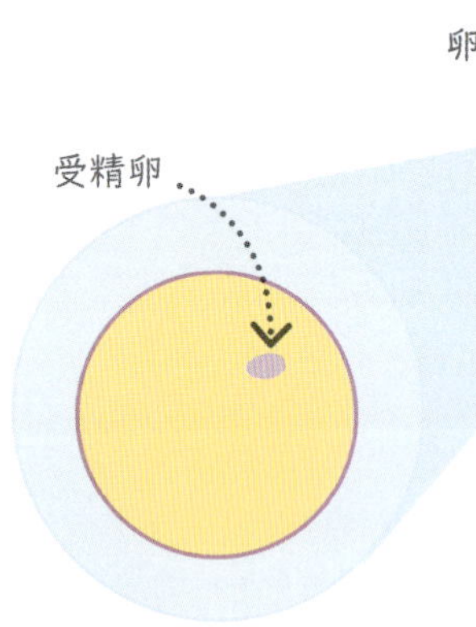

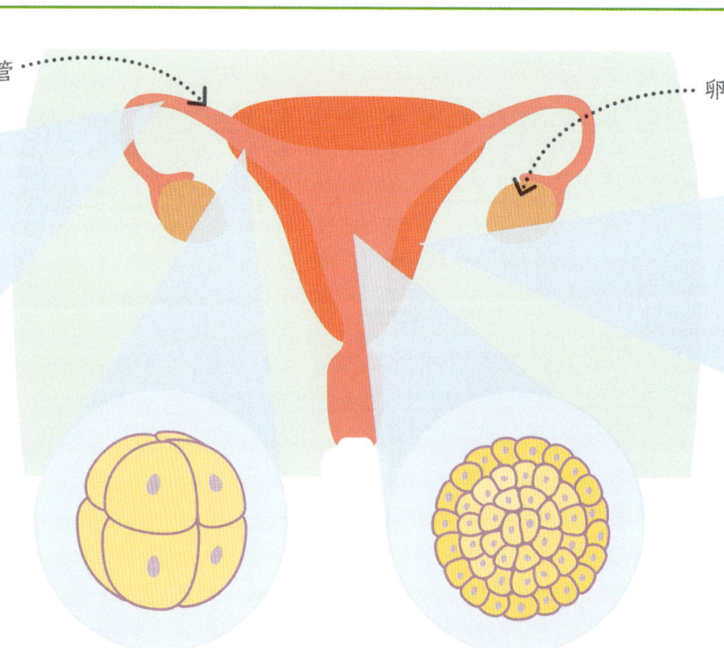

1 受精卵

精子と卵が合体すると、受精卵という1個の細胞になります。これは卵管と呼ばれる、母親の体の中の器官で起こります。卵管は、卵巣（卵を作る器官）と子宮（お腹の胎児が育つ器官）を結んでいます。

2 胚

子宮に移動するにつれ、受精卵は、まず2個に、次に4個に、そして8個に、と分割していきます。そして、胚と呼ばれるようになります。

3 子宮の中で

胚は、4～5日後に子宮にたどりつきます。この段階では、何十個もの細胞がかたまりを作り、ヘビイチゴの実のように見えますが、中心部は空っぽです。

4 着床

受精から6日ほどたった胚は、子宮壁にもぐりこみます。胚の内部には、胎児（赤ちゃん）になる細胞のかたまりがあります。外側に並んだ細胞は、たいばんと呼ばれる、胎児（赤ちゃん）に栄養を与える器官を作り出します。

身の周りの科学

超音波検査

お医者さんは、超音波検査と呼ばれる技術を使って、お腹の中の胎児（赤ちゃん）の具合を調べます。超音波装置につながれたプローブという装置をお母さんの皮ふにあてると、高周波の音波が胎児（赤ちゃん）に当たって、はね返ってきます。プローブが拾ったその音波を、超音波装置が動画に変かんするので、胎児（赤ちゃん）の様子を目で見て調べることができます。

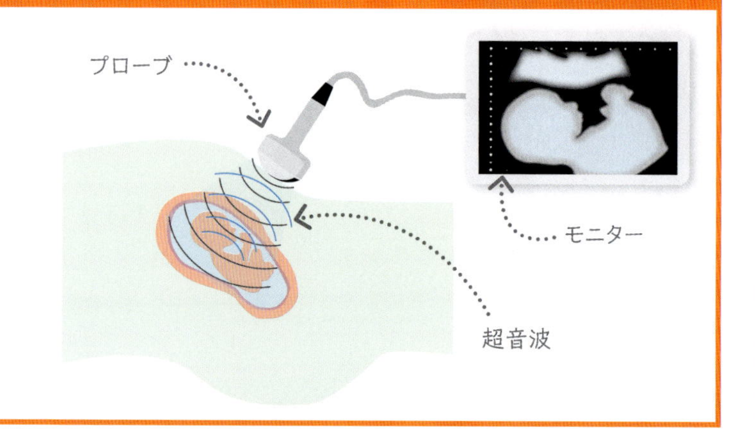

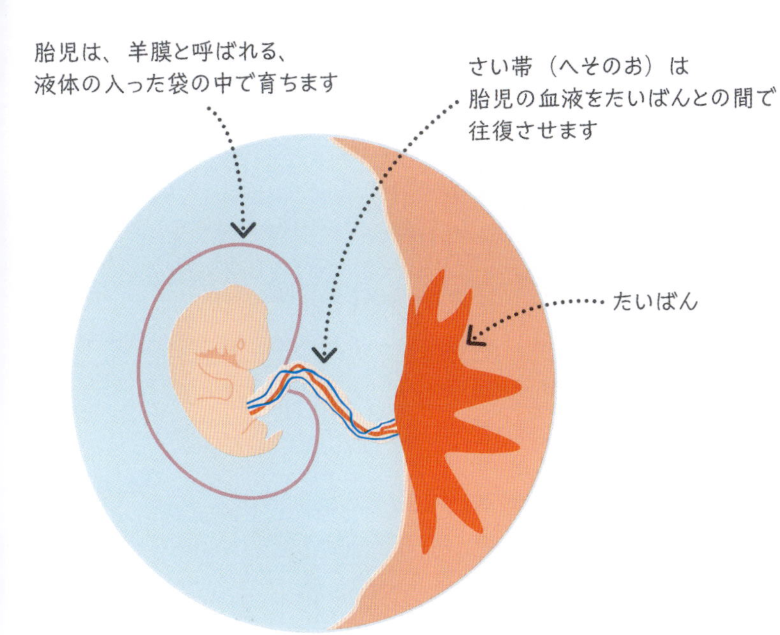

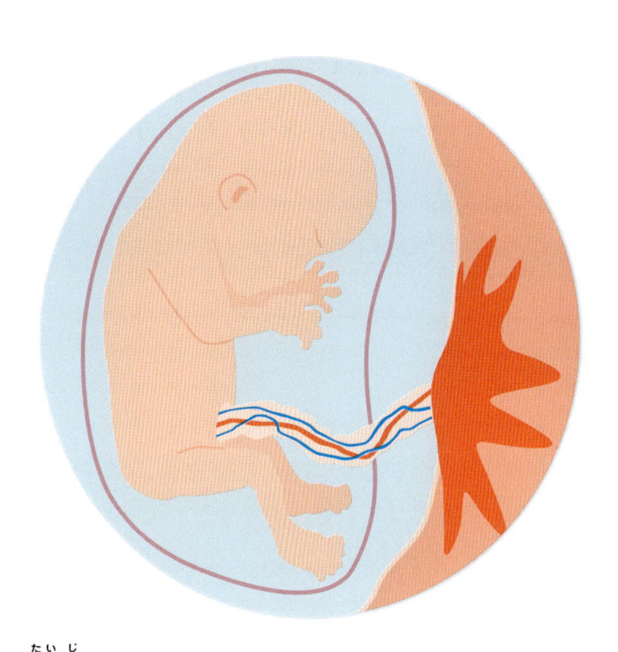

5 発育

受精から3週間ほどたつころまでに、小さな体ができます。長さはほんの1cmほどですが、大きな頭と、手足になる芽、そして尾があります。心臓も動き、血液をたいばんに送ります。この血液を通して、お母さんの血液から栄養分をもらい、不要になったものをお母さんに送るのです。

6 胎児

受精から9週間ほどたつと、人間らしくなり、正式に胎児と呼ばれるようになります。この時点ではネズミぐらいの大きさしかありませんが、人体にそなわるおもな器官はすでにすべて作られています。動くことはできますが、まだ見たり聞いたりすることはできません。このあとまだ6か月間、子宮内に留まります。

7 出産

38週間たつと、赤ちゃんが生まれてくる準備が整います。子宮の入り口は広がり、子宮の壁が収縮し始めます。お母さんはこの収縮（陣痛）を感じるので、生まれてくることがわかります。胎児が入っていた、液体の入ったふくろ（羊膜）が破け、子宮の筋肉が胎児を押し出します。胎児は、ふつう頭から出てきます。生まれると、胎児の肺が働き出し、最初の空気を吸いこみます。

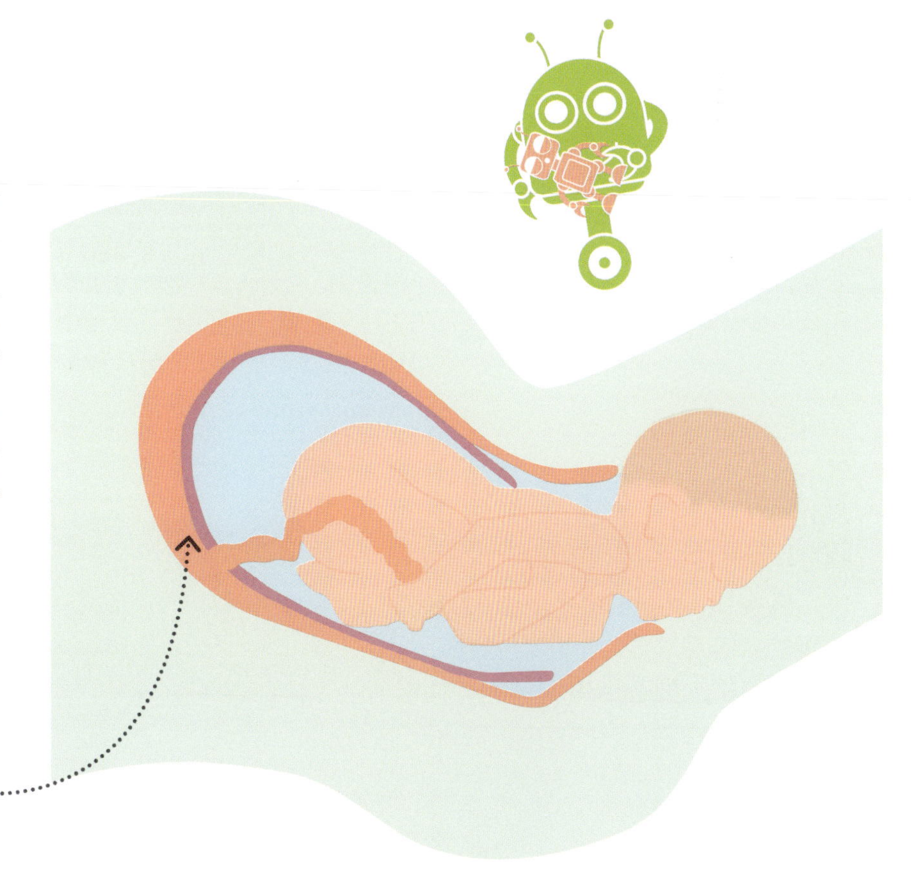

子宮壁にある筋肉が、
胎児を押し出します

成長と発達

年を重ねるにつれ、体は小さな赤ちゃんから、完全に成長したおとなへと変わっていきます。もっとも大きな変化が起こるのは子ども時代と思春期ですが、体は生きているあいだ中、変わり続けます。

成長する体

成長と発達は、お母さんの体の中で胚になったときから始まり、生まれたあとも続きます。成長とは体のサイズが大きくなることですが、発達は、体や心の働きがより高度になることを指します。

新生児の頭の大きさは、おとなの頭の大きさとほぼ同じです

筋肉はより強いものへと発達します

1 乳児～幼児期

新生児は何もできませんが、最初の2年間に成長して、しっかりしてきます。12 ～ 18か月たったころには歩けるようになります。

2 幼児～児童期

2才から10才になるあいだに、子どもは多くの能力を身につけていきます。たとえば、走れるようになる、といった体の能力や、スラスラ話せる、友達ができる、といった社会的な能力が身につきます。

3 思春期

11才から18才までのあいだに、子どもは思春期をむかえます。思春期には、次の世代の子どもが作れるようになる体の変化が起こります。

細胞分裂

体は、より多くの細胞を作ることによって、成長し、発達します。多くの種類の細胞は分裂することができます。分裂する前に、細胞は遺伝情報の複製を作ります。

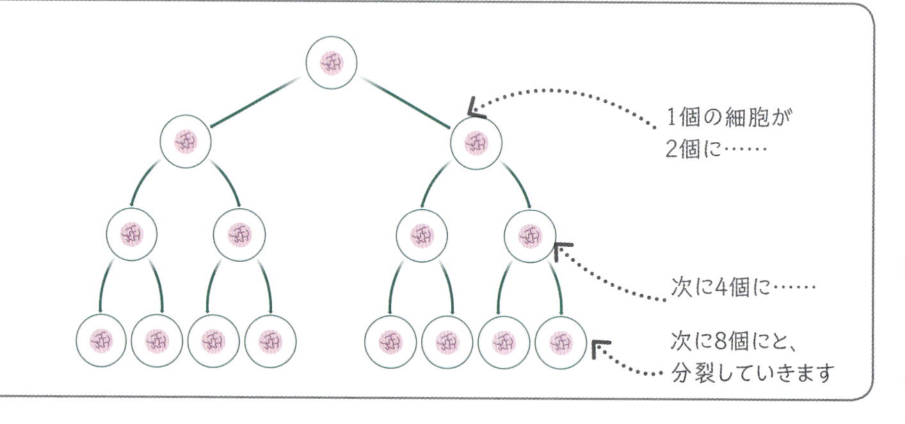

急成長期

思春期には、骨格のおもな骨が長くなるため、体が急成長します。女子は男子より早く思春期をむかえ、11才ごろに背が高くなりますが、14才になるころまでには男子が女子に追いつきます。男子はふつう、そのあとも成長を続け、さらに高いおとなの平均身長に達します。

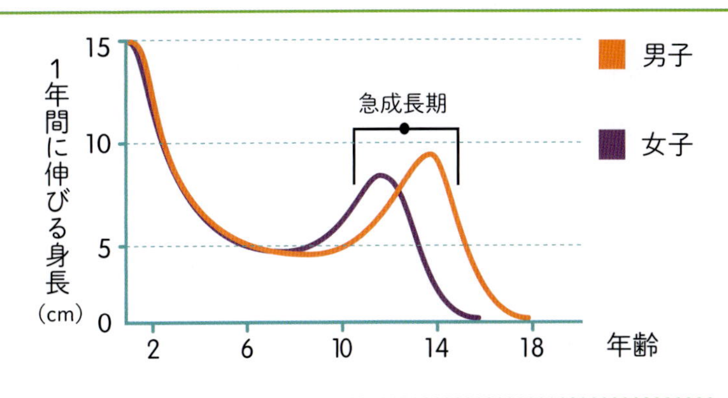

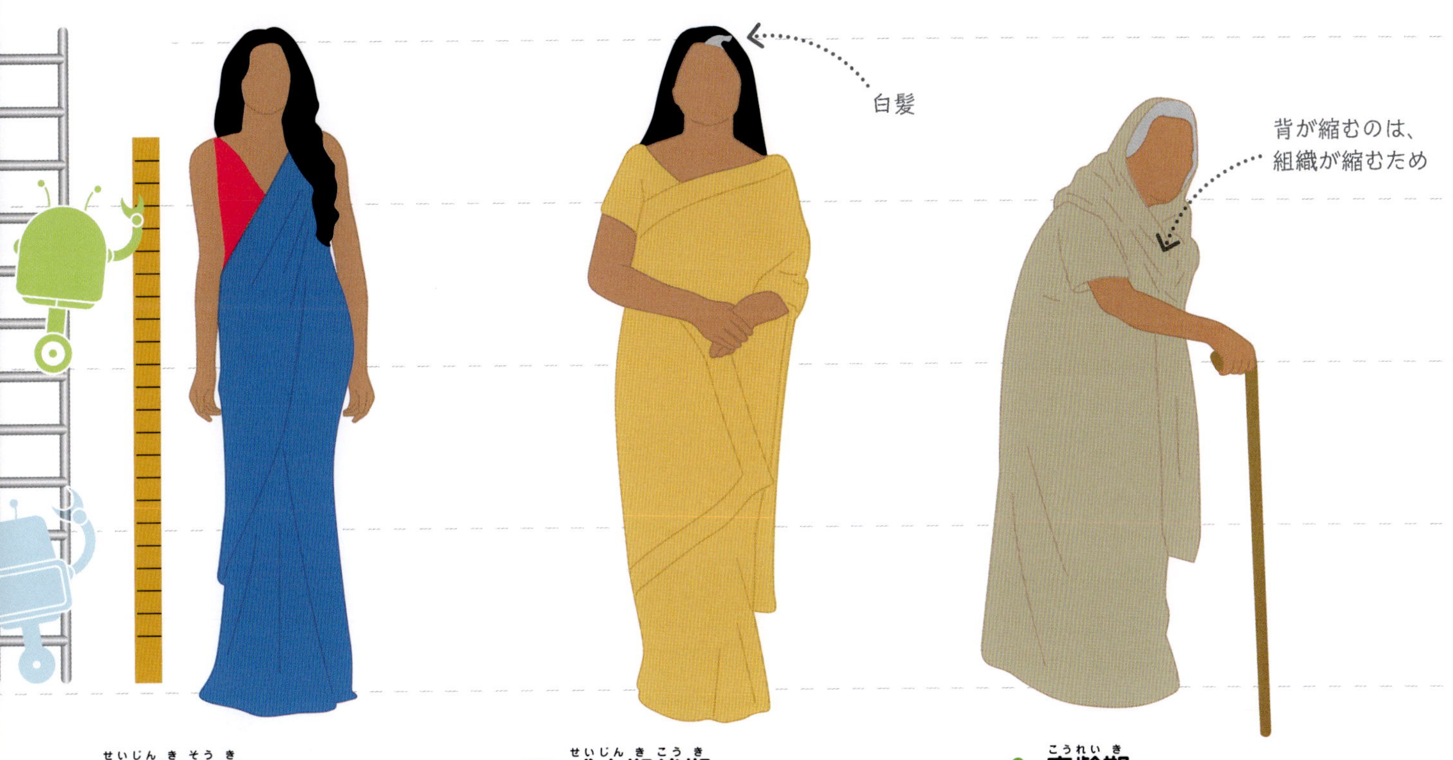

4 成人期早期

成人期早期は、骨がもっとも強くなる時期で、身長の伸びが止まります。男性と女性は、親になることができます。

5 成人期後期

成人期後期には、皮ふが張りを失って、しわができます。髪の毛には白髪が増えます。男性では、髪の毛の生えぎわが後退する人もいます。

6 高齢期

高齢期になると、骨や、関節、筋肉が弱くなり、感覚もおとろえて、心臓の働きも弱まります。

身の周りの科学

幹細胞

大部分の体細胞には特別な役割があり、それを変えることはできません。でも、幹細胞は異なる体の組織に育つことができます。将来、幹細胞を使って代わりの器官を作り、病気が治せるようになるかもしれないため、幹細胞は医学にとって重要です。

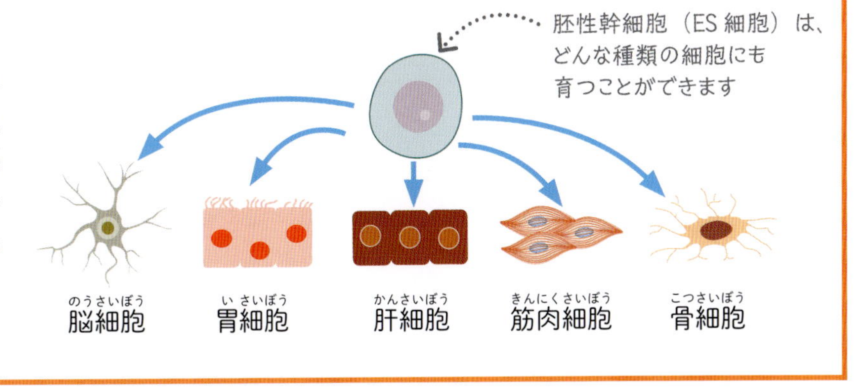

遺伝子とDNA

あらゆる生物の細胞には、DNAという分子の中に、遺伝子と呼ばれる化学的な情報がふくまれています。遺伝子は親から子へと渡され、すべての生物の成長と発達のしかたを決めます。

染色体は、「・」この点の中に10万個も入ってしまうほど小さいんだよ。

1 体
生物の体のつくり、働き、見かけは、おもに遺伝子によって決まります。ヒトの体は、約2万個の異なる遺伝子にコントロールされています。

2 細胞
あらゆる生物は、細胞と呼ばれる小さな構成単位からできていて、それぞれの細胞には、その生物のすべての遺伝子のセットがふくまれています。ふつう、遺伝子のセットは細胞の核の中に入っています。

3 染色体
核にある遺伝子は、染色体と呼ばれるものの中にふくまれています。ヒトの細胞には染色体が46本ありますが、イヌの細胞では78本、エンドウマメでは14本です。

複製を作る

DNAには、自分の複製を作るすばらしい能力があります。この能力のおかげで、細胞が分裂するときや、生物が繁殖するときに、遺伝子の複製を作ることができるのです。

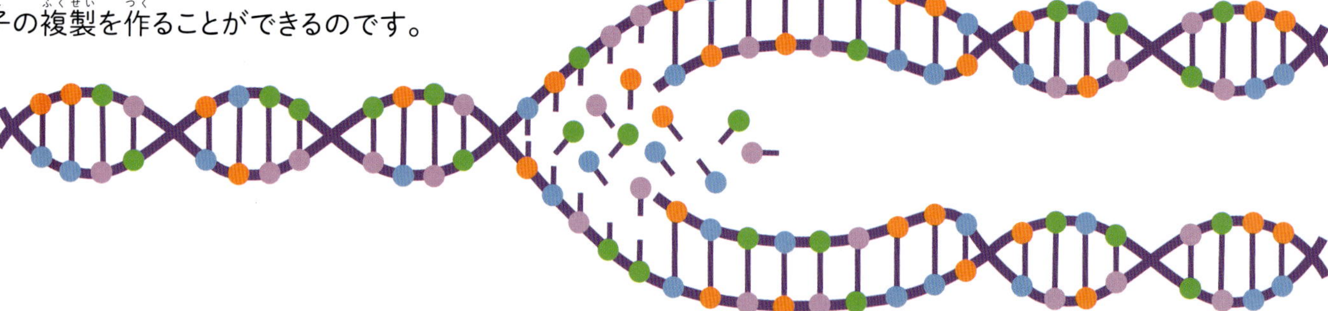

1 DNA分子の二重らせんがほどけて、2本のくさりになります。それぞれのくさりに、遺伝情報を伝える塩基の並び方がふくまれています。

2 塩基はいつも決まった塩基と結びつきます。そのため、くさりは1本になっても、ひな型の役割をはたすので、新しいくさりを作ることができます。

3 同じ遺伝情報をふくんでいる、まったく同じDNA分子が2つ作られます。

4つの異なる塩基
（A、C、T、Gのアルファベットで
示されています）が、
DNA分子の両側にそって
並んでいます

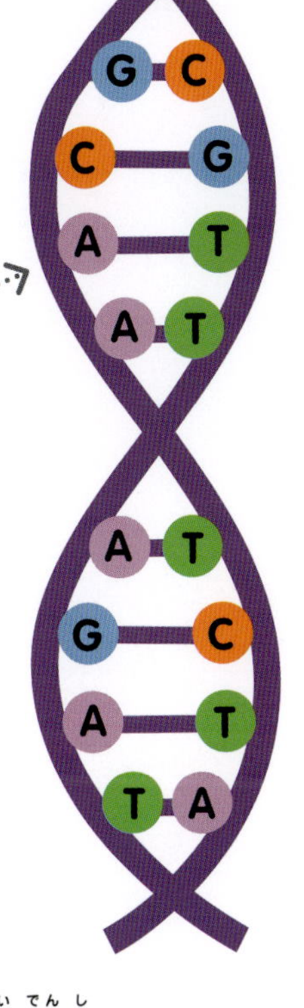

タンパク質分子は、
アミノ酸と呼ばれる
小さな単位が、
くさりのように
つながったものです

4 DNA
1本の染色体には、とても長い1個のDNA（デオキシリボ核酸）分子がふくまれています。DNA分子は、二重らせんと呼ばれる、ねじれた「はしご」のような形をしています。

5 遺伝子
DNA分子にそって、塩基と呼ばれる化学物質がくっついています。ちょうど文字の並びが単語を作るように、塩基の並び方（配列）も暗号になっています。遺伝子はDNAのさまざまな部分にあり、そこに、特定の仕事をさせるための暗号がふくまれています。

6 タンパク質
遺伝子には、タンパク質分子の作り方を指示する暗号がふくまれています。つまり、遺伝子にある塩基の並び方が、タンパク質を作るアミノ酸の並び方を決めるわけです。こうして作られたタンパク質は、細胞と体の働き方と見かけを決めます。

身の周りの科学

DNAフィンガープリント法
人はそれぞれ異なる遺伝子のセットを持っているため、犯罪現場に残されたDNAをフィンガープリント（指紋）のように使って、容疑者を特定することができます。

電流を通すと、
DNAの断片が
板の上で移動します

DNAフィンガープリントは、
人によって異なります

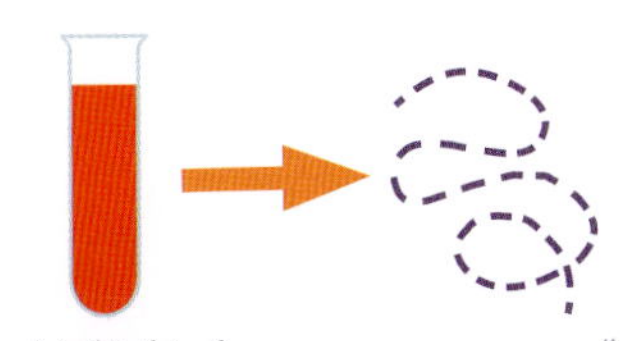

1 犯罪現場からとってきた毛や体液のDNAを、数千個の断片に切り分けます。

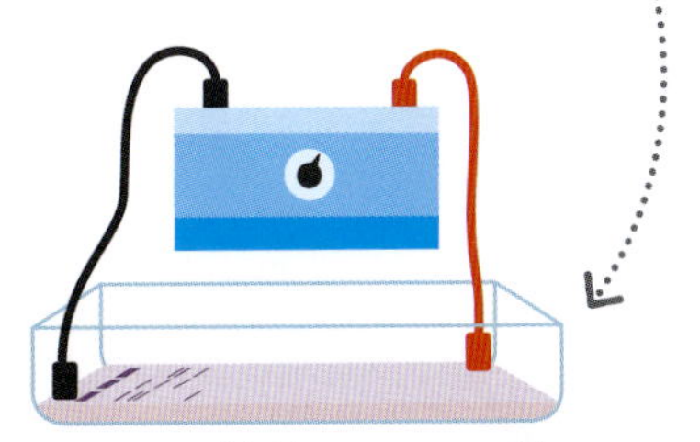

2 DNAの断片を、ゲル板（ゼリー状の板）のはしにある複数のあなに置き、ゲル板にしみこむのを待ちます。

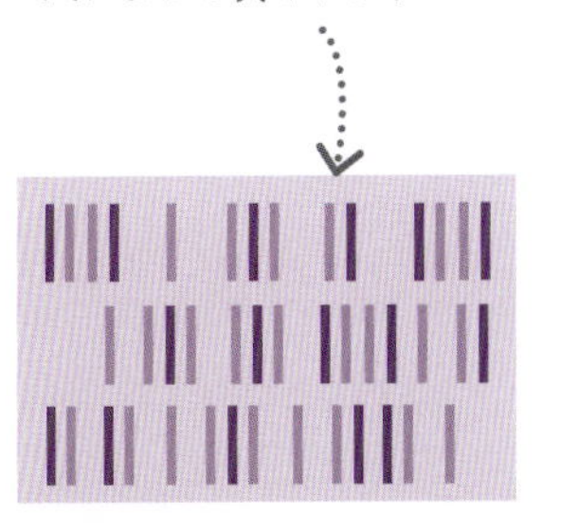

3 数時間後、DNAの断片は帯状の模様を作ります。これがDNAフィンガープリントになります。

変異（ちがい）

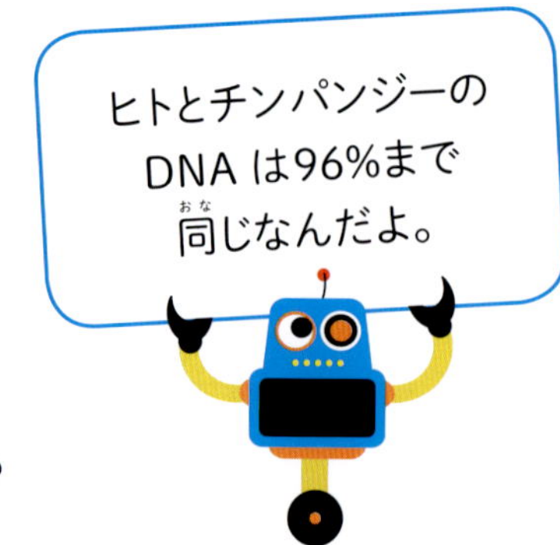

地球上には何十億もの生物がすんでいます。
でも、1つとして同じものはありません。このちがいは、
遺伝的なちがいと、生物がくらす環境のちがいから生まれます。

1 種と種のあいだの変異

自然界は、さまざまなちがい（変異）に満ちています。科学者たちは、約200万種の生物を見つけ出しましたが、まだ数百万にもおよぶ種が発見されていない可能性があります。地球や特定の生態系にさまざまな生物がくらしていることを、生物多様性といいます。

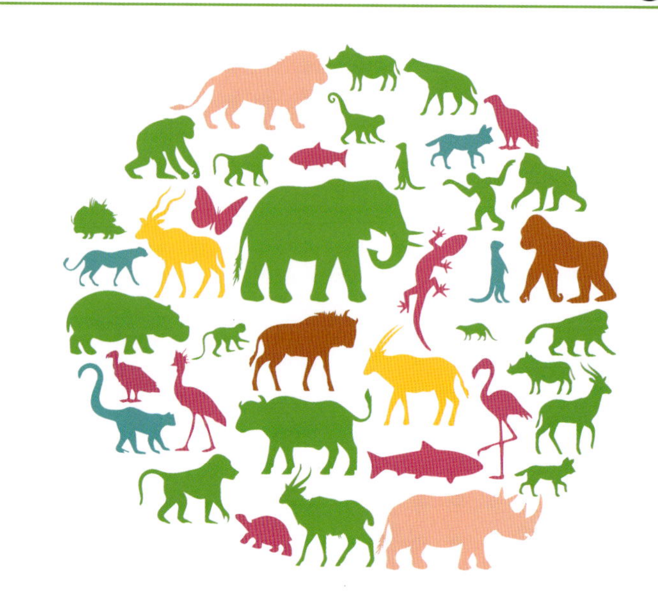

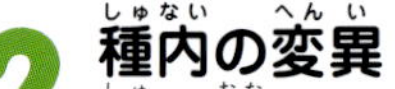

2 種内の変異

種が同じであっても、1つとして同じ生き物（個体）はいません。ナミテントウ（テントウムシの一種）のように見かけがちがう場合もあれば、病気に対する強さ、行動、性質といった、より目立たないちがいがある場合もあります。こうしたちがいが、進化のプロセス（82ページ）をおし進めるのです。

3 連続変異

ヒトの身長のような遺伝的な性質（形質）には、連続変異と呼ばれる特徴があります。たとえば、ある人の身長は、人間のもっとも低い身長からもっとも高い身長のあいだのどれにもなります。大勢の人の身長を測ってグラフに表すと、つりがね曲線と呼ばれる形になります。この形（正規分布）は、連続変異をする形質によくある特徴です。

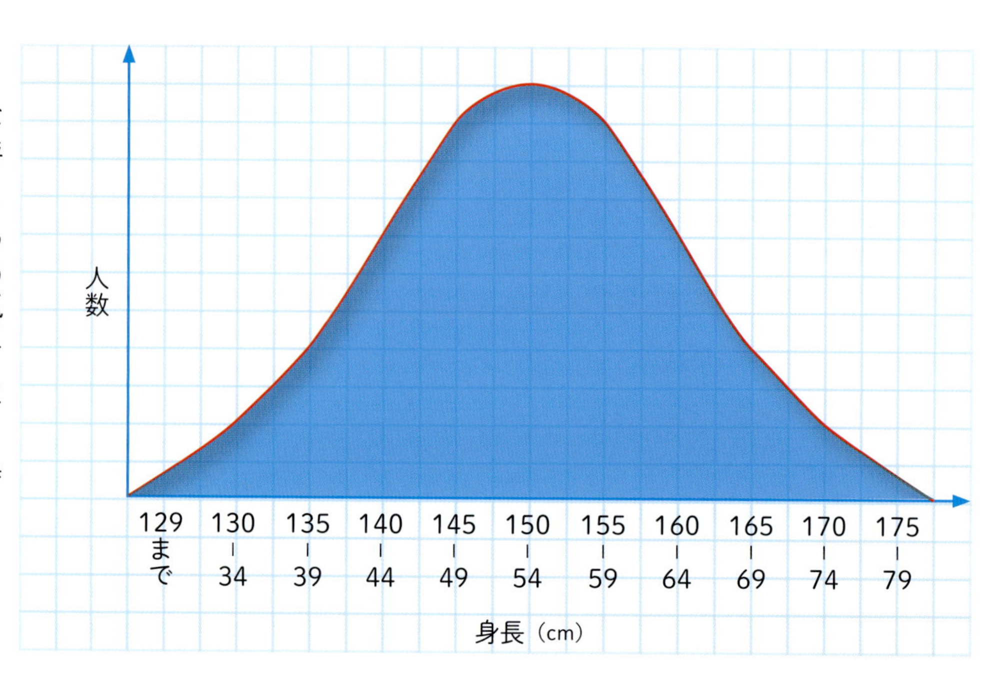

4 連続できない変異

連続できない変異として知られるちがいを示す形質もあります。これは、取ることのできる選択肢の数に限りがあり、それらの間に連続性がないことを示します。たとえば、ヒトの血液型は連続できない変異で、A、B、AB、Oという4種類しかありません。連続できない変異はふつう、1個または数個の遺伝子により引き起こされます。一方、連続変異は、複数の遺伝子あるいは環境、またはその両方によって引き起こされます。

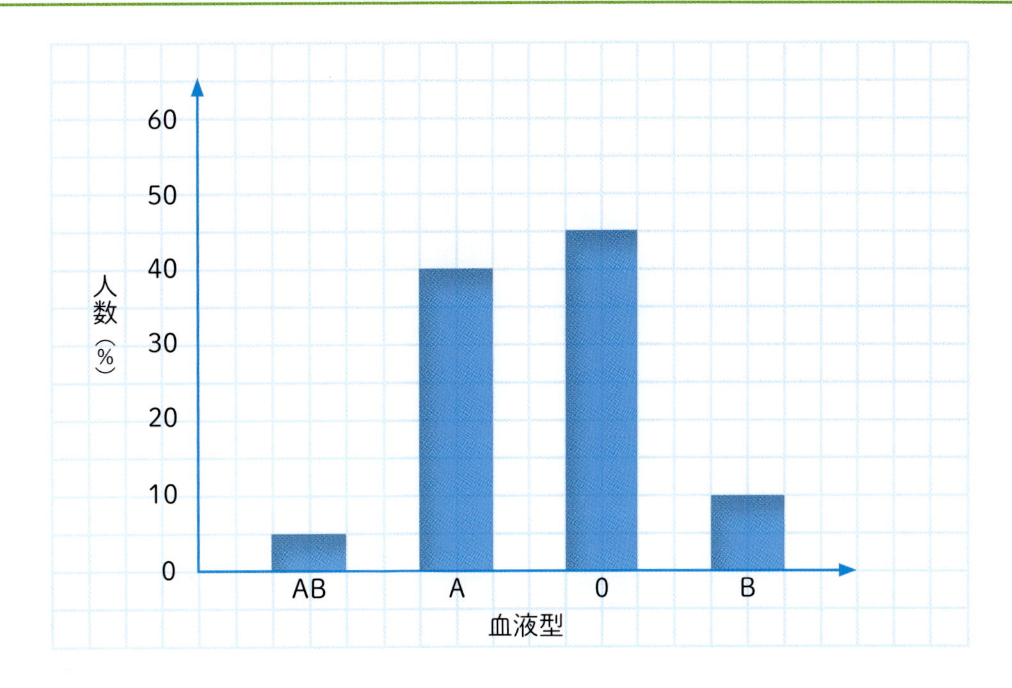

変異を起こす要因

1種類の生物の中で、変異の多くは、遺伝的なちがいにより起きます。突然変異は新しい遺伝子を作り出しますし、有性生殖は新しい遺伝子の組み合わせを作り出します。環境も生物の発達に影響を与えます。

1 突然変異と呼ばれるエラーが、DNA分子の中にある遺伝子の暗号情報に入りこむことがあります。その結果、新しい遺伝子が現れて、変異が起こります。たとえば、皮ふと毛の色を決める遺伝子に突然変異が起こると、その動物は、白化個体（アルビノ）になって、まっ白になることがあります。

2 有性生殖は、生まれてくる子に、両親の遺伝子の固有の組み合わせをもたらします。そのため、同じ両親であっても、兄弟姉妹はちがった見かけになるのです。一卵性そう生児（そっくりなふたご）はその例外で、同じ組み合わせの遺伝子を受けついでいます。それでも、育っていくうちに環境による影響を受け、ちがう個性を持つようになります。

3 環境は、生物が発達するしかたに影響を与えます。たとえば、日かげで育った植物は、日なたで育った植物より、ひょろ長く、葉もまばらになります。環境と遺伝子は、複雑なやりかたで、たがいに作用し合います。たとえば、その環境の中の何かが、遺伝子をオンやオフにすることもあります。

茶色のマウス

アルビノマウス

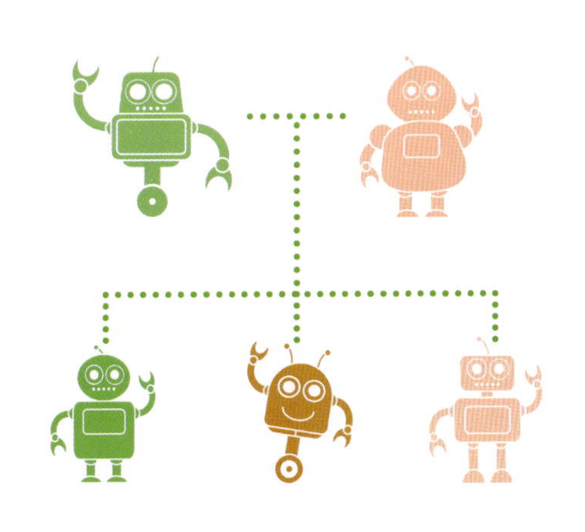

日なたで育った植物

日かげで育った植物

遺伝

生物が生殖を行うと、ふつう両親に似た子が生まれます。あらゆる生物は両親から遺伝子を受けつぎ、その遺伝子が、体の発達のしかたを決めるからです。

一卵性のふたごは、まったく同じ遺伝子のセットを持っているんだよ。

有性生殖

有性生殖を行う生物では、子は母親と父親の遺伝子を受けつぎます。ふつう、それぞれの子は、両親の遺伝子のやや異なる組み合わせを受けつぐため、両親が同じでも、兄弟姉妹は、まったく同じにはなりません。

1 両親

遺伝子は、染色体と呼ばれるものの中にあり、染色体は、ほぼすべての種類の細胞の核の中にあります。ヒトの細胞には46本の染色体があり、それらすべてで、体全体のことを決める遺伝子の完全な1セットを作っています。

2 生殖細胞

男性と女性の体は、有性生殖を行うための生殖細胞を作ります。これは特しゅな細胞で、どちらにも染色体が23本しかありません。男性の生殖細胞は精子と呼ばれ、女性の生殖細胞は卵と呼ばれます。生殖細胞の中にある染色体それぞれには、両親の染色体から受けついで組み合わさった遺伝子が入っています。

3 子ども

有性生殖を通して、精子細胞と卵細胞が合体すると、新しい個体ができます。2セットの染色体が合わさるため、子どもは、46本からなる完全な染色体のセットを持つことになります。その半分の染色体は父親から、残りの半分の染色体は、母親から受けついだものです。

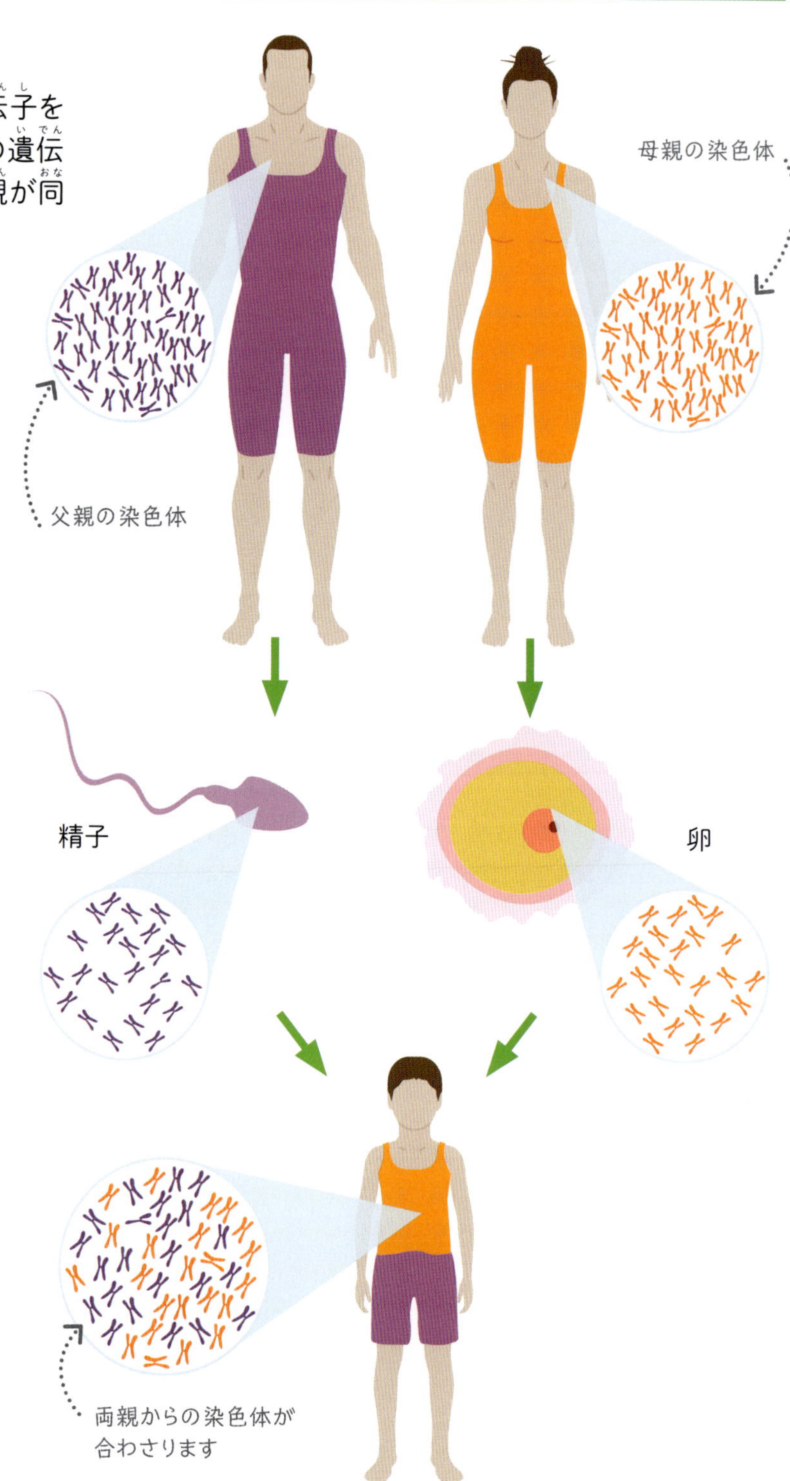

遺伝子のペア

有性生殖で生まれた子は父親と母親から染色体のセットを受けつぐため、すべての染色体の複製を2つずつ持つことになります。ときおり、この2つの複製が少しちがっていることがあります。このちがいがある遺伝子を対立遺伝子（アレル）と呼びます。ある遺伝子について2つの異なる対立遺伝子があるとき、片方の対立遺伝子がもう片方の対立遺伝子より強いことがあります。強い方の対立遺伝子を、優性遺伝子と呼びます。

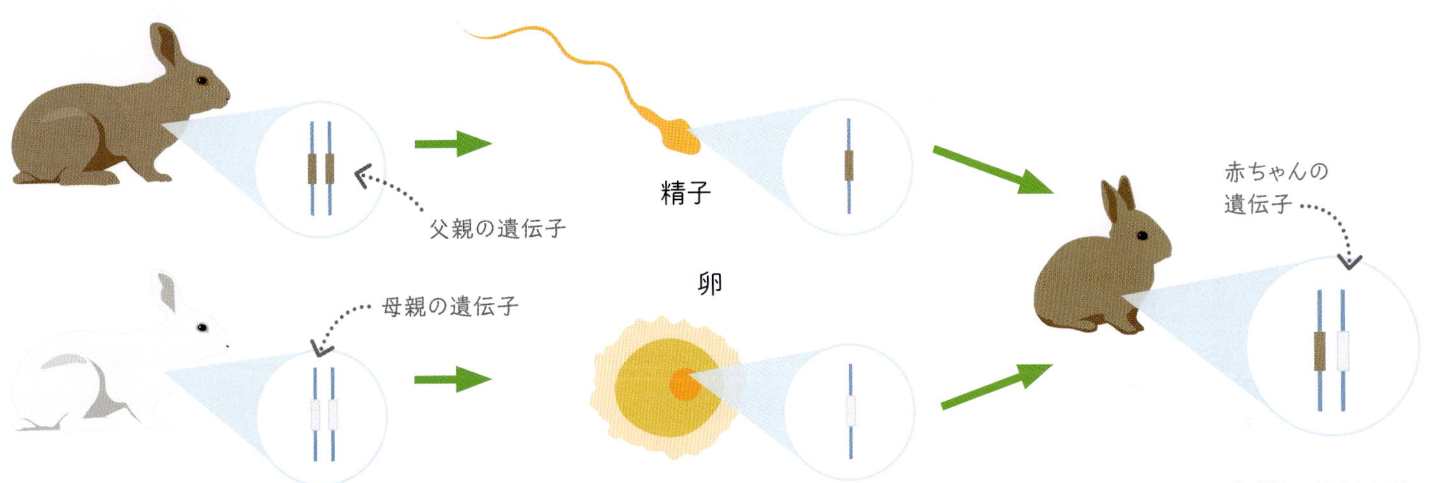

1 おとなのウサギは、毛の色についての遺伝子を2つずつ持っています。この例では、茶色の父親が茶色の毛の遺伝子を2つ、白い母親が白色の毛の遺伝子を2つ持っています。

2 父親の精子細胞はすべて茶色の毛の遺伝子を持ち、母親の卵細胞はすべて白い毛の遺伝子を持っています。

3 子どものウサギは両方の対立遺伝子を受けつぎますが、茶色の対立遺伝子が優性遺伝子なので、赤ちゃんウサギはみな茶色になります。

性染色体

ヒトや他のほ乳類には、特別な染色体が2つあります。これは性染色体と呼ばれ、どちらを受けつぐかによって性別が決まります。X染色体が2つあると女性になり、X染色体とY染色体が1つずつあると男性になります。

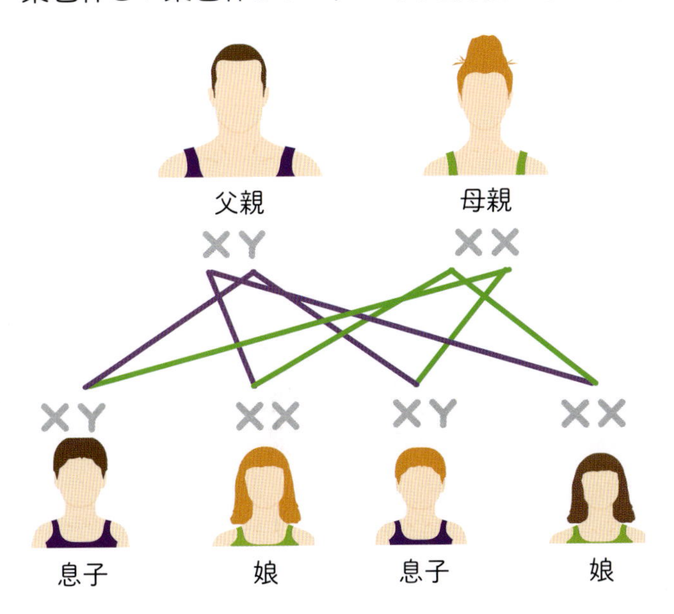

遺伝性の障害

色の見え方に問題がある色覚異常は、X染色体にある遺伝子が原因である場合があります。色覚異常は女子よりも男子に多く見られます。女子は、X染色体を2つ持っているので、片方に問題があっても、ふつう、もう片方には正しく働く同じ遺伝子の複製があり、その場合は、悪い影響がでません。でも、X染色体とY染色体を1つずつ持っている男子には、正しい遺伝子を持つX染色体がないため、この問題のあるX染色体の遺伝子が、悪い影響を与えてしまうのです。

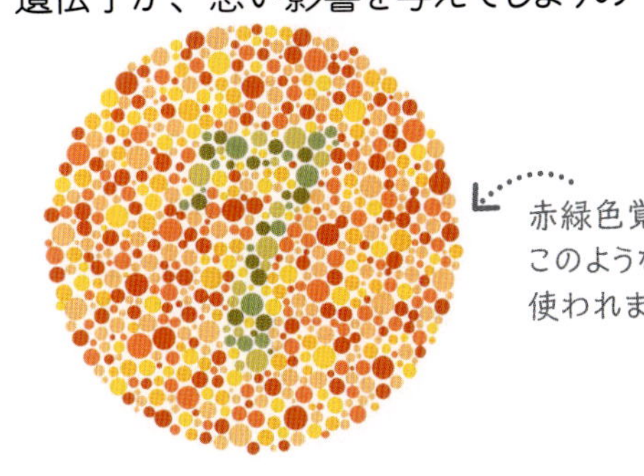

赤緑色覚異常の検査には、このような色のパターンが使われます

進化

生物は長い年月のうちに、まわりの環境の変化に適応して変化します。進化と呼ばれるこの変化は、新しい種（生物のタイプ）を作りだします。進化は、自然選択と呼ばれるしくみによっておし進められます。

進化は自然選択によって起こるという仮説は、1859年に、イギリスの科学者チャールズ・ダーウィンが唱えたんだよ。

自然選択

自然界で生きることは、他の種と競争することです。その結果勝ち組と負け組ができます。生きのびて生殖ができた生物は、この勝ち組の遺伝子を次の世代に引きつぎます。でも状況が変わると、勝ち組だった生物が負け組に変わることもあります。

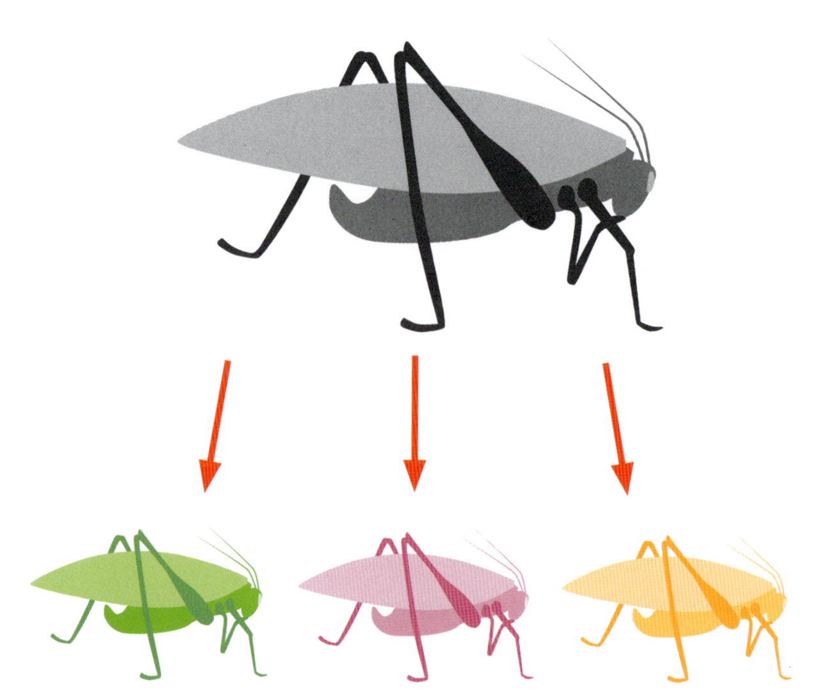

1 新しい遺伝子が変異を引き起こす

生物が生殖を行うと、遺伝子が複製されます。ときおり、複製中にエラーが起こり、新しい遺伝子ができることがあります。すると、群れには、さまざまなタイプがふくまれるようになります。たとえば、コオロギの体の色に影響を与える遺伝子に突然変異が起きると、さまざまな色のコオロギが生まれます。

2 いちばん適した者が生きのびる（適者生存）

葉の中にいる茶色やピンク色のコオロギは、鳥にかんたんに見つかってしまうので、目立たない緑色のコオロギよりも、多く食べられてしまいます。生きのびた緑色のコオロギは、自分の遺伝子を子孫に残すため、緑色のコオロギがどんどん増えます。このしくみを自然選択と呼びます。

過去からの証拠

進化はとても長い年月にわたって起こるため、観察することはできません。でも、大むかしの生物の化石が過去のことを教えてくれるので、科学者たちは進化がどのように進んだのかを知ることができます。たとえば、アーケオプリテクス（始祖鳥の一種）と呼ばれる生物の化石は、鳥が、小型の恐竜から進化したかもしれないことを教えてくれます。現代のどんな鳥ともちがって、アーケオプリテクスには、歯や、骨のある尾や、かぎ爪のある大きな手の指があります。でも、現代の鳥と同じように、羽毛の生えた翼も持っていました。

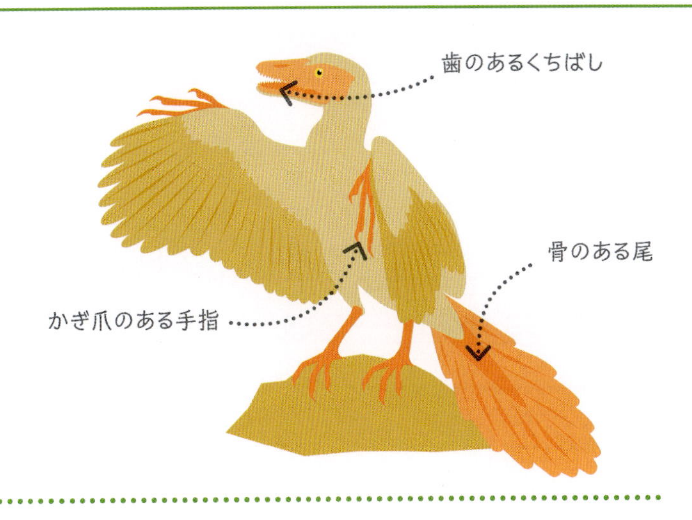

今度は、緑色のコオロギのほうが
目立つようになったので、
群れの体の色が変わり始めます

3 環境の変化

時がたつうちに、環境は変化します。たとえば、気候変動によって、緑豊かだった森が砂ばくに変わってしまうかもしれません。砂の多い環境では、茶色のコオロギのほうが目立たなくなり、生きのびるチャンスが増えます。するとコオロギの群れも新たな環境に適応して、体の色が変わるのです。

身の周りの科学

人為選択（品種改良）

人間は、植物や動物を人工的に繁殖して、好きな特徴を持つ子孫を選ぶことができます。このことは、自然界で起こる自然選択と同じように、時がたつうちに生物を大きく変えていきます。たとえば、人為選択（品種改良）と呼ばれるこのしくみを使って、さまざまなイヌの品種ができましたが、これらのイヌの見かけや行動は、野生の祖先だったタイリクオオカミとは大きく異なっています。

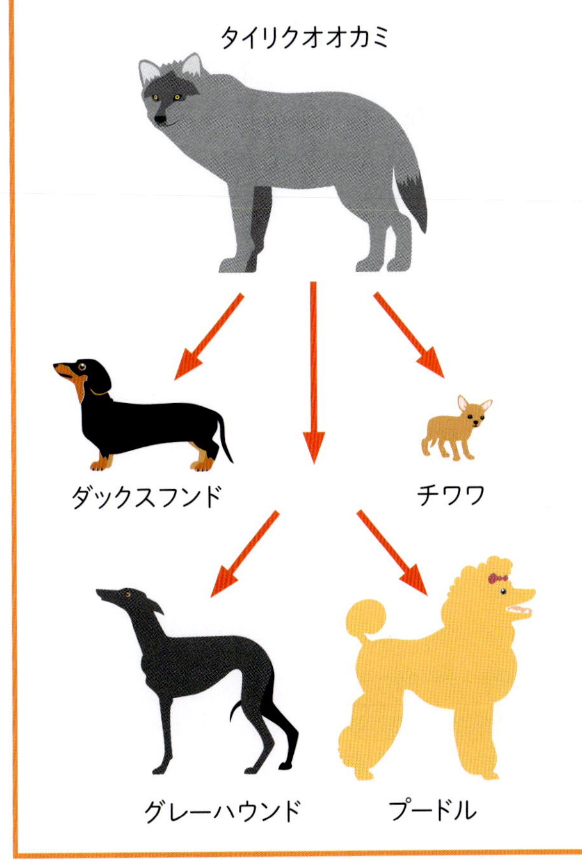

植物

植物は陸の上と水の中で育つ生物です。動物とちがい、植物は動くことができません。ほぼすべての植物は、日光からエネルギーを取りこみ、栄養分を自分で作っています。

葉緑素と呼ばれる緑色の化学物質を使って日光のエネルギーを取りこんでいるから葉は緑なんだよ。

植物の部位

大部分の植物には、根、茎、葉があります。多くの植物は花もつけます。植物の部位は、それぞれ特別の働きをします。

1 花

花は種子を作ります。種子は育つと植物になります。花の中心は花びら（花弁）にかこまれています。

2 葉

葉は広がって日光をとらえます。植物は光のエネルギーを使って、エネルギーの高い養分の分子を作ります。

3 茎

茎は光に向かって伸びる植物を支えます。また、根から吸いあげた水分と栄養分を、植物のあらゆる場所に運びます。木では、茎にあたる部分を幹と呼び、わき芽にあたる部分を枝と呼びます。

4 根

根は、雨に流されたり、風に飛ばされたりすることのないように、植物を地面に固定します。根はまた土から、水分と、ミネラルと呼ばれる化学物質を吸いあげます。

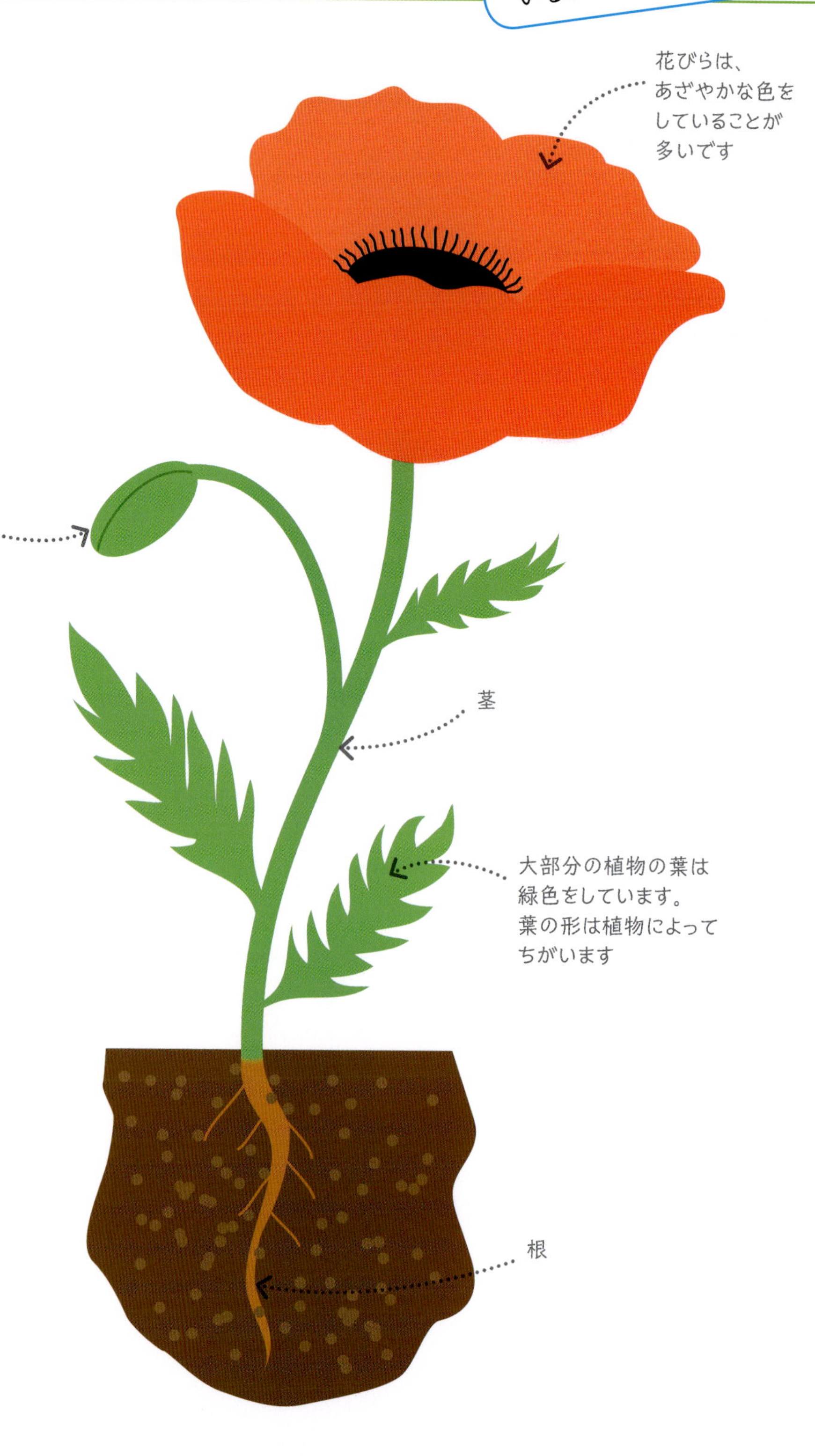

花びらは、あざやかな色をしていることが多いです
つぼみ（まだ開いていない花）
茎
大部分の植物の葉は緑色をしています。葉の形は植物によってちがいます
根

植物の成長に必要なもの

植物には、生き続け、育ち、健康であるために欠かせないものがあります。中でももっとも重要なのは、光と水です。さらに、適切な温度と、ミネラルと呼ばれる化学物質も必要です。

1 植物は日光を使って、自分の栄養分を作りだします。植物を窓ぎわに置くと光に向かって体を曲げます。できるだけ多くの日光を取りいれるためです。

2 植物がしっかり生き続けるには、水が必要です。水が足りないと、しおれてしまい、葉もしなびてしまいます。

3 植物は、適切な温度のもとで、もっともよく成長します。暑い気候が適した植物もありますし、涼しい気候が適した植物もあります。

4 あらゆる植物には空気が必要です。空気中の二酸化炭素を使って栄養分を作りだし、空気中の酸素を使って、栄養分からエネルギーを取りだします。

5 ミネラルは植物を強く育てます。大部分の植物の根は、土からミネラルを吸いあげますが、水に浮く植物は、水からミネラルを取りこんでいます。

身の周りの科学

温室

農家の人たちは、一部の野菜や果物を温室で育てています。温室は太陽の熱を閉じこめるので、内部の温度は外より高くなります。そのため、ブドウやトマトといった暖かい地方の植物が育てやすくなるのです。

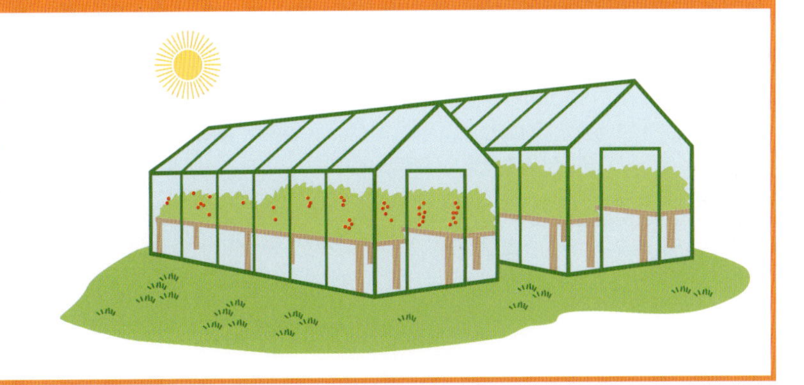

植物の種類

水の中にあるとても小さな緑色の粒のようなものから高くそびえる大木まで、植物にはさまざまな種類があります。花をつける植物と花をつけない植物の2つの大きなグループに分かれます。

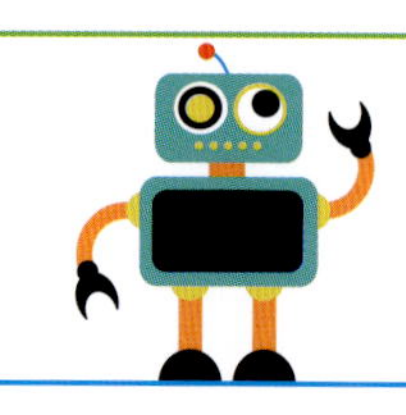

科学者はこれまでに40万種以上の植物を正式に記録しているんだよ。

花をつける植物

世界中の大部分の植物は花をつけます。花をつけるすべての植物は、種子から育ち、成長すると花を咲かせるというライフサイクルをたどります。花は、おしべとめしべの生殖細胞を他の花と交かんして、有性生殖を行います。

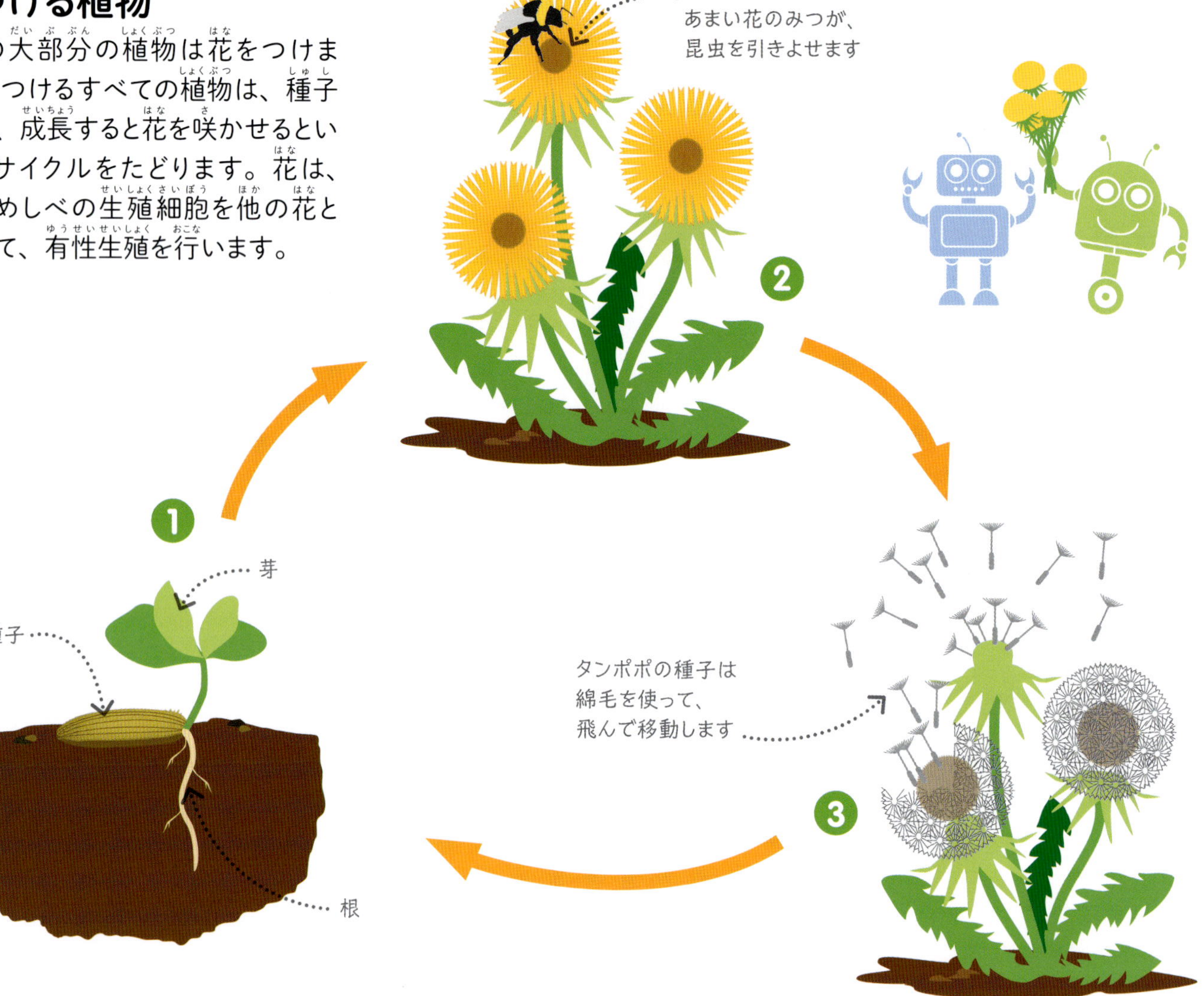

1 発芽
花をつける植物のライフサイクルは種子から始まります。種子が水分を吸うと、根と芽が伸びだし、植物の赤ちゃんができます。

2 花
多くの花は、昆虫や動物を引きよせるあざやかな色をしています。昆虫や動物は、植物の生殖細胞（花粉）を花から花へと運びめしべにつけます。このことを受粉といいます。

3 種子
受粉した花は種子を作ります。新しい場所に移動するために、風に乗ることのできる綿毛や、翼のようなものを持つ種子もあります。

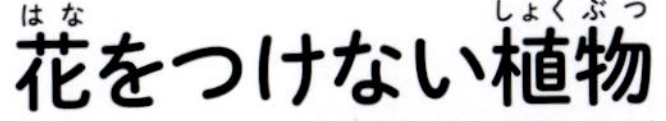

花をつけない植物

花をつけずに生殖を行う植物もあります。たとえば、針葉樹、シダ、コケなどは花をつけません。

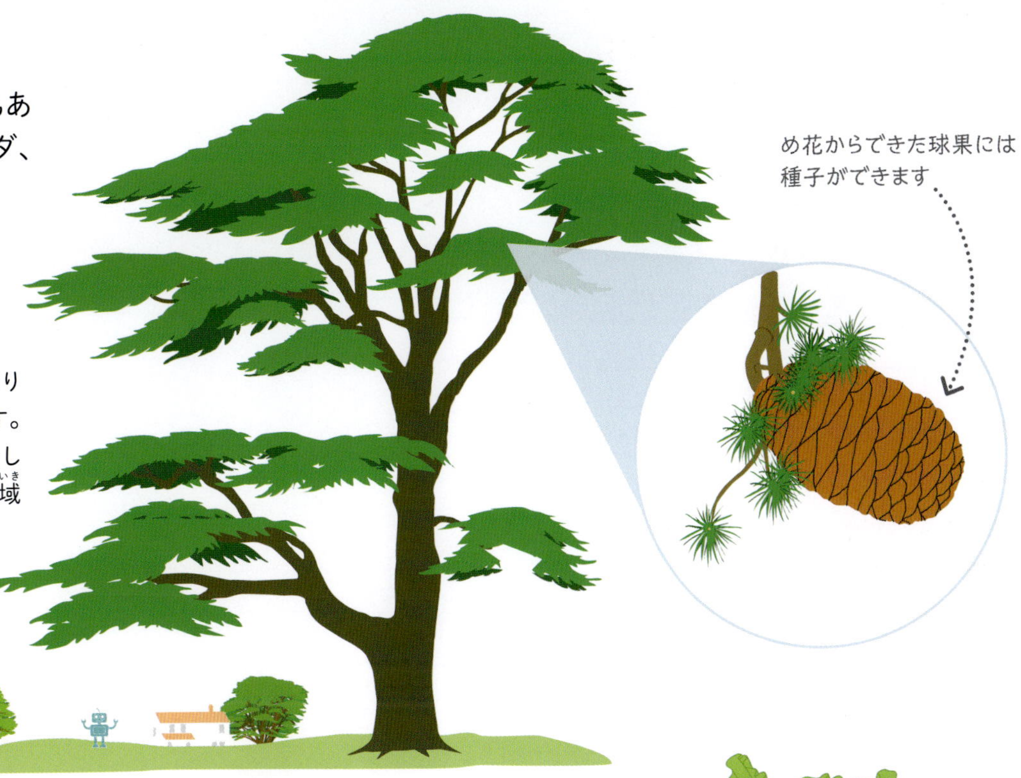

め花からできた球果には
種子ができます

1 針葉樹（球果植物）
針葉樹の種子は、花からというよりは、球果（松かさなど）の中にできます。また、針葉樹の葉は針のような形をしているので、寒い地域や乾燥した地域でも生きることができます。

2 シダ
ほとんどのシダは、細かい切れこみの入った、きれいな葉を持ち、日の当たらない場所に生えます。シダは種子を作りません。風でまかれる、胞子という名のごく小さな1個の細胞から育ちます。

3 コケ
大部分のコケは湿った場所に生える小さな植物で、クッションのように広がっていることがよくあります。コケには根も花も種子もありません。胞子を作ることによって生殖を行います。

4 藻類
藻類は、ふつうの植物と同じような形の単純な生き物で、水中で育ち、茎も葉も根もありません。藻類の多くは、顕微鏡でしか見えないほど小さく、生殖は、水中に胞子をまくことによって行います。

落葉樹と常緑樹

1年中葉が落ちない植物を常緑樹と呼びます。一方、落葉樹と呼ばれる植物では、冬に葉が落ち、春に新しい葉が生えてきます。

光合成

植物は、日光のエネルギーを使って、成長に必要な栄養分を作ります。栄養分を作るために日光をとらえるしくみを光合成といいます。

光合成は、地球のあらゆる生命にとって欠かせないもの。ほぼすべての生き物に食物を与えてくれるんだよ。

光合成のしくみ

1 植物の根が、土から水とミネラルを吸いあげます。道管と呼ばれる管が、葉をはじめ、植物のあらゆる部分に水を運びます。

2 空気中の二酸化炭素が、葉の小さなあなから植物の中に入ります。このあなを、気孔といいます。

3 葉には日光のエネルギーを取りこむ、葉緑素と呼ばれる緑色の物質がふくまれています。

4 葉の中で、さまざまな化学反応が起こります。土からの水、空気からの二酸化炭素と、太陽からのエネルギーが組み合わさって、ブドウ糖（糖の一種）と酸素ができます。

5 植物は光合成でできたブドウ糖を使って、新しい組織を作ったり、エネルギーをためたりします。酸素はいらないものとして、空気中に出されます。

栄養分を作る

この化学反応式（140 ～ 141ページに説明があります）は、光合成で起こることを示したものです。水と二酸化炭素が結合してブドウ糖と酸素ができますが、酸素はいらないものとして捨てられます。

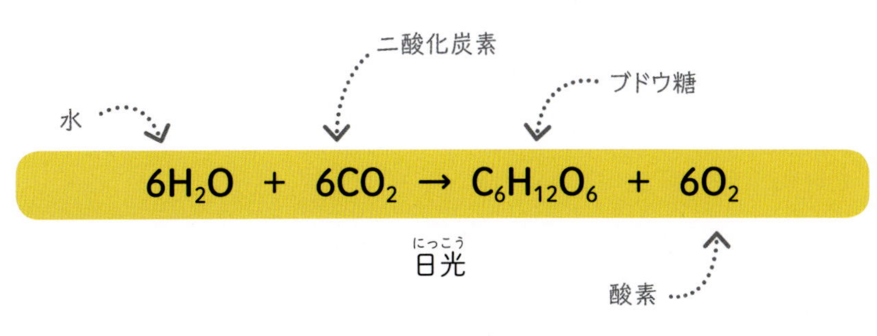

葉の断面図

やってみよう

光合成を起こす

簡単な実験を行って、光合成が起こる様子を観察してみましょう。池の水草を、水がたっぷり入った容器に入れます。水草に光を当てると、酸素のあわが水面に浮かんでくるのが見えるでしょう。この酸素は、光合成を行うときにできたいらないものです。光を水草に近づけたり、遠ざけたりしてみましょう。酸素のあわはどうなるでしょうか？

水と栄養分を運ぶしくみ

人間の循環系が血液を体中に運ぶように、
多くの植物にも、必要なところに
水と栄養分を運ぶしくみがあります。

水や栄養分は、植物の内部にある小さな管を通って運ばれるんだよ。

蒸散

植物の内部で水が移動することを蒸散と呼びます。葉からは、つねに蒸発によって水分が空気中に逃げています。でもそのために、植物の内部を伝って、より多くの水を地面から吸いあげることができるのです。大きな木では、地面から50m のところまで水が吸いあげられることがあります。

1 葉の表面にある気孔と呼ばれる小さなあなが、葉の内部の水を水蒸気として空気中に逃がします。

2 葉から水が失われるため、木部道管と呼ばれる細い管を通して、より多くの水が吸いあげられます。ストローで水を吸いあげるように、水は根から木部道管を伝って、葉まで引きあげられます。

3 根の中の圧力も、木の幹を通して水を押しあげます。

4 根は、葉から失われた水をおぎなうために、つねに土から水を吸いあげます。大木では、大量の水を吸収するために、根の周りの地面が乾くことさえあります。

木部と師部

植物が水と栄養分を運ぶしくみでは、木部道管と師部道管と呼ばれる、顕微鏡でしか見えないぐらい細い管を使います。管には、樹液と呼ばれる液体が通っていて、樹液には、水分と溶けたミネラルや糖などがふくまれています。

水が空気中に蒸発します

木部道管と師部道管は、2つ合わせて「維管束（いかんそく）」と呼ばれます

木部道管

師部道管

茎の断面図

1 師部道管は、光合成で作られた栄養豊かな糖を葉から植物全体に運びます。糖は細胞にとって、成長するためのエネルギーと材料です。

2 木部道管は、水と、根から吸いあげられて水に溶けたミネラルを植物全体に運びます。木部道管は、木を切ったときに見られる年輪を作ります。

やってみよう

色を変える

花の色を変える手品をやってみましょう。この実験では、植物の茎を通って水が移動する様子を知ることができます。

1 花びんやビーカーに水を入れ、食品着色料を少し足します。どんな色でもかまいません。

2 白いカーネーションの茎を斜めに切って、そのあと、茎を花びんの中にさします。

3 数時間そのままおいておきます。水が茎を通って上がると、花の色が変わります。

花

大きさ、形、色がどんなにちがっても、
花はみな同じことをします。有性生殖を行うために、
おしべとめしべの細胞を作るのです。

風で花粉を運ぶ植物は、
動物を引きよせるための
あざやかな花びらが
いらないんだよ。

よく見られる花の特徴

多くの花は、ミツバチのような小さな動物に、オスの生殖細胞を花から花へと運んでもらっています。そうした動物を引きよせるため、多くの花は、あざやかな花びらと強いかおり、そして動物が食べる甘いみつを持っています。

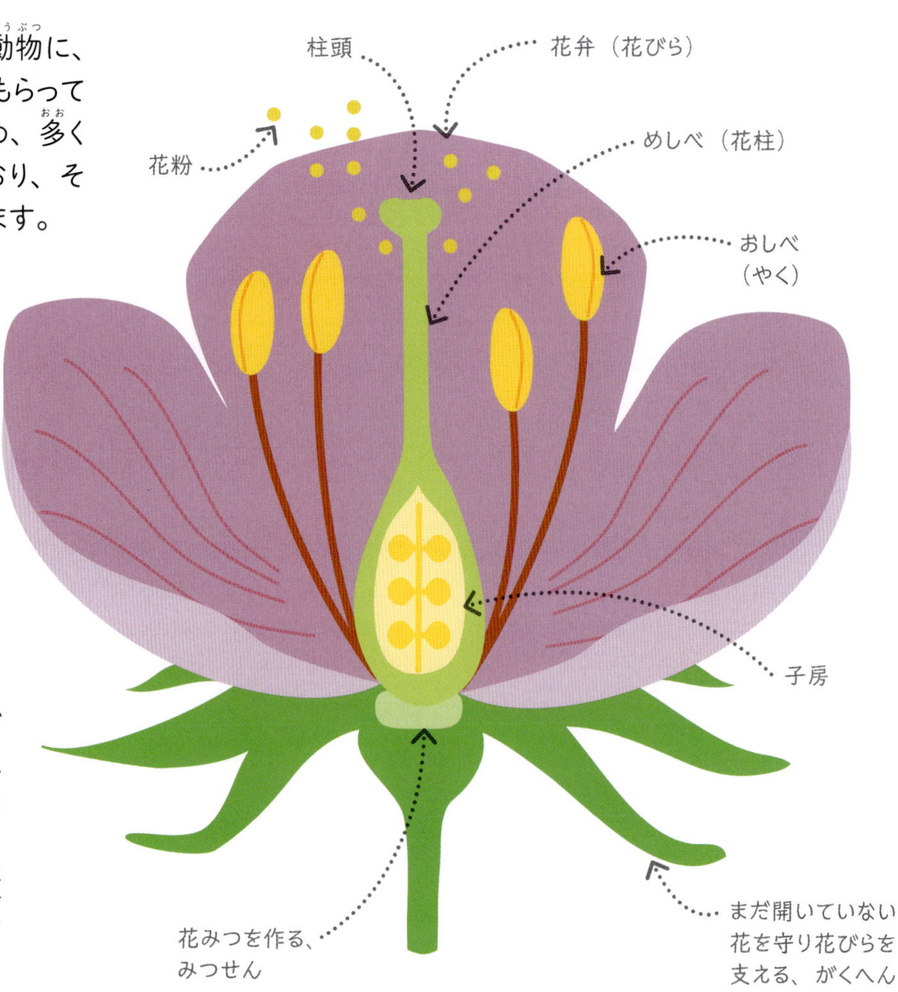

1 おしべの部分

花のオスの部分は、おしべと呼ばれます。おしべの先（やく）では花粉と呼ばれる黄色い粉が作られ、これが昆虫の体につきます。花粉の粒には、おしべの生殖細胞が含まれています。

2 めしべの部分

花のメスの部分は、めしべと呼ばれます。多くの花では、めしべは1つしかありません。その根元には子房（めしべの生殖細胞がふくまれているふくろ）があります。めしべの先には、柱頭と呼ばれる、ベトベトした台のようなものがあり、ここに花粉がくっつきます。

身の周りの科学

レンタル・ミツバチ

農家の人は、作物を受粉させるために、ハチを飼っている養蜂家から、ミツバチの巣箱やマルハナバチの群れを借りて、畑や果樹園に置くことがあります。そうすると、より多くの花が種子や果実をつけるようになり、収穫量が増えるのです。

受粉

花は、花粉が子房に入ったときにだけ、種子を作ります。花粉が柱頭につくことを受粉といいます。植物には、1本の木や草に咲いている花どうしで受粉できるものもありますが、ほとんどの植物は、同じ種の別の木や草の花から花粉をもらうことが必要です。

1 ミツバチがリンゴの木の花に飛んできて、みつを吸い、巣に持っていくために花粉を集めます。みつを吸うときに、花粉が体につきます。ミツバチが別のリンゴの木の花に飛んでいきます。

2 ミツバチが次のリンゴの木の花にとまると、体についていた花粉がこの花の柱頭につきます。花粉から管がのび、それが子房にもぐりこんで、オスの生殖細胞を届けます。

受粉したあと

花は受粉して、花粉が子房に達すると、果実と種子を作ります。多くの果実の果肉は動物に飲みこんでもらうため甘い味をしています。飲みこんだ動物によって種子が運ばれます。

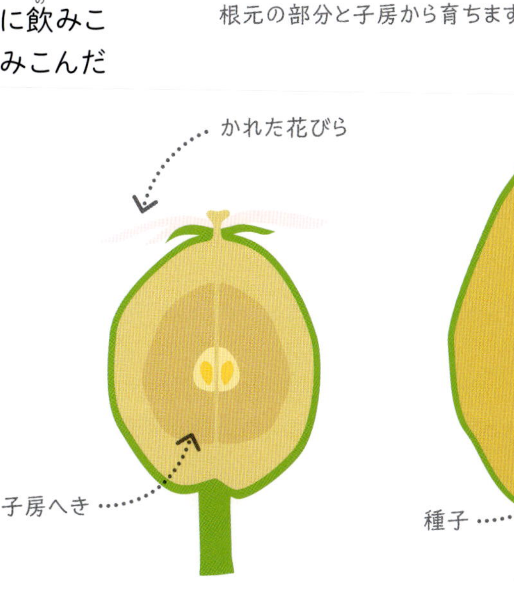

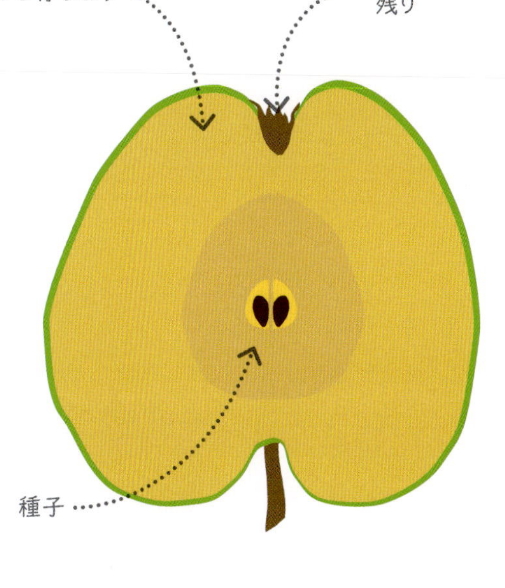

1 受粉が起こると、胚しゅと呼ばれる小さな丸い器官の中で、オスとメスの生殖細胞が合体します。これが種子になります。

2 おしべがとれ、花びらもしおれて、かれます。子房の壁がふくらみ、果肉ができはじめます。

3 果実が完全に育つと、熟してあまくなります。果実の中では、種子の回りに保護膜ができて固くなります。

種子を運ぶしくみ

植物が元気に育つ新しい場所を見つけるには、親の植物から遠く離れたところに種子がまかれる（散布される）ことが必要です。そのためにさまざまな方法があります。

ダイナマイトツリーという植物の果実は、自分で爆発して、種子を30m も先に飛ばすんだよ。

動物に運んでもらう

多くの種類の種子は、動物に運ばれます。この方法で運ばれる種子は、風が運ぶ種子より作られる数が少なく、サイズも大きいことがふつうです。

1 食べられる

鳥は、種子の入った液果（ラズベリーやブルーベリーなど）を食べます。こうした種子は鳥の腸を通っても傷つくことはありません。種子は鳥のふんといっしょに地面に落とされ、ふんは、種子から芽が出てきたあとの肥料になります。

2 貯められる

リスは冬の間に食べるため、ドングリを運んで、地面の下にうめておきます。うめられたまま忘れられてしまったドングリのいくつかは、新しいカシやナラの木に育ちます。

3 ヒッチハイクする

ゴボウなどの植物の種子には、小さなかぎづめのようなものがたくさんついています。これが動物の毛にくっついて、新しい場所に運ばれていきます。

風に運んでもらう

植物の中には、風で種子をまくものがあります。このタイプの種子はふつう、遠くまで飛んでいけるように、とても小さくて軽く、作られる数も膨大です。

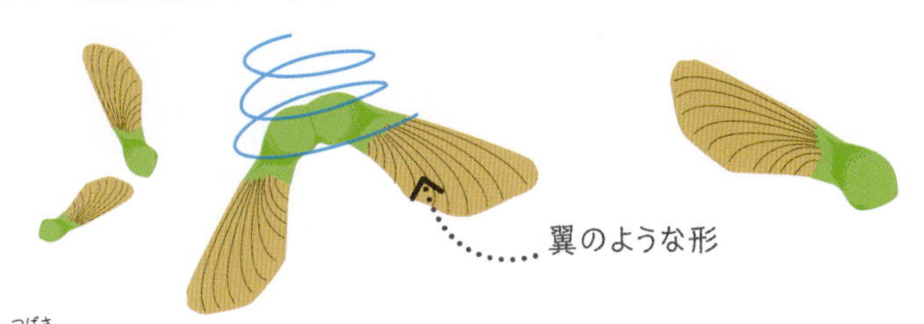
翼のような形

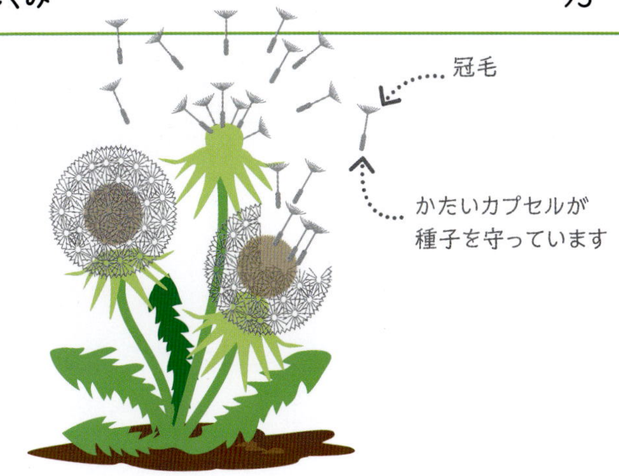
冠毛
かたいカプセルが
種子を守っています

1 翼
カエデやアメリカスズカケノキなどの種子は、翼のような形をしています。翼の部分が種子を回転させるので、木から落ちるスピードがゆっくりになり、遠くに飛ばされます。

2 風に乗せる
タンポポの花には、約150個の種子ができます。種子はそれぞれ、かたいカプセルの中に入っています。冠毛と呼ばれる綿毛があるので、風に乗って移動することができます。

種子が
ふりだされます

種子が
飛び出します

3 ふりだす
ケシの果実（ケシぼうず）は、風が吹くと左右にゆれます。すると、小さくて軽い種子がふりだされて、風に乗ります。

4 実が爆発する
植物の中には、種子が育つと実が爆発するように割れるものがあります。すると中の種子が飛び出し、親の植物から遠く離れた場所に飛ばされます。

水に運んでもらう

水辺の近くに生えている植物には、水に浮かぶ種子を作るものがあります。こうした種子は、動物や風に運ばれるものより、ずっと大きいことがふつうです。ココヤシは、すべての植物の中でとくに大きい種子、ココナッツを作ります。

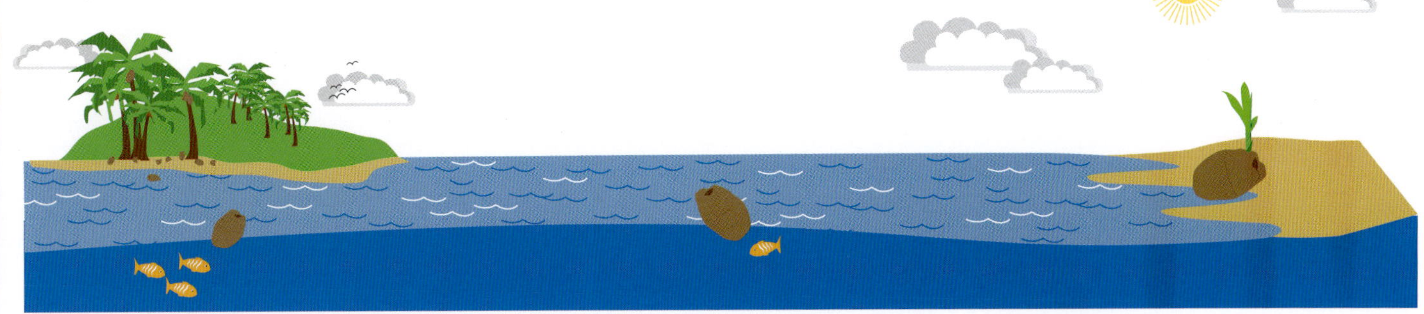

1 ココナッツがヤシの木から海面に落ちて、大海に出ます。

2 ココナッツが海を漂流します。かたい外側の層に守られているので、何か月も生きのびることができます。

3 遠く離れた海岸に打ちあげられ、そこで芽を出して、新しいヤシの木に育ちます。

種子が育つしくみ

適切な条件が整うと、種子は芽を出し、新しい植物に育ちます。芽が出ることを発芽といいます。種子によっては、数か月、数年、場合によっては数百年たったあとでも発芽できるものがあります。

種子は、発芽するまで、休眠（休眠とは、生きているけれども、活動していない状態のこと）しているよ。

種子ってなに?

種子は、新しい植物になるもとがつまったカプセルです。しっかりした皮に守られた種子には、胚と呼ばれる小さな植物の赤ちゃんが入っています。胚には根（幼根）と芽（幼芽）、そして最初の本葉がふくまれています。種子には、栄養分もふくまれています。この栄養分は、種子の大部分をうめつくす子葉と呼ばれるものの形で入っていることがよくあります（植物によっては、胚乳と呼ばれるものが栄養分になることもあります）。

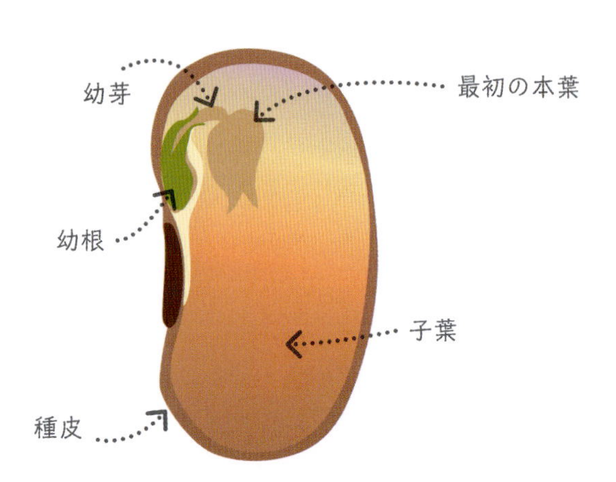

豆の種子

発芽

ほとんどの種子は、水を吸収するまで発芽しません。水を吸収すると、休眠していた種子の細胞が、一気に活動状態になります。発芽した種子は、日光を取りこめるようになるまで、種子の中に貯められていた栄養分を使って成長します。

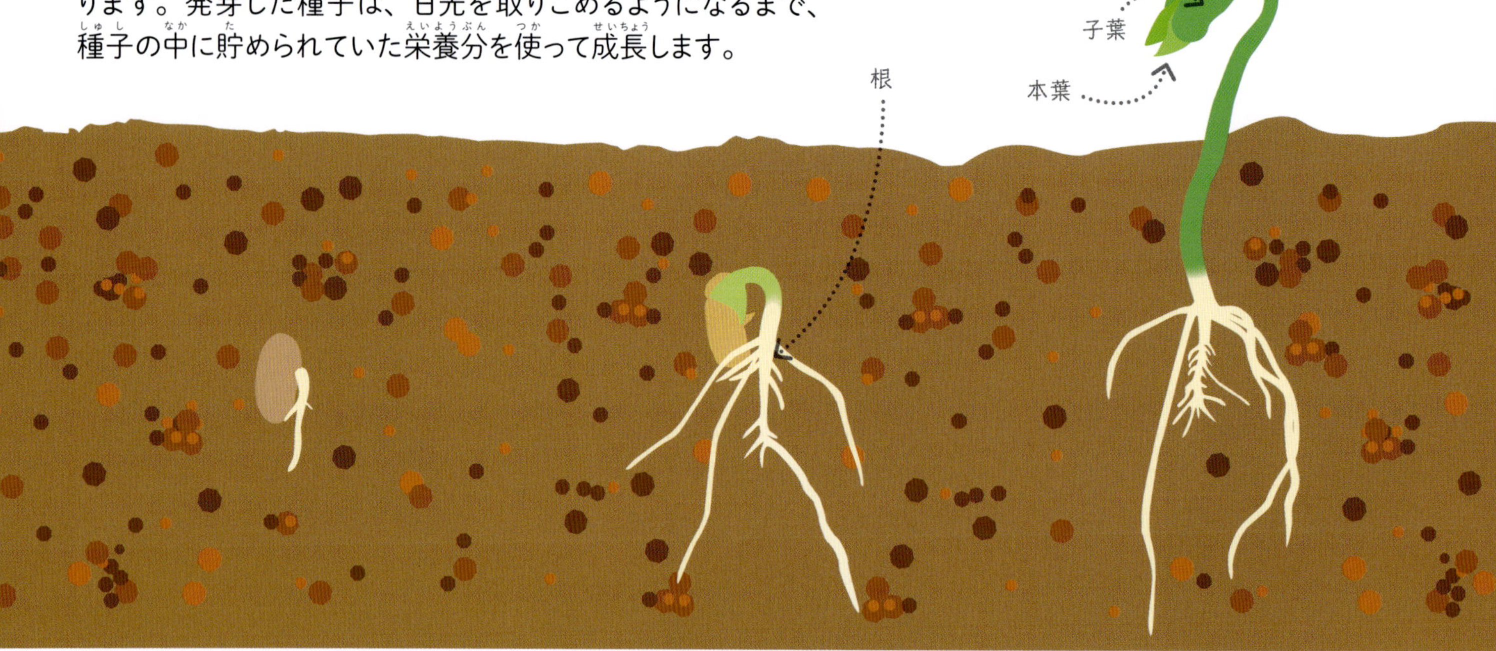

1 土の中の水分が豆の種子をふくらませて、種皮が割れます。

2 最初の根が下向きに伸びはじめます。根にある細かい毛（根毛）が、土から水分とミネラルを吸いあげます。

3 最初の芽が土から出てきて、日光に出合います。種子から芽を出したばかりの植物（実生）は、子葉から栄養分をとります。

適切な条件

種子の発芽には、適当な温度、酸素、水が必要です。植物はふつう、種子をたくさん作ります。不適切な地面に落ちて、育たないことが多いからです。でも、適切な条件があれば、まき散らされた種子は、若い植物に育ちます。

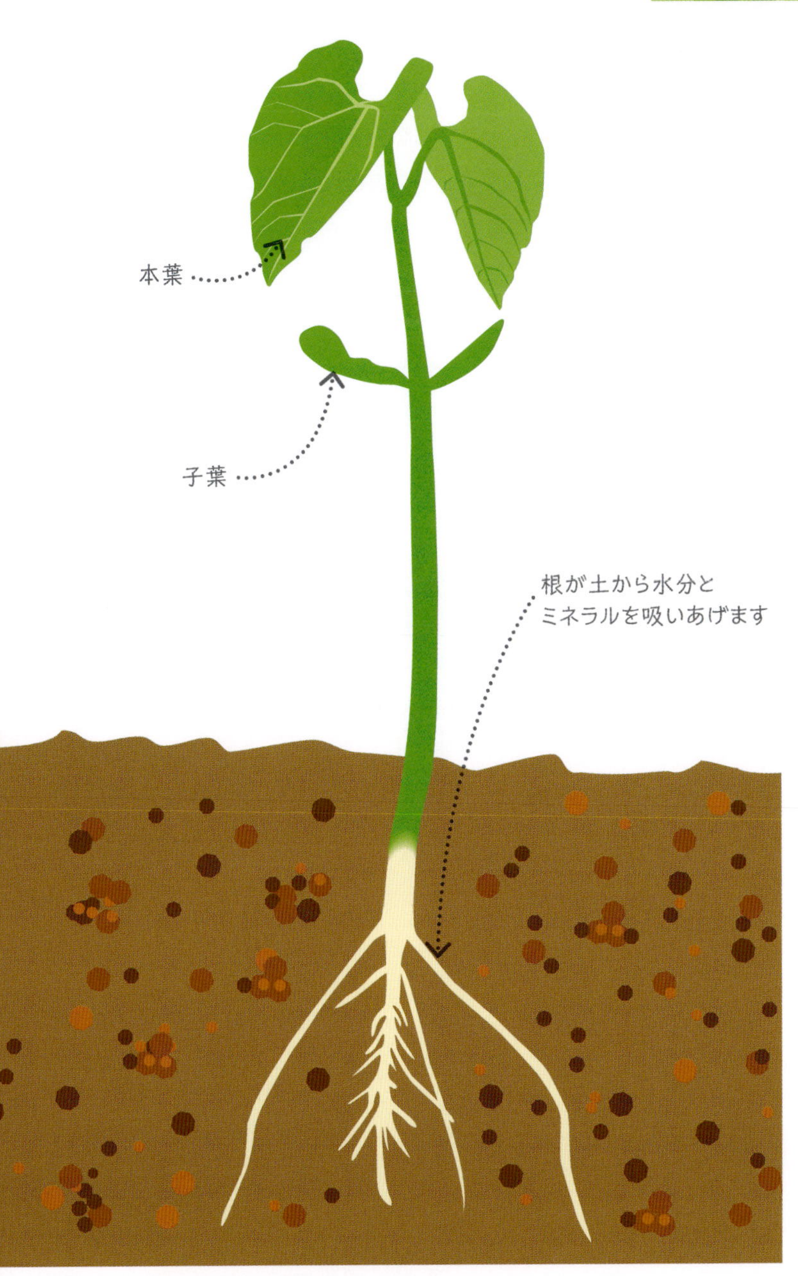

4 実生に最初の本葉が生えます。すると本葉が栄養分を作りはじめるので、植物は大きく成長できるようになります。

やってみよう

発芽の実験

種子はふつう土の中で発芽するので、地下でどう変化するかを見るのはたいへんです。でも、この簡単な実験を行えば、豆の種子が活動を始める様子を見ることができます。実験には、透明な容器としめらせたコットンボール（綿球）を使います。

1 透明な容器に、しめらせたコットンボールを入れます。豆の種子をコットンボールと容器の側面のあいだに入れ、暖かくて暗い場所に置きます。ときどき水を入れて、コットンボールが乾かないようにしましょう。

2 1週間ぐらいすると、豆の種子が発芽します。最初の根と芽が生え、次に本葉が生えてきたら、容器を光の当たるところに移しましょう（実生とは発芽したばかりの植物のことです）。

植物の無性生殖

無性生殖では、親は1つしかいません。
多くの植物は無性生殖を行います。
それにより、すぐに数を増やして広がることができるのです。

無性生殖で生まれた子は、
親と遺伝子がまったく
同じクローンなんだよ。

植物の無性生殖のしくみ

植物は、ほぼすべての部分から新しい植物を育てることができます。そのため植物は、数多くのやり方で無性生殖を行っています。

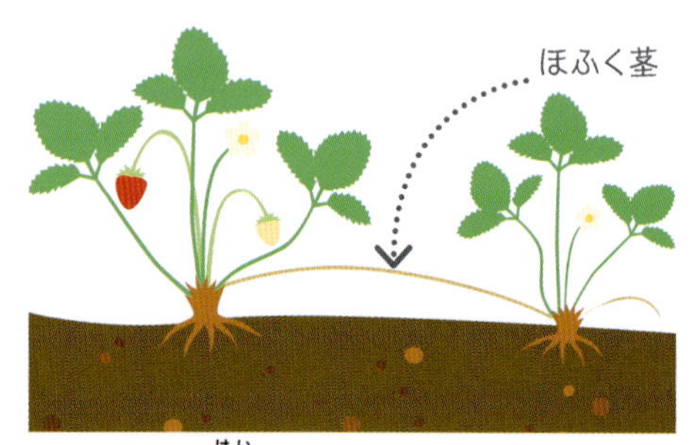

1 ほふく茎

イチゴなどの植物は、地面の上で横に伸びる、ほふく茎と呼ばれる茎を作ります。そこから根が出て、新しい植物に育ちます。

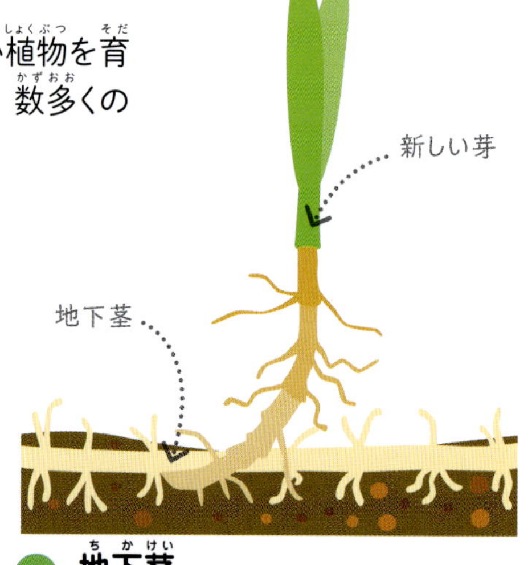

2 地下茎

タケなどの植物は、地面の下で横に伸びる、地下茎と呼ばれる茎から新しい芽を出します。

3 吸枝

親株から少し離れたところに育つ新しい株を吸枝といいます。横に伸びる根を生やすことによって無性生殖を行います。

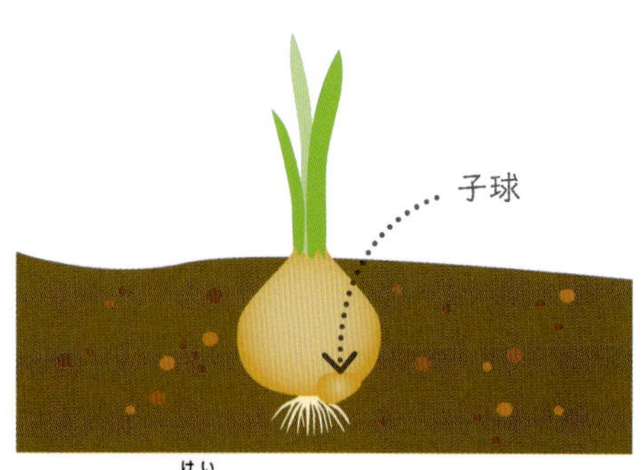

5 りん茎

チューリップなどのりん茎は、変形した葉が何層にも重なってできている、地下にある栄養分の貯蔵庫。栄養分を貯めるだけでなく、まわりに子球と呼ばれる新しいりん茎を作ります。

6 球茎

クロッカスなどの球茎はりん茎に見た目が似ていて、することも同じですが、茎から作られ、りん茎よりかたい作りになっています。球茎から出る芽は新しい球茎に育ちます。

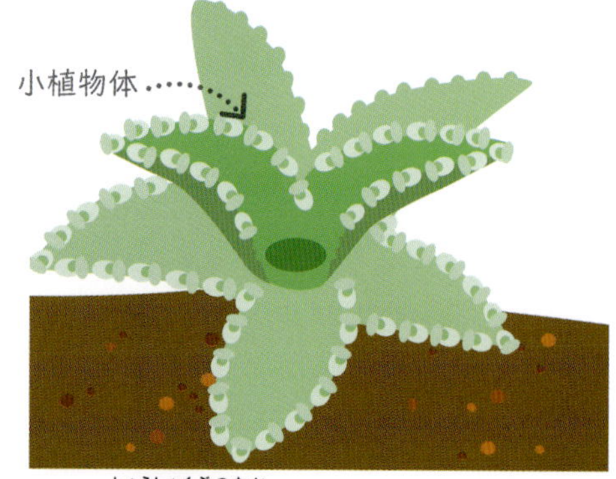

7 小植物体

この図のコダカラベンケイと呼ばれる植物は、葉のふちに小さな植物体をいくつも作ります。それが地面に落ちると、新しいコダカラベンケイに育ちます。

さし木とつぎ木

植物には無性生殖で新しい植物を作る能力があるため、園芸家や植物学者は、人工的に新しい植物を作ることができます。もっともよく使われる方法は、さし木とつぎ木です。

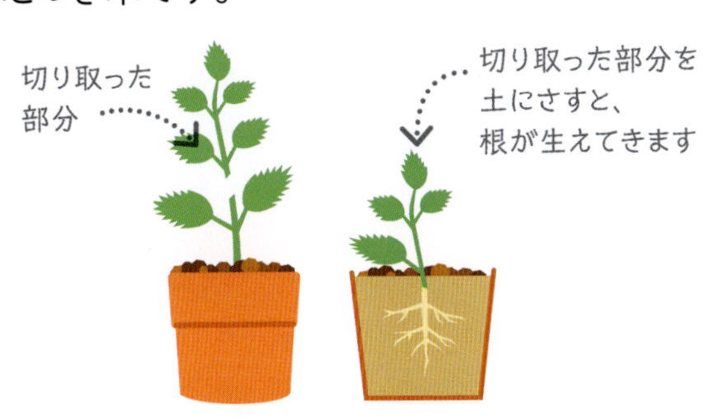

1 さし木は、植物の一部を切り取り、茎を土にうめることによって行います。数週間たつと、茎から根が生えてきて、新しい植物が育ちます。

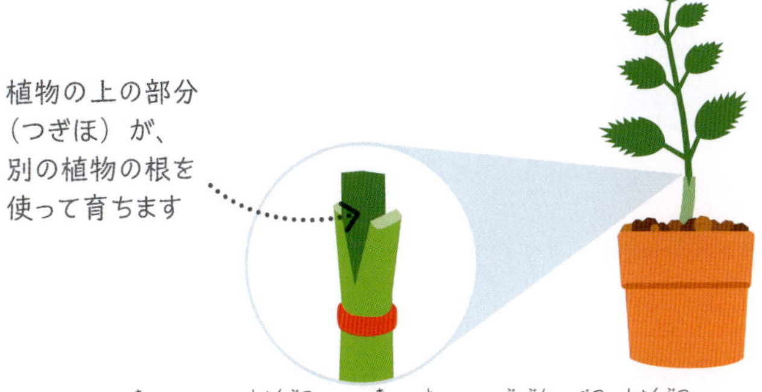

2 つぎ木は、ある植物から切り取った部分を別の植物につぎさして、両方の植物がいっしょに育つようにする方法です。たとえばバラでは、ある品種のバラを、より強く健康な根を持つ別の品種のバラにつぎ木することがよくあります。

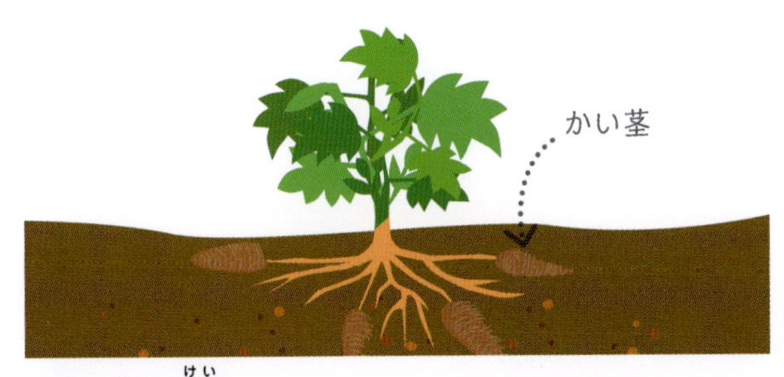

4 かい茎

サツマイモなどはかい茎と呼ばれる、地面の中にできるかたまりに栄養分を貯める植物です。かい茎から出た芽は、新しい植物に育ちます。

8 無ゆう合種子形成

タンポポの花は、めずらしい種子を作ります。タンポポの種子は親のクローンなのです。これは無性生殖の一種で、無ゆう合種子形成（アポミクシス）と呼ばれます。

身の周りの科学

栽培バナナ

栽培されているバナナの大部分は、キャベンディッシュバナナと呼ばれる品種の、遺伝的にまったく同じ子孫です。キャベンディッシュバナナには種子がないので、有性生殖を行うことができません。そのため、新しい木は吸枝から育てられます。野生のバナナの木は有性生殖を行いますが、その果実のバナナには大きな種子があるので、食べにくいのです。

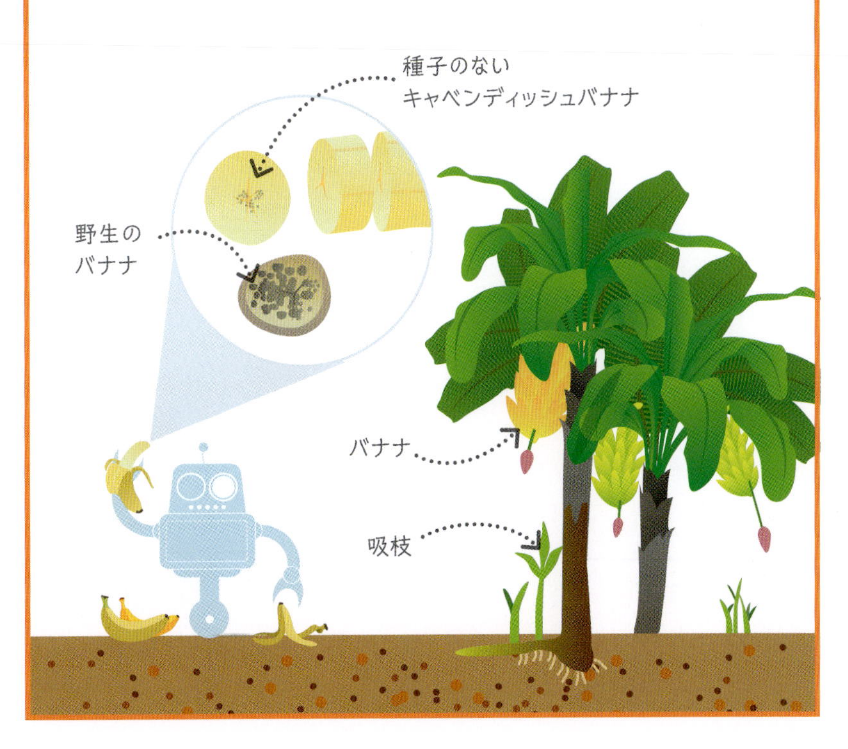

単細胞生物

何十億個もの細胞からなる動物や植物とはちがい、単細胞生物は、たった1個の細胞からできています。世界は、単細胞生物でいっぱいです。単細胞生物はどこにでもいて、あなたの体の表面や体の中にさえいるんですよ。

細菌（バクテリア）

細菌は、もっともよく見られる単細胞生物で、科学でわかっている中ではもっとも小さな生物です。小さじ1杯の土の中には1億個以上の細菌がふくまれ、あなたの体にも約40兆個の細菌がすんでいます。細菌には役立つものもあります。たとえば、ヒトの腸にすんでいる細菌は消化を助けてくれます。でも害になる細菌もいて、体の中に入ると病気になることがあります。

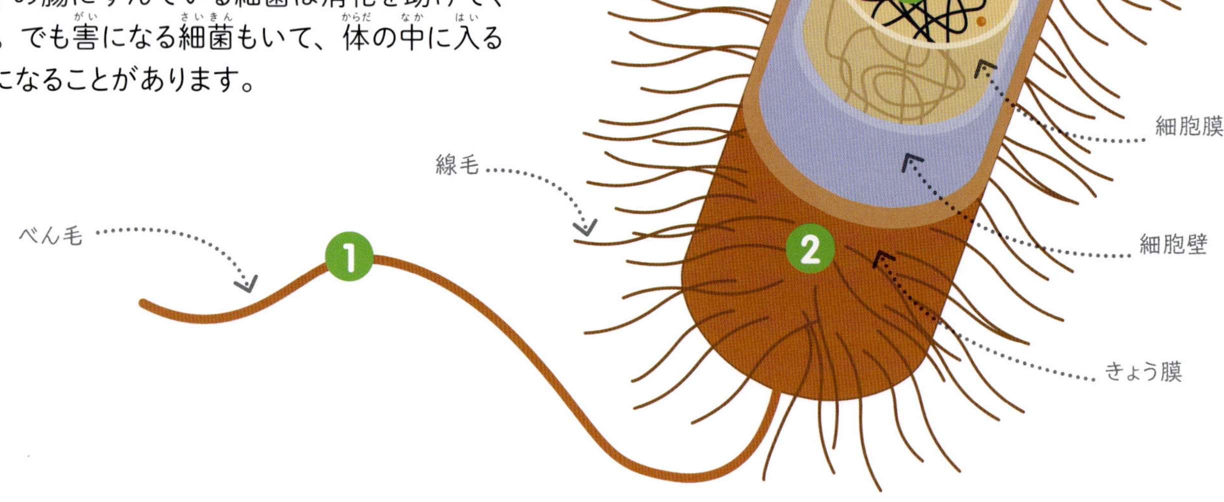

1 べん毛

細菌には、べん毛と呼ばれる、長いむちのような糸を持つものがあります。細菌は、このべん毛を回転させて動きまわります。

2 きょう膜

多くの細菌は、きょう膜と呼ばれる保護膜におおわれています。きょう膜には、ほかのものにくっつくための線毛と呼ばれる毛のようなものが生えていることがあります。

3 DNA

細菌には、遺伝子を保存する細胞核がありません。細菌の遺伝子は、細胞質の中にあるこんがらがったDNAのひもに入っています。

細菌の形

多くの細菌は、特徴的な形によって名前がつけられています。もっともよく見られる形は、丸い形（球菌）、ぼうのような形（かん菌）、そして、うずまき形、らせん形などです。細菌はたがいに結合して、くさりや、かたまりや、もつれた形を作ることがあります。

藻類

藻類は、植物に似た生物で、水の中にすみ、日光を使って栄養分を作り出します。大多数の藻類は湖や海の表面に浮かんでいて、水の中にすむ動物のえさになります。ここに示したのは、たくさんある藻類の種類の、ほんの一部です。

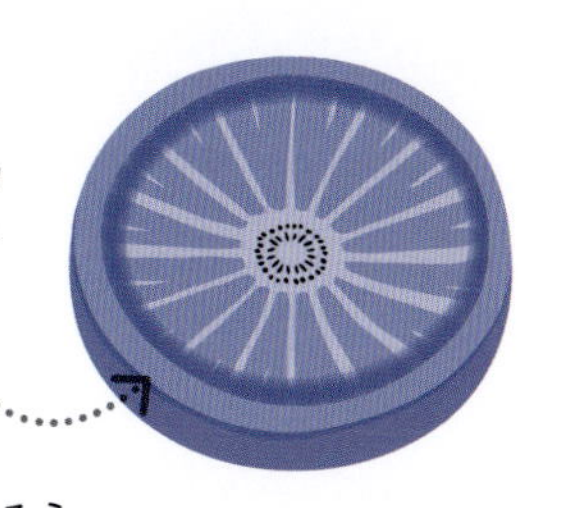
多くの藻類は、石灰やシリカなどのミネラルでできた殻で守られています。

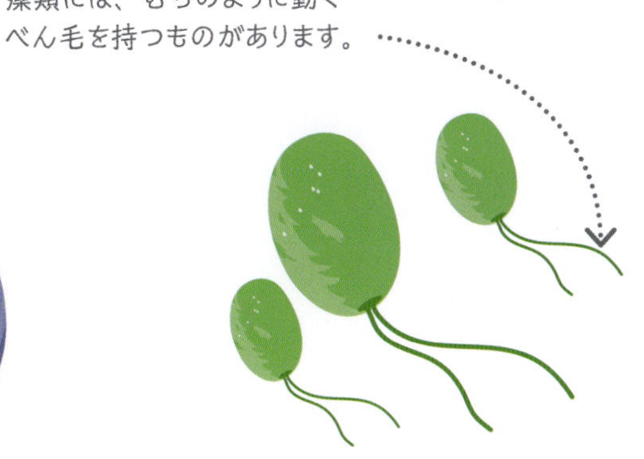
藻類には、むちのように動くべん毛を持つものがあります。

1 クロレラ
この藻類は、川や湖にすんでいます。水そうの中で増えると、水が緑色ににごります。

2 けいそう
地球の酸素の約3分の1は、湖や海にすむ、けいそうが作っています。けいそうには、シリカ（二酸化ケイ素）と呼ばれる、砂にふくまれるミネラルでできた殻があります。

3 クラミドモナス
この藻類は、土、雪、湖、海の中でも生きのびられます。単純な眼点があるので、光のほうに泳いだり、光から遠ざかるように泳いだりすることができます。

原生動物

原生動物は、さまざまな単細胞生物が属すグループです。おもにほかの単細胞生物を食べてくらしています。もっとも大きい原生動物の1つはアメーバで、形を変えながら移動して、えものをとらえます。

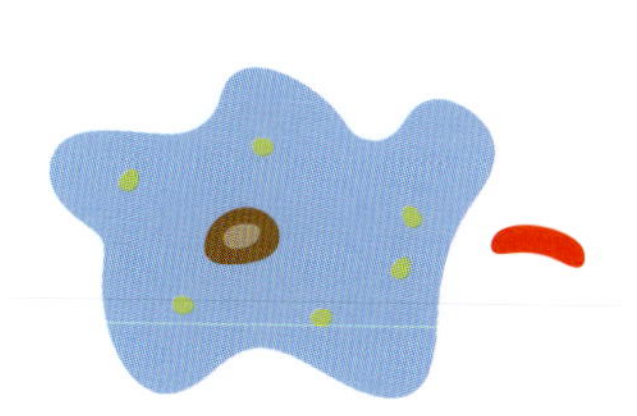

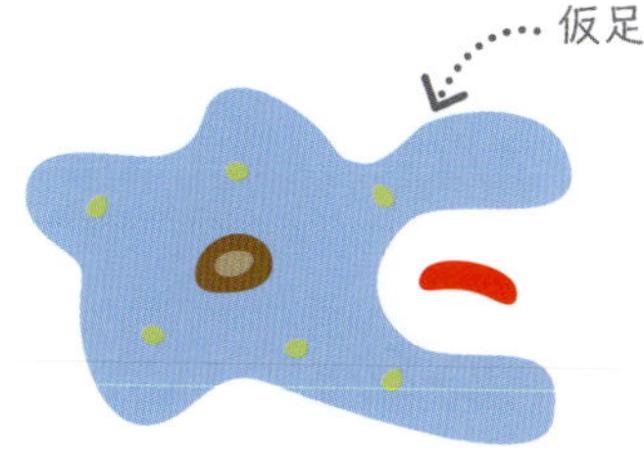
仮足

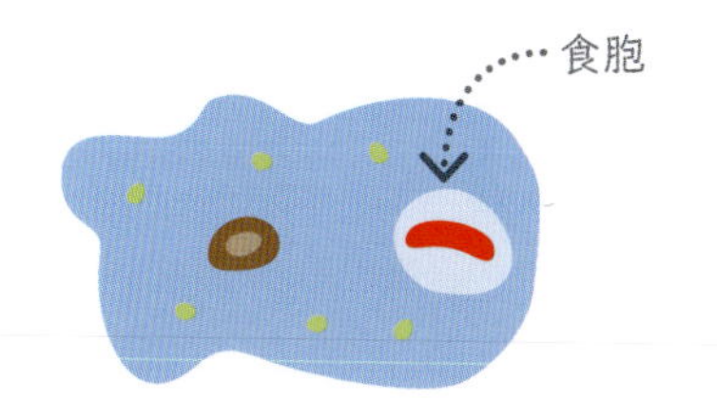
食胞

1 アメーバには食べ物を飲みこむ口がありません。そのかわりに、細菌のようなえものを見つけると、その周りにゆっくりと近づきます。

2 アメーバの細胞の中身が、仮足と呼ばれるものに流れこんで伸び、えものの周りを囲みます。

3 仮足どうしがつながって、えものを囲み、食胞と呼ばれる「あわ」の中にえものを閉じこめます。このあわに消化液が流れこみ、えものを消化します。

身の周りの科学

汚水をきれいにする

下水処理場では、細菌や他の微生物が入ったタンクを使って、汚水をきれいにしています。よく使われるのは、トリクルベッドと呼ばれるしくみです。回転する腕が、砂利のつまった池の上に、汚水を少しずつ落とします。すると、汚水にまじった有機物が、砂利の粒子をおおってぬるぬるした膜を作っている細菌のえさになります。この細菌が、有害な細菌を食べたり殺したりして水がきれいになるのです。

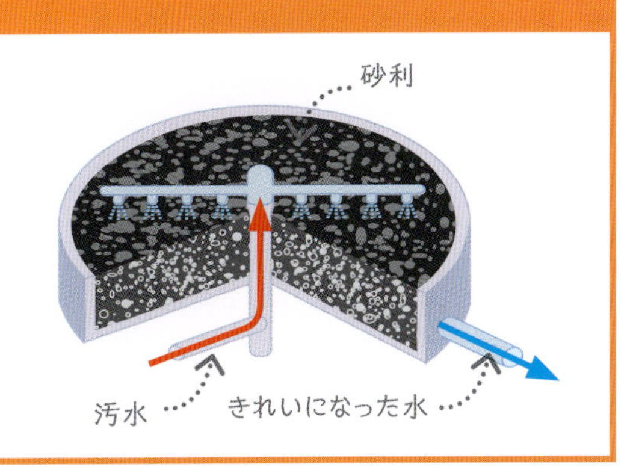

生態学（エコロジー）

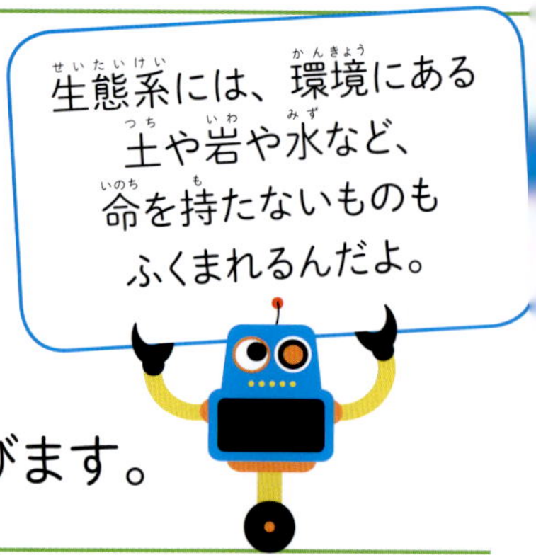

ある場所にくらしているさまざまな生物と、それらが関わっている自然環境を、ひとまとめにして生態系といいます。そして、この生態系を研究する科学分野のことを、生態学と呼びます。

生態系には、環境にある土や岩や水など、命を持たないものもふくまれるんだよ。

生態系

生態系には、水たまりのように小さなものもあれば、熱帯雨林のように大きなものもあります。どのような生態系にも、おたがいに関わりあってくらしている、ちがう種の群れがいくつもふくまれています。

どんな生態系にも、エネルギー源が必要です

生物群集にいるさまざまな種は、おたがいに関わりあって生きています

この個体群には、おとなや子どものガゼルがいます

1 個体群

同じ場所でくらしている同じ種の生物の群れのことを個体群といいます。ふつう、動物の個体群には、子どもを産むことができるおとなの動物と、その子孫がふくまれています。

2 生物群集

同じ環境にくらしているさまざまな個体群のことを、まとめて生物群集と呼びます。生物群集には、植物、草食動物（植物をえさにする動物）、肉食動物（ほかの動物をえさにする動物）、分解者（死んだ生物をえさにして分解する生き物）がふくまれています。

3 生態系

生態系とは、生物群集と、それらの生物がくらしている、命を持たない環境をあわせたものです。大部分の生態系は、太陽の光からエネルギーを得ています。植物が太陽のエネルギーを取りこむと、その植物を食べる動物にエネルギーが渡されます。

環境要因

ある生物がその生態系でくらせるかどうかは、雨の量や気温といった環境の要因にかかっています。

1 雨量

世界には、いつも乾燥している地域や、いつも雨が降っている地域があります。砂漠には、乾いた気候に適した植物が少しだけ生えています。でも、雨の多い湿った環境では、多くの植物が育ち、森を作ります。

砂漠

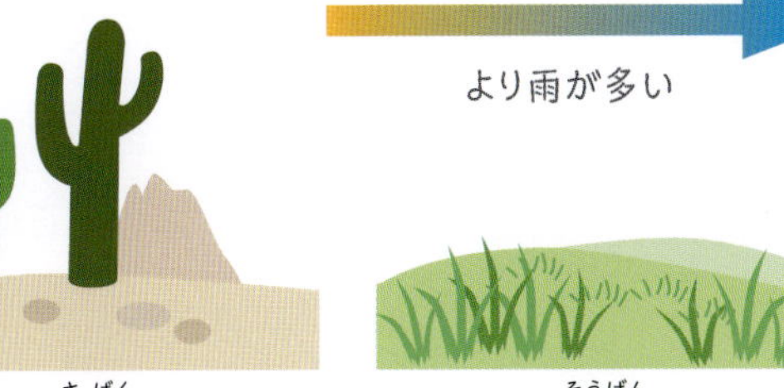

草原

熱帯雨林

2 気温

南極や北極から赤道に移るにつれて、気温は高くなり、植生のタイプも変わります。針葉樹林は、夏すずしく、冬の寒さがきびしいところに多く、熱帯雨林は、一年中暖かい赤道地域に多くなります。

より暖かい

針葉樹林

落葉樹林

熱帯雨林

生態系内の関わりあい

うまく働いている生態系では、多くの種の生物がたがいに関わりあって暮らし、複雑に入りくんだ関係を作っています。

1 競争

同じ個体群にくらす生物は、限りある食物を得るために競わなければなりません。この競争は、個体群が大きくなりすぎるのを防いでいます。

2 捕食

捕食者（他の動物を狩る動物）は、他の動物をつかまえて食べます。このことは、草食動物の数が増えすぎるのを防いでいます。

3 寄生

寄生生物は、他の動物にとりついて、その体の外や中でくらします。とりつかれた動物は病気になります。寄生生物は、体が大きくなったり、小さくなったりする速さに影響を与えます。

4 共生

共生は、両方の生物によい影響を与える関係です。たとえば、昆虫が花粉を集めるおかげで植物は生殖を行うことができ、昆虫も植物から食べ物をもらいます。

食物連鎖とリサイクル

生態系の中でエネルギーが食物を通して生物から生物に渡されていくしくみを食物連鎖といいます。物質も生態系の中を次々に渡されていきますが、エネルギーとはちがい、つねにリサイクルされて使われ続けます。

海の食物連鎖で重要なのは、海の中をただよう、プランクトンと呼ばれる小さな生物なんだよ。

食物連鎖

あらゆる生物は、生きていくために食べなければなりません。動物には、植物を食べる草食動物と動物を食べる肉食動物がいます。草食動物は肉食動物に食べられます。食物にふくまれるエネルギーは、こうした食物連鎖を通して、生物から生物へ渡されていきます。

1 エネルギー源
太陽は、ほぼすべての食物連鎖で使われているエネルギー源です。太陽のエネルギーは、主に光の形で地球に届きます。

2 生産者
食物を作る生物を生産者と呼びます。植物は生産者で、日光のエネルギーを使って、エネルギー豊かな食物分子を作ります。

3 第一次消費者
第一次消費者は、生産者を食べる動物です。たとえば、植物を食べるカタツムリは、第一次消費者です。

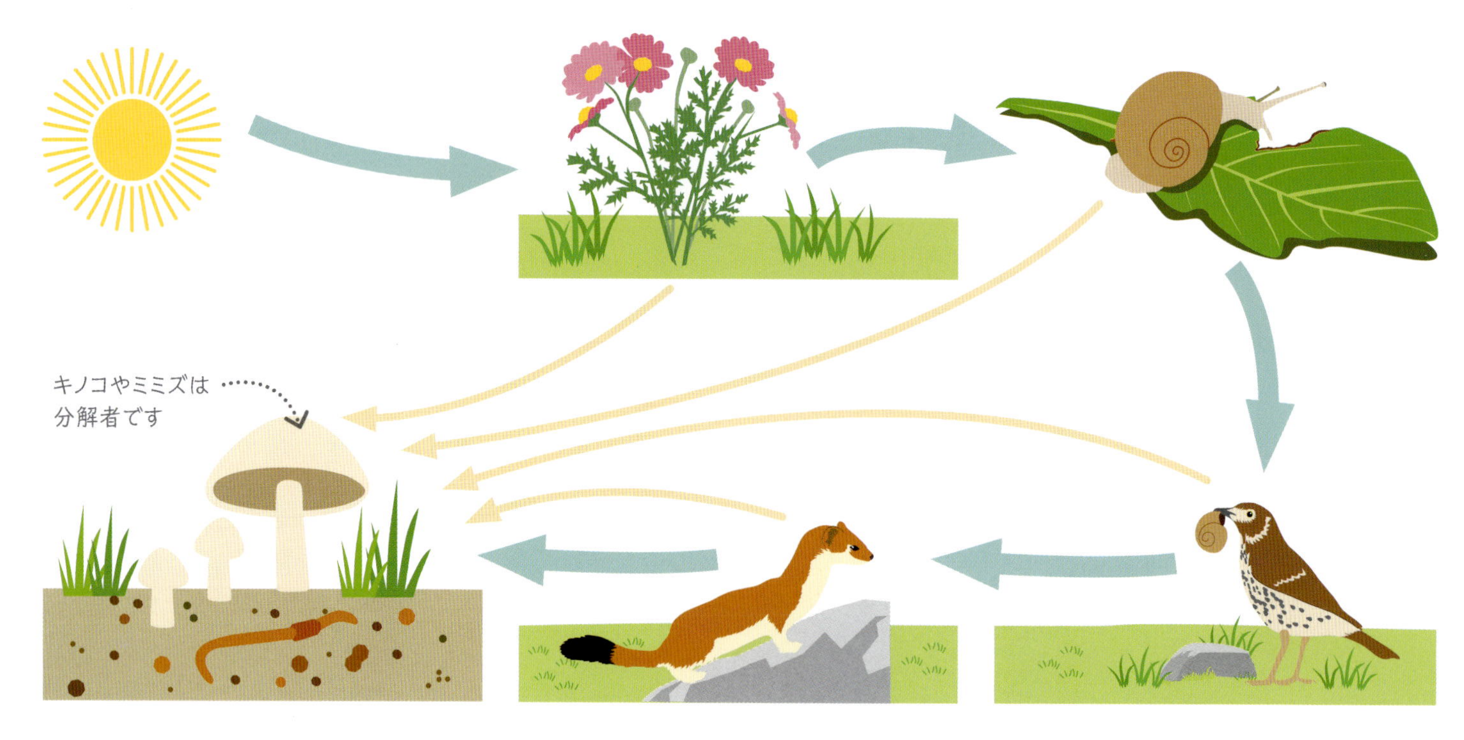

6 分解者
生物の中には、死んだ生物や、生物の老廃物を食べ、それを消化して生きているものがいます。これらの生物を分解者と呼びます。

5 第三次消費者
第二次消費者をつかまえて食べる動物は、第三次消費者と呼ばれます。たとえば、イタチは鳥や小動物をつかまえて食べます。

4 第二次消費者
第二次消費者は、植物を食べる動物を食べます。たとえば、ツグミは、カタツムリや他の無せきつい動物を食べます。

生物量ピラミッド

エネルギーの大部分は、食物連鎖を通じて渡されていくあいだに、熱などのエネルギーになって失われてしまいます。そのため、食物連鎖が進むにつれて、食物として利用できるエネルギーの量は、どんどん減っていきます。肉食動物の数が、草食動物の数より少ないのもそのためです。生物量ピラミッドを見ると、それぞれのレベルにいるすべての生物の重さを足したもの（生物量）が、上にいくにしたがって少なくなっていくのがわかるでしょう。

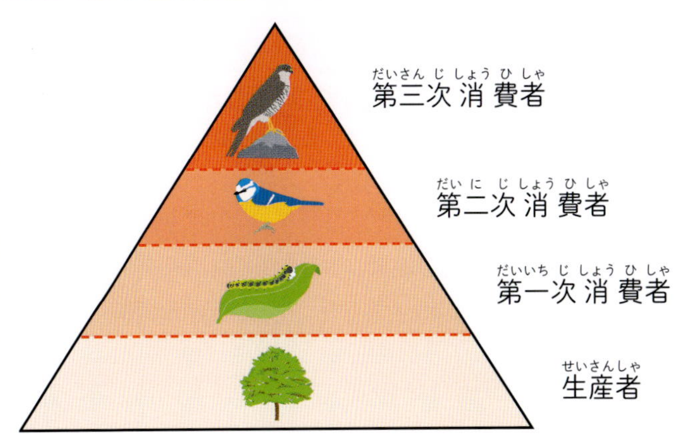

リサイクル

あらゆる生物のもとになっている原子は、つねにリサイクルされ、生きている組織と生命を持たない環境とのあいだを何度も行ったり来たりします。たとえば、植物は空気中の二酸化炭素から炭素原子を取りこみ、それを光合成で使って食物を作ります。動物は植物を食べて炭素を取りこみます。でも、動物と植物は、呼吸のしくみによって、炭素を空気中にもどします。植物は、地中にあるチッ素原子を根から取りこみ、タンパク質と呼ばれる食物分子を作ります。動物は、タンパク質を使って体の組織を作りますが、排せつ物や死がいの形で、チッ素を土にもどします。

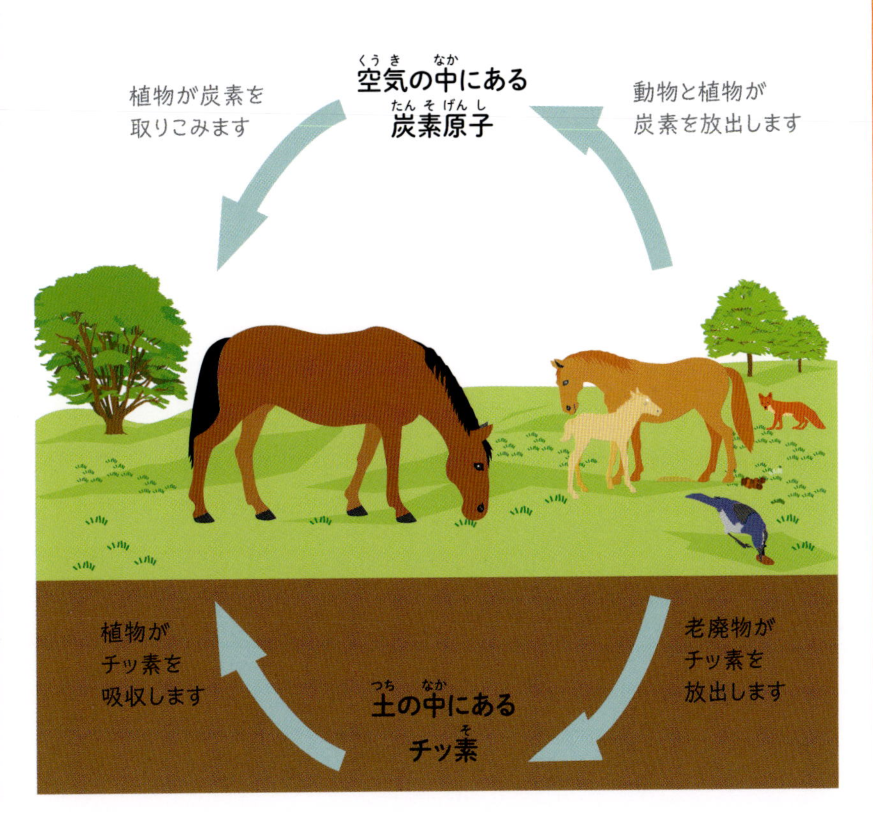

身の周りの科学

バイオマス燃料

バイオマス燃料（バイオ燃料ともいわれます）は、木材、農作物の捨てる部分、紙、おがくずなどの植物性材料から作られる再生可能なエネルギー源です。石油などの化石燃料とはちがい、バイオマスエネルギーは二酸化炭素（CO_2）で大気を汚すことがありません。なぜなら、燃料を燃やすときに出るCO_2の量は、新たに育つ作物や森が吸収するCO_2の量で打ち消されるからです。

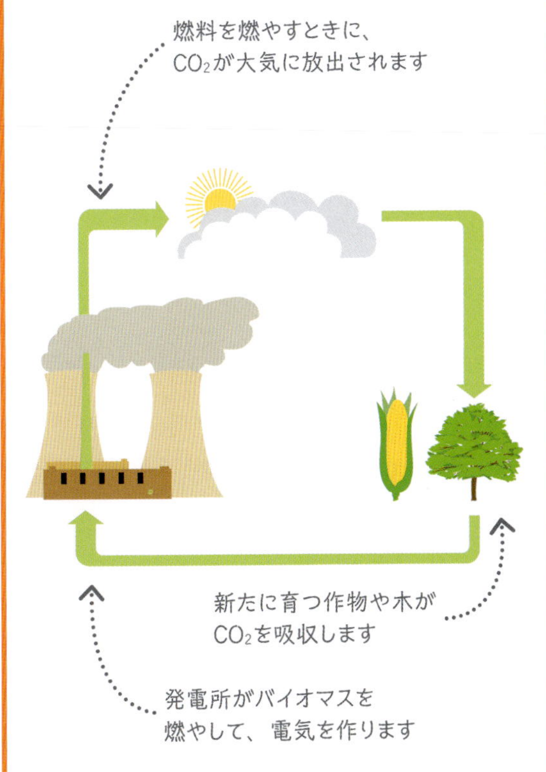

人間と環境

地球の人口は、1920年には20億人以下だったのが、現在は75億人を超え、100年間で約4倍になりました。そして、今でも地球の人口は増え続け、2050年には90億人を超えていると予測されています。人口が増え続けると、エネルギー、食物、水などの資源がたりなくなり、自然環境にも悪い影響が出ます。

木は切られて
木材に使われ、
森は切りひらかれて、
農地になります

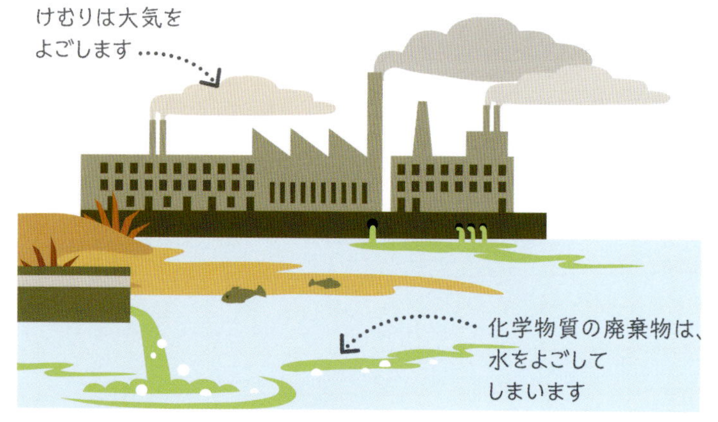

1 生息地がなくなる

人間は、土地、食物、飲料水、エネルギーなどの資源を得るために、野生動物がすんでいる森などの場所を開拓します。でも野生動物は、すみか（生息地）を失ってしまうと、生き続けられなくなります。

2 環境を悪くする（汚染）

人間が作る化学物質の廃棄物も、環境をよごします。一部の化学物質は、野生動物にとって毒になります。また、食物連鎖をたどるうちに積み重なって、毒性を持つものもあります。多すぎる二酸化炭素ガスなども、地球の気候を変えてしまいます。

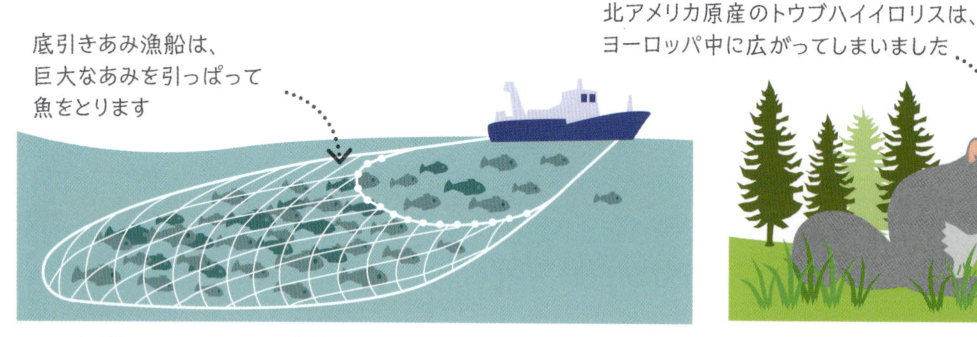

底引きあみ漁船は、
巨大なあみを引っぱって
魚をとります

北アメリカ原産のトウブハイイロリスは、
ヨーロッパ中に広がってしまいました

3 資源のとりすぎ（乱獲）

魚などの食物は、自然界からほかくされます。ほかくのスピードが、動物の子孫を作る速さを上回ると、数が減り、まったくいなくなってしまうことがあります。

4 外から来た動物（外来生物）

人間が新しく動物種をつれていくと、その場所の野生動物に悪い影響が出ることがあります。外から来た生物には自然界に捕食者（天敵）がいないため、急速に数が増えて元からいる生物を追いやってしまうのです。

生物多様性

さまざまな種類の種がたくさんふくまれている生態系は、生物多様性が豊かといえます。生物多様性が豊かな地域の保護は、とても重要です。なぜなら、そうした地域はさまざまな形で、わたしたちの役に立ってくれるからです。

これら3種類の植物だけで、世界の食物の60%がおぎなわれています。

1 食物の供給

現在栽培されている作物の野生の仲間を使えば、病気などに強い新しい品種を作って、将来の食物供給にそなえることができます。

2 水の供給

森のように植物の豊かな生態系は、雨水を取りこんで、それをゆっくりと放出するため、洪水を防いでくれます。こうした生態系は、水をろ過してきれいにするので、下水がもたらす病気を防いでくれます。

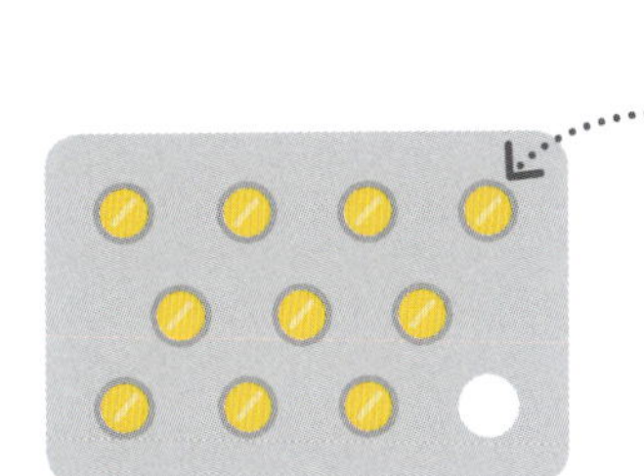

アルテミシニンというマラリアの薬は、クソニンジンという名前の薬草から作られています

ミツバチは花から花へ花粉を運び、植物の生殖を助けています

3 薬の原料の提供

アスピリンのような薬をふくめ、多くの薬は、もともと植物から作られたものです。熱帯雨林などの生態系からは、病気とたたかう新しい薬の材料が生まれています。

4 昆虫のヘルパーを供給

ミツバチなどの昆虫は、リンゴやナシなどをふくめ、多くの作物の受粉を助けています。また、テントウムシなどの昆虫は、作物を傷つける害虫を食べて、被害を減らしてくれます。

やってみよう

ハナバチのホテルを作る

すべてのハナバチが、ハチの巣にくらしているわけではありません！　群れを作らない単独性のハナバチのホテルを作って、安全に子育てができるように助けてあげましょう。

缶の側面を地面と平行になるようにして、風でゆれないように固定します

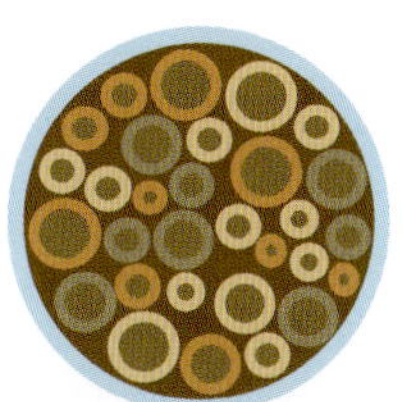

1. ストローのように中が空になっている小枝を集めて、乾かしましょう。おとなの人に細い竹を短く切ってもらってもいいでしょう。
2. 缶などの容器に、❶をぎっしり詰めこみます。
3. 缶の回りにひもを巻いて、草や花が近くにある、よく陽のあたる壁につるしましょう。

第3章

物質（ぶっしつ）

MATTER

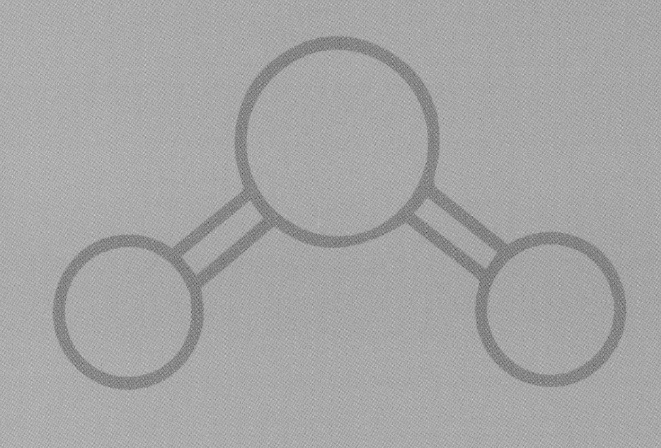

わたしたちが吸いこんでいる空気をはじめ、食べ物から地面まで、あらゆるものは物質でできています。そして、どんな物質も、原子と呼ばれるつぶ（粒子）からできています。粒子はものすごく小さくて、雨のしずく1滴の中に、300×10億×10億個（3 垓個）もの数が入ってしまいます。原子は 118 種類しかありませんが、その組み合わせは無数にあり、宇宙にあるあらゆる物質は原子から作られています。

原子と分子

雨のしずくから、ちり、植物、岩、恒星、惑星、そしてわたしたちが吸う空気まで、宇宙にあるあらゆるものは物質で形づくられています。動物や人間も、物質からつくられていることに変わりありません。すべての物質は、原子と分子と呼ばれる、とても小さなつぶ（粒子）からできています。

1 原子

あらゆるものは、原子と呼ばれる構成要素からできています。原子はとても小さくて、人間の体には、約7×10億×10億×10億個もの原子がふくまれています。原子は118種類あります。

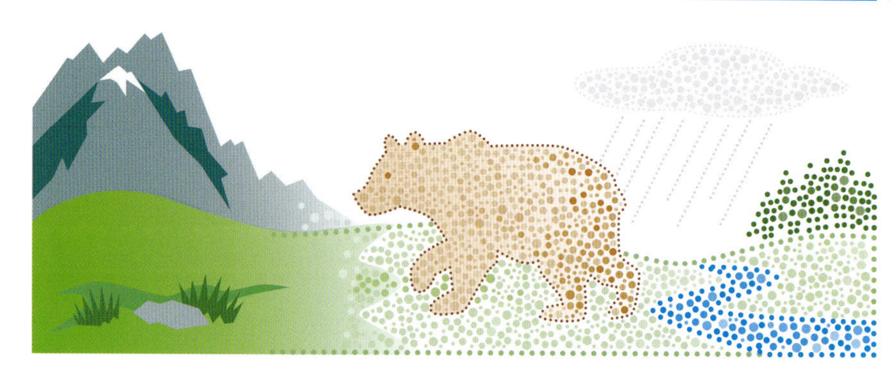

2 元素

一種類だけの原子からできている物質のことを、元素といいます。銅、金、銀、酸素などは、みな元素です。原子は118種類あるので、元素も118種類あります。

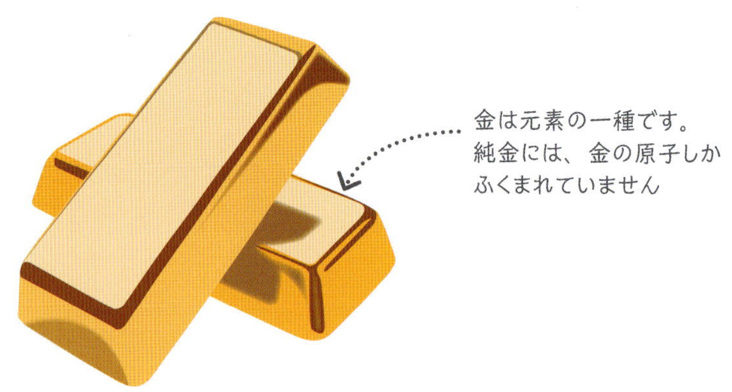

金は元素の一種です。
純金には、金の原子しか
ふくまれていません

3 分子

水素、酸素、チッ素のような元素は、結合して、分子と呼ばれるグループをつくります。原子どうしを結びつける、のりのような役目をするものを化学結合といいます。分子には、ほんの少しだけ元素を持つものから、数千個の元素を持つものまであります。

ヘリウム原子は
結合しません

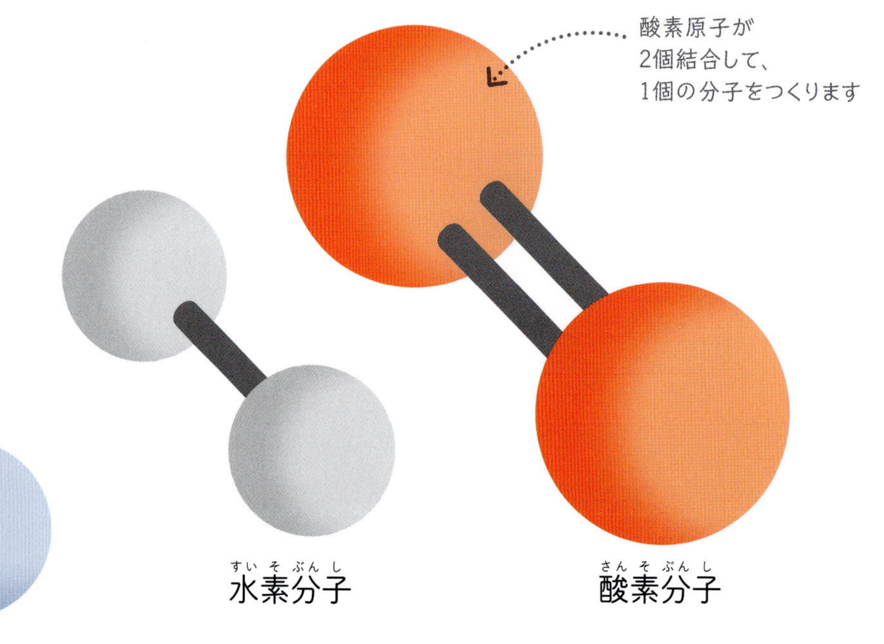

ヘリウム原子

4 化合物

2種類以上の原子をふくむ分子を化合物といいます。たとえば水は、水素原子と酸素原子でできている化合物です。わたしたちが肺から吐き出す二酸化炭素も化合物で、酸素原子と炭素原子でできています。

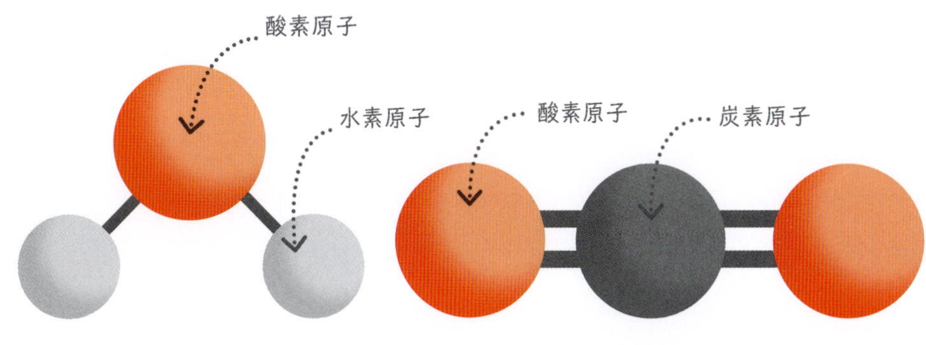

水分子　　二酸化炭素分子

5 元素記号

元素は、1文字か2文字のアルファベットで表します（元素記号）。たとえば、C は炭素（carbon）、H は水素（hydrogen）、He はヘリウム（helium）、N はチッ素（nitrogen）、O は酸素（oxygen）のことです。

元素記号は、いつも大文字から始まります

2文字の場合、2文字目は小文字になります

He = helium（ヘリウム）

Pb = lead（鉛）

Pb は、鉛を意味するラテン語の plumbum からきています

6 化学式

科学者は、元素記号と数字を使って、元素がどのように結びついて化合物をつくっているかを表します。これを化学式と呼びます。たとえば、水の化学式は H_2O、二酸化炭素の化学式は CO_2 です。

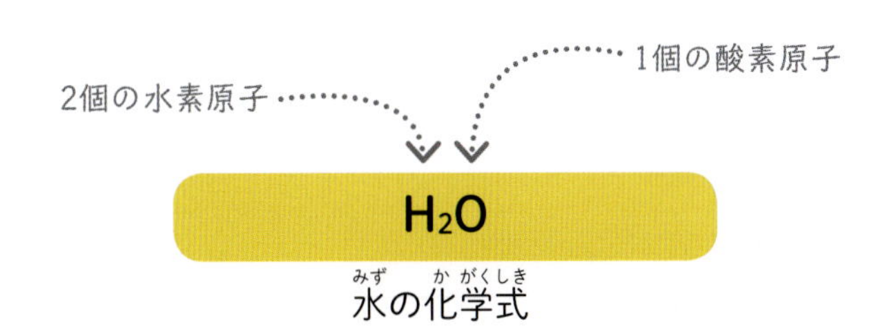

水の化学式

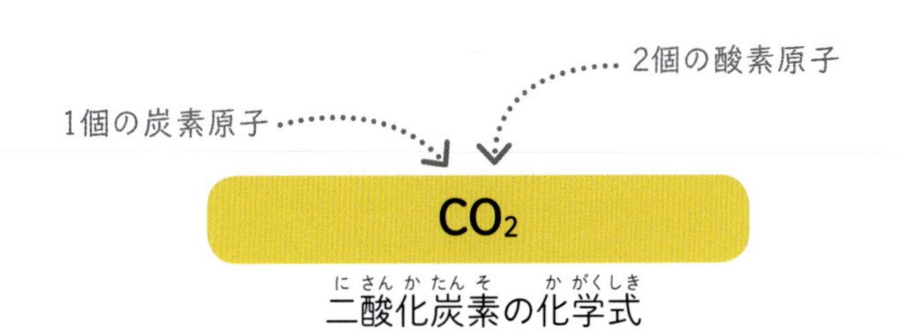

二酸化炭素の化学式

やってみよう

分子をつくってみよう

粘土と竹ひごを使って、分子の模型を作ってみましょう。たとえば、水（H_2O）と二酸化炭素（CO_2）を作ってみましょう。水素は白、酸素は赤、炭素は黒などというように、元素ごとに色を変えるといいでしょう。

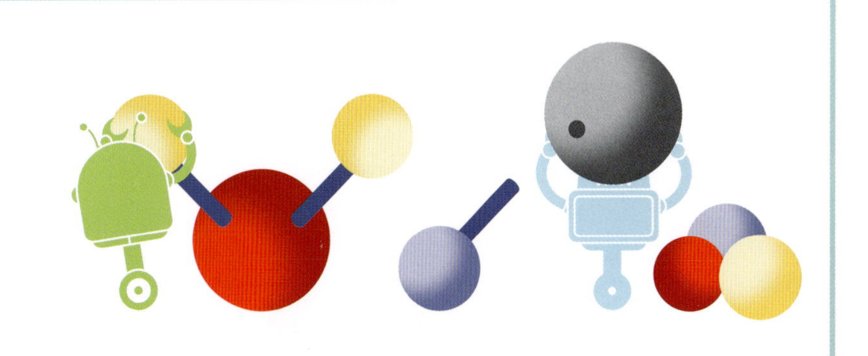

物質の状態

ほとんどの物質は、固体、液体、気体という3つの状態のうち、いずれかの形をとっています。これは「物質の三態」と呼ばれ、どれになるかは、分子の集まりぐあいで決まります。

室温で液体になる化学元素は、118種類のうち、たった2種類だけ。それ以外は、みんな固体か気体なんだ。

1 固体

固体の中では、ぎっしりつまった分子が結ばれています。そのため、固体は強く、ちょっとやそっとでは変わらない形にすることができます。固体は、液体や気体とちがって、流れることも形を変えることもほとんどありません。

2 液体

液体の中では、分子がおたがいの周りをすべりあっています。そのため液体は、すばやく形を変えることができるのです。液体は、注ぐことができ、どんな容器でも満たすことができます。

家は、レンガや木材などの固体で作られています

液体の中の分子は弱い結合によって結ばれていますが、バラバラに動き回ることができます

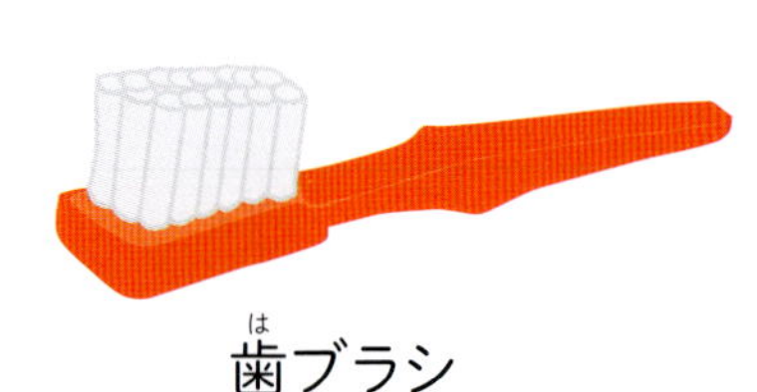

歯ブラシ

ペンキ

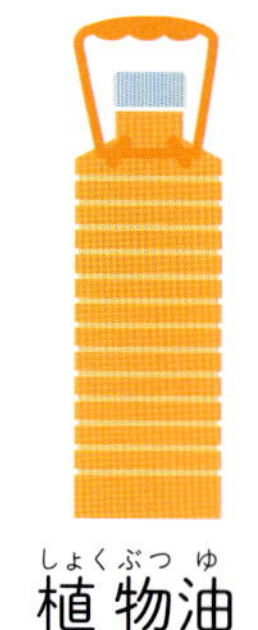

植物油

ナイフ、フォーク、スプーン

木材

はちみつ

やってみよう

にぎりつぶす実験

空のペットボトルにキャップをはめたあと、胴の部分を手でぎゅっとにぎりつぶしてみましょう。次に、このボトルに水を入れ、同じことをしてみます。今度は、つぶれないでしょう。液体には分子がぎっしりつまっていて、それ以上、分子同士を近づけることがほとんどできないからです。でも、気体の中の分子同士はもっとはなれているので、そのすきまを縮めることができるため、にぎりつぶせるというわけです。

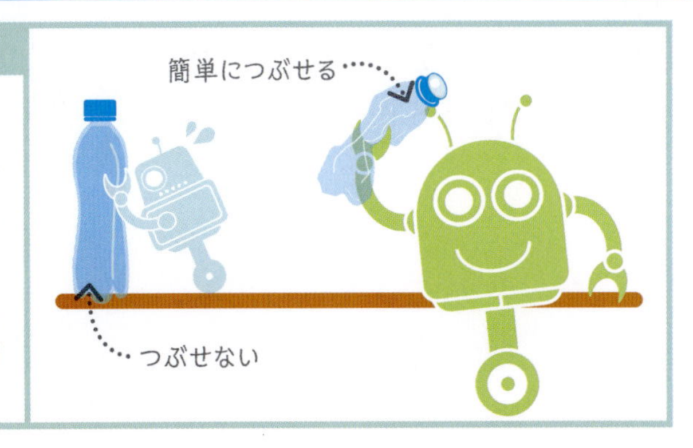

3 気体

気体の分子同士は結合されていません。そのため、分子は自由に動き回り、どんな容器でも満たすことができます。空気は気体でできています。目で見ることはできませんが、泡や風船の中にとじこめることはできます。

せっけんの泡

気泡

身の周りの科学

スプレー缶

スプレー缶には、物質の3つの状態が、すべてふくまれています。缶は固体の金属で、缶の中のスプレーは液体です。そして缶の上部には、噴射剤と呼ばれる気体がふくまれていて、高い圧力のもとで、せまいスペースに押しこまれています。スプレー缶のボタンを押すと圧力がぬけ、噴射剤が、液体を小さな水滴でできた「きり」の形にして押し出します。

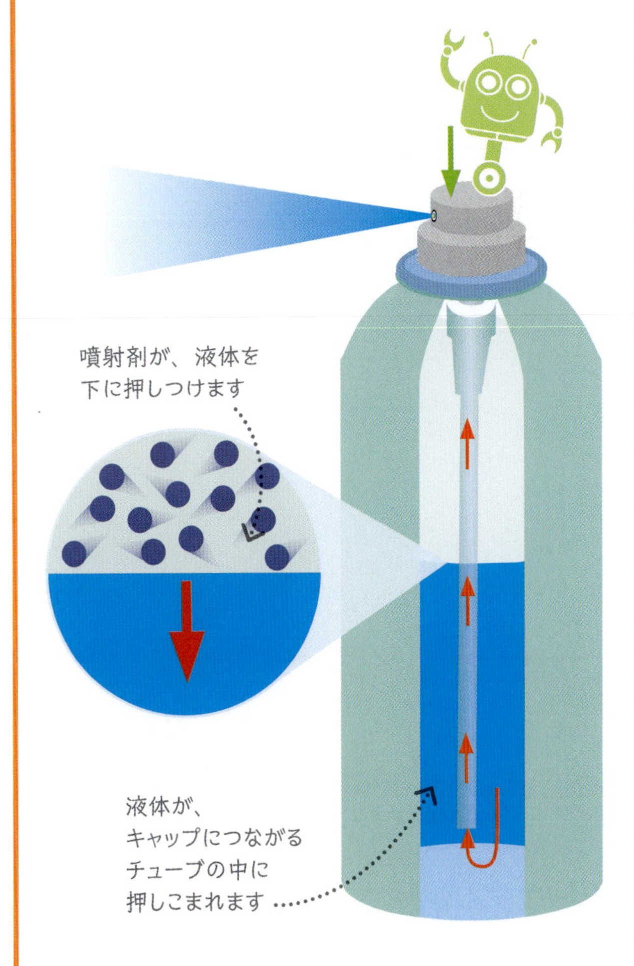

状態の変化

固体がとけて液体になったり、液体がこおって固体になったりすることを、状態の変化といいます。状態が変わるたびに、物質は、エネルギーを失ったり得たりします。

物質の状態が変わっても、物質が変わるわけではないんだよ。氷、水、蒸気は、みんな水だけど、物質の状態がちがうんだ。

元にもどせる変化（可逆変化）

熱のエネルギーを物質に加えると、物質を固体から液体に、または液体から気体に変えることができます。物質がエネルギーを失うと、その逆が起こります。あらゆる物質の状態は、じゅうぶんな量のエネルギーを失ったり得たりすると変わります。空気でさえ、液体になったりこおったりしますし、金属もとけて、そのあと気体になることがあります。

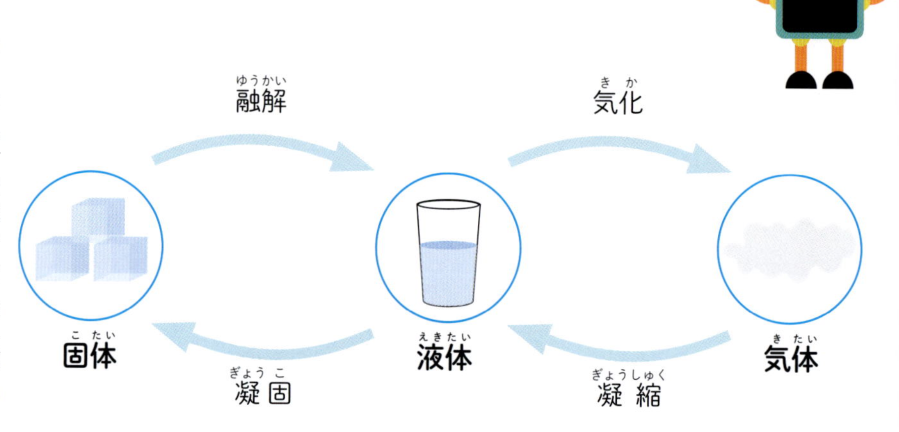

1 こおる（凝固）
液体がじゅうぶんに冷えると、こおって固体になります。たとえば水は、およそ0°Cでこおって、氷になります。これは、水の分子がエネルギーを失って、すき間なく結合するためです。

2 とける（融解）
固体を熱すると、とけて液体になります。熱のエネルギーが分子どうしの結びつきをバラバラにするので、分子がおたがいの周りをすべるように動きだします。その結果、液体になって、流れるようになるのです。固体が液体に変わるときの温度を、融点と呼びます。

身の周りの科学

鋳型で金属製品をつくるやり方（鋳造）

金属のようにかたい固体も、じゅうぶんに熱するととけます。このしくみを利用して、とけた金属を使って金属製品をつくることができます。鋳造と呼ばれるこのやり方では、とけた金属を、鋳型に流しこみます。とけた金属が冷めて固体になると、鋳型の形どおりの製品ができるのです。

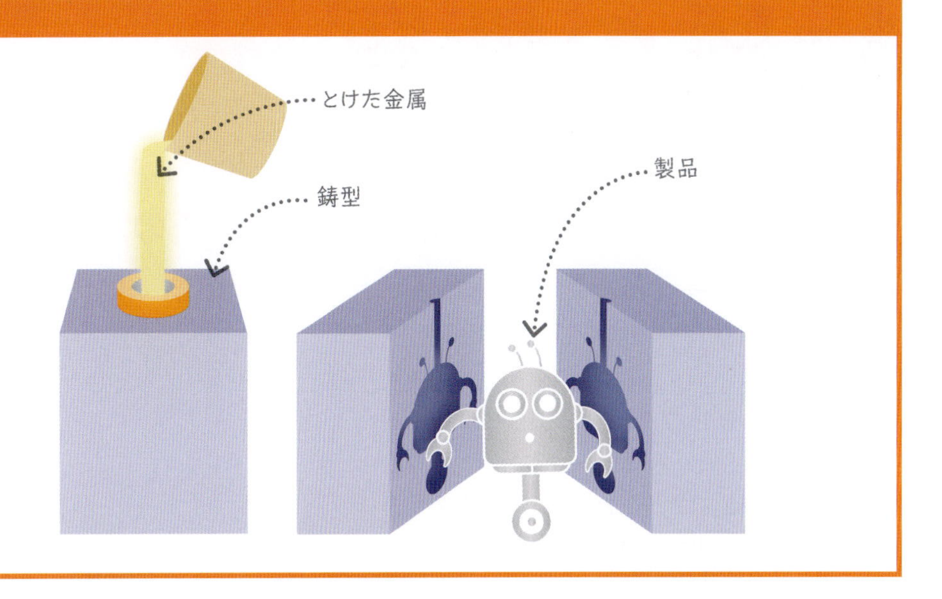

3 気体になる（気化）

液体の温度が上がると、分子の動きが速くなって結びつきがバラバラになり、気体になってにげ出します。これを蒸発といいます。水を100℃近くに熱すると、水の分子が急激に気体になるため、水がふっとうします。

4 液体になる（凝縮）

気体の温度が下がると、分子はエネルギーを失って、おたがいにくっつきあうため、気体は液体になります。これを凝縮といいます。凝縮が起きると、雨、きり、もや、つゆなどができます。また、雲ができたり、寒いところで吐く息が、白くなったりもします。

物質の性質

人間の体の一番かたい物質は、歯をおおっているエナメル質だよ。

技術者は、正しい材料でものをつくるために、物質の性質に注目します。たとえば、ゼリーで橋をつくると、車の重さを支えられず使いものになりません。しかし石でつくれば、車の重さを支えられます。

物質のちがい

固体は、分子のならび方によって、かたかったり、やわらかかったり、割れやすかったり、のばしやすかったりします。科学者は、こうした物質のちがいを、特別な言葉で表します。

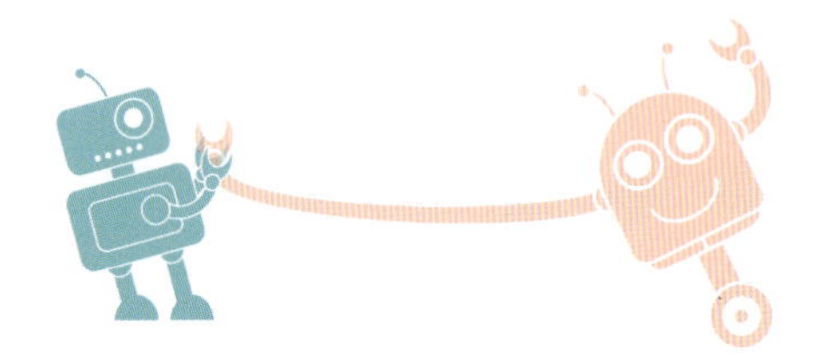

1 もとの形にもどる能力（弾性）

弾性とは、引っぱられたり、つぶされたりしても、もとの形や大きさにもどることができる固体の能力のことです。たとえば、ゴムひもを引っぱったあとに手を放すと、ゴムひもは、すぐにもとの形にもどります。

2 強さ（強度）

物質の強度とは、押されたり、引っぱられたりしたときに、どれぐらい耐えられるかを示します。たとえば、レンガは強度がじゅうぶんに強いので、建物全体の重さに耐えることができます。

3 力を加えられたときに、別の形になる能力（展性）

たたかれたり、押しのばされたりすると、なにかの形になることができる能力のこと。粘土や金属には展性があります。たとえば、アルミホイルは、アルミニウムを押しのばして、うすい紙のような形にしたものです。

4 引きのばしやすさ（延性）

細いワイヤのような形に引きのばすことができる物質には、延性があるといいます。金や銅には、高い延性があります。これらの金属は、人間のかみの毛より細く引きのばすことができます。

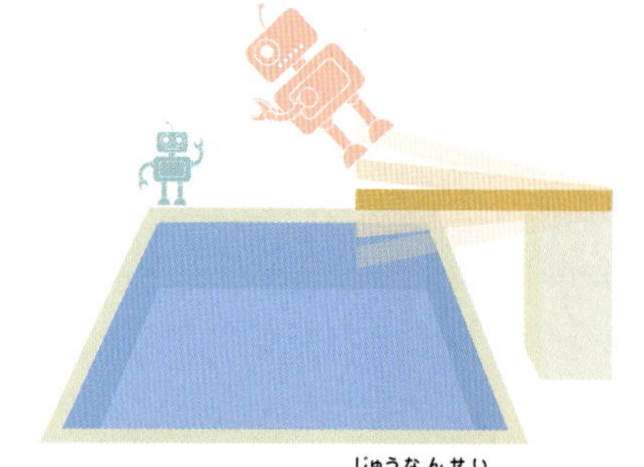

5 しなやかさ（柔軟性）

物質には、しなやかなものがあります。たとえば、プールの飛び板は少ししなるので、その上で飛びはねることができます。ものの柔軟性は、そのものの材質と形によって変わります。

6 もろさ（ぜい性）

もろい物質は、曲がったり、のびたり、形を変えたりできません。加えられた力が強いと、割れてしまいます。陶磁器や多くのガラス製品がこの性質を持っています。

7 かたさ（硬度）

かたい物質には、簡単には引っかき傷がつきませんが、やわらかい物質には、簡単に傷がつきます。物質のかたさは、モース硬度計で測ることができます。この硬度計は、1（もっともやわらかい）から10（もっともかたい）までのかたさを10種類の標準鉱物で表したものです。物質はこの表と比べて、かたさを測ります。

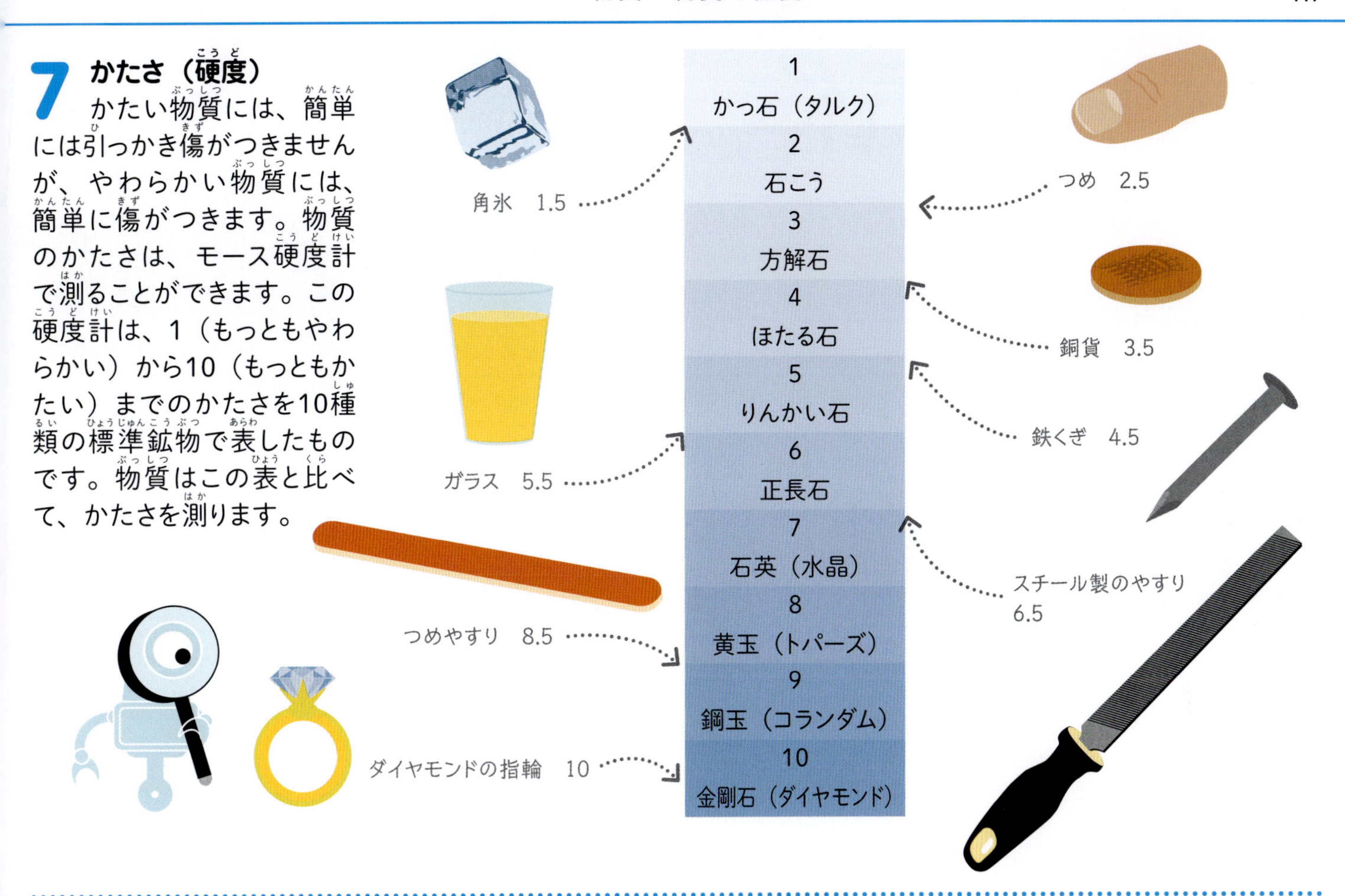

変わる性質

温度は物質の性質を変えます。たとえば、熱を加えたときにだけ形が変えられる（展性のある）金属があります。その反対に、粘土はふつう、簡単に形を変えられますが、かまで焼いたあとは、かたくて（硬性が大きい）、もろい（ぜい性のある）物質になります。

やってみよう

ネバネバ競争

液体の流れやすさはさまざまで、粘度と呼ばれる性質がどれぐらいあるかによって変わります。粘度の低い液体は水っぽくて流れやすく、粘度の高い液体はドロッとして、ネバネバしています。そこで、ネバネバ競争をやって、液体の粘度を調べてみましょう。トレーの一方のはしに、水、サラダ油、クリーム、はちみつ、ケチャップ、ピーナッツバターを、それぞれ小さじ1杯ずつ置きます。次にトレーをかたむけて、それぞれの液体が、どれだけ速く流れるか見てみましょう。もっとも高い粘度を持つ液体はどれでしょうか？

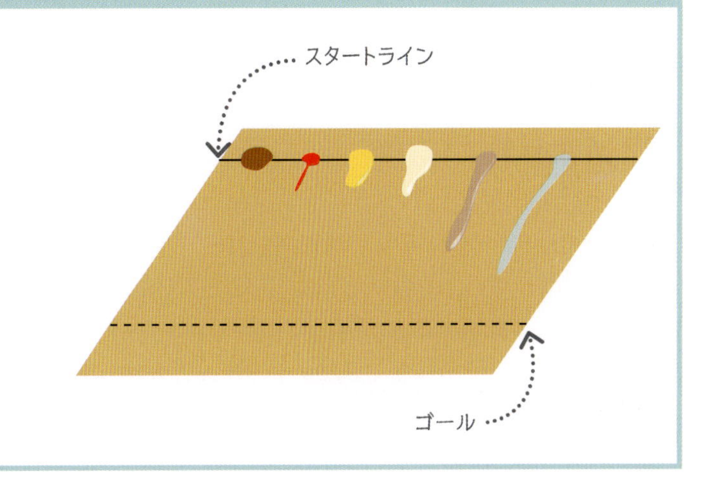

ふくらむ気体

気体は、何十億個もの原子や分子でできています。気体の温度が高くなればなるほど、これらの粒子が動き回る速度が速くなって広がります。そのため、気体がふくらむのです。

熱気球

世界で初めてつくられた航空機は熱気球で、1783年のことでした。熱気球は人を運ぶもっとも簡単な方法の1つで、今でも使われています。巨大な風船のような気球に熱い空気を閉じこめて、乗客を空高く運びます。

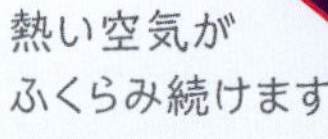

バーナー

1 気球内の空気は外の温度とあまり変わらないため、気球はまだ地面の近くにあります。このとき、空気の分子は気球の中も外も等間隔にならんでいます。この状態は「どちらも同じ密度である」ということです。

2 パイロットが気球内の空気をあたためると、分子が広がります。そのため、気球内の空気の密度が低くなり、空気は軽くなります。その結果、気球が空中に浮かびます。

3 気球内の空気をあたためるほど、より冷たくて重い外の空気に比べて密度が低くなるので、軽くなります。そのため、気球はどんどん空高く上がっていきます。

身の周りの科学

空気より軽い気体

世界で初めて熱気球が空に上がってからすぐに、人を遠いところまで運べる巨大な飛行船の実験が始まりました。そうした飛行船の中には、空気より密度がずっと低い水素を使うものもありました。でも、水素は燃えるので、悲惨な爆発事故が起きてしまったのです。今では、飛行船にはヘリウムガスが使われています。ヘリウムガスは、密度が空気より低く、燃えることもありません。

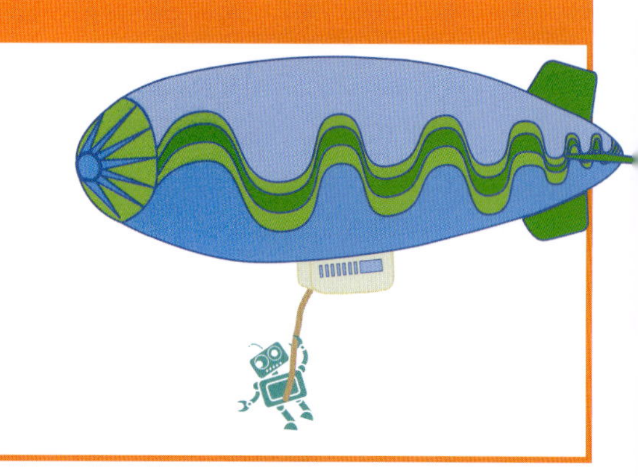

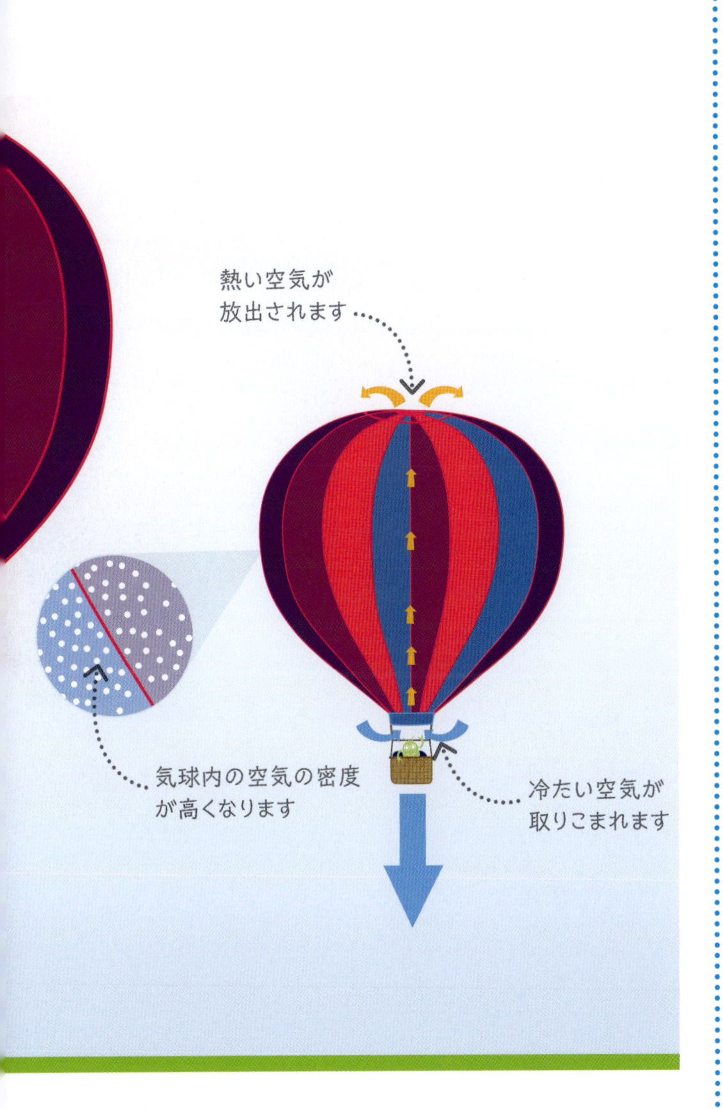

4 気球を地面の近くに下ろすには、気球内の空気の温度を下げなければなりません。そのためパイロットは、気球のてっぺんにある弁から熱い空気を外に少し逃がします。すると、下から冷たい空気が入ってくるので、気球は下がりはじめます。

熱い空気が冷たい空気の上に
行くのは、密度がより低いから。
冷たい空気が熱い
空気の下に行くのは、
密度がより高いからなんだよ。

自然界にあるあたたかい空気の柱

あたたかい空気が上にのぼることは、自然界でも起こっています。太陽が暖房装置として働き、あたたかい空気の柱（上昇気流）をつくるのです。鳥やグライダーは、この空気の柱を利用して空高くまい上がります。

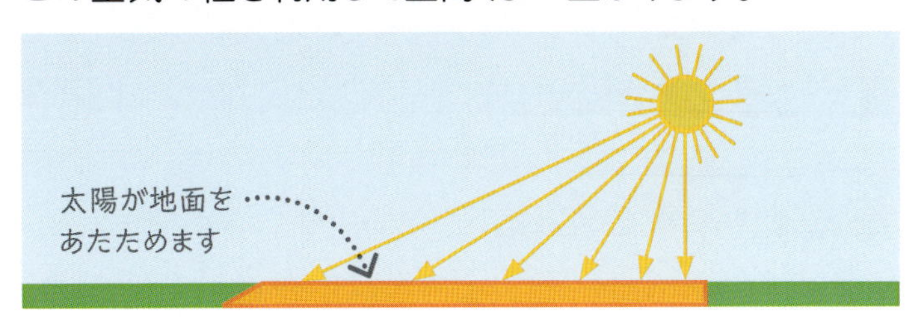

1 太陽が地面に熱を移すので、地面があたたまります。

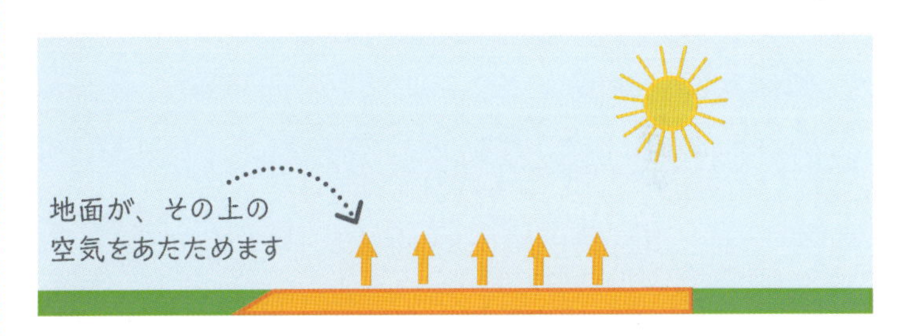

2 あたたまった地面は、その熱を地面の上の空気に移します。

3 あたためられた空気は、冷たい空気より密度が低いので、冷たい空気の上に行きます。トビなどの鳥は、この上に移動する空気を利用して、空高くまい上がります。

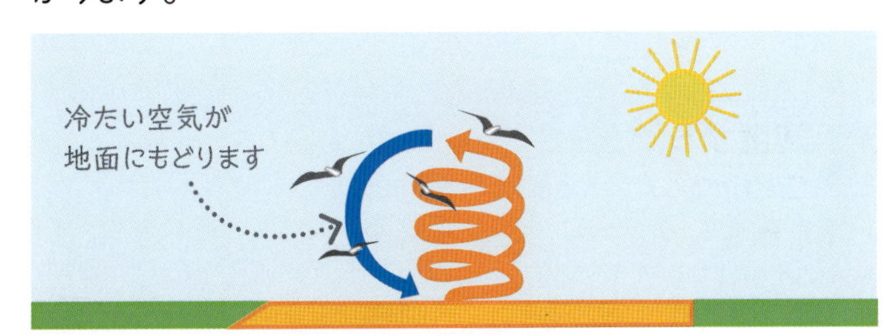

4 空の高いところにのぼったあたたかい空気は、その低い温度の空気で冷やされて、地面にもどります。このサイクルがくり返されます。

密度

小さい小石は、スポンジより小さいのに重くなっています。物質がぎっしりつまっていると、小さくても、大きなものより重くなることがあります。このことを「密度が高い」といいます。

水より密度が低いものは水にうかび、密度が高いものはしずむんだよ。

質量と体積と密度

質量とは、ある物体の中にどれだけの物質がふくまれているかを表すもので、体積とは、物体がどれだけのスペースをしめているかを表すものです。密度は、単位体積あたりの質量を表します。

1 質量が同じ場合

この2つのロボットは、同じ素材でできているので、密度は同じです。体積も同じなので、質量は同じになり、シーソーの両側はつり合います。

2 体積がちがう場合

この2つのロボットは同じ素材でつくられていて密度も同じですが、右側のロボットは、体積が左側のロボットより大きいので、質量も大きくなっています。そのため、シーソーは右側にかたむきます。

3 密度がちがう場合

この2つのロボットはちがう素材でつくられているので、密度がちがいます。金のロボットは、鉄のロボットより小さくても、質量は大きくなっています。なぜなら、金の密度は、鉄の約2.5倍もあるからです。

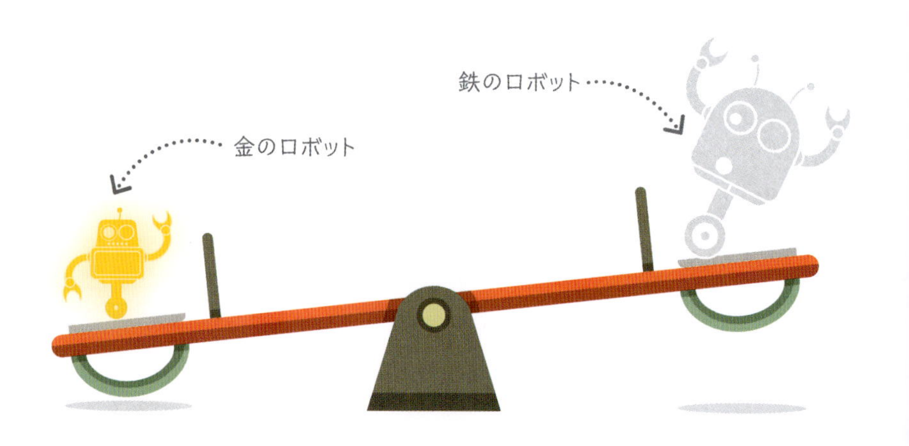

さまざまな物質の状態の密度

ほとんどの固体の密度は、液体の密度より高くなります。なぜなら、固体の分子は、液体の分子よりぎっしりつまっているからです。気体の密度は、固体よりも、そして液体よりも低くなります。気体の分子は広がっていて、分子どうしの間が広く空いているためです。

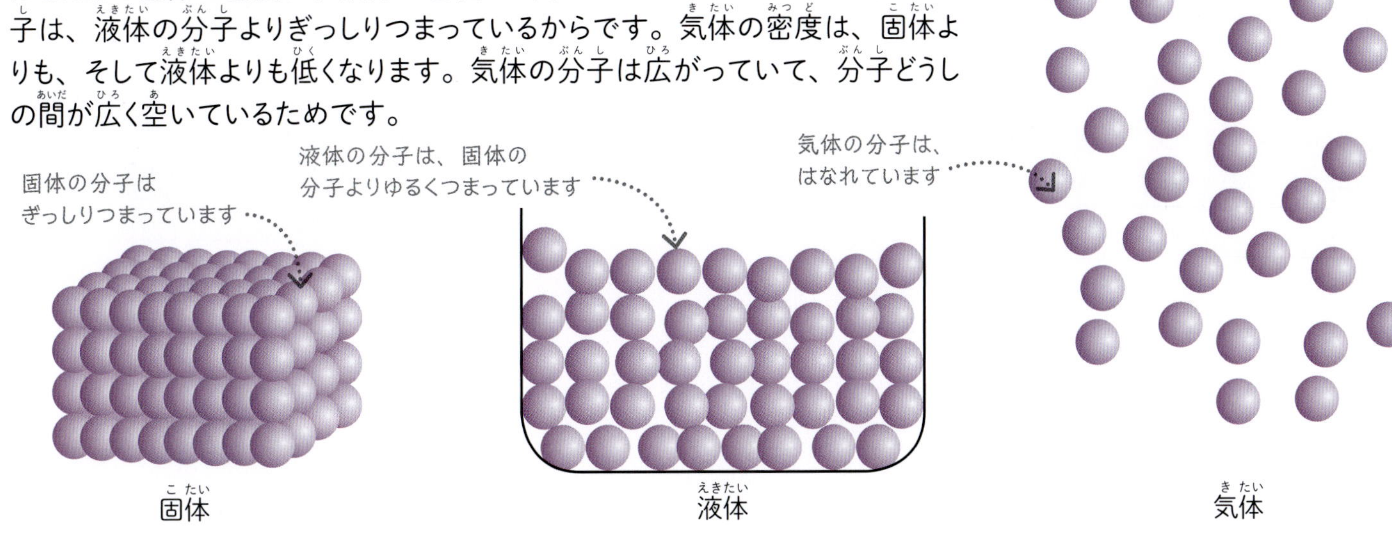

金属の密度

密度は、物体の質量を体積で割ることによって求められます。この図のアルミニウム、鉄、金の立方体の体積は、どれも1立方センチメートル（1cm³）です。でも、質量はそれぞれちがいます。この3種類の金属は、密度がそれぞれちがうからです。アルミニウムの密度は、この中で一番低く、1立方センチメートルあたり2.7グラムです（2.7 g/cm³）。金の密度はアルミニウムの約7倍にあたる19.3 g/cm³もあります。

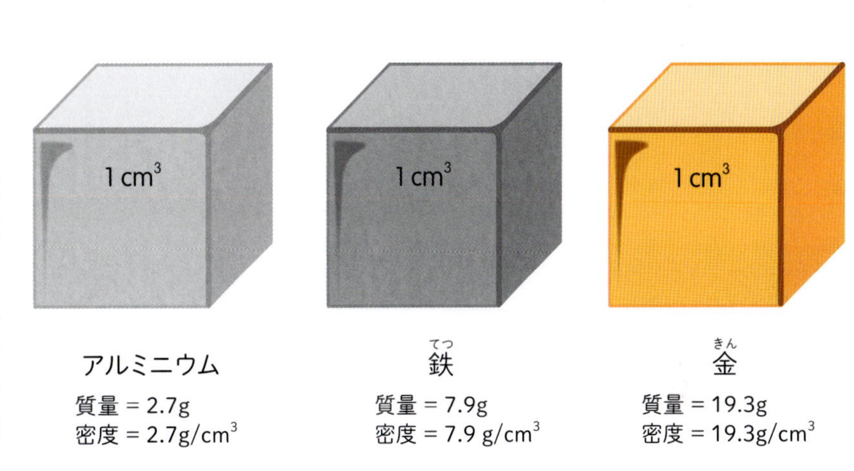

身の周りの科学

発泡スチロール

発泡スチロールの95% 以上は空気でできているため、とても密度が低くて軽い素材です。また、ぶつかったときのショックをよく吸収するため、ものを梱包するのにとても便利です。こわれやすいものが送られてきたとき、箱の中に、ショック吸収材（かんしょう材）が入っているのを見たことがありませんか？ これも発泡スチロールでできています（注：日本では別の素材も使われています）。

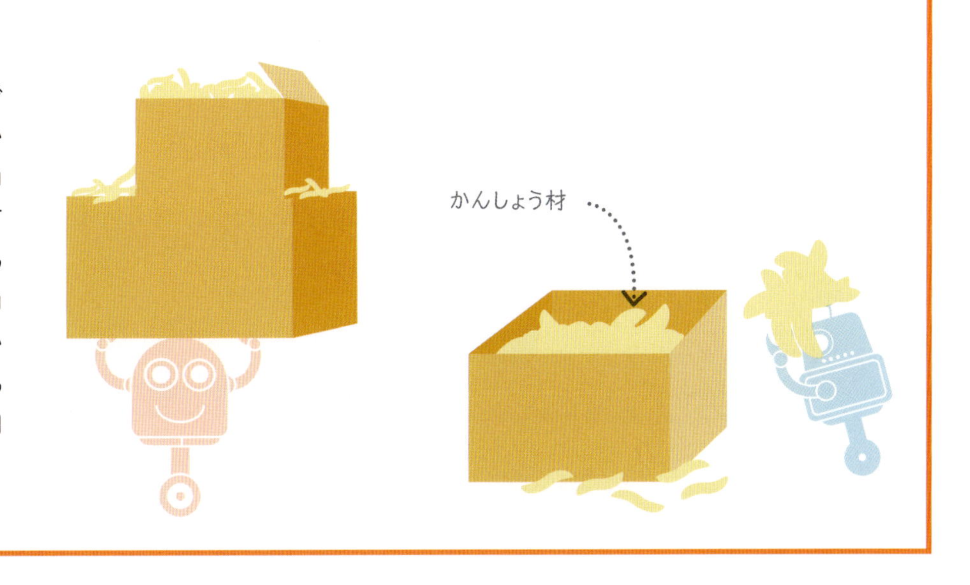

混合物

まじりけのない化学物質とはちがい、混合物には、化学結合されていない化学物質が混じっています。固体と液体と気体は、さまざまな方法で混ざりあいます。

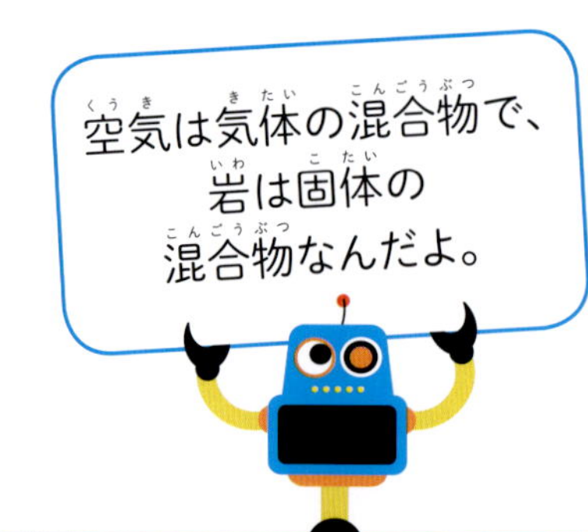

混合物の種類

混合物の中では、1つの物質がばらばらに広がり（分散）、もう1つの物質の中でつぶ（粒子）になっています。粒子の大きさによって、混合物は溶液、コロイド、けんだく液と呼ばれます。

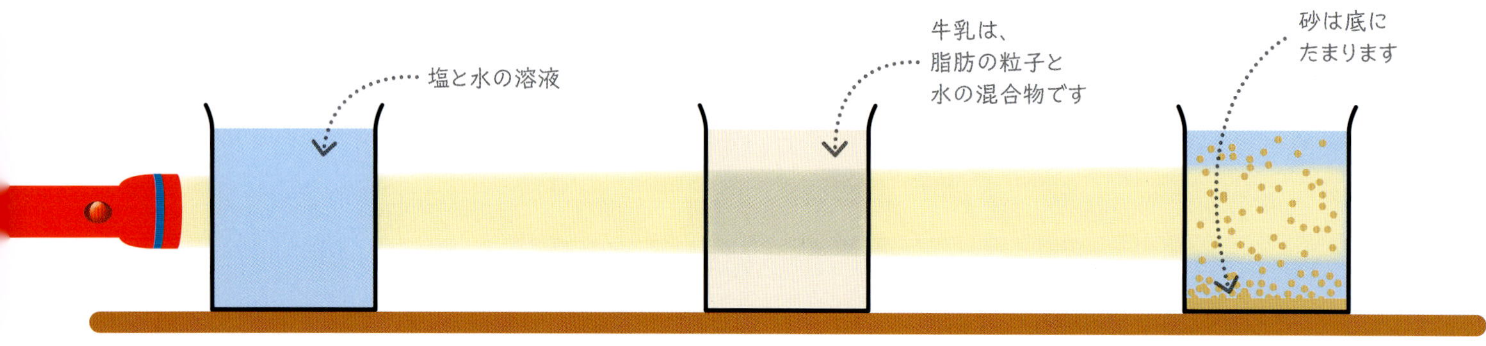

1 溶液

たとえば塩が水に混じっている食塩水では、塩の粒子はとても小さいので、目で見ることができません。この溶液は透明で、光はその中をまっすぐ通りぬけます。

2 コロイド

粒子の大きさが、溶液の中にある粒子のサイズより大きいと、コロイドになります。牛乳もコロイドです。粒子が大きいと光を散らすため、懐中電灯の光を当てると、光のすじが見えます。

3 けんだく液

砂が混ざった水のように、とても大きな粒子が混ざっているものを、けんだく液といいます。けんだく液の粒子ははっきり見え、そのままにしておくと、粒子は底に落ちて、たまります。

コロイドの種類

コロイドは、固体、液体、気体をさまざまに組み合わせてつくることができます。それぞれの組み合わせには、決まった名前があります。

ゲル
固体の中に液体の粒子が分散している

エマルジョン
液体の中に液体の粒子が分散している

エアロゾル
気体の中に液体の粒子が分散している

泡
固体または液体の中に気体の泡が分散している

混合物と化合物

混合物とはちがい、化合物は、2種類以上の化学物質の原子が化学結合してできる物質です。混合物は簡単に分けることができますが、化合物は簡単には分けられません。

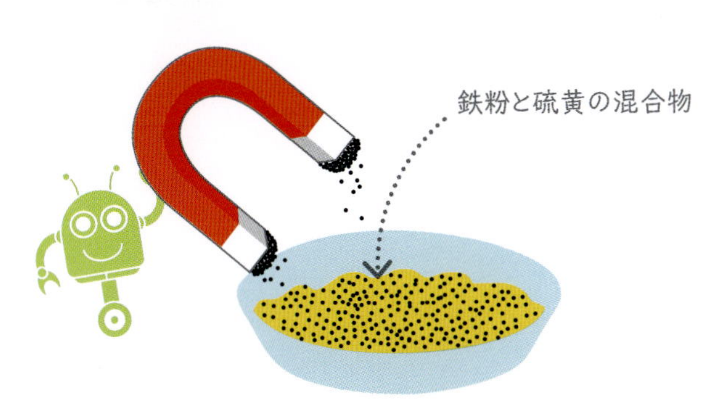

1 鉄と硫黄の混合物
鉄粉と硫黄の粉の混合物は、磁石で簡単に分けることができます。磁石で混合物の中の鉄粉を引きつければ、硫黄があとに残ります。

2 硫化鉄になった化合物
鉄と硫黄を熱すると、化学反応が起きて、硫化鉄という黒い化合物ができます。硫化鉄では、鉄の原子と硫黄の原子が化学結合しているため、磁石で分けることはできません。

純物質

純物質とは、1種類の原子または分子だけをふくむ化学物質のことをいいます。化合物は純物質であることがありますが、混合物が純物質であることはありません。水道水は純物質ではなく、水と、水にとけたミネラルなどの混合物です。蒸留水と呼ばれる、完全に純すいな水は、水の分子だけがふくまれた純物質です。

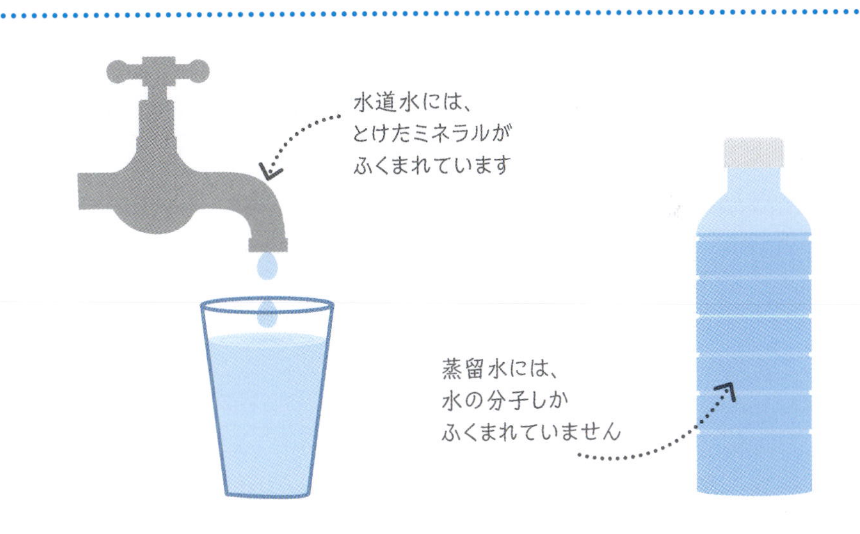

身の周りの科学

合金

合金というのは、金属とべつの金属を合わせたもの、または金属と金属ではないもの（炭素など）を合わせたものです。合金は、材料に使われた金属よりかたくなることが多いので、便利な材料になります。

※日本の十円玉も青銅です

ブロンズ
（青銅）
銅＋すず

※日本の五円玉も黄銅です

ブラス
（真ちゅう、黄銅）
銅＋亜鉛

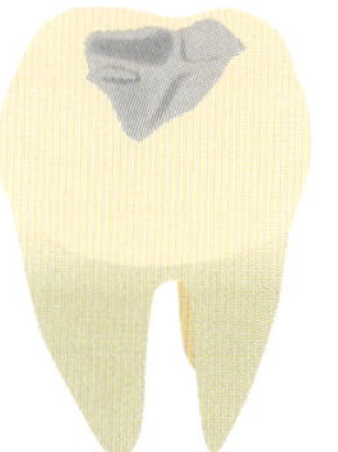

虫歯の穴をふさぐ
アマルガム
水銀＋銀＋すず＋銅

溶液

水の中に砂糖を入れてかき混ぜると、砂糖が消えて見えなくなります。物質が、このような形で液体にまんべんなく混ざることを溶解といい、その結果できた混合物は溶液と呼ばれます。

砂糖が水にとけると見えなくなるけれど、甘さは消えないよ。

溶解

液体にとける物質を溶質といい、溶質がとける液体を溶媒といいます。水は、砂糖や塩をはじめ、多くの物質をとかすので、便利な溶媒です。

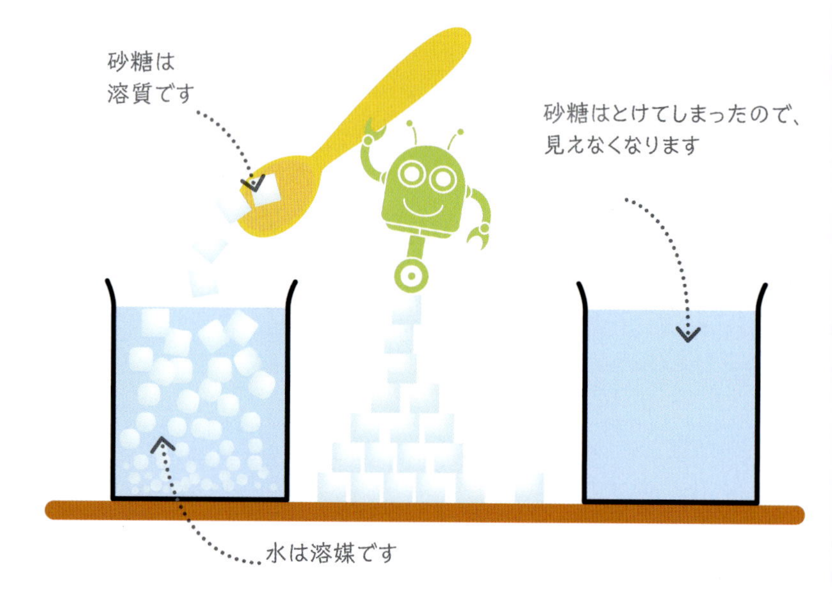

1 たとえば、砂糖のような固体を水にとかすと、砂糖の分子が広がって、水の分子の間にはまります。砂糖のかたまりはなくなるので、砂糖は見えなくなります。

2 あらゆるものが水にとけるわけではありません。もしそうだったら、シャワーを浴びると消えてしまうでしょう！　土を水に入れてかき混ぜても、とけることはありません。とけずに底にたまります。

身の周りの科学

水をシュワッとさせる！

固体と同じように、気体も溶解します。ソーダ水には炭酸ガスが混ざっています。つまり、気体の二酸化炭素ガスが水にとけているのです。ボトルのキャップを開けると、気体をとけたままにしていた圧力がぬけます。その結果、炭酸ガスの一部が泡として水溶液から逃げ出すので、水が泡立つのです。

やってみよう

とける？　とけない？

キッチンにある食品で、とけるものはどれでしょう？　また、とけないものはどれでしょう？　コーヒー、ゼリー、こしょう、食用油、小麦粉など、お母さんやお父さんが使ってもいいと言ってくれたいろいろな食品を使って試してみましょう！

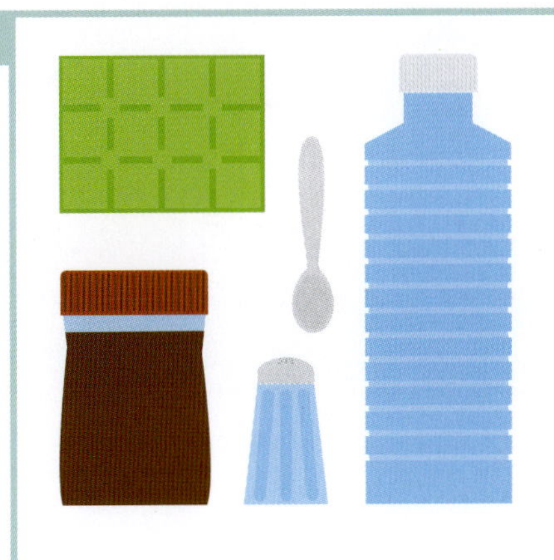

1. 選んだ食品を小さじ1杯、水を入れたコップに入れます。
2. かき混ぜましょう。とけましたか？　それとも、底にたまりましたか？
3. こんどは、お湯で試してみましょう。同じことが起こりましたか？
4. ほかの食品でもやってみましょう。一番簡単にとけるのはどれですか？

3 かき混ぜると、溶質はもっと水にとけるようになります。なぜそうなるのかというと、溶質の分子があちこちに動かされて、水の分子の間に広がるからです。紅茶やコーヒーに砂糖を入れたとき、スプーンでかき混ぜるのはそのためです。

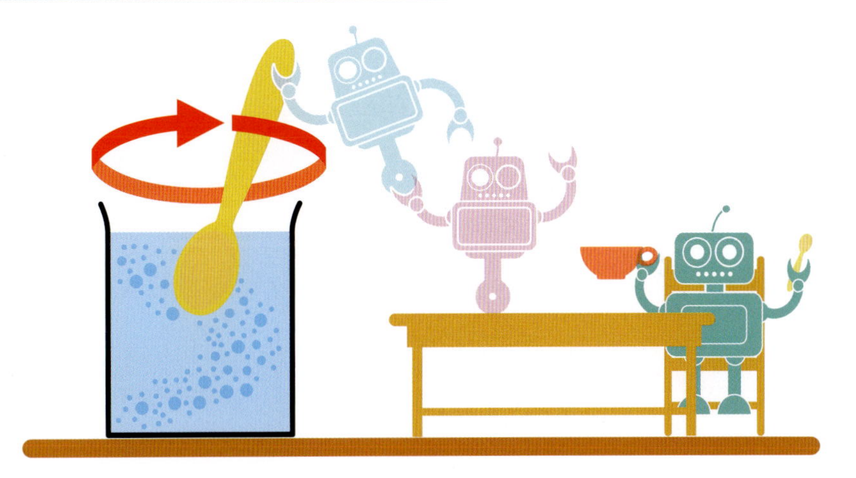

4 溶質は、水の温度が高いと、より速くとけます。水を熱すると、水の分子が速く動くようになって、溶質の分子により多くぶつかるようになり、水と溶質が急速に混ざり合うのです。せっけんやシャンプーのような洗剤も、お湯を使ったときのほうが、よりよくよごれを落とします。洗剤が水にとけやすくなるからです。

水を熱すると、
水の分子はエネルギーを得るので、
より速く動くようになります

5 溶質が少ない溶液は、うすい溶液と呼ばれます。反対に、溶質が多い溶液は、濃い溶液と呼ばれます。溶質を加え続けていくと、最後には、それ以上とけなくなります。この状態を、飽和状態といいます。

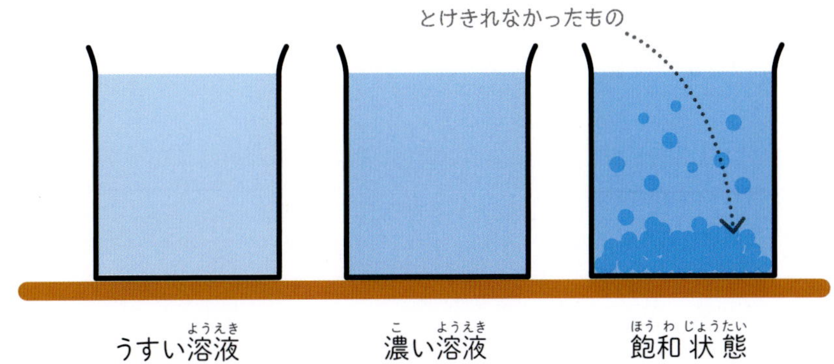

混合物の分離 その1

混合物にふくまれる化学物質は、化学結合されていないので、分ける（分離する）ことができます。ふるい分け、傾斜法、ろ過は、混合物を分離する簡単な方法です。

固体の物質を簡単に水と分けたかったら、水を蒸発させるといいよ。

ふるいにかける

大きさのちがう2種類の固体を分離するときは、ふるいを使うことができます。ふるいは、小さな穴のあいた、かごのようなものです。小さな粒子は穴から落ちますが、大きな粒子は残ります。

1 砂と小石の混じったものから小石を1個ずつ取り除くのはたいへんですが、ふるいを使えば簡単にできます。

2 小さな砂つぶは、ふるいの穴から落ちますが、小石は落ちません。小石はふるいに残り、砂は下に落ちてたまります。

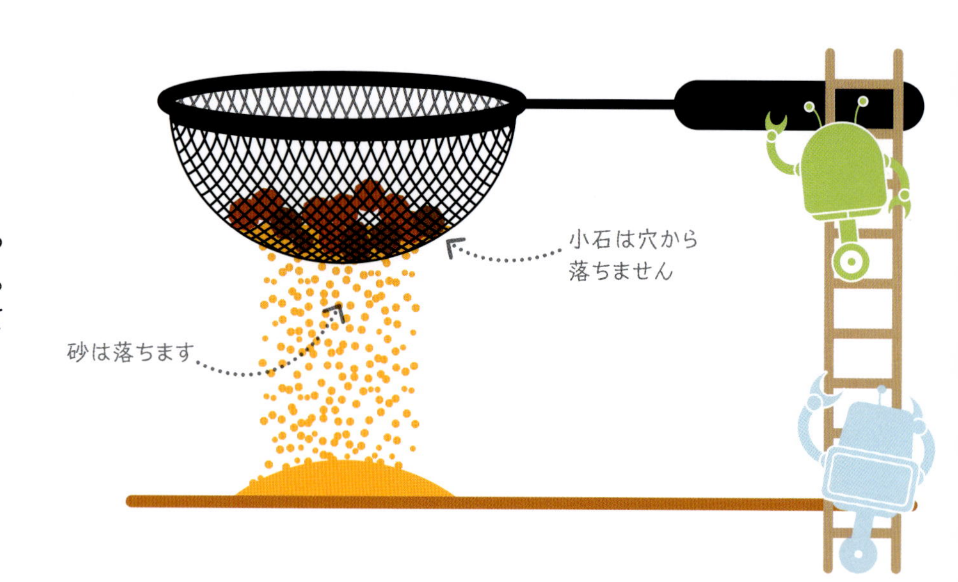

身の周りの科学

水のろ過装置

よごれた水は、ろ過用の層を通すことによって、きれいにすることができます。ろ過用の層は、砂と小石からできていて、汚れをとらえますが、水は通します。透明になった水は、川にもどされるか、もう一度、別のろ過用の層に通されて、細菌が取り除かれます。

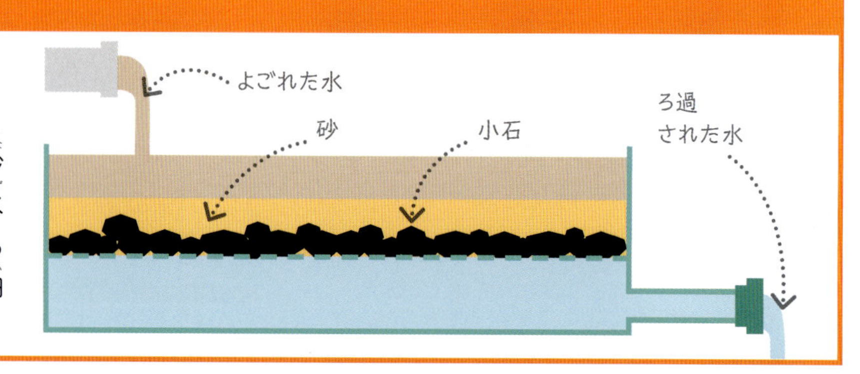

上ずみをとる（傾斜法）

とけない固体が液体と混ざり合って底にたまったときには、容器をななめにかたむけて液体を別の容器に注げば、分離できます。この方法を傾斜法といいます。

1 砂と水の混合物を分離するには、まず、砂がビーカーの底にたまるのを待ちます。

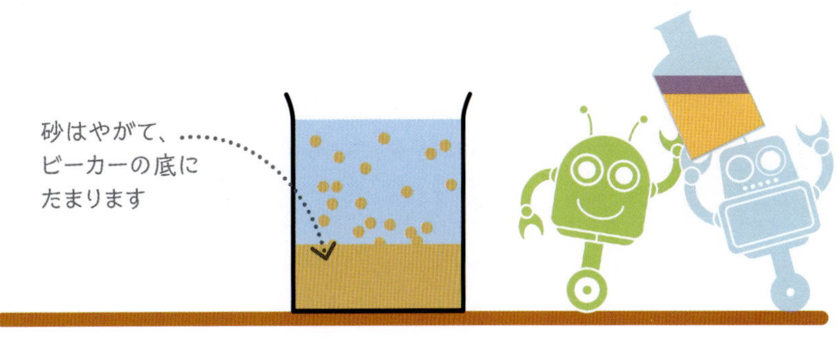

砂はやがて、
ビーカーの底に
たまります

2 ビーカーをそおっとかたむければ、底にたまった砂の層を乱さずに、水を別の容器に移すことができます。

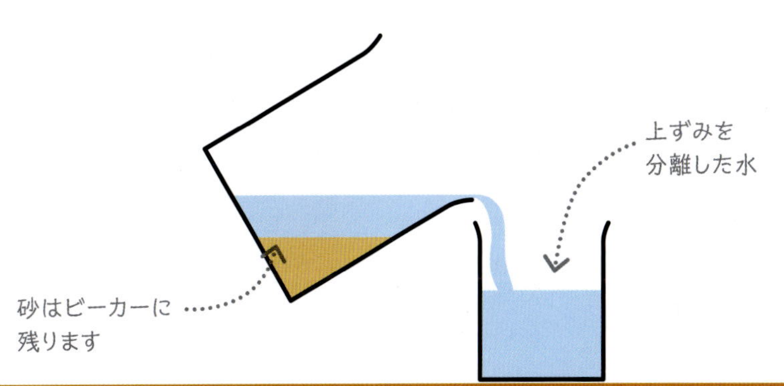

混合液をこす（ろ過）

とけない固体を液体から分離するもう1つの方法は、フィルターで液体をこす（ろ過する）ことです。フィルターには、細かい穴があいています。フィルターは、液体を通しますが、固体の粒子は通しません。

1 ひいたコーヒーを飲むには、ひいたコーヒー豆のかけらが残らないように、ろ過することが必要です。

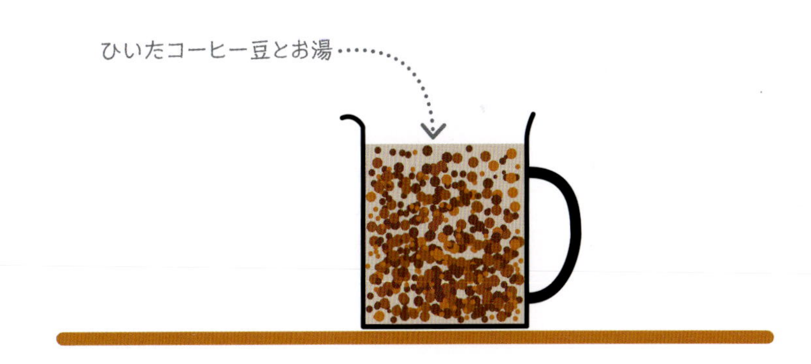

2 コーヒーをろ過するには、コーヒードリッパーの内側にフィルター紙を入れて、コーヒーを注ぎます。コーヒー液はフィルター紙の小さな穴を通りぬけますが、ひいた豆のかけらは残ります。

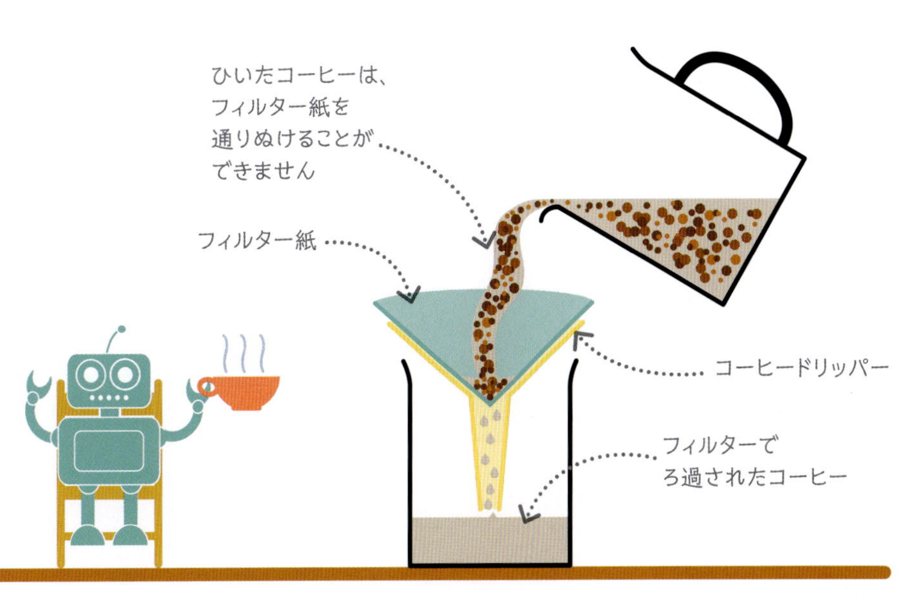

混合物の分離 その2

溶液も他の混合物と同じように分離できます。
溶液中の化学物質が化学結合されていないからです。
分離方法には、蒸発乾固、蒸留、クロマトグラフィーなどがあります。

ペンキがかわくときには、蒸発によって、色のもと（顔料）と溶媒が分離されるんだよ。

蒸発乾固

とけた固体を溶液から分離するには、溶液に熱を加える方法があります。熱で溶液の液体を気体にしてにがし、固形物をあとに残すのです。これを蒸発乾固といいます。

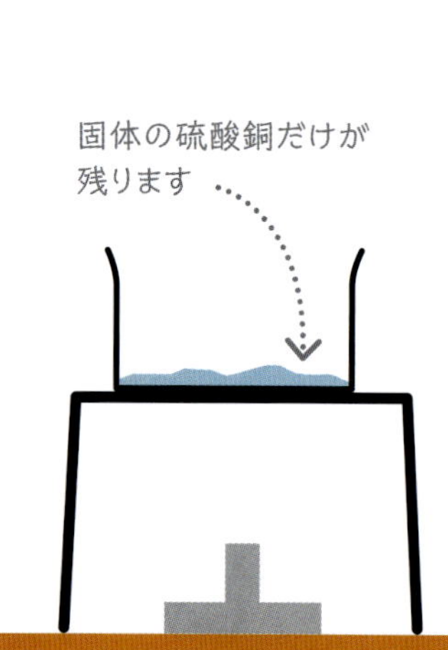

1 熱を加える
硫酸銅の水溶液は、あざやかな青色をしています。この溶液に熱を加えてふっとうさせると、蒸発が盛んになります。

2 水を気化させる
水が気体になってにげ出し、水溶液が、濃くなります（のう縮されます）。固体の粒子ができはじめます。

3 残った固体（固体残留物）
水がすべて気化してしまうと、硫酸銅の固体の結晶だけが残ります。この残った固体のことを残留物といいます。

身の周りの科学

飲料水

飲める水が陸の上にあまりない国では、海のそばに、脱塩工場が作られています。これは、海水から塩を分離して、人が飲めるきれいな水を作る工場です。大部分の脱塩工場では、海水を蒸留することによって、飲める水をつくっています。

蒸留

この分離方法は蒸発乾固に似ていますが、蒸留では、ふっとうした溶液から出る蒸気（気体）を集めて、凝縮するまで（液体になるまで）冷やします。簡単な蒸留でも、水を食塩水から分離することができます。

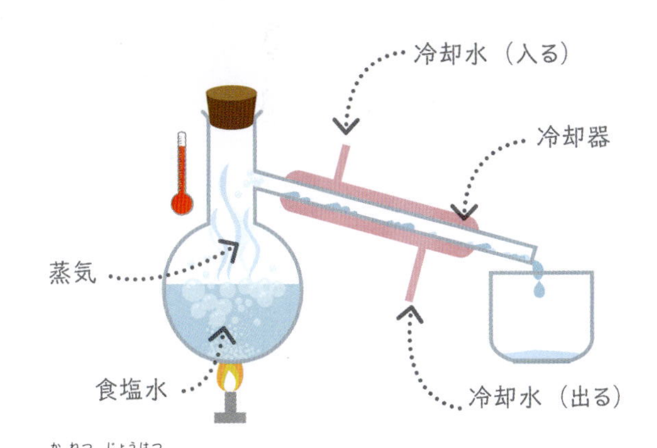

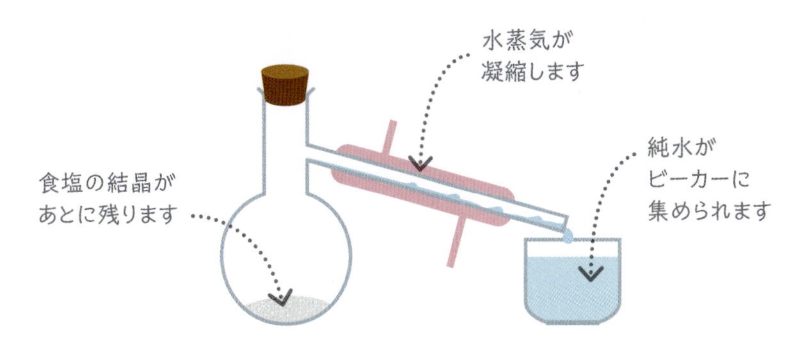

1 加熱と蒸発
食塩水を熱して、ふっとうさせます。すると水の蒸気が、冷却器と呼ばれる装置を通るときに冷やされます。

2 液化と回収
冷やされた蒸気は、凝縮して水にもどり、ビーカーの中にしたたり落ちます。この水は純水で、食塩は入っていません。食塩はフラスコの中に残ります。

クロマトグラフィー

色のついた化学物質は、クロマトグラフィーと呼ばれるテクニックによって分離することができます。化学物質を水にとかし、水分を吸収するもの（紙など）に吸いこませて分散させます。

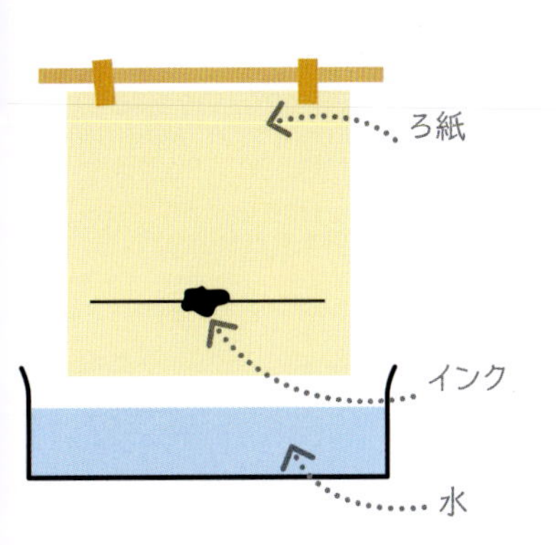

1 黒いインクにふくまれるさまざまな染料を分離するには、インクを1滴、ろ紙に落とし、ろ紙のはしを水の中に入れます。

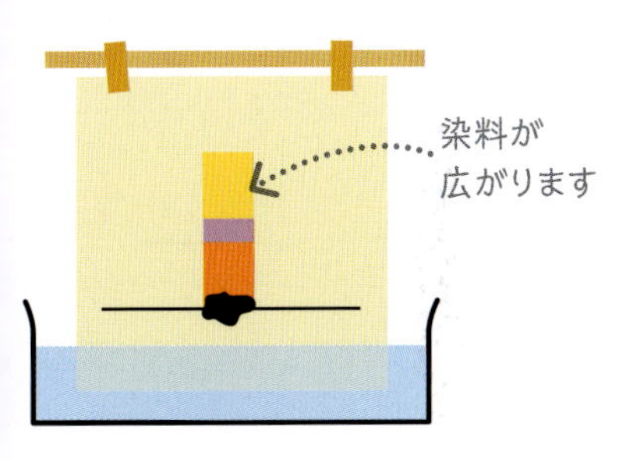

2 ろ紙が水を吸い上げるにつれてインクがとけ、水といっしょに上にあがっていきます。異なる染料の分子が移動する速さはそれぞれちがうので、色の帯ができます。

やってみよう

クロマトグラフィーの花

クロマトグラフィーを使って、カラフルな紙の花をつくってみましょう。必要な材料は、丸いコーヒーフィルターと水と黒のマーカーペンだけです。

1. コーヒーフィルターのまん中に円を描きます。

2. フィルターを2回半分に折って円すい形にします。

3. 円すい形の先を水の中に入れます。そのとき、黒い円の部分が水につからないように注意しましょう。

4. インクにふくまれるさまざまな色がフィルターを上って分離される様子を観察しましょう。

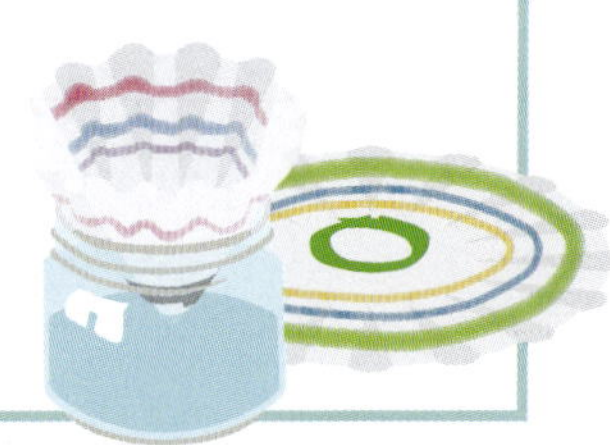

移動する分子

分子はつねに移動しています。においが空気中に簡単に広がるのも、そのためです。気体または液体の中で、分子が少しずつ散らばって広がっていくことを拡散といいます。

固体の分子はゆれても、移動することはできないんだ。だから、拡散は固体では起きないんだよ。

拡散のしくみ

拡散が起きるのは、液体や気体の分子が自由に動き回るためです。その結果、異なる液体や気体がいっしょになると、それらの分子が少しずつ混じり合い、分子が多く集まっているところから、分子があまり集まっていないところに広がります。時間がたつと、異なる分子は、どの場所でもまんべんなく混じり合うようになります。

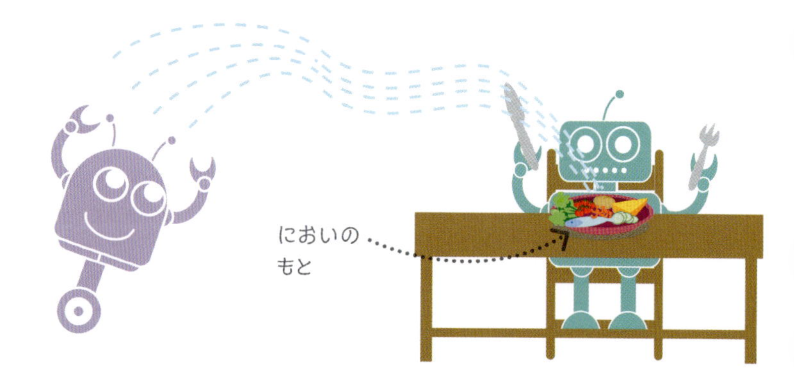

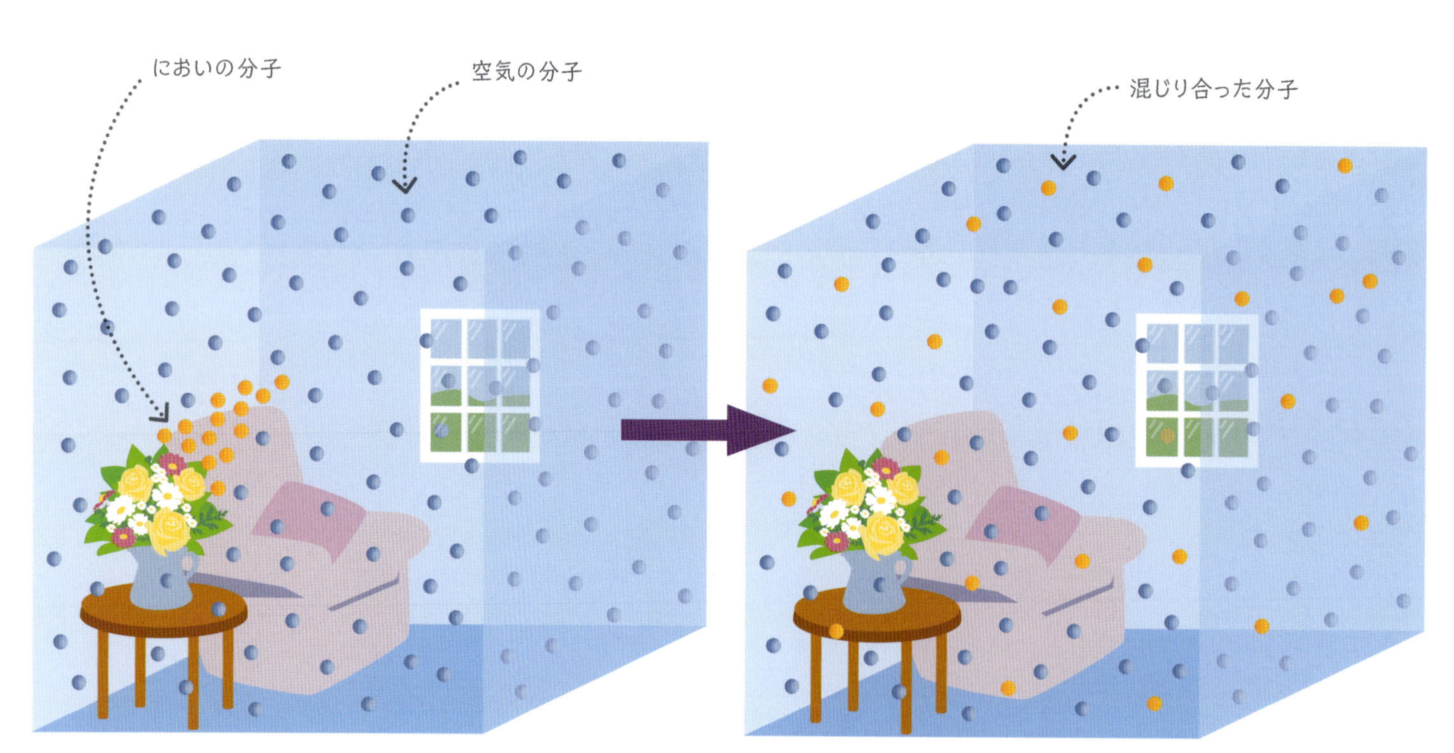

1 散らばって広がる

最初に花を部屋に入れたとき、花のかおりをつくっているにおいの分子は、花びんの周りに多く集まっています。でも、すぐに散らばって広がり、空気の分子と混じり合います。

2 まんべんなく混じり合う

においの分子は自由に動き回れるため、空気とまんべんなく混じり合うまで、散らばって広がります。そうなると、花のかおりが部屋中に広がります。

溶液中の拡散

液体にとける物質は、拡散によって移動することができます。たとえば、水に塩や砂糖を入れると、水をかき回さなくても、最後にはとけて広がります。

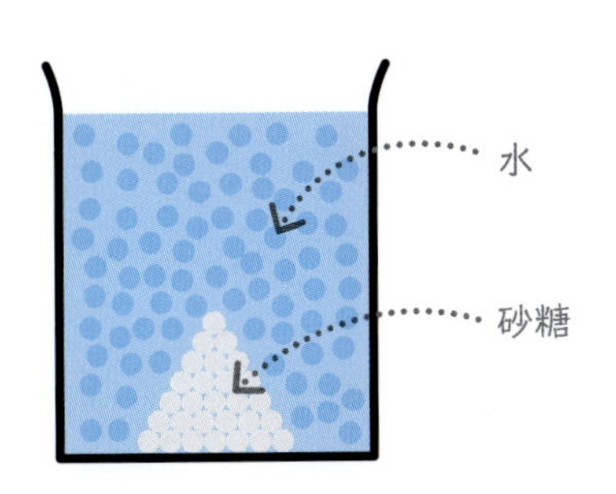

1 最初に砂糖を水に入れたとき、砂糖の結晶はコップの底にたまります。

2 砂糖は少しずつとけていきますが、最初のころ、砂糖の分子はコップの底に多く集まっています。

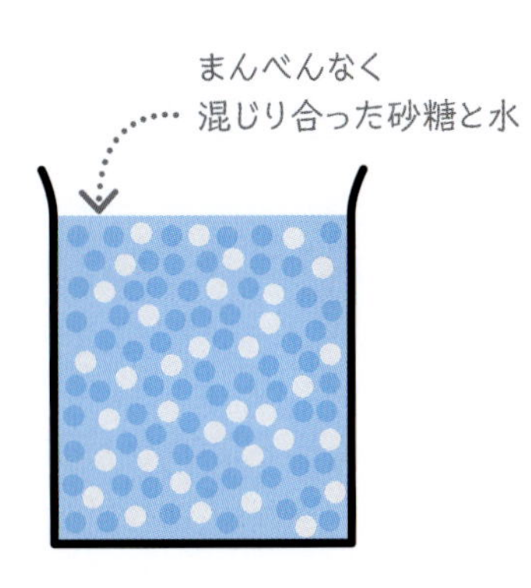

3 砂糖の分子が自由に動き回り、最後には、溶液の中にまんべんなく広がります。

ブラウン運動

1827年に、ロバート・ブラウンというスコットランド人の科学者が顕微鏡をのぞいていたとき、小さなちりが水中をジグザグに動いていることに気がつきました。今ではブラウン運動と呼ばれている、このなぞめいた動きのしくみは、もっとあとになって、アインシュタインにより明らかにされました。アインシュタインは、ちりの粒子が自由に動き回りながら、しょっちゅう水の分子にぶつかっていることに気づいたのです。液体と気体の中で分子が自由に動くため、拡散も起こります。

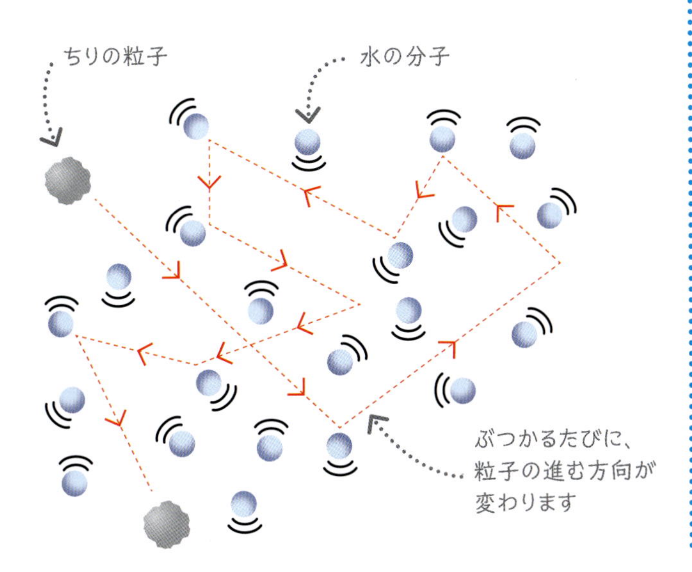

浸透

ある物質がバリアを通して拡散するけれども、ほかの物質は拡散できないというときには、浸透と呼ばれることが起きます。浸透は、生きている細胞には、とても重要です。細胞の外側にある膜は、水を通すけれども、ほかの物質は通しません。たとえば、細胞内の糖の溶液が、細胞の外にあるものより濃かったとしたら、バリアを通して水が浸透し、バリアの両側の濃さが同じになるようにします。その結果、細胞は水を吸収して、ふくらみます。

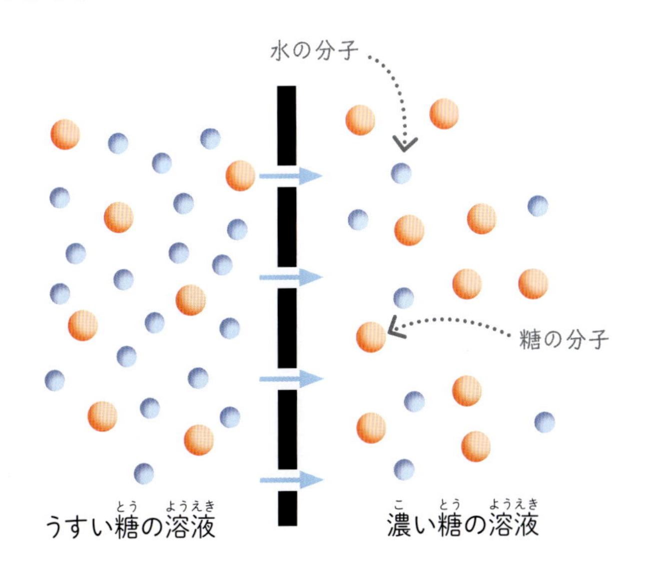

原子の構造

あらゆる物質は、原子と呼ばれる粒子からできています。
それぞれの原子には、原子核（中心の部分）があります。
原子核は、陽子と中性子と呼ばれる小さな粒子からできています。

ふつう、原子が持っている電子の数は陽子の数と同じなんだよ。

炭素原子

それぞれの元素は、原子の中に、特定の数と並び方の粒子を持っています。たとえば、炭素原子には、6個の陽子、6個の中性子、6個の電子があります。

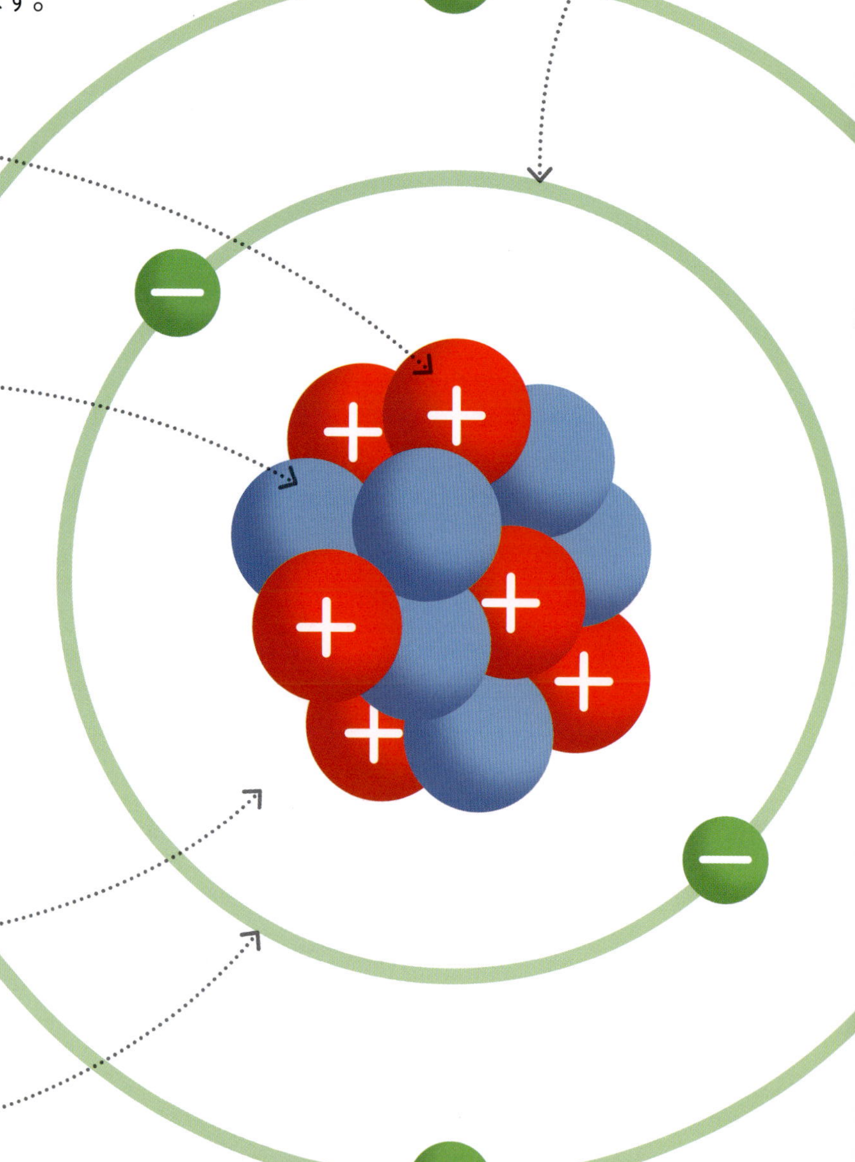

1 陽子
プラスの電気を帯びている陽子は、マイナスの電気を帯びている電子を引き付けて、原子核の周りにとどまらせます。

2 中性子
中性子は電気を帯びていません。

3 電子
電子は原子核の外側にあります。マイナスの電気を帯びている電子は、プラスの電気を帯びている陽子とバランスをとっています。そのため原子全体としては、電気を帯びていない状態になっています。

4 原子核
原子の中心である原子核は、陽子と中性子でできています。

5 電子殻
電子は、原子核からさまざまな距離のところに、電子殻と呼ばれる集まりをつくっています。原子は最大7つまで電子殻を持つことができます。

質量数と原子番号

電子にはほとんど質量がないので、原子の質量のほぼすべては原子核にあります。陽子の質量は中性子の質量と同じです。そのため、陽子と中性子を数えれば、原子の質量がわかります。陽子と中性子の数を足したものを質量数といいます。原子が持つ陽子の数は原子番号と呼ばれています。

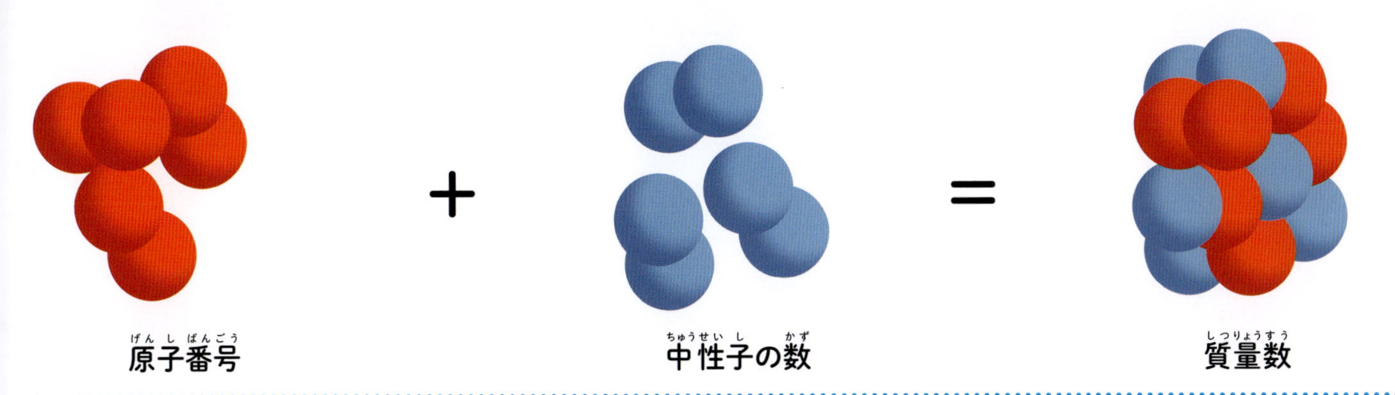

原子と元素

どの化学元素も、それ独自の原子番号（陽子の数）を持っています。そのため、原子の中にある陽子の数がわかれば、その原子がどの元素のグループ（同位体）であるかがわかります。たとえば、水素原子は、いつも1個の陽子（元素番号1）を持っています。

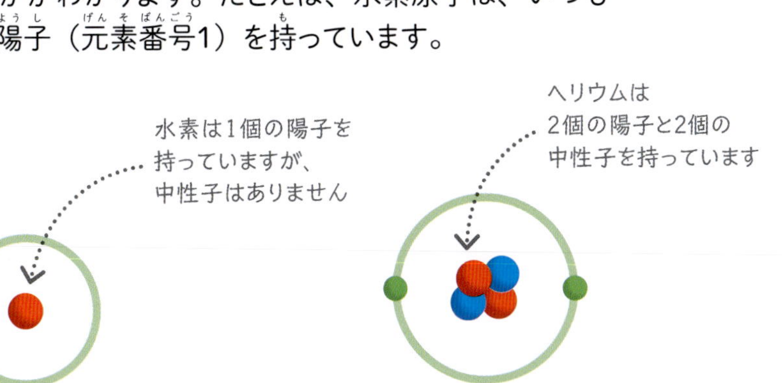

リチウムは
3個の陽子と4個の
中性子を持っています

水素
原子番号=1
質量数=1

ヘリウム
原子番号=2
質量数=4

リチウム
原子番号=3
質量数=7

身の周りの科学

原子破壊

科学者は、粒子加速器と呼ばれる機械を使って、原子の中の粒子を研究しています。スイスにある大型ハドロンしょうとつ型加速器と呼ばれる機械では、電磁石を使って、長いトンネルの中に粒子をとてつもないスピードで飛ばし、しょうとつさせて、さらに小さなかけらにしています。このような実験によって、新たな粒子が発見されています。

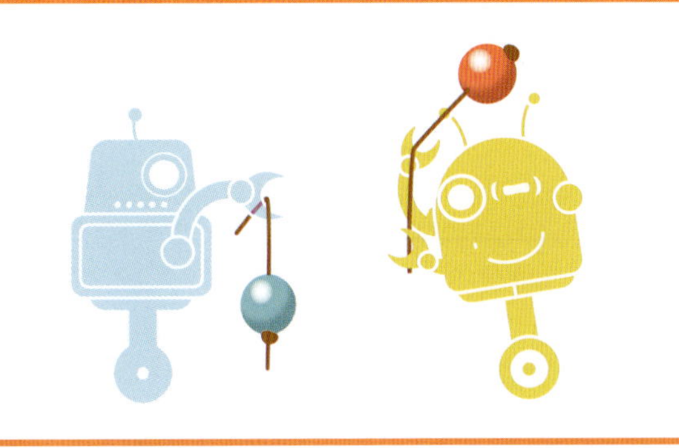

イオン結合

イオン結合は、1つの原子がほかの原子に電子を与えたときに起きます。これにより、両方の原子がしっかりと結ばれます。電子を得た原子と電子を失った原子のことをイオンと呼びます。

イオン結合は、金属と非金属の間でよく起こるんだよ。

1 原子の中の電子は、電子殻の中に並んでいます（132 ～ 133ページ参照）。もっとも内側の電子殻は2個の電子を持つことができ、ほかの電子殻はふつう8個の電子を持ちます。この例のアルゴンという気体には、3つの電子殻がすべて電子でうまっていて、もともと安定です。（※そのためほかの原子と結ばれません）

2 ほとんどの原子は、安定するために、8個の電子からなる完全な外側の電子殻を「持とう」とします。でも、多くの元素の外側の電子殻は不完全です。たとえば、有害な気体である塩素ガスには、外側の電子殻に電子が7個しかありません。安定するためには、もう1個電子が必要です。

3 銀白色のやわらかい金属であるナトリウムの外側の電子殻には、電子が1個しかありません。この1個の電子を捨てることができれば、その内側にある完全な電子殻が外側の電子殻になるので、ナトリウムは安定します。

4 ナトリウムと塩素が混じると、ナトリウム原子は余分な外側の電子殻の電子を塩素原子に与えます。こうして、両方の原子とも、完全な外側の電子殻を持つことになります。その結果、爆発的な化学反応が起きて、熱と光がたくさん出ます。

5 電子はマイナスの電気を帯びているので、電子を1個もらった塩素は陰イオンになり、電子を1個 失ったナトリウムは陽イオンになります。マイナスとプラスは引き合うので、この2つのイオンはイオン結合して、塩化ナトリウム（食塩）ができます。

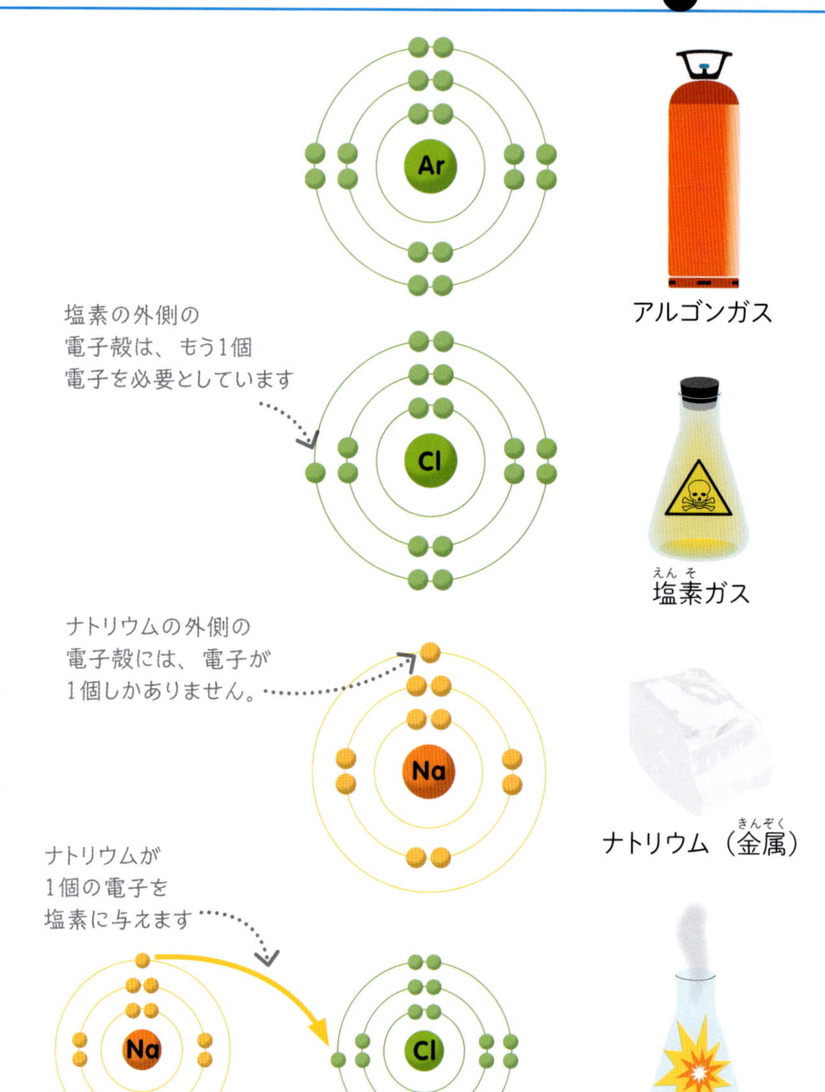

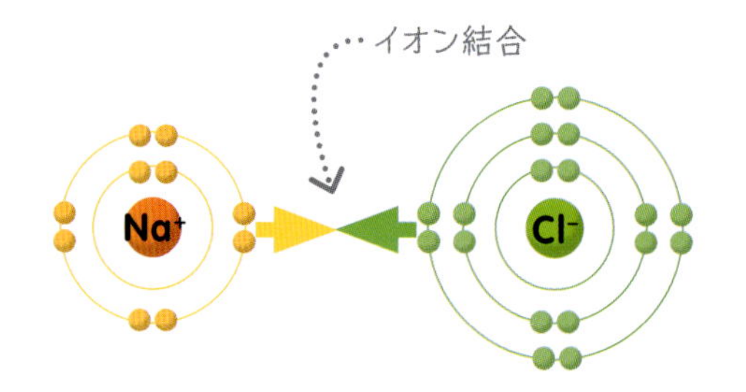

塩化ナトリウム（食塩）

6 イオン結合ではよく、イオンが規則的な並び方をして、格子と呼ばれる構造をつくります。塩化ナトリウム（食塩）では、陰イオンである塩素イオンが陽イオンであるナトリウムイオンに囲まれ、ナトリウムイオンも同じように、塩素イオンに囲まれています。

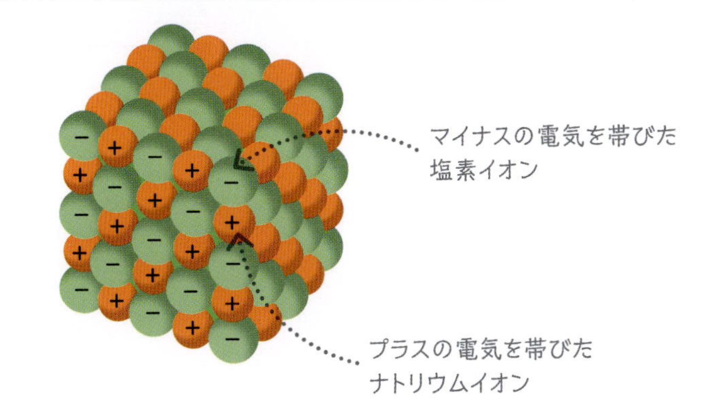

7 イオン結合は強くて、なかなかこわれないため、ふつう、イオン結合によってできるイオン化合物は、とてもかたく、柔難性がなく、簡単には融解しません。イオンは規則的な形をつくって並んでいるので、多くのイオン化合物は結晶をつくります。格子の形のちがいによって、結晶は独特の形をつくります。

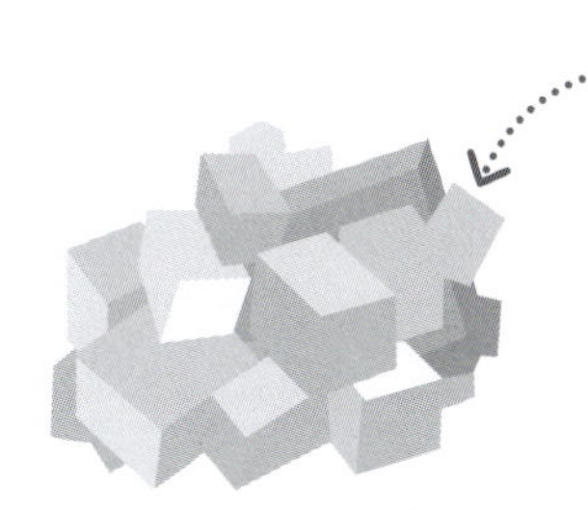

食塩の結晶

水にとける

イオン化合物はかたくて簡単には融解しませんが、多くのイオン化合物は水には簡単にとけます。その理由は、水の分子にはプラスの電気を帯びたはしとマイナスの電気を帯びたはしがあり、それらがイオンを引き付けて、イオン結合を解くからです。

1 食塩が固体のときには、イオン結合が、プラスの電気を帯びたナトリウムイオンとマイナスの電気を帯びた塩素イオンをしっかりと結びつけています。

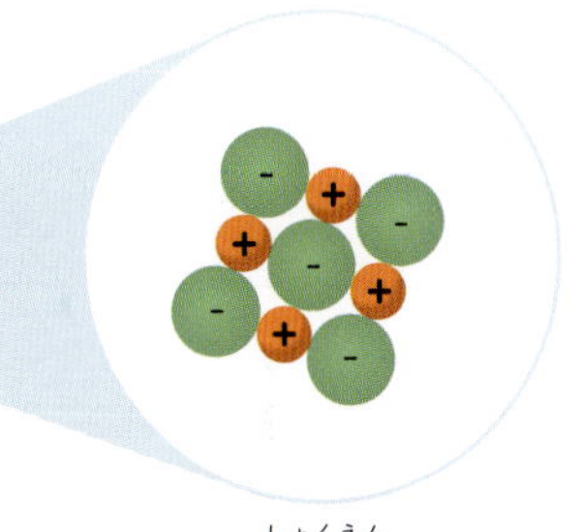
食塩

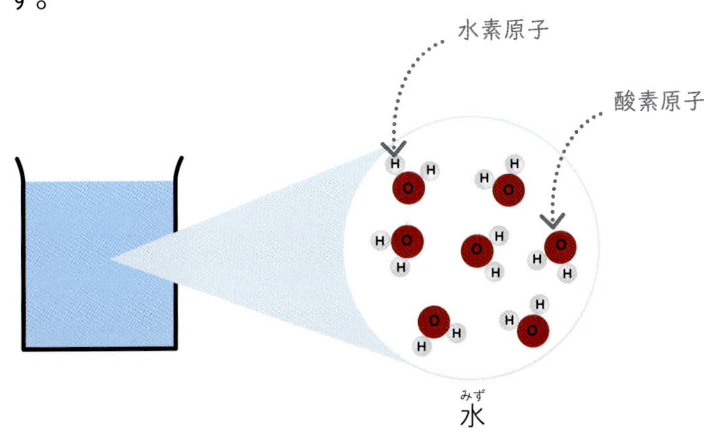

水

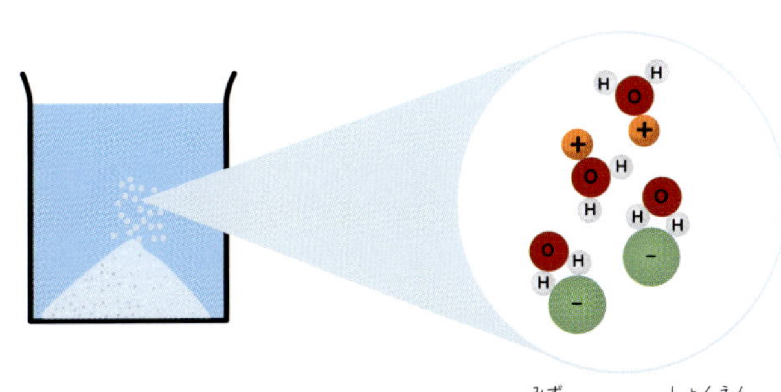
水にとけた食塩

2 水の分子は、1個の酸素原子と2個の水素原子を持っています。酸素原子は、ややマイナスの電気を帯びていて、水素原子は、ややプラスの電気を帯びています。

3 食塩を水に入れると、水の分子のプラスの電気を帯びているはしが、マイナスの電気を帯びた塩素イオンを引き付け、水の分子のマイナスの電気を帯びているはしが、プラスの電気を帯びたナトリウムイオンを引き付けます。こうして塩のイオン結合が解かれ、塩素イオンとナトリウムイオンが消えてなくなるにつれ、食塩は完全に水にとけるのです。

共有結合

原子には、電子をいっしょに使う（共有する）ことによって、ほかの原子と結びつくものがあります。これは、共有結合と呼ばれ、とても強力な結びつきです。

ほとんどの共有結合は、単結合、二重結合、または三重結合のどれかなんだよ。

1 水素原子には電子が1個しかないので、電子殻も1つしかありません。でも、原子が安定するためには、その電子殻に電子が2個あることが必要です。一方、塩素原子には、外側の電子殻に電子が7個ありますが、原子が安定するためには、そこに8個の電子がなければなりません。

2 水素原子は、自分の持っている1個の電子を塩素原子と共有し、塩素原子は、自分の持っている7個の電子の1個を水素原子と共有します。これで、両方の原子とも完全な外側の電子殻を持つことになり、この共有結合によって、塩化水素分子になります。

3 原子は、2個以上の原子と共有結合して大きな分子を作ることがあります。たとえば、水分子では、1個の酸素原子に2個の水素原子が、それぞれ別の共有結合によって結びついています。

4 分子の原子は、ときどき、一対の電子を2組共有することがあります。これを、二重結合といいます。たとえば、二酸化炭素の分子では、1個の炭素原子に2個の酸素原子が二重結合によって結びついています。

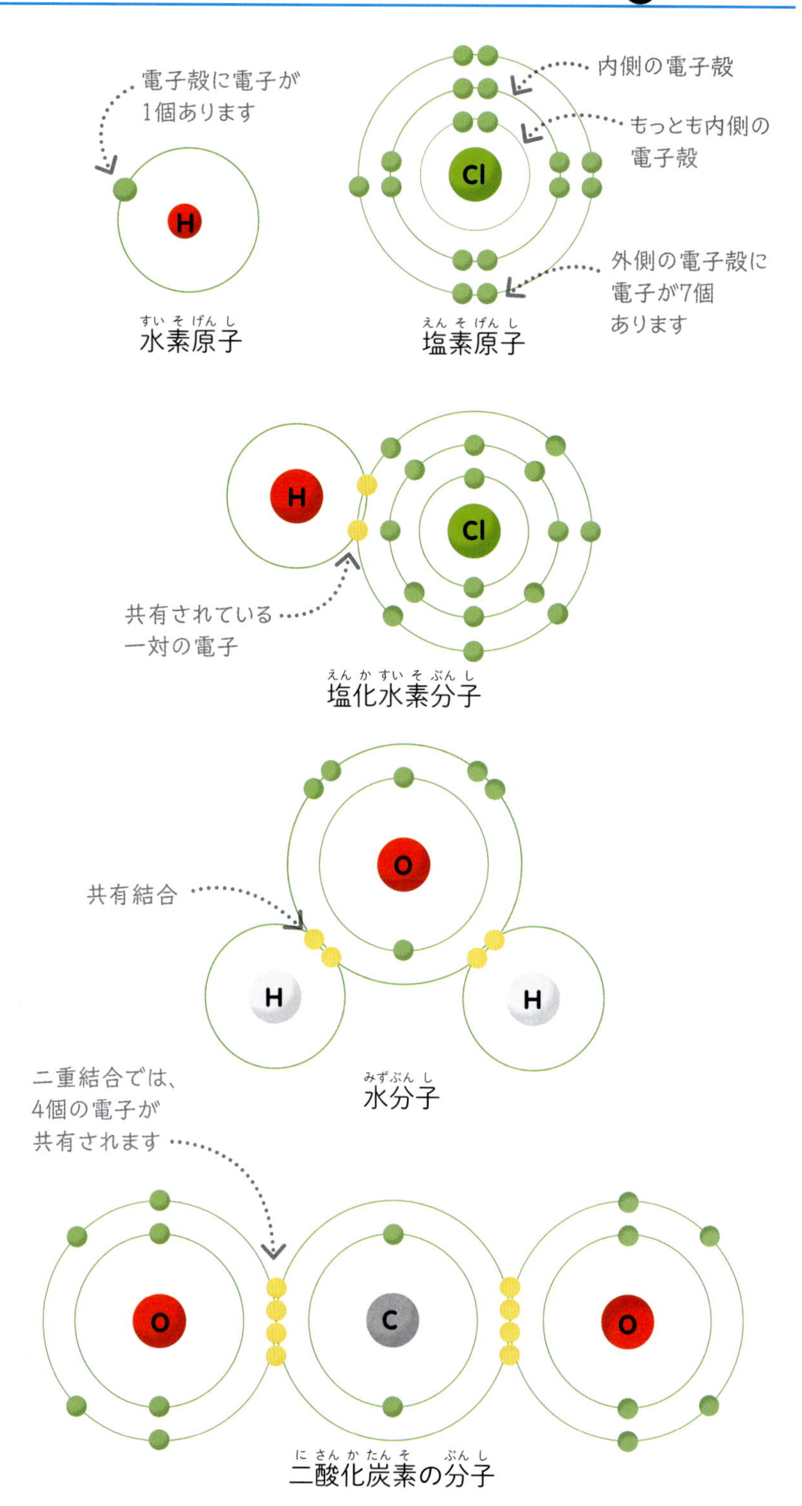

5 一対の電子を3組共有する結合もあり、三重結合と呼ばれています。空気中のチッ素分子（170ページにくわしい説明があります）は、三重結合で結ばれた2個のチッ素原子からできています。

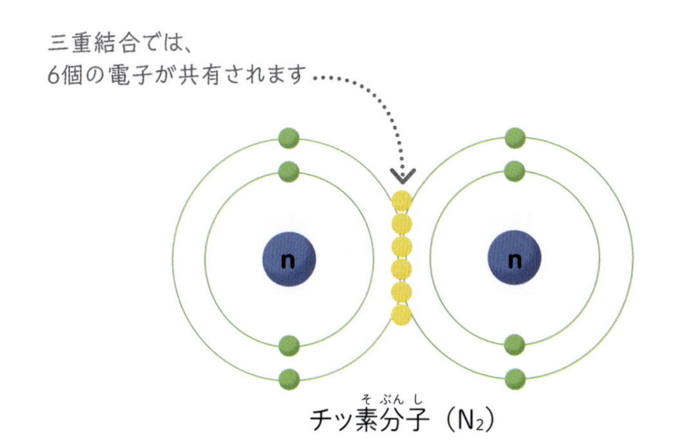

三重結合では、
6個の電子が共有されます
n
n

チッ素分子（N_2）

分子同士が引き合う力

共有結合でつくられた分子どうしは、分子間力と呼ばれる弱い結合によって、おたがいに引き合います。

1 分子間力により、気体は温度が下がったときに液体になり、液体はこおったときに固体になります。こうした弱い力をこわすには、少しのエネルギーで十分です。そのため、イオン結合でできた化合物とはちがい、共有結合でできた化合物がとける温度（融点）とふっとうする温度（沸点）は、低くなっています。

2 水の分子同士は、分子間力によって引き合って水滴になり、表面のようなものを形づくります。この表面をつくる力のことを、表面張力といいます。この表面は簡単にこわれますが、アメンボのような小さな昆虫はとても軽いので、表面をこわさずに、その上に乗ることができるのです。

やってみよう

うかぶゼムクリップ

水の表面の分子は、分子間力によって引き合い、下方向に引き寄せられています。そのため水の表面は、よくのびるゴムでできた皮ふのように働きます。科学者は、この力を表面張力と呼んでいます。この実験を行って、表面張力が働く様子を目で確かめてみましょう。

1. お皿に水をはります。

2. ティッシュペーパーを四角く切ったものの上に、ゼムクリップを置きます。

3. 次に、ゼムクリップをのせたティッシュペーパーを、水の表面にうかぶように、そっと置きましょう。

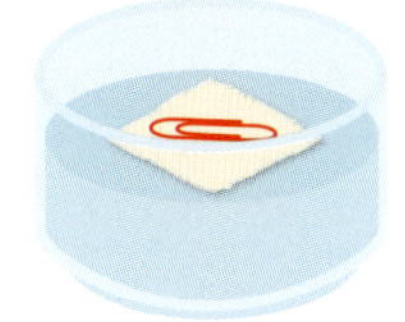

4. ティッシュペーパーは水を吸収して、やがてしずみます。でも、ゼムクリップはうかんだままになります。表面張力に支えられているからです。

5. 食器用洗剤を1滴水に落とすと、表面張力が弱まるため、ゼムクリップはしずんでしまいます。

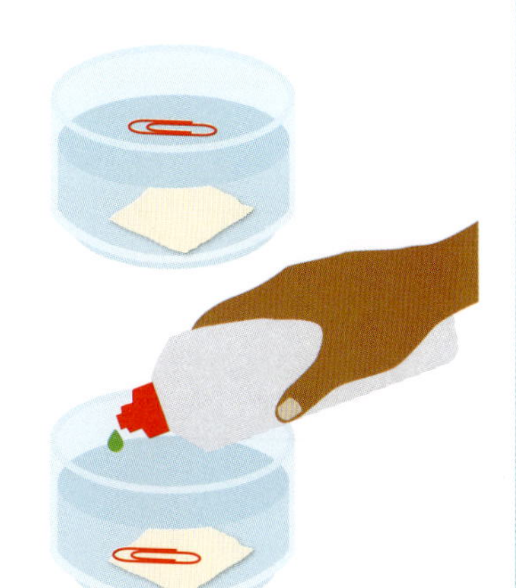

化学反応

化学反応は、化学物質をバラバラにして、
その部品から新しい化学物質をつくります。
あらゆる化学反応は、化学結合をこわしたり、つくったりします。

鉄でできたものがさびるのは、鉄と酸素が化学反応するからなんだよ。

物理的な変化と化学的な変化

バターがとけて液体になるような物理的変化の場合には、変化したあとも化学物質の構造は変わりませんが、パンを焼いてトーストにするような化学的変化では、新たな化学物質ができます。

バターはとけても、バターのままです

こげたトーストは、大部分が炭素に変わっています

固形のバター

1 パン
パンには、でんぷんがふくまれています。でんぷんは、炭素原子と水素原子と酸素原子でできた化合物です。パンを熱してトーストにすると、化学反応が起きて、でんぷんの分子が変わります。

2 トースト
熱でパンの表面が焼けると、でんぷんが炭素（黒い色をしています）と水に変わります。水は気体になって、空気中に逃げ出します。

化学反応のしくみ

化学反応が起きると、反応している化学物質にある原子の並び方が変わって、新しい分子またはイオンができます。その結果、化学反応は、もとの化学物質とはとても異なる性質を持つ新しい化学物質をつくり出すのです。

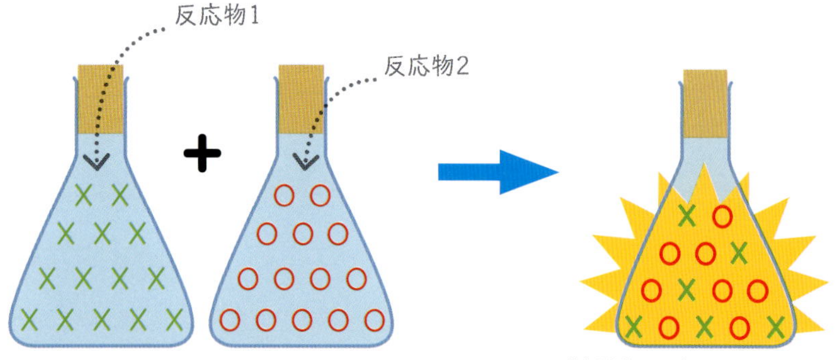

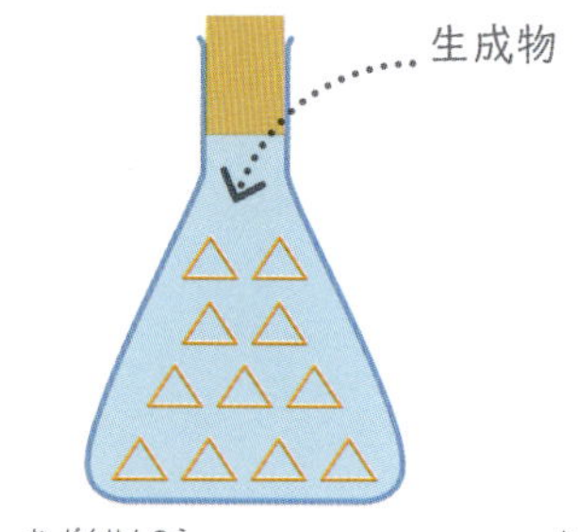

1 化学反応を起こす物質のことを、反応物といいます。この図に示す化学反応では、2つの反応物が使われています。

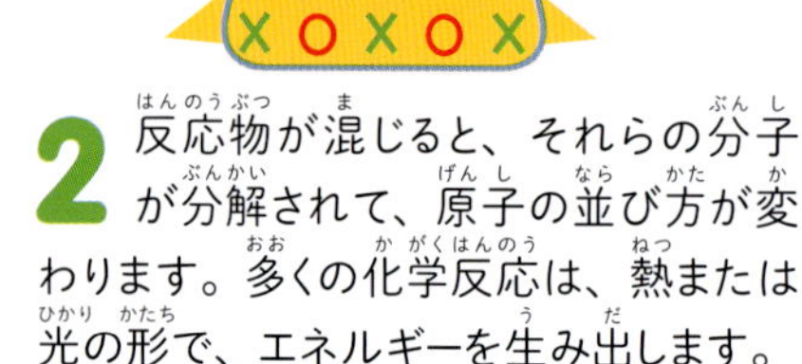

2 反応物が混じると、それらの分子が分解されて、原子の並び方が変わります。多くの化学反応は、熱または光の形で、エネルギーを生み出します。

3 化学反応によってつくられる化学物質は、生成物と呼ばれます。この化学反応では、2つの反応物が合体して、1つの生成物をつくり出しています。

質量保存の法則

化学反応が起きたあとにできる生成物の質量は、反応物の質量の合計とつねに同じになります。化学反応が起きる前の原子と起きたあとの原子は変わらないので、合計質量も変わらないのです。このことを、「質量保存の法則」といいます。

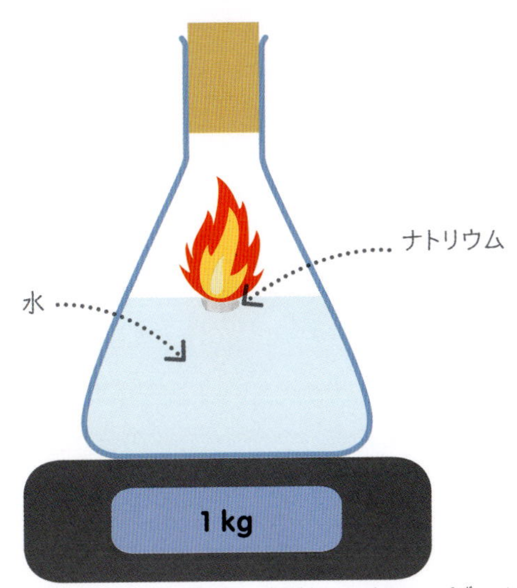

1 ナトリウムという元素（金属の一種）を水に入れると激しく反応して、水素ガス（燃える気体）と水酸化ナトリウム溶液ができます。

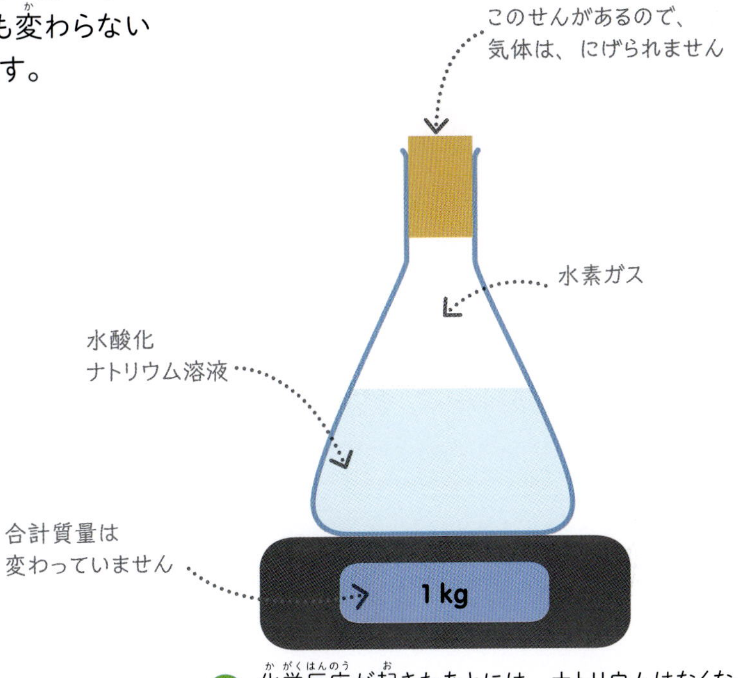

2 化学反応が起きたあとには、ナトリウムはなくなっています。けれども、実験器具と生成物を合計した質量は変わっていません。質量が保存されるためです。

やってみよう

びっくり泡

重曹（炭酸水素ナトリウム）を酢（酢酸）に入れると、化学反応が起きます。この反応の生成物の1つは、二酸化炭素ガス（CO_2）です。二酸化炭素の気泡を利用して、びっくりするほど多い量の泡をつくってみましょう。

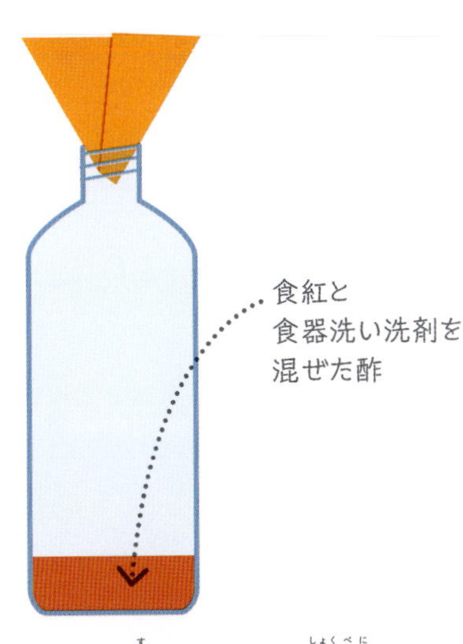

1 空のペットボトルに、酢を60mL、食紅を耳かき1杯、食器洗い洗剤を10滴入れます。紙を円すい状にして、じょうごをつくります。

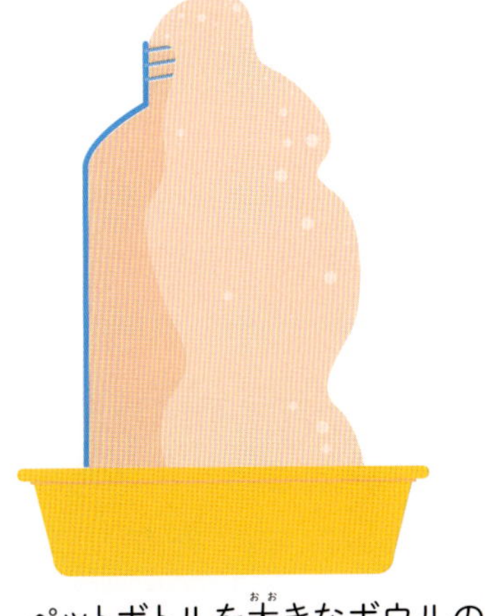

2 ペットボトルを大きなボウルの中に置き、じょうごから、スプーン2杯分（20mL）の重曹を入れます。ボトルを回して中身を混ぜたら、はなれて、どうなるか見てみましょう。

化学反応式

化学反応式は、化学反応によって原子に起こることを示したものです。式の左側にあるのは反応物、右側にあるのは生成物です。

化学反応式は、世界中どんな言葉でもみな同じように書かれているんだよ。

1 言葉で書かれた化学反応式

化学反応式を簡単に書く方法は、言葉を使うことです。たとえば、鉄粉と硫黄を熱すると、化学反応が起きて、硫化鉄という化合物ができます。矢印の左側の言葉は反応物を示し、右側の言葉は生成物を示します。

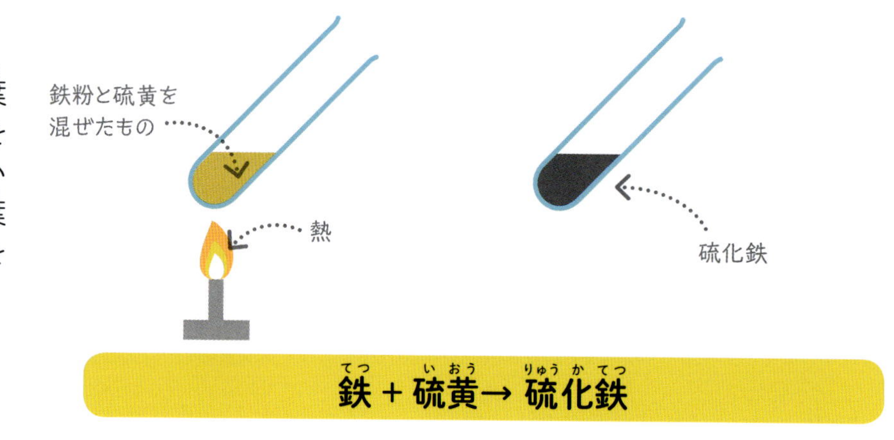

2 記号で書かれた化学反応式

化学式は、記号を使って書くこともできます。鉄の化学記号はFeで、硫黄の化学記号はSです。そのため、鉄と硫黄の化学反応は、図のようになります。言葉で書いた化学反応式とはちがい、化学記号で書いた化学反応式では、反応にかかわる原子の数を示すことができます。この例では、1個の鉄原子が、1個の硫黄原子と反応することがわかります。

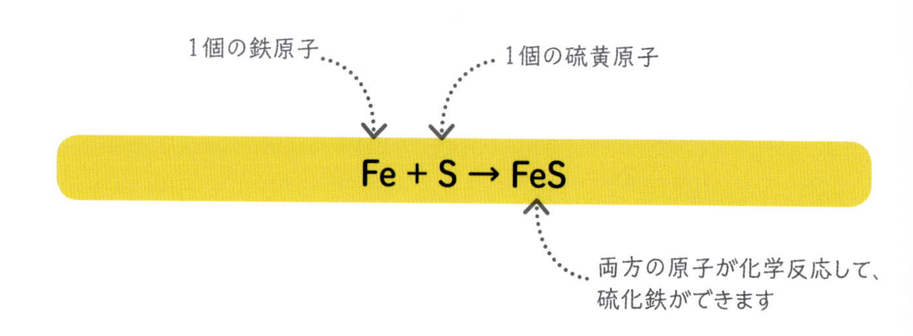

反応の前後がつり合う化学反応式

化学反応式は、反応の前後がつり合っていなければなりません。反応物の中にある原子の種類ごとの合計数が、生成物の中にある原子の種類ごとの合計数と同じになっていることが必要です。水素が酸素と化学反応して水ができることを示すこの式も、両方の辺がつり合っています。

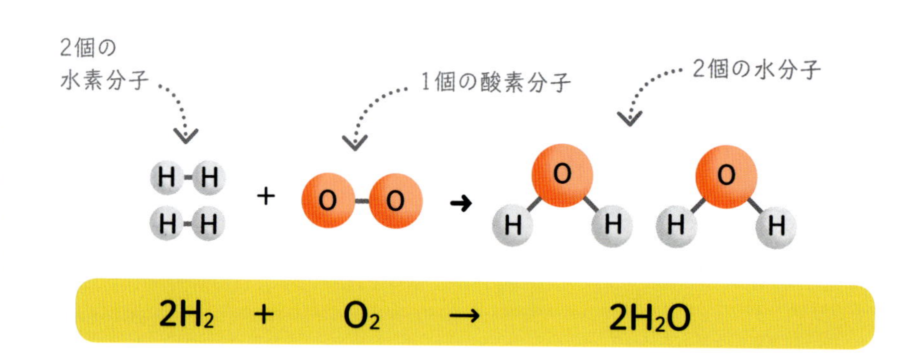

もとにもどせる反応（可逆反応）

化学反応には、可逆反応と呼ばれるものがあります。これは、反応物から生成物へ、生成物から反応物へと、化学物質を両方の方向に変化させることができる反応です。たとえば、茶色い気体である二酸化チッ素は、熱が加わると、透明な気体の一酸化チッ素と酸素に分かれます。これが冷えると、また化学反応が起きて、二酸化チッ素にもどります。このような場合、化学反応式では、可逆反応であることを示す特別な両方向の矢印を使います。

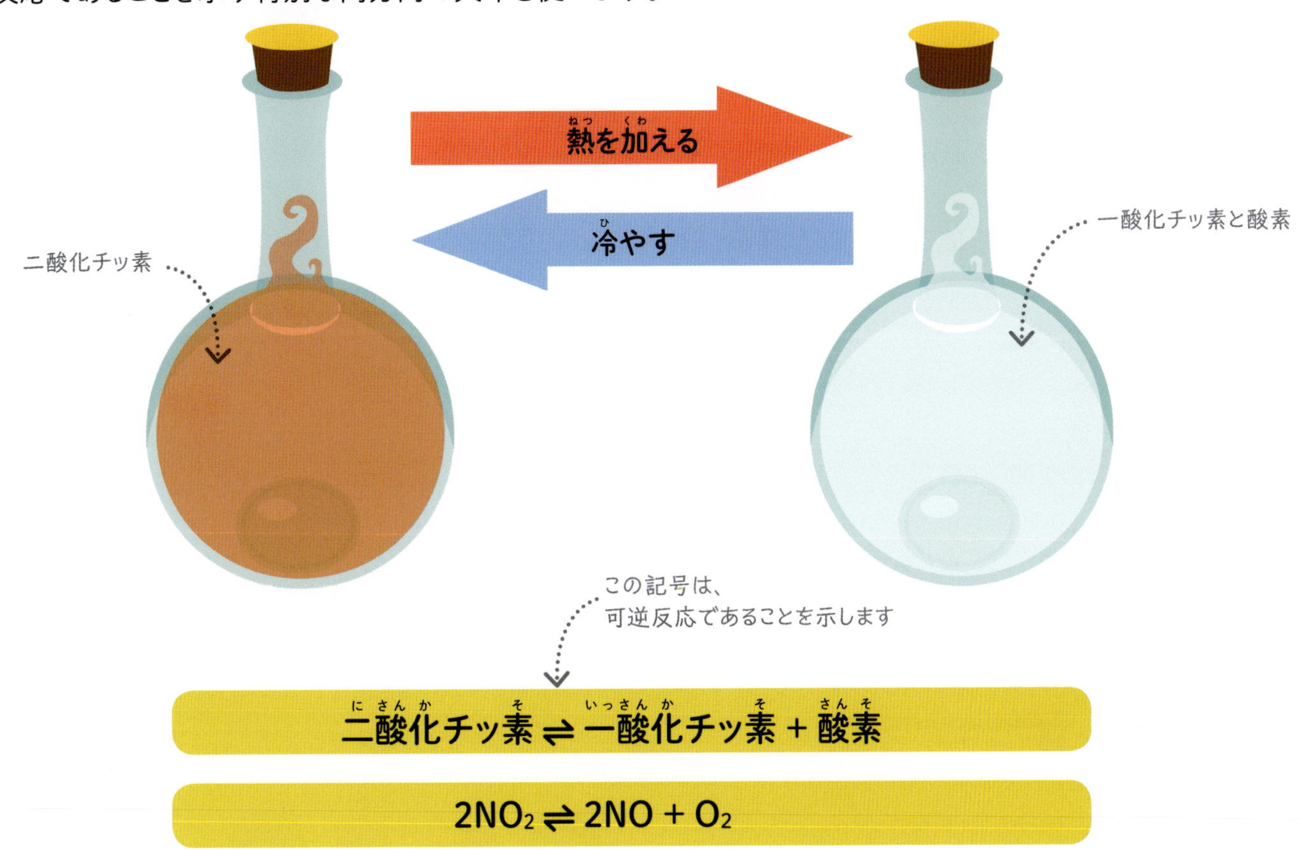

やってみよう

わかるかな？

ナトリウムと水が化学反応して、水酸化ナトリウム（NaOH）と水素（H_2）になる化学反応式（この化学反応は139ページに説明があります）を、記号で書いてみましょう。左側の辺は、すでに書いてあります。右側がどうなるかを考えてみましょう。化学反応式は、左側と右側がつり合わなければならないことを思い出してくださいね！（答えは下にあります）

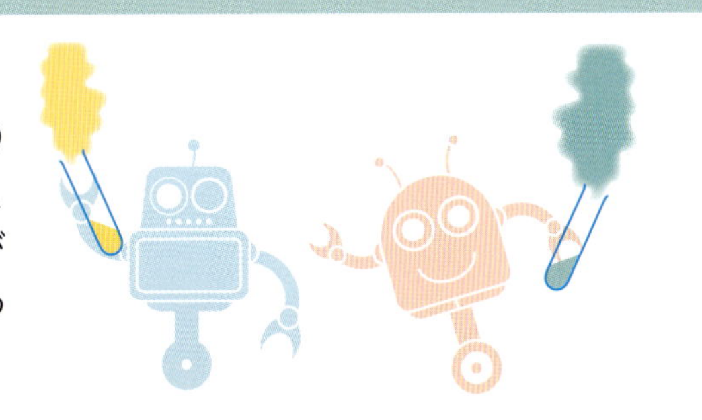

ナトリウム　+　水　→　水酸化ナトリウム + 水素

$2Na + 2H_2O \rightarrow$??? + ???

答え：$2Na + 2H_2O \rightarrow 2NaOH + H_2$

化学反応の種類

化学反応にはさまざまな種類がありますが、
ほとんどの反応は、主な3種類の反応のどれかになります。
それらは、合成反応、分解反応、置換反応です。

合成反応

1 合成反応では、2種類以上の単純な反応物が結合して、もっと複雑な生成物をつくり出します。

2 たとえば、金属のナトリウム（Na）と気体の塩素（Cl）が化学反応を起こすと、塩化ナトリウム（NaCl）、つまりわたしたちが食べる食塩ができます。

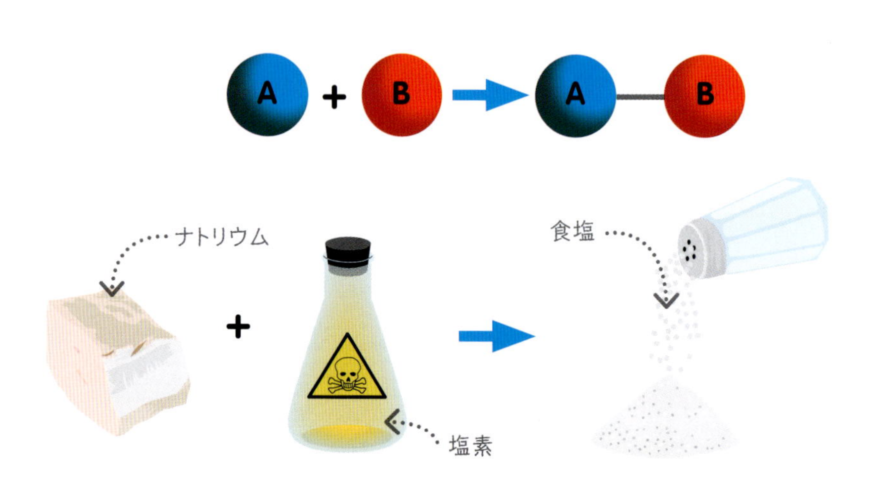

ナトリウム + 塩素 → 塩化ナトリウム（食塩）

$2Na + Cl_2 \rightarrow 2NaCl$

分解反応

1 分解反応では、反応物が、より細かく単純な生成物に分解されます。

2 たとえば、青緑色の塩である炭酸銅（$CuCO_3$）は、熱が加わると分解して、黒い酸化銅（CuO）と二酸化炭素ガスになります。

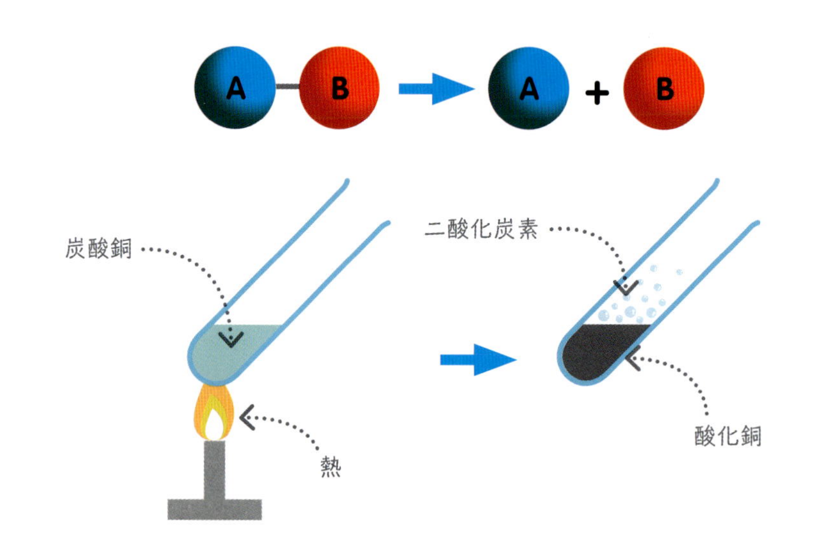

炭酸銅 → 酸化銅 + 二酸化炭素

$CuCO_3 \rightarrow CuO + CO_2$

単置換反応

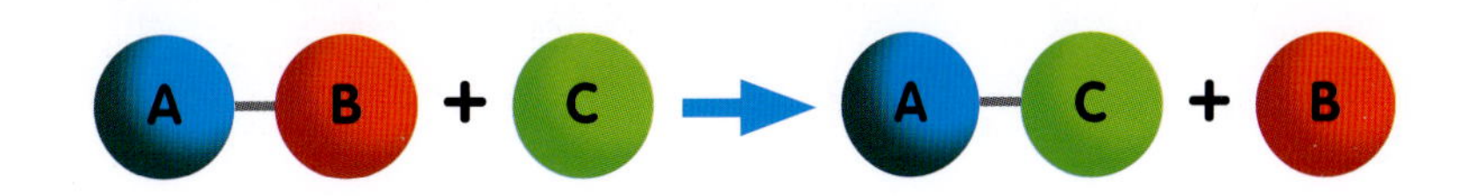

1 単置換反応では、化合物の中で、元素が別の元素に置きかわります。よりよく反応するほうの元素が、もう1つの元素を化合物から追い出してしまうのです。

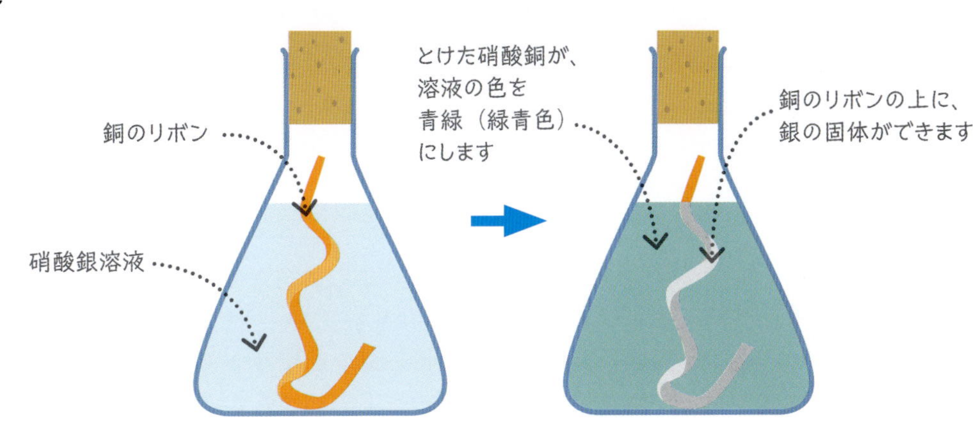

2 たとえば、銅のリボンを、硝酸銀の溶液に入れると、銅の原子が銀の原子に置きかわり、銅は硝酸銅に変化します。溶液を青緑色にし、銀が溶液から出てきて、銅のリボンをおおいます。

銅 + 硝酸銀 → 硝酸銅 + 銀

$Cu + 2AgNo_3 \rightarrow Cu(NO_3)_2 + 2Ag$

二重置換反応

1 二重置換反応では、2つのイオン化合物が反応し、陽イオンと陰イオンが置きかわって、2つの新しい化合物ができます。

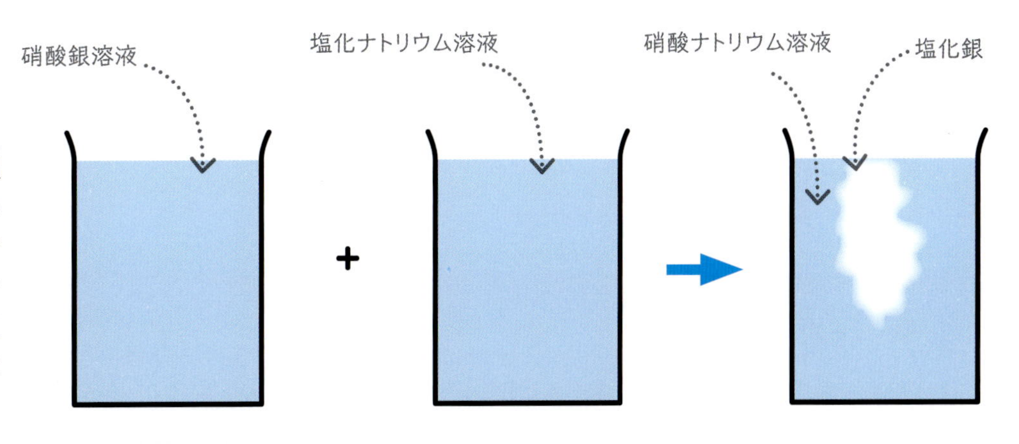

2 たとえば、硝酸銀溶液と塩化ナトリウム溶液を混ぜると、陽イオンと陰イオンが置きかわって、溶液にとけやすい硝酸ナトリウム溶液と、溶液にとけにくい塩化銀ができます。塩化銀は溶液の中に白い固体として現れ、溶液を白くにごらせます。

硝酸銀 + 塩化ナトリウム → 塩化銀 + 硝酸ナトリウム

$AgNO_3 + NaCl \rightarrow AgCl + NaNO_3$

エネルギーと反応

化学反応が起こると、エネルギーが移動します。
化学反応では、熱や光などの形でエネルギーが放出される場合と、エネルギーが外から吸収される場合があります。

化学反応によって、同時に多くのエネルギーが放出されると、爆発が起きるんだよ。

活性化エネルギー

どんな化学反応も、エネルギーによってはずみをつけなければ始まりません。なぜなら、新しい分子を作るには原子どうしを結んでいる化学結合をこわさなければならないからです。こすらなければマッチに火がつかないのも、芯に火をつけなければろうそくが燃えないのもそのためです。反応を引き起こすために必要なエネルギーを活性化エネルギーと呼びます。これは、反応物が反応するために乗り越えなければならない丘のようなものです。

マッチに火をつけるには、まさつが生み出す活性化エネルギーが必要です

発熱反応

化学結合をこわすにはエネルギーを取りこむことが必要ですが、新しい化学結合が作られると、ふたたびエネルギーが放出されます。取りこんだエネルギーより多くのエネルギーが放出された場合、化学反応はそのエネルギーを、ふつう熱と光の形で、外に放出します。このような化学反応を発熱反応といいます。

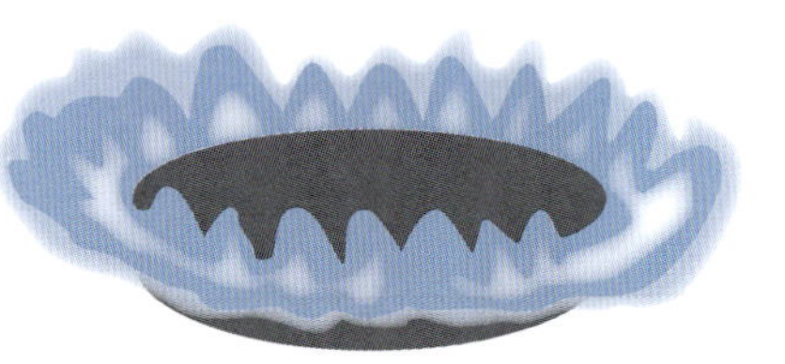

※日本ではプロパンも使われています。

$$CH_4 + 2O_2 \rightarrow CO_2 + 2H_2O$$

メタン+酸素→二酸化炭素+水（水蒸気）

1 メタン（CH_4）は、ガスレンジで料理をするときに使う気体です。ガスレンジを点火すると、メタンガスは空気中の酸素（O_2）と反応して燃えます。

2 メタンガスと酸素の反応を示す化学反応式を見ると、原子が組みかえられて、二酸化炭素（CO_2）と水蒸気（H_2O）になることがわかります。

やってみよう

温かくなるかな？

発熱反応が観察できる簡単な実験があります。洗たく用の粉せっけんをポリぶくろに入れて、少し水を加え、ペースト状にします。そうしたら、そのふくろを手の平においてみましょう。水と化学物質が反応するにつれて、熱が放出されるのがわかるでしょうか。

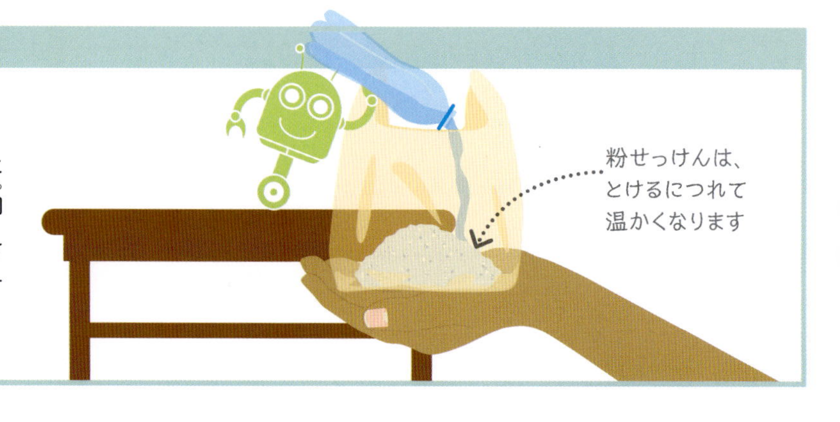

粉せっけんは、とけるにつれて温かくなります

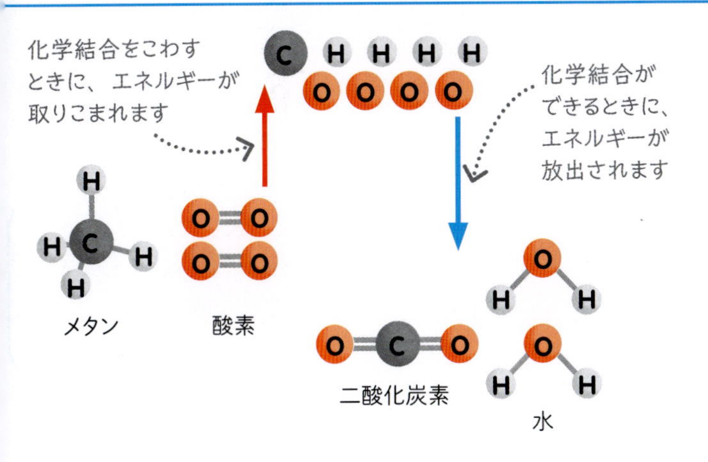

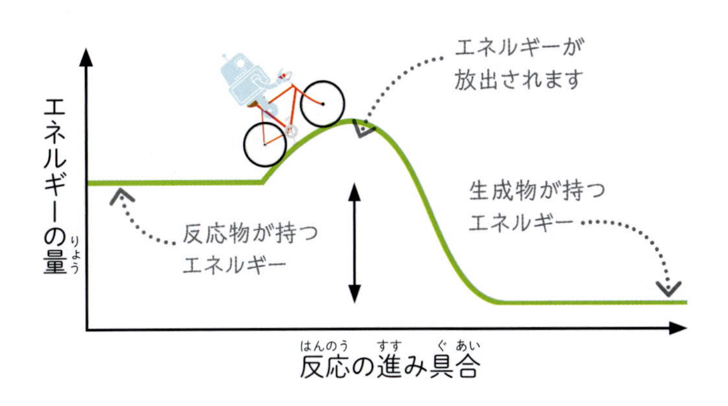

3 化学反応が起きると、メタン分子と酸素分子の結合がこわされて、新しい結合がつくられ、二酸化炭素分子と水分子ができます。そのときに熱が出るのは、新しい化学結合でできた生成物が持つエネルギーが、反応物が持っていたエネルギーより小さいからです。

4 このグラフは、発熱反応を通してエネルギーの量が変わることを示したものです。反応が終わったときに生成物が持つエネルギーは、反応物が持っていたエネルギーより小さくなっています。

吸熱反応

化学反応によっては、すでにある化学結合をこわすのに必要なエネルギーが、新しい化学結合をつくることによって放出されるエネルギーより大きいことがあります。その場合には、追加のエネルギーが外から取りこまれます。このことを吸熱反応といいます。

1 植物は、光合成（88～89ページに説明があります）と呼ばれる吸熱反応を使って、日光からエネルギーを吸収し、糖の形でたくわえています。

二酸化炭素 + 水 → ブドウ糖 + 酸素

$$6CO_2 + 6H_2O \rightarrow C_6H_{12}O_6 + 6O_2$$

2 このグラフは、吸熱反応を通してエネルギーの量が変わることを示したものです。反応が終わったときに生成物が持つエネルギーは、反応物が持っていたエネルギーより大きくなっています。

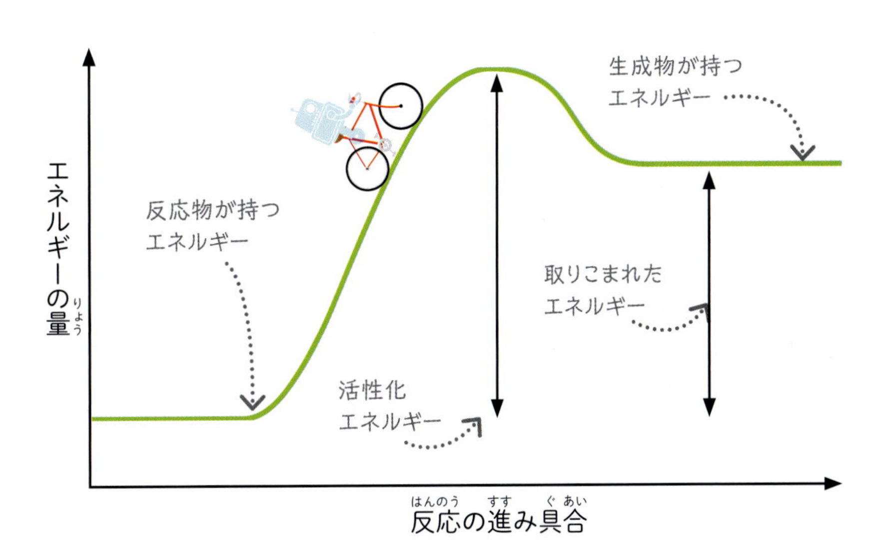

触媒

触媒は、化学反応を速く進める化学物質です。
たとえば、あなたの体でも酵素と呼ばれる
生物的な触媒を使って、食べ物の消化などが行われています。

唾液（つば）には、食べ物のでんぷんを消化する触媒がふくまれているんだよ。

エネルギーバリア

化学反応には、追加のエネルギーを加えないと、反応が進まないものや、反応がゆっくりとしか進まないものがあります。たとえば、木が燃える化学反応は、まず木を炎で温めないと始まりません。この追加のエネルギーのことを、活性化エネルギーといいます。触媒があると、必要な活性化エネルギーが少なくてすむため、化学反応が起こりやすくなります。

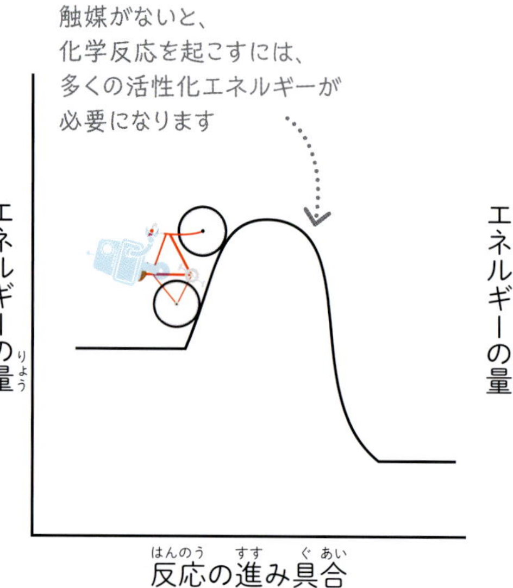

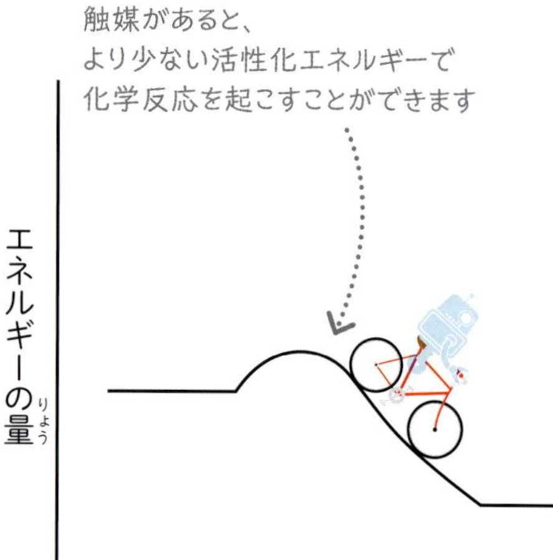

触媒のしくみ

触媒は、化学反応が起きているときに分子と結びつき、それらの分子どうしを近づけます。それにより、化学反応が、より速く、より簡単に起こるようになります。

1 触媒の分子は、反応物の分子と一時的に結合できる形をしています。

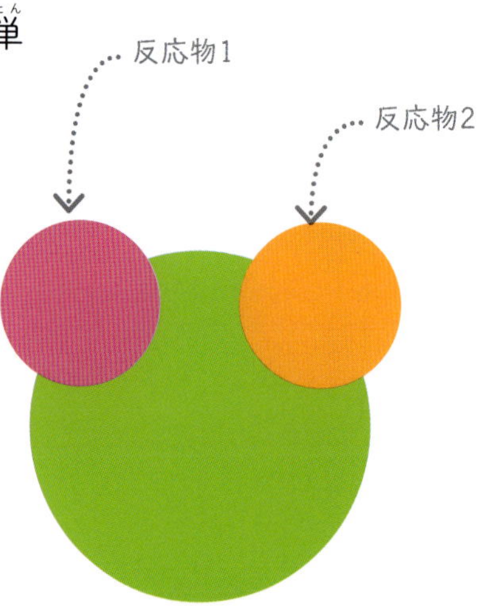

2 2つの反応物の分子が触媒とくっついて、おたがいに反応しあい、新しい分子をつくります。

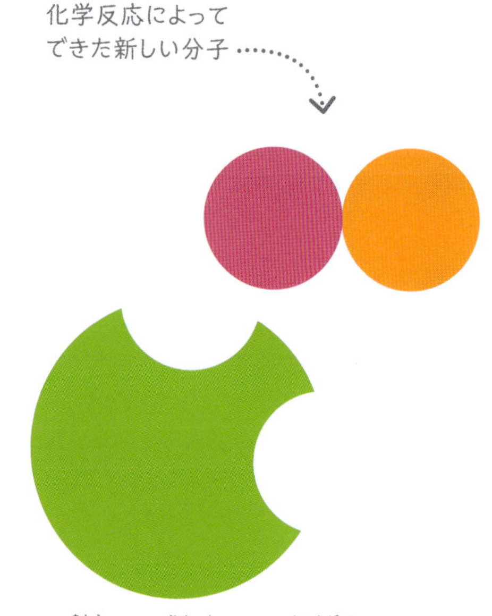

3 新しい分子が、触媒からはなれます。化学反応のあとも触媒は変わらないので、何度でも使うことができます。

固体触媒

触媒には固体のものもあります。ほかの分子に、くっつくことのできる場所を提供しているのです。農園や庭で使う肥料には、アンモニアという化学物質がふくまれています。アンモニアは、チッ素ガス（N_2）と水素ガス（H_2）が、鉄粉でできた触媒に助けられて反応してできます。アンモニアをつくるこの方法は、ハーバー・ボッシュ法と呼ばれています。

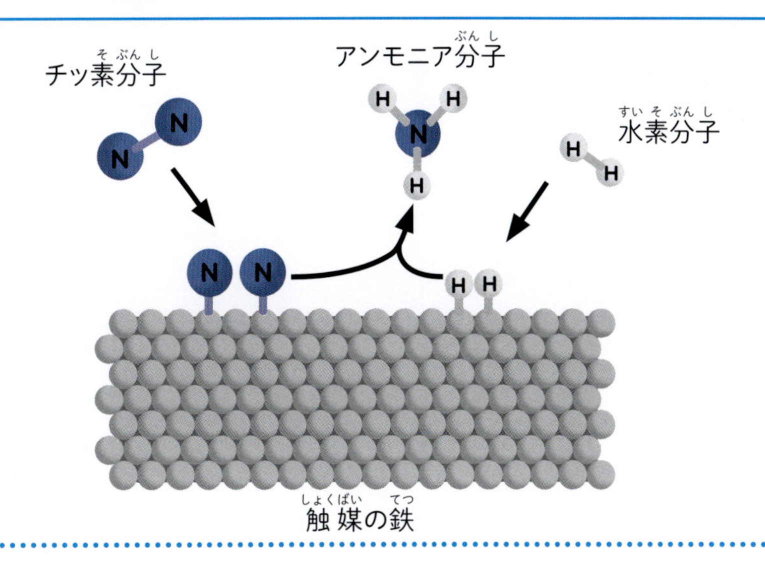

酵素

体は、酵素と呼ばれる生物で働く触媒を、さまざまなことに使っています。たとえば、食物の大きな分子を、血液が吸収できるサイズまで小さく分解するのも、酵素の働きです。食物の分子は、消化酵素の「活性部位」と呼ばれる、特別な形をした場所にぴったりはまります。これにより、食物の分子が水と反応して分解されます。

食物の分子

酵素

食物の分子が、酵素の活性部位にはまります

結合がこわれて、小さな分子になります

身の周りの科学

触媒コンバーター

車の排気装置に入っている触媒コンバーター（排気ガス浄化装置）は、ハチの巣の形（ハニカム構造）をしていて、貴金属のプラチナとロジウムのうすい層におおわれています。この層の表面積はものすごく広く、サッカー場2個分にもなります。エンジンからの排気ガスがこの装置を通ると、これらの金属が触媒として働き、燃え残った燃料と有害なチッ素酸化物と一酸化炭素が、それより害の少ない二酸化炭素と水とチッ素に変わるのを助けます。

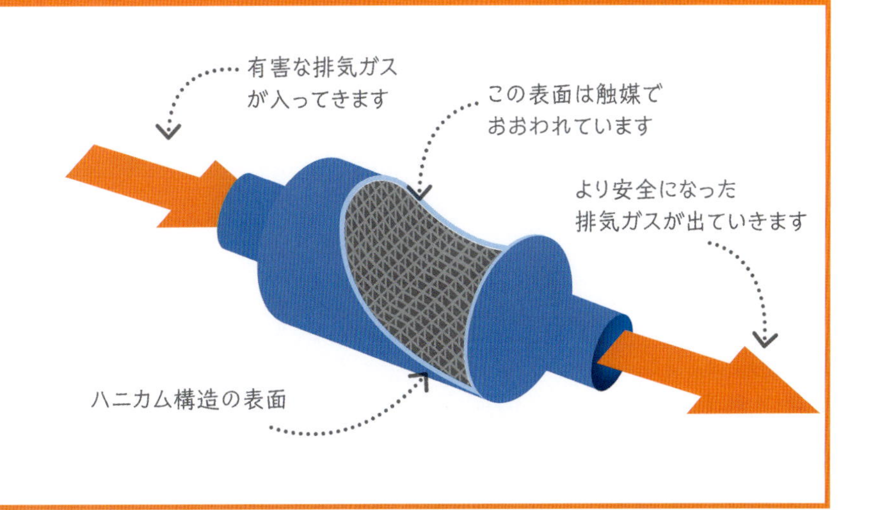

酸と塩基

強力な酸は金属をとかし、皮ふをやけどさせますが、弱い酸は食べても安全です。レモン汁のすっぱい味は、酸からきています。塩基は酸を中和する化学物質です。

強い酸は、腐食性だよ。つまり、一部の物質と強く反応して、その物質をこわしてしまうんだ。

酸ってなに？

酸は、水の中で分解して、とても反応性の高い水素イオン（陽子）を放出する化合物です。水の中に放出するイオンの量が多ければ多いほど、酸性が強くなります。

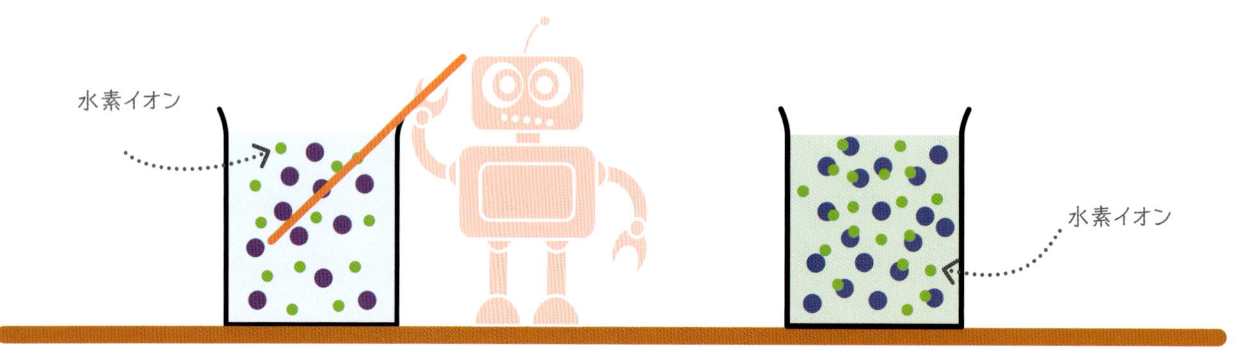

1 強酸

強酸（強い酸）は、水の中で完全に分解して、多くの水素イオンをつくり出します。強い酸は、皮ふと目を傷つけるので、気をつけて取りあつかわなければなりません。あなたの胃は、細菌を殺すために、腐強酸の一種である塩酸をつくり出しています。

2 弱酸

弱酸（弱い酸）は、水の中で一部だけが分解します。弱酸がすっぱい理由は、舌に、酸を感じとるセンサー（「味らい」といいます）があるからです。弱酸が目に入ると痛くなりますが、皮ふを傷つけることはありません。酢、オレンジジュース、レモンジュース、コーヒー、ヨーグルトには、みな弱酸がふくまれています。

塩基ってなに？

塩基は、酸と反応して、酸の性質をなくす金属化合物です。このことを、酸を「中和する」といいます。水にとける塩基はアルカリと呼ばれます。強アルカリ（強いアルカリ）も、強酸とおなじくらい、腐食性があり、危険です。

ベーキングパウダー

ホットケーキなどのおかしをつくるときは、生地にベーキングパウダーを入れて、ふくらませます。ベーキングパウダーは、弱酸と、重曹（炭酸水素ナトリウム）と呼ばれる塩基の混じった粉です。これらの化学物質がケーキの生地の水分にとけると、化学反応を起こして、二酸化炭素の泡ができます。この泡が、ケーキの生地を軽くし、ふわふわにするのです。

酸性度を調べる

物質がどれぐらい酸性であるのかを知るには、万能pH試験紙でpH値を調べます。pHは「ピーエイチ／ペーハー」と読み、英語の「potential of hydrogen（水素の活量）」からきていて、水素イオン指数とも呼ばれます。pHが7より低いと酸になり、pHが7より高いとアルカリになります。pHがちょうど7のときは、その物質が中性である（酸でもアルカリでもない）ことを示します。pH試験紙は、水溶液のpHによって色が変わる特しゅな紙です。

やってみよう

ムラサキキャベツを使う酸性度試験

ムラサキキャベツの水溶液で、自分だけの酸性度試験液がつくれます。

1. おとなの人に頼んで、ムラサキキャベツをきざみ、ゆでて、むらさき色の水溶液をつくってもらいましょう。そのあと、この水溶液が冷えるまで待ちます。冷えたら、この水溶液を、2つのコップに分けて入れます。

2. 1つのコップに、酢を入れてみましょう。水溶液が酸性になって、あざやかなピンク色になるはずです！
3. もう1つのコップには、重曹を入れてみましょう。こんどはアルカリになるので、あざやかな青緑色になるはずです！

酸と塩基の反応のしくみ

酸と塩基の反応は、中和反応と呼ばれます。
アルカリ、金属酸化物、金属炭酸塩という3種類の塩基は、すべて酸を中和して、塩と水をつくります。

胃腸薬の1つは、胃の中の天然の酸を中和することによって働くんだよ。

1 酸とアルカリ

アルカリは、水の中で水酸化物イオン（OH⁻）を放出する塩基です。酸とアルカリが混ざると、酸からの水素イオンが水酸化物イオンと反応して水ができます。残りのイオンは塩をつくります。酸とアルカリには、水がふっとうするほど、激しく反応するものもあります。

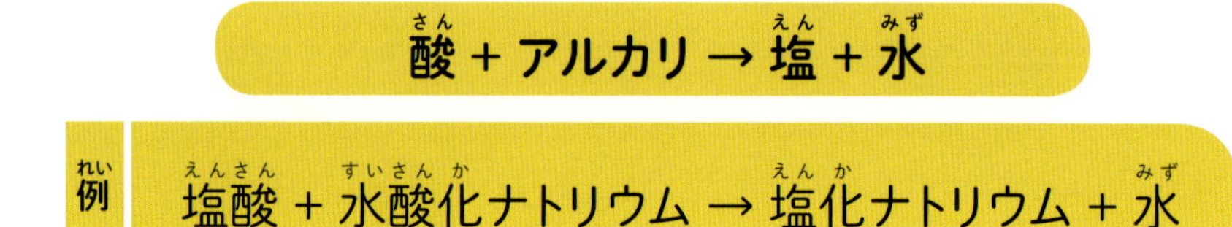

熱が放出されます

酸＋アルカリ→塩＋水

例　塩酸＋水酸化ナトリウム→塩化ナトリウム＋水

2 酸と金属酸化物

金属酸化物は、金属と酸素から作られる化合物です。酸が金属酸化物と反応すると、塩と水ができます。たとえば、酸化銅（黒い粉）が硫酸（透明な液体）と反応すると、硫酸銅という塩と水ができます。硫酸銅はあざやかな青い色をしているので、この反応では、色がドラマチックに変わります。

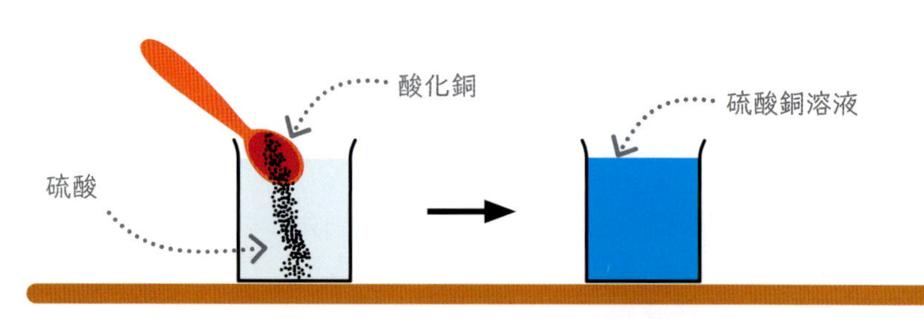

酸＋金属酸化物→塩＋水

例　硫酸＋酸化銅→硫酸銅＋水

3 酸と金属炭酸塩

金属炭酸塩は、金属と、炭酸イオンまたは炭酸水素イオンが結合してできた化合物です。金属炭酸塩が酸と反応すると、塩、水、二酸化炭素ができます。二酸化炭素は、水の中に泡をつくり出します。

酸＋金属炭酸塩→塩＋水＋二酸化炭素

例　硫酸＋炭酸カルシウム→硫酸カルシウム＋水＋二酸化炭素

酸と金属

酸は塩基と反応するだけではありません。一部の金属とも反応します。金属の物体が酸で傷つくことを、腐食といいます。酸が金属と反応すると、塩と水素ガスができます。鉄や亜鉛などの金属は酸と急速に反応しますが、銀や金などは、ほとんど反応しません。

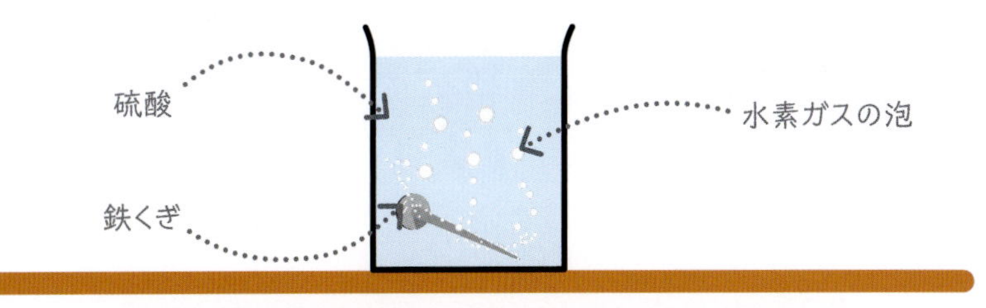

酸 + 金属 → 塩 + 水素

例　硫酸 + 鉄 → 硫酸鉄 + 水素

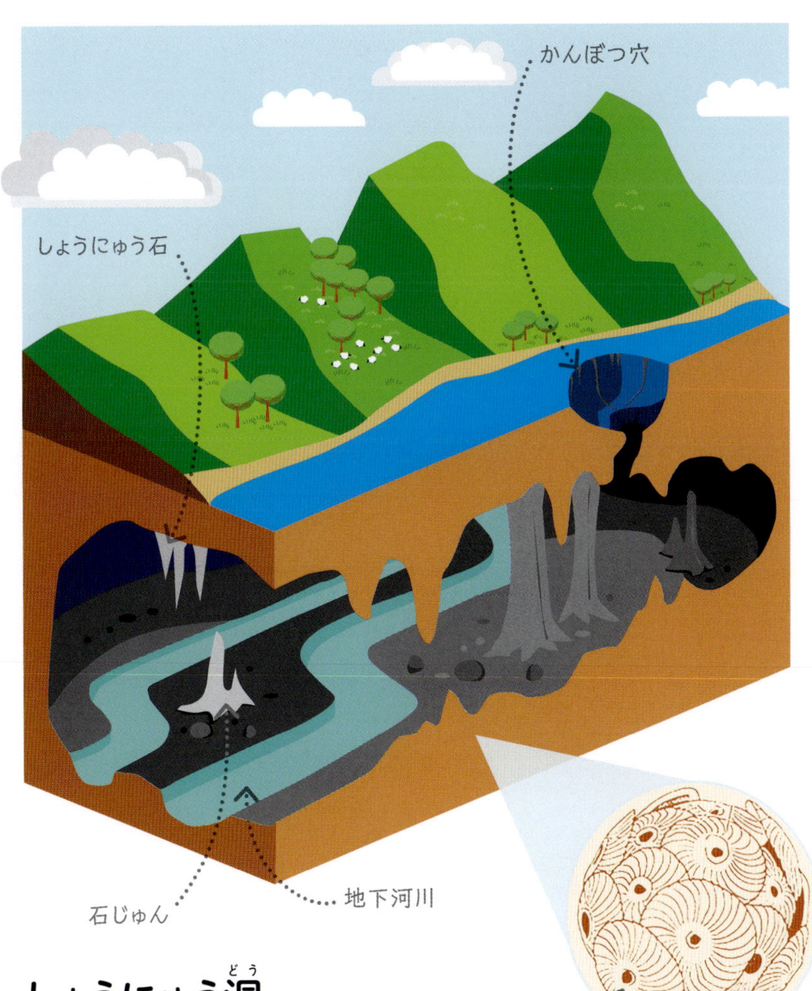

石灰岩に見られる生物の化石

しょうにゅう洞

酸と塩基の反応は、世界のあちこちに見られる、壮大なしょうにゅう洞もつくります。石灰岩は、おもに海の生物の化石からなる炭酸カルシウムでできています。雨はやや酸性なので、地面にしみこむときに石灰岩をとかして、穴を開けます。この穴が時間をかけて、しょうにゅう洞になるのです。

やってみよう

お金をピカピカにしよう

酸と金属酸化物の反応を利用して、外国の銅貨（コイン）をピカピカにしてみましょう。酸が、こげ茶色の酸化銅をコインの表面からはぎとるので、その下にある銅が現れてきます。

1. 酢を小さなコップに入れ、小さじ数杯分の食塩を加えます。食塩がほとんどとけるまで、よくかきまぜましょう。
2. この液にコインを30秒入れたあと、とり出します。すると、コインの表面の変色が、きれいになくなっているはずです。

電気分解

イオン（静電気を帯びた粒子）でできている化合物は、電流を通すことによって、化学元素に分解することができます。これを電気分解（略して電解）と呼びます。

純水では、
6億個あたり1個の水分子が
イオンに分解されるんだよ。

電気分解のしくみ

電気分解が起きるのは、イオン（134ページ）が液体の中で自由に動き回れて、電流が通せる状態にあるときだけです。水が電流を通すのは、ごくわずかな数の水分子が、プラスの電気を帯びている水素イオン（H^+）とマイナスの電気を帯びている水酸化物イオン（OH^-）に分解するためです。水に電流が流れると、これらのイオンは酸素ガスと水素ガスの泡になります。

1 電極

電気分解は、金属または炭素でできた、電極と呼ばれる2本の棒を、分解したい化合物（電解質）の中に入れることで行います。片方の電極（陽極）はプラスの電気を帯び、もう片方の電極（陰極）はマイナスの電気を帯びます。電極を電池と結ぶと、電流が水の中に流れます。

2 イオンの動き

マイナスの電気を帯びた水酸化物イオン（OH^-）は陽極に引き付けられるので、陽極に移動します。プラスの電気を帯びた水素イオン（H^+）は陰極に引き付けられて、陰極に移動します。

3 陽極で起きること

マイナスの静電気を帯びた水酸化物イオン（OH^-）は、陽極にたどりつくと電子を失います。すると酸素が自由になって原子になり、酸素原子どうしが結びついて酸素分子をつくります。そのため、酸素ガスが発生します。

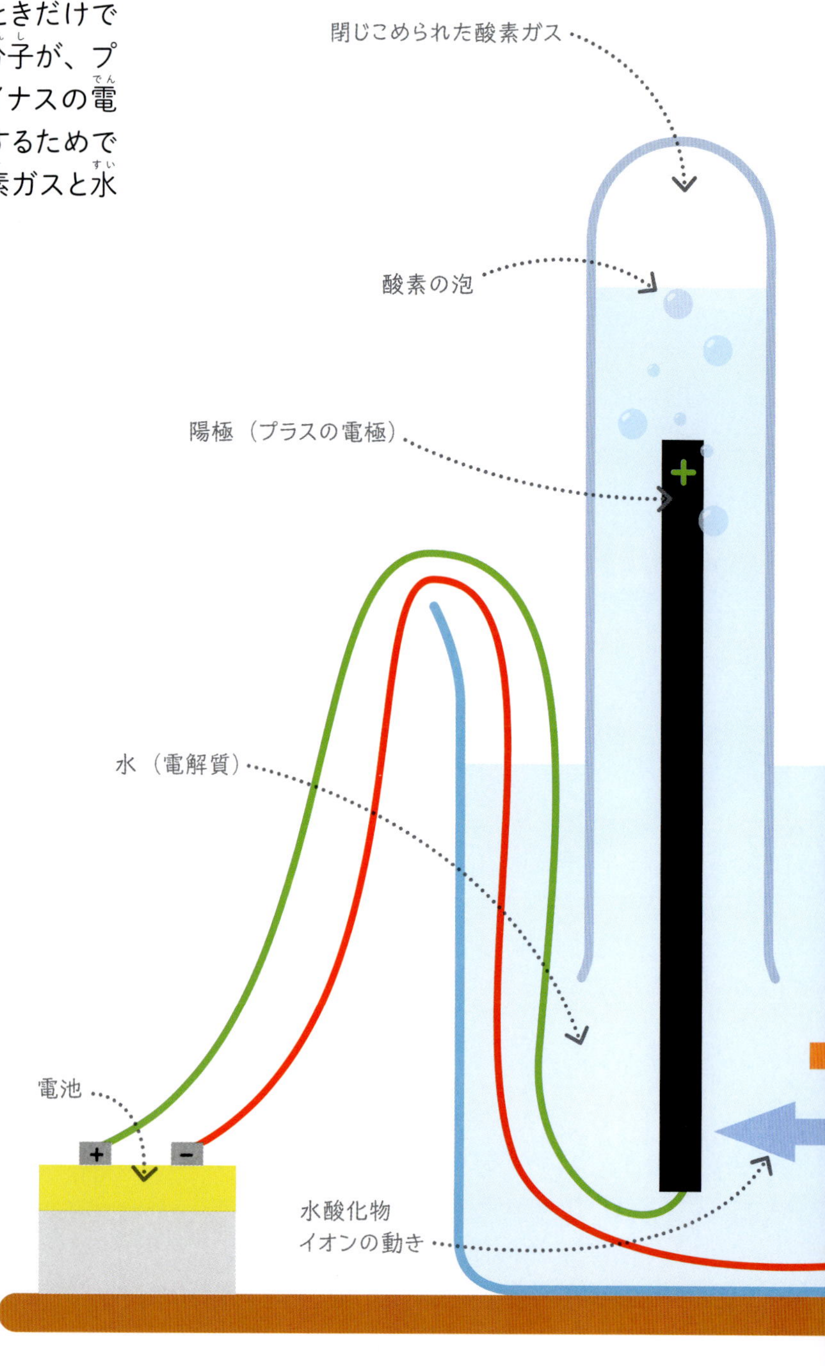

やってみよう

水を分解しよう！

これらの道具を使って、自分で電気分解をやってみましょう。えんぴつの両はしをよくとがらせることと、導線がえんぴつの芯（黒鉛）にしっかりふれるように注意してください。電池のマイナスの端子に結ばれたえんぴつが陰極になり、プラスの端子に結ばれたえんぴつが陽極になります。

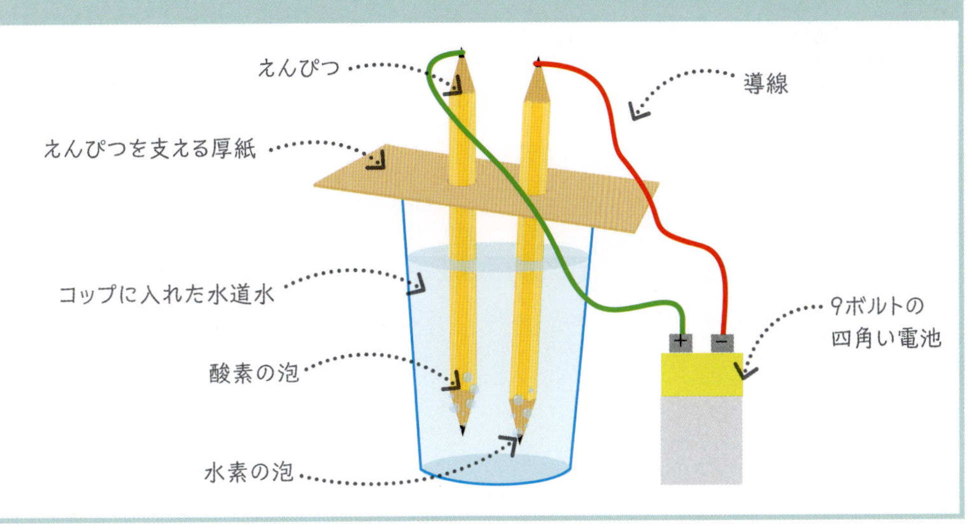

閉じこめられた水素ガス

気体を集める試験管

水素の泡

陰極（マイナスの電極）

水素イオンの動き

4 陰極で起きること

プラスの電気を帯びた水素イオン（H^+）は、陰極にたどりつくと電子を得て水素原子になります。すると水素原子どうしが結びついて水素分子ができるので、水素ガスが発生します。

5 気体を集める

水素ガスは、陰極の上にある試験管の中にたまります。陽極の上にある試験管には、酸素ガスがたまります。水は、1個の酸素原子あたり2個の水素原子を持っているため、酸素ガスの2倍の水素ガスができます。

身の周りの科学

電気めっき

電気分解のしくみを使って、物体の表面をうすい金属の層でおおうことを電気めっきといいます。たとえばスプーンは銀でめっきすることができます。この場合、スプーンが陰極に、純銀の棒が陽極になります。電解質溶液には、銀の化合物がふくまれていて、電気分解が起きると、銀イオンが溶液の中を陽極から陰極に移動して、スプーンの表面をおおいます。

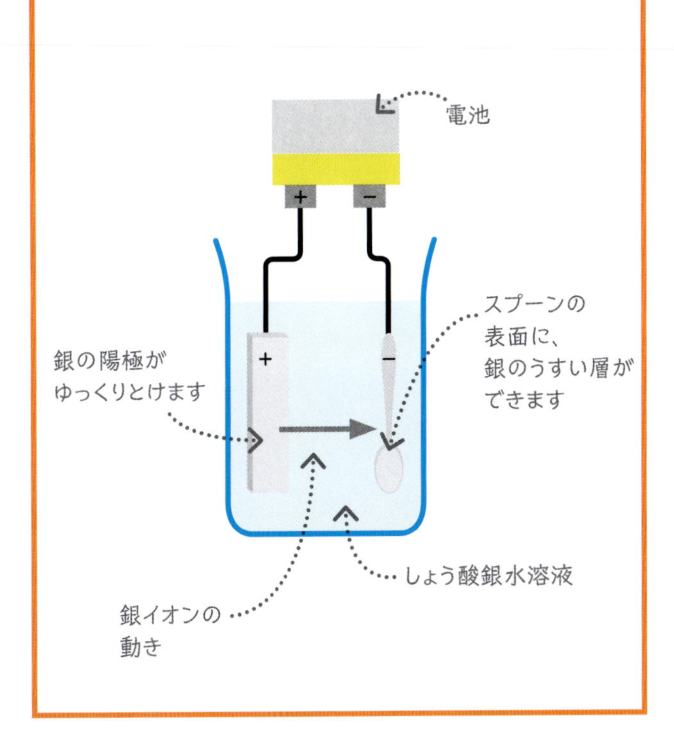

周期表

周期表は、今の科学でわかっているすべての化学元素を表にしたもので、元素が原子番号の順に並んでいます。原子番号は、原子の中にある陽子の数と同じです。

大部分の化学元素は、恒星が大爆発する「超新星」がつくったものなんだよ。

元素の並び方

周期表では、元素が、「周期」と呼ばれる横の行と、「族」と呼ばれるたての列に並べられています。どの元素も固有のものですが、物理的・化学的な性質が似ているものは、グループ（族）にまとめられています。

1 元素
周期表のそれぞれの箱には、元素の名前、元素記号、原子番号（133ページ）がふくまれています。

原子番号　1
元素記号　H
元素の名前　水素

2 周期
原子番号は、行の左から右にいくにしたがって増えていきます。つまり、その元素が原子核の中に持っている陽子の数は、左側の元素のものより1つ多くなります。

3 族
グループ（族）にある1つの元素の性質がわかっていれば、同じ族にあるほかの元素の性質も推測することができます。たとえば第1族にあるほとんどの金属は、水と激しく反応します。

4 追加の行
これら2つの行は、希土類金属の元素を表したものですが、長すぎて周期表には入りません。そのため、ふつう、一番下の2行に表示されます。

1 H 水素							
3 Li リチウム	4 Be ベリリウム						
11 Na ナトリウム	12 Mg マグネシウム						
19 K カリウム	20 Ca カルシウム	21 Sc スカンジウム	22 Ti チタン	23 V バナジウム	24 Cr クロム	25 Mn マンガン	26 Fe 鉄
37 Rb ルビジウム	38 Sr ストロンチウム	39 Y イットリウム	40 Zr ジルコニウム	41 Nb ニオブ	42 Mo モリブデン	43 Tc テクネチウム	44 Ru ルテニウム
55 Cs セシウム	56 Ba バリウム	57-71 La-Lu ランタノイド	72 Hf ハフニウム	73 Ta タンタル	74 W タングステン	75 Re レニウム	76 Os オスミウム
87 Fr フランシウム	88 Ra ラジウム	89-103 Ac-Lr アクチノイド	104 Rf ラザホージウム	105 Db ドブニウム	106 Sg シーボーギウム	107 Bh ボーリウム	108 Hs ハッシウム

周期　族

57 La ランタン	58 Ce セリウム	59 Pr プラセオジム	60 Nd ネオジム	61 Pm プロメチウム
89 Ac アクチニウム	90 Th トリウム	91 Pa プロトアクチニウム	92 U ウラン	93 Np ネプツニウム

※横にならんでいますが、とくに57～71までのランタノイド系とよばれる元素は性質がよく似ています

ドミトリ・メンデレーエフ

周期表は、ロシア人科学者ドミトリ・メンデレーエフが、1869年に考案したものです。当時発見されていた元素は63種類しかなく、メンデレーエフは、元素の名前と記号を1枚のカードに書きこみ、元素の重さにしたがって並べていきました。そして、まだ発見されていないものの、あるはずだと考えた元素の場所は開けておきました。のちにその場所にあたる元素が発見され、彼の考えは正しかったことが証明されました。

ドミトリ・メンデレーエフ
1834–1907

身の周りの科学

新しい元素の発見

今でも新しい元素があるのではないかと推測され、発見されることもあります。でも、それらを見つけるのは、ますます難しくなっています。なぜなら、新しい元素はとても不安定で、すぐに原子が分割して他の元素になってしまうからです。そのような元素は自然界には存在できません。また、取り出されても、一瞬で消えてしまいます。

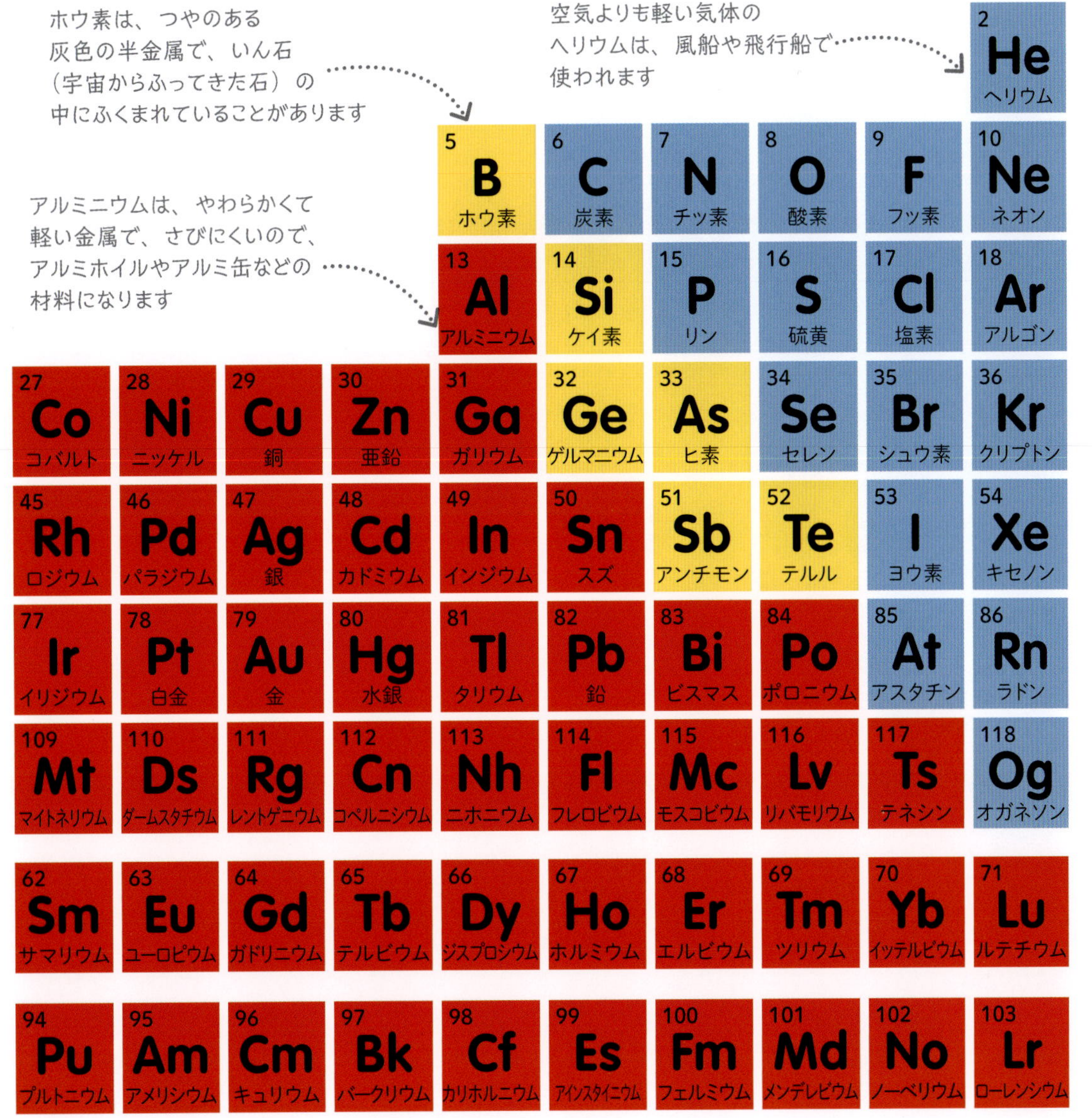

周期表の色の説明

金属
大部分の元素は金属です。たいていの場合、金属には似た性質があります。どれも、つやがあり、強く、熱と電気を伝え、割れずに何かの形になります。

半金属
メタロイドとも呼ばれる半金属は、金属と非金属の両方の性質を持っています。一部の半金属は条件によって電気を通すので、計算機やコンピューターに使われます。

非金属
大部分の非金属は固体で、似た性質を持っています。つやがなく、熱や電気をほとんど伝えず、固体のときは割れやすくなります。たとえばフッ素（F）や酸素（O）などは、とても高い反応性を持っています。非金属元素のうち、11種類の元素は気体です。ヘリウム（He）から始まる族の気体は反応性の低い元素です。
※オガネソンを除く

金属

ふつう、かたくて、つやがあり、さわると冷たい金属は、見て簡単にわかります。よく知られているのは、鉄、銀、金ですが、金属にはほかにもたくさん種類があります。じつは、周期表のあらゆる元素の4分の3までが金属の元素なのです。

宇宙にもっとも多くある金属は、鉄なんだよ。

金属の性質

今までに発見されている金属は96種類以上もあり、それぞれ固有の性質を持っています。でも、大部分の金属は、同じような物理的性質を持っています。

かたい金属でできているものは、たたくとベルのような音がします。

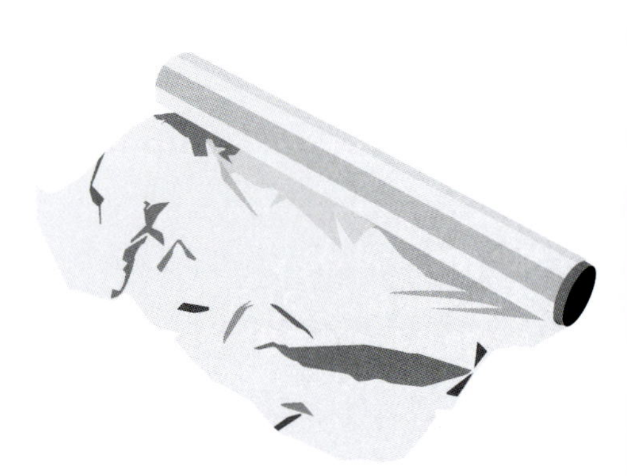

1 ほとんどの金属は光を反射するので、つやのある銀色っぽい表面を持っています。でも、すべての金属が銀色であるわけではありません。金は黄色っぽい色をしていますし、銅は赤味がかった茶色です。

2 ほとんどの金属は、室温では固体です。でも例外もあります。金はつめでひっかくと傷がつきますし、水銀は液体です。

3 ふつう、金属は力を加えると、こわれることなく変形します。そのため、たたいてうすいアルミホイルにしたり、のばしてワイヤを作ったりすることができます。

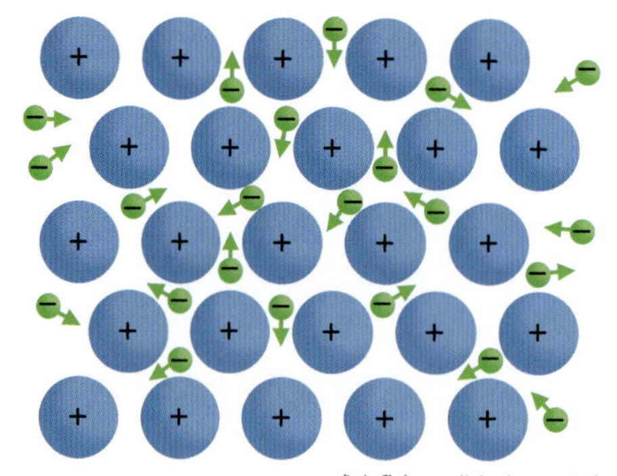

4 金属は熱をよく伝えます。そのため、料理で使うなべにぴったりです。金属のものをさわると冷たく感じられるのは、皮ふの熱がうばわれるからです。

5 まじりけのない金属は分子を作りません。金属の原子は、金属結合と呼ばれる結合で結ばれて、格子のような構造を作っています。電子は原子の周りを動くことができます。

6 電子が自由に動くことができるため、多くの金属はよく電気を通します。銅は、もっともよく電気を通す物質の1つで、電気を家中に運ぶ電線の材料に使われています。

金属のグループ

金属はとても多くの種類があるので、似た性質を持つ金属は、グループに分けられています。それぞれのグループは、独特の化学的性質を持っています。

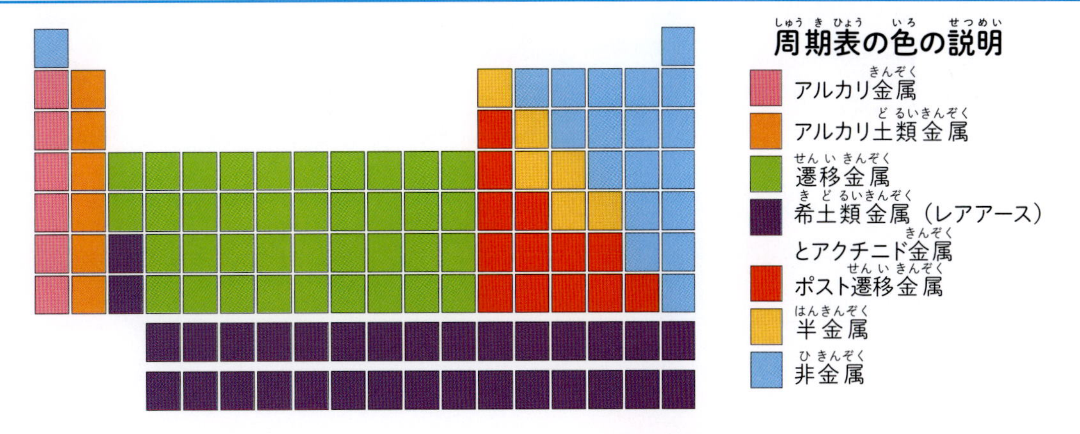

1 アルカリ金属は、とても反応性が高いものが多く、水と反応するとアルカリと呼ばれる化学物質をつくります（148ページ）。やわらかいのでナイフで切ることができ、低い温度で融解します。

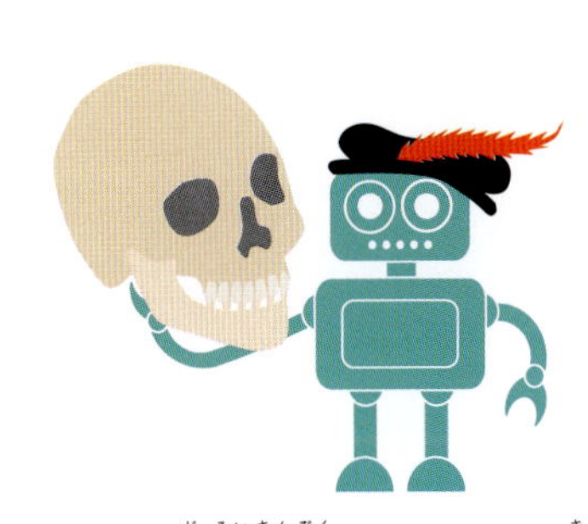

2 アルカリ土類金属は、アルカリ金属よりかたく、融解するには、もっと高い温度が必要です。歯や骨にふくまれているカルシウムもアルカリ金属です。

3 遷移金属はかたくて光沢があり、強くて、高い融点を持っています。道具や橋、船や車の材料として役に立っています。

4 希土類金属とアクチニド金属のほとんどは、ほんの少ししかとれませんが、その中には、とても役に立つものがあります。たとえば、ネオジムは、磁石やヘッドフォンをつくるのに使われます。

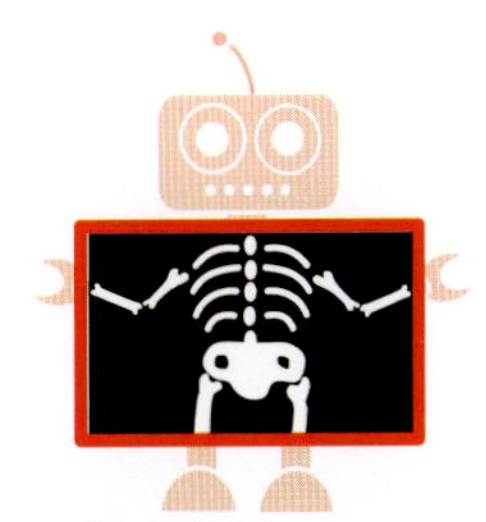

5 ポスト遷移金属は、ふつうとてもやわらかいのですが、アルミニウムや鉛は、やわらかくても、とても役に立ちます。たとえば、鉛はX線から体を守ってくれます。

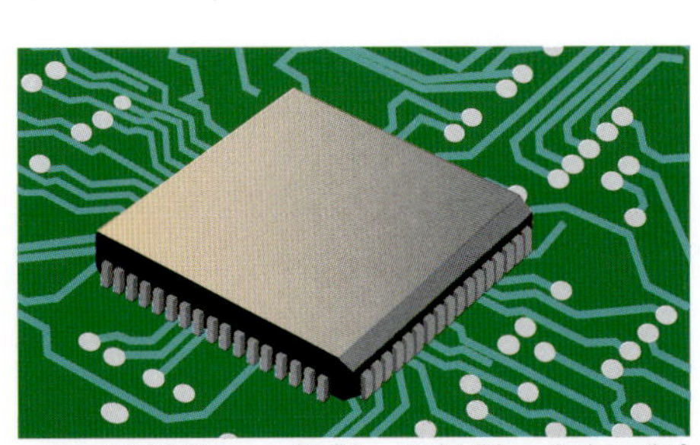

6 半金属は、金属と非金属の性質を両方持っています。ケイ素のような半金属は、条件によって電気を通すので、コンピューターの半導体をつくるのに使われています。

身の周りの科学

炎色反応

多くの金属元素は、炎を独特の色に変えます。これを利用して、溶液や化合物にどのような金属元素がふくまれているのかを知ることができます。炎色反応の実験では、化学物質のかけらを針金の輪で拾い上げて、熱い炎に入れ、炎の色を見ます。

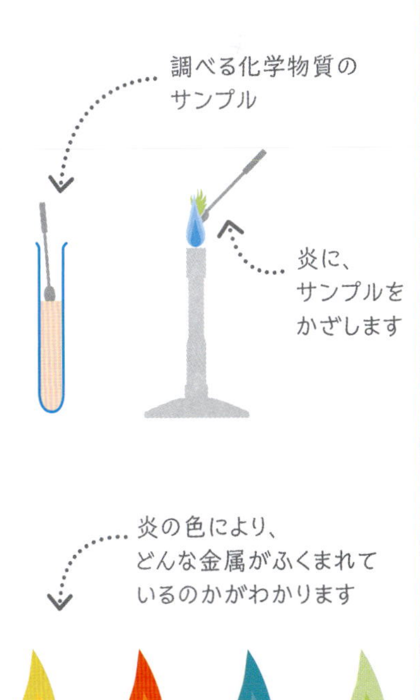

ナトリウム　カルシウム　銅　バリウム

金属の反応しやすさ

よくある金属の反応しやすさをリストアップしてみましょう。
リストの上にあるほうが、ほかの化学物質とよりよく反応します。

カリウムにふれると、
皮ふの水分と
すぐに反応するよ。

1 金属元素には、とても反応性が高いものと、そうでないものがあります。たとえば、カリウムという金属は、水に浮かべると、爆発するように反応します。

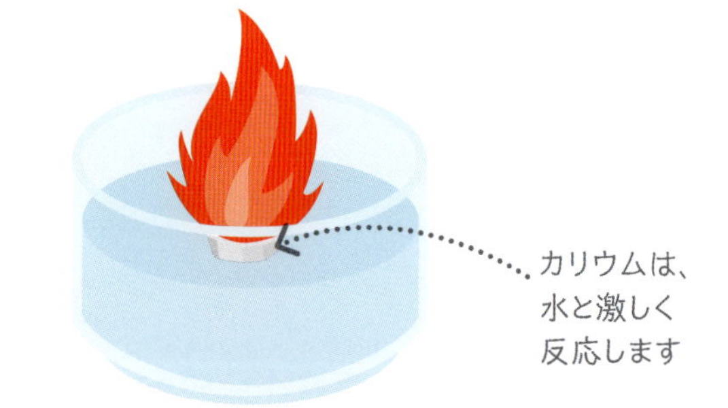

2 ある金属がどれだけ化学反応を起こしやすいかは、周期表（154 ～ 155ページ）のどの場所にあるかを見ればわかります。周期表の左側、そして下にあるほうが、より反応性が高くなります（例外もあります）。なぜなら、周期表の左側と下側にいくにしたがって、元素の原子は、より電子を失いやすくなるため、ほかの元素と化学結合を起こしやすいのです。

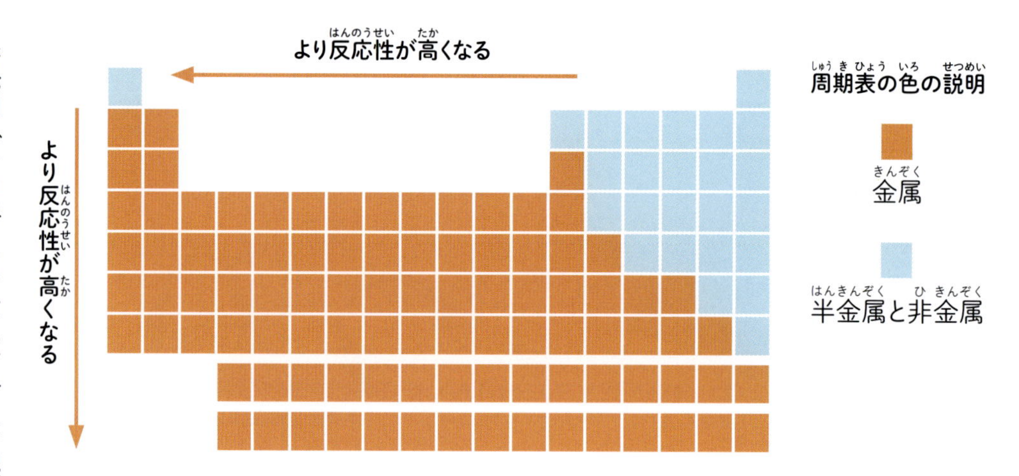

3 一番反応性の高い金属が上にくるように金属をリストアップすると、「金属の反応しやすさリスト」ができます。このリスト（比べるために非金属の炭素がふくまれています）を使うと、ある金属がほかの化学物質と反応するかどうか、そしてどれほど速く反応するかを推測することができます。

金属	水との反応	酸との反応	酸素との反応
カリウム ナトリウム カルシウム	● ● ●	● ● ●	● ● ●
マグネシウム アルミニウム		● ●	● ●
（炭素）			
亜鉛 鉄 スズ 鉛		● ● ● ●	● ● ● ●
銅 銀			● ●
金			

より反応性が高い ↑ ↓ より反応性が低い

4 より反応性の高い金属は、化合物の中で、より反応性の低い金属を置きかえます。このことを、置換反応といいます。たとえば、鉄くぎを硫酸銅の水溶液に入れると、鉄のほうが銅より反応性が高いので、鉄が銅を置きかえます。水溶液は硫酸鉄になって色が変わり、銅の原子が水溶液の中から出てきて、くぎの表面に、うすい金属（銅）の層をつくります。

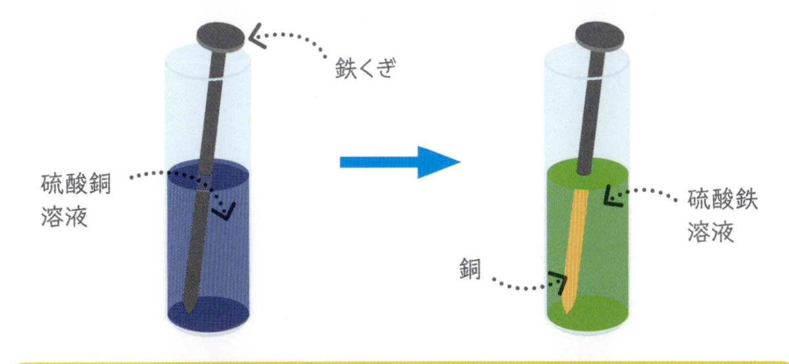

硫酸銅＋鉄→硫酸鉄＋銅

金属を取り出す（抽出）

1 金属は、自然界にまじりけのない形で見つかることがほとんどありません。金は数少ない例外です。大部分の金属は、鉱石と呼ばれる石の中に化合物の形で含まれています。金属は、金属の反応しやすさリストの上にあるほど、鉱石から取り出すのが難しくなります。もっとも反応性の高い金属は、電気分解という、とても費用のかかる方法を使わなければ取り出せません。一方、鉄のように反応性の低い金属は、鉱石を炭素といっしょに加熱するだけで取り出せます。

金属	抽出方法
カリウム ナトリウム カルシウム マグネシウム アルミニウム	電気分解
（炭素）	
亜鉛 鉄 スズ 鉛	炭素といっしょに加熱する
銅 水銀	空気中で直接燃やす
銀 金	抽出しなくても、まじりけのない形でとれる

2 炭素は非金属ですが、「金属の反応しやすさリスト」にふくまれています。なぜかというと、炭素は、このリストの炭素より下にある金属を化合物の中で置きかえることができるからです。たとえば鉄は、鉱石を炭素といっしょに加熱すれば、抽出することができます。炭素は酸化鉄という化合物の鉄を置きかえるため、まじりけのない鉄が取り出せるのです。

酸化鉄＋炭素→二酸化炭素＋鉄

身の周りの科学

溶鉱炉

鉄を抽出するには、溶鉱炉と呼ばれる、巨大なかまどで、鉄鉱石（酸化鉄が多く含まれている石）を炭素といっしょに燃やします。溶鉱炉の炎は、何年間もついたままになります。炭素はコークス（石炭からつくられる燃料）の形で加えられ、熱風がふきつけられて、炎を燃え続けさせます。すると、炭素が酸化物からの鉄を置きかえるので、とけた鉄が、溶鉱炉の下から出てきます。

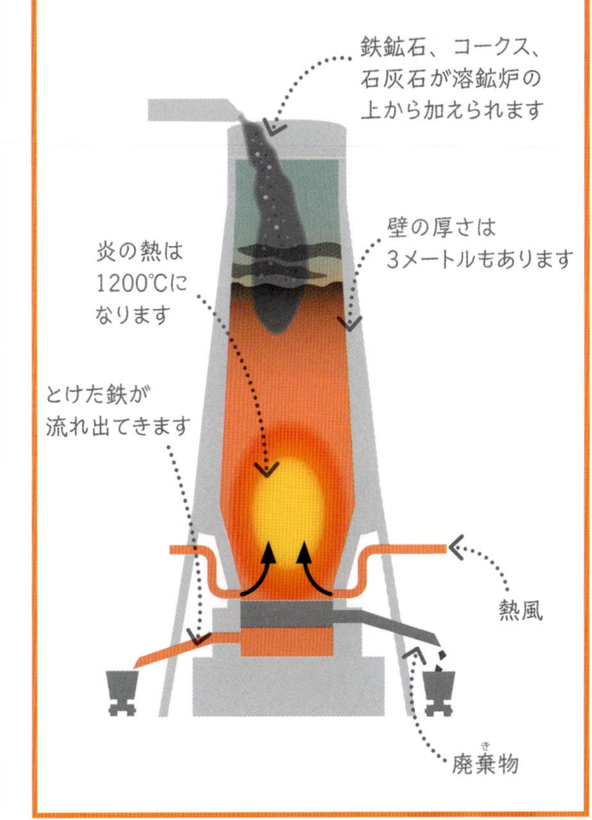

鉄

鉄はすべての金属の中で、もっともよく目にし、もっとも役立つ金属です。人々は、何千年にもわたって鉄を使ってきました。今でも車や船から超高層ビルまで、あらゆるものに使われています。

平均的なおとなは、体の中に4gの鉄を持っているんだよ。

赤い酸化鉄

1 鉄器時代（※日本では弥生時代にあたります）

鉄は、時代の名前に使われている、ただ1つの元素です。この「鉄器時代」は、人々が石から鉄を抽出する方法を発見した紀元前1000年ごろから始まりました。人々はすぐに、農具や武器や、よろいなどを鉄でつくるようになったのです。

2 地球にある鉄

鉄は、地球でもっとも一般的な金属です。その多くは核（地球の中心）にふくまれていて、地球の磁場をつくり出しています。とはいえ、鉄は地殻（地球の表面）に2番目に多くふくまれている金属でもあります。世界には、酸化鉄で地面が赤くそまっている場所がたくさんあります。

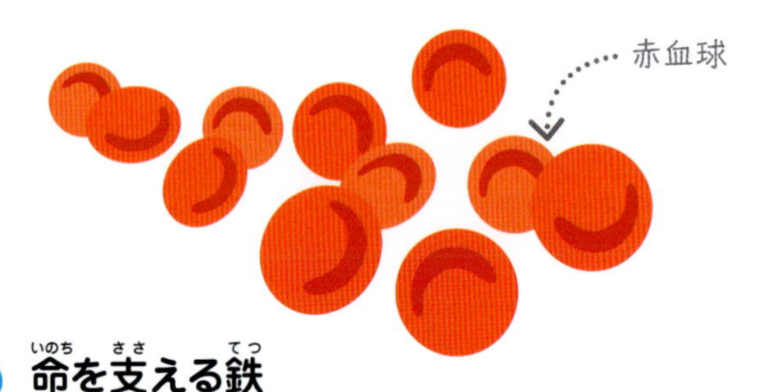

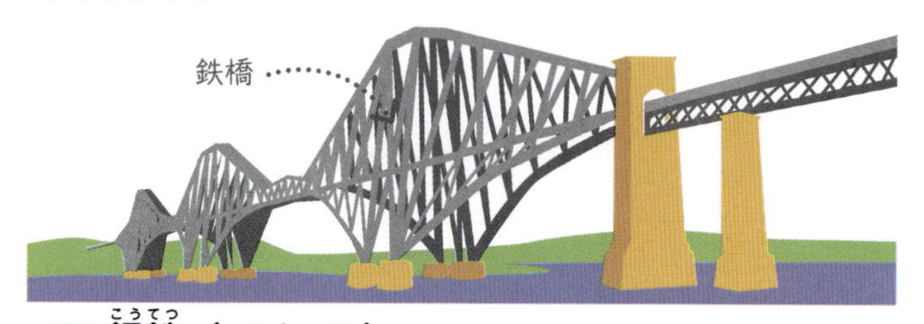

3 命を支える鉄

健康でいるためには、食物から鉄をとらなければなりません。体は鉄を使ってヘモグロビンをつくります。ヘモグロビンは、赤血球の中にある物質で、肺から細胞に酸素を運んでいます。鉄がたくさんふくまれる食物には、肉、海産物、豆類、緑色の葉物野菜などがあります。

4 鋼鉄（スチール）

まじりけのない鉄は、ほかの金属に比べて、かなりやわらかい金属です。でも鉄は、少量の炭素を混ぜて鋼鉄にすれば、ずっと強くなります。鉄原子がおたがいの周りをすべるのを炭素原子が止めるため、鋼鉄はかたくなるのです。

身の周りの科学

ステンレススチール

鋼鉄にクロムという金属を加えると、ステンレススチールができます。このタイプの鋼鉄は、ふつうの鋼鉄（スチール）に比べて、すりへることが少なく、さびが出にくく、変色もしにくくなっています。スプーンやフォーク、手術器具などは、ステンレススチールでできています。

アルミニウム

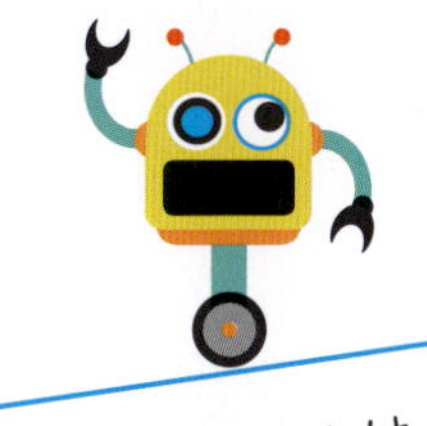

アルミニウムは、地球の表面にもっともよくある金属です。アルミニウムは軽く、形づくるのが簡単で、より強くするために、ほかの金属と混ぜて合金にすることができます。

アルミニウムは、鉄の次によく使われている金属なんだよ。

1 乗り物

アルミニウムは鋼鉄より軽い金属です。アルミ合金は、自転車、乗用車、トラック、電車、船、飛行機などの部品に使われています。乗り物の重さが軽くなるので、燃料を節約することができます。

2 さびなくなる

アルミニウムを空気にさらすと、表面にとてもかたい酸化アルミニウムの層ができるので、中身の金属が空気にふれず、さびなくなります。だから、アルミニウムは自転車の材料にぴったりなのです。

3 アルミホイル

うすく延ばされると、アルミニウムは強くて、光たくのあるホイルになります。このホイルは、ものを包むのにぴったりです。アルミホイルは、水、光、細菌、有害な化学物質をよせつけません。また、においも毒性もありません。

4 防火服

アルミニウムは熱をよく反射するため、断熱材によく使われます。アルミニウムをふくむ材料でつくられた防火服は、消防士を炎の熱から守っています。

身の周りの科学

アルミニウムのリサイクル

アルミニウムは、融解してうすい板にすることによって、リサイクルすることができます。リサイクルに必要なエネルギーは、アルミニウムを鉱石から抽出する（製練）エネルギーより、ずっと少なくてすみます。そのため、アルミニウムをリサイクルすれば、最初からアルミニウムを抽出して製品をつくるよりも、ずっと安くすむのです。

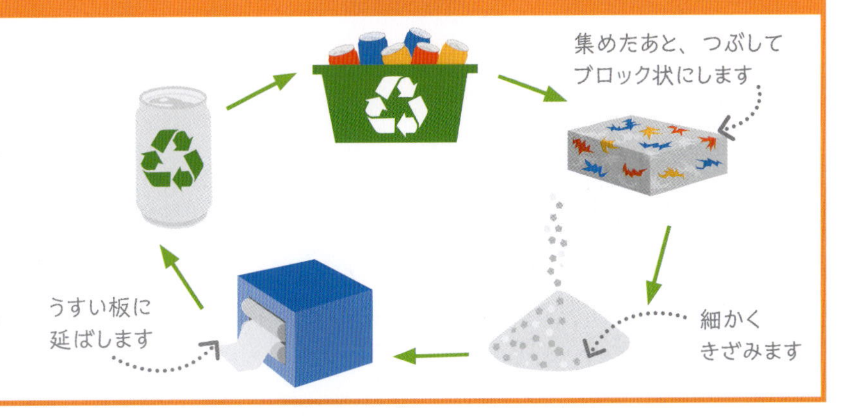

銀

人類は何千年も前から、銀を使って銀貨やアクセサリーを作ってきました。銀はまた、光に反応する（感光性のある）化合物を作るので、写真やX線フィルムにも使われています。

まじりけのない銀は、地球の地殻にあるんだよ。

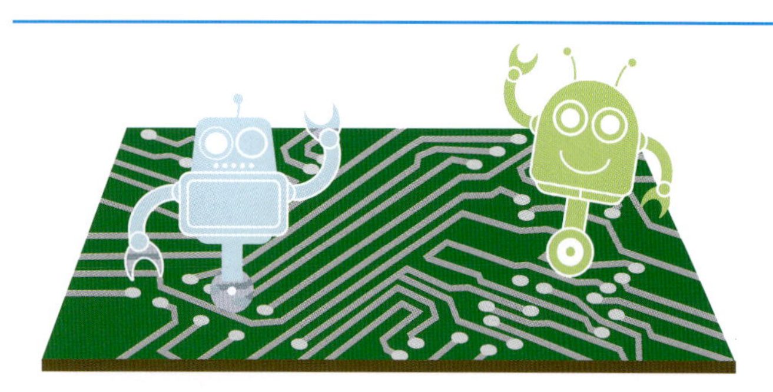

1 すぐれた導体

あらゆる金属の中で、もっともよく電気を伝えるのは銀です。そのため、一部の回路板には銀が使われています。でも、銀は高価なので、ふつうの回路板では、銅がよく使われています。

2 スターリング・シルバー（純銀に近い銀）

まじりけのない銀はやわらかい金属で、さまざまな形に簡単に切ることができます。そのため、銀貨やアクセサリーでは、銀に少量の銅を混ぜて、かたくしています。このような銀のことをスターリング・シルバーと呼びます。

X線フィルムの黒い部分は銀の小さな粒子からできています

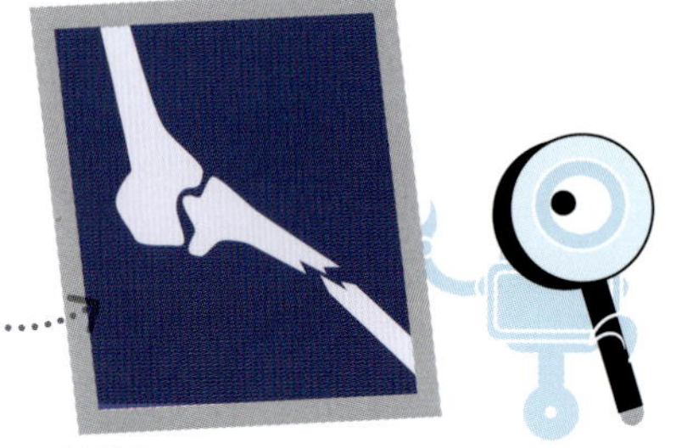

3 光に反応する化合物

銀は、塩素、シュウ素、ヨウ素と結合して、光に反応する化合物をつくります。これらは写真用のフィルムやX線フィルムで使われています。光が当たると、この化合物は、純銀に変わって黒くなります。

4 細菌を殺す

銀は細菌を殺すので、しょう酸銀（銀、チッ素、酸素の化合物）と水を混ぜて、切り傷やすり傷の消毒に使われます。

身の周りの科学

雲をつくる

農作物用の雨が足りないときには、ヨウ化銀の粉を飛行機で空からまくという技術も研究されています。氷と水の粒がこの粉にくっついて雲ができ、水のつぶが重くなると、雨となって地面に降ってきます。

金

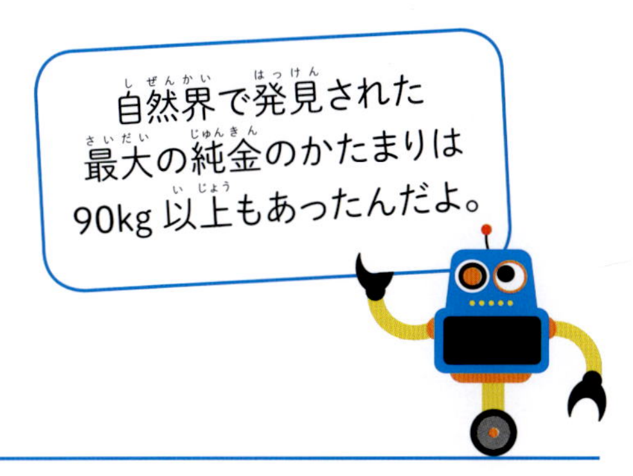

自然界で発見された
最大の純金のかたまりは
90kg 以上もあったんだよ。

金は、人類が世界で初めて発見して使い始めた金属の1つです。その美しさと、量の少なさから、金はあらゆる金属の中で、もっとも大事にされています。

1 自然界にある金

自然界ではふつう、金は小さなかけらか粒子として岩の中にみつかります。金鉱労働者は岩をくだき、水か強酸を使って、金のかけらを取り出します。

2 反応しない

金は、もっとも反応性の低い元素の1つで、常温では酸素と反応しません。そのため、決してさびることなく、かがやきを失うこともありません。

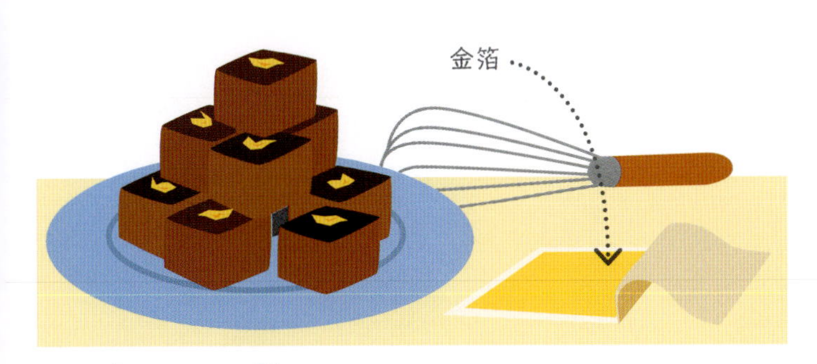

一般的な
スマートフォンには
0.034g の金が
ふくまれています

3 食べられる金

純金には毒性がないため、食べることさえできます。ものすごくうすい紙のように延ばされた金は「金箔」と呼ばれ、高級なおかしやデザートのかざりに使われることがあります。

4 電子機器と金

大部分の金属とはちがい、金は空気中にある酸素と反応しません。そのため、電子機器内の小さな部品をつなぐ材料に、とても適しています。どんなスマートフォンにも、少量の金が使われています。

身の周りの科学

宇宙飛行士のヘルメット

宇宙飛行士のヘルメットのひよけの部分は、うすい金の層でおおわれています。この金の層は、とてもうすいので、宇宙飛行士の視野をさまたげません。金は光と熱をとてもよく反射するので、宇宙飛行士の目を太陽光線から守っているのです。

金は有害な
太陽光線を反射して、
宇宙飛行士の目を
守っています

水素

宇宙の大部分は、水素でできています。
水素は、もっとも単純な化学元素で、周期表の最初に出てくる元素です。純粋な水素は、透明な気体です。

水素はほかの元素と
結合して、さまざまな
化合物をつくっているんだよ。

1 水素原子

水素はもっとも単純な元素で、原子核に1個の陽子を、その外側に1個の電子を持っています。水素原子は、もう1つの水素原子といっしょになって、水素ガスの分子をつくります（H_2）。

2 水

水は透明で、ほぼ無色の化学物質です。水は、地球の海洋と、ほぼすべての生物のおもな成分です。水の化学式は、H_2O です（1個の酸素原子と2個の水素原子が結合している）。

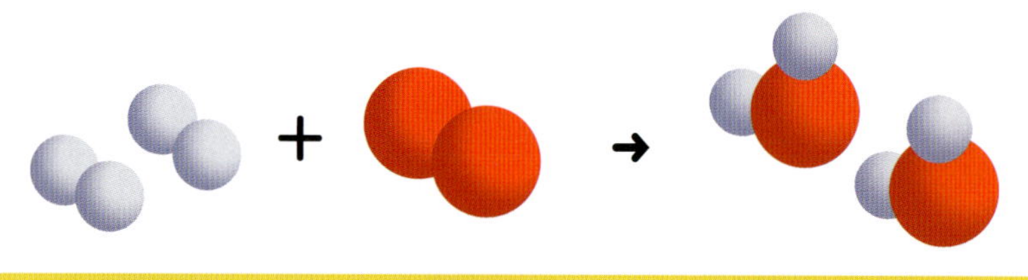

3 水素はどこにでもある

わたしたちは水素からのがれることはできません。水素はあらゆる有機化合物（生き物を構成している化学物質）の重要な部分で、酸素といっしょに水を作っています。体の中にある大部分の原子も水素原子なのです！

4 宇宙に消える

水素分子は小さな質量しか持たないので、地球の大気中をのぼると宇宙に消えていきます。でも太陽は地球よりずっと大きいので、太陽の水素原子は重力に引き付けられて、消えることはありません。

身の周りの科学

水素燃料電池

水素を燃やしたときにできる廃棄物は水だけなので、空気をよごしません。そのため水素は、すぐれた燃料になります。将来の車は、水素燃料電池で動くようになるかもしれません。この電池は、タンクに入った水素と空気中の酸素を使って、クリーンな電気をつくり、つくられた電気は、車輪を動かすモーターに送られます。

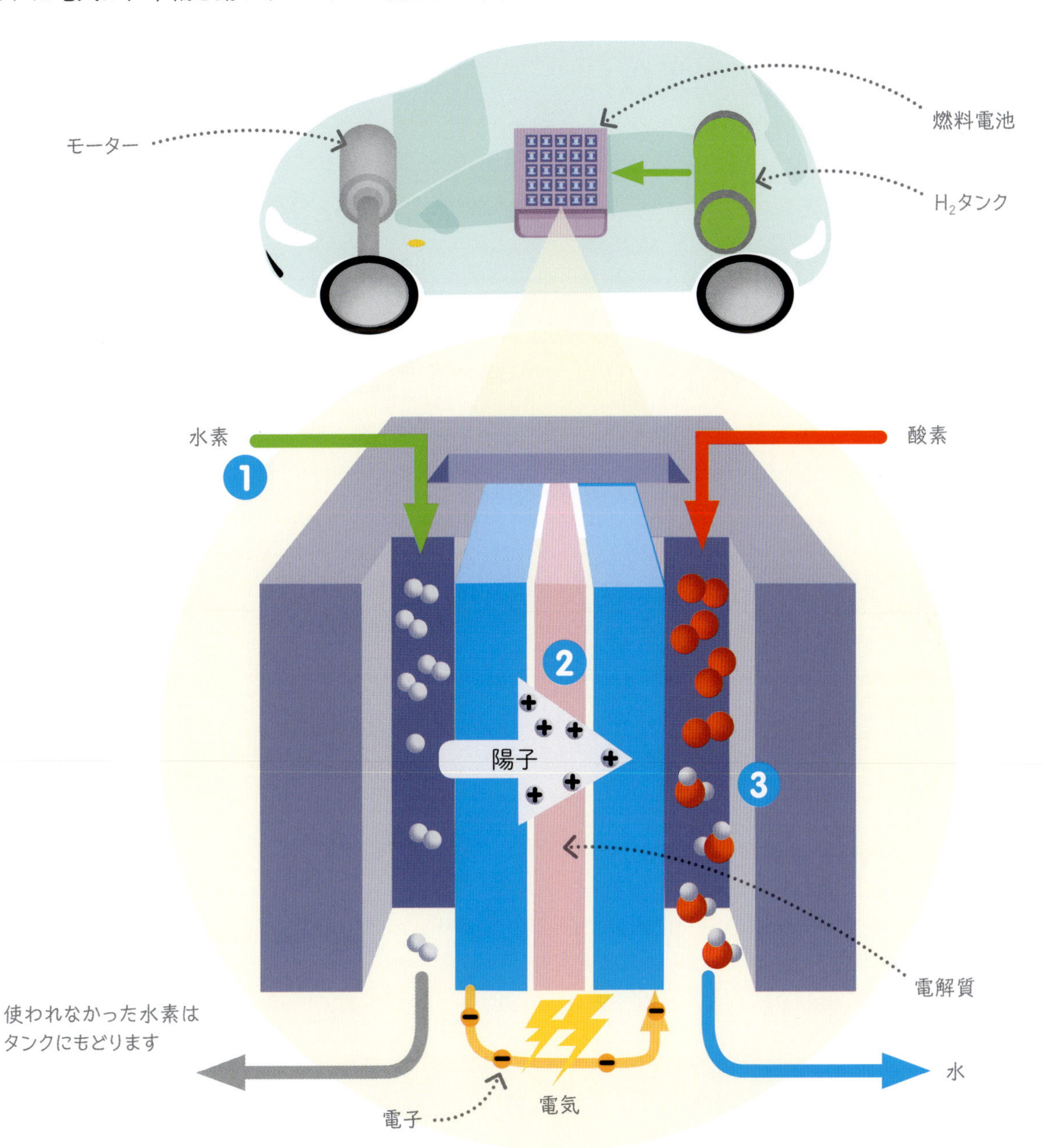

1 水素と酸素が燃料電池に入ります。すると、化学反応が起きて、水素原子が陽子と電子に分かれます。

2 陽子は、電解質と呼ばれる化学物質の中を横切り、電子は導線を通って流れます。このとき、モーターを動かす電気が生まれます。

3 陽子と電子（水素から）と、酸素が反応して、水ができます。この水は、蒸気として、車の排出装置から外に出されます。

炭素

あらゆる生き物は炭素を中心につくられています。それは、炭素原子の“くさりのように結合する”というすばらしい能力のおかげ。有機化合物という数千万種の化合物をつくりだしています。

炭素は少なくとも1千万種の化合物を作っている。これはほかのどの元素より多いんだよ。

さまざまな炭素の形（炭素の同素体）

純粋な炭素には、同素体と呼ばれる、いくつかの形があります。

1 ダイヤモンドは、地球上に自然に存在するもっともかたい物質です。その強さの理由は、ピラミッドがくり返すような形で原子が結合しているためです。ダイヤモンドは地下数百 km の場所で、高熱と高圧力を受けて、何十億年もかけてつくられます。ダイヤモンドは強いとはいえ、こわせないわけではありません。また、ダイヤモンドも炭素なので燃やすことができます。

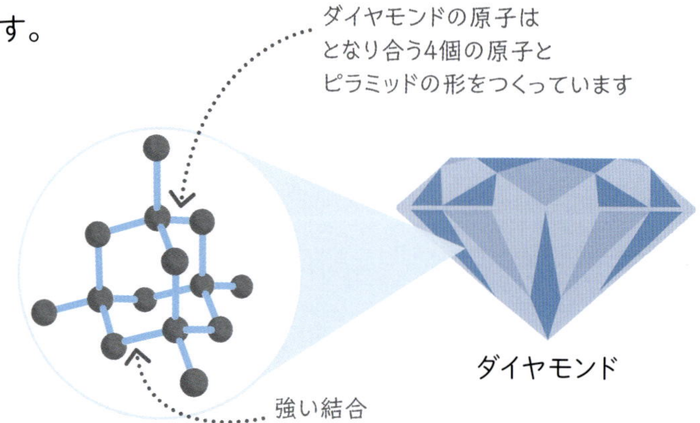

2 鉛筆のしんは「鉛」ではなく、やわらかくて、こわれやすい炭素の同素体「グラファイト（黒鉛）」です。やわらかい理由は、板のように結ばれている炭素原子が、おたがいの上をすべるからです。そのためグラファイトは、鉛筆やじゅんかつ剤に使われています。

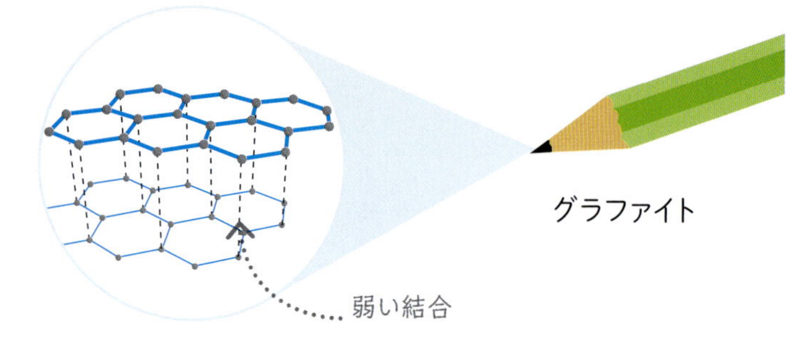

3 石炭やススには、グラファイトの粒子が、不定形炭素と呼ばれるガラスのような形をした炭素と混じっています。不定形炭素には決まった結晶構造がなく、さまざまな形の分子がゴチャゴチャに混じりあっています。

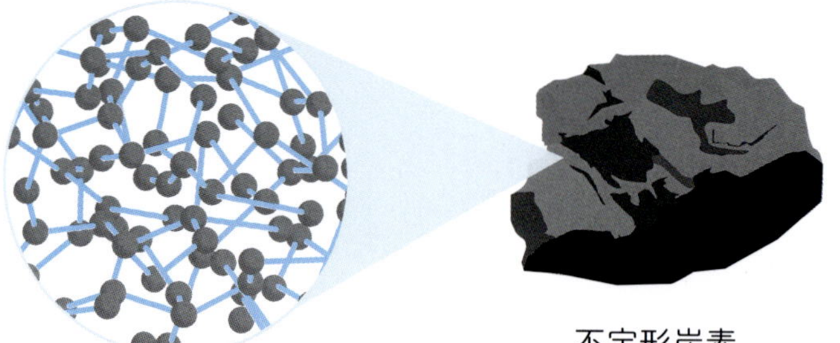

4 フラーレンでは、60個以上の炭素原子が、球体などの決まった形に結合されています。最初に発見されたバックミンスターフラーレンには、20個の六角形と12個の五角形があり、サッカーボールの形をしています。

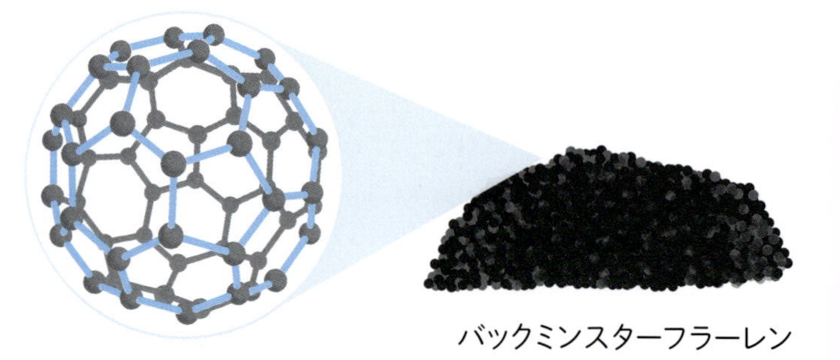

身の周りの科学

炭素捕捉テクノロジー

化石燃料が生み出す二酸化炭素（CO_2）は、地球温暖化のおもな原因の一つです。発電所から出るCO_2を減らすために「炭素捕捉」という方法が試されています。これは、けむりにふくまれるCO_2をアミンという化学物質と反応させて、廃棄物を地中に逃がす方法です。90パーセントの二酸化炭素放出を減らせますが、エネルギーがよぶんに必要になるので、効率はよくありません。

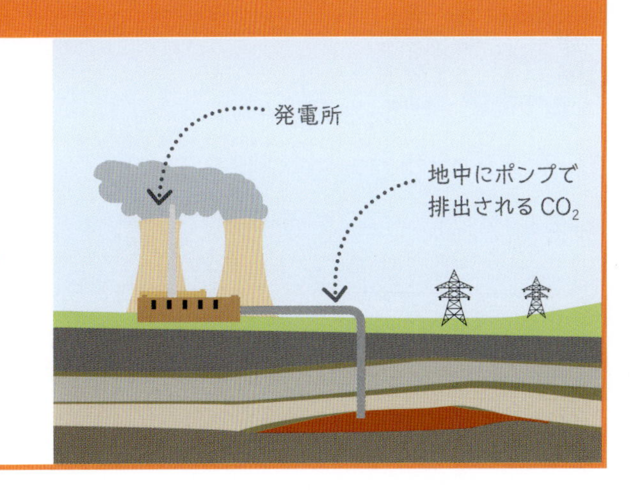

役に立つ炭素

炭素化合物はとても役に立つ物質です。天然のものは、食べ物や衣類、紙や木などのもとになっています。原油からつくられる炭素化合物は、燃料やプラスチックの原料などになります。

1 わたしたちが使う燃料の多くは炭化水素化合物です。炭化水素は、炭素原子と水素原子だけでできていて、原子がくさりの形に並んでいることがよくあります。もっとも単純な炭化水素化合物の1つは、バーベキューなどの燃料に使うプロパンです。

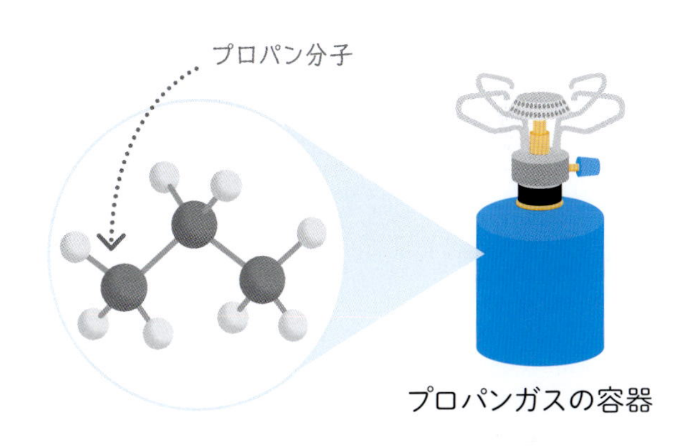

プロパンガスの容器

2 ダイヤモンドはとてもかたいので、かたい材料を切るのに便利です。刃に人工ダイヤモンドをうめこんだ回転のこぎりは、ガラス、レンガ、コンクリート、岩まで切ることができます。

ダイヤモンド刃の回転のこぎり

3 炭素繊維は人工的に作られた材料で、とても細い炭素の糸を布にしたあと、熱でプラスチックと合わせたものです。とても強い材料で、鋼鉄やアルミニウムより軽いため、車、自転車、飛行機などに使われています。

炭素繊維でできた自転車

4 衣類は、ほぼみな炭素化合物でできています。綿やウールのような天然の繊維は植物や動物の炭素化合物で、ナイロンやポリエステルのような人工繊維は、炭素化合物のプラスチックの細い糸をおったものです。

炭素化合物

石油

プラスチックからガソリンまで、
多くの製品が石油からつくられています。
石油は、水素原子と炭素原子がつながった
炭化水素の混合物で、分留という方法で分離されます。

※°Fはアメリカなど一部の国で使われている温度の単位（189ページ）

1 採掘と輸送

油井から採掘されたばかりの石油を「原油」といいます。原油はタンクローリーや船で製油所に運ばれ、ガソリン、軽油、ジェット燃料などが製造されます。

2 加熱

原油は、沸騰して高温の気体になるまで加熱されたあと、内部のさまざまな高さにトレーと排出パイプがある分留塔に入れられます。冷えて液体になったガスを、トレーが受けます。

3 もっとも大きな分子

最大の分子を持つ炭化水素は、もっとも高い温度で沸騰します。そのため、分留塔に入るとすぐに冷えて液化し、一番下のパイプから回収されます。

4 もっと小さな分子

最小の分子を持つ炭化水素は、分留塔の上にあがり、より低い温度で液化します。さまざまな高さにあるパイプは、それぞれちがうタイプの炭化水素を回収します。

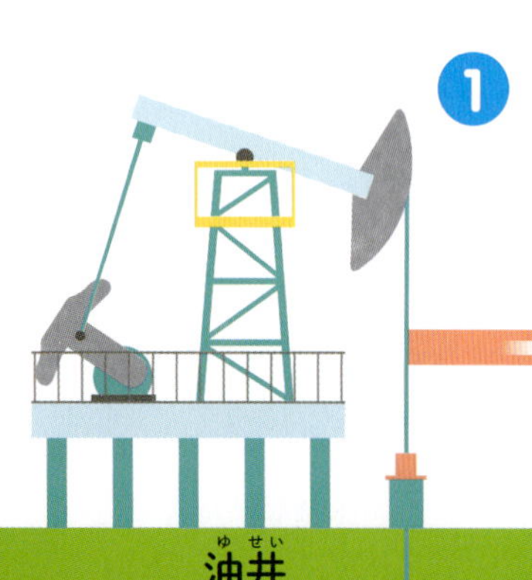

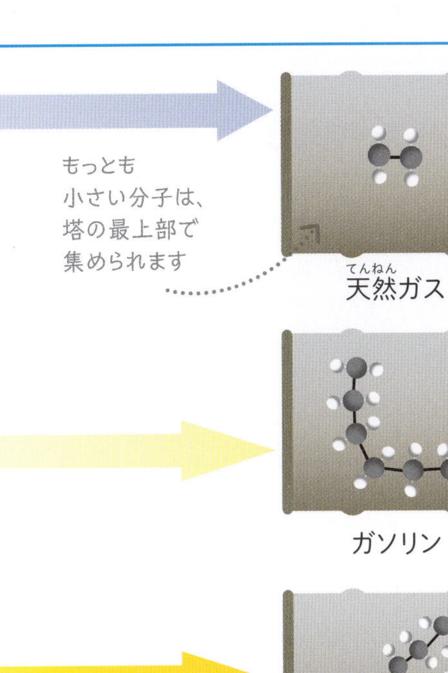

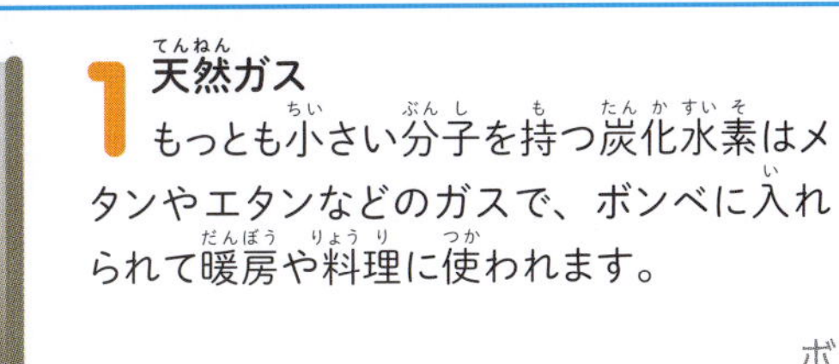

天然ガス

1 天然ガス

もっとも小さい分子を持つ炭化水素はメタンやエタンなどのガスで、ボンベに入れられて暖房や料理に使われます。

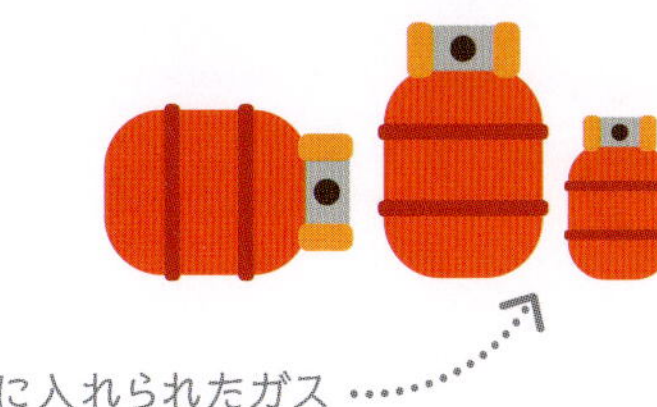

ボンベに入れられたガス

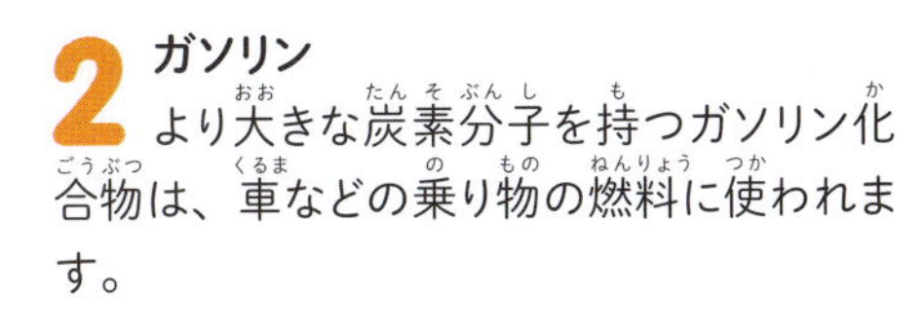

ガソリン

2 ガソリン

より大きな炭素分子を持つガソリン化合物は、車などの乗り物の燃料に使われます。

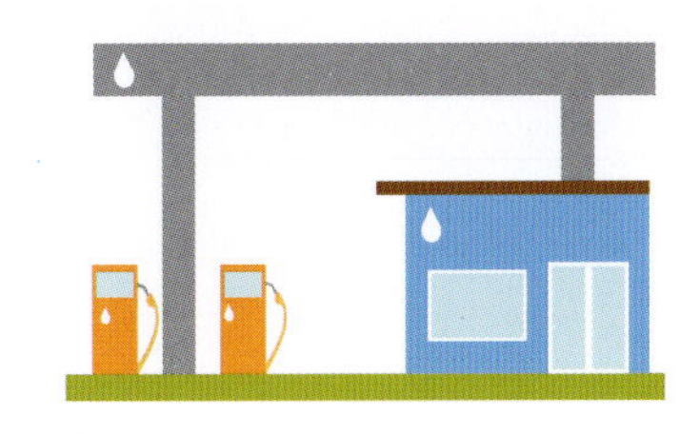

ナフサ

3 ナフサ

ナフサは黄色い液体で、8個から12個の炭素原子がくさり状につながっています。プラスチック、薬、殺虫剤、肥料などに使われます。

プラスチック製のおもちゃ

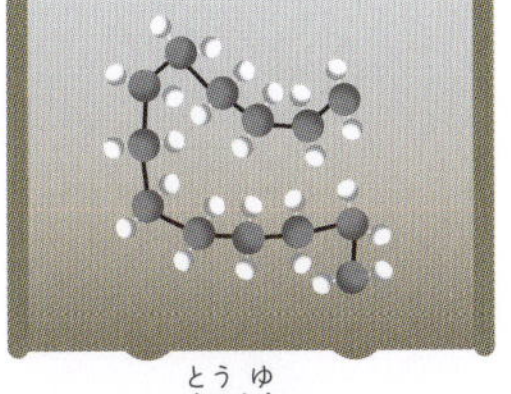

灯油

4 灯油

灯油は軽くて油っこい液体で、ジェット機の燃料として使われます。暖房や照明に使われるときはパラフィンと呼ばれます。

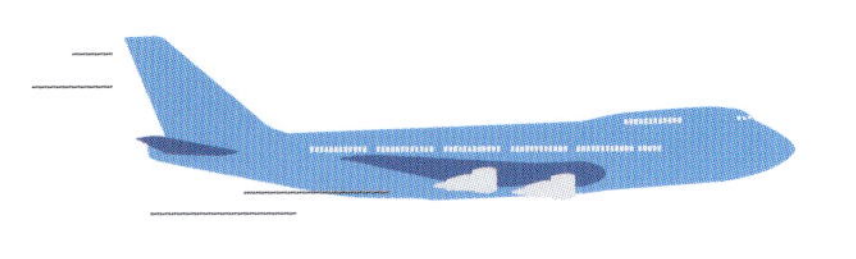

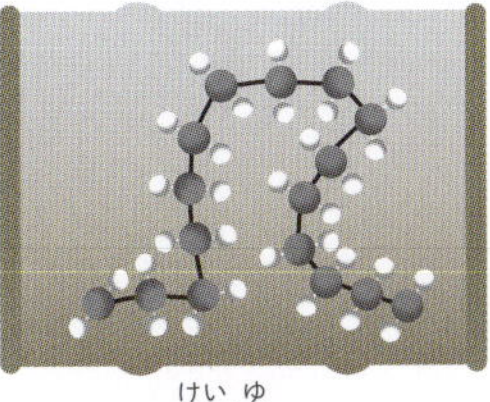

軽油

5 軽油（ディーゼル燃料）

軽油は、ガソリンより長い炭化水素原子のくさりと、高い沸点を持っています。トラックやバスなどの車の燃料に使われます。

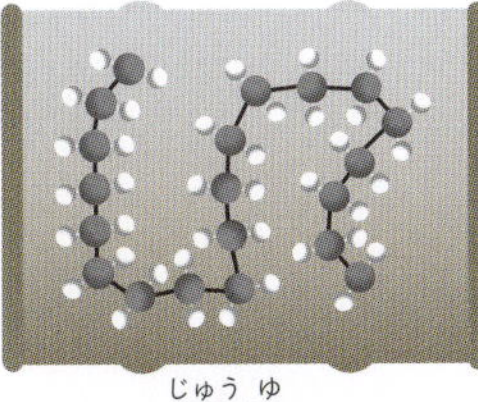

重油

6 重油

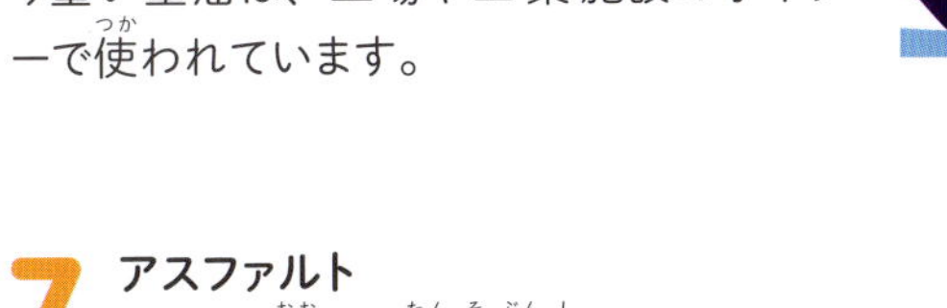

より軽い重油は、船やトラクターなどの乗り物や、暖房の燃料に使われます。より重い重油は、工場や工業施設のボイラーで使われています。

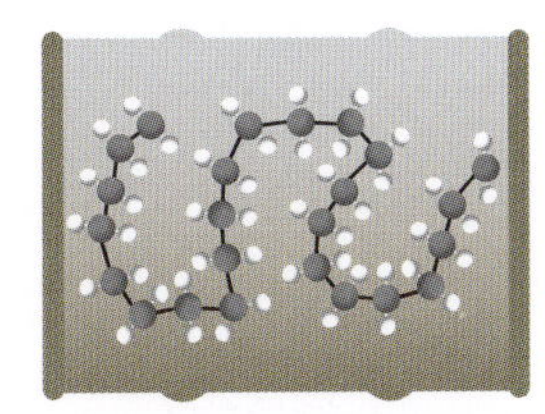

アスファルト

7 アスファルト

もっとも大きな炭素分子は、アスファルトと呼ばれる、ネバネバした半固体の物質をつくります。これは、道路や屋根にぬるコールタールとして使われます。

炭化水素　　　**製品と利用法**

チッ素

地球の大気の78% はチッ素ガスです。
あなたも気づかずに、いつもチッ素を吸っています。

空気中のチッ素は2個のチッ素原子（N_2）からできているんだよ。

チッ素循環

チッ素は、どんな生物にも必要なタンパク質の材料なので、生きていくためには欠かせません。でも、植物と動物は空気からチッ素を得られないので、チッ素循環というしくみを使っています。

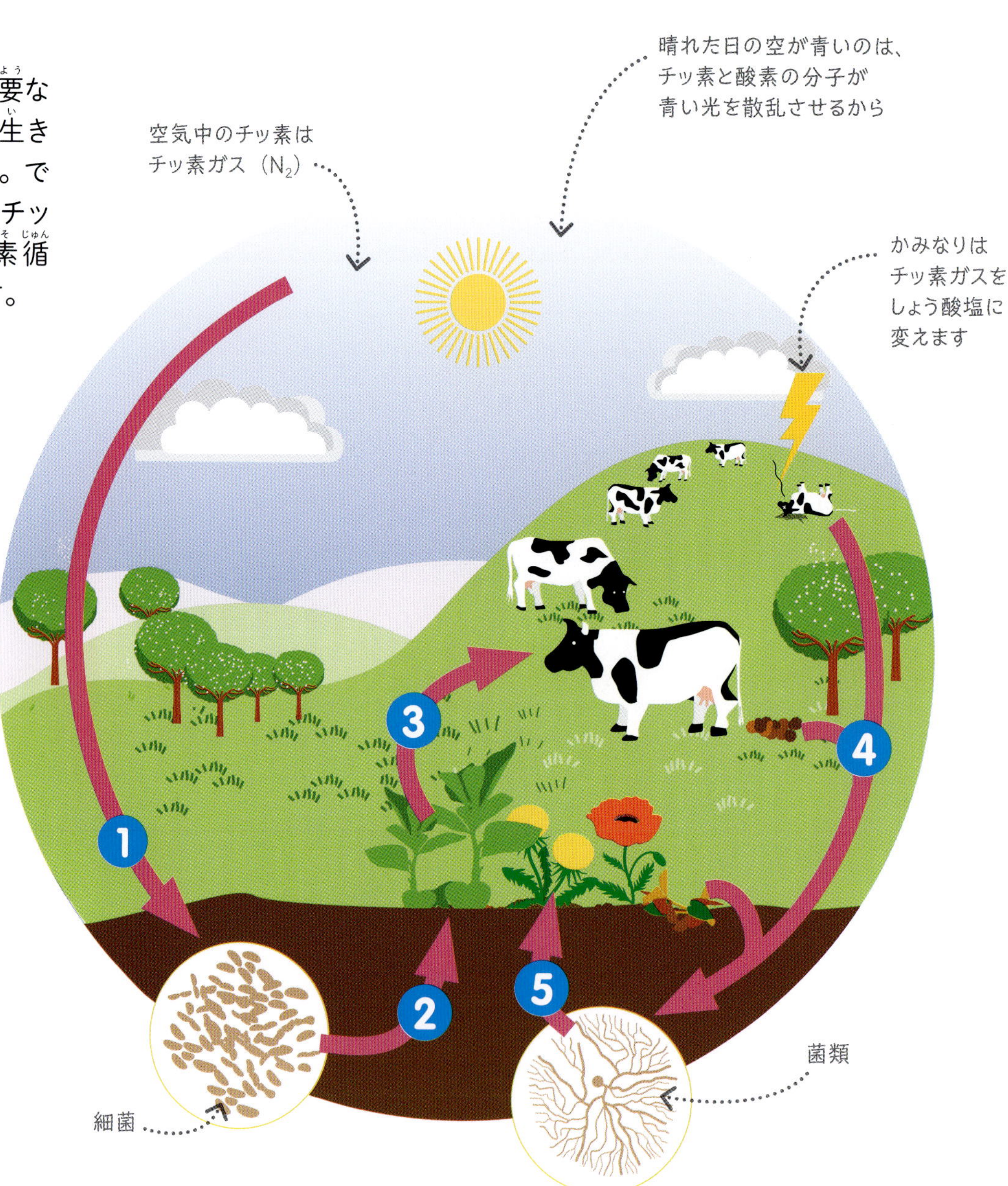

1 チッ素ガスが空気から土の中に入ると、土と根にいるチッ素固定細菌が、チッ素をしょう酸塩に変えます。これが地面の中の水分にとけます。

2 植物が、水分にとけたしょう酸塩を根から取りこみます。植物はこれを使って、成長するためのアミノ酸とタンパク質をつくります。

3 動物が植物を食べ、タンパク質を消化してできたアミノ酸を使って、自分のためのタンパク質をつくります。

4 ふん、尿、かれた植物や動物の死がいなどの廃棄物が、チッ素を土にもどします。

5 土にいるバクテリアと菌類が、廃棄物を食べてしょう酸塩をつくり直し、植物がそれを吸い上げます。

酸素

酸素は透明な気体で、地球の大気の20% 以上をしめています。とても反応性が高く、また、生物が生きていくのにも欠かせません。

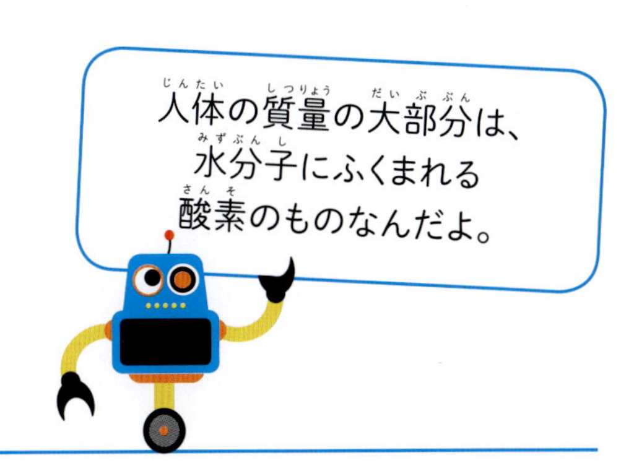

人体の質量の大部分は、
水分子にふくまれる
酸素のものなんだよ。

1 欠かすことのできない気体

生きていくには、常に酸素が必要です。私たちは空気を吸って酸素を取りこんでいます。

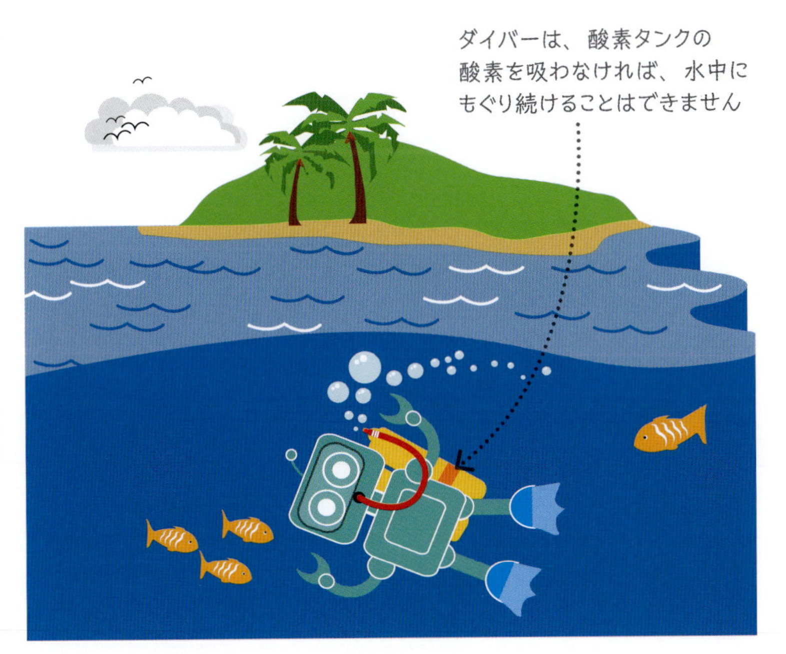

ダイバーは、酸素タンクの
酸素を吸わなければ、水中に
もぐり続けることはできません

2 酸素供給

地球の大気の酸素は、常に植物によって供給されています。植物は光合成の副産物として酸素をつくっています。

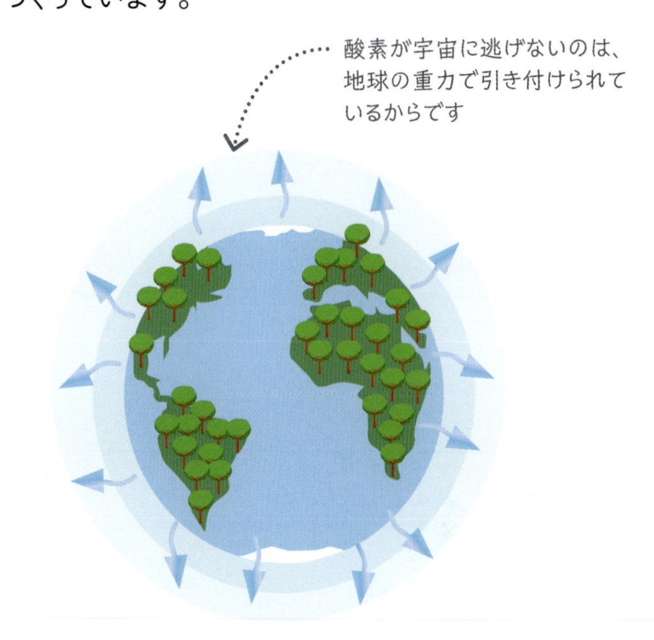

酸素の反応

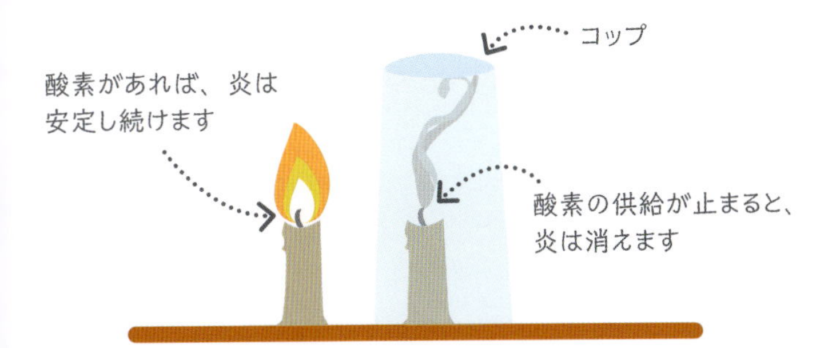

1 酸素と火

火は空気中の酸素と燃料の化学反応です。酸素の供給が止まると、炎は消えます。

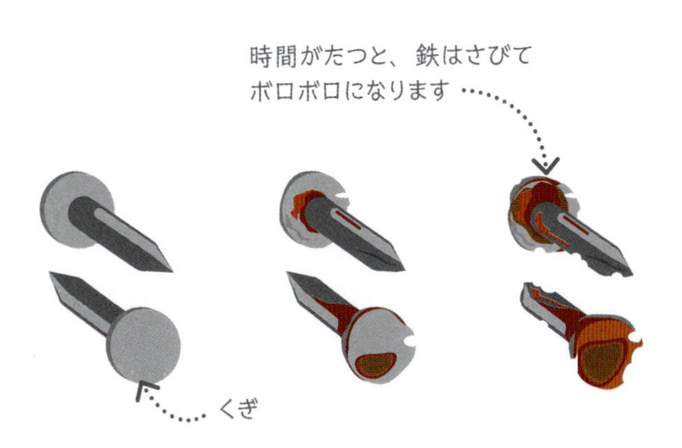

2 さび

酸素は火を発生しなくても多くの化学物質と反応できます。たとえば、空気中に鉄や鋼鉄を置いておくと、酸素とゆっくり反応して酸化鉄Ⅲ（赤さび）ができます。

リン

リンはDNAにもふくまれているんだよ。

リンはとても反応性が高いので、自然界では、純粋な形では存在せず、岩石や鉱物にふくまれています。でも、研究所でつくることができ、さまざまな色の種類があります。

リンの種類（同素体）

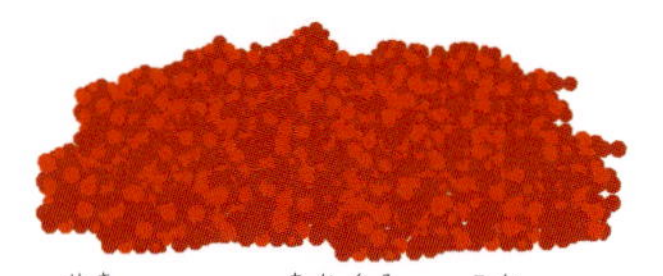

1 赤リンは赤黒い粉で、マッチ箱のマッチをするところに使われています。

2 白リン（黄リン）は、空気にふれると暗いところで青白く光ります。酸素と反応すると発火します。

3 黒リンは、グラファイト（鉛筆のしんの材料の1つ）に似ているフレーク状の物質です。

リンの発見

1669年に、ヘニッヒ・ブラントというドイツ人の錬金術師が変わった実験をしました。尿を煮つめて何週間も置いておいたのです。その後、それを熱して砂を加えると、ろうのような白い固体ができました。これがリンの発見でした。

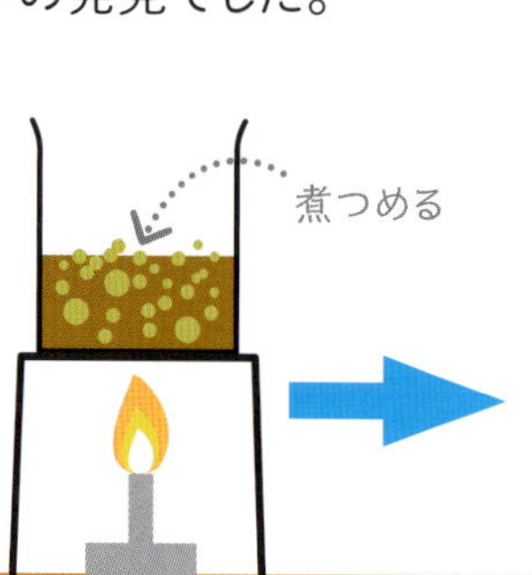

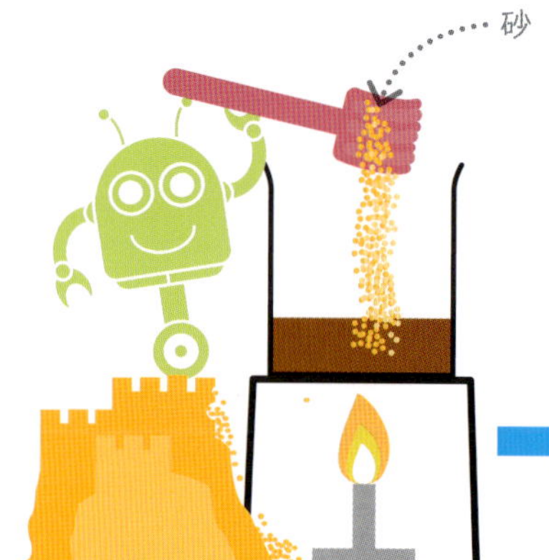

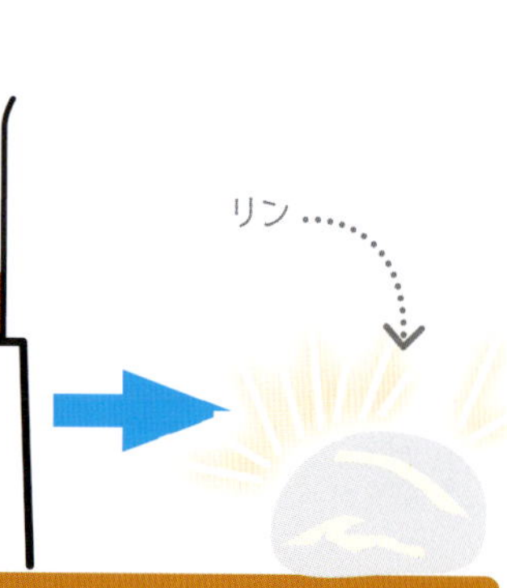

強い歯と骨

歯と骨の強さは、リン酸カルシウムという、リンをふくんだとてもかたい無機化合物からきています。何百年も前から、牛の骨の粉を入れたボーンチャイナ（骨灰磁器）という、じょうぶなカップや皿がつくられてきました。

身の周りの科学

マッチ箱

マッチ箱の側面には、ガラスの粉と赤リンがぬられています。この表面でマッチをこすると、ガラスとのまさつがリンを熱し、リンに火がつきます。これがマッチ頭部の燃えやすい化合物に火をつけるのです。

※日本のマッチには、マッチ棒頭部にガラス粉が入っています

硫黄

硫黄は、純粋な形ではふつう、明るい黄色のもろい固体の形をとります。自然界では、火山の近くで見つかり、熱いガスに吹き付けられて積み重なっています。

タマネギをきざむと
涙が出るのは、
硫黄化合物のせいなんだ。

1 硫黄の種類（同素体）

硫黄には、かたまり状の結晶と針状の結晶など多くの種類があります。

かたまり状の結晶

針状の結晶

2 爆発する硫黄

火薬は、木炭としょう酸カリウムを混ぜたもので、花火や武器に使われます。火薬を燃えやすくするために、硫黄もふくまれています。

3 硫黄のくさいにおい

硫化水素などの硫黄化合物には、強烈なくさいにおいがあります。スカンクが出す液、つまった排水管、ガーリックのにおいも、硫黄化合物などです。

4 酸性雨

石油や石炭などの化石燃料は、燃えると、硫黄のけむりを出します。このけむりが空気中の水分と混じって、硫酸になり、酸性雨として建物をもろくしたり、木をからしたりします。

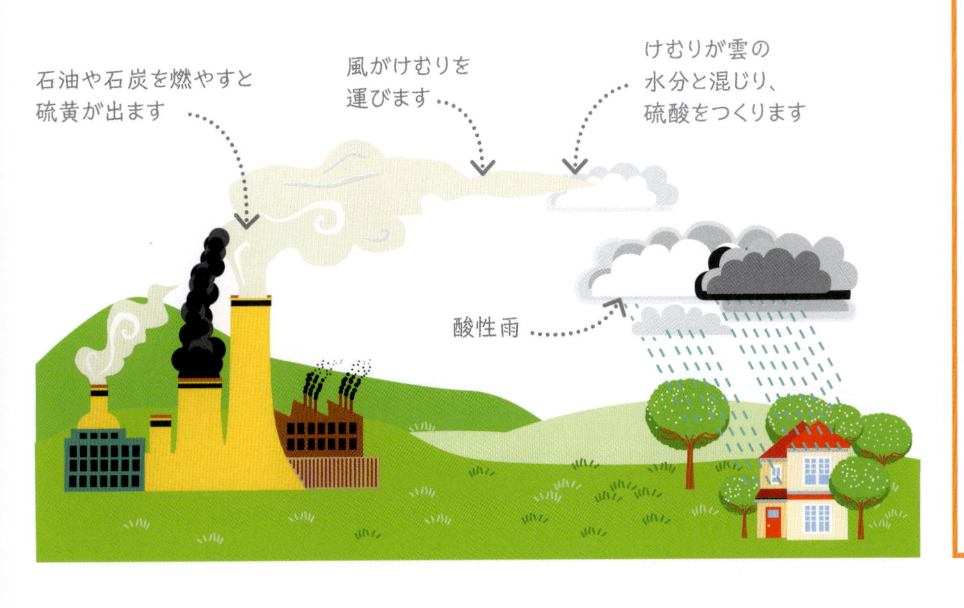

身の周りの科学

硫酸

硫酸は、酸性雨として降ると害になりますが、もっとも役に立つ硫黄化合物の1つでもあり、塗料、洗剤、インク、肥料など、たくさんの製品の原料になっています。

ハロゲン

ハロゲンはとても反応性の高い元素の族です。
反応性が高すぎるので、自然界では、純粋な形では存在しませんが、化合物という形でたくさん存在します。

地球の海には3.9京tもの塩化ナトリウム（食塩）がふくまれているんだよ。

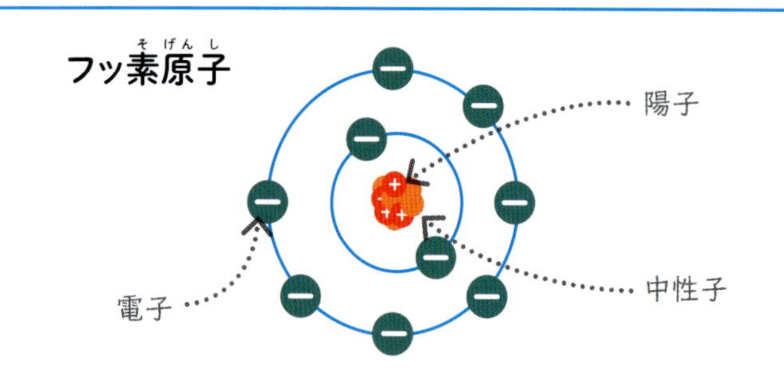

反応しやすい原子

ハロゲン原子の一番外側の電子殻には7個の電子がありますが、安定するには8個必要です。そのため、完全な外側の電子殻をつくるために電子を共有または与えてくれる元素と反応しやすい性質があります。

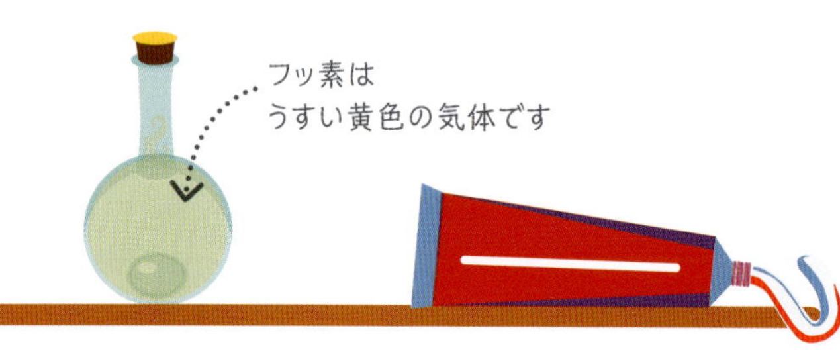

1 フッ素

すべてのハロゲンの中でもっとも反応性の高いフッ素は、レンガ、ガラス、鋼鉄などにあなを開けるほど強い、有毒な黄色い気体です。フッ化物（フッ素を含む塩）は歯を強くするので、歯みがき粉にふくまれています。

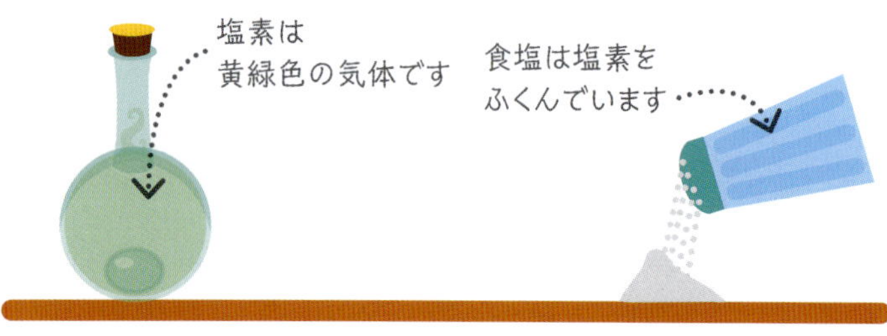

2 塩素

塩素の有毒ガスは第一次世界大戦で武器として使われました。でも、塩素は塩化ナトリウム（食塩）の一部でもあり、人間の体には欠かせません。

3 シュウ素

消火器にふくまれる難燃性の化学物質はシュウ素です。シュウ素は、温泉水の消毒・殺菌にも使われています。

4 ヨウ素

常温で固体の形をとるただ1つのハロゲンであるヨウ素は、黒っぽい紫色をしています。偏光サングラスの材料や、傷口の消毒に使われます。

希ガス

とても反応性の高いハロゲンとはちがい、
希ガスはほとんど反応しません。
すべて無色で、においもありません。

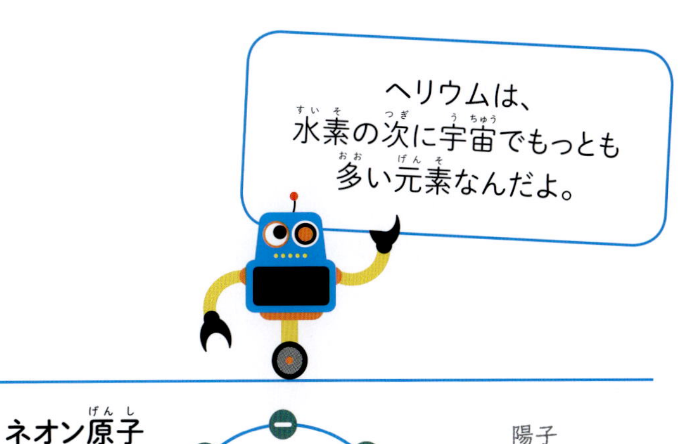

ヘリウムは、
水素の次に宇宙でもっとも
多い元素なんだよ。

反応しにくい原子

希ガスの原子は、一番外側の電子殻に8個の電子をフルセットで持っています。そのため、電子を捨てたり、もらったりする必要がないので、反応性がとても低いのです。化合物をつくることもほとんどありません。

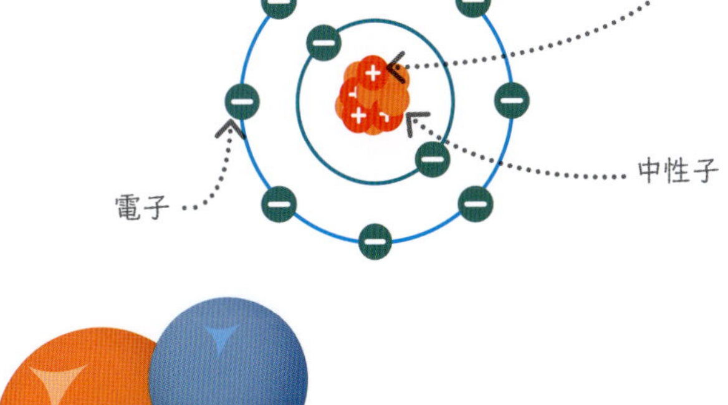

1 ヘリウム

この無色無臭の気体は、非常に軽いため、ヘリウムガスを入れた風船は空に上がります。ヘリウムと酸素を混ぜた気体を吸ってしゃべると、空気よりも音を速く伝えるため、声が高くなります。

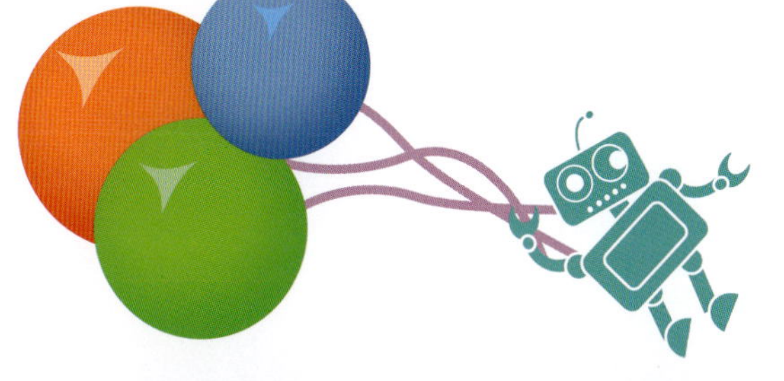

2 ネオン

電気が希ガスの中を通るとガスが明るく光ります。ネオンはネオンサインや、レーザーに使われています。ネオンはあらゆる元素の中でもっとも反応性が低い元素です。

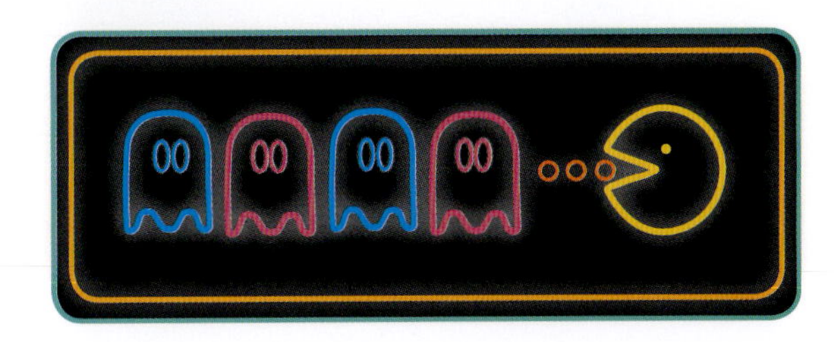

3 アルゴン

アルゴンはすぐれた断熱材です。そのため、二重窓の間に入れたり、ダイバーを保温するためダイビングスーツに入れたりします。省エネ電球にもアルゴンが封入されています。アルゴンは空気中にチッ素、酸素に次いで多い元素です。

4 キセノン

電気が通るとあざやかな青色に光るキセノンは、サーチライトやカメラのフラッシュに使われています。キセノンは希ガスの中では比較的反応性が高く、フッ素や酸素と化合物をつくります。

材料科学

材料科学は、化学者、物理学者、技術者の能力を集めて、強さ、しなやかさ、軽さなどの性質を持つ新材料をつくる科学です。とくに重要な分野は、複合材料、セラミック、ポリマーです。

複合材料

複数の材料を織ったり重ねたりして、強くしたものが複合材料です。多くの場合、しなやかな材料の繊維を、ほかの材料（プラスチック、金属、コンクリートなど）の土台にうめこんでつくります。繊維が土台をかためるので、割れにくくなります。

1 フロントガラスは、2枚のガラスにはさまれたプラスチックでできています。プラスチックは、ガラスが割れてこなごなになるのを防ぎます。

2 高性能車のボディは、カーボンファイバーで織られた布をプラスチックにうめこんだ強化プラスチックでできています。強化プラスチックは鋼鉄より軽いのですが、強さは同じぐらいあります。

3 タイヤは、ゴムでコーティングした強いポリエステルの布を重ねたものでできていて、鋼鉄製のコードが、さらに強さを加えています。

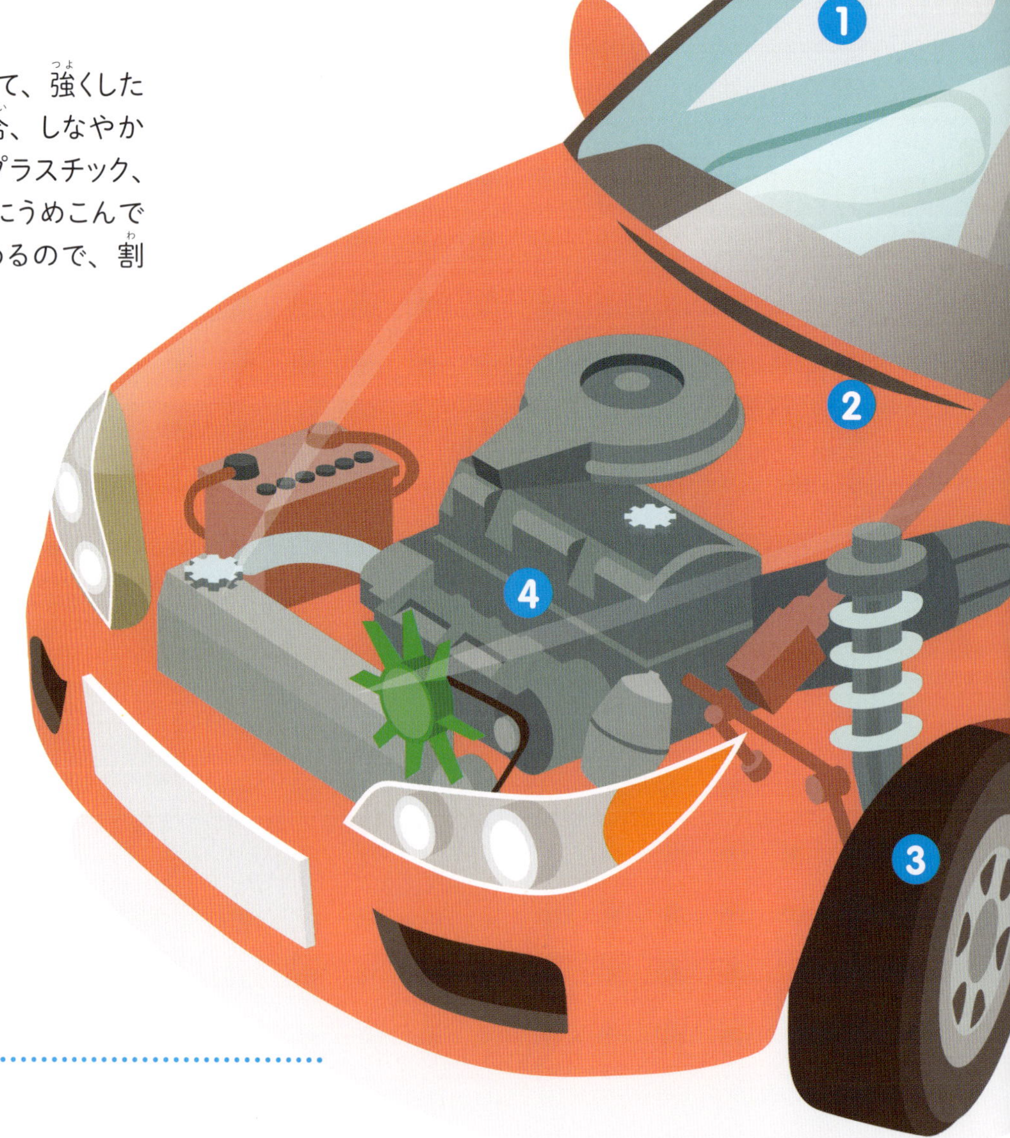

セラミック

セラミックは、陶器などの、かたくて割れる材料です。人類は何千年も前から、粘土を焼いて、れんがやタイルや陶器をつくってきました。今では、車の排気ガスのフィルターといった特定の役割をする進化したセラミックがつくられています。

4 エンジンの部品には、ガソリンを点火するスパークプラグのセラミック断熱材や、ピストンヘッドを熱から守るセラミックコーティングなどがあります。

5 触媒コンバーターは、車の排ガスの有害な気体を吸収するもので、軽くて強く、高熱に耐えられるセラミックでできています。

身の周りの科学

通気性のある布

防水性と通気性をかねそなえたアウトドア用品には、ポリテトラフルオロエチレン(PTFE)が使われています。これは、テフロン加工という、くっつかないフライパンと同じ素材のすぐれたポリマーです。汗の水蒸気は何十億個もの小さな穴から外に出ますが、穴が小さすぎるので、雨水はしみこみません。

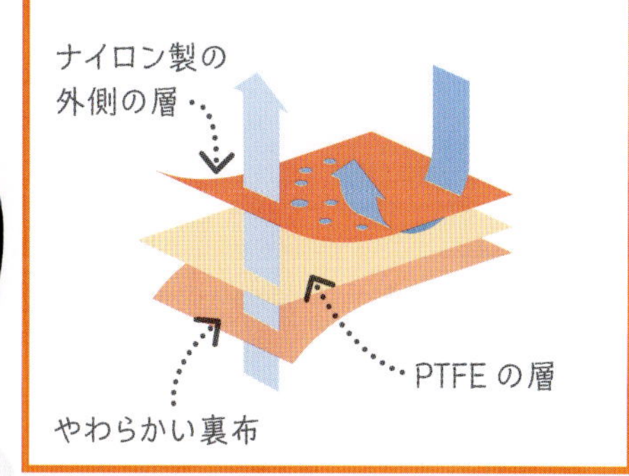

ポリマー（重合体）

ポリマーは、炭素原子を軸とした長いくさり状の分子です。プラスチックは研究所や工場でつくられる人工ポリマーです。ほとんどのポリマーには防水性があり、化学反応を起こしにくいので、とても長持ちします。大部分のポリマーは成形しやすく、ほぼどんな形にもなります。

6 曲がると電気信号を出して、タイヤに空気を入れるタイミングを伝える圧力センサーにもセラミックが使われています。

7 シートには、軽くて強い発泡体のポリウレタンが使われています。体を支える強さを持ちながらソフトで座りごこちのよいシートがつくれます。

8 ドアと窓のシールに使われる防水トリムは、すりへりにくい合成ゴムのエチレンプロピレンゴム（EDPM）でできています。

9 バンパーは、ザラザラしていて成形しやすいポリプロピレンのようなプラスチックでできています。プラスチックは、ドアの内張、ダッシュボード、ヘッドライトのレンズなど、ほかの多くの部品でも使われています。

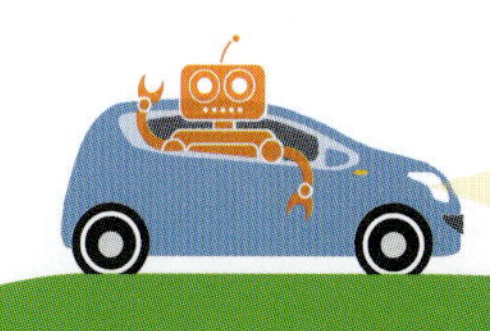

ポリマー

ポリマーは、くり返しの部分からなる、長いくさり状の分子を持つ化合物です。木材や羊毛などの天然材料の多くはポリマーでできています。プラスチックは人工のポリマーです。

大部分のポリマーでは、炭素原子がくさりのようにつながっているんだよ。

重合

ポリマーは、モノマー（単量体）と呼ばれるユニットがくり返しつながったものです。たとえば、プラスチックのポリエチレンは、エチレンと呼ばれる気体のモノマーからできています。エチレンは、重合と呼ばれる化学反応で、ポリエチレンに変わります。炭素原子の二重結合がこわされて、炭素原子が単結合のくさりでつながるようになり、透明な固体のポリエチレンになるのです。

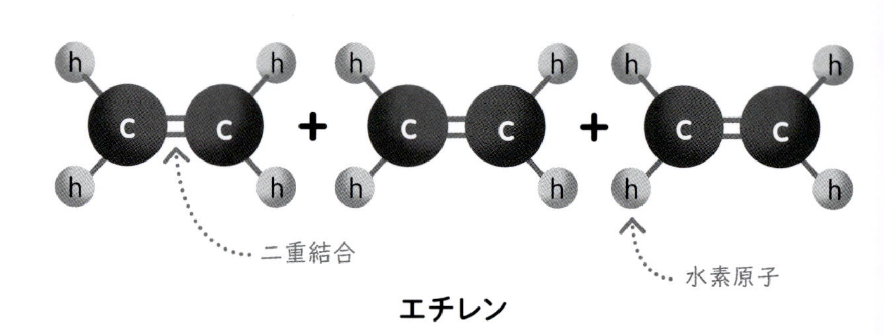

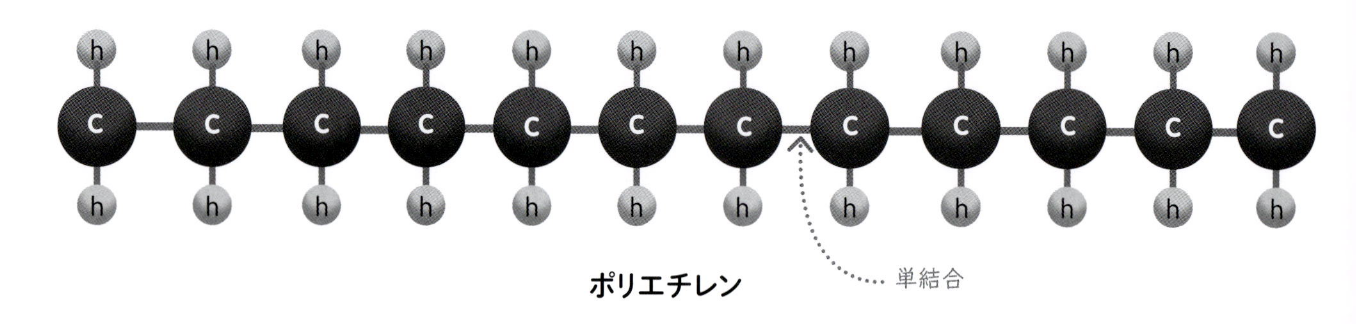

天然のポリマー

タンパク質、炭水化物、脂肪など、多くの生物を形づくる分子はポリマーです。人間の体は食べ物を消化するとき、ポリマーをモノマーに変えて吸収できるようにします。

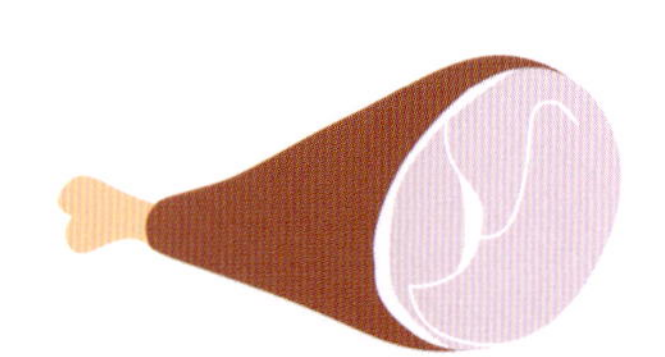

1 タンパク質が豊富な肉は、アミノ酸というモノマーからつくられるポリマーです。

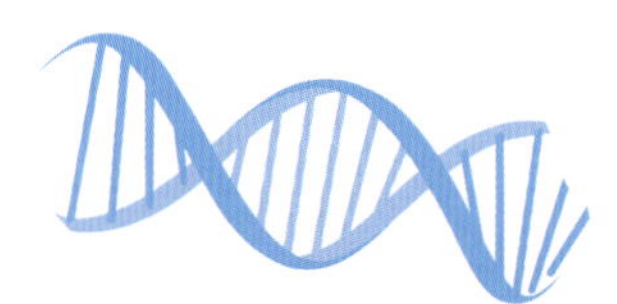

2 DNA分子は、たがいの周りにらせん状に巻きつく2つのポリマーからなり、二重らせんと呼ばれる形をつくっています。

3 木や紙にふくまれているセルロースは、結合した糖の分子からなる繊維質の物質です。

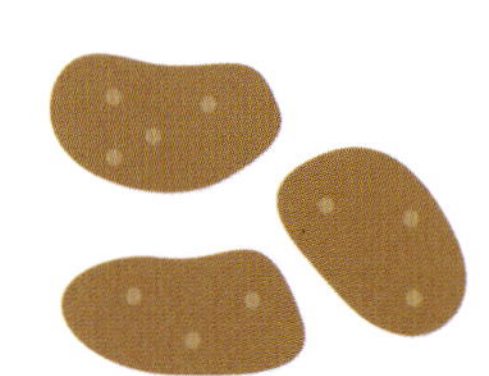

4 でんぷんも糖分子でできています。ジャガイモやパンには、でんぷんがたくさんふくまれています。

プラスチック（合成樹脂）

プラスチックは人工のポリマーで、原油（168 ～ 169ページ）から得られる化学物質からつくられ、基本的な2つの種類があります。ポリエチレンのような熱可塑性樹脂は、加熱されると融け、冷めると固まります。熱硬化性樹脂は、加熱されてもかたいままになって、融けません。

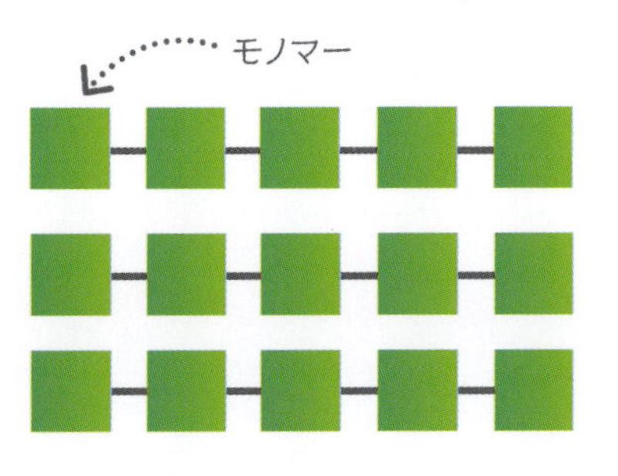

1 熱可塑性樹脂が融けるのは、個々のポリマー分子からできていて、それらが互いの上をすべるからです。

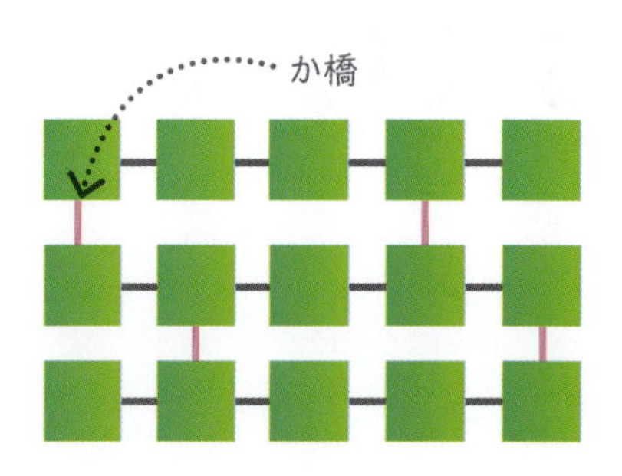

2 熱硬化性樹脂が融けないのは、ポリマー分子が「か橋」と呼ばれる結合で結ばれているからです。

プラスチックと使いみち

おもちゃ、窓、容器、電話、衣類など、毎日の生活で使う物に、さまざまな種類のプラスチックが使われています。

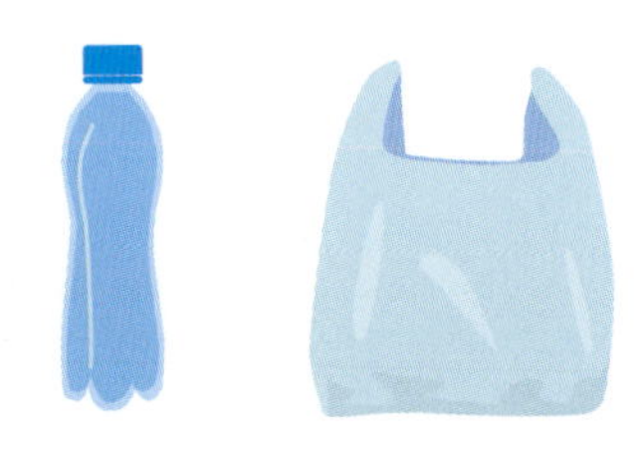

1 ポリエチレンには、ポリ袋などをつくるやわらかいものと、プラスチックボトル、おもちゃ、ゴミ箱などを作るかたいものがあります。

2 ポリ塩化ビニル（PVC）は、もっともかたいプラスチックの1つで、雨どい、排水管、窓わくなどの材料になります。

3 ポリスチレンは成形しやすいので、コンピューターの部品などに使われます。また、小さな気泡で満たして、使い捨てカップのような軽くてやわらかい形にすることもできます。発泡スチロールもポリスチレンでできています。

4 ポリカーボネートはとてもかたくてこわれにくく、透明なものをつくることもできます。携帯電話、サングラス、安全ゴーグル、窓などに使われます。

やってみよう

牛乳をプラスチックに変える

牛乳に含まれているカゼインという天然のポリマーを使って、プラスチック製品を作ってみましょう。

① 300mL の牛乳をフライパンに入れ、蒸気が出るまで加熱します。次に15mLの酢を入れると、固体（カード）と液体（ホエイ）に分離します。

※カードはチーズの原料になります。

② 牛乳を冷ましたあと、ふきんでこして、カードを取り出します。ふきんをしぼって、余分な水分を捨てます。

③ ふきんに残ったゴム状のカードに食品着色料（食紅など）をまぜます。そのあと好きな形にのばして、かたくなるまで置いておきましょう。

第４章

エネルギー

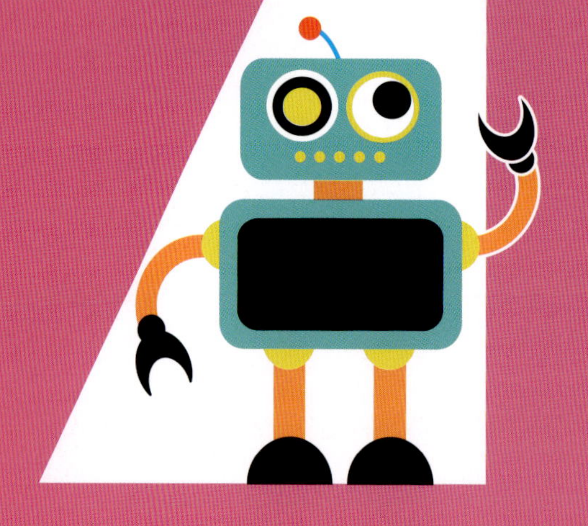

ENERGY

あらゆる現象は、エネルギーのおかげで引き起こされます。エネルギーがなければ、何も動かず、世界はまっ暗で、凍るように冷たく、まったく音のしないところになってしまいます。携帯電話を動かす電気、食べ物の中にたくわえられた化学エネルギーなど、エネルギーはさまざまな方法で、たくわえて運ぶことができます。エネルギーを使っても、あるところから別のところに移るだけで、なくなることはありません。

エネルギーってなに？

エネルギーは、まばゆい花火のさくれつやジェット機のごう音から、筋肉の動きまで、あらゆる現象を引き起こします。エネルギーは、たくわえたり使ったりできても、なくすことはできません。別のところに移るだけです。

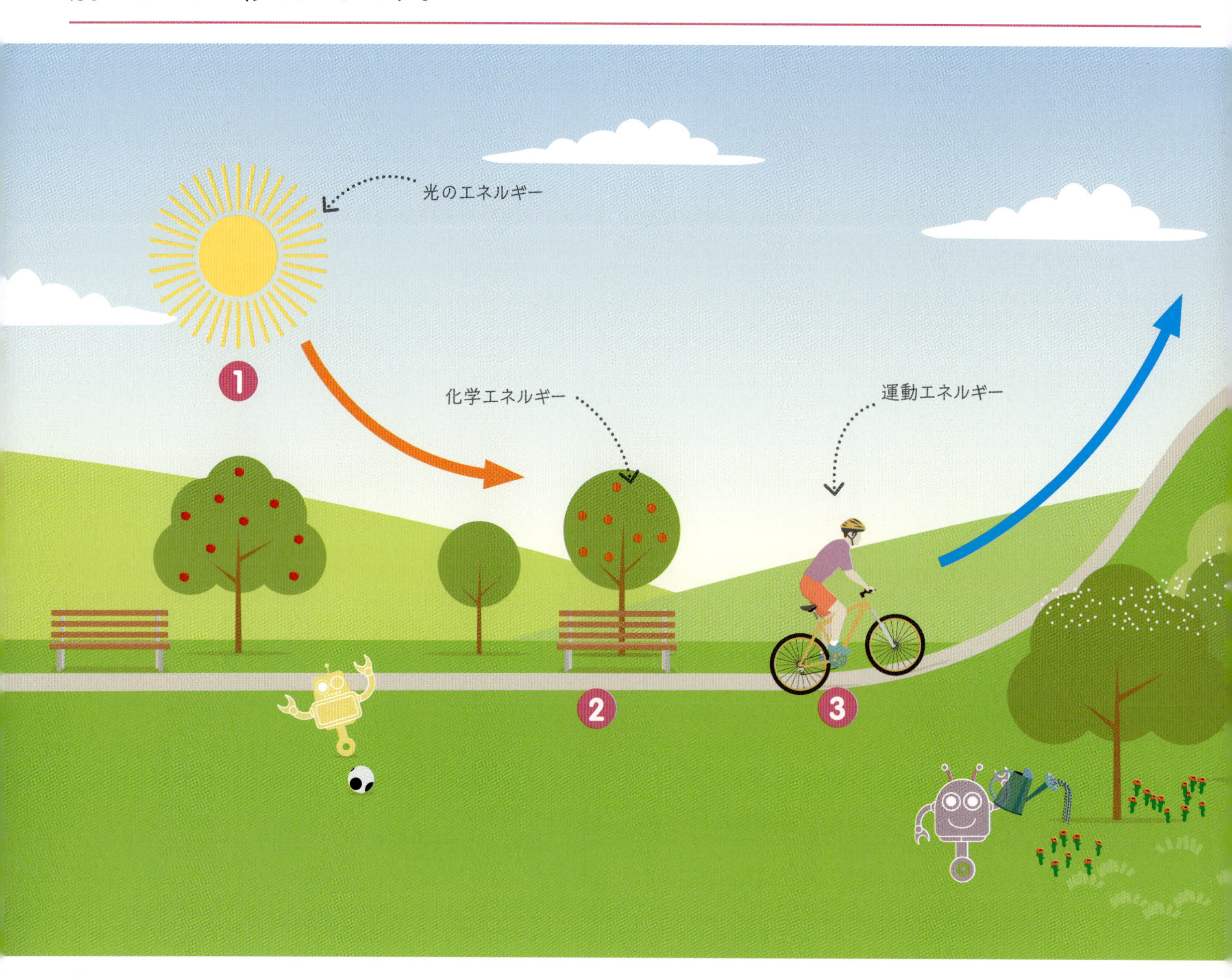

1 地球で使うエネルギーの大部分は太陽から来ています。太陽のエネルギーが宇宙空間を伝わって、熱と光という形で地球に届くには、8分しかかかりません。

2 植物は太陽のエネルギーをとらえて新しい化学物質をつくります。食物には、植物がたくわえた化学エネルギーがふくまれています。

3 食物で力を得た筋肉は、化学エネルギーを運動エネルギーに移します。そのため、歩いたり、走ったり、自転車をこいだりできるのです。

さまざまな形のエネルギー

エネルギーは、熱や光から、音や電気まで、さまざまな形をとります。光のように、エネルギーをある場所から別の場所へ、またはあるものから別のものへと移すものもあれば、電池や圧縮バネのように、エネルギーをたくわえるものもあります。

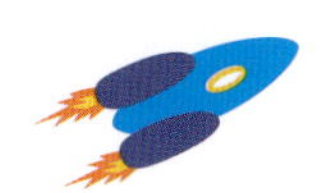
運動エネルギー

音のエネルギー

光のエネルギー

熱エネルギー

位置エネルギー

核エネルギー

化学エネルギー

電気エネルギー

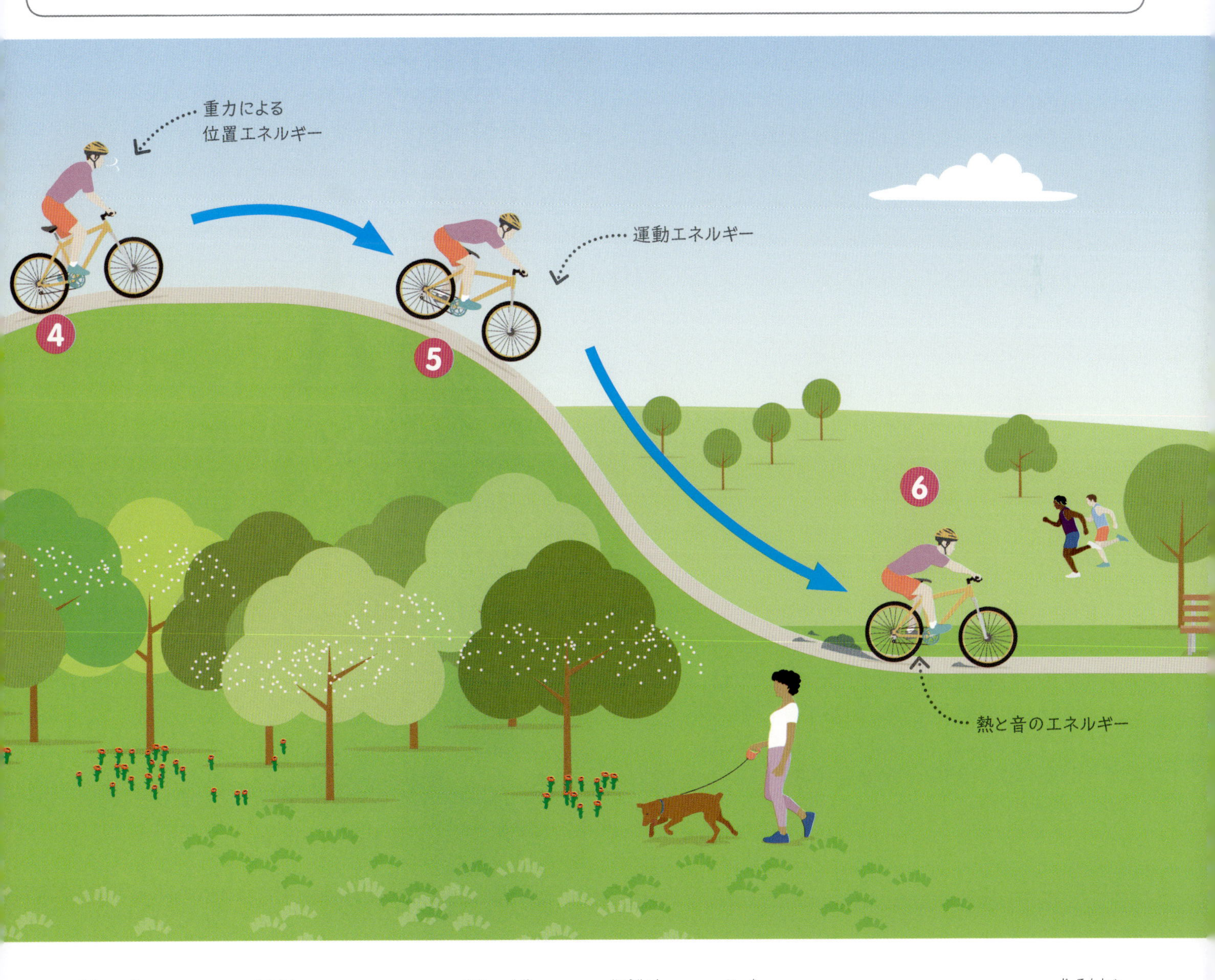

4 坂を上がるとき、筋肉がつくり出す運動エネルギーは、元の位置よりも高い場所に移動したことにより、「位置エネルギー」としてたくわえられます。

5 坂を下るとき、重力による位置エネルギーは、運動エネルギーに移ります。そのため、ペダルをこがなくてもスピードが出ます。

6 ブレーキをかけると、自転車の運動エネルギーが熱と音の形で失われるので、ブレーキがきしむ音をたて、スピードがゆっくりになります。

エネルギーのはかり方

エネルギーはさまざまな形をとるので、
はかり方もたくさんあります。
もっともよく使われる単位は、ジュールと呼ばれるものです。

エネルギーの単位

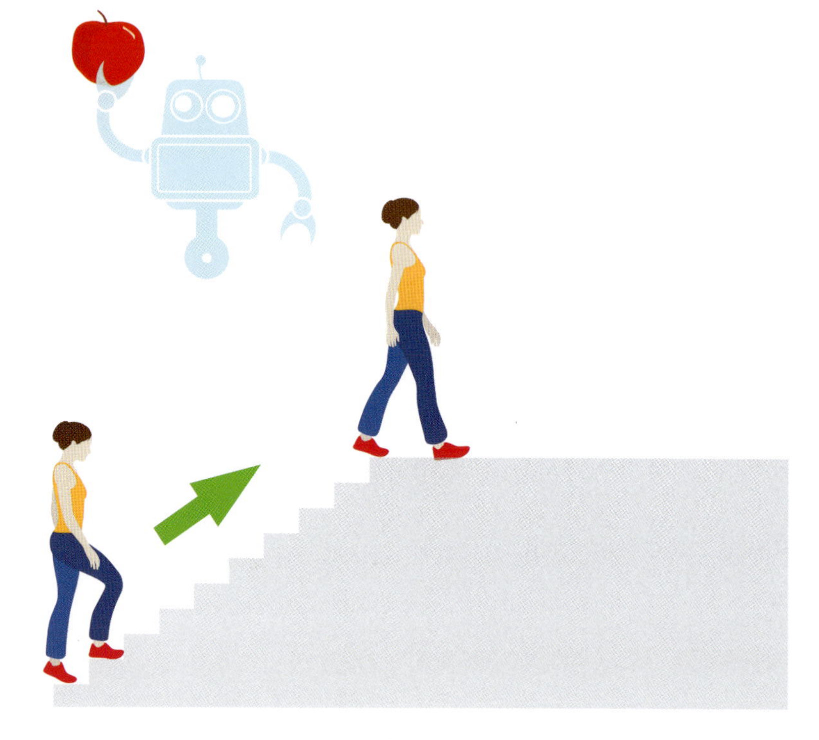

1 1ジュール（1J）は、1ニュートン（1N）の重さのもの（たとえば約100gのリンゴ1個）を1m持ち上げるのに必要なエネルギーです。10個のリンゴを1m上げるには、10ジュール（10J）が必要です。

2 1ジュールのエネルギーはとても小さいので、1000倍のキロジュール（kJ）をよく使います。一般的な階段を上がるには、およそ1kJのエネルギーが必要です。

3 1Lの水の温度を1℃上げるには、4.19kJのエネルギーが必要です。1Lの湯をわかすために室温（20℃）から100℃にまで上げるには、335kJが必要です。

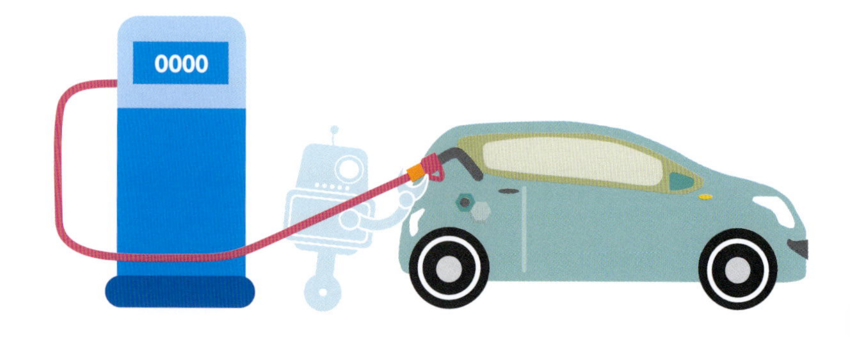

4 ガソリンには巨大なエネルギーがたくわえられているため、車にぴったりです。1Lのガソリンには、約35MJ（3500万ジュール）のエネルギーがふくまれています。

エネルギーと運動

人間の体は、毎日約8000kJ（約1900kcal）のエネルギーが必要です。使うエネルギーの量は、活動量と体の大きさによります。体が大きければ大きいほど、多くのエネルギーが必要です。

※人間の活動エネルギーをはかる場合、日本ではkcal（キロカロリー）が一般的。1kj=0.239kcal

1 平均的な速さで歩くと、1時間に約970kJ（約230kcal）のエネルギーを使います。速足で歩くときは、その倍に近いエネルギーが必要になります。

2 水泳は1時間に約2400kJ（約570kcal）のエネルギーを使います。バタフライは、クロールや平泳ぎなどより多くのエネルギーが必要です。

3 平均的な速さで走ると、1時間に約3700kJ（約880kcal）のエネルギーを使います。全力で走る短距離走には、ジョギングよりエネルギーが多く必要です。

力（パワー）

力は、エネルギーが使われる速さを表します。機械はパワフルであればあるほど、エネルギーを速く使います。電気製品の力はW（ワット）で表され、1キロワット（1kW）は1000ワット（W）です。

1 1Wは、1秒間に1Jのエネルギーを使うことです。例えば100Wのテレビは、毎秒100Jのエネルギーを使います。

2 1500Wの芝刈り機はエネルギーをとても速く使いますが、1週間に1度ほどしか使わないので、エネルギーが大量に必要になるわけではありません。

3 150Wの冷蔵庫は芝刈り機よりパワフルではありませんが、いつもオンになっているので、より多くのエネルギーを使います。

身の周りの科学

電力量のはかり方

電気料金では、ジュールではなくキロワット時（kWh）で電力量をはかります。1kWhは360万ジュール（J）で、1000（W）の電化製品（アイロンや電子レンジなど）を1時間つけっぱなしにしておいたときに使われるエネルギーです。

電力メーターは、家の中で使われた電力量を示します

発電所

家で使う電気の大部分は、発電所でつくられています。あらゆる電気の3分の2近くを生み出しているのは、むかしからある火力発電所です。

化石燃料は、死んだ生物の体から何百万年もかけてつくられたものなんだよ。

火力発電所

ほとんどの火力発電所は、石炭、石油、天然ガスといった化石燃料を燃やして電気をつくっています。化石燃料を燃やすと二酸化炭素が出るので、地球温暖化が進み、環境に悪い影響が出ます。

家、学校、工場

タービン

蒸気

発電機

水

ボイラー

復水器

電気

1 化石燃料を燃やして、水を蒸気にし、あみの目のようにめぐらされたパイプを通します。

2 この蒸気は、タービンという機械を回します。蒸気はまた水にもどされます。

3 回転するタービンが発電機を回すと、電気が発生します。

4 電気は、鉄塔に取りつけられた送電線を通して、家や学校や工場に届けられます。

再生可能エネルギー

地球にある化石燃料はやがて使い果たされますが、再生可能エネルギーと呼ばれるエネルギー源は永久になくなりません。再生可能エネルギーは化石燃料より地球温暖化を進めませんが、発電所が環境に悪影響を与えることがあります。

1 風力発電所は、巨大なタービンを風で回して電気をつくります。山の上や海の上など、風の強いところで効果を発揮しますが、景観がそこなわれると思う人もいます。

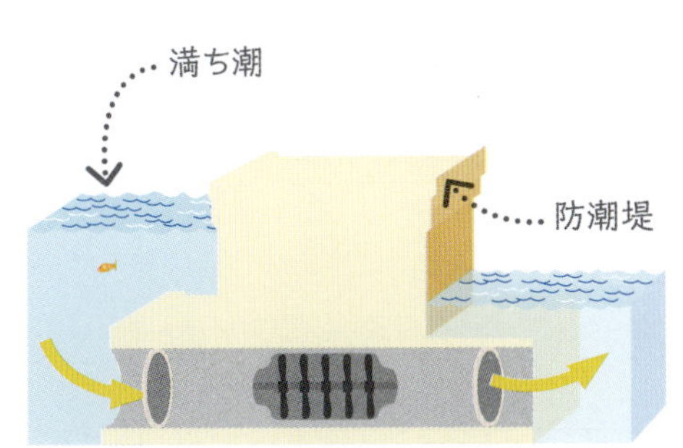

2 潮力発電所と波力発電所では、海水の動きを使って海底のタービンを回します。発電所の建設には費用がかかりますが、大量の電気を生み出すことができます。

3 水力発電所は、水をタービンに通して電気をつくります（水の位置エネルギーを使います）。流れを強くするために巨大なダムをつくって人造湖ができるので、野生生物のすみかが破壊されることがあります。

4 バイオマス発電所は、化石燃料ではなく、植物の廃棄物を燃やして熱水を蒸気にし、タービンを回します。そのときに出る二酸化炭素は、新しい作物や森を育てることでオフセット（帳消し）されます。

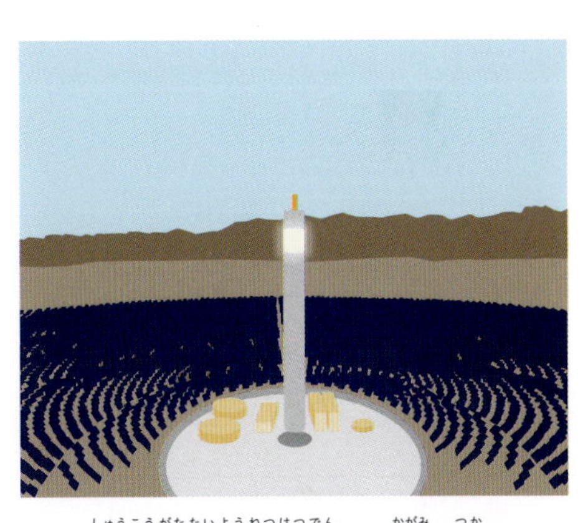

5 集光型太陽熱発電は、鏡を使って太陽光を中央の「ろ」に集めます。広大な土地が必要で、一年中日が差す地域でしか使えません。

身の周りの科学

発電機

発電機は、動くものの運動エネルギーを電気エネルギーに変えるもので、たとえば自転車の車輪の運動エネルギーを、電気エネルギーに変えてライトに送ります。発電機の中には銅のコイルと磁石が入っていて、磁石の回転につれて磁場が動き、コイルから電子を押し出すため、電気が生まれるのです。

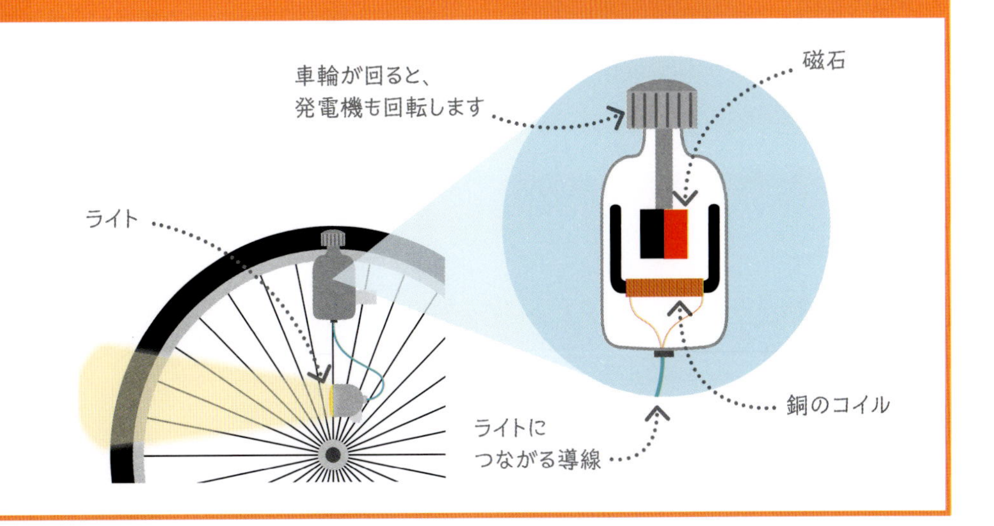

熱

熱エネルギーは、分子や原子の動きを速め、
それらの動きが速くなればなるほど、ものの温度は高くなります。
十分に熱くなると、光を発するものさえあります。

皮ふに太陽の熱があたると
皮ふの分子が速く
振動するようになるんだ。

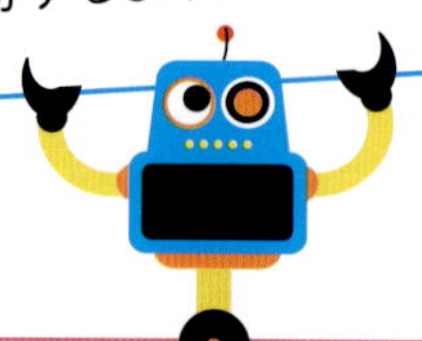

粒子と熱

ものは動かないように見えても、その粒子（原子や分子）は、いつも動いていて、あらゆる方向に飛び回ったり、回転したり、振動したりしています。ものの温度を上げるのは、この動く粒子の運動エネルギーです。

1 常温に置かれた鉄の棒の原子は振動していますが、たがいが結合されているため、そのままの形を保っています。

2 鉄が加熱されると、原子はより速く振動するようになります。950°Cになると、鉄の原子がエネルギーの一部を光として出すので、鉄は赤くなり始めます。

3 鉄が熱くなるにつれ、色はだんだん白くなります。1538°Cのあたりで、原子が分離するので、鉄はとけて液体になります。

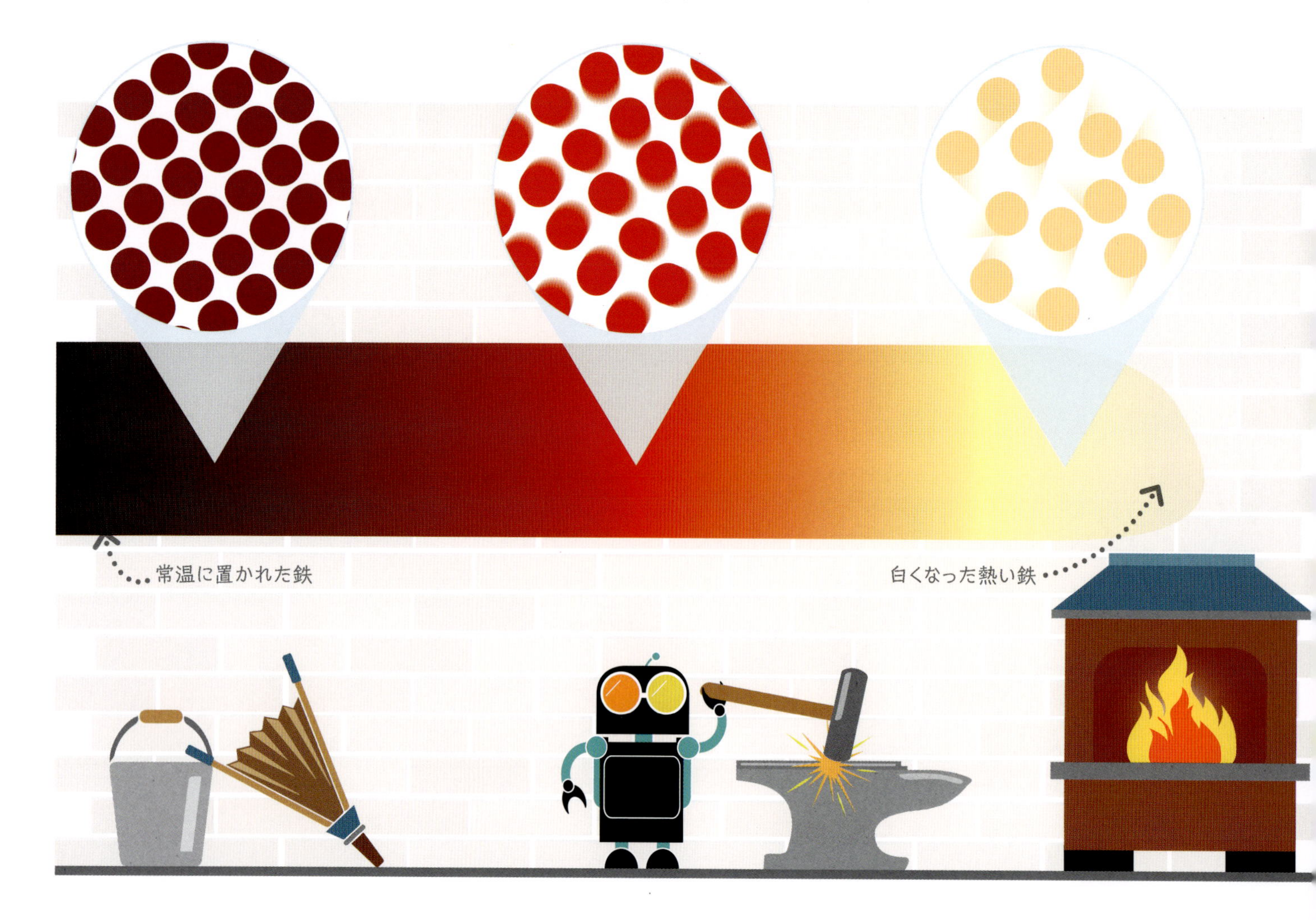

温度

物質の温度は、粒子の平均的な運動エネルギーを教えてくれます。速く振動すればするほど、温度も高くなります。温度は、摂氏または華氏と呼ばれる単位を使って、温度計ではかられます。

摂氏
°C
華氏
°F

500
400
300
200
100
0
-100
-200
-300

800
600
400
200
0
-200
-400

紙に火がつきます

水が沸騰します

水が凍ります

空気が凍ります

57℃は地球上で記録された最高気温です

-273.15℃は絶対れい度（宇宙の最低温度）です

温度計

熱と温度

物質にたくわえられる熱エネルギーの量は物質の温度によりますが、その大きさにもよります。たとえば、氷山は冷たくても、コーヒーカップよりずっと大きいので、一杯の熱いコーヒーより熱エネルギーを多くたくわえています。

身の周りの科学

デジタル温度計

デジタル温度計の中には、温度が高くなると、より多くの電気を通しやすくなるサーミスタと呼ばれる電気装置があります。サーミスタが電気を通しやすくなると、より高い温度が示されます。

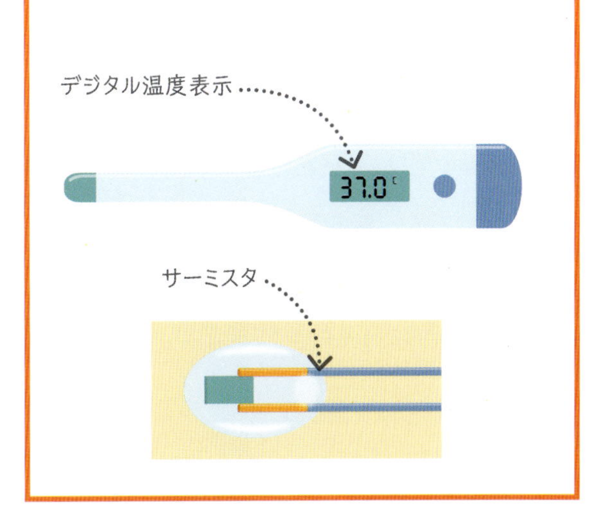

熱の移動

熱は、1つのところにとどまらず、常に冷たいほうに動いたり広がったり（移動）します。
熱は、伝導、対流、放射という3つの方法で移動します。

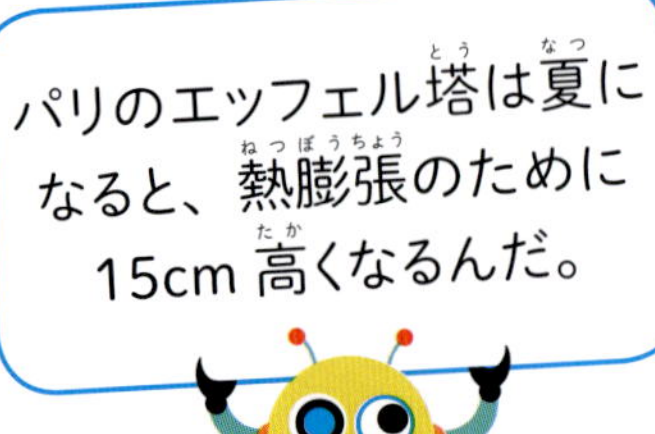

パリのエッフェル塔は夏になると、熱膨張のために15cm 高くなるんだ。

振動する分子

伝導

伝導は、温かいものが冷たいものにふれたときに起こります。熱は、温かいものから冷たいものに、両方が同じ温度になるまで移動します。

1 冷たい金属のスプーンを、熱い紅茶のカップに入れます。

2 紅茶の熱い分子は、スプーンの冷たい分子より速く振動します。そのため、紅茶の分子がスプーンの分子にぶつかると、その分子をより速く振動させます。

3 スプーンの中の熱くなった分子が、となりにある冷たい分子にぶつかると、それをより速く振動させます。

4 1つの分子が振動して、となりの分子にぶつかるにつれ、スプーン全体が温かくなります。

導体と不導体

金属や水などの物質は、熱をよく伝える導体です。それらにふれると冷たく感じるのは、皮ふの熱がにげるからです。布やプラスチック、木などの不導体は、ほとんど熱を伝えず、体から熱がにげるのを防ぎます。

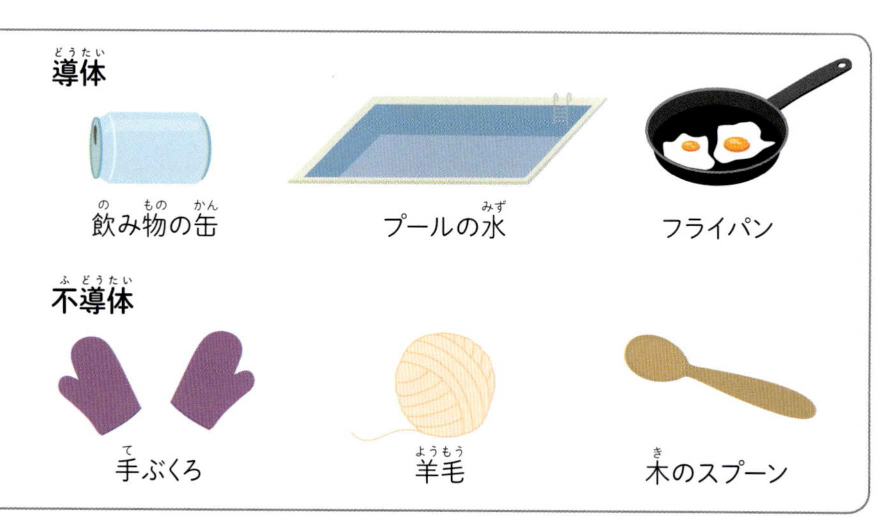

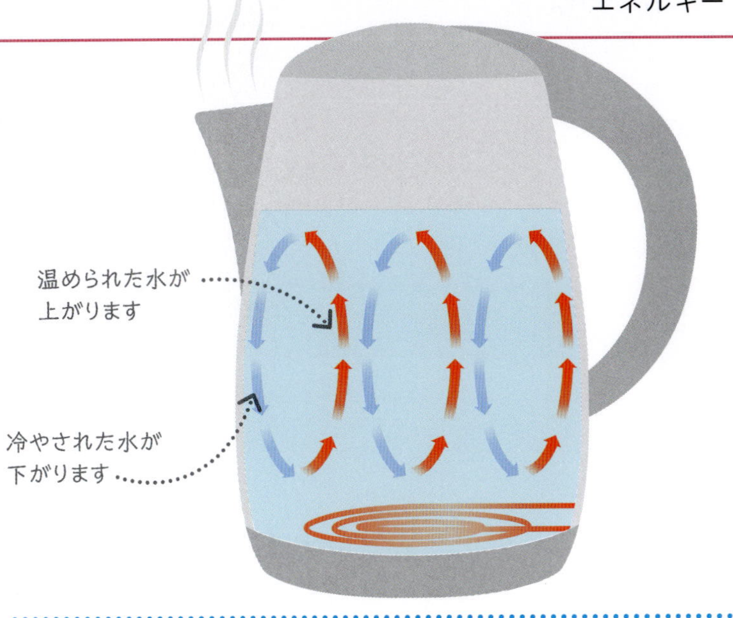

対流

対流は、あらゆるタイプの液体と気体の中で、流れをつくって熱を移動させます。対流は、循環します。温められた水は、周囲の冷たい水より軽くて密度が低いので、上に移動します。上に移動した温かい水はまわりに冷やされて密度が高くなるので、また下にしずみます。

放射

伝導と対流とはちがい、放射では、熱のエネルギーが波の形で移動します。これらの波は、赤外線としても知られています。赤外線は目に見えませんが、皮ふで感じることはできます。明るい陽射しのもとにいるときや、火に手をかざしたときに温かく感じるのは、そのためです。

やってみよう

水の中の対流

液体は温度が変わると密度も変わります。お湯は水より密度が低いので軽くなり、上のほうに移動します。この動きを対流といいます。簡単な実験で、この動きを見てみましょう。

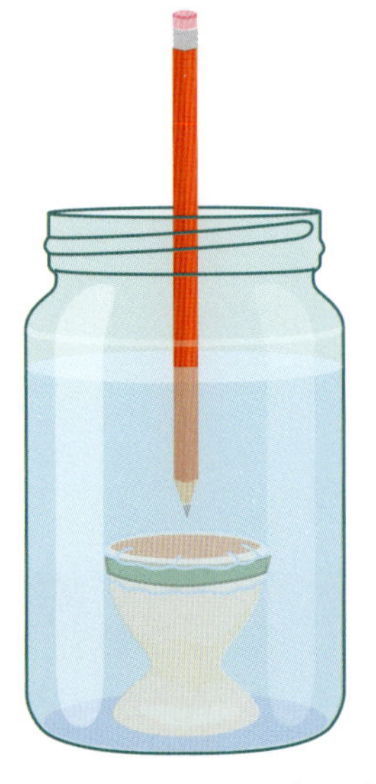

1. エッグカップにお湯と食品着色料（食紅）を入れます。カップの上にラップをかけて、ふちを輪ゴムでしっかりとめます。
2. エッグカップをびんの底に置き、冷たい水を注いだら、とがったえんぴつの先でラップにあなを開けましょう。
3. えんぴつを抜くと、色のついたお湯が、けむりのように上にのぼってきます。

エンジンのしくみ

大部分の車、飛行機、船、ロケットは、燃料を燃やして熱を発生させ、その熱エネルギーを運動エネルギーに変えるエンジンで動いています。これを熱機関といいます。

科学の言葉では、燃やすことを「燃焼」というんだよ。

内燃機関

車のエンジンは内燃機関と呼ばれます。なぜなら、エンジン内部にある小さな金属のシリンダーの中で燃料を燃やすからです。燃える燃料から出た熱い気体は、1秒間に約50回、金属製のピストンを上下に押し動かします。ピストンの上下運動を、クランクが回転運動に変えるので、車輪が回るのです。

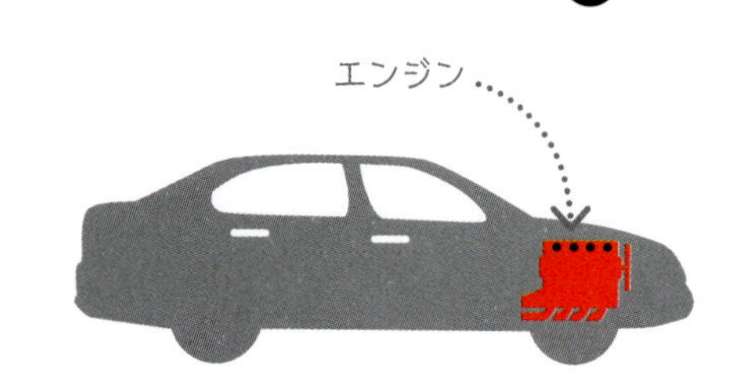

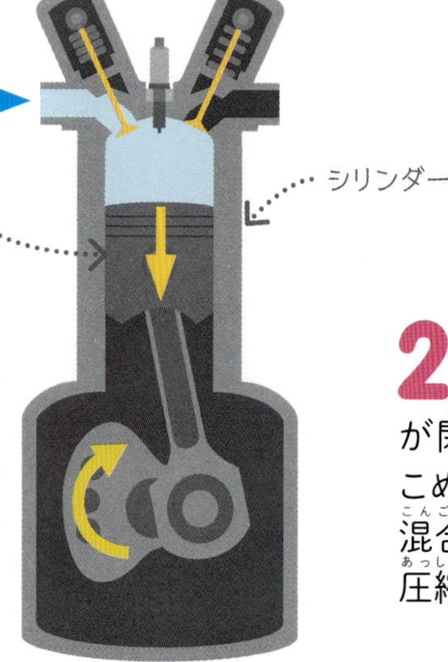

1 吸気

車のエンジン内のシリンダーは4つのステップで働きます。まず、ピストンが下がって、空気と燃料をシリンダーに吸いこみます。

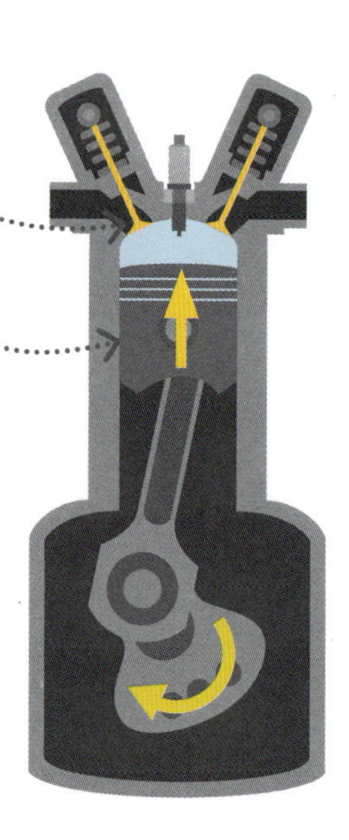

2 圧縮

上部にある吸気バルブが閉じて、空気と燃料をとじこめます。ピストンが上がり、混合ガスをせまいスペースに圧縮します。

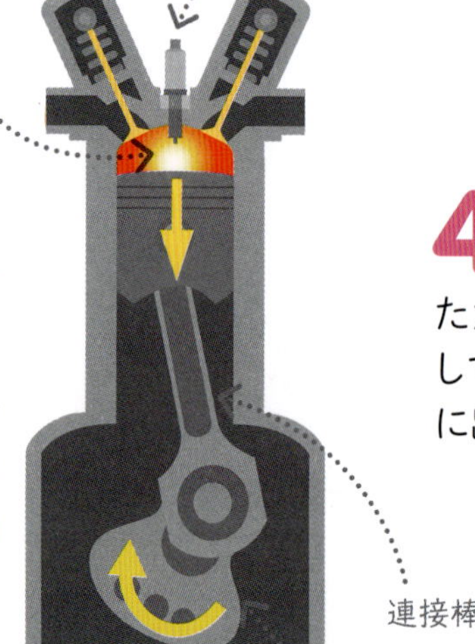

3 燃焼

火花によって燃料に火がつきます。燃料が燃えると、できた熱いガスがふくらんで、ピストンを強い力で押し下げます。連接棒とピストンの下のクランクが上下の動きを回転の動きに変えます。

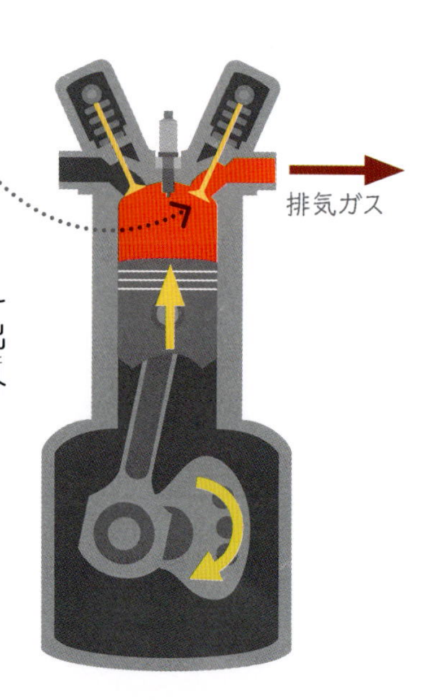

4 排気

ピストンが上がり、燃えたガスを排気バルブに押し出して、排気パイプから車の外に出します。

ジェットエンジン

大型の航空機はジェットエンジンで動きます。このエンジンにはピストンもシリンダーもありません。その代わり、つつの中にあるファン（羽根）が回転して空気を吸いこみ、その後、圧縮された空気が燃焼室に押しこまれます。

1 前面にある大きなファンが空気を吸いこむと、複数の小型の圧縮ファンが空気を圧縮します。燃料が燃えてふくらむときに、より多くのエネルギーが得られるようにするためです。

2 ジェット燃料が圧縮空気に吹きつけられて、混合ガスに火がつきます。この熱により、圧縮空気と燃料を燃やしてできたガスがふくらみます。

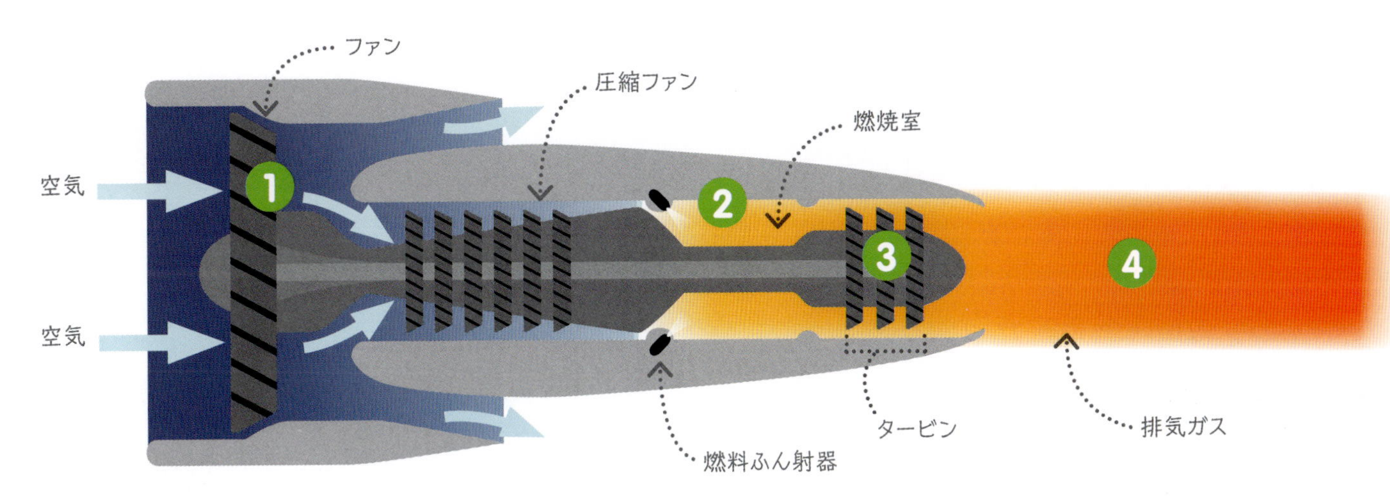

3 ふくらんだガスはタービンと呼ばれるファンに押しよせて、タービンを回転させます。これにより、前面のファンと圧縮ファンも回転します。

4 高温の排気ガスが、後ろから高速で吹き出します。このパワフルな動きが推力と呼ばれる力を生み出して、飛行機を前に進めます。

ロケットエンジン

宇宙に空気はありません。そのためロケットは燃料だけでなく、酸素（171ページ）も運ぶ必要があります。酸素は燃料と反応して、ロケットに力を与えます。

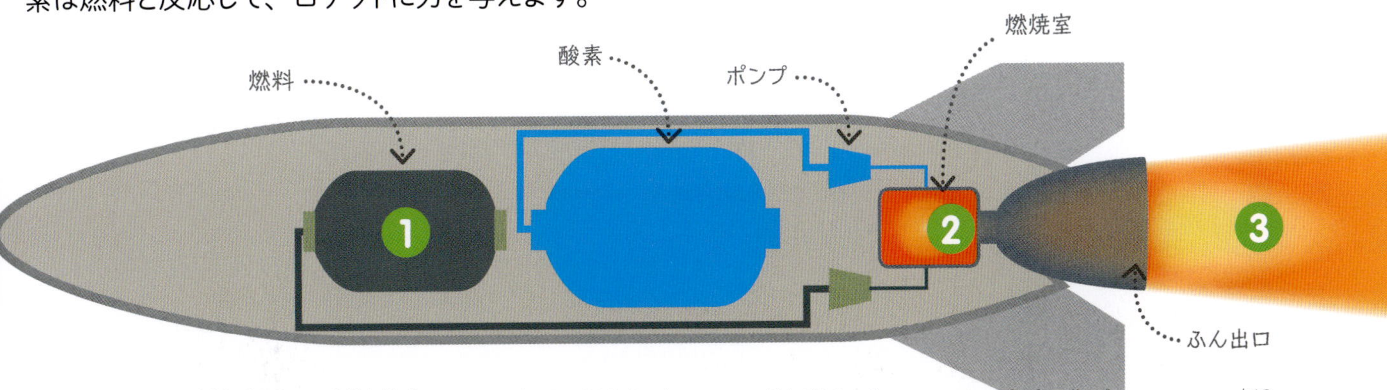

1 燃料（ふつう液体水素）と液体酸素が、2つの大きな貯蔵タンクからポンプでエンジンに押し出されます。

2 酸素と燃料が混じって、燃焼室で燃えます。これにより、ロケットの後ろから高温の排気ガスが吹き出します。

3 後方に排気ガスがふん出されると、反作用の力が生まれ、ロケットを前に進めます。

波

波はある場所から別の場所に動くように見えます。
でも、波は水を前に進めるわけではありませんし、
音波も音を前に進めるわけではありません。
ただエネルギーを別の場所に伝えるだけなのです。

水に起きる波は、
水を動かすのではなく、
エネルギーを伝えるんだ。

波のしくみ

波は、わたしたちの暮らしの重要な一部です。情報のやりとりをしたり、料理したり、サーフィンを楽しむのにも波を使っています。だからそのしくみについて考えてみましょう。

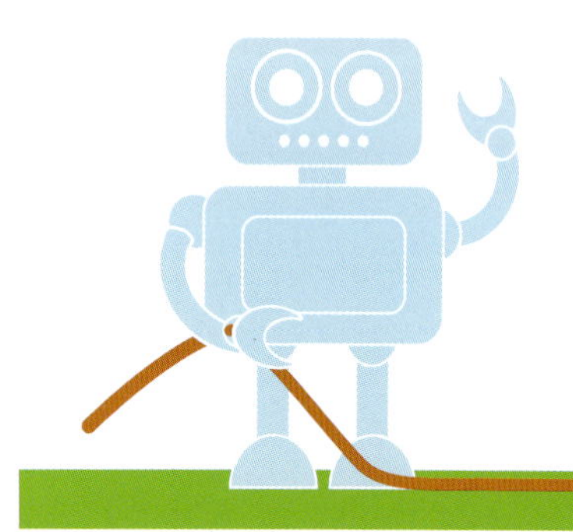

ロープは動きません。
エネルギーがないからです

1 このロープを見てください。ロボットがロープのはしをにぎっていますが、残りは床の上で動かないままになっています。

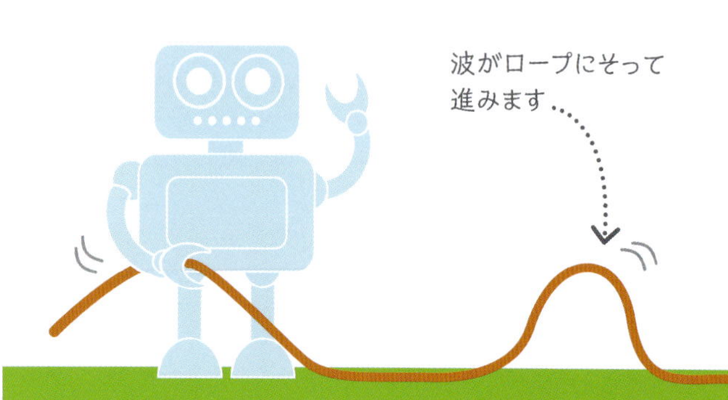

波がロープにそって
進みます

この部分のロープは動きません。
エネルギーがないからです

2 ロボットが、ロープのはしをふって波を立てます。これにより、エネルギーがロープに伝わります。波はこのエネルギーをロープにそって伝えていきます。

3 ロボットが手を上下にふって、たくさん波を立てます。すべての波が、ロープにそって進みます。

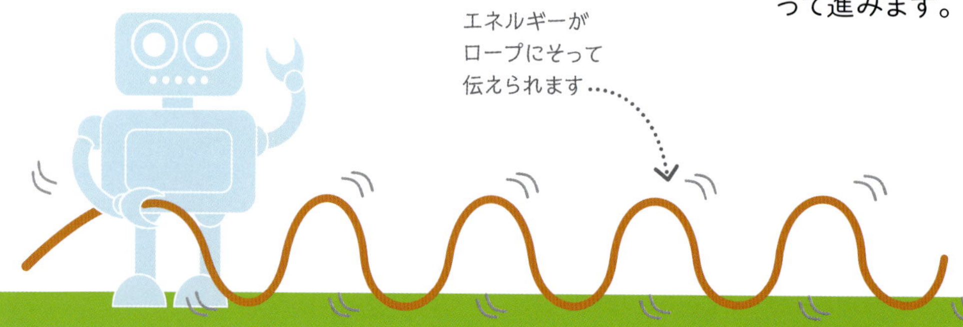

エネルギーが
ロープにそって
伝えられます

やってみよう

ウェーブマシン

グミを木の串にさしてウェーブマシンをつくり、波の大きさやスピードを変えると、どうなるか見てみましょう。

※実験に使ったグミは食べてはいけません。
※グミを串に刺すときは、ケガに注意しましょう。

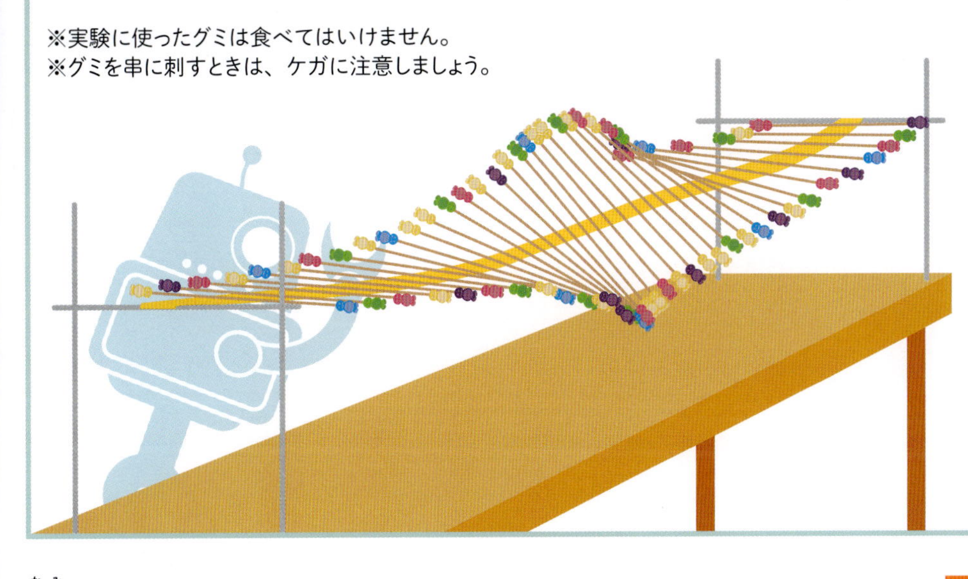

1. 2つの固定された場所のあいだに布ガムテープを張ります。2つのいすの背を使ってもいいですし、長いベンチの手すりに金具をとりつけてもいいでしょう。テープの粘着面を上にします。
2. 串を5cm間隔でテープにくっつけていきます。そのあと、もう1枚布ガムテープを張って、串を2枚の布ガムテープの間にはさみます。
3. グミを、それぞれの串の両はしにさします。テープは地面と水平にします。好きな部分をはじいて、波が生まれ、前後にゆれる様子を観察しましょう。

波をはかる

どんな波も、同じ方法ではかることができます。波をはかるのに必要なのは、波長（山と山の距離）、振幅（波の高さ）、振動数（1秒間あたりの波の数）です。

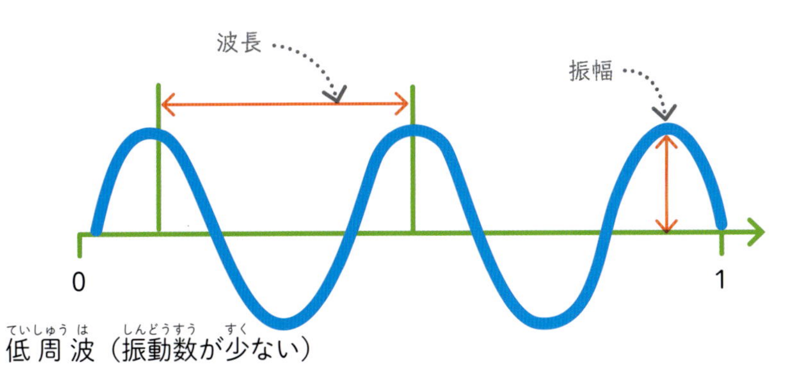

低周波（振動数が少ない）

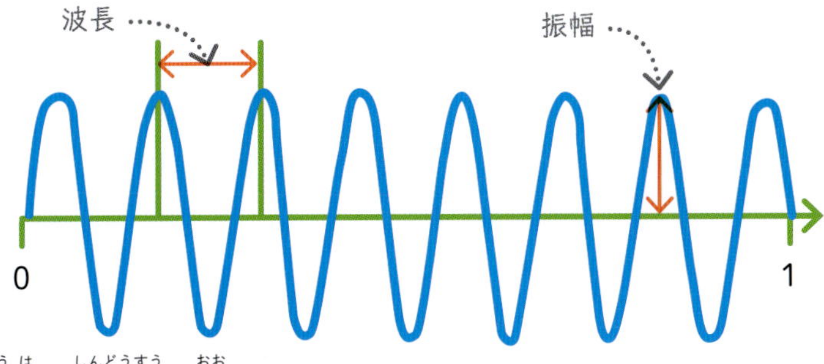

高周波（振動数が多い）

身の周りの科学

光ファイバー

技術者は、波を使って情報を送るみごとな方法を開発しました。光ファイバーは、人間のかみの毛ほどの細さのガラスやプラスチックの細長い素材です。光の波は、この光ファイバーの中を、超高速で伝わります。デジタルのデータは光の点めつによって表せるので、高速のインターネットを使うことができるようになったのです。

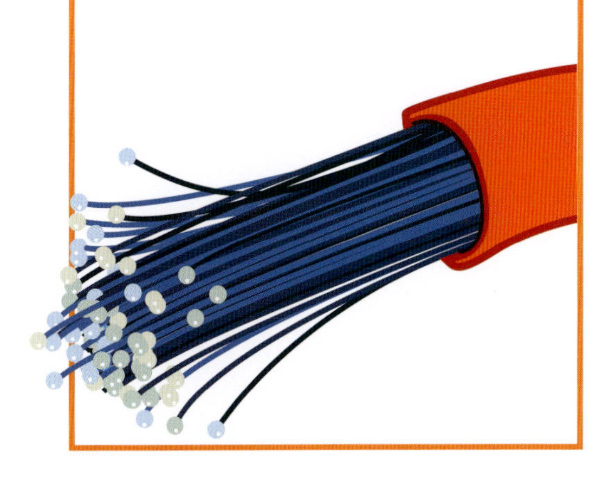

波の動き方

波は、じゃまされなければ、スムーズにむらなく移動します。けれども、何かにぶつかったり、水から出て空気に入るように、ちがう物質の中を移動する瞬間、動き方が変わります。

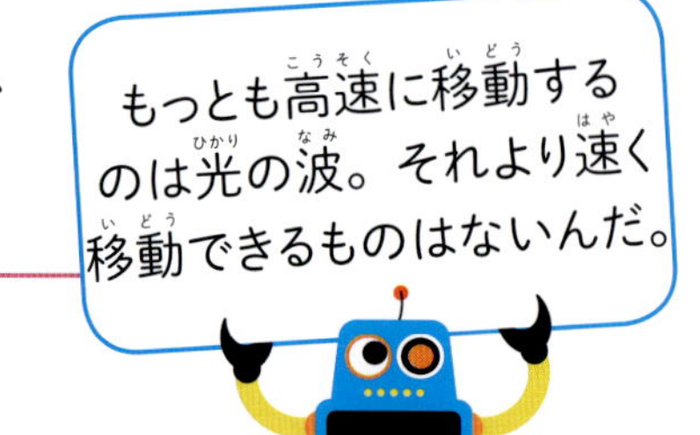

もっとも高速に移動するのは光の波。それより速く移動できるものはないんだ。

反射

波は、固体の障害物にぶつかると、当たってはねかえります（反射）。反射した波の形は、入ってくる波（入射波）と障害物の形によって異なります。

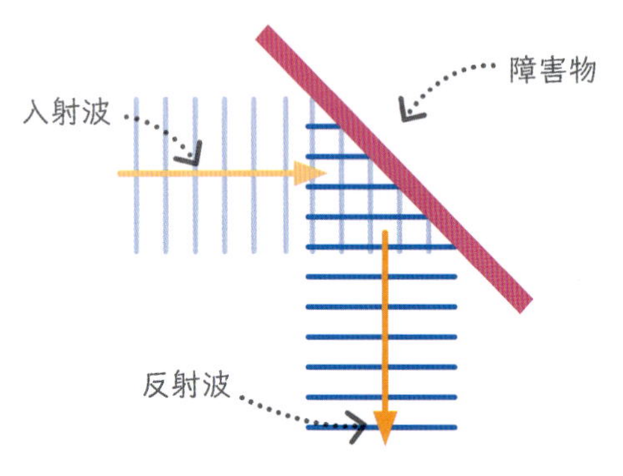

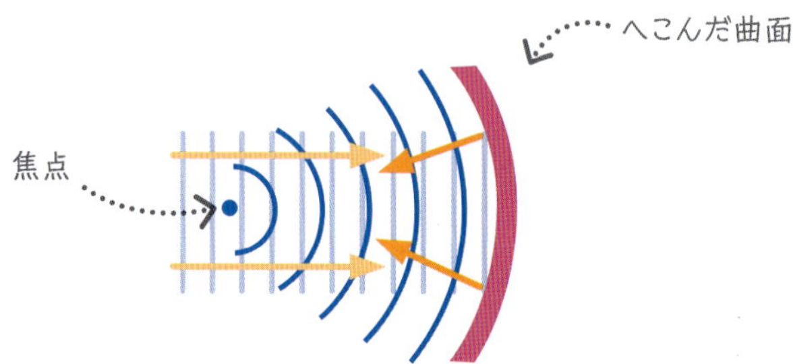

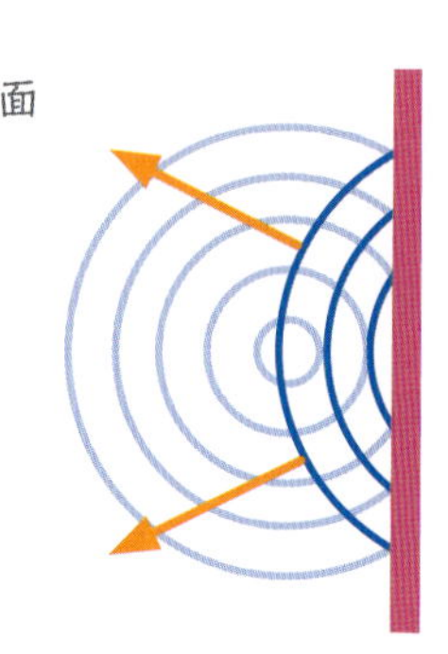

1 まっすぐな波がまっすぐな障害物に当たると、波は形を変えずに反射します。光の波が鏡に当たったときには、このように動きます。

2 まっすぐな波がへこんだ曲面（凹曲面）に当たると、反射した波は、焦点に向かって内側に集まります。パラボラアンテナは、電波を焦点に集めるため、この形をしています。

3 円形の波がまっすぐな障害物に当たると、ふたたび円形の波として反射します。池の波紋（同じ円の波）が岸に当たると、このように動きます。

屈折

波は、通過する物質ごとに異なる速度で進みます。たとえば、光の波が空気から水に入ったときには、速度が落ちます。波が別の物体にななめに入ると、この速度の変化により、進む方向も変わります。これを屈折といいます。コップに入った水の中のストローが折れたように見えるのは、ストローに当たった光が、水を出るときに屈折するためです。

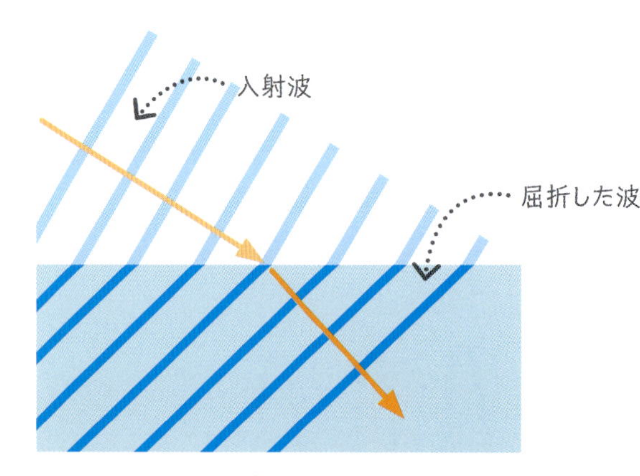

1 光の波が空気から水に入ると、速度が落ちるために、折れ曲がります。

2 ストローに当たった光は、水から空気へ動くときに曲がるため、まるでストローが折れているように見えます。

回折

波がすき間を通ったあと、広がることがあります。これを回折と呼びます。回折が起こるのは、すき間の大きさが波長より小さいときです。

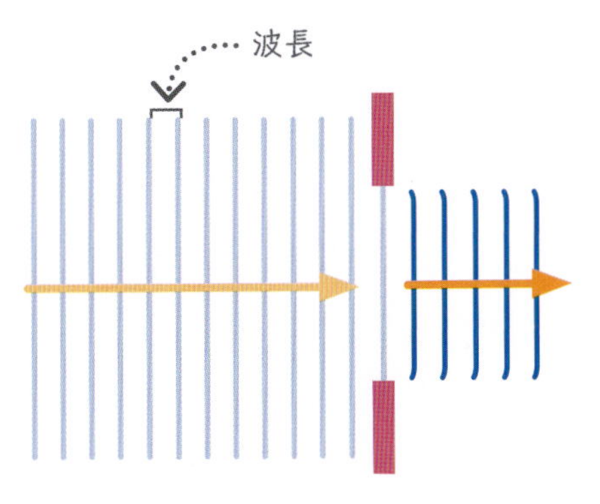

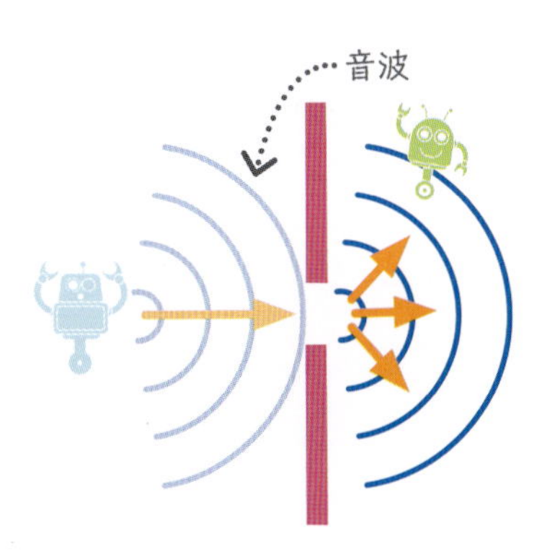

1 波長が短い波が広いすき間を通るとき、回折はほとんど起こりません。波が通れないところには影ができます。光がドアのすき間を通るときには、このことが起きます。

2 波長が長い波がせまいすき間を通るときには回折が起こりやすくなります。たとえば音がドアのすき間を通るときには、回折が生じます。「音の影」はできないため、音は部屋の反対側にも届きます。

干渉

波どうしが出合うと、いっしょになって大きな波や小さな波を作ります。これを干渉といいます。光の波の干渉は、石けんのあわや、チョウのはねに見える干渉色をつくります。嵐になると、海の波が干渉しあって、巨大な波ができることがあります。

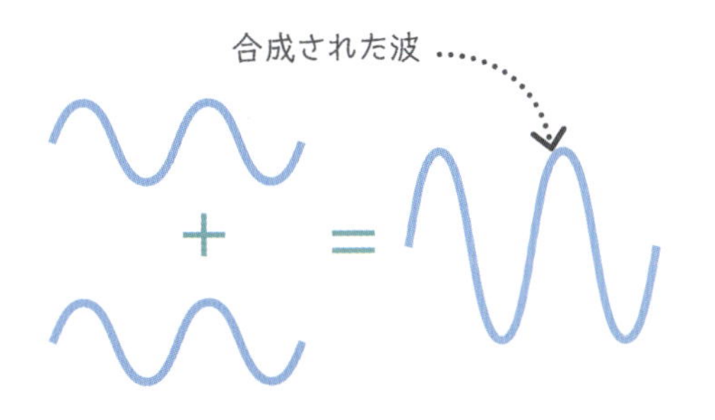

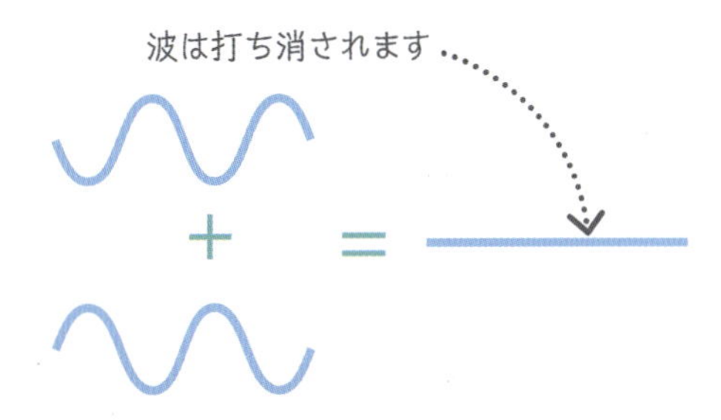

1 似た形の波の山が重なると、2つの波がいっしょになって、大きな波をつくります。このことを正の干渉（建設的干渉）と呼びます。

2 波の山が、もう1つの波の谷（低い地点）と重なると、2つの波はたがいを打ち消しあいます。このことを負の干渉（相殺的干渉）と呼びます。

やってみよう

波をつくる

風のない日に小石を池に投げると、干渉が起きる様子を見ることができます。同心円が2つできるように注意して小石を投げましょう。そうしたら、波が出合うところを見て、正の干渉（大きな波）と負の干渉（平らな水面）を見つけましょう。

※周囲の人やボートに乗っている人に注意しましょう。また石を投げ入れてはいけない池もあるので、よく確かめて実験しましょう。

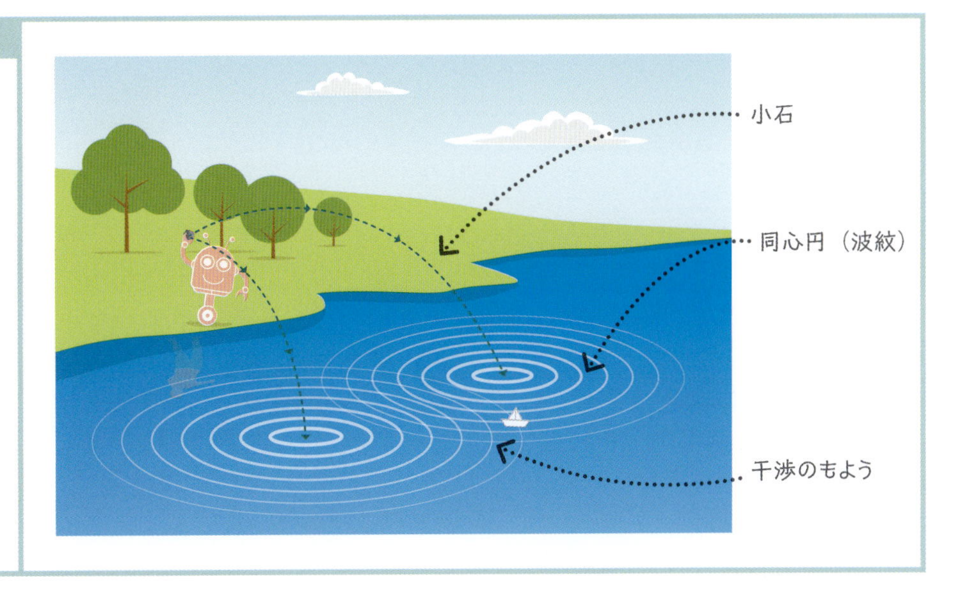

音

わたしたちが耳にする音は、じつは空気の動きです。
音が生まれると、空気が振動します（前後に動きます）。
この振動を耳がキャッチして、音として感じるのです。

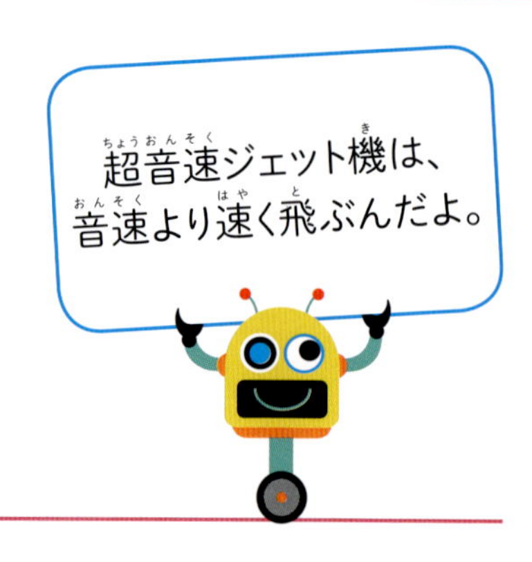

超音速ジェット機は、
音速より速く飛ぶんだよ。

音波

あらゆる音は振動として始まります。振動は空気中に音波として広がり、あなたの耳に届きます。

1 ギターの弦をはじくと、弦が振動します。弦の振動はまわりの空気分子を前後に押して、それらも振動させます。

2 空気の分子がとなりの分子にぶつかることをくり返し、空気を通して振動を広げていきます。

3 音波があらゆる方向に広がりますが、音のもとから離れるほど音は小さくなります。

音の速さ

音波は、気体、液体、固体のどれを通しても伝わります。気体よりも液体の中で音が速く伝わるわけは、分子がぎっしりつまっている液体のほうが、振動を速く伝えるからです。固体では、さらに速く音が伝わります。

1 宇宙では
宇宙にはまったく音がありません。真空に近い状態で、分子がほとんどないためです。音が宇宙で伝わらないのは、音波を伝える空気の分子がないからです。

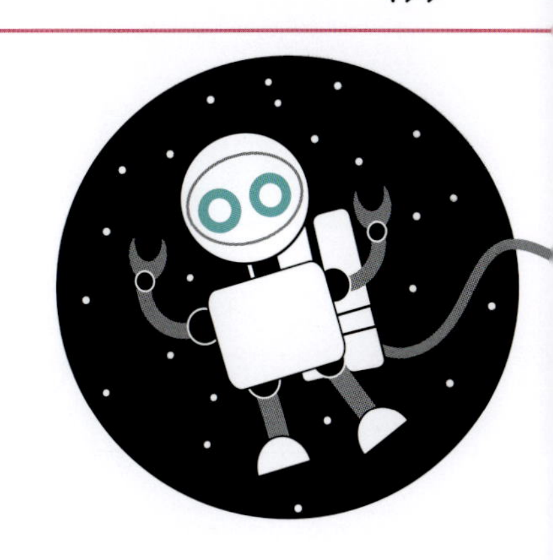

2 空気中では
音は1秒間に約330m 進みますが、これは光の速度に比べると100万分の1の速さでしかありません。かみなりの光が見えてから数秒後に音が聞こえるのは、そのためです。

音は光より
おそく伝わります

3 水中では
音は、水中では1秒間に約1500m 進みます。また音は、空気中より水中のほうが遠くまで伝わります。そのためクジラの群れは、仲間が数 km 離れた場所にいてもコミュニケーションをとることができます。

やってみよう

糸電話（紙コップ電話）

2つの紙コップをじょうぶな糸でつなぎ、友だちに片方を持ってもらって、糸をぴんと張ります。紙コップを耳にあてて、友だちに何かしゃべってもらいましょう。糸を通じ、音波として伝わってくる声が聞こえるはずです。

※できれば、室内の安全な場所で実験しましょう。

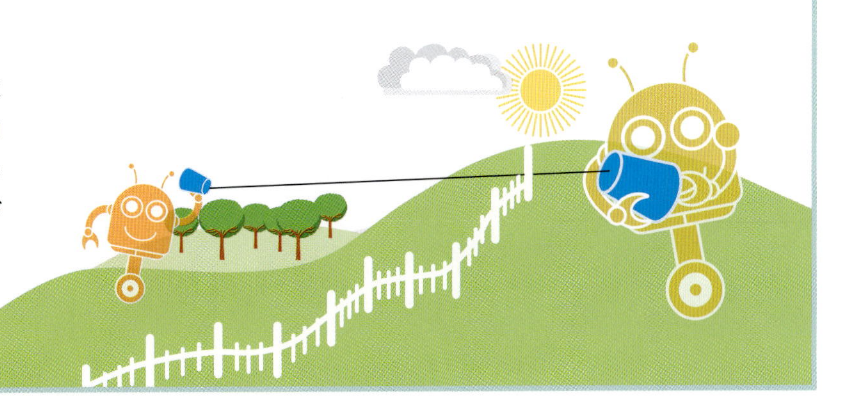

音のはかり方

音は、大きかったり小さかったり、口ぶえのように高かったり、かみなりのように低かったりします。
こうしたちがいは、耳に届く音波の形のちがいが原因です。

赤ちゃんや子どもは、おとなには高すぎて聞こえない音も聞き取れるんだよ。

周波数

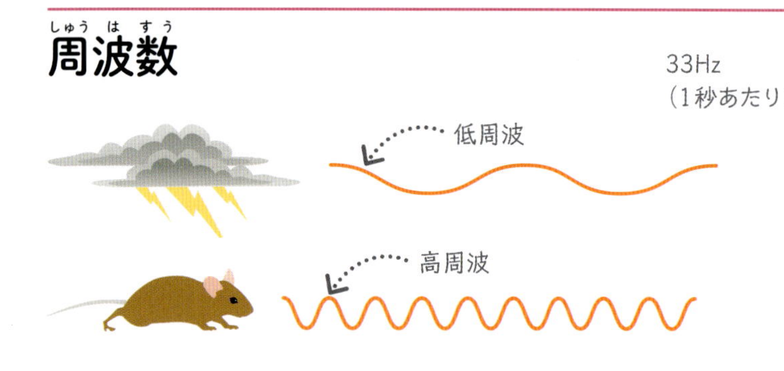

33Hz
（1秒あたり33回の音波）
4186Hz
262Hz

1 毎秒耳に届く音波の数のことを周波数といいます。高い音ほど、周波数が高くなります。

2 周波数はヘルツ（Hz）で表します。ほとんどのピアノが出す周波数は33 Hz（もっとも低い音）から4186 Hz（もっとも高い音）にまでおよびます。

3 人間の耳は20 Hzから20000 Hzまでの音を聞き取ることができます。それより高い音は超音波、それより低い音は超低周波音と呼ばれます。動物の中には、超音波や超低周波音を聞き取れるものもあります。

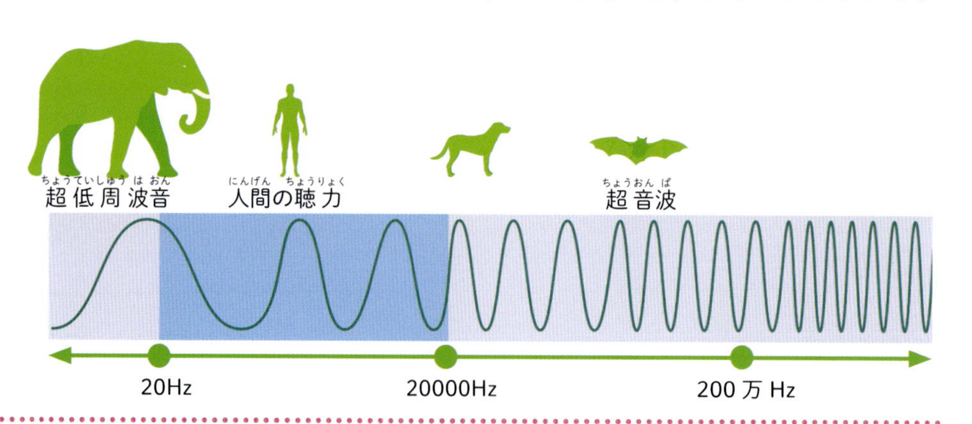

音量

音量（ボリューム）は、波の持つエネルギーの量によって変わり、ふつう、音のグラフの波の高さで知ることができます。音量は、デシベル（dB）で表されます。

人間に聞こえる最小音は0 dBのささやき

木の葉がこすれ合う音は約10 dB

カがブーンと飛ぶ音は約 20 dB

大きな笑い声は約 60 dB

洗たく機は約 80 dB

音色

1つの音高しか持たない音はほとんどありません。大部分の音には、基本の音高（基音）と、倍音と呼ばれるさまざまな音高が混じっています。倍音は、音の質のちがいをつくり出し、楽器に独特の音色をもたらしています。

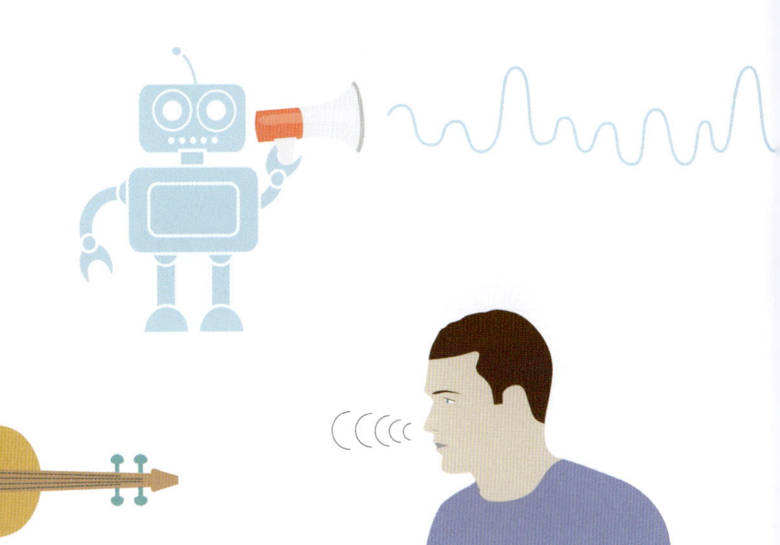

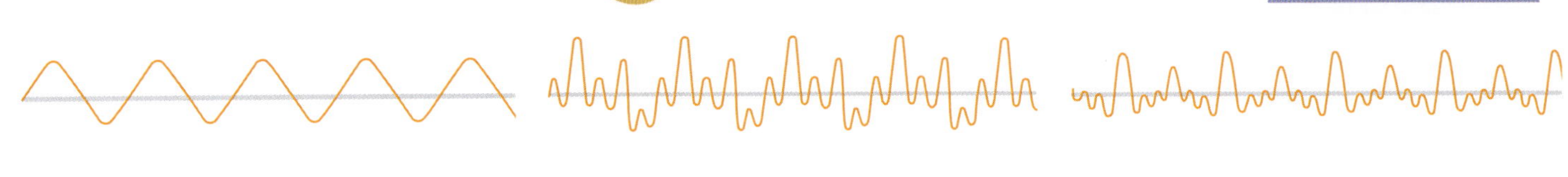

1 音さは、ほぼ倍音のない純粋な音を出すので、単純な波形をしています。

2 ヴァイオリンの波形はギザギザしていて、主な波（基音）の形の上に、多くの鋭い倍音が重なっています。

3 人間の声はヴァイオリンに似ていますが、波形の山がもっとはっきりしています。

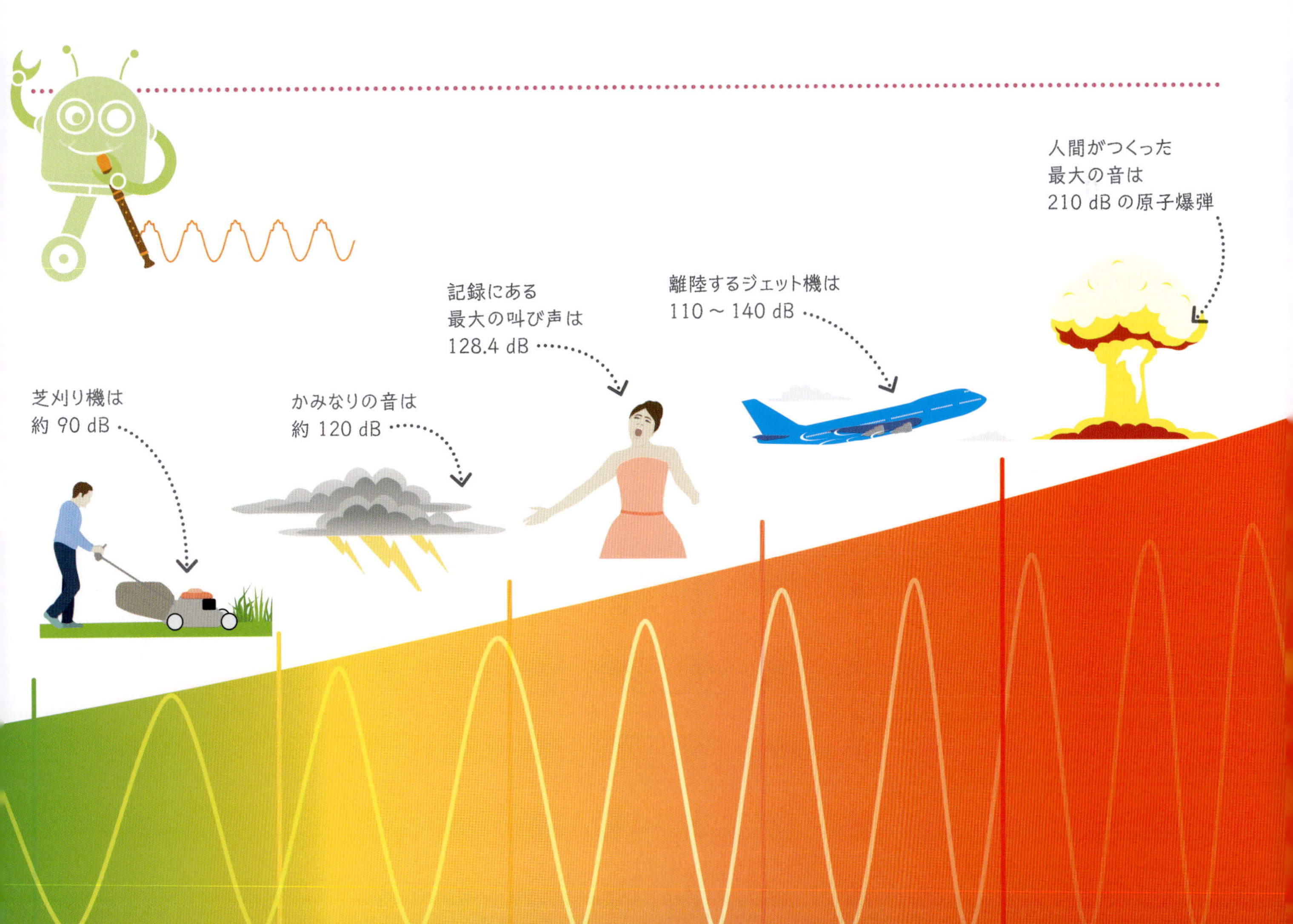

光

太陽の光を直接見てはいけないよ。太陽の光はとても強いので、一瞬でも見ると目を傷つけるよ。

光は、目でとらえられるエネルギーです。光は波として伝わります。とても速く伝わるので、光線は部屋全体を一瞬で明るくします。

1 太陽、恒星、ろうそく、電灯などは、みな光を放つので、発光体または光源と呼ばれます。発光体は、直接目の中に入ってくるまぶしい光を放つものです。

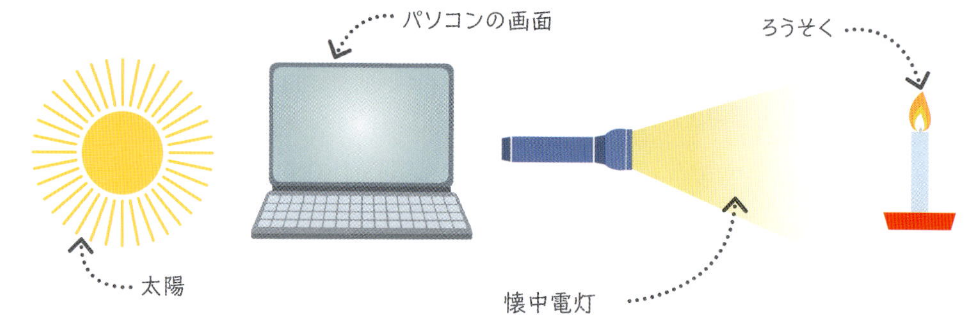

2 ほとんどの物体は発光体ではありません。それらが見えるのは、その物体にぶつかった（反射した）光が目に入ってくるからです。月も発光体ではなく、太陽の光を反射しているので明るく見えます。

3 光はまっすぐ進み、その道すじを光線と呼びます。穴を開けた厚紙を3枚並べて懐中電灯で照らしたとき、光が反対側に通りぬけるのは、穴が同じ位置に重なっているときだけです。

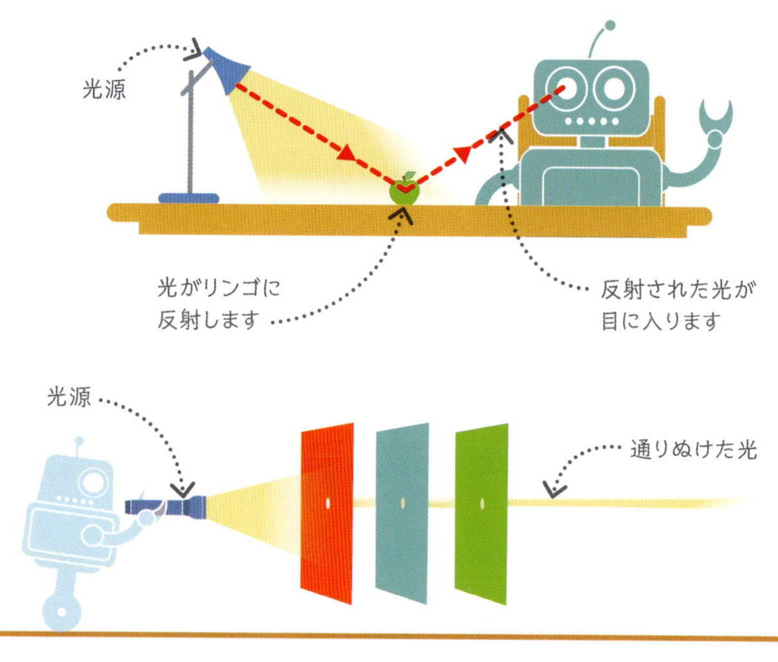

4 光はまっすぐ進むため、その道すじをさえぎるものがあると、影ができます。影はふつう、まっ暗ではありません。周りのものに反射した光が、影の部分にも届くからです。

5 小さな光源や遠くの光源は、くっきりした影をつくりますが、大きな光源は、さまざまな濃さを持つソフトな影をつくります。光が完全にさえぎられた中心の影は本影と呼ばれ、その周りのうすい影は半影と呼ばれます。

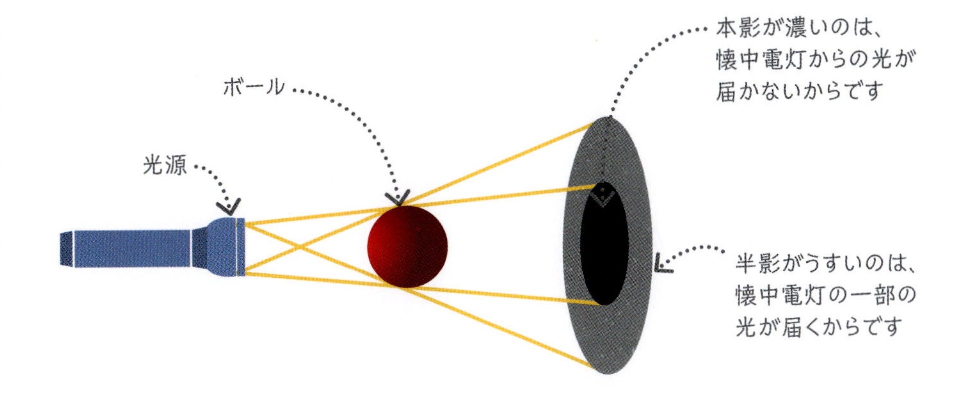

不透明、透明、半透明

ほとんどの固体は光をさえぎりますが、水やガラスのような一部の物質は、光の波をまっすぐ通します。

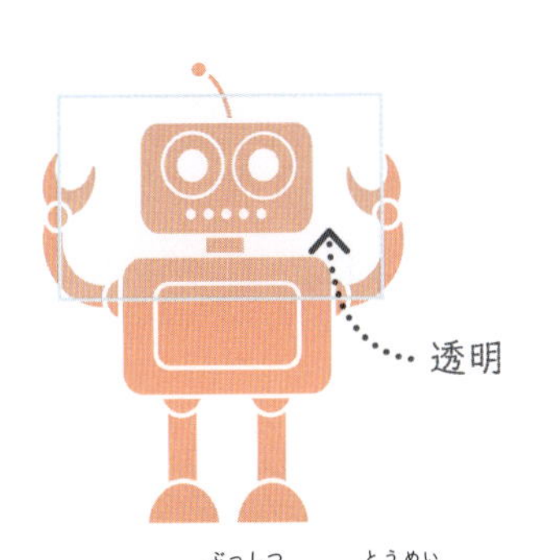

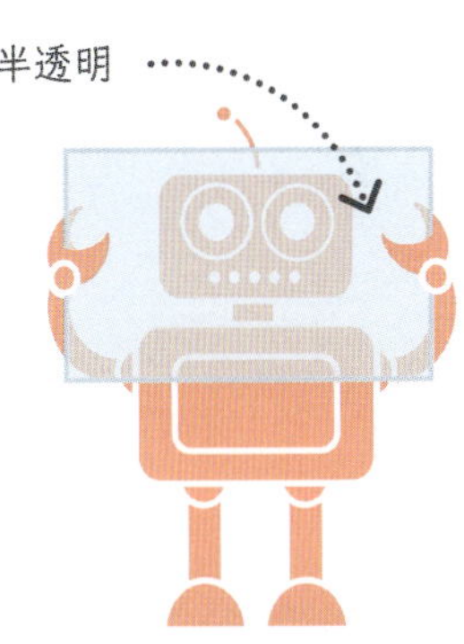

1 不透明な物質は、あらゆる光をさえぎります。木や金属は不透明で、光を反射または吸収します。

2 ガラスのような物質は、透明です。大部分の光は通りぬけますが、少しだけ反射する光があります。そのため、ガラスの表面が目に見えるのです。

3 くもりガラスのような半透明の物質を通るとき、光は散乱します。物質の中や表面にある小さな粒子が光を散乱させるためです。

やってみよう

日時計と影

影の位置から時刻がわかる日時計をつくってみましょう。

1. 植木鉢に砂を入れ、長い棒をまっすぐにしっかり立てます。
2. よく晴れた日の朝8時に、棒の影の先に小石を置いて、石に時刻を書きこみます。1時間ごとに、同じことをしましょう。
3. 次に晴れた日に、この日時計を見てみましょう。今の時刻がわかりますか?

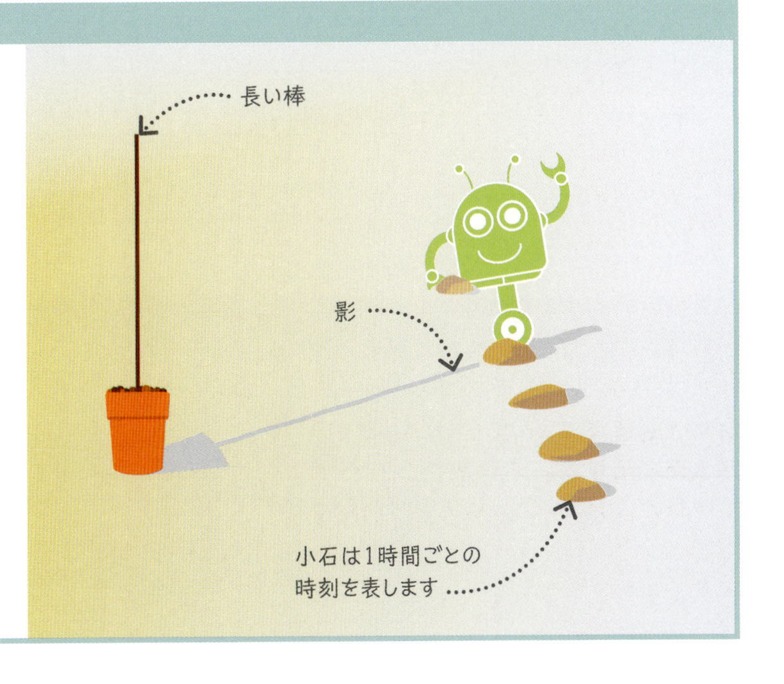

反射

光線が物体に当たってはねかえることを反射といいます。
鏡のようにとてもなめらかな物体は
光をとてもよく反射するので、自分の姿を見ることができます。

ガラスでできた鏡は、光を反射させるため裏側が銀のうすい膜でおおわれているよ。

1 あらゆる物体は光を反射しますが、大部分の物体の表面はあらく、光をさまざまな方向に散らします。鏡のように、とてもなめらかな表面を持つ物体は、光線を規則的に反射します。そのため鏡に顔が映るのです。

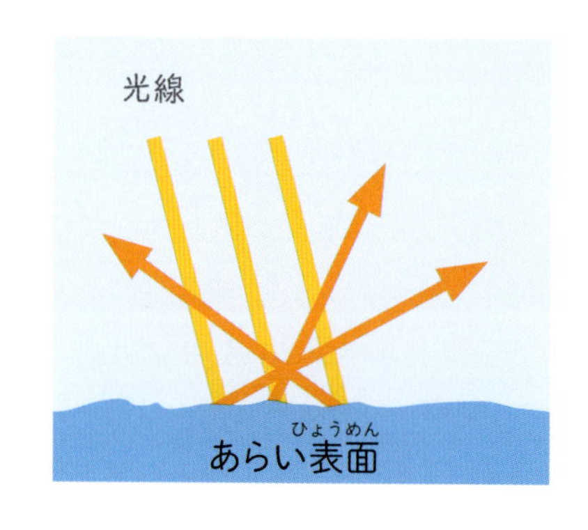

2 鏡にぶつかる光線を入射光といい、ぶつかってはねかえった光線を反射光といいます。反射光は、入射光とまったく同じ角度ではねかえります。このことを反射の法則といいます。

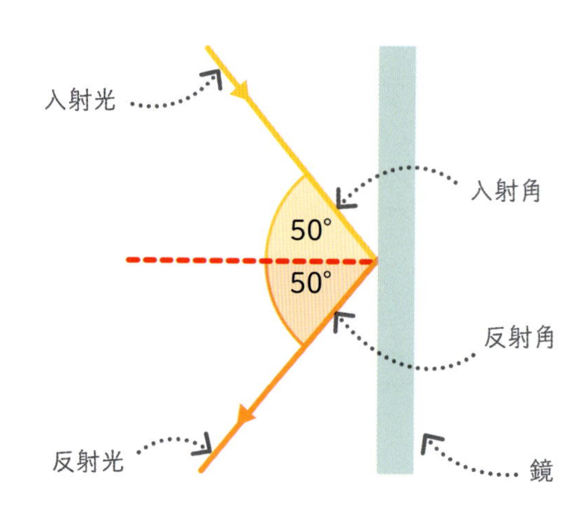

3 鏡を見ると、鏡の奥に物体の像があるように見えます。その像は、自分と鏡までの距離と同じ距離で、鏡の奥にあるように見えます。

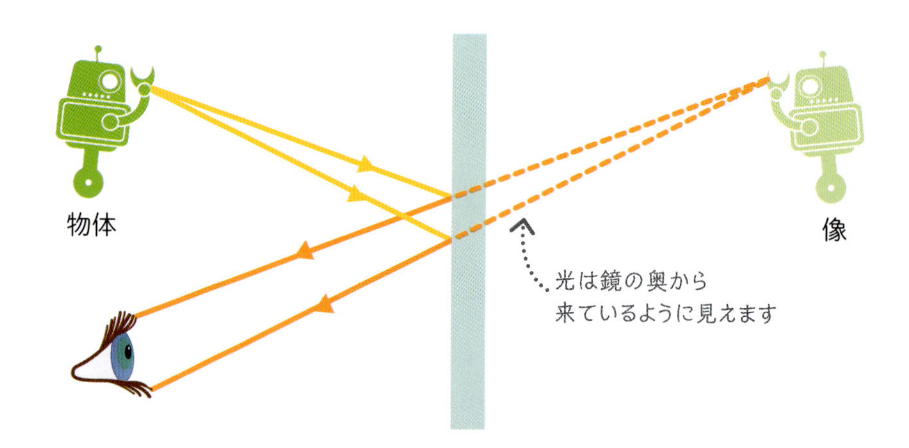

4 鏡は物を左右に反転させるわけではありません。鏡に映った文字が逆に見えるわけは、書いたものが鏡に面するように、あなたのほうがひっくり返したからです。実際には、鏡は、鏡を通る線にそって像を裏表に反転させています。

※このことは、透明な下じきに文字を書いて鏡に映すとよく理解できます。

5 風のない日には、湖面が鏡のようになめらかになります。そして、湖の向こう岸の風景を反射して、鏡に映ったような像を映します。

曲面鏡

表面の曲がった鏡は、像の大きさを変えます。これは、鏡の部分によって、光が異なる角度で反射するためです。

1 凸面鏡は、スプーンの裏側のように、外側に曲がっています。これは像を小さくしますが、より広い景色を映します。凸面鏡は車のドアミラーに使われて、車の後ろの景色を広く映します。

2 凹面鏡は、スプーンの内側のように、内側に曲がっています。物体が凹面鏡の近くにあると、像が拡大されます。そのため、ひげをそったり、お化粧をするときなどに使われます。

身の周りの科学

超大型光赤外望遠鏡

南アメリカのチリに建設予定の超大型光赤外望遠鏡(ELT)のような大型の天体望遠鏡では、宇宙の果てから来る非常に弱い光を集めるために、レンズではなく鏡を使っています。ELTの主鏡は巨大な凹面鏡で、それぞれが1.45mの大きさを持つ、798枚の六角形の鏡をハチの巣のように組み合わせてつくられています。

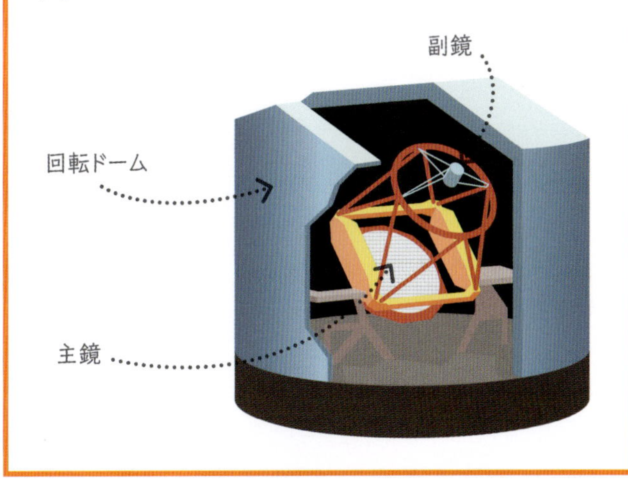

屈折

光の波が空気から水やガラスに入ると速度が落ちるので、進む方向が曲げられます。このことを屈折といいます。

音波も、
ちがう物質に入ると
速度が変わるんだよ。

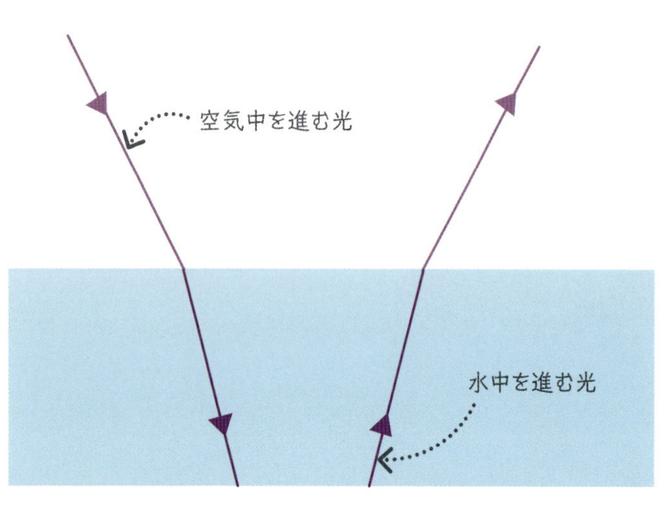

1 光は、空気中ではとても速く進みますが、水の中では速度が落ちます。水に入って速度が落ちると、光の進む方向が曲がります。反対に、水から空気に出ると速度が上がり、反対の方向に曲がります。

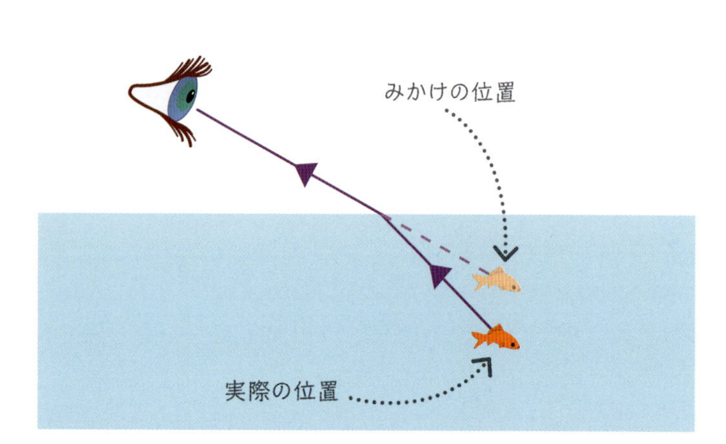

2 水の中にある物体を斜めから見ると、物体からの屈折した光が、うその像をつくるため、その物体は実際の位置よりも水面近くにあるように見えます。

3 光線は、温度の低い空気のかたまりから温度の高い空気のかたまりに入ると、屈折して見えることがあります。その結果、しんきろうができます。これは、砂漠の中や、夏の熱い道路の上で、水たまりや池のようにゆらめいて見えるふしぎな現象です。しんきろうは、熱い地面近くの空気に、空の青い光が屈折したものです。

レンズ

レンズは、ガラスなどの透明な物質を決められたカーブでけずってつくったものです。その特別な形は、光を屈折させて、ものの形を変えて見せます。主なレンズには、凹レンズと凸レンズがあります。

1 凹レンズ

凹レンズは、中央がうすく、ふちが厚くなっていて、光線を外に広げます（発散）。そのため、物体は実際よりも小さく見えます。

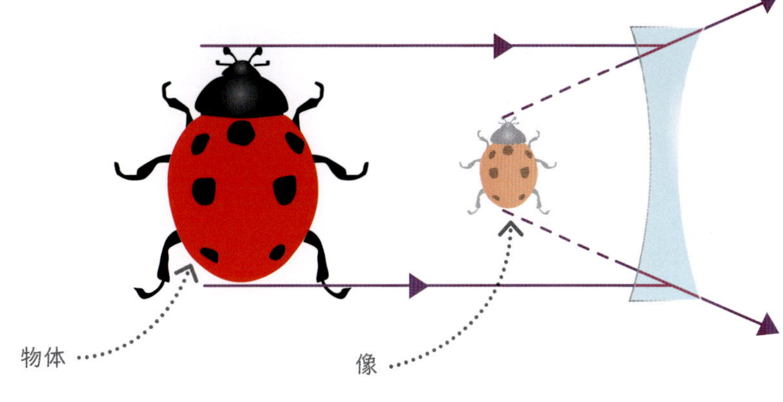

2 凸レンズ

凸レンズは、中央が厚くなっているので、光線を内側に曲げて、1つの点に集めます（収束）。近くの物体を凸レンズで見ると、物体は拡大され、実際よりも大きく見えます。

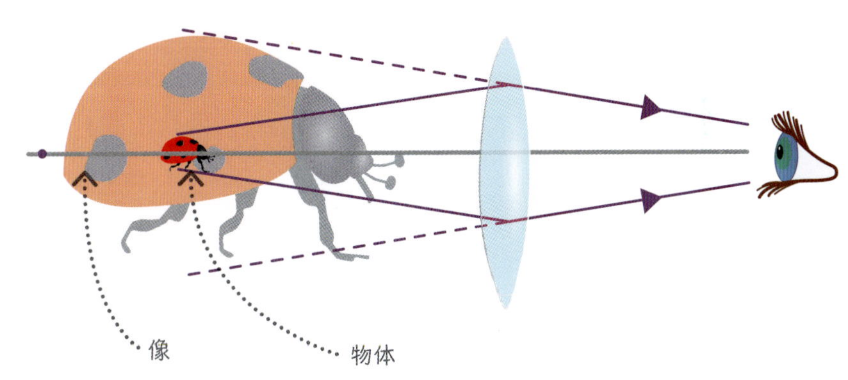

3 焦点

平行な光線が凸レンズを通って収束する点を焦点といい、この焦点とレンズの距離を焦点距離といいます。凸レンズが厚ければ厚いほど強力に光を収束し、焦点距離も短くなります。

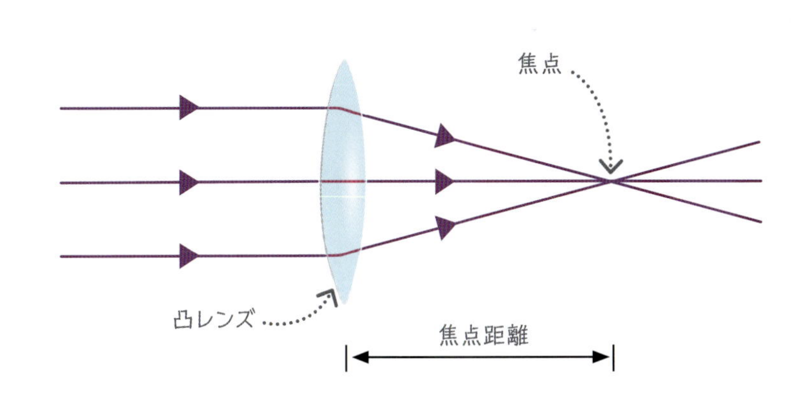

やってみよう

ものを2つに見せる実験

水の入ったコップにボタンを1個入れて、2個に見せてみましょう。ボタンからの光は水を出るときに屈折するので、2個めのボタンの像をつくります。ボタンが2個見える角度にコップをかたむけてみましょう。1個はコップの側面から、もう1個は水面から見えるはずです。

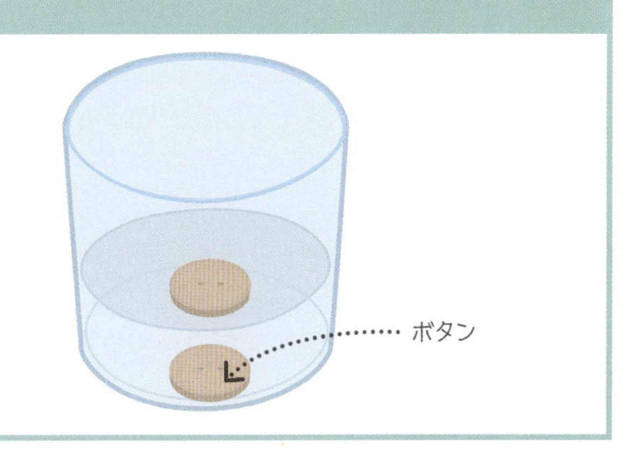

像をつくる

レンズを使って、物体の像をつくることができます。
像というのは物体のコピーですが、物体より
大きかったり小さかったり、さかさまになっていたりします。

鏡に映る像は虚像、鏡像と呼ぶよ。「虚」はうそのの意味。「まるでそこにあるかのような像」ということ。

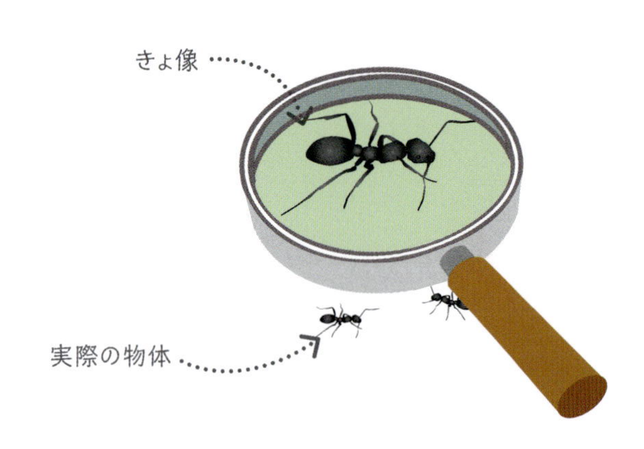

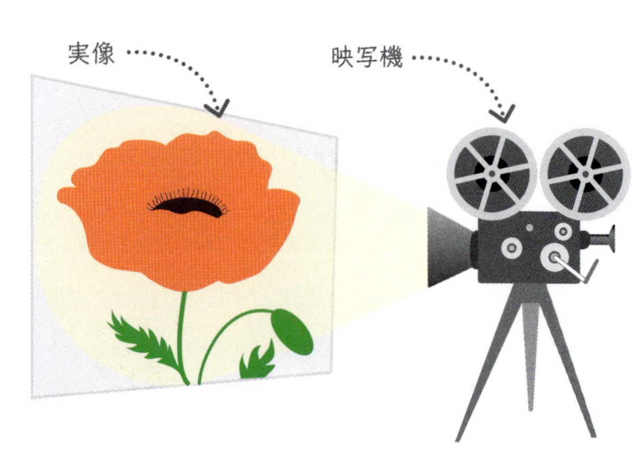

1 レンズを通して見える像のことを、きょ像といいます。虫メガネで物体を見ると、きょ像は本物の物体より大きく見えます。

2 スクリーンに映写される像は、実像と呼ばれます。映写機、カメラ、人間の目などは、みな実像をつくります。

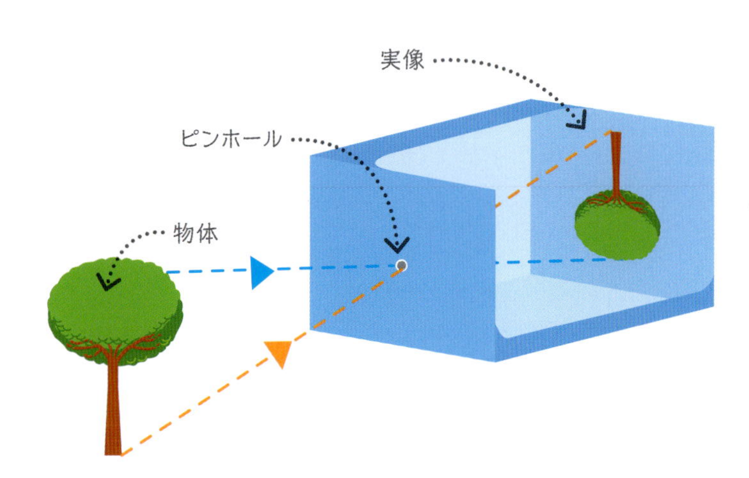

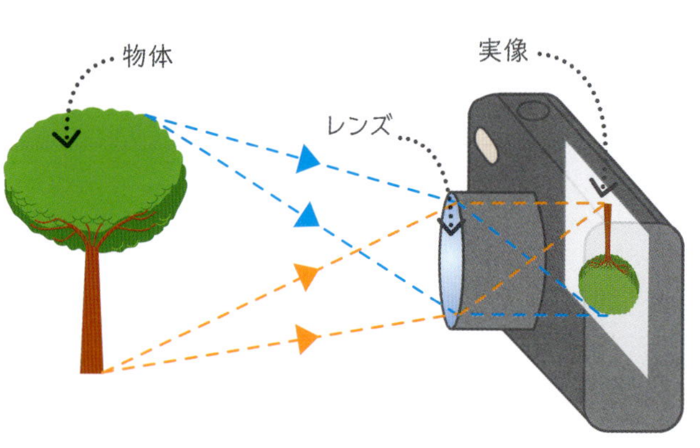

3 ピンホールカメラはレンズを使わずに実像をつくります。物体の各部位からの光は、スクリーンの1点だけに届くため、ピントがしっかり合った像ができます。しかし、穴を通る光はごくわずかなので、像はとても暗くなります。

4 カメラや目は、レンズを使って実像をつくります。大きな穴を使うことができるため、より多くの光が通りぬけ、より明るい像ができます。レンズは光線を曲げるので、物体の各部位からの光は、センサーの1点だけに届き、ピントがしっかり合った像ができます。

身の周りの科学

デジタルカメラ

デジタルカメラは、光の焦点をセンサーと呼ばれる装置に合わせます。センサーはシリコンチップでできていて、光の粒子（光子）に反応して電気を発生させます。センサー自体は色が区別できません。そこで格子状に色がついた小さなフィルターをセンサーの前に置いて、色の情報を取り出しています。色の格子それぞれが、像の画素（213ページ）に対応しています。

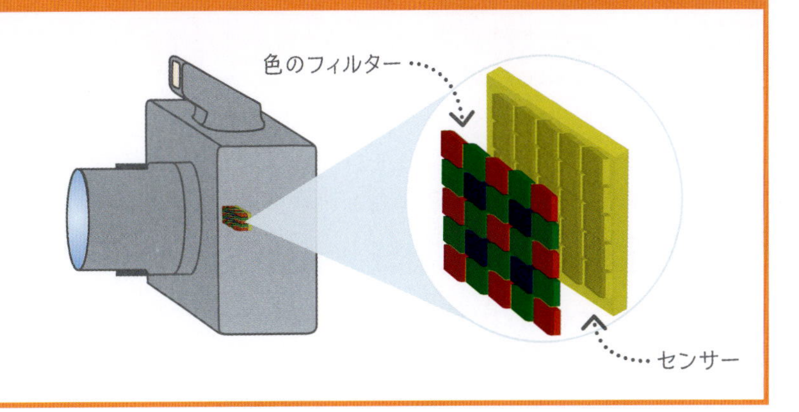

光路図

レンズがつくった像がどこに現れるのかは、光路図をつくればわかります。

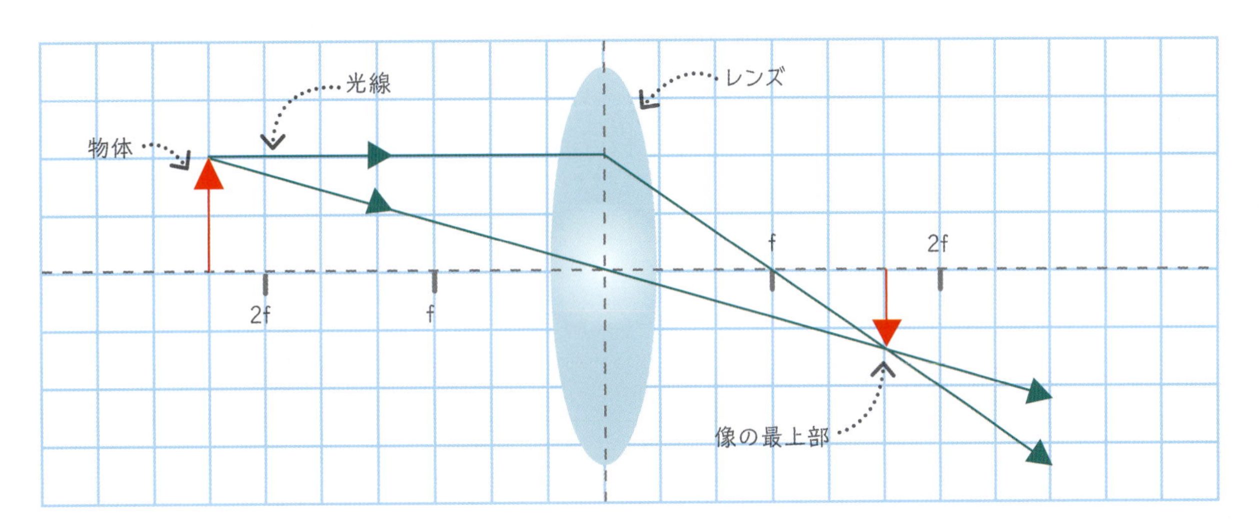

1 水平な線を引いて、レンズを中央に置きます。焦点距離（207ページ）をf（1倍）、2f（2倍）というように記していきます。

2 物体を描き、上の方向に矢印をつけます。

3 物体の最上部からレンズの中央部まで直線を引きます。

4 物体の最上部から水平な線をレンズまで引いたあと、焦点距離fを通るように直線を引きます。

5 3と4の直線が交わったところが像の最上部になります。像は必ず焦点で結ばれるわけではないとわかります。

やってみよう

ピンホールカメラをつくってみよう

レンズがなくても、光の焦点を集めて像をつくることはできます。右に示す方法で、箱に小さな穴をあけて、像をつくってみましょう。

1 大きな箱（たとえばくつ箱）の一方のはしに四角い穴を開け、反対側にもっと大きな穴を開けます。

2 小さな穴のほうにアルミホイルを張り、ピンで小さな穴を開けます。大きな穴の方に、トレーシングペーパー（写し紙）を張ります。

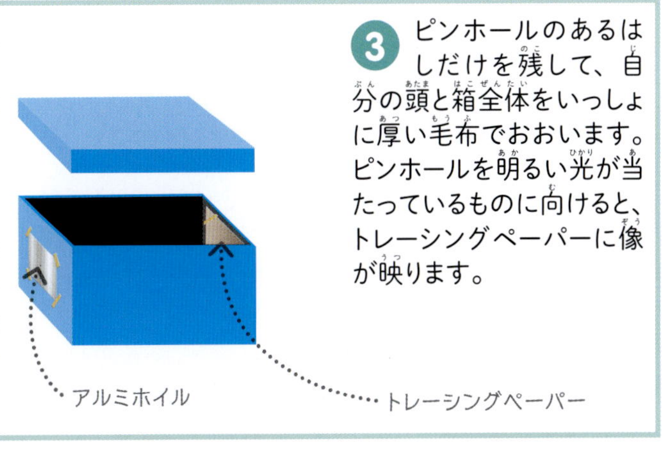

3 ピンホールのあるはしだけを残して、自分の頭と箱全体をいっしょに厚い毛布でおおいます。ピンホールを明るい光が当たっているものに向けると、トレーシングペーパーに像が映ります。

望遠鏡と顕微鏡

望遠鏡と顕微鏡は、レンズか鏡を使って、大きな像をつくります。両方ともしくみは似ていますが、望遠鏡は遠くの物体の大きな像をつくり、顕微鏡は近くの小さな物体の大きな像をつくります。

世界最高の顕微鏡を使えば、原子の粒子まで見ることができるんだよ。

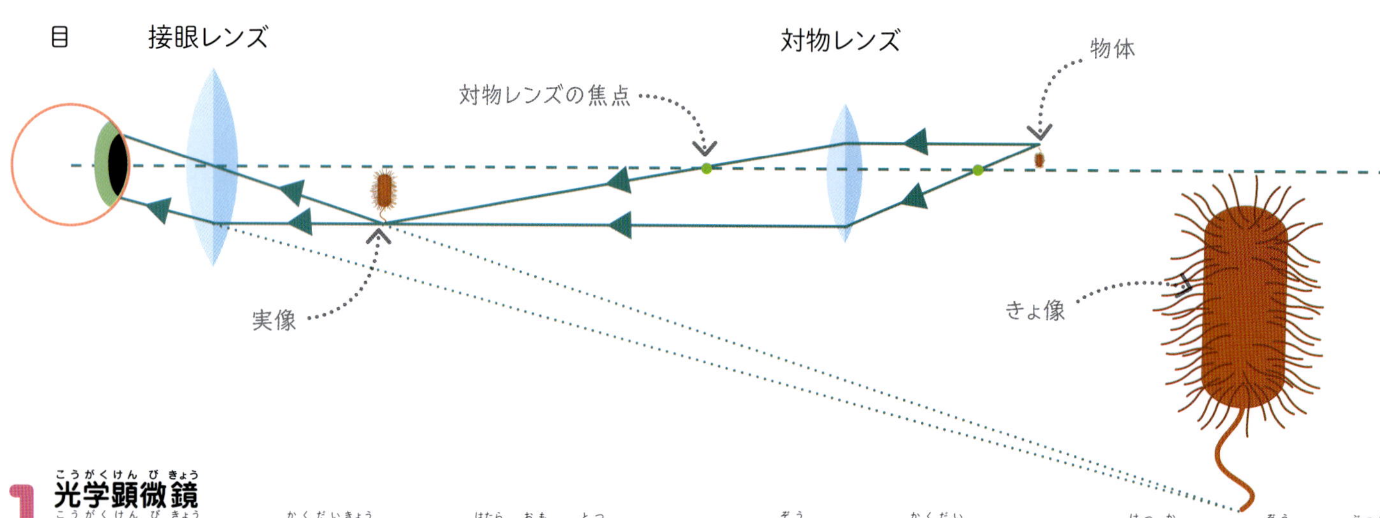

1 光学顕微鏡

光学顕微鏡には、拡大鏡のように働く主な凸レンズが2つあります。対物レンズと呼ばれる1つめのレンズは、物体の大きな像をつくります。2つめのレンズは、その像をさらに拡大します。その結果できた像は、物体より何百倍も大きな像（でも、さかさまの像）で、細胞のように肉眼では見えにくい物体を見ることができます。

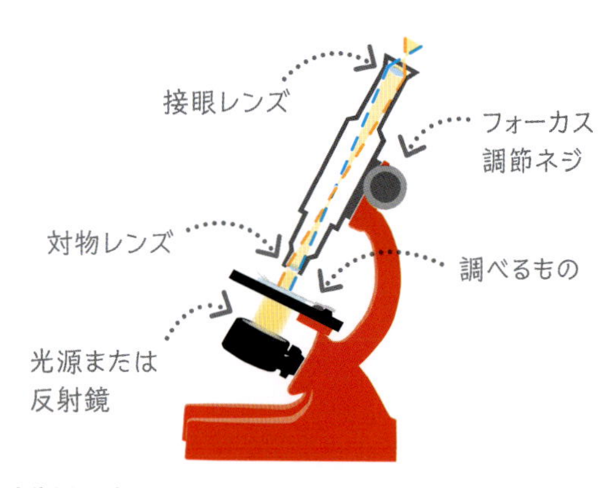

2 光学顕微鏡の使い方

調べるものを、ガラス製のプレパラートにのせて、光源や反射鏡の上にあるステージにのせます。光が、調べるもの、対物レンズ、接眼レンズを通ってきます。

走査型電子顕微鏡は、昆虫のような小さな生き物の細部を調べるのに適しています

3 走査型電子顕微鏡

光ではなく、磁力で焦点を合わせた電子ビームを使って像をつくります。光学顕微鏡より小さなものを見分ける性能が数万倍も高いので、標本をよりくわしく調べることができます。

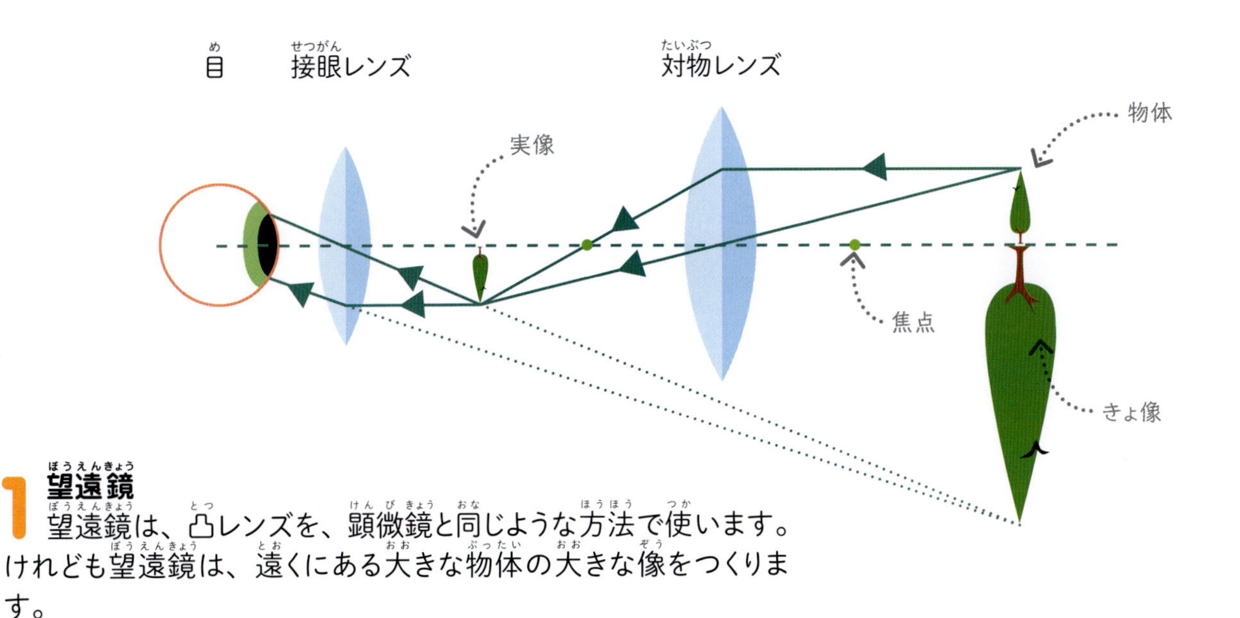

1 望遠鏡

望遠鏡は、凸レンズを、顕微鏡と同じような方法で使います。けれども望遠鏡は、遠くにある大きな物体の大きな像をつくります。

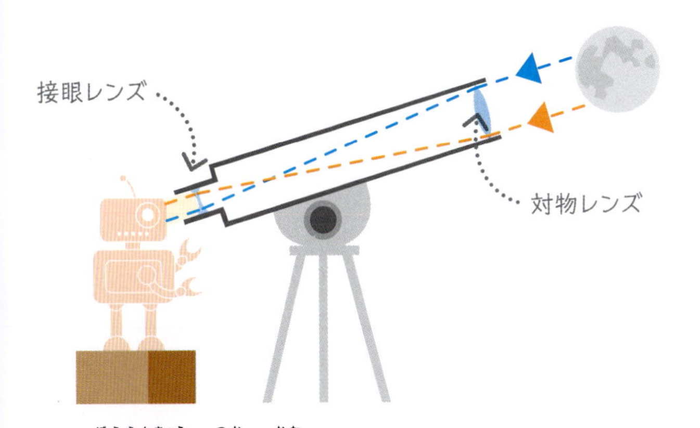

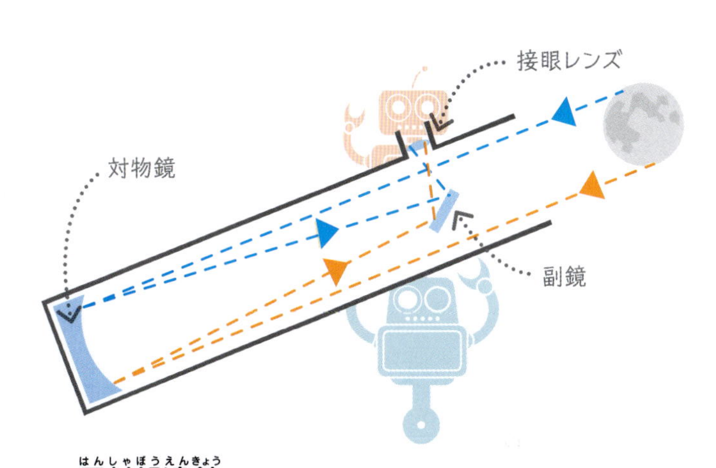

2 望遠鏡の使い方

接眼レンズをのぞきながらピント調節ノブを回し、接眼レンズを前後に動かして、ピントを合わせます。多くの場合は三脚を使って、望遠鏡がゆれないようにします。

3 反射望遠鏡

反射望遠鏡は、レンズではなく、けずって表面を金属でおおった鏡を使います。この方法は巨大で強力な望遠鏡に適しています。というのは、ガラスのレンズとはちがい、鏡では、光が曲がるときにさまざまな色に分解しにくいからです。

身の周りの科学

電波望遠鏡

大部分の望遠鏡は、目に見える光を使います。しかし、銀河は、電波などの目には見えない電磁波も出しています。電波望遠鏡は、衛星放送の受信機のような大きなパラボナアンテナを使って、宇宙からの電波を集めています。電波望遠鏡を使えば、天文学者は、目に見える光はさえぎってしまうちりの雲を通して地球に届く電波を観測することで、銀河の中心部さえ調べることができます。

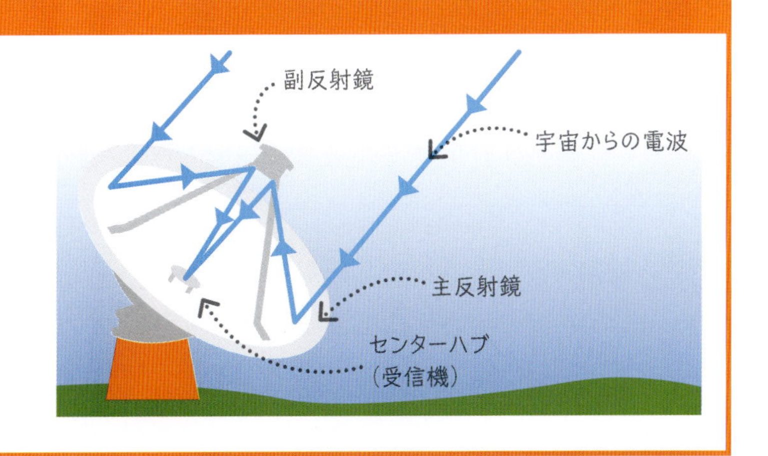

色

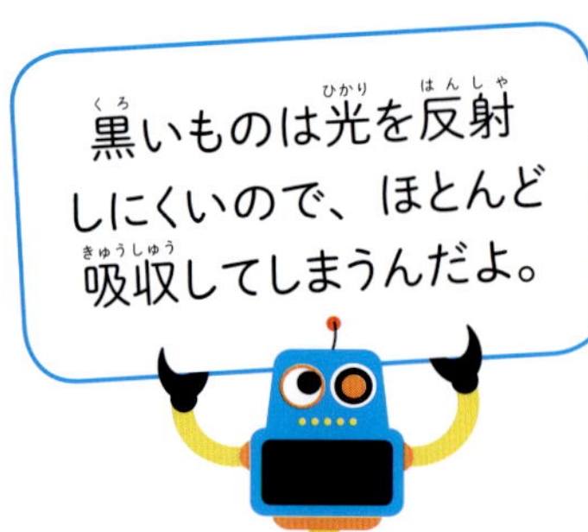

黒いものは光を反射しにくいので、ほとんど吸収してしまうんだよ。

身の周りは、晴れた日の青い空から、熟したトマトのこい赤色まで、さまざまな色に満ちています。こうした色はみな、異なる波長の光を目がとらえるしくみから生まれています。

色の分解

白い色には、まったく色がないように見えますが、実際には、ほとんどすべての光の色が混じっています。

1 白い色は、プリズムと呼ばれる三角柱のガラスを通すと、分解することができます。プリズムはそれぞれの色の波長の光を異なる角度で曲げます（屈折します）。それぞれの波長によって色が異なるため、虹のように色が広がります。これをスペクトルといいます。

2 色がついた物体の大部分は、その色の光を発するのではなく、反射しています。色は、いくつかの波長の光を吸収して、残りを反射することから生まれます。葉が緑色に見えるのは、緑に近い色だけを反射して、スペクトルの残りの色をすべて吸収するためです。

3 スペクトルの色はいつも、赤、だいだい、黄、緑、青、あい、紫の順になっています（虹の7色）。赤の波長はもっとも長く、665ナノメートル（nm）で、これは10億分の665m です。もっとも短い紫色の波長は約400 nm です。

赤
665 nm

だいだい
600 nm

黄
570 nm

緑
520 nm

青
475 nm

あい
445 nm

紫
400 nm

4 後ろにある太陽の光が空気中の雨粒に当たって40～42°の角度で目に入ってきたときには、虹が見えます。雨粒が、ガラスのプリズムと同じようなしくみで、色を分解するからです。

色を混ぜる

わたしたちの目は無数の色を見分けることができますが、赤、青、緑の3色の光を異なる割合で混ぜれば、そのすべてをつくり出すことができます。これらの色のことを「光の三原色」といいます。絵の具を混ぜてもさまざまな色ができますが、絵の具は光を吸収するため、混ぜれば混ぜるほど色は暗くなります。

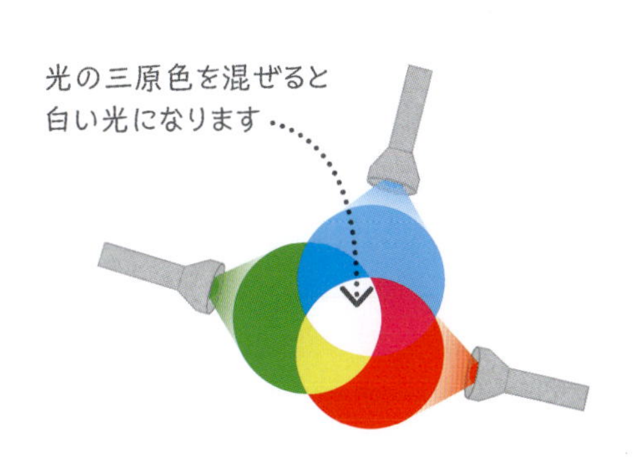

色の三原色をすべて混ぜ
ると黒い色になります

1 光の原色を混ぜると、ちがう色になります。光の三原色をすべて混ぜると、白い光になります。

2 絵の具を混ぜると色が暗くなります。青と黄の絵の具を混ぜると緑色になるのは、できた絵の具が、緑色以外のすべての色の波長を吸 収するためです。

身の周りの科学

スクリーン

コンピューター、テレビ、スマホなどの画面は、光の三原色を混ぜることによって、どんな色でもつくり出せます。画面に目を近づけると、赤、緑、青のいずれかの小さな点（画素）が見えるでしょう。特定の画素をオンまたはオフにすることで、画面は色の割合を自由に変えられるのです。

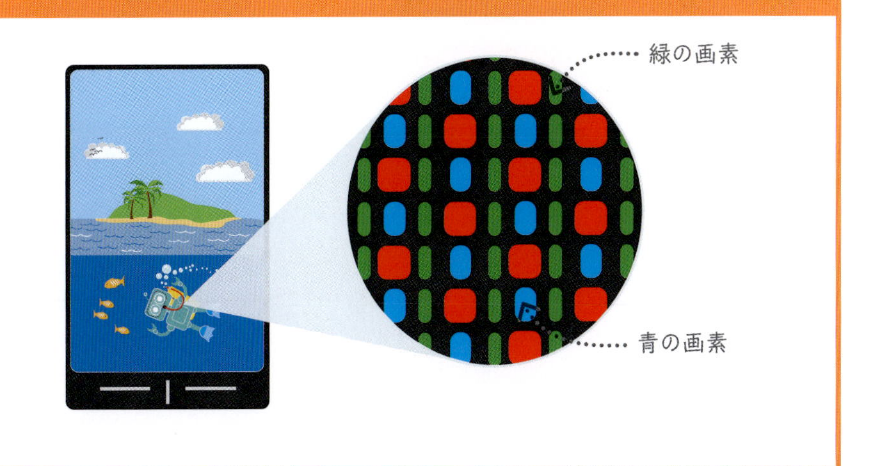

光の活用

光は、工夫次第で多くの場面で活躍します。たとえば、体の内部を見る、目の手術を行う、世界中に高速インターネットでデータを送るといったことにも光が使われています。

地球から月までの正確な距離は、レーザー光線で測るんだよ。

レーザー

レーザーは、鋼鉄に穴を開けられるほど強力な、人工の明るい光です。レーザー光線は、細く、まっすぐに進むことができます。月に着陸したアポロ宇宙線が設置してきた反射鏡に、ピンポイントで当てることができるほどです。

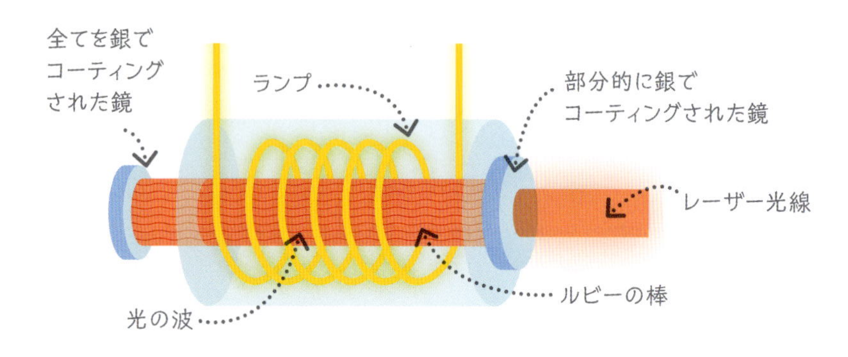

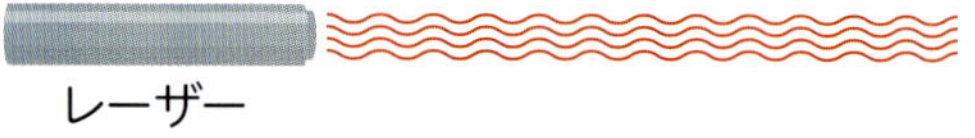

1 ルビーレーザーでは、コイル状のランプが、人工ルビー（酸化アルミニウム）の棒に光を当てます。するとルビーの原子がエネルギーを吸収して、赤い光として放出します。棒の両はしには鏡があり、光を反射しあって強力な光線をつくります。片方の鏡は光をにがせるように、部分的に銀でコーティングされています。

2 白い光にはさまざまな波長の光がふくまれていますが、レーザーは、1種類の波長の光しかつくりません。レーザー光線の波は波長だけでなく、山と谷の大きさもまったく同じです。そのため、細いままの光線を長い距離にわたって正確に届けることができます。

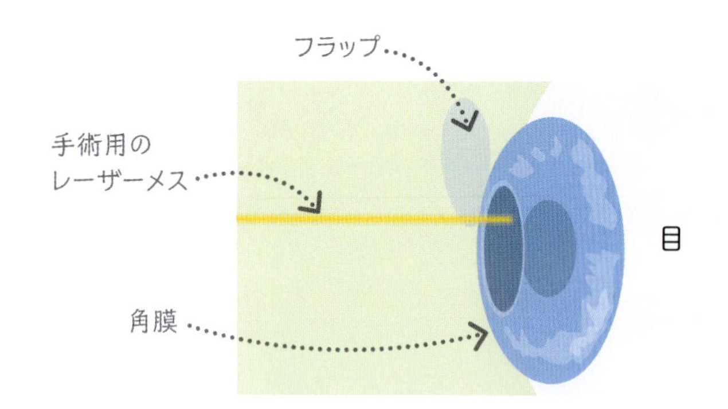

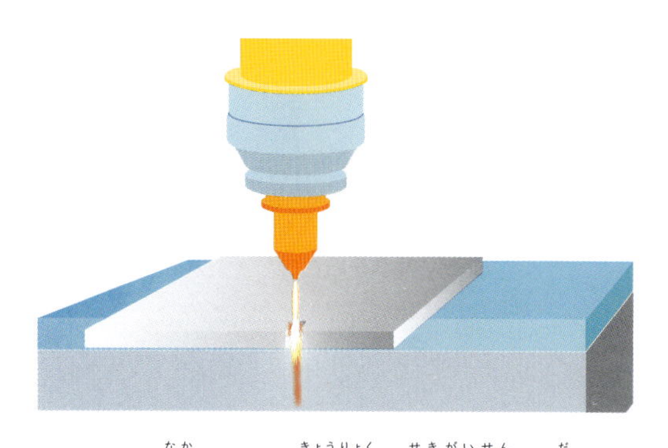

3 レーザーは正確に当てられるので、細かい作業が必要な目の手術などに適しています。近視を治す目の手術では、角膜の外側の層をふた（フラップ）のように切りとって開け、中にレーザー光線を当てて組織の一部を蒸発させます。その後、フラップを元にもどします。

4 レーザーの中には、強力な赤外線を出すものがあり、金属、ガラス、プラスチック、ダイヤモンドまで溶かして穴を開けることができます。電気ドリルより速くて正確なので、エンジンの冷却用の穴や、シャワーヘッド、コーヒーメーカー、ひき肉をつくる機械などのきれいな穴をあけるのに使われます。

光ファイバー

光ファイバーケーブルは細いガラスの糸をまとめたもので、デジタルデータを光の波として運びます。電気線よりも、ずっと速く、遠くまでデータを伝えることができます。

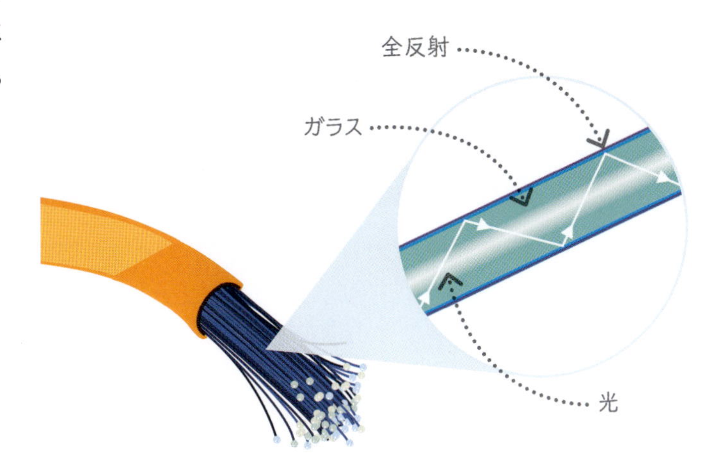

1 1本1本の光ファイバーは、人間の髪の毛ほどの細さしかないガラスでできた糸状のものです。光はファイバーのガラスのしん（コア）の中を側面にぶつかりながら進みます。光線はファイバーの側面にゆるい角度でぶつかって反射するので、ファイバーからにげ出すことはありません。このことを全反射といいます。

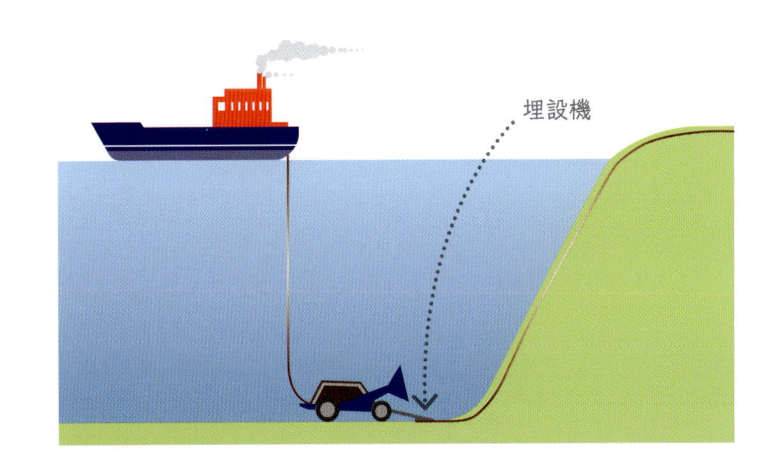

2 インターネットを使って外国のウェブサイトに接続すると、データは海底にある光ファイバーケーブルを通って届きます。海底ケーブルを敷設するには海底ケーブル敷設船と呼ばれる特殊な船を使います。この船から、海底を走り、みぞを掘ってケーブルを敷いていく埋設機にケーブルを受け渡すのです。船は一日最大200 km のケーブルを敷くことができ、ケーブルは約10年もちます。

身の周りの科学

内視鏡

内視鏡は、患者の体の中を見る機械です。内視鏡にはふつうケーブルが3本あります。1本目には光を運ぶ光ファイバーが入っていて、医師の見たい場所を照らします。2本目には、反射した光をもどす光ファイバーが入っていて、医師はモニターなどで体の中の様子を見ることができます。3本目のケーブルには小さな外科用の器具を入れて、検査用の標本や傷ついた組織を切り取ります。

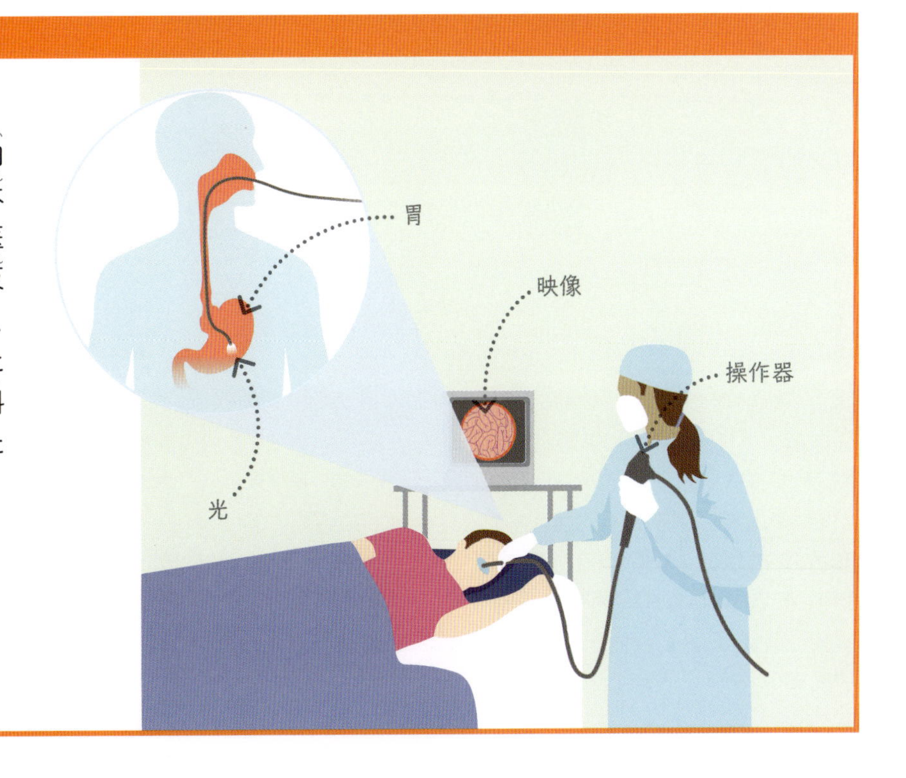

電磁スペクトル

光のエネルギーには、人間の目に見える波長で移動する放射もあれば、波長が短かすぎたり長すぎたりして、目には見えないものもあります。
これらのさまざまな波長は、光とともに電磁スペクトルをつくっています。

電磁波

電磁波の波長はさまざまで、数 m、数 km の長さを持つ超長波などの電波から、原子の直径よりも小さい波長のガンマ線にまでおよんでいます。

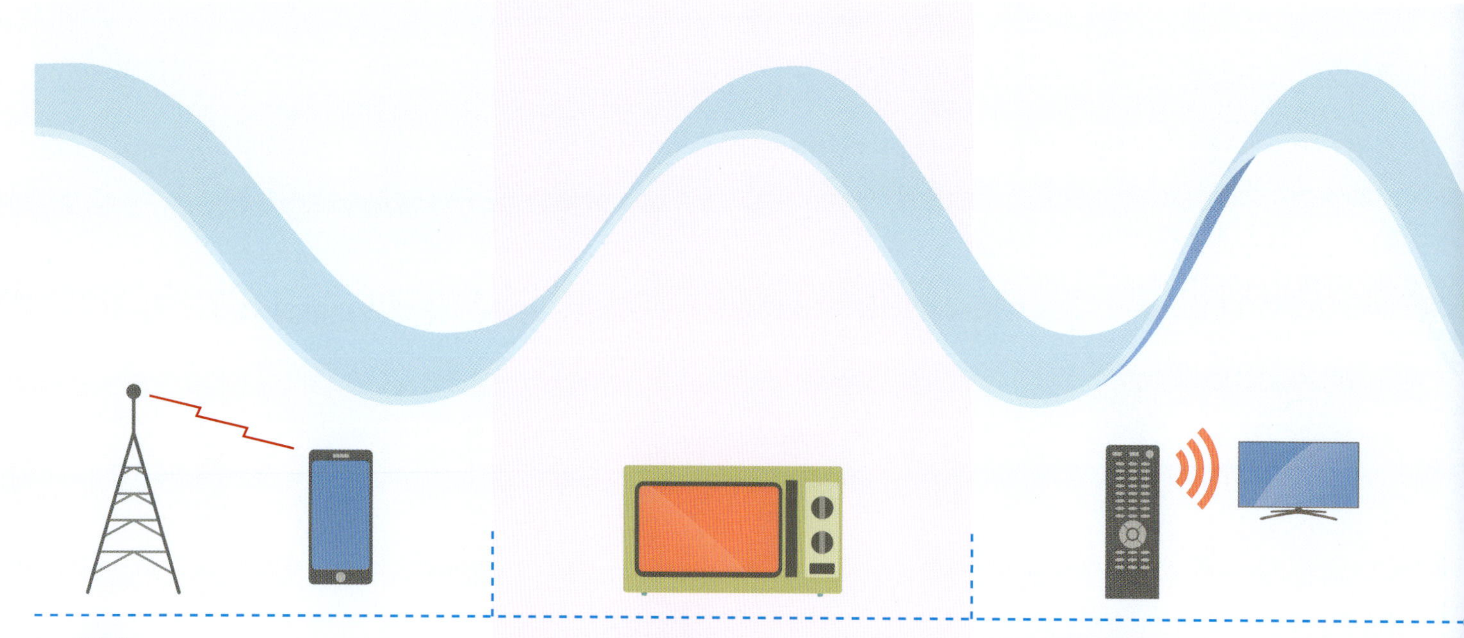

1 電波

電波は、ラジオやテレビ番組、電話の会話やインターネットのデータなど、目には見えない波長の電磁波が光の速度で伝わります。長い電波は障害物の周りを曲がって進みますが、携帯電話の通信に使われている波長の短い電波は、まっすぐ進むときに、もっともよく伝わります。

2 マイクロ波

マイクロ波は電波より少し波長の短い電磁波です（現在はごく短い電波に分類されることが多い）。電子レンジは約12cm の波長の電磁波を出し、水分子を振動させて食べ物をあたためますが、プラスチックは通りぬけてあたためません。

3 赤外線

1mm よりずっと短い波長の赤外線は熱エネルギーを伝えます。目には見えませんが、たき火で手をあたためたり、陽差しのもとにいるときには体で感じることもできます。テレビのリモコンは弱い赤外線のパルスを使ってテレビ本体に信号を送ります。

身の周りの科学

電波の発見

光の性質は、長いあいだ科学界のなぞでした。光の波は、音を振動させて伝わる音波とはちがい、何も振動させるものがない真空の空間でも伝わるからです。19世紀に、スコットランド人の科学者ジェイムズ・クラーク・マックスウェルが、磁界と電界で起きる変化が光の速度で伝わることを発見しました。マックスウェルは、可視光線は磁界と電界で生じる二重の波のようなものだと考え、異なる波長を持つ電磁波がほかにもあるという仮説を立てました。そしてその数年後、科学者たちは電波をつくることに成功したのです。これは世の中を変える大発明でした。

磁界
電界
波長
伝わる方向
電磁波

4 可視光線

人間の目に見える電磁波は、スペクトルの中でも、この部分だけです。可視光線は、0.0004mmから0.0007mmまでの波長の範囲です。もっとも長い可視光線は赤に見え、もっとも短い波長の可視光線は紫色に見えます。

5 紫外線

紫外線（UV）は、太陽の光にふくまれていて日焼けを起こします。登山家やスキーヤーは、非常に強い紫外線から目を守るためにサングラスをかけます。紫外線は人には見えませんが、多くの鳥や昆虫は見ることができます。

6 エックス線

エックス線の波長は、原子の直径ほどの大きさしかありません。人間の体のやわらかい部分（皮ふや筋肉）は通りぬけますが、骨や歯にはさえぎられます。そのため、骨格の画像を得るのに適しています。

7 ガンマ線

ガンマ線は、もっとも危険なタイプの電磁波で、大量のエネルギーを運び、生きた細胞まで殺してしまいます。一方で放射性物質が出すガンマ線は、がん細胞を殺すのに役立っています。

静電気

風船をセーターでこすってから壁にそっと押しつけると、まるで手品のように、壁にくっついたままになります。これは、かみなりを生み出す正体でもある静電気の力です。

静電気が起こす効果がよく見えるのは、空気中に水分があまりない、晴れて乾燥した日だよ。

電気と電子

電気は、電磁気力と呼ばれる力によって起きます。この力があるので、ふつう電子は原子の中に閉じこめられていますが、あるきっかけでにげ出すことがあります。にげた電子が1か所にたまると、静電気が起きます。その電子が流れると電流が生じます。

1 あらゆる原子には中心に核があり、その周りに電子の殻があります（132ページ）。電子はマイナスの電気をおび、核はプラスの電気をおびています。ちょうど磁石の極と同じように、プラスとマイナスの電気は引き合います。この引力により、電子は通常、決まった場所（核の周囲）にとどまっています。

2 特定の物質をこすりあわせると、電子が原子から離れて、片方の物質からもう1つの物質に移ります。たとえば、風船をウールのセーターやかみの毛でこすると、電子が風船に移ります。すると、追加の電子を得た風船の一部がマイナスの電気をおびるようになります。

3 プラスとマイナスの電気は引きあいますが、プラスとプラス、マイナスとマイナスの電気はしりぞけあいます。風船を壁に押しつけると、風船のマイナスの電気が壁の電子をしりぞけて、壁の表面がプラスの電気をおびるので、マイナスの電気をおびた風船が、壁にくっつくのです。

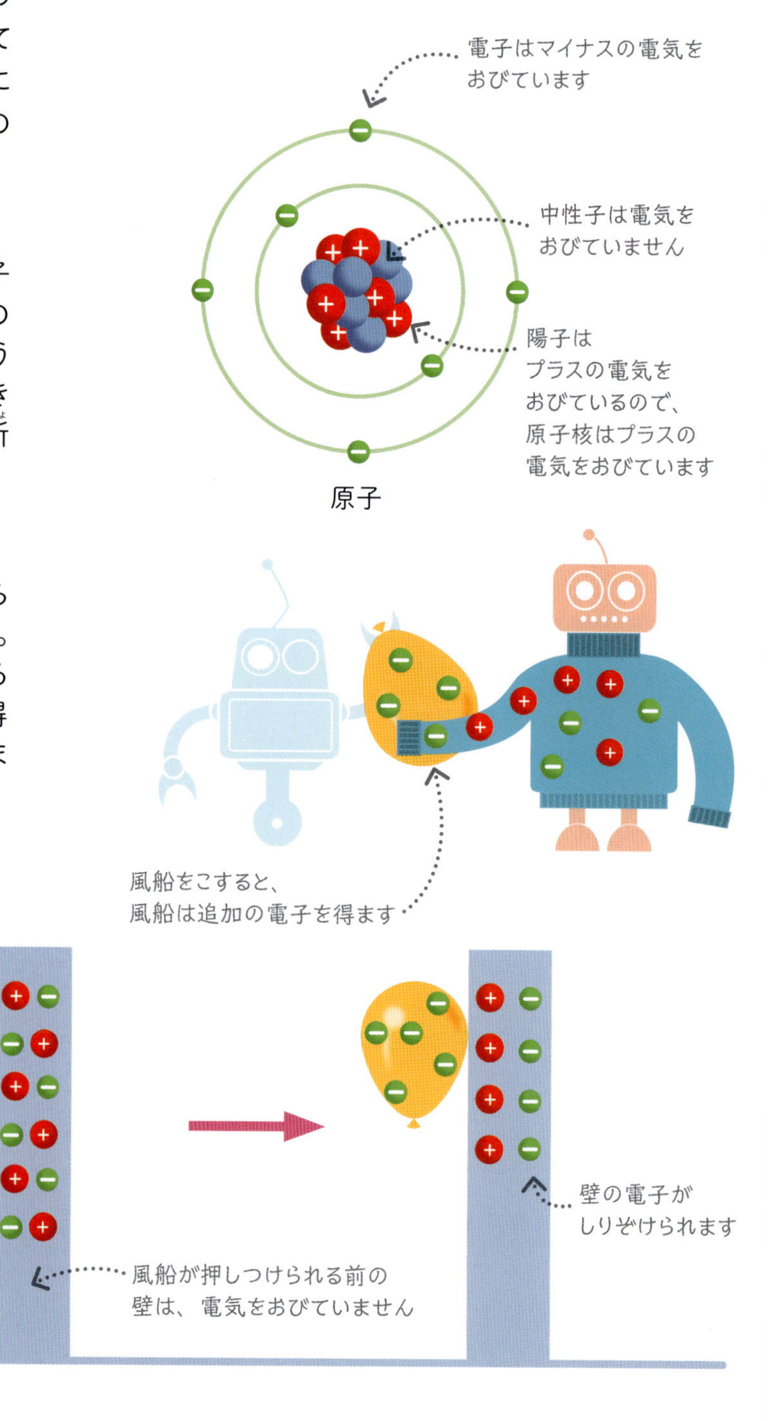
電子はマイナスの電気をおびています
中性子は電気をおびていません
陽子はプラスの電気をおびているので、原子核はプラスの電気をおびています
原子
風船をこすると、風船は追加の電子を得ます
壁の電子がしりぞけられます
風船が押しつけられる前の壁は、電気をおびていません

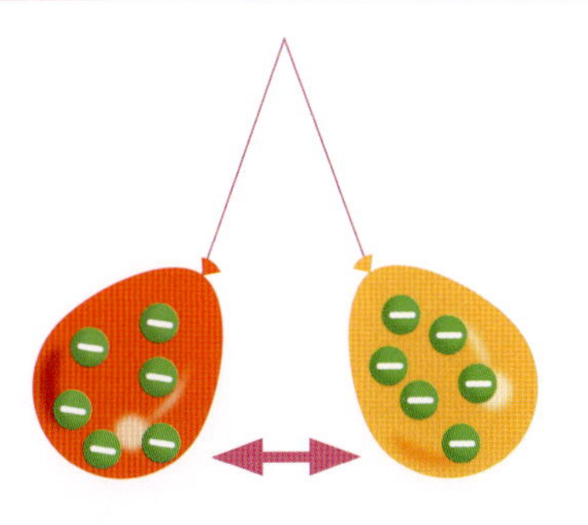

4 2個の風船をウールのセーターでこすると、両方ともマイナスの電気をおびます。そのあと風船を近くにつるすと、風船はしりぞけあうので、2個の間にすきまができます。

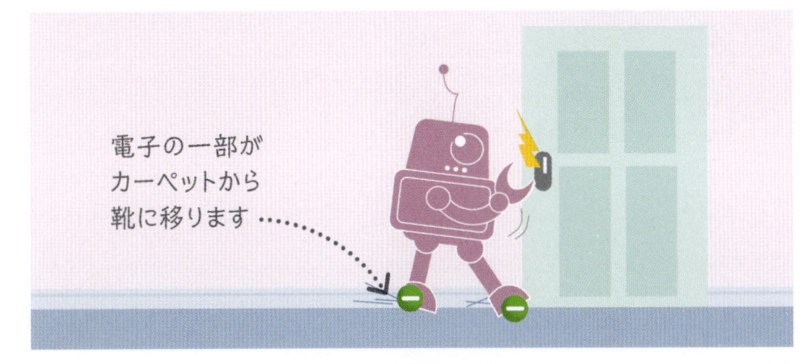

電子の一部が
カーペットから
靴に移ります

5 ビニールの靴底は、風船と同じように、追加の電子を得ることがあります。靴がカーペットをこすると、体も追加の電子を得て、体全体がマイナスの電気をおびます。そのあと金属製のものをさわると電気がにげるので、小さな電気ショックが起きて、ビリッと感じるのです。

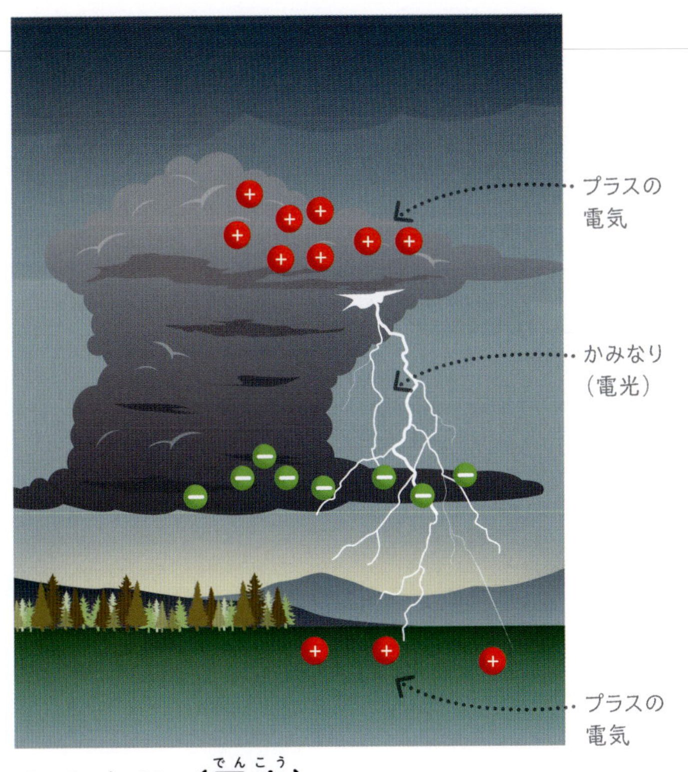

かみなり（電光）

かみなりは、静電気の力をもっともドラマチックに示す例です。うずを巻いてぶつかりあう雲の中の氷の結晶や雨粒が、電気をおびて電子を交換します。すると、プラスの電気とマイナスの電気が、雲のちがう部分にたまります。雲の底のほうの電気の極は、地面の電気の極とは反対です。そのため、地面の電気と雲の電気が引き寄せ合い、強力な電光と熱、それにすさまじい音をつくり出すのです。

やってみよう

手品① 曲がる水

この手品は静電気が水を曲げる様子を見せるものです。まず、風船をセーターでこすって静電気をおびさせます。次に、水道の蛇口をひねって、細く水を出します。そのあと風船を水に近づけると、電気が水を引き寄せて、水の流れが曲がります。

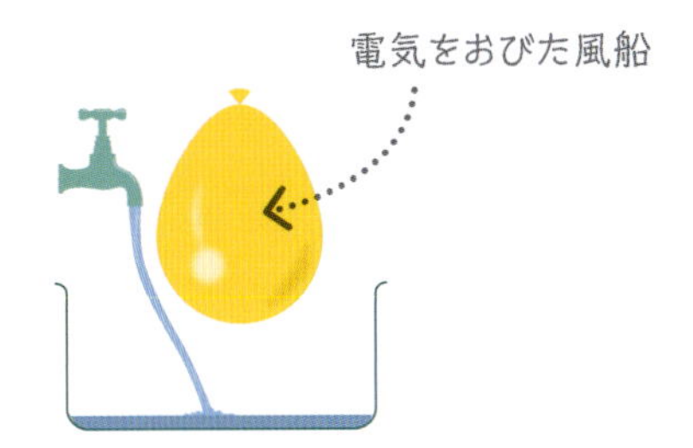

手品② ジャンプする紙

うすい紙に絵を描いて切りぬきます。それをテーブルの上にばらまいたあと、かみの毛かセーターで風船を30秒こすりましょう。切りぬいた紙の上に風船を近づけると、紙がジャンプしてくっつくはずです。

電流

1つのところにとどまる静電気とはちがい、
電流は伝わります。
あらゆる電気製品は、電流を利用しています。

電線の中の電子の動きは、カタツムリより遅いけれど、エネルギーは1秒間に数千 km も先に伝わるんだよ。

動く電子

電子は、原子の外側の部分にあるマイナスの電気をおびた非常に小さな粒子です。電流は電子の自由な動きがなければ生まれません。金属などの電子の一部は、原子とゆるく結びついているだけなので、自由に動き回ることができます。自由な電子は押しあって、リレー選手のように電気を受け渡していきます。

1 電線が電源につながれていないときには、自由な電子は金属の原子の間を不規則に動き回ります。電気の動きは生じません。

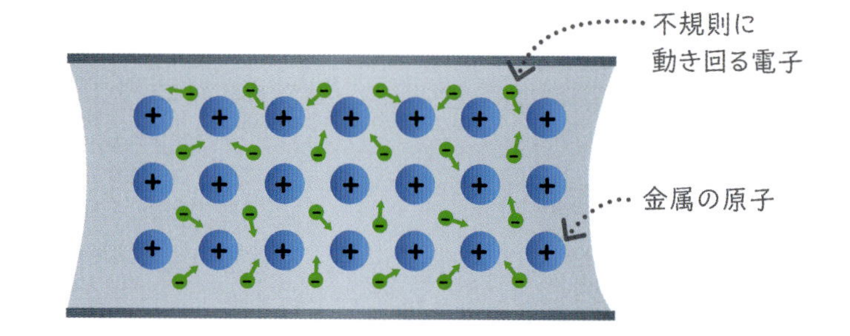

2 スイッチがオンになると、電源のマイナスの電気が電子を一方に押しやります。プラスとプラス、マイナスとマイナスは反発しあうからです。電子が移動して、となりの電子を押しやると、それがまたとなりの電子を押しやって、次々と電気を渡していきます。

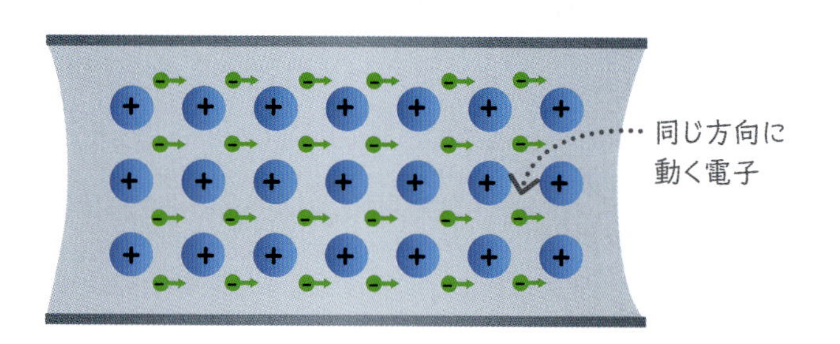

身の周りの科学

電池

電池は、化学反応を利用して電気をつくります。電池には3つの部分があります。正極と呼ばれるプラスのはし、負極と呼ばれるマイナスのはし、そして電解質と呼ばれる化学物質をおさめた部分です。負極（−）と正極（+）を導線や豆電球などでつないで回路を作ると、化学反応が起きて、負極（−）に電子が発生します。電子は導線を通って 正極（+）に移動し、電流が発生します。電子は負極（−）から正極（+）に移動しますが、電流の向きは正極（+）から負極（−）という決まりになっています。

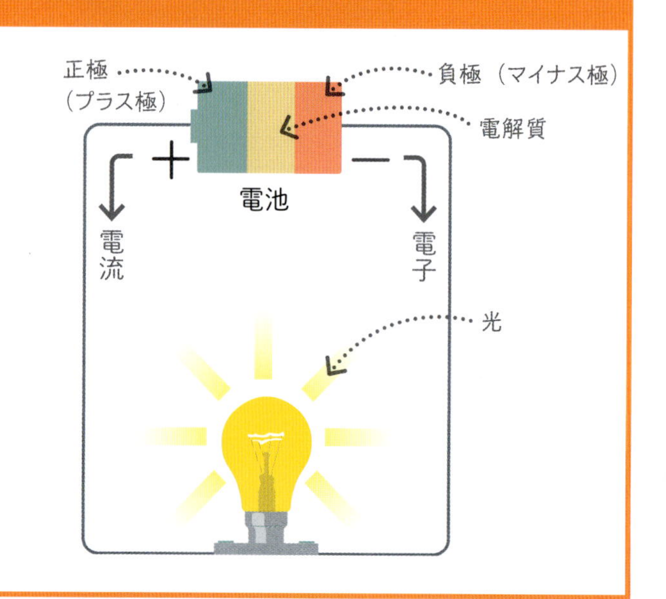

導体と不導体

1 導体

電気を通しやすいもののことを導体といいます。金属の銅、金、銀は、すぐれた導体です。なぜなら、どれも、原子のもっとも外側の電子殻に電子が1個しかなく、それが原子から簡単に離れるからです。ほとんどの電線には銅が使われています。金と銀は高価なので、小さな電子機器や電子部品でしか使われていません。水には、とけたイオン（電気をおびた粒子）がふくまれていて、これが電気を伝えます。だから、ぬれた手で電気製品をさわるのは危険なのです。

不導体

ほとんどのものには自由になる電子がないため、電気は流れません。このようなものを不導体といいます。ゴム、陶器、木材、羊毛、ガラス、空気、プラスチックなどは、すぐれた不導体といえます。プラスチックは電気がにげるのを防ぐため、電線のおおいに使われています。プラスチック製品は電気を通しませんが、静電気はためます。ビニール底の靴をはいて、ビニールカーペットの上を歩いたあとに、電気を通すものをさわると弱い電気ショックが起こるのは、そのためです。

やってみよう

電気バナナの実験（テスター）

この簡単な実験をやって、家にある導体や不導体を調べてみましょう。単3電池か単4電池と、豆電球を使った、もう使われなくなった懐中電灯をおとなの人といっしょに分解して、図のように3本の電線を乾電池の両方の極と、懐中電灯の電球の接続部にビニールテープでとめます。すると、どこにも接続されていない電線のはしが2つできます。この2つのはしを、コイン、フルーツ、ナイフやフォークなどにふれさせたり、つきさしたりして、電球が光るかどうか見てみましょう。

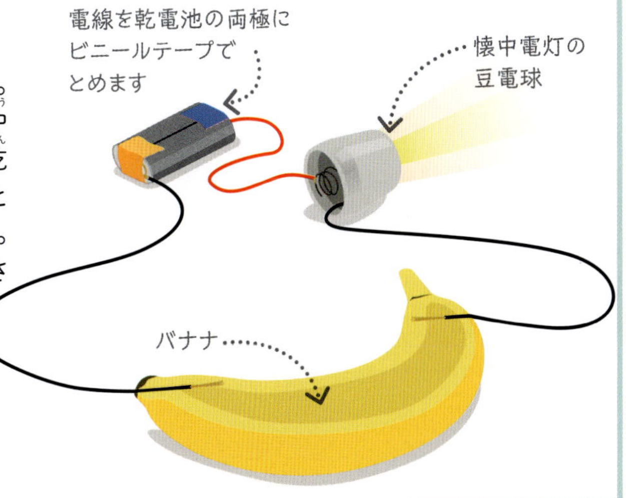

<注意> 1 乾電池そのものは、絶対に分解しないこと。
2 アルカリ乾電池は電気容量が大きく危険なので使用禁止。
実験では必ず新しいマンガン乾電池を使うこと。
3 乾電池は1つだけで実験する。2個以上で実験しないこと。

電気回路

スマホからテレビまで、あらゆる電気製品は、電気が回路を流れなければ働きません。回路のスイッチがオンになると、切れ目のない電流の完全な輪ができます。

電気回路の中にある小さな装置のことを部品っていうんだよ。

1 もっとも単純な電気回路は銅線の輪でできています。次の2つの条件がそろわなければ、電流は伝わりません。
1）電池などの、電子を押し出すエネルギー源がある。
2）電子が移動するための、完全につながった輪がある。この図の3つの回路のうち、電流が伝わるのは1つだけです。なぜだかわかるでしょうか？

2 回路にすき間があると電流は伝わりません。スイッチはこのように働きます。

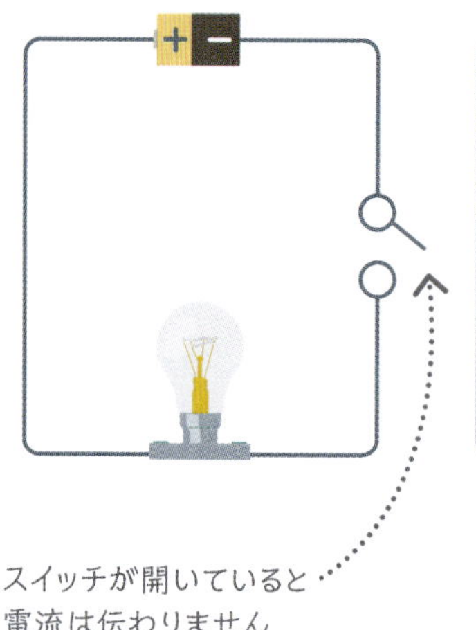

スイッチが開いていると
電流は伝わりません

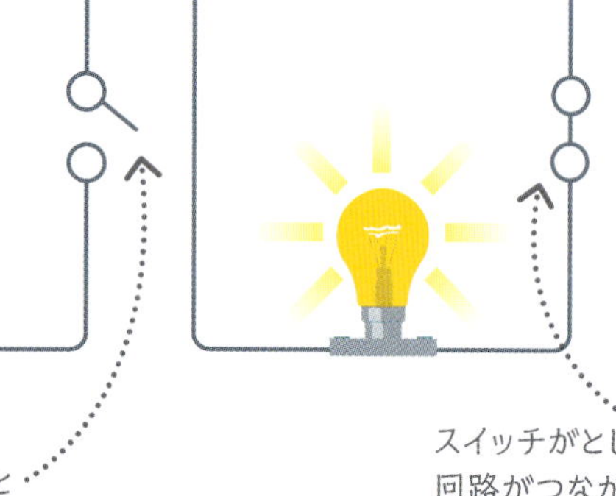

スイッチがとじていると、
回路がつながって輪になり
電流が伝わります

3 乾電池が直列で2個つながっていると、電子が2倍の力で（2倍の電圧で）回路に押し出されます。（電圧については224ページでくわしく説明します）。このような回路にある電球はより明るく光り、ブザーはより大きな音で鳴ります。

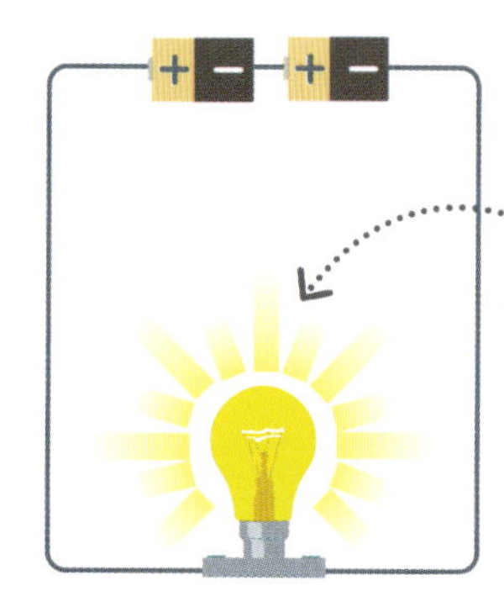

2個の乾電池で、
より明るく光ります

直列つなぎと並列つなぎ

電気回路のつなぎ方には、主に2つの方法があります。部品がすべて1つの輪の上にあるときには直列つなぎ（直列回路）、回路が枝分かれしているときには並列つなぎ（並列回路）といいます。

1 直列つなぎ

部品は1つの輪の上にじゅずつなぎに接続されています。2個の電球は電流を分けて使うので、1個のときの半分の明るさになります。片方の電球がこわれたときには、もう1つの電球もつきません。

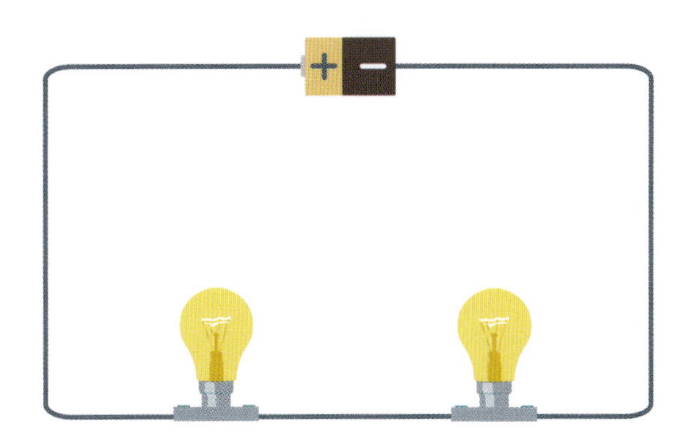

2 並列つなぎ

部品は枝分かれした線の上にあります。枝分かれしたそれぞれの線には全量の電流が伝わるので、電球は両方とも明るく光ります。電気が流れる道が2つ以上あるので、片方の電球がこわれても、もう1つの電球はついたままになります。家の中では、さまざまな電化製品を別々にオンやオフにできるようにするため、回路はほとんどの場合並列につながれています。

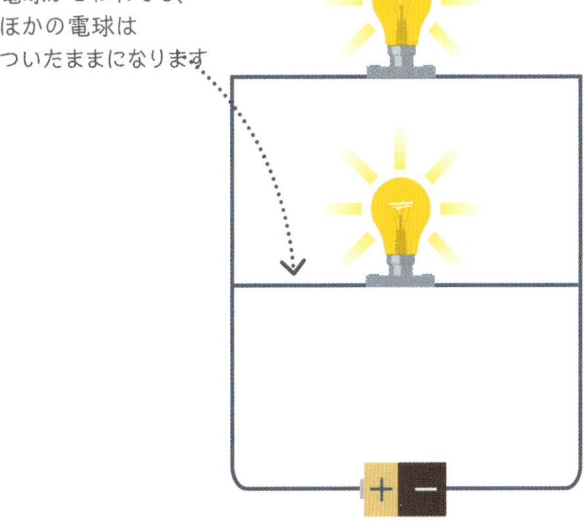

身の周りの科学

ヒューズとブレーカー

家の中の電化製品がこわれると、電気がもれて金属製品に流れることがあります。こわれた電化製品による電気ショックを防ぐため、プラグにはふつうヒューズが入っています。ヒューズの中には細い電線がふくまれていて、大量の電流が流れると切れます。また、多くの家にはブレーカーと呼ばれる装置があります。ブレーカーは、電力が急に増えたことを自動的に検出して、とめ金をはずして回路をしゃ断するスイッチです。

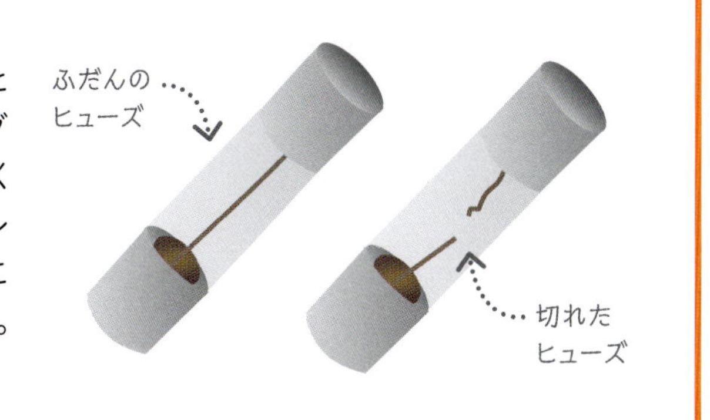

※ヒューズは、電化製品の種類によっていろいろな形や大きさのものがあります。

電流、電圧、抵抗

回路に流れる電流の量は、電子が押し出される強さ（電圧）と、それらの流れやすさ（抵抗）によって決まります。
電流、電圧、抵抗のことは、電気をパイプに流れる水にたとえて考えるとわかりやすいでしょう。

電化製品の多くは、1秒間に何十回も流れの方向が変わる、交流という電流を使っているんだよ。

電流

1 電流の量とは、電線の中を電子が移動する量です。電流の量は、パイプを流れる水の量に似ています。大量の電流とは、大量の電子が移動して、大きなエネルギーを運んでいることを指します。

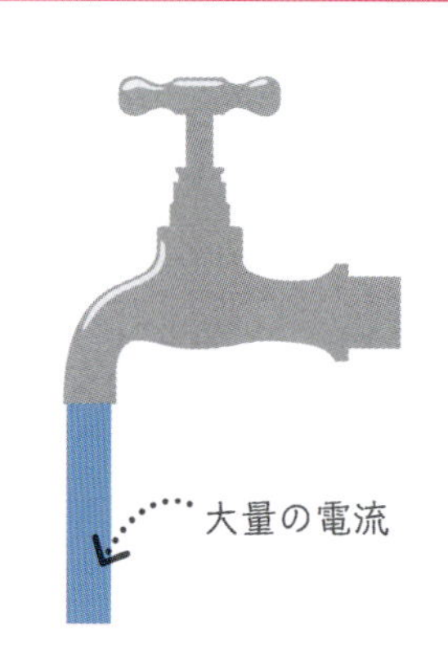

2 少量の電流とは、移動する電子の量が少ないことです。電流は、アンペア（A）という単位で表します。1アンペアの電流とは、ある地点（たとえば電線の断面）を毎秒約6兆個の電子が通り過ぎる量です。

電圧

1 電流は、何かに押されなければ発生しません。回路では、この押す力が、回路のはじめと終わりの電位差から生まれます。これを電圧といい、ボルト（V）で表します。電圧は水圧のように働きます。水そうが高いところにあるときには重力が高い圧力をかけるので、水が蛇口から勢いよく出ます。水そうが低いところにあるときには水圧も低く、水は蛇口からちょろちょろ流れます。

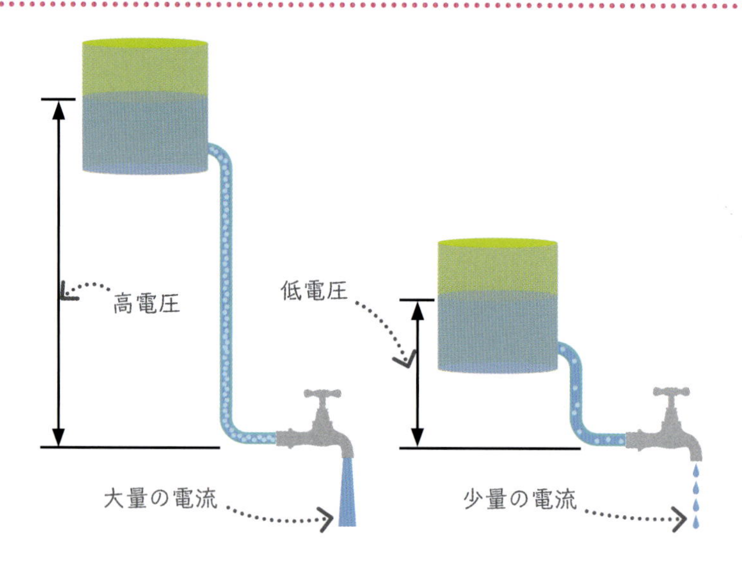

2 圧力は電流の量ではなく、押す力の強さです。でも、高い電圧の押す力は強いので、電流量も多くなります。たとえば電球は、高い電圧の電池を使ったときのほうが、低い電圧の電池を使ったときよりも明るく光ります。

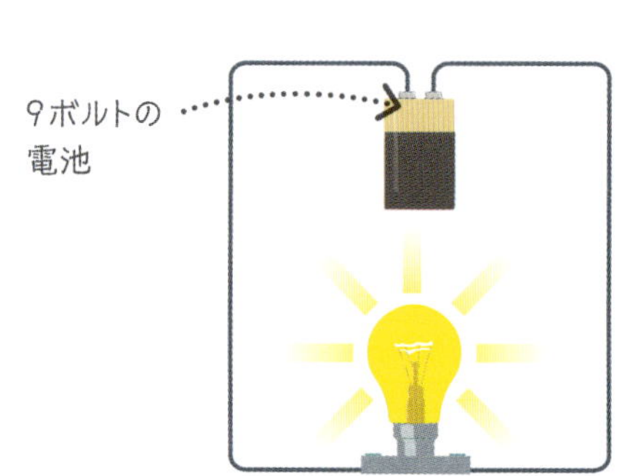

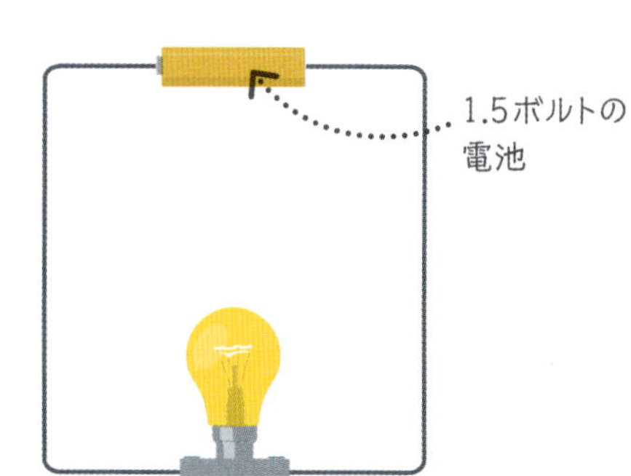

抵抗

電球の中にあるフィラメントは
細い金属線でできていて、
高い抵抗を生み出します

1 銅のようにすぐれた導体であっても、電子と原子が電気の流れるじゃまをするため、電流に対する抵抗が生まれます。電気抵抗の値はオーム（Ω）という単位で表します。電線が細いときや長いときには、より高い抵抗が生まれます。

2 抵抗があると、エネルギーは熱や光の形で逃げ出します。とても長く細い金属線をコイル状に巻くと、高い抵抗が生まれて、赤く光ったり白熱したりします。電気ヒーターや白熱電球は、このしくみを利用しています。

3 回路にある抵抗を高めるものは、どんなものでも電流の量を減らします。

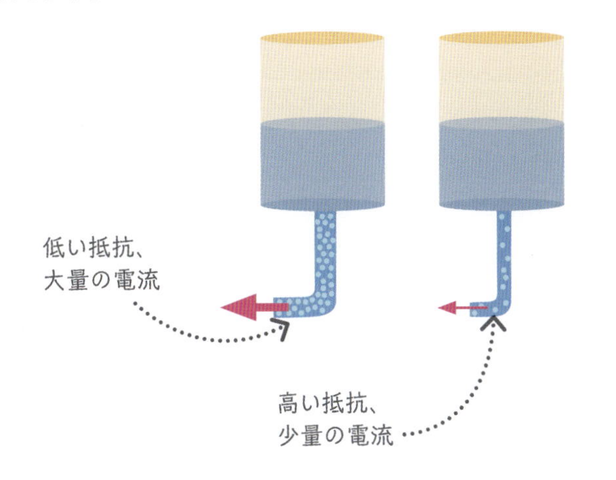

4 高い抵抗は電流を減らしますが、高い電圧は電流を増やします。電流、電圧、抵抗の関係は、オームの法則という式で表されます。

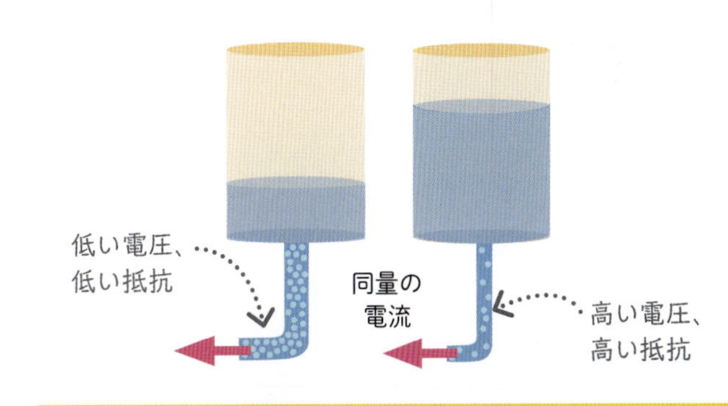

電流 ＝ 電圧 ÷ 抵抗

身の周りの科学

変圧器

電流が電線を流れるときにも、抵抗によりエネルギーが失われます。電流が多ければ多いほど、失われる量も増えます。エネルギーが失われるのを減らすため、発電所は、少量の電流、高い電圧で、電気エネルギーを遠くまで送ります。電気を発電所から送るときには昇圧器と呼ばれる機械で電圧を上げますが、家にとどく前には、降圧器という機械で、安全なレベルにまで電圧を下げます。高圧電線は危険なため、高い鉄塔の上に渡されています。

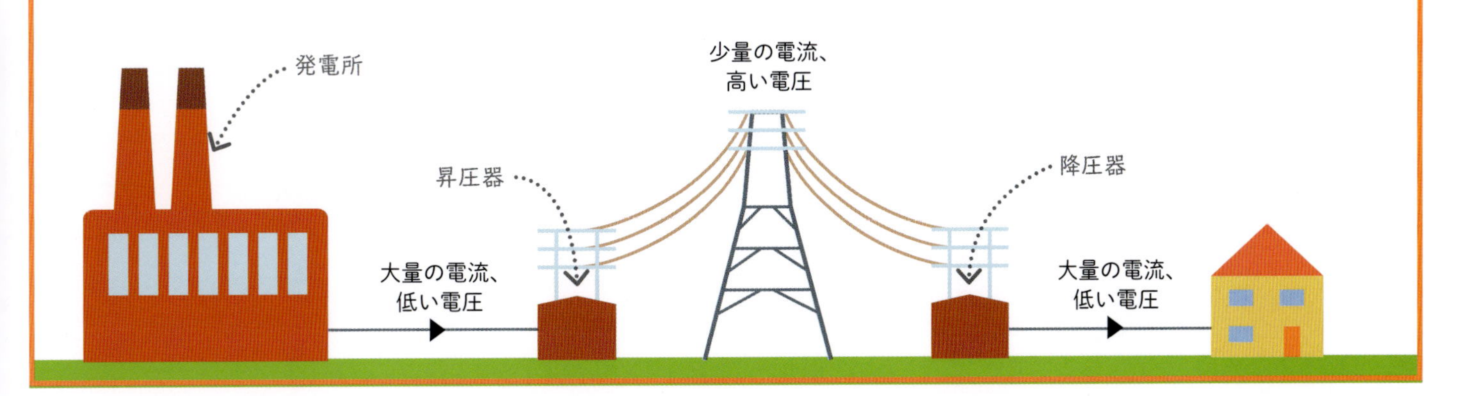

電気と磁気

電気と磁気とは深い関係にあります。どんな電流も磁界をつくりますし、磁石が電流をつくることもあります。電気と磁気を研究する科学分野は、電磁気学と呼ばれます。

電気と磁気は、宇宙を支配する4つの力、「重力」「電磁気力」「強い力」「弱い力」のうち、電磁気力によって生み出されているよ。

電磁石

1 電気が電線を流れると電線は磁石になり、電線の周りに磁界と呼ばれる、磁力を感じる場所ができます。この様子は、直流の電流が流れている電線にコンパスを近づけると針が動くので、目で見ることができます。

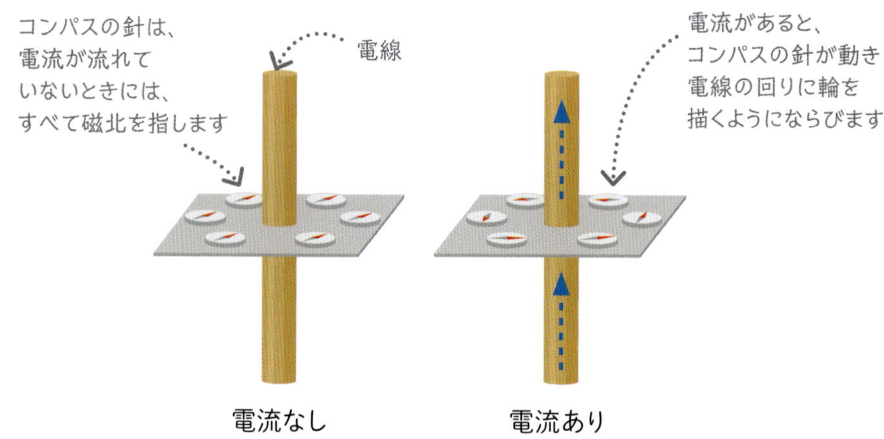

コンパスの針は、電流が流れていないときには、すべて磁北を指します
電線
電流があると、コンパスの針が動き電線の回りに輪を描くようにならびます
電流なし
電流あり

2 電流を使って、磁力をオンとオフできる電磁石という強力な磁石をつくることができます。電線をコイル状に巻くと、ループのまわりの磁界が強め合うので、強力な電磁石になります。

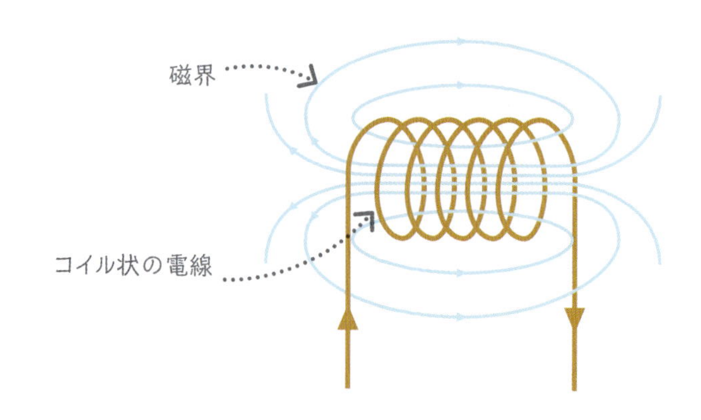

3 電磁石の効果は、鉄の棒のまわりに電線を巻くと、さらに強まります。鉄の棒は、電流がつくる磁界によって磁気をおびます。

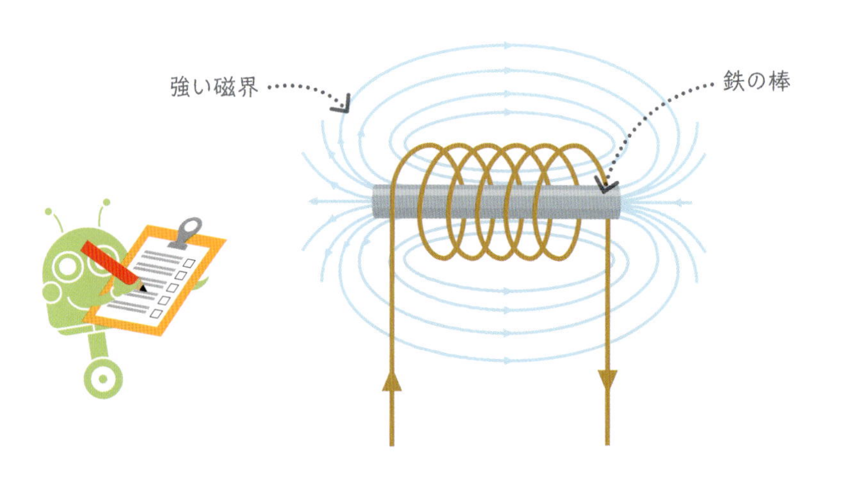

電気をつくる

1 電気が磁界をつくるように、磁界も電気をつくることができます。電気は、磁石が電線をまたいだとき、または電線が磁石の両極の間を通ったときに生まれます。磁界が電線の電流を引き起こす（誘導する）ため、この作用は電磁誘導と呼ばれます。

2 磁石をループの中で前後に動かすと、より強い電流が誘導されます。ループの巻き数が多いコイルほど（または磁石の動きが速く強いほど）、つくられる電流の量は多くなります。でも、巻き数を増やして強い電流を生じさせるのは簡単ではありません。誘導された電流が磁界をつくって磁石に反発するため、コイル内で磁石を動かすのが難しくなるためです。

3 ほぼすべての電気は電磁誘導でつくられています。多くの発電所では、ボイラーで熱した水の蒸気でタービン（ファン）を回します。すると、タービンが、発電機の中にある強大な磁石を回し、電線のコイル内で電流を誘導します。

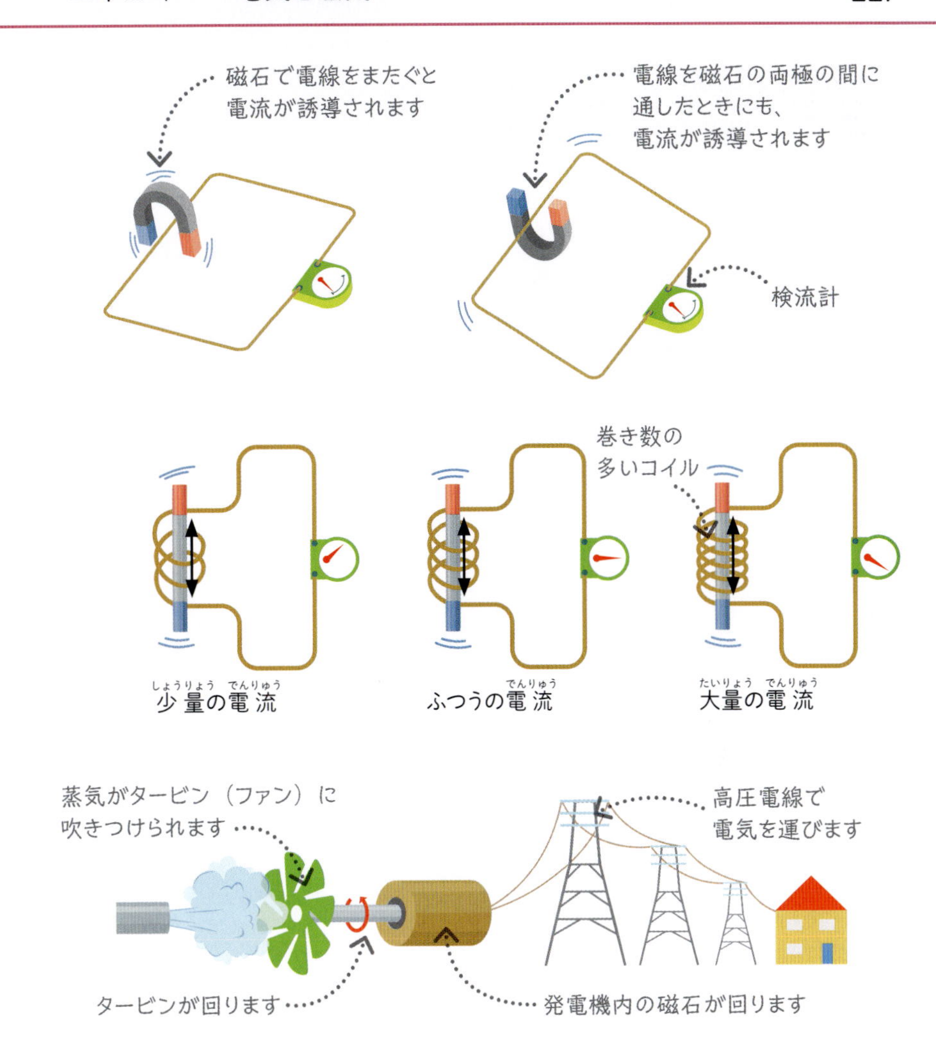

電動機（電気モーター）

発電機は運動のエネルギーを電気に変えますが、電動機はその反対のことをして、電磁気力を運動エネルギーに変えます。

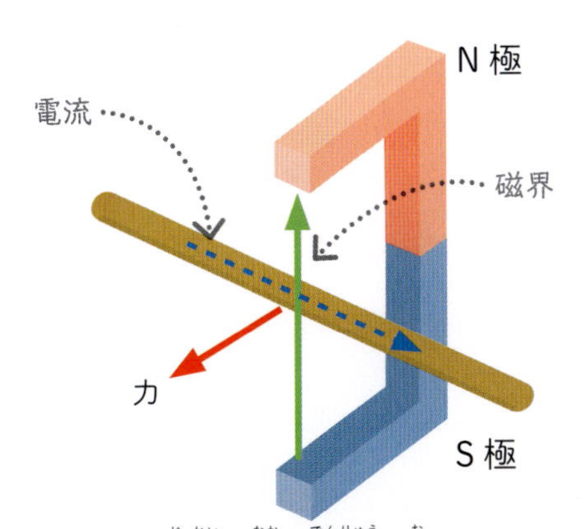

1 すでにある磁界の中に電流が起きると、それに反応して、電線がはね返るように動きます。なぜなら、電線自身の磁界が磁石に反発してはね返るからです。これをモーター作用といいます。

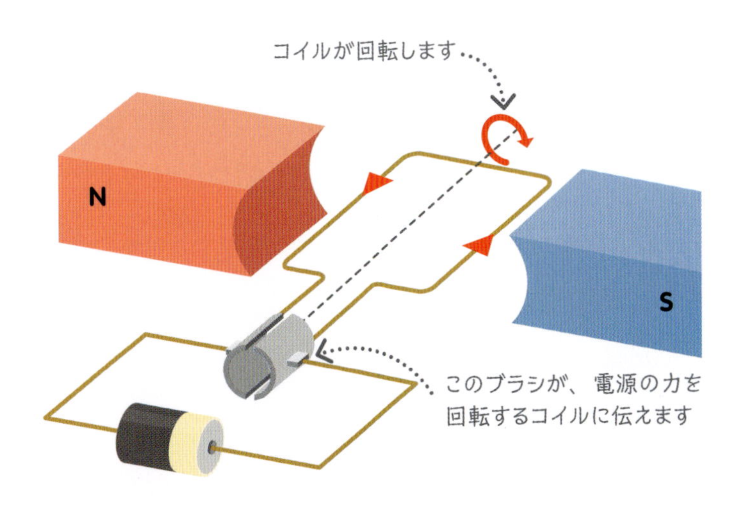

2 電線がループの形をしているとき、はね返る力は、片側では上向きに、反対側では下向きに働きます。これによりループが回転します。ただし、回転を続けるにはループが電源にゆるくつながっていることが必要です。このしくみで動く電気モーターは、電動工具から電気自動車まで、さまざまなものに使われています。

電磁気力の利用

電磁石は、スイッチによって磁力をオンとオフに切りかえられる磁石です。これらの強力な磁石は、空中に浮かぶ電車からスピーカーまで、多くのことに利用されています。

電磁石は、
コイルの巻き数が多いほど
強力になるんだよ。

リニアモーターカー

リニアモーターカーの速度は飛行機の速度に近く、時速603kmにまで達します。車輪は使わずに電磁石で車体を空中に浮かせるため、軌道とのまさつが起きず、ふつうの車体より高速で走らせることができます。

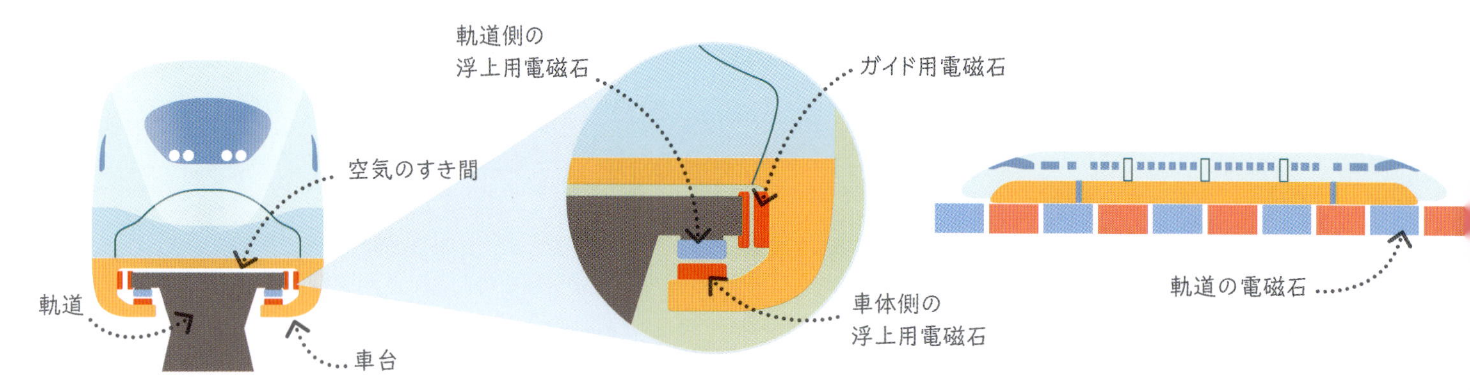

1 ドイツのトランスラピッド磁気浮上式鉄道では、磁力が引き合う力を使って車体のC字型の車台を浮かせ、車体と軌道のあいだに空気のすき間をつくっています。

2 車体側と軌道側のガイド用電磁石は、磁力がしりぞけ合う力を使って、車体が左右に動いて軌道に近づきすぎることのないようにしています。

3 浮上用電磁石は車体を動かすのにも使われています。コンピューターにより電磁石の磁力を高速でオンとオフに切りかえて、前進、減速、安定をコントロールしています。

リフティングマグネット

リフティングマグネットは、中に電気コイルが入っている鉄製の大きな円ばんで、廃車などのくず鉄や鋼鉄製品を持ち上げるのに使われています。電流がオンになると電磁石になり、とても重い物でも持ち上げることができます。そして、電源をオフにするだけで、荷物をおろすことができます。

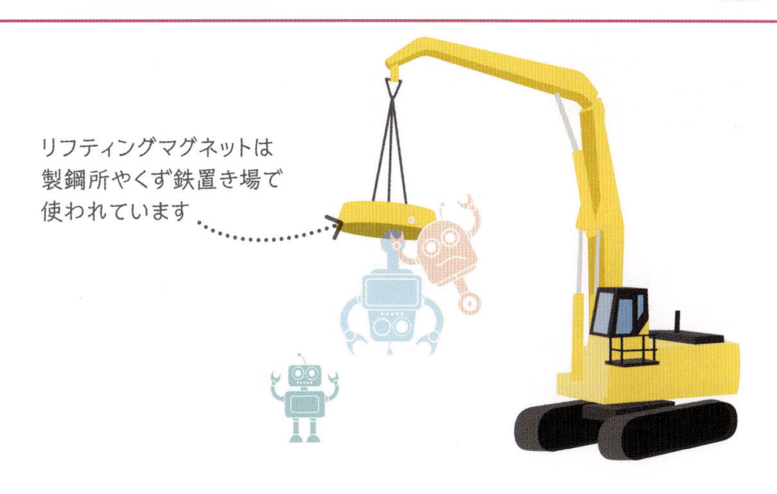

スピーカー

小さなイヤホンをふくめ、あらゆるスピーカーは、電磁気力を使って音波（空気の振動）をつくります。大部分のスピーカーが音波をつくるのに使っているのは、紙またはプラスチック製の振動板です。

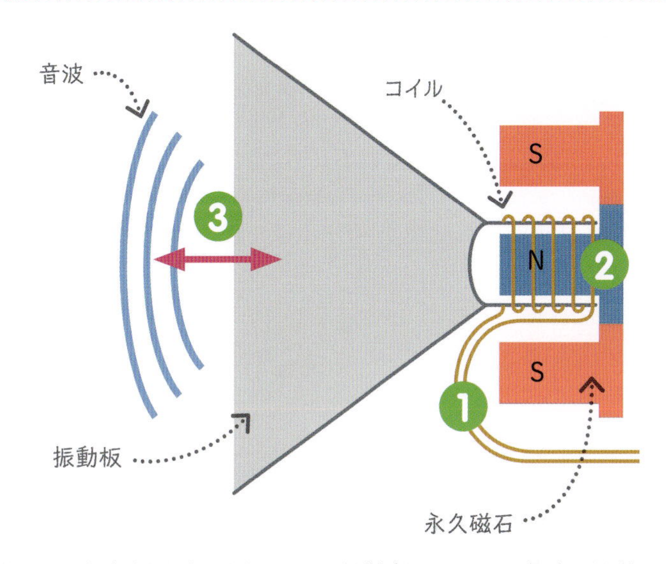

1 電気信号が、交流電流（急速に方向を変える電流）の形でスピーカーに送られます。振動板は周りにコイルが巻かれているので、電流が流れると電磁石になります。

2 スピーカーの中にある永久磁石が電磁石に反発して、振動板を急げきに押し出します。交流（AC）が反転すると、振動板は急げきにひっこみます。

3 振動板がすばやく前後に振動して音波をつくります。音波の周波数は、AC電流の周波数に制御されます。

やってみよう

電磁石をつくってみよう

大きな鉄くぎ、長い銅線、単1マンガン乾電池（充電用ではないもの）を使って、電磁石をつくってみましょう。むきだしの銅線は、電気を直接鉄くぎに伝えてしまうために、コイルに電流が流れないことがあるので、必ず絶縁電線（ビニール被膜銅線またはエナメル線）を使いましょう。

1 電線を少なくとも25回、くぎにかたく巻きつけます。

2 電線の両はしを、電池のそれぞれの極にテープで接続します。

3 鉄くぎの両はしで紙クリップのような小さな金属を拾い上げてみましょう。

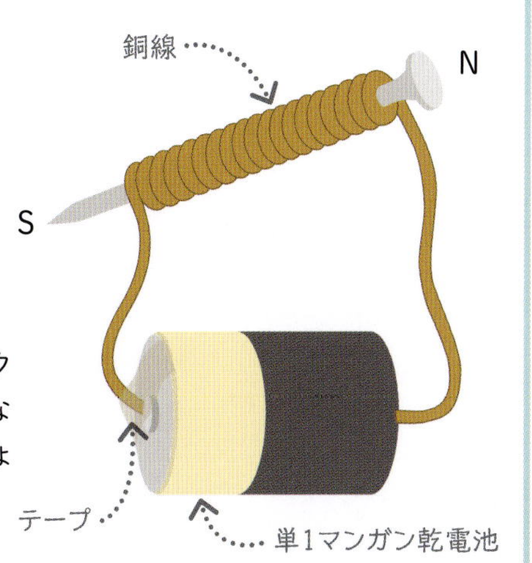

電子工学

電子工学（エレクトロニクス）は、電気を動力としてだけでなく、情報の処理にも使えるようにする技術です。現代の電子機器のほとんどはデジタル機器で、情報を数字の流れで処理します。

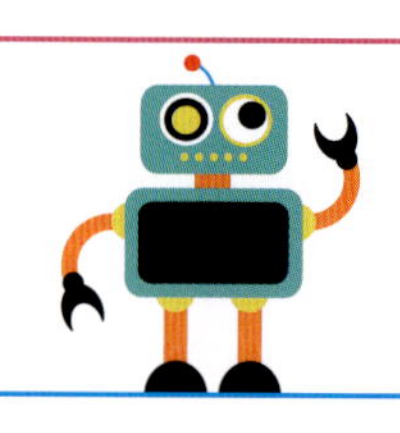

指のつめより小さなコンピューターチップには、30億個以上のトランジスタが入れられるんだよ。

1 デジタルとアナログ

電子機器は、デジタルとアナログという、2つのまったくちがう方法で情報を処理します。アナログ装置は、電圧や周波数の変化を利用して情報を送ります。たとえばアナログのラジオは、電波の周波数の変化を音波に変換してスピーカーから出力します。一方、デジタル装置は電気の短いパルスを使い、2進（バイナリ）コードと呼ばれる、1と0の数字のつながりの形で情報を送ります。

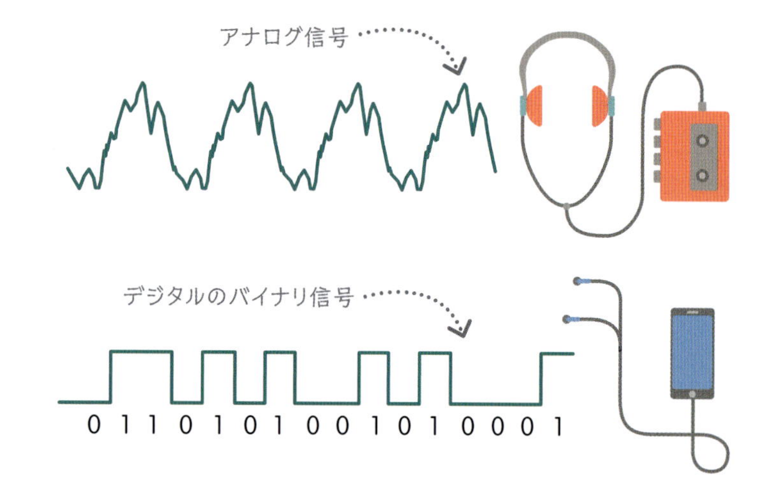

2 バイナリコード

バイナリコードの1と0は、二進数（ビット）と呼ばれます。ビットを8個使うだけで、アルファベットの文字すべてと、ゼロ（二進数では00000000）から255（二進数では11111111）までの数を表すことができます。8個のビットは1バイト、100万バイトはメガバイト、10億バイトはギガバイトです。

A	1000001	J	1001010	S	1010011
B	1000010	K	1001011	T	1010100
C	1000011	L	1001100	U	1010101
D	1000100	M	1001101	V	1010110
E	1000101	N	1001110	W	1010111
F	1000110	O	1001111	X	1011000
G	1000111	P	1010000	Y	1011001
H	1001000	Q	1010001	Z	1011010
I	1001001	R	1010010		

HEY = 1001000 1000101 1011001

3 トランジスタ

どんなデジタル装置もトランジスタという部品を使っています。トランジスタはスイッチとして働きます。トランジスタはふつう、半導体と呼ばれる素材を3つ重ねたサンドイッチのような構造になっています。半導体は特定の状況でしか電気を通しません。電流がサンドイッチの中心の層に伝わると、ほかの2つの層との間に電流が発生し、トランジスタを「オン」の状態にします。

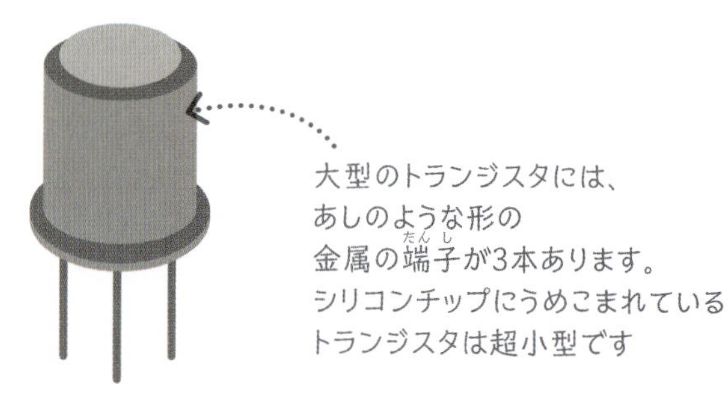

大型のトランジスタには、あしのような形の金属の端子が3本あります。シリコンチップにうめこまれているトランジスタは超小型です

4 論理ゲート

デジタル機器のトランジスタは、論理ゲートと呼ばれるものに分類されます。論理ゲートを使えば論理的な決定ができる（計算ができる）ので、これらはデジタル回路の元として使われています。ほとんどの論理ゲートには2つの入力と1つの出力があります。ゲートは2つの入力を比べて、出力をオンにするかどうかを決定します。たとえば、AND（論理積）ゲートの出力は、2つの入力を同時に受け取ったときにだけオンになりますが、OR（論理和）ゲートの出力は、1つまたは2つの入力を受け取ったときにオンになります。

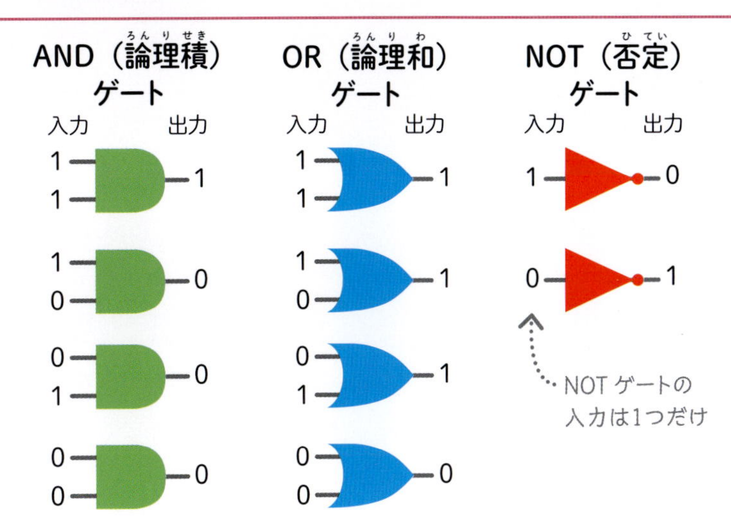

5 フリップ・フロップ回路

論理ゲートは、記憶できるように配置することができます。フィードバックと呼ばれる、出力と入力をつなげる道をつくって、以前の入力を思い出させるのです。あらゆるコンピューターメモリーは、このしくみを使っています。

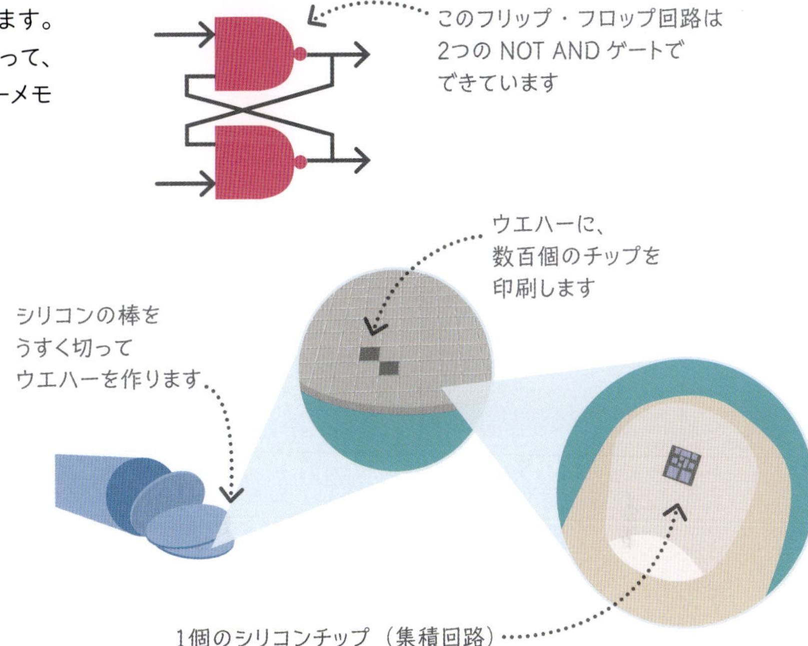

6 集積回路

かつて、あらゆる電子回路は、それぞれの部分を電子回路基板に取り付けてつくっていました。でも今では数百万個のトランジスタをふくむ回路を、シリコンウエハー（半導体のシリコンをうすく切ったもの）に印刷することができます。そのあと、ウエハーを小さな四角形に切り分けて、シリコンチップまたは集積回路と呼ばれるものにします。

身の周りの科学

ロボット

ロボットは、人間の手をかりずに、複雑な仕事を自動的にこなす機械です。大部分のロボットはコンピューターで制御されています。また、多くのロボットには、情報を入手し、反応のしかたを決定するための感覚システムがそなわっています。ロボットにはさまざまな種類があります。

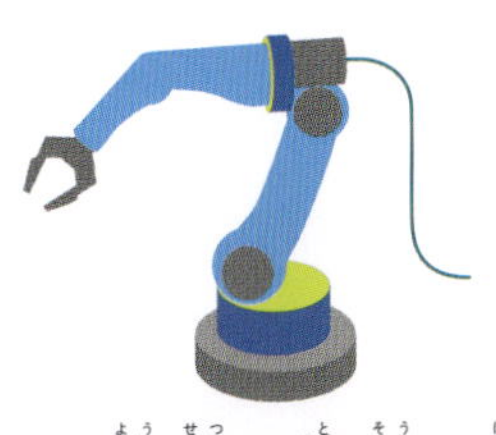

1 ロボットには、人間や動物に似せてつくられたものがあります。たとえば4本あしのロボットは、急な坂道や、あれた地面など、車で登れない場所にも歩いて行けます。

2 ロボットの宇宙探査機や潜水機は、人間が行けないところで働くことができます。車ぐらいの大きさのロボット「キュリオシティ」は、2012年から火星の表面を調べています。

3 溶接、塗装、包装、回路の組み立てなどをこなす工業用ロボットは、車からコンピューターまで、あらゆる製品の製造に使われています。

第5章

力（ちから）

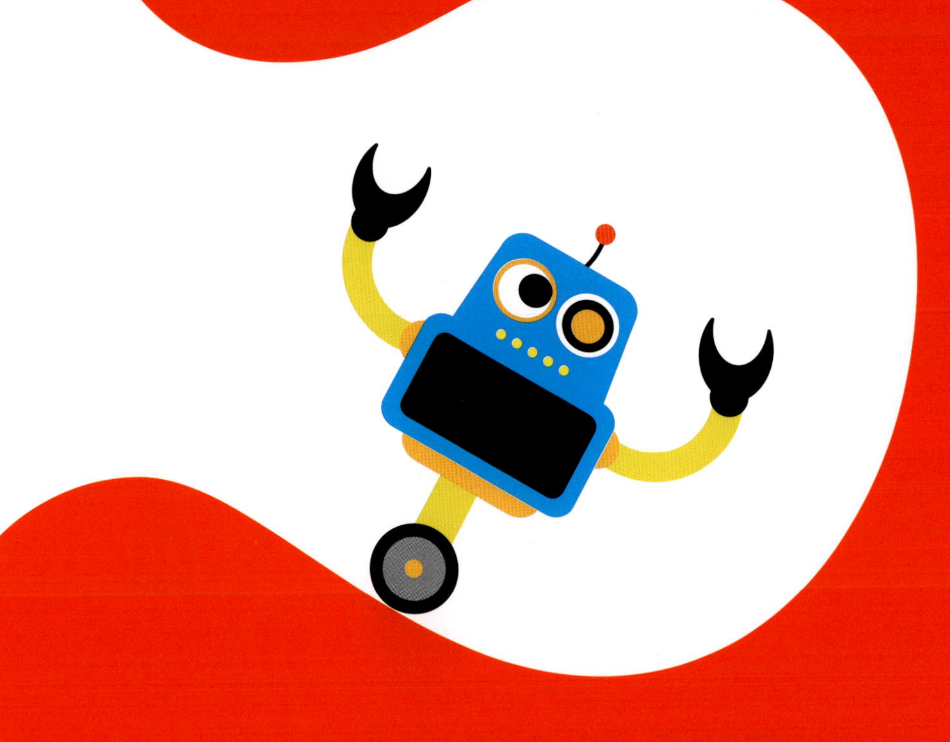

FORCES

車のブレーキをかけたり、ボールが坂を転がったりするときには、力が働いています。力とは、簡単に言うと、何かを押したり引いたりするものです。ものは力が加わると、動いたり止まったり、速くなったりおそくなったり、進路を変えたり、形を変えたりします。そして、力は宇宙のあらゆるところで働いています。たとえば地球は重力のおかげで、太陽の周りを回る軌道からはずれずにすんでいるのです。

力ってなに?

力は、何かを押したり引いたりするものです。ボールをけったり自転車をこいだりするとき、人は力を使っています。ものは力により、動き始めたり止まったり、速くなったりおそくなったり、進む方向を変えたり、形を変えたりします。

力は見えないけれど、その効果は見たり感じたりできるよ。

1 ものを動かす
力は止まっているものを動かすことができます。ボールをけると、足の力でボールが飛びます。重力はボールを地面に引き寄せます。

2 速度を上げる
力は、動いているものの速度を上げることができます。坂をスケートボードで下るとスピードが上がるのは、重力によって体が下に引き寄せられるからです。

3 速度を下げる、動きを止める
力は、もののスピードを下げたり、動きを止めたりすることができます。ボールを手でつかむと、手の力でボールの速度が下がり、動きが止まります。

力の表し方

力はニュートン（N）と呼ばれる単位で表されます。これは、イギリスの科学者、アイザック・ニュートンにちなんで名づけられた単位です。1ニュートンは、ふつうのリンゴの重さほどの力です。力には大きさと方向があるので、力の働き方は、示力図と呼ばれる簡単な矢印の図で表すことができます。矢印が長ければ長いほど、力は強くなります。

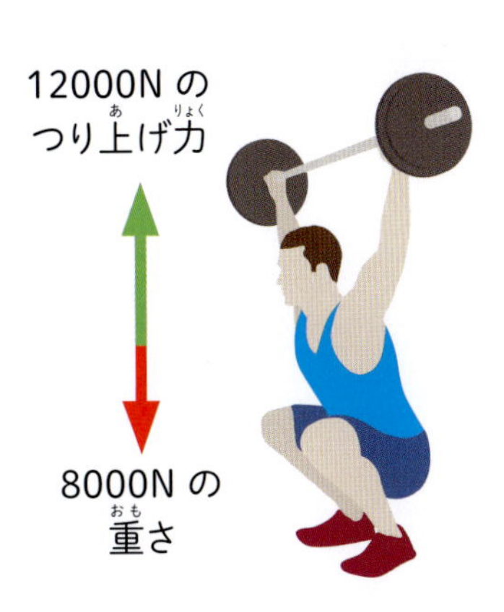

4 進む方向を変える
力は、動いているものの方向を変えることができます。たこをあげると、風の力が、たこの進路を変えたり回転させたりします。

5 形を変える
力は、ものの形を変えることができます。弓のつるを引くと弓が曲がります。手がつるから離れると、弓はしなって、元の形にもどります。

遠くから働く力

力には、ボールをけるときのように、ものどうしがふれ合ったときに働くものもありますが、遠くから働く力（遠隔作用と呼ばれます）もあります。

1 重力
重力は、あらゆるものどうしを引き付けているとても弱い引力です。その働きは、ふつう、地球のような巨大なものについてしかわかりません。ものが地面に落ちるのは、地球の重力に引き寄せられるためです。

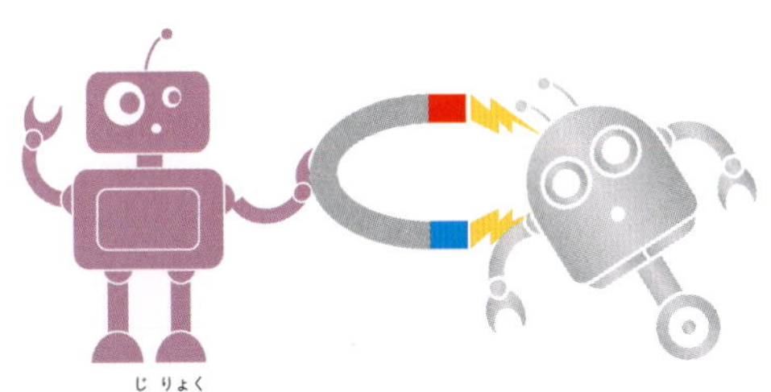

2 磁力
磁力は、鉄製品などの磁性を示すものを引き寄せます。磁石にはN極とS極があります。反対の極は引き合いますが、同じ極は反発します（しりぞけ合います）。

3 電荷
プラスまたはマイナスの電気（電荷）をおびているものは、磁石のように押したり引いたりすることができます。反対の電荷は引き合いますが、同じ電荷は反発します。

引きのばしと変形

動けないものに力を加えると、形が変わったり、こわれたりします。このことを変形といいます。

どんなものでも、十分な力を加えれば、こわれるよ。

1 もろいものに力を加えると、折れたり、こなごなになったりします。たとえば、クラッカーを折ったり、窓を割ったり、ハンマーでブタの貯金箱（瀬戸物）を割ったりしたときに、これが起こります。

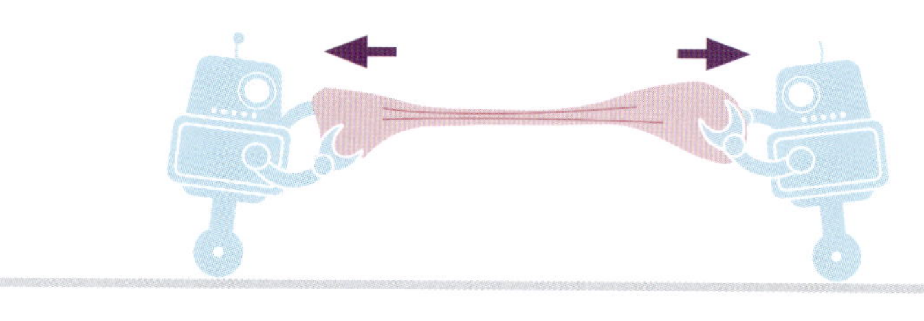

2 こわれずに形を変えるものもあります。これは変形といいます。ガムのように元の形にもどらないものは、「そ性」があるといいます。

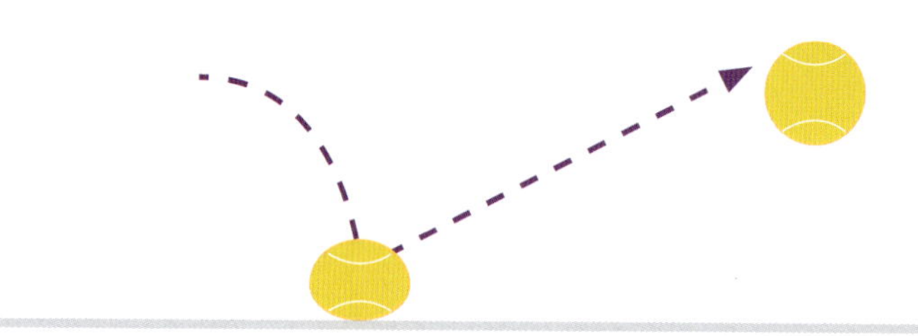

3 テニスボールのようなものは、瞬間的に形を変えますが、また元の形にもどります。この性質を「弾性」といいます。

形を変える

ものがどう変形するかは、加える力の数と方向によります。

1 つぶれる
押す力を反対の方向から加えると、ものはつぶれます。側面がふくらむこともあります。

2 引っ張られてのびる
反対方向に引っ張る力を加えると、張力が生まれてものはのびます。

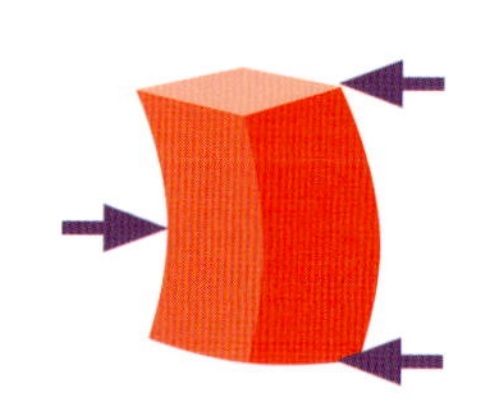

3 曲がる
複数の力が異なる場所に異なる方向から加わると、ものは折れたり曲がったりします。

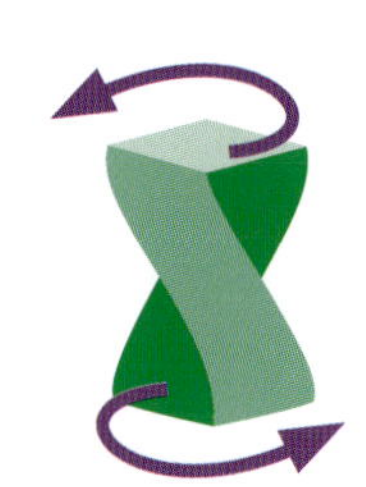

4 ねじれる
1つのものの異なる場所に、反対向きに回転する力（トルク）が加わると、ものはねじれます。

のび縮みする力（弾性）

1 のび縮みするものは、力が加えられなくなると、元の形にもどります。でも、それらには限界があります。のび縮みするものを、ある点（弾性の限界といいます）をこえて引っ張ると、元の形にはもどらなくなります。

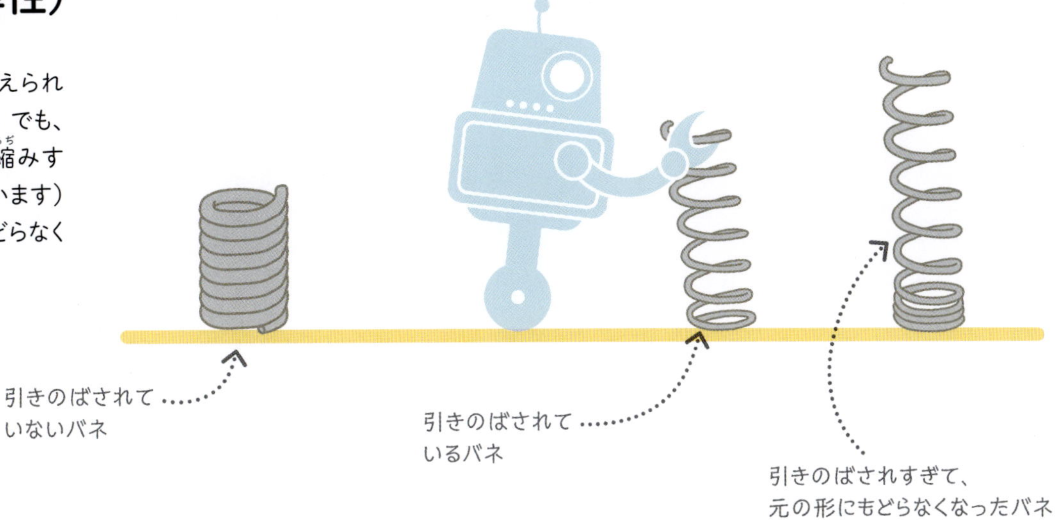

2 弾性の限界に達する前にものがのびる長さは、加わる力に比例します。これをフックの法則といいます。この法則は、イギリス人科学者ロバート・フック（1635-1703）によって発見されました。

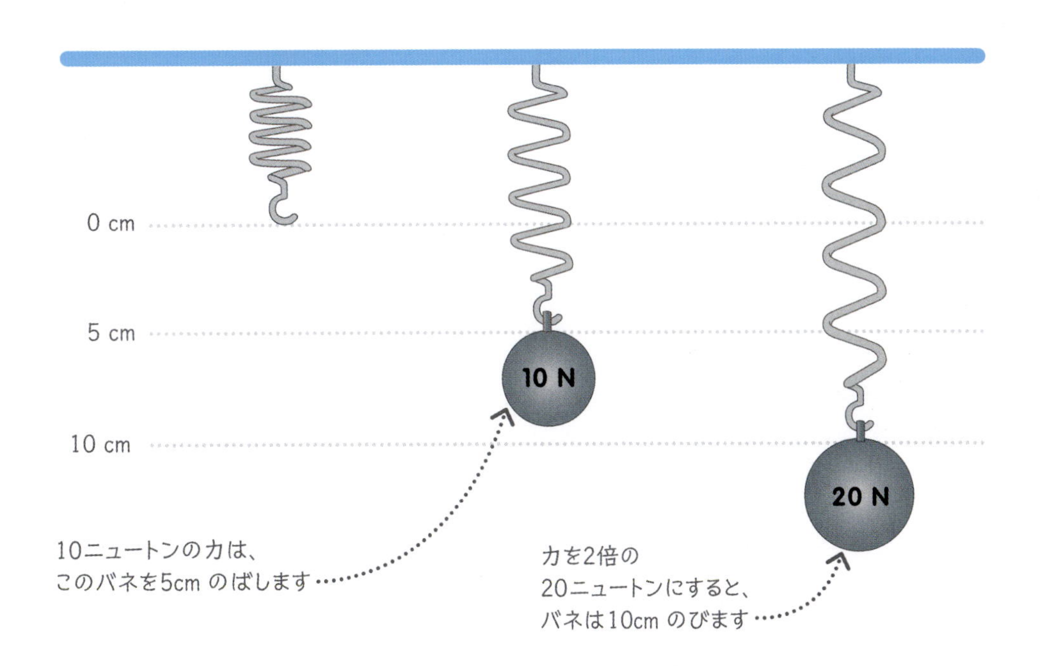

0 cm
5 cm
10 cm
10 N
20 N
10ニュートンの力は、このバネを5cm のばします
力を2倍の20ニュートンにすると、バネは10cm のびます

身の周りの科学

棒高とび

棒高とびの選手が使う棒は、ガラス繊維と炭素繊維の層でできていて、中が空になっています。棒には弾性があり、バーの手前に置かれたときに鋭く曲がります。そして、棒がまっすぐな元の形にもどろうとするときに、選手を空中高くはね上げるのです。世界でトップの棒高とび選手は、6.1m もジャンプすることができます。

つり合っている力とつり合っていない力

> 力がつり合っているときは、平衡しているっていうんだよ。

2つ以上の力が同時にものに加わると、合わせて1つの力として働きます。加わる力の大きさがつり合っているときには、たがいの力を打ち消し合います。

つり合っている力

1 つなひきのチームが反対側から同じ力でつなを引いています。力がつり合っているので、全体的には力が生じていないことになり、つなは動きません。

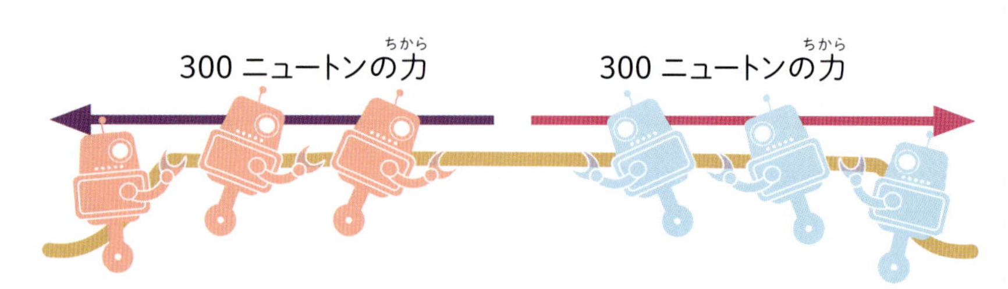

2 天井からつりさげられたランプは、常に自分の重さで下に引かれています。でも、ランプの重さは、それをつるすひもの張力とつり合っています。この2つの力は打ち消し合うので、ランプは落下しません。

3 ものをテーブルの上に置くと、重力はものにかかっているのに、ものは落下しません。なぜなら、ものの重さは、テーブルの上向きの力とつり合っているからです。

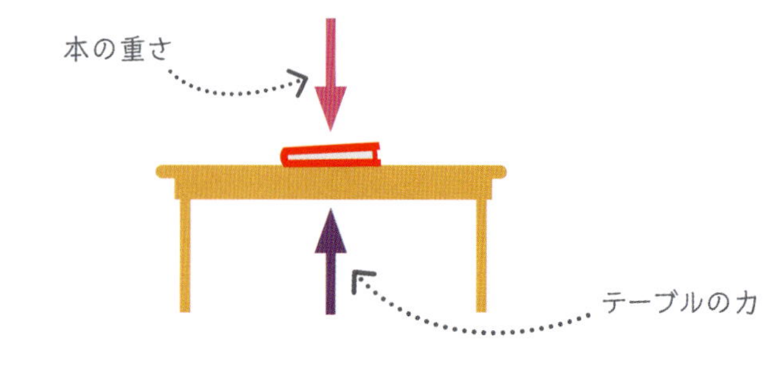

4 つり合う力は動くものにも働きます。スカイダイビングのダイバーが最高速度に達すると、落下の速度と方向が一定になります。空気の抵抗とダイバーにかかる重力がつり合ったからです。

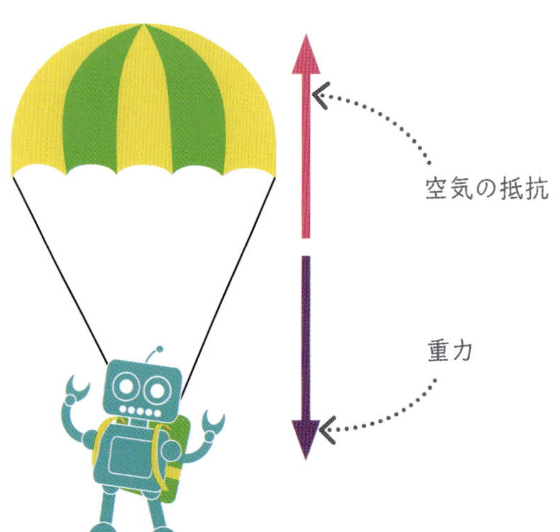

つり合っていない力

力がつり合っていないときにも、力はまとまった1つの力として働き、ものを動かしたり、動き方を変えたりします。このまとまった力のことを、合力といいます。

1 それぞれの力の大きさと方向がわかれば、合力が計算できます。たとえば、同じ方向に働く力の大きさは、たし算をすれば得られます。

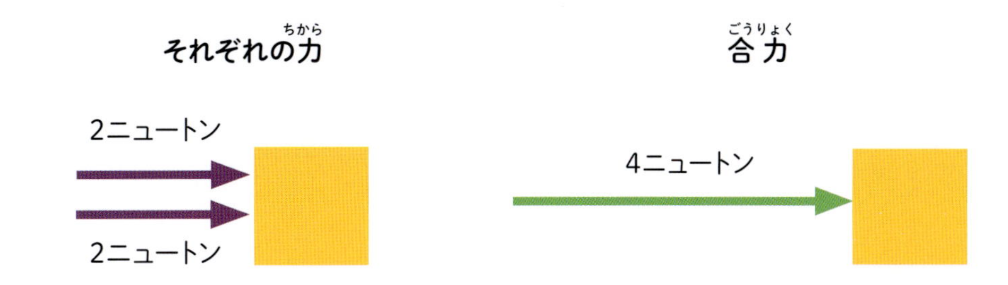

2 力が反対の方向に働くときは、大きな力から小さな力を引きます。

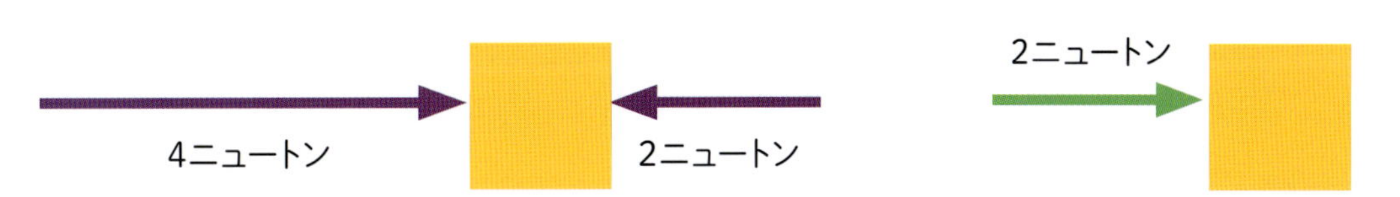

3 力が同じ方向または反対の方向以外にかかる場合、合力はその中間の方向に働きます。この例では、2つの方向から押された箱が、ななめに動きます。合力は、示力図に片方の力の矢印を書いて、そのはしにもう片方の矢印を書けば得られます。

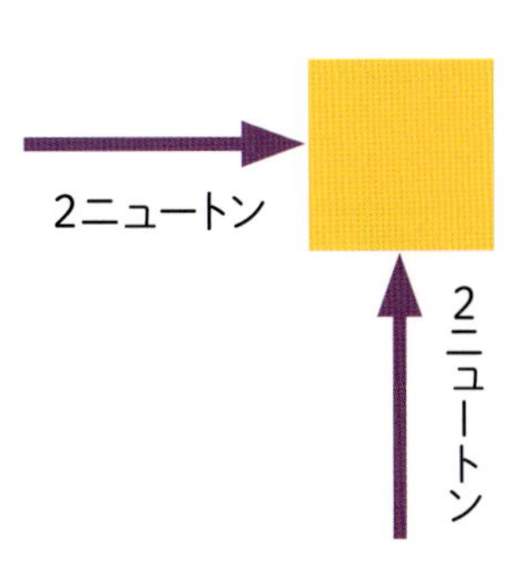

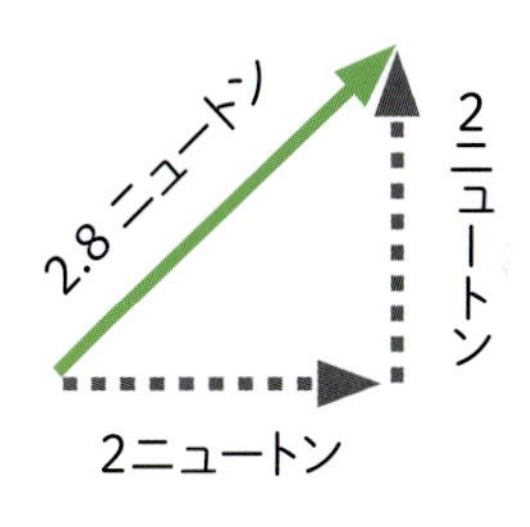

身の周りの科学

つり橋

つり橋は、つり橋自身の重さと、橋の上を通る乗り物の重さに耐えられるように設計されています。橋の重さは、橋を引き下ろしますが、この力は柱の上向きの力とつり合っています。鋼鉄製のメインケーブルとハンガーケーブルが持つ張力と呼ばれる力も、橋を上に引き上げて、その重さを支えています。

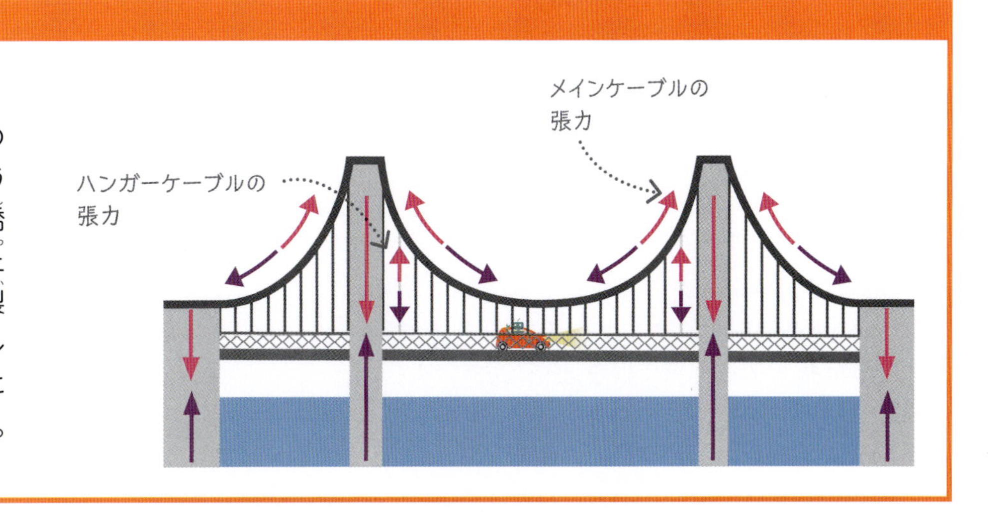

磁力

磁力は、ふれなくても、ものを押したり引いたりできる力で、鉄、ニッケル、コバルト、鋼鉄など、特定の物質でできたものだけを引き寄せます。

棒磁石を2つに切ると、それぞれが2つの極を持つ磁石になるんだよ。

磁石のしくみ

磁力は、電子から生まれます。電子は、あらゆる原子の外側にある、電気をおびた小さな粒子です。電子はそれぞれ小さな棒磁石のように働きますが、ほとんどのものでは、電子が飛び回っているので、磁力は打ち消されています。

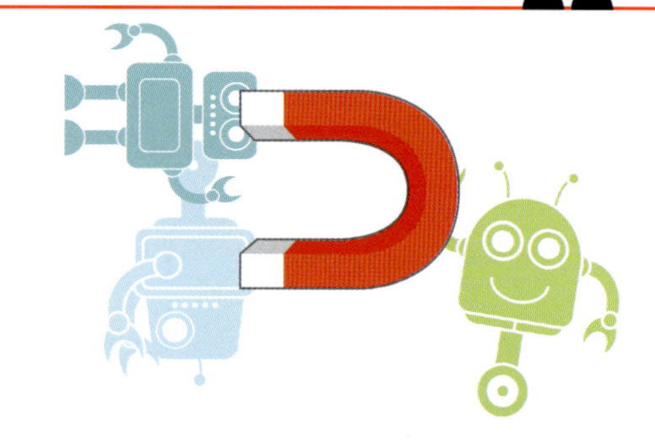

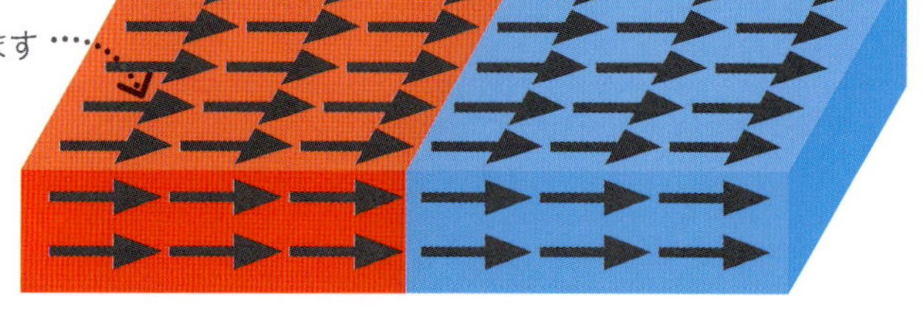

1 鉄のように磁石にくっつく物質では、電子が、ミニ磁石のような磁区と呼ばれる小さな区域の中で整列しています。でも、それぞれの磁区はふつう整列していません。

2 磁石では、すべての磁区が整列しています。磁区の磁力がいっしょになって、磁石全体の周りに強力な磁力を生み出します。

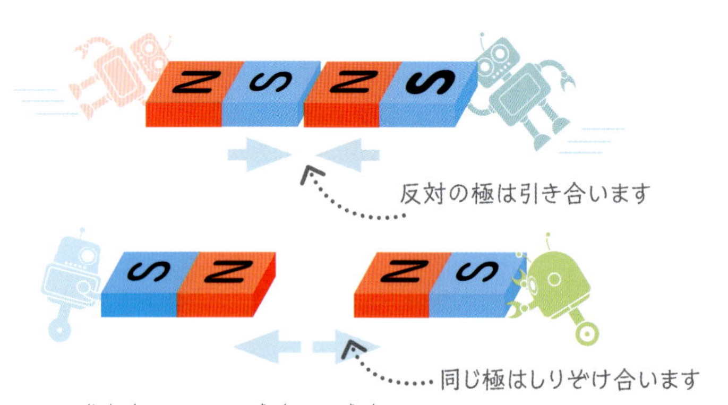

3 磁石には、N極とS極の2つのはしがあります。2個の磁石は、反対の極を近づけると、強く引き合います。でも、同じ極を近づけると、反発してしりぞけ合います。

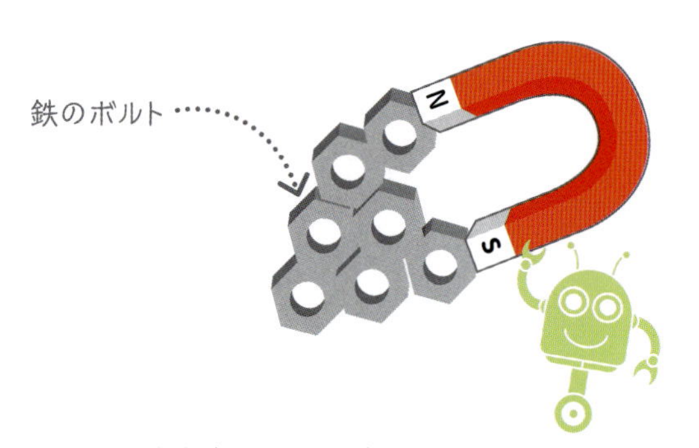

4 磁石は、磁石でないもの同士も引き寄せます。これは、磁石が、磁石にくっつく物質（鉄など）の磁界を一時的に整列させるからです。

磁界

どんな磁石も磁界に囲まれています。磁界はものを引き寄せる領域ですが、引き寄せる力は、まっすぐには働きません。磁力は、極から散らばるように出て、もう一方の極につながっています。

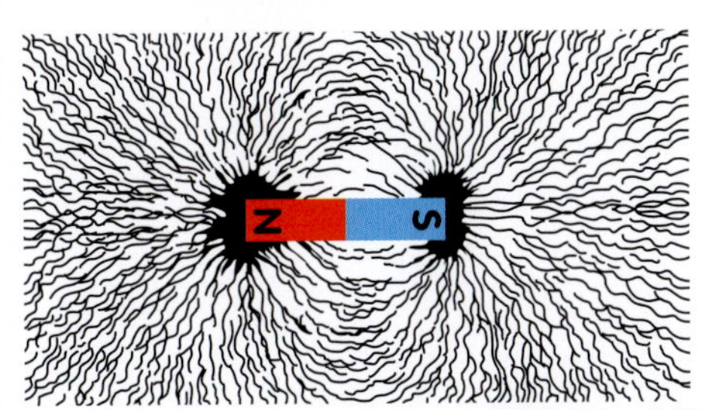

1 磁界は目に見えませんが、棒磁石に砂鉄をふりかけると、その効果を見ることができます。砂鉄は、磁力線にそって並びます。

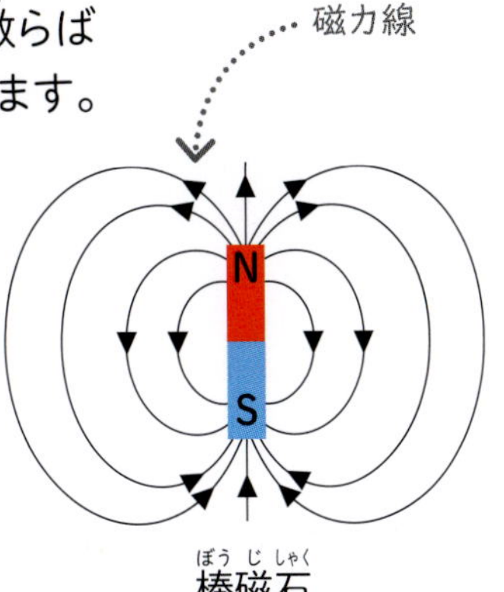

棒磁石

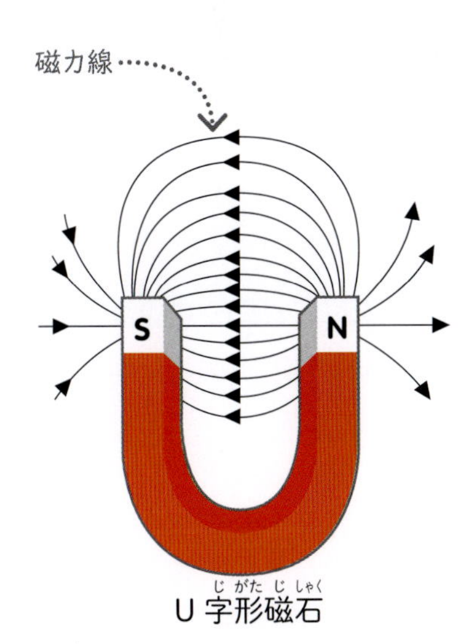

U字形磁石

2 この2つの図は、N極からの磁界の動きを示したもので、N極から離れてS極に向かうのがわかります。線のはばがせまいところが、もっとも磁力が強い場所です。

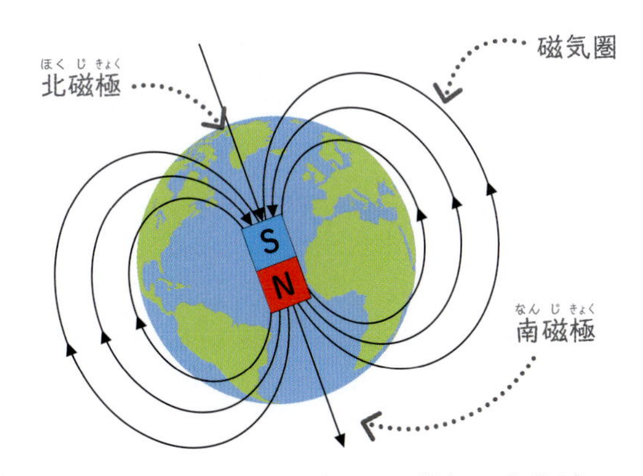

3 地球の中心には、巨大な磁石のように働く、部分的にとけた熱い鉄のかたまりがあり、磁気圏と呼ばれる巨大な磁界をつくっています。この磁界は、宇宙に向かって何千キロも力をおよぼしています。

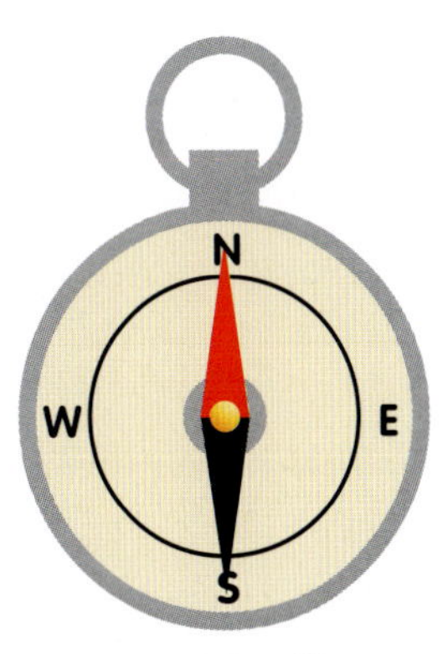

4 コンパスは、点の上でバランスをとっている磁気をおびた針です。コンパスの針は地球の磁界にそって北を指すので、方角を知ることができます。

身の周りの科学

MRI スキャナー

MRI（磁気共鳴画像法）スキャナーを使うと、医師は患者の体の中を見ることができます。患者が台に横たわり、スキャナーの中に入ると、巨大なつつ型の磁石が、体の水素原子を整列させます。そのあと、急激に磁界の方向を変える磁界のパルスが短く大量に放出され、水素原子の向きを変えて、ふたたび整列させます。そのとき、水素原子が電波を放出するので、それを処理して画像にするのです。

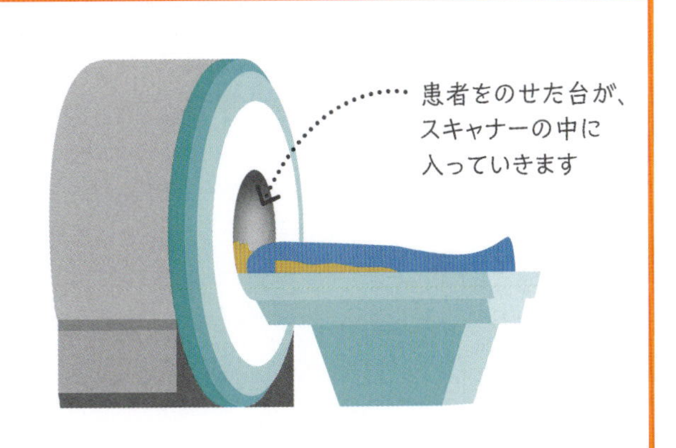

まさつ

ものが、別のものの上をすべったり、こすったりするときには、まさつと呼ばれる力が働いて、速度がおそくなります。まさつは、何かを動かすときにはじゃまになりますが、ものの動きをコントロールできるので、便利なこともあります。

マッチをこすったときに火がつくのは、まさつがマッチの先を熱するからなんだよ。

1 どれほどなめらかに見えるものでも、表面には無数の小さなでこぼこがあります。2つのものがこすれ合うと、でこぼこがひっかかって、動きがおそくなります。動きをおそくする、この力がまさつです。

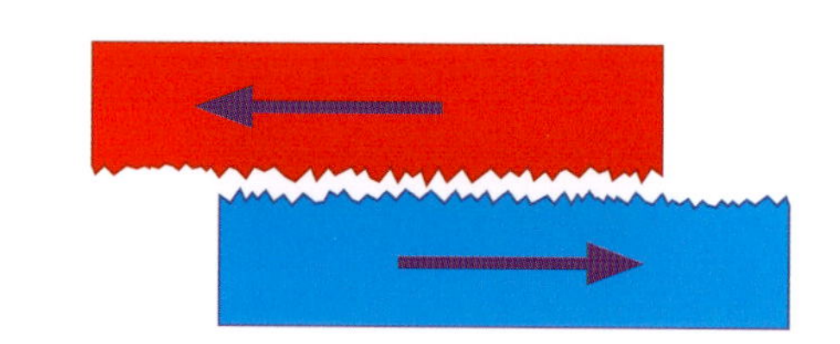

2 まさつには、静止まさつと動まさつという2つの種類があります。静止まさつのほうがずっと大きくて、重い箱などの、止まっているものを動かすのはたいへんです。でも、箱が動きはじめれば、動きをおそくするのは動まさつだけなので、もっと楽に押せるようになります。

3 まさつが起きるときにはいつも、動くもののエネルギーが熱に変わります。これは、両手をできるだけ速くこすってみればわかります。10秒ほどこすると、手の皮ふが熱く感じられるでしょう。

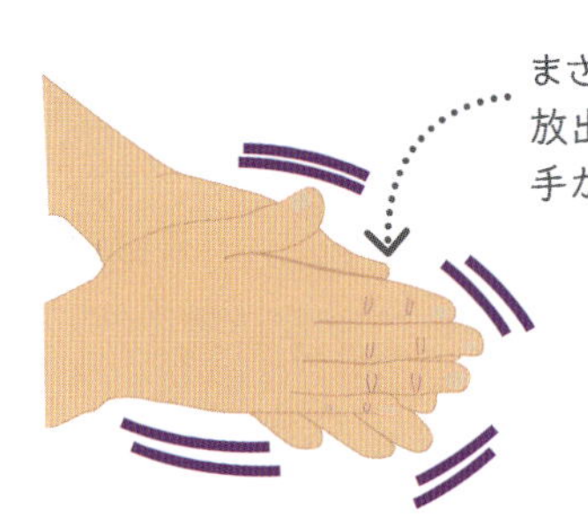

まさつが熱のエネルギーを放出するので、手が熱くなります

4 こすられている表面は、時間が経つとまさつですり減ります。自転車や車の手入れをしょっちゅうしなければならないのも、そのためです。大工さんは木材の表面をなめらかにするために、やすりなどの道具を使って、わざとまさつを大きくします。

やすりの刃は、まさつを最大にするためにギザギザになっています

5 まさつは、ものの動きをコントロールするのに役立ちます。まさつがなかったら、床を歩くときも、いすにすわるときも、すべって部屋のすみまで行ってしまうでしょう。ハイキング用のくつやマウンテンバイクのタイヤなどには、まさつの力を増すために、深いみぞがきざまれています。これにより、やわらかい地面やすべりやすい地面の上を、歩いたりサイクリングしたりできるのです。

ゴツゴツしたタイヤは、まさつが増すので、動きがコントロールしやすくなります

まさつを減らす

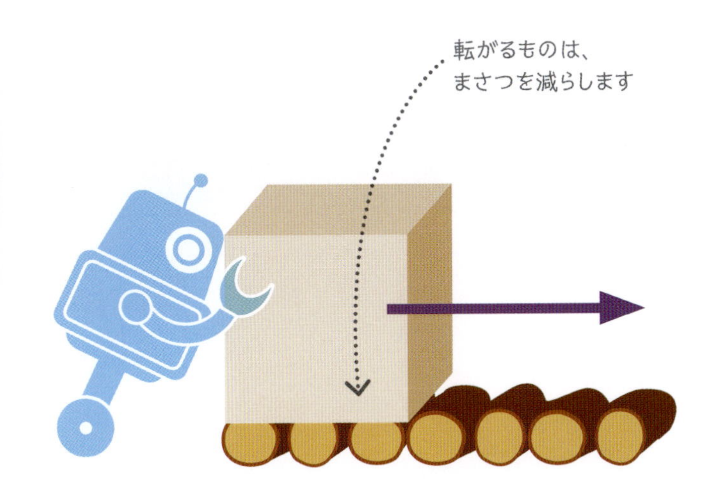

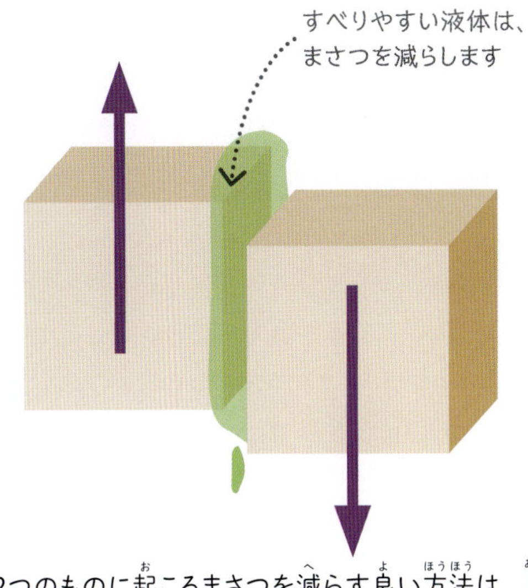

1 転がるものでは、まさつの力が、引きずられるものより少なくなります。だから車や自転車には、地面を転がる車輪と、車輪の回転を助けるベアリングがあるのです。それでも車輪には、完全にまさつがないわけではありません。地面をとらえてスリップを防ぐために、ある程度のまさつは必要です。

2 2つのものに起こるまさつを減らす良い方法は、間に液体をはさむことです。潤滑剤と呼ばれるこの液体は、2つの表面がひっかかり合うのを防ぎます。自転車のチェーンにぬる潤滑油は、チェーンの動きをなめらかにするだけでなく、すり減りも防ぎます。

身の周りの科学

ブレーキ

ブレーキは、わざとまさつをつくることによって、自転車の速度をおそくします。ブレーキレバーを引くと、ワイヤーがブレーキパッドを車輪のはじに押し付けるので、それらがこすれ合ってまさつが生まれます。ブレーキを適切にかけたときには、自転車のブレーキパッドと車輪の間には動まさつが生じます。でも、すべりやすい地面でブレーキをかけすぎると、ブレーキパッドと車輪の間に静止まさつが生じ、車輪が動かなくなってスリップしてしまいます。正しいやり方は、何度も軽くブレーキをかけることです。

ブレーキワイヤー

ブレーキパッド

やってみよう

本がくっつく!? まさつの力

まさつのおどろくべき力をご紹介します。2冊の本のページを1枚ずつたがいちがいにはさんだあと、本の背を引っ張って本を引きはなせるか、友だちとやってみましょう。これは簡単にはできません。なぜなら、数十枚のページがつくるまさつの力は、信じられないほど大きいからです。

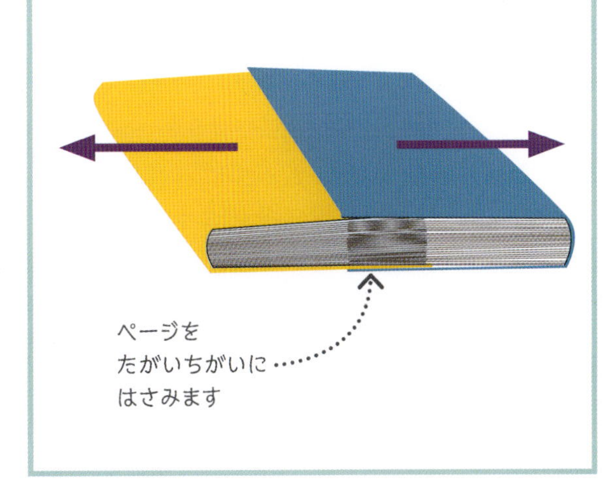

抗力

ものが空気や水の中を進むときには、
抗力と呼ばれる力にぶつかります。表面をなめらかにしたり
形を流線形にしたりすれば、抗力を弱めることができます。

空気中の抗力は空気抵抗、
水中の抗力は
水の抵抗ともいうよ。

1 ものが進むときに抗力が起きるのは、空気の分子をどけなければならないからです。するとものののエネルギーがうばわれるので、速度がおそくなります。やり投げのような細くて長いものの場合は、どける空気の分子が少なくてすむため、空気抵抗が少なくなり、長い距離を飛ばすことができます。

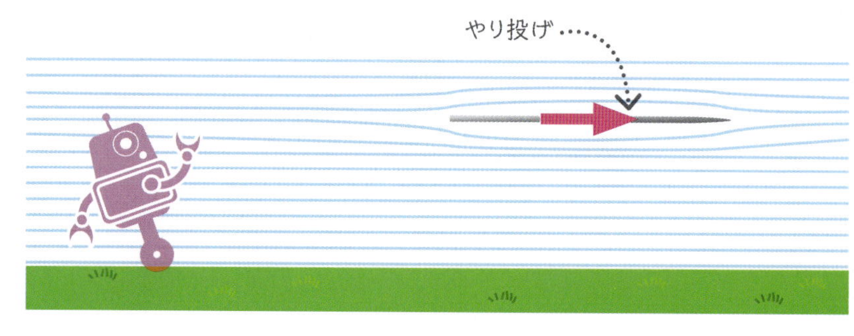

2 大きなものは、大量の空気をどかさなければなりません。そのため、大きな空気抵抗に出合って、速度がすぐに落ちます。だから、どれほどがんばって投げても、段ボール箱は、やりより遠くには飛ばないのです。

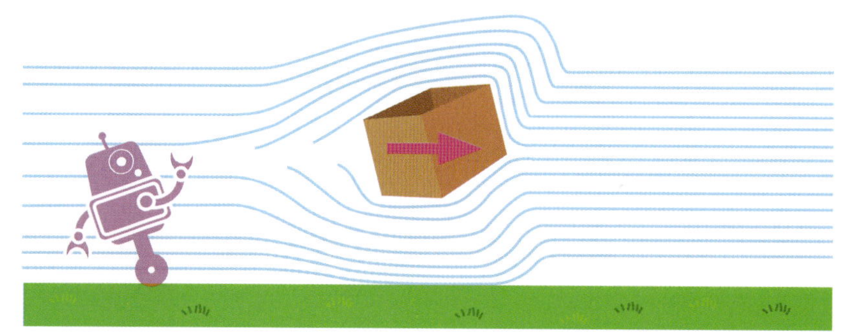

3 空気抵抗は、空気分子とのまさつと、乱流と呼ばれるものによって起こります。乱流は、まっすぐにではなく、うずを巻くように流れます。この動きは、走る車から大量の運動エネルギーをうばうので、車の効率が落ちます。ものの進む速度が大きく、サイズが大きいほど、空気抵抗も大きくなります。

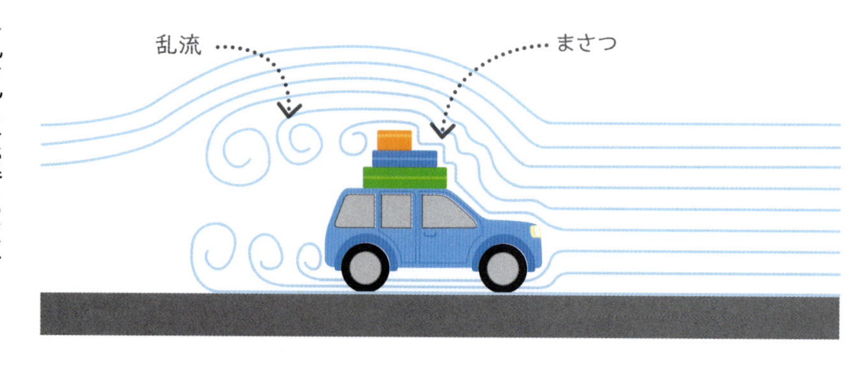

4 空気や水の中をスムーズに進む形は、流線形と呼ばれます。そのような形の表面はなめらかで、後部は、まさつと乱流を減らすために少しずつ細くしてあります。流線形は、スポーツカー、スピードボート、飛行機などのほか、サメやイルカなどの泳ぎの速い動物の体にも見られます。

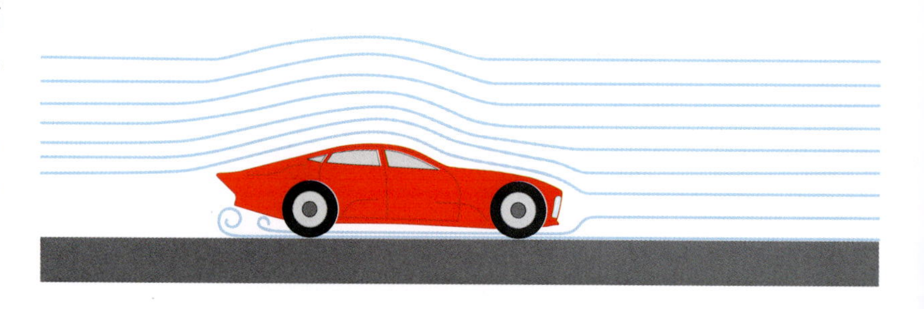

抗力の利用

抗力は、ものの速度をおそくし、エネルギーをうばうので、ふつうは迷惑な力です。でも、パラシュートのようなものは、最大の抗力を生み出すようにつくられています。

1 スカイダイバーが飛行機から飛び出したときには、まだパラシュートを開きません。ダイバーにかかる重力は抗力より大きいので、ダイバーの落下速度は大きくなり続けます。

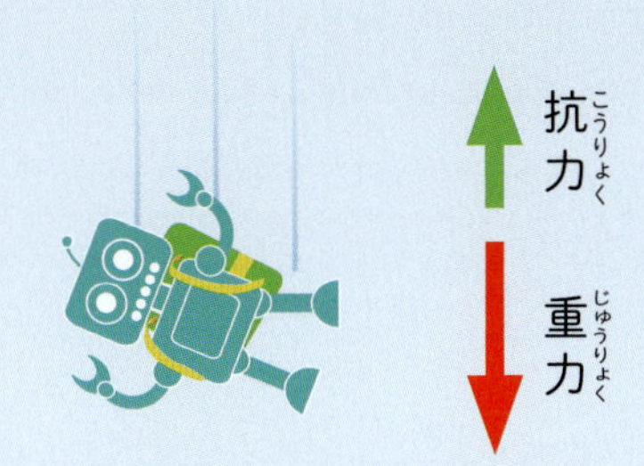

抗力
重力

2 落下速度が大きくなり続けると、抗力も大きくなります。ついにダイバーにかかる重力と抗力がつり合って、それ以上は加速しなくなり、最後には一定の速度で落下していきます（これを終端速度といいます）。

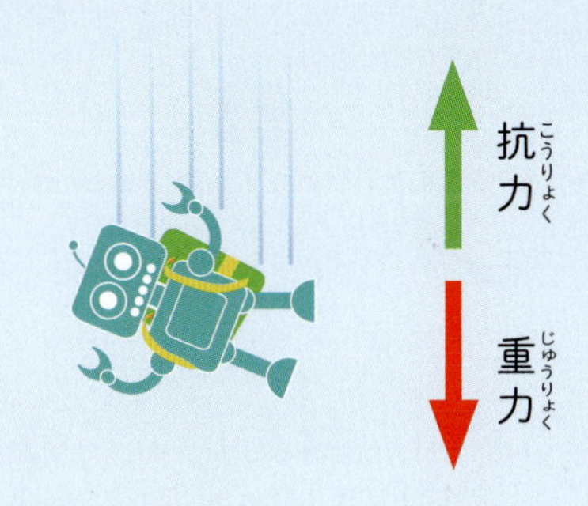

抗力
重力

3 パラシュートが開かれると、抗力はとてつもなく大きくなります。抗力はダイバーにかかる重力よりずっと大きくなるので、落下速度は下がります。

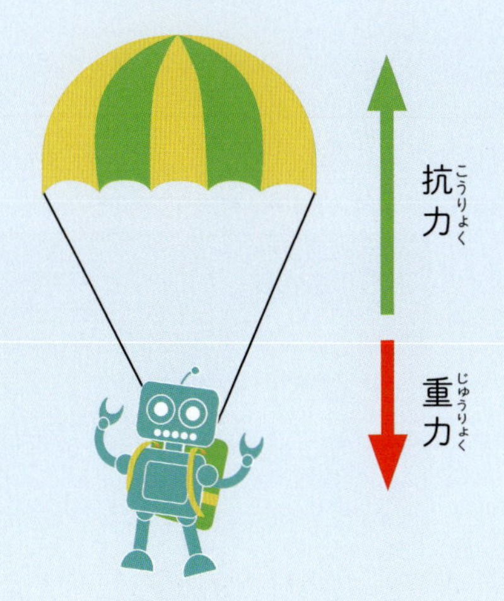

抗力
重力

4 落下速度が下がると、抗力もだんだんに小さくなります。やがてまたダイバーにかかる重力とつり合って、ふたたび第2終端速度に達します。この速度は、それより前の速度より小さいので、安全に着地することができます。

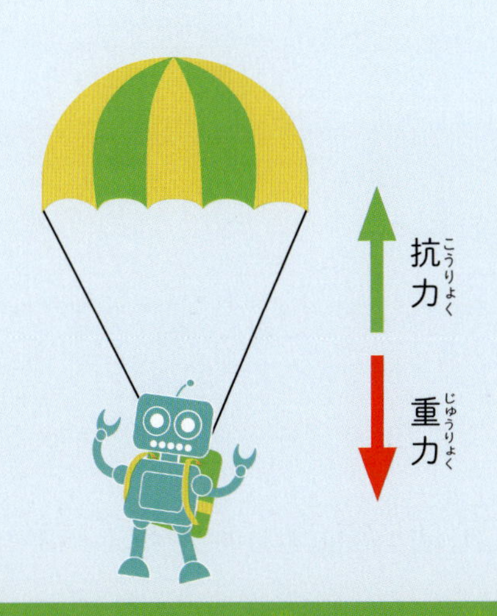

抗力
重力

やってみよう

卵パラシュート

パラシュートのしくみを理解するために、卵のパラシュートをつくって、割れずに着地させられるかどうか、やってみましょう。

※卵の代わりに丸くした油粘土もおすすめ。卵を使う場合はおとなといっしょに。実験後卵を料理に使ってはいけません。

1 大きなポリぶくろを四角く切り取って、その四隅に、4本の糸を結ぶかテープではりつけます。

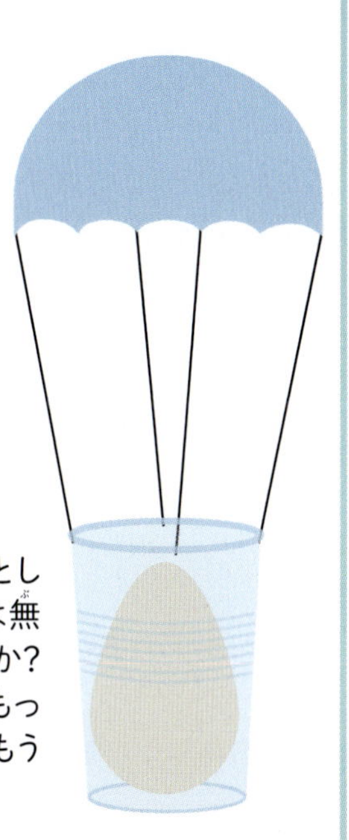

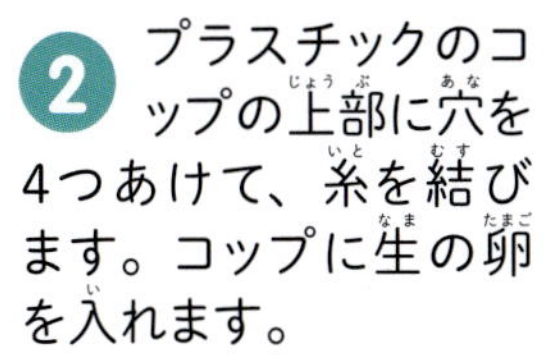

2 プラスチックのコップの上部に穴を4つあけて、糸を結びます。コップに生の卵を入れます。

3 高いところから落としてみましょう。卵は無事に着地できるでしょうか？もし割れてしまったら、もっと大きなパラシュートでもう一度やってみましょう。

身の周りの科学

水中翼船（ハイドロフォイル）

水の抵抗は空気の中の抗力より大きいので、抗力を減らすために船体を水の上に浮かせて進む船があります。その1つが水中翼船です。高速で進むときに、水の中につき出した「翼」が揚力（260ページ）を生み出すため、船体が持ち上がります。

力と運動

1687年に、イギリス人の科学者、アイザック・ニュートン(1642-1727)が運動の3つの法則を発表しました。この3つの法則は、力が働くときのものの動きを説明してくれます。

アイザック・ニュートンは、宇宙でものがどう動くかを調べて、法則を導き出したんだよ。

運動の第1法則(慣性の法則)

ニュートンの最初の法則は、つり合っていない力(239ページ)でものが押されたとき、ものは動かないか、直線上を一定の速度で永久に進み続けるというものです。

1 地面に置かれたサッカーボールには、つり合っていない力が働いていないので、だれかがけるまで、その場所にとどまります。

2 けられると、ボールはまっすぐな線を描いて飛びます。でも、長くは続きません。

3 空中にあるボールは、重力と空気抵抗がつり合っていない力に出合います。そしてボールの速度と方向が変わり、地面に落ちます。

4 ニュートンの第1の法則は、常識では考えにくいことです。なぜなら、地球上には、まっすぐにずっと進み続けるものはないからです。でもそれは、重力と空気がじゃましているせいです。空気がない宇宙では、動く物体は同じ速度で永遠にただよい続けます。

やってみよう

風船ロケット

糸
洗たくばさみ
ストロー
テープ
風船が糸にそって進みます

1 ドアの取っ手に糸をくくりつけます。それにストローを通したら、糸のはしをテーブルのような、しっかりしたものにしばります。

2 風船(細長いものがよい)をふくらませ、洗たくばさみで口をとじます。セロテープで風船をストローにとめます。

3 洗たくばさみをはずして、風船が糸にそってロケットのように進む様子を観察しましょう。風船の後ろから吹き出す空気が、風船を前に進める作用・反作用の力を生み出しています。

運動の第2法則（運動方程式）

ニュートンの第2の法則は、力が働くとものは加速する、というものです。この法則は、方程式で表すことができます。これは、力が大きいほど、またはものの質量が小さいほど、加速度が大きくなることを示しています。

加速度 = 力 ÷ 質量

1 ボールをけると、ものは力によって動きが速くなります（加速します）。

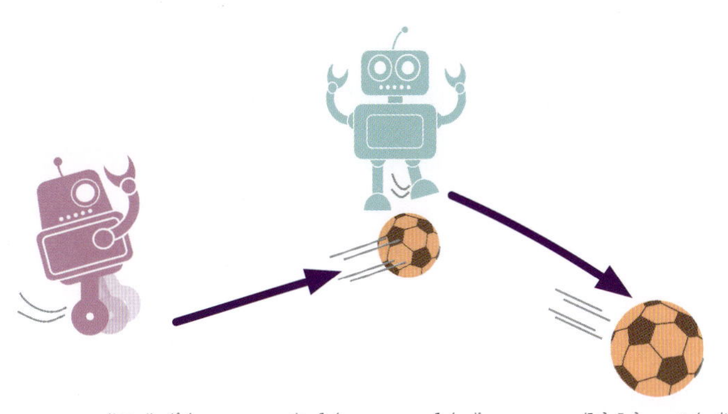

2 物理学でいう加速とは、速度または方向の変化のことです。速くなることだけではありません。動いているボールの側面をけると、方向が変わるため、ボールは加速します。

3 ものに2倍の力を加えると、加速の度合いも2倍になります。

4 ものの質量が大きいと、加速に必要な力も大きくなります。そのため、ものがいっぱいに積まれたショッピングカートは、空のものより加速させるのが大変です。

運動の第3法則（作用・反作用の法則）

ニュートンの第3の法則は、あらゆる力は、同じ大きさの反対向きの力を生み出す、というものです。あるものが別のものを押すと、押されたほうのものも、押したものを押し返します。

1 カヌーをこぐとき、オールで水をカヌーの後ろのほうに押すと、同じ大きさの反対向きの力が生まれて、カヌーを前に進めます。カヌーを前に進める力を反作用の力といいます。

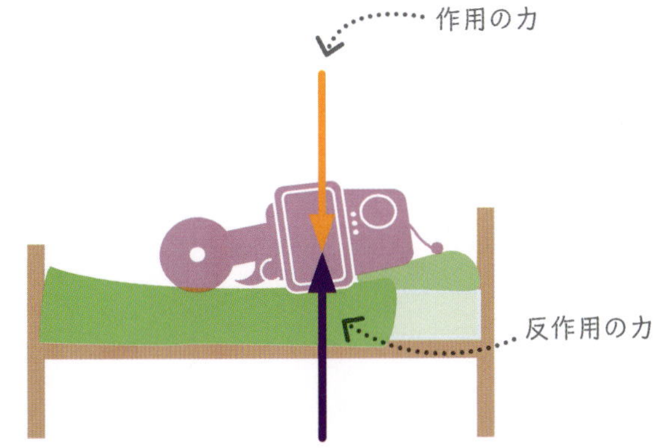

2 第3の法則は、休んでいるときにも働きます。ベッドに寝ていると、体重がベッドを押します。でも、ベッドも同じ大きさの反対向きの力で、体を押しているのです。

運動量と衝突

衝突とは、動いているものが別のものにぶつかったときに起こります。キーボードを指でたたくのも、ネコにノミが飛び乗るのも、衝突です。ものが衝突すると、運動量（ものが動き続ける度合い）が変わります。

ものが動き続けるのは運動量が維持されているからなんだよ。

運動量

慣性とは、ものの動き続ける性質をはかる尺度です。運動量が大きいほど、止めるのが難しくなり、衝突したときの被害が大きくなります。

1 ショッピングカートが動いているとき、空の場合は簡単に止められますが、ものがいっぱいに入っていると、止めたり、動かしたりするのは大変です。動いているものの質量が多いほど、それが持つ運動量は大きく、止めるのも難しくなります。

2 運動量はまた、速度（256ページ）にも関係しています。ものの動く速度が大きいほど、運動量も大きくなります。時速20km で走るサイクリストの運動量は、時速10km で走るサイクリストの2倍です。

3 ものの運動量は、質量（kg）を速度（1秒あたりに進む m）にかけることによって計算できます。この式は、とても速く進む小さいもの（弾丸など）は、大きなものがゆっくり進む場合と同じ大きさの慣性と破かい力を持つことを教えてくれます。

運動量 ＝ 質量 × 速度

衝突

1 もの同士が衝突すると、運動量はものからものへと伝わります。たとえば、動くボールが止まっているボールにぶつかると、最初のボールは運動量を失いますが、2つめのボールは運動量を得ます。

2 この図は、動くビリヤードボールが列になったボールにぶつかったところです。運動量はすべてのボールに順々に伝わり、最後のボールが動きます。

3 ものが衝突したときの合計の運動量は、衝突前と後とで同じになります。このことを、運動量の保存といいます。この図では、白いボールが色つきのボールにぶつかっています。ぶつけられた後の色つきのボールが持つ運動量の合計は、白いボールが持っていた運動量と同じです。

4 運動量を得たり失ったりする速度が大きければ大きいほど、それにかかわる力は大きくなります。車が止まっているものにぶつかると、運動量の変化は急激に起きるため、巨大な力を生み出します。

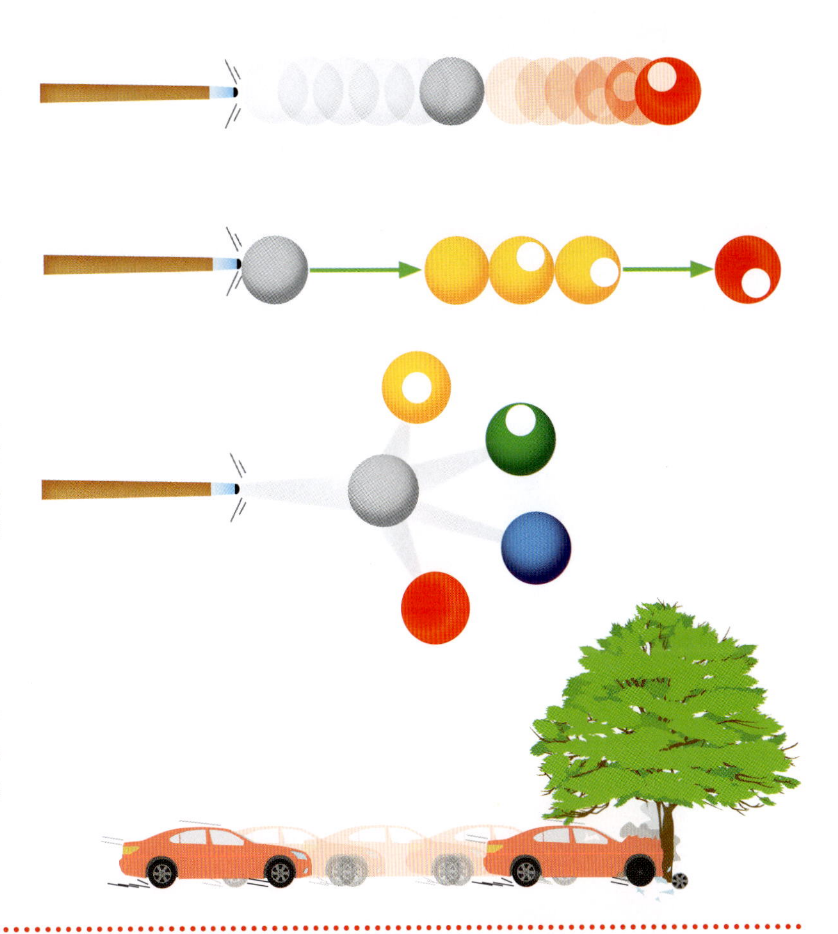

やってみよう

2個のボールをはずませる

小さなボールを大きなボールの上に置き、両方を一度に落として、どうなるか見てみましょう。地面にぶつかってはねかえったとき、小さなボールが、思ったより高くはね上がるはずです。これは、大きなボールが、落ちるときに運動量をため、その大部分を、地面からはね返るときに小さなボールに伝えるため、小さなボールが高く飛ばされるからです。

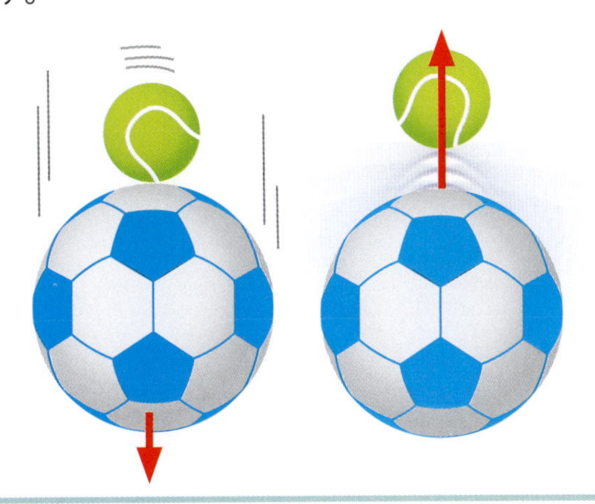

身の周りの科学

衝撃吸収帯

車が衝突すると、運動量が急激に変わるため、巨大な力が働きます。この力を弱めるため、多くの車の前と後には、衝撃吸収帯があります。これらの場所は、衝撃が加わると徐々につぶれるため、運動量の変化をゆっくりにして、乗っている人を守ることができるのです。

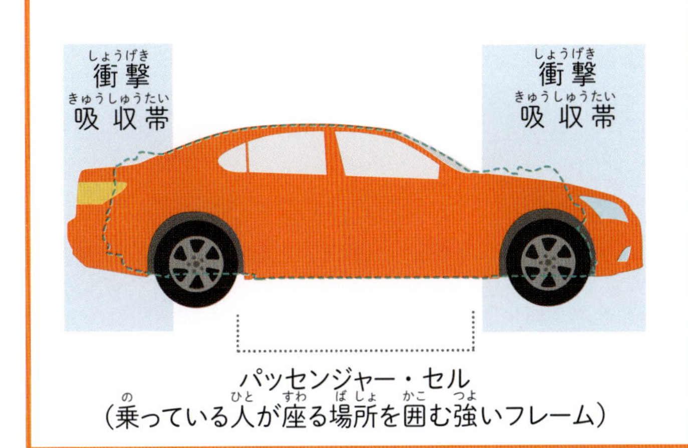

単一機械（てこ、斜面）

単一機械（単純機械）とは、ものに加える力の大きさや向きを変える道具のことです。ほとんどのものは、加えた力を大きな力にして、困難な仕事をとても楽にしてくれます。

人体の筋肉と骨は、いっしょに、てこの働きをするんだよ。

てこ

てことは、支点と呼ばれる部分のまわりを回転するかたい棒のことです。人が力を加える点を力点、力を作用させたい物体のある点を作用点といいます。力点と支点の距離が、作用点と支点の距離より長い場合、てこは加えた力を大きな力に変えます。

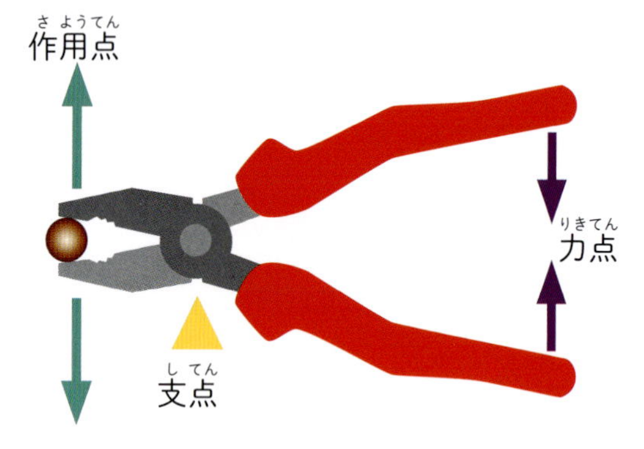

1 ペンチ
ペンチを使うと、小さなものをしっかりつかむことができます。支点から力点までの距離が、支点から作用点までの距離より長いので、ペンチはつかむ力を増やします。

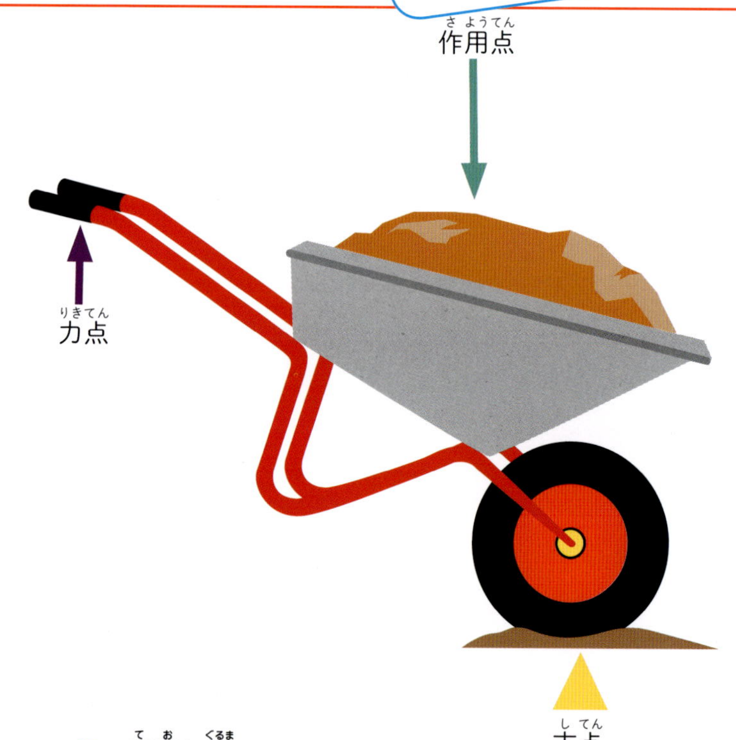

2 手押し車
支点（車輪）から力点（持ち手）までの距離は、支点から作用点までの距離より長いので、一輪車を使うと重いものが楽に持ち上げられるようになります。

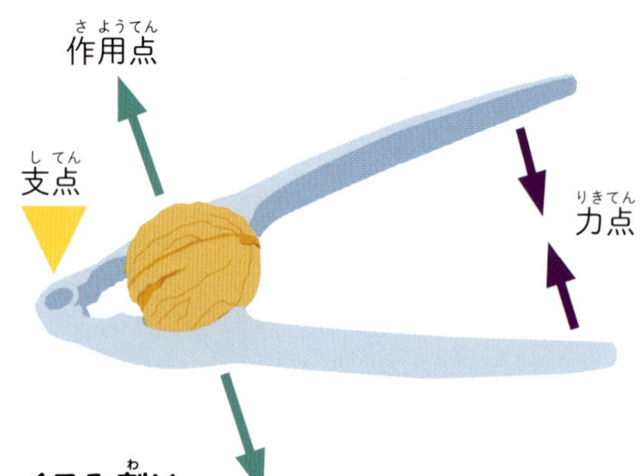

3 くるみ割り
くるみ割りは手の力を増やすので、かたいからが簡単に割れるようになります。

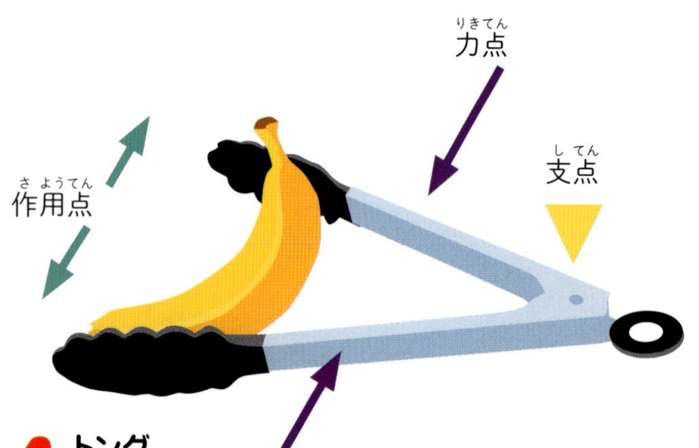

4 トング
支点と力点の距離は、支点と作用点の距離より短いので、手が加えた力が小さな力になり、ものをそっとつかめるようになります。

機械効率

機械効率は、機械が力を何倍に大きくさせるかを示すものです。たとえば、ものを持ち上げる力を2倍に大きくする道具の機械効率は2です。てこの機械効率は、支点から力点までの距離を、支点から作用点までの距離で割ることによって求めます。

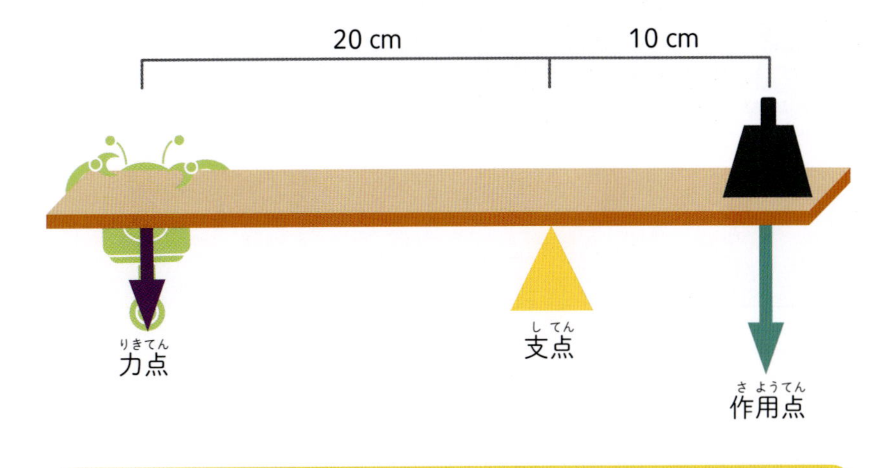

機械効率 = 20 cm ÷ 10 cm = 2

斜面

斜面も単一機械の一種です。坂道のような斜面は、重いものを楽に持ち上げられるようにしてくれます。

1 ゆるく長い斜面は、少ない力でものを持ち上げられるようにしてくれます。でも、ものを運ぶ距離は長くなります。

2 短く急な斜面にそって同じ高さまでものを持ち上げるには、より大きな力が必要ですが、距離は短くてすみます。

3 斜面の機械効率は、斜面にそってものを持ち上げる距離を、高さで割って求めます。

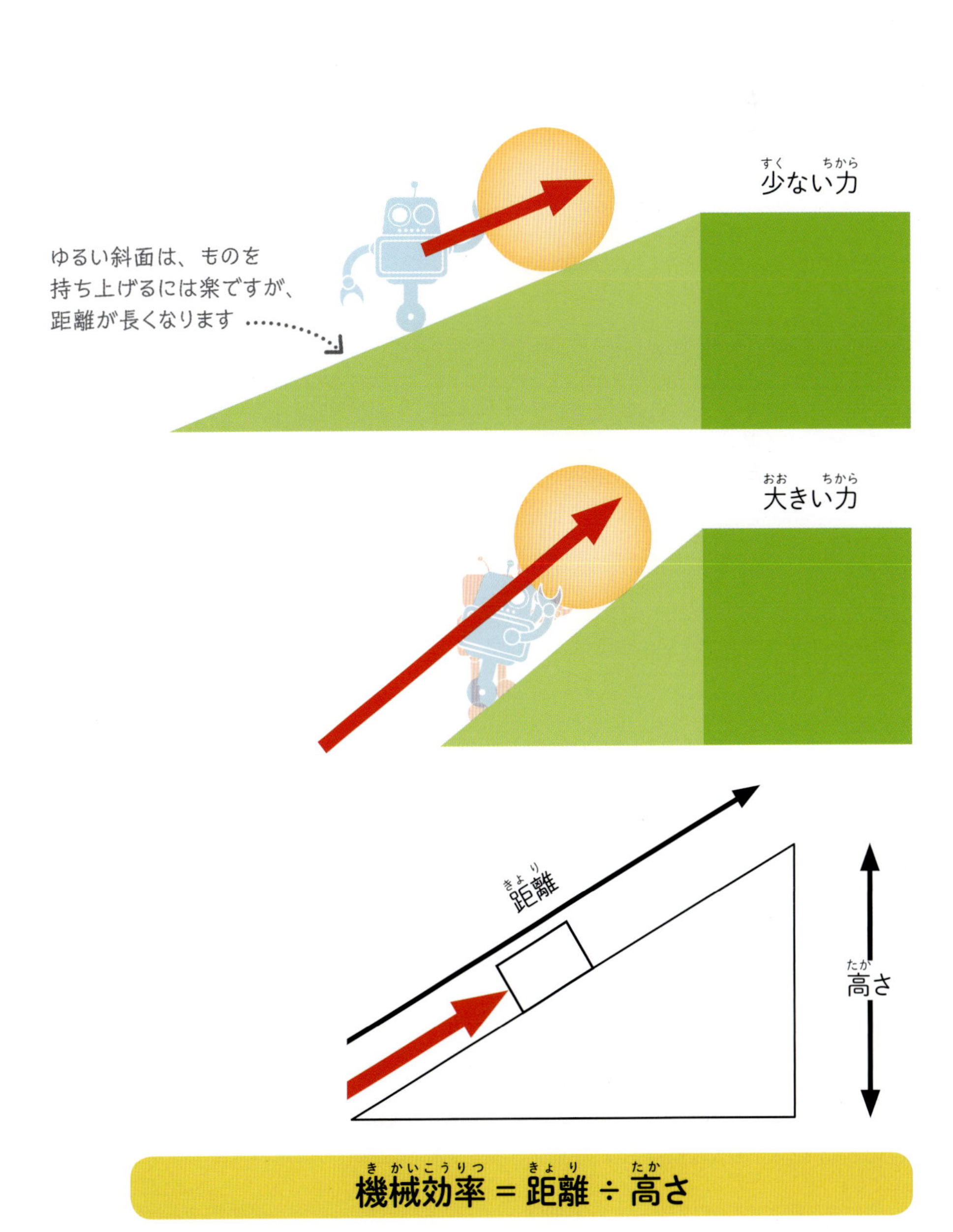

単一機械（くさび、ねじ、輪じく、滑車）

単一機械（単純機械）は、
てこと斜面だけではありません。滑車・ねじ・車輪なども
力を大きくするので、仕事を楽にしてくれます。

ほとんどの道具は単一機械を組み合わせているんだ。たとえばはさみは、くさびとてこでできているんだよ。

くさび

くさびは、片方が厚く、もう片方がうすい形をしています。厚いほうに上から力を加えると、うすいほうで力が大きくなり、それを左右に伝えます。そのため、ものを切ったり、割ったりすることができます。

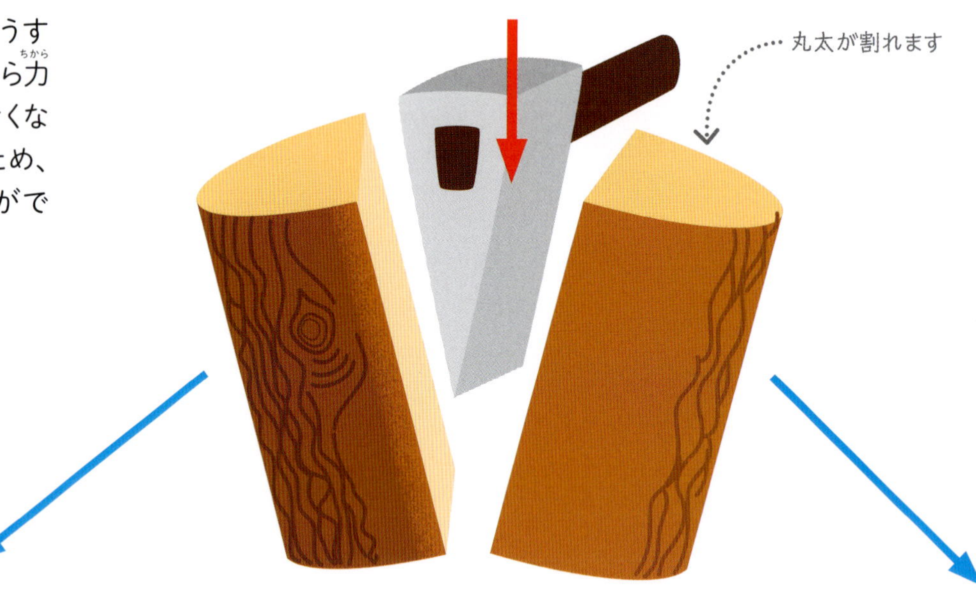

ねじ

手でねじを木に押しこもうとしても、うまくいきません。でも、ねじ回し（ドライバー）を使って回せば簡単に入ります。ねじは、巻き付けられた斜面のように働き、回すたびに、ねじが木にくいこんでいきます。

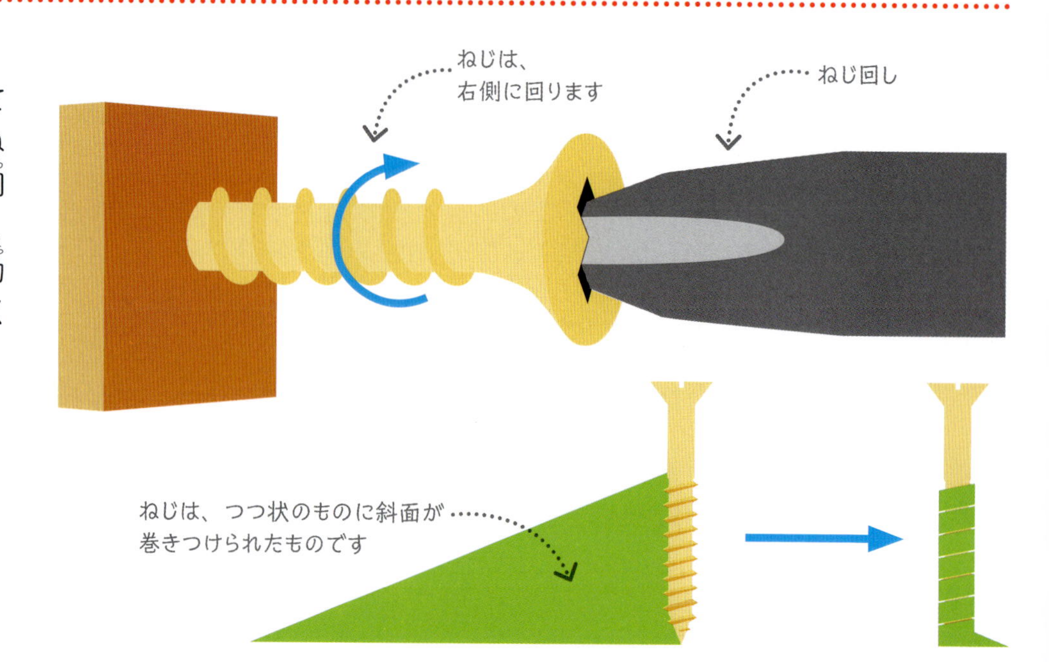

ねじは、
右側に回ります
ねじ回し
ねじは、つつ状のものに斜面が
巻きつけられたものです

輪じく

車輪やハンドルは、中心にある、じくと呼ばれる小さな棒の回りで回転します。輪とじくは、いっしょに、円形のてことして働きます。てこが、力を大きくするため、または移動する距離を長くするために使われるのと同じように、輪じくも2つの方法で使われます。

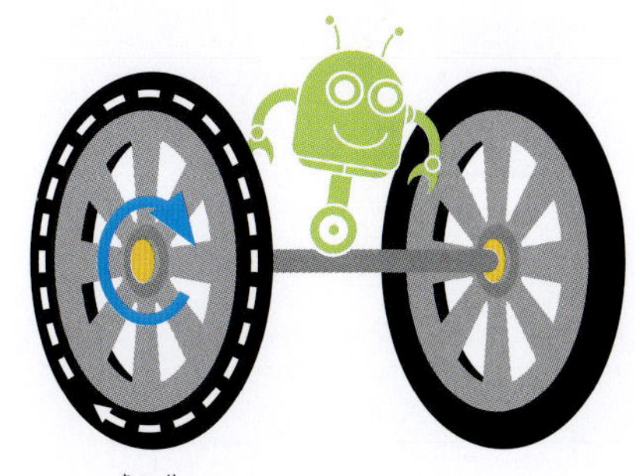

1 力を増やす

力が輪のふちに加えられると、回転距離がより短いじくのところで力が大きくなります。車のハンドルやねじは、このようにして働きます。

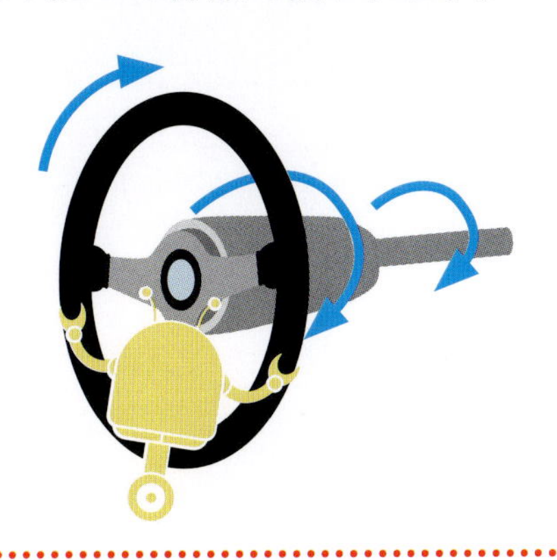

2 距離をのばす

力がじくに加わると、輪に伝わる力は小さくなるものの、輪はじくより大きいので、輪がより速く回転します。そのため、車はより長い距離をより速く進めるようになります。

滑車装置

滑車は、円ばんの周囲にロープやひもをかけたもので、力がかかる方向を変えるだけのものや、引いた力を大きくするものなど、いくつかの種類があります。

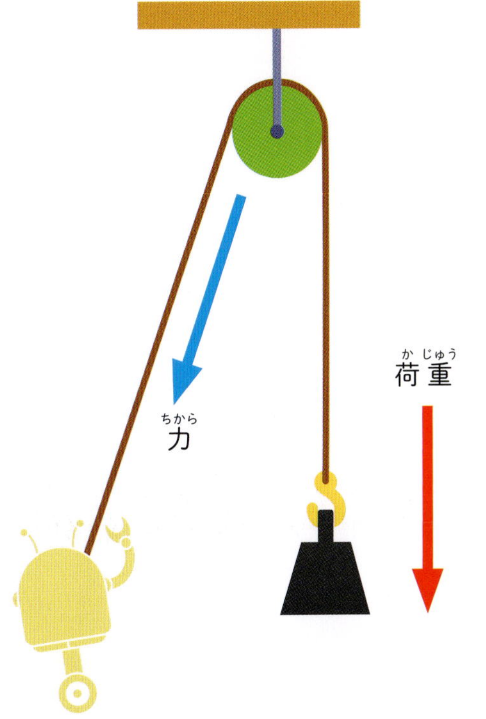

1 円ばんを1つ持つ滑車（定滑車）は、力の向きを変えます。ロープを引く力が荷重より大きければ、ものは持ち上がります。

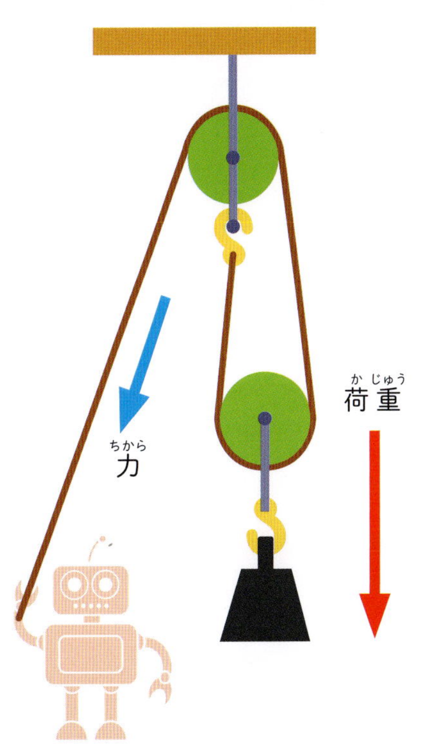

2 円ばんが2つある滑車（動滑車）では、引く力が2倍になるので、2倍の重さのものが持ち上げられますが、ロープを引く距離は2倍になります。

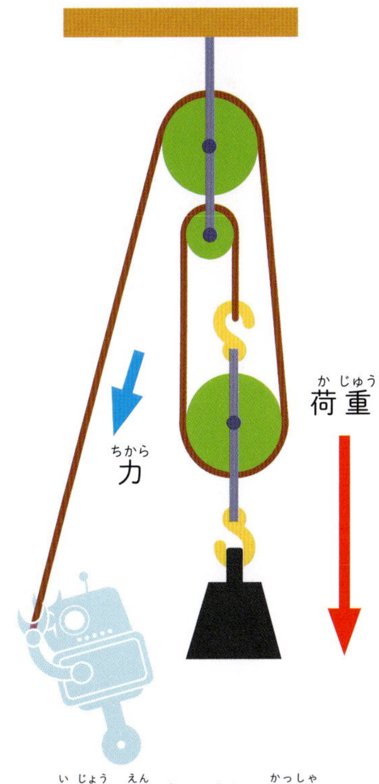

3 2つ以上の円ばんがある滑車のことを組み合わせ滑車（複滑車）といいます。3つの円ばんがある組み合わせ滑車は、ものを引き上げる力が3倍になります。

仕事と仕事率（パワー）

科学で使う「仕事」の意味は、ふつうの意味とは異なります。科学では、力がものを動かしたときに、力が「仕事をした」といいます。エネルギーと同じように、仕事もジュール（J）で表されます。仕事率（パワー）は、仕事を終える速さを表します。

ふつうの大きさのリンゴを1m 上げると、約1J の仕事をしたことになるんだよ。

1 仕事は、力が何かを動かしたときに起こります。ものを押しても、それが動かなければ、仕事は生じません。何かを1N（ニュートン）の一定の力で1m 動かすと、1J（ジュール）の仕事をしたことになります。

2 仕事をすると、いつもエネルギーが移動します。エネルギーは、ある場所から他の場所に移ることもあれば、ある形から別の形になることもあります。たとえば、ゴルフクラブがボールを打つと、エネルギーはクラブからボールに移ります。

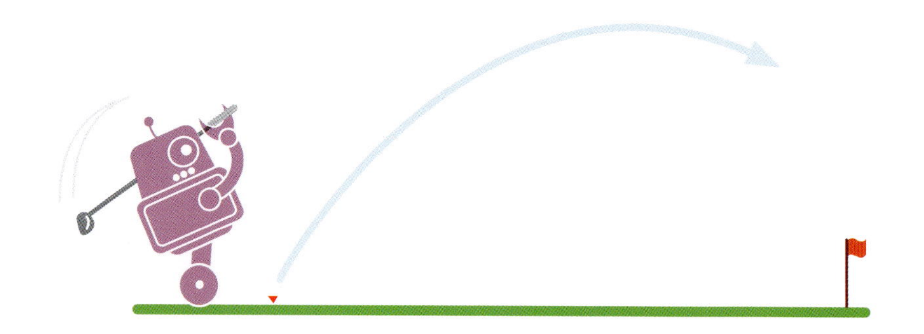

3 仕事は簡単な式で表すことができます。仕事の単位は J、力の単位は N、距離の単位は m です。

仕事 = 力 × 距離

4 たとえば、ショッピングカートを2N の一定の力で10m 押すと、20J の仕事をしたことになります。

仕事率（パワー）

1 仕事率は、どれだけ速く仕事をしたかを表す尺度です。1秒あたりの仕事の量が多ければ多いほど、仕事率も増えます。たとえば、人間が岩を押して毎秒200J の仕事をするところ、ブルドーザーが4000J の仕事をするとすれば、ブルドーザーは人間の20倍の仕事率（パワー）を持つことになります。

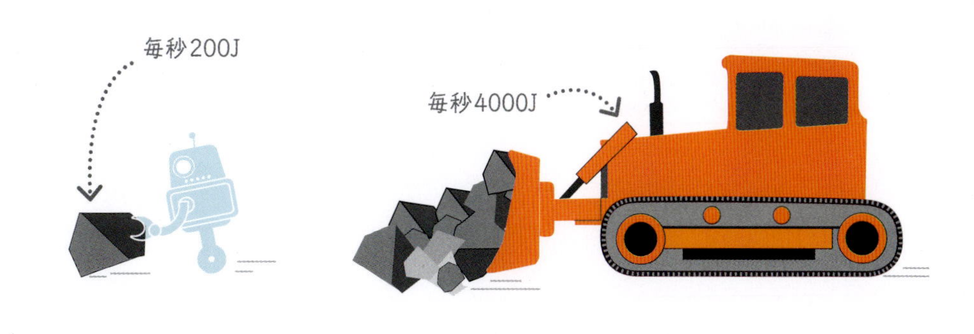

2 速く仕事ができるほど、仕事率は増えます。ある人が部屋のすみからすみまで10秒で重い箱を運んだところ、もうひとりの人は同じ箱を同じ距離運ぶのに20秒かかったとしたら、最初の人は2倍のパワーを持っていることになります。

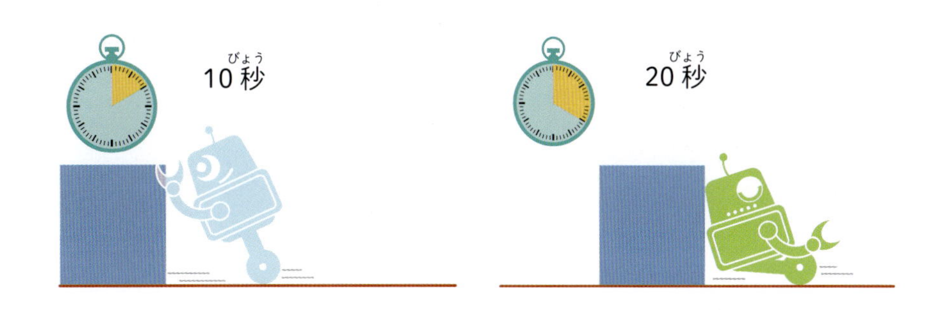

3 仕事率の単位はワット（W）で、1W は、1秒あたり1J の仕事をすることを意味します。仕事率は簡単な式で求めることができます。

仕事率 = やった仕事 ÷ かかった時間

4 仕事率はときおり、馬力（hp）で表されることがあります。1hp は、735.5W にあたります。車の馬力が多ければ多いほど、最高速度にすばやく達することができます。

身の周りの科学

世界最強のエンジン

世界でもっともパワフルな乗り物のエンジンは、世界中の海で荷物を運んでいる巨大な貨物船のエンジンです。こうしたエンジンの重さは2300トンにも達し、大きさも4階建てのビルほどあります。船のエンジンは車のエンジンと同じように働いて、ディーゼル燃料で動きますが、ふつうの車の馬力が約150hp であるところ、貨物船のエンジンは、最大109000hp まで出すことができます。

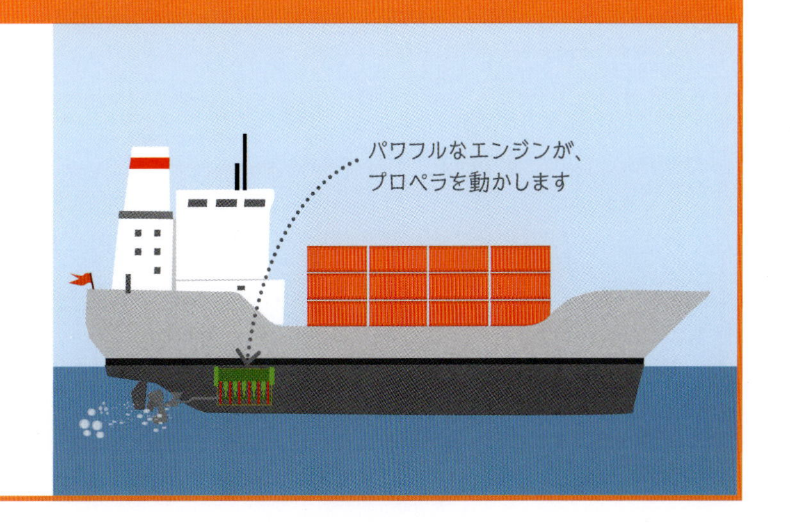

速さと加速度

ものや動物には、ロケットのように高速で進むものもあれば、カタツムリのようにのろのろ進むものもあります。速さ、速度、加速度は、ものの進み方を教えてくれます。

速さと速度

1 速さを求めるには、進んだ距離を、かかった時間で割ります。ランナーが200m を20秒で走ったとすると、平均の速さは、200÷20=10m/ 秒（秒速10m）になります。

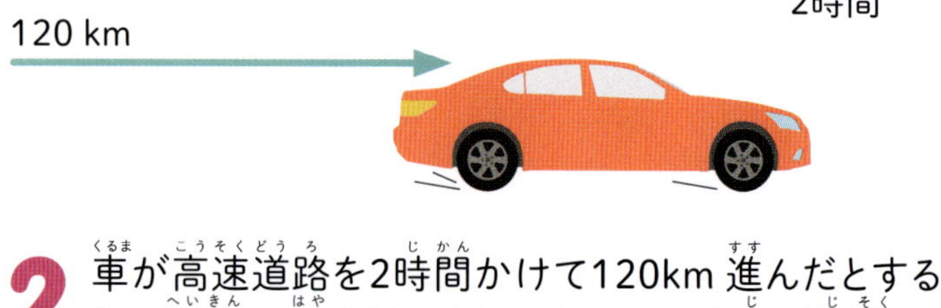

2 車が高速道路を2時間かけて120km 進んだとすると、平均の速さは、120÷2=60km/ 時（時速60 km）になります。

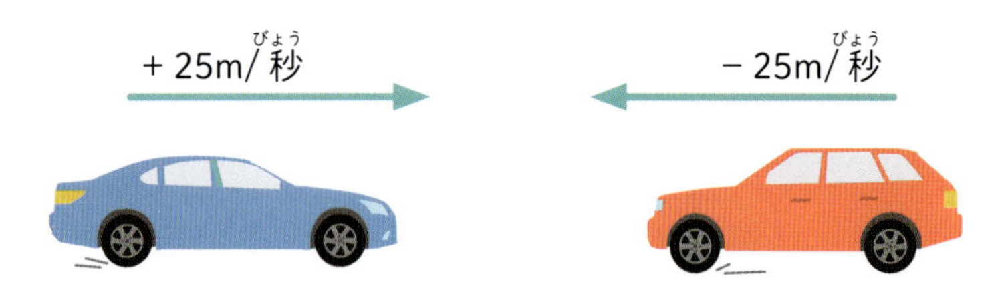

3 速度は、ある方向に向かうものの速さのことです。2つのものが同じ速さで反対の方向に走っているときには、それらの速度は異なります。たとえば、2台の車が秒速25m で反対の方向に走っている場合、1台の速度は+25m/ 秒、もう1台の速度は−25m/ 秒になります。

4 車が一定の速さで走っている場合、その時その時の車の速度は常に変化しています。たとえば、円を一周する平均の速さは15m/ 秒であっても、少し遠くから見ると、車は円の中心に止まっているのと同じなので、その平均速度はゼロとみなします。

5 相対速度というのは、あるものが、別のものに比べて、どれだけ速く進んでいるかを示すものです。秒速7m（7m/ 秒）で走っている2人のランナーの相対速度は、7−7=0m/ 秒です。

6 秒速7m でたがいに向き合う方向に走っている2人のランナーの相対速度は、7−（−7）=7+7=14m/ 秒です。

加速度

ふだん、加速とは、どんどん速くなることをいいますが、
物理学でいう加速度とは、ものの速度が変わる度合いのことです。

時速 0km　時速 30km　時速 60km

1 正の加速度というのは、物体の速度が大きくなる度合いを意味します。これは、ドライバーがアクセルをふんだときに当てはまります。

時速 60km　時速 0km

2 負の加速度（減速度）とは、物体の速度が小さくなる度合いを意味します。ドライバーがブレーキをふむと、このことが起きます。

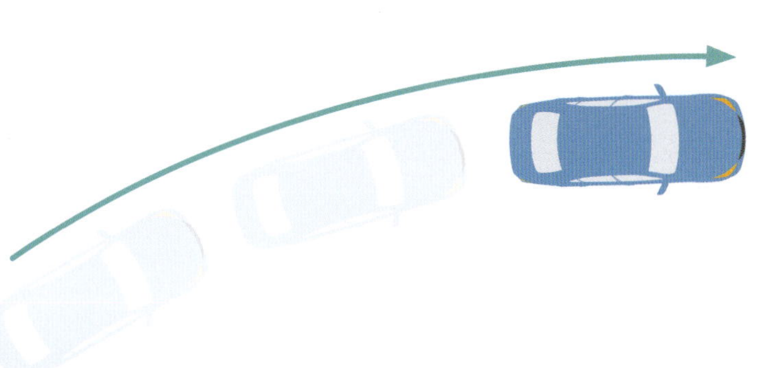

3 方向が変わる場合には、たとえ速さが変わらなくても、加速度が生じます。そのわけは、方向が変わると、速度（速さに向きを加えたもの）も変わるからです。

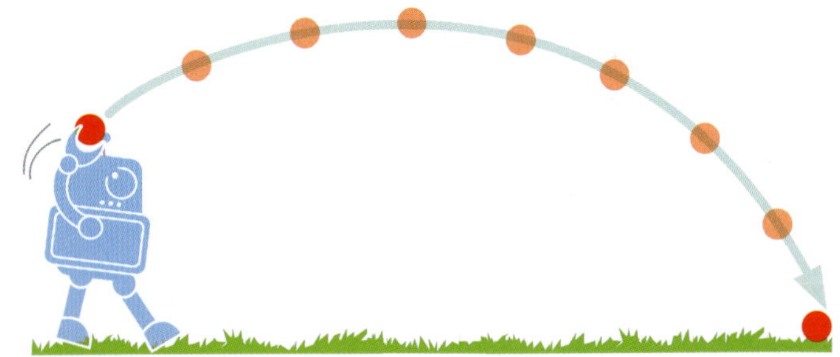

4 加速度はつねに力によって生じます。力が物体に加わると、物体の速度が変わるため、物体の速さか方向、またはその両方が変わります。たとえば、ボールを投げると、カーブを描いて地面に落ちますが、これは重力がボールの速度を変えるためです。

距離・時間グラフ

距離・時間グラフは、物体が、ある距離を進む速さを示します。Y軸（たて軸）は距離を示し、X軸（横軸）は、時間を示します。

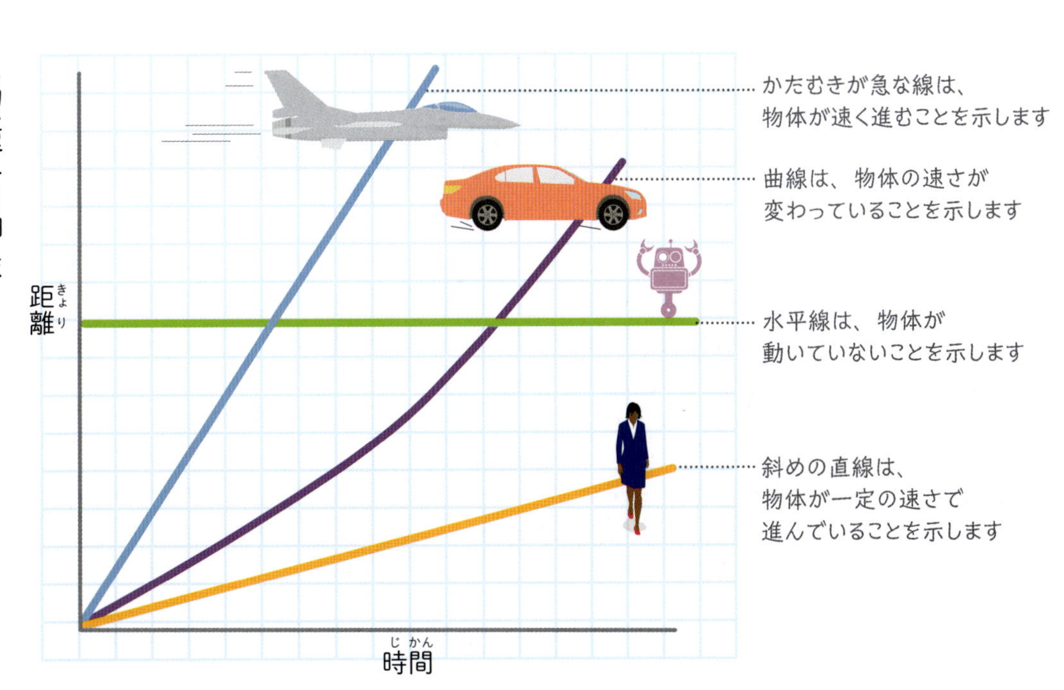

かたむきが急な線は、
物体が速く進むことを示します
曲線は、物体の速さが
変わっていることを示します
水平線は、物体が
動いていないことを示します
斜めの直線は、
物体が一定の速さで
進んでいることを示します
距離
時間

重力

物を落とすと、必ず地面に落ちます。これは、重力と呼ばれる力に引き寄せられるからです。重力は宇宙全体で働いていて、惑星、恒星、銀河を一定の位置にとどめています。

重力は、わかっているかぎり、宇宙でもっとも弱い力なんだよ。

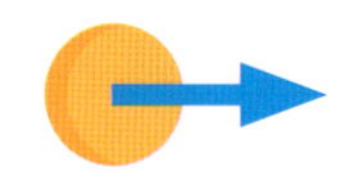
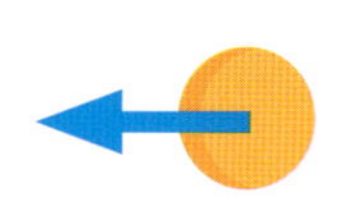

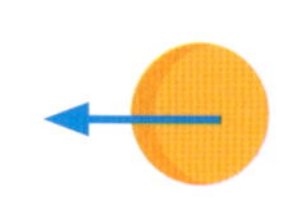

1 小さいものも、大きいものも、物体はみなたがいに働く重力で引き合います。

2 質量が大きいほど、引き合う力（たがいに働く重力）も大きくなります。

3 離れていればいるほど、引き合う力（たがいに働く重力）は小さくなります。

4 重力は、物体どうしの作用のしかたをコントロールしている、宇宙で働く4つの力の1つです。でも、その力はとても弱いので、物体が星（惑星や恒星）の大きさぐらいにならないと、実感することはできません。

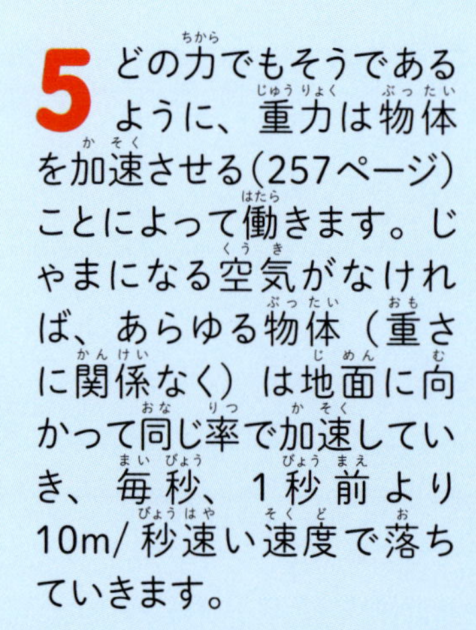

5 どの力でもそうであるように、重力は物体を加速させる（257ページ）ことによって働きます。じゃまになる空気がなければ、あらゆる物体（重さに関係なく）は地面に向かって同じ率で加速していき、毎秒、1秒前より10m/秒速い速度で落ちていきます。

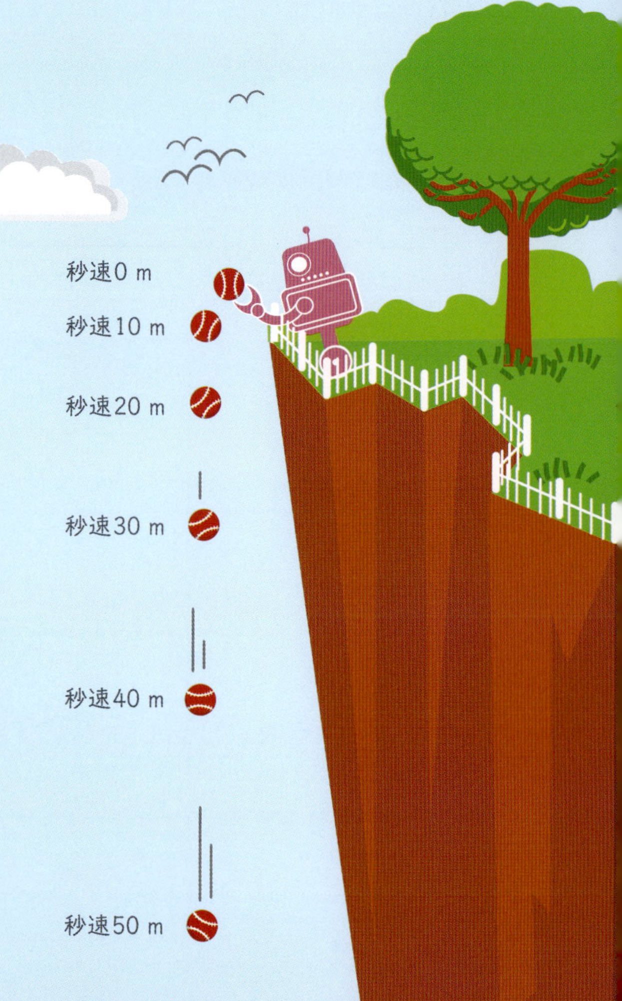

質量と重さ（重量）

科学者は質量と重さを区別します。質量は、物体にふくまれる物質そのものの量です。一方、重さは力の大きさで、重力が、どれほど強く物体の質量を引き寄せるかを示す度合いです。人の体の質量はどこにいても同じですが、重さ（体重）は、地球上と月面では変化します。

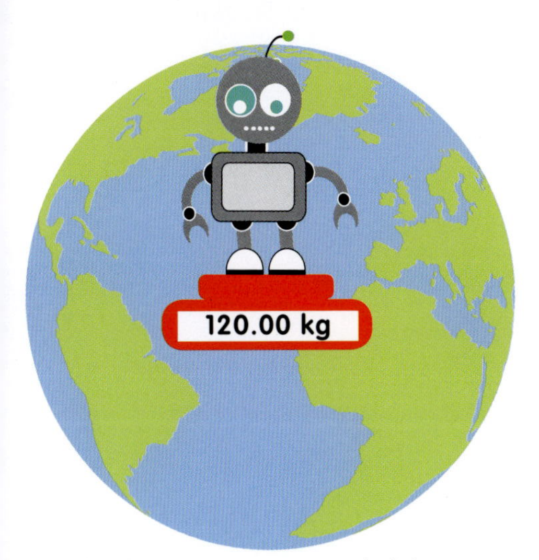

1 地上にいるとき、120kg の質量を持つ宇宙飛行士の体重は、体重計で120kg と示されます。

2 月では、宇宙飛行士の質量は120kg と変わりませんが、体重は20kg しかありません。月の重力は地球の重力より小さいからです。

3 地球から遠く離れた深宇宙には、重力がほとんどありません。宇宙飛行士の質量は、120kg と変わりませんが、体重はゼロになります。

身の周りの科学

オフロード車

あらゆる物体には、重心と呼ばれる点があります。これは物体の質量の中心点で、物体の全重量が、この1点に集中していると考えることができます。物体は、重心がベース（基底）内にあるときには、バランスがとれていて、安定します。オフロード車は、デコボコの地面でひっくり返ることのないように、とても低い重心と広いベースを持つように設計されています。

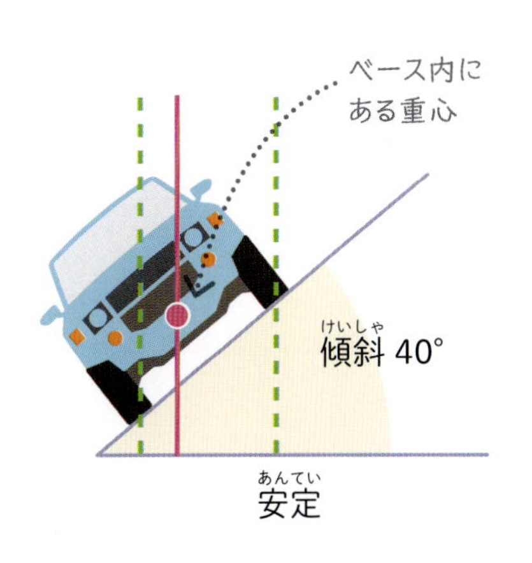

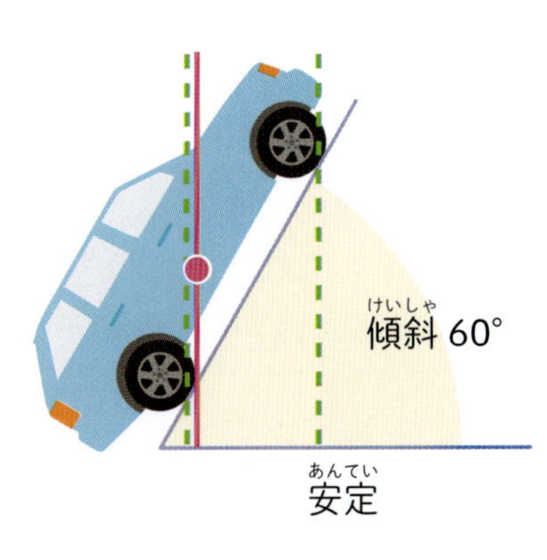

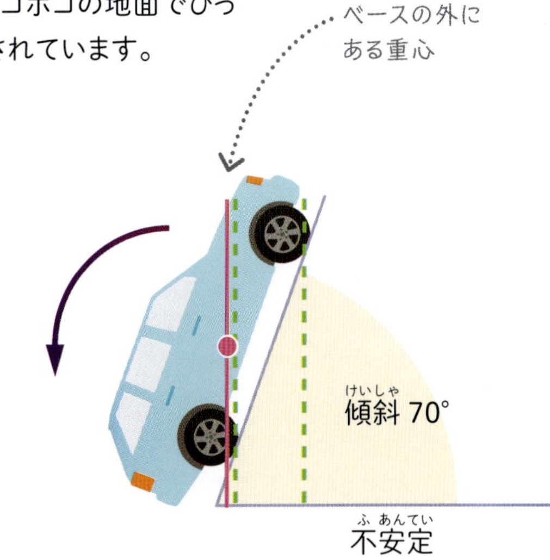

飛行機

飛行機は重力にさからって飛ぶように見えます。
また、空気より重いのに、離陸して、雲の上を飛ぶことができます。その秘密は、高速で流れる空気を利用して、揚力と呼ばれる力をつくっているからです。

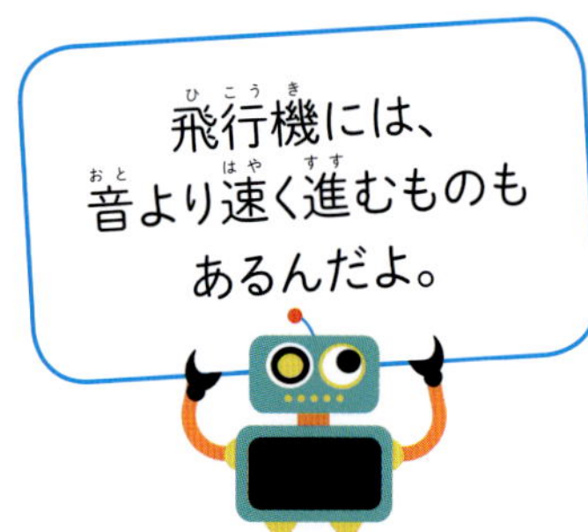

飛行機には、
音より速く進むものも
あるんだよ。

翼

飛行機の翼は、重力に打ち勝つ揚力を生み出します。でも、それができるのは、空気が飛行機の上下を高速で流れるときだけです。そうするためには、離陸する前に、巨大なパワーで加速しなければなりません。だから飛行機は、強力なエンジンを持ち、長い滑走路が必要なのです。

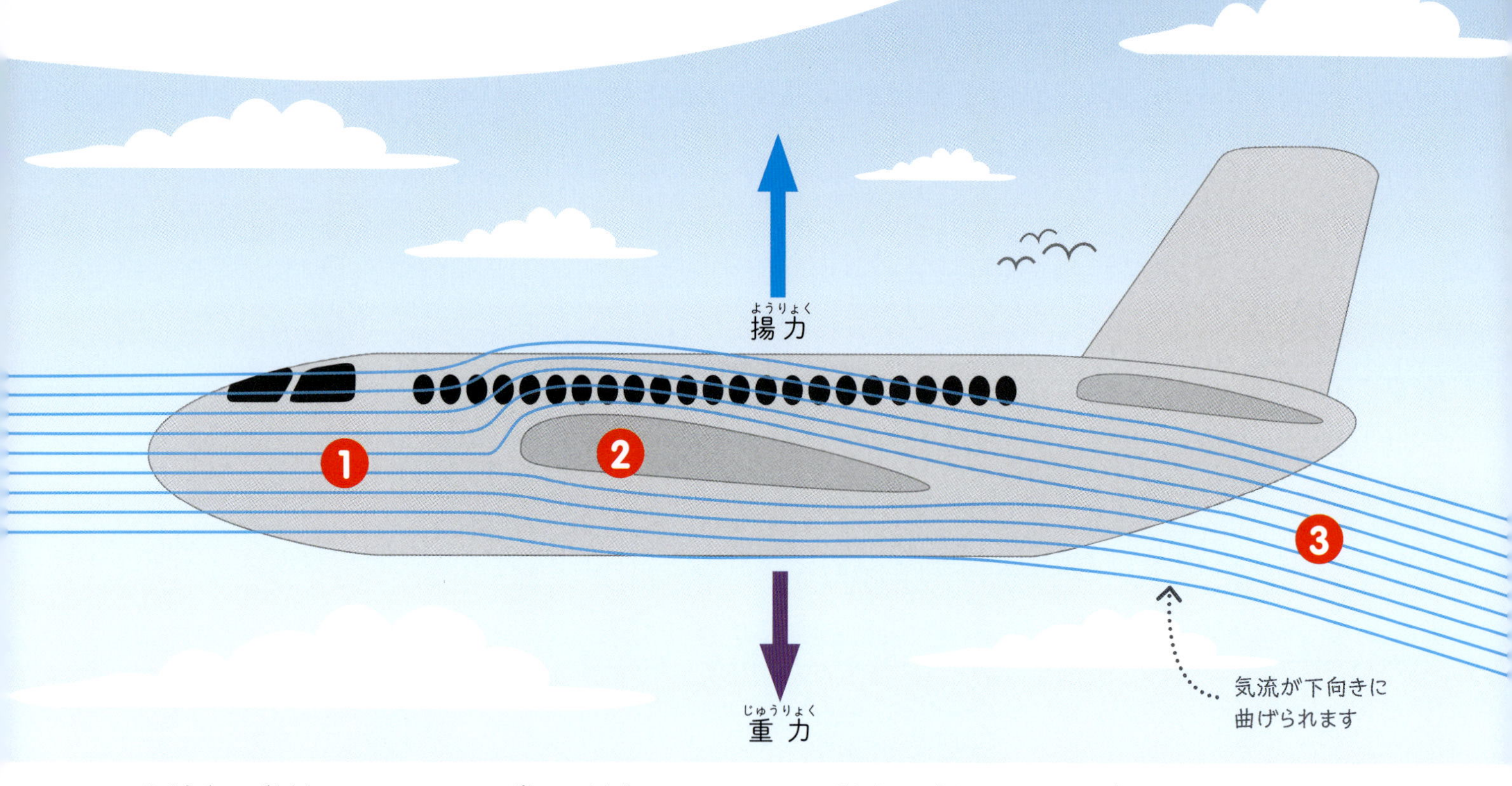

1 飛行機が前進すると、翼が空気を切りさきます。一部の気流（空気の流れ）は翼の上に押し上げられますが、大部分の気流は翼の下に押し下げられます。

2 翼には角度がついていて、前部は後部より高い位置にあります。また、翼型と呼ばれる特別な形をしていて、上部が下部より強く曲がっています。この角度と形により、翼の上よりも下のほうが、空気圧が大きくなります。この差が揚力を生み出すのです。

3 翼の下の高い空気圧は気流を下に曲げます。あらゆる力は、同じ大きさの反対向きの力を生み出すというニュートンの第3の法則（247ページ）により、下向きに押された気流は飛行機を押し上げることになり、揚力が生まれます。

迎え角（迎角）

飛行機の翼の、やや上向きの角度は迎え角と呼ばれます。ある時点までは、迎え角を増すと、揚力が高まります。でも、迎え角をつけすぎると飛行機は降下してしまいます。

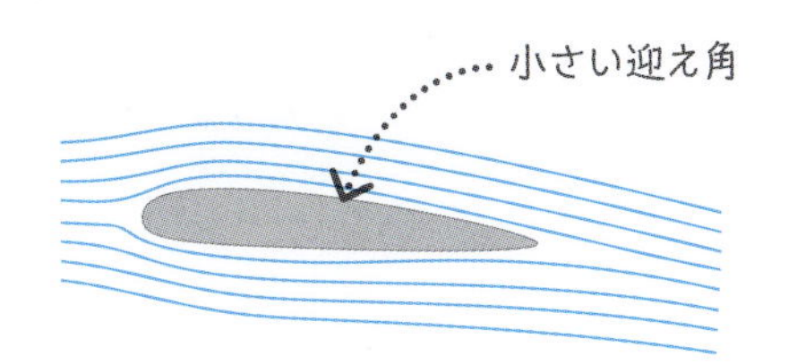

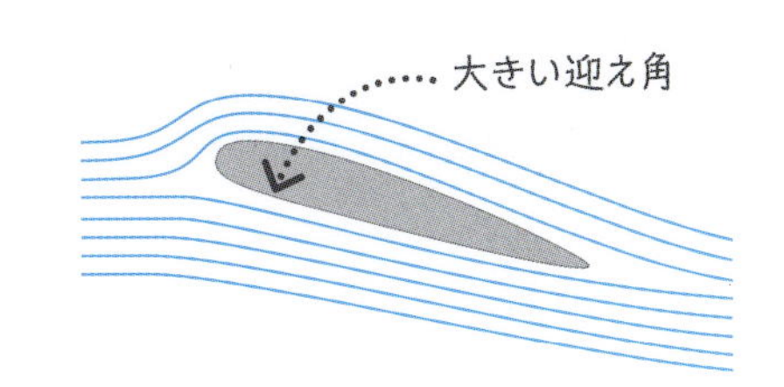

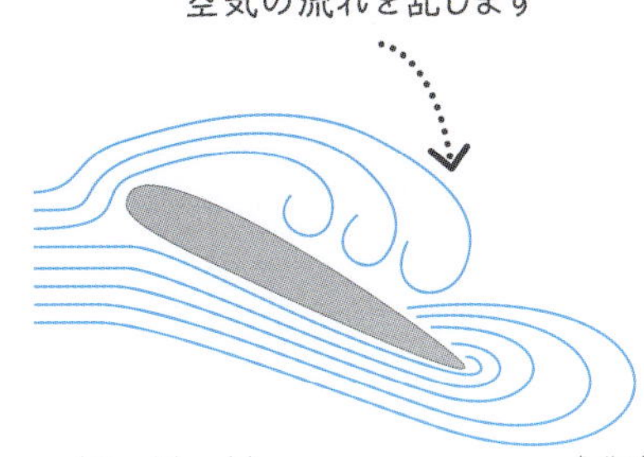

1 迎え角の小さい翼は、気流を少し下向きに下げるだけなので、生まれる揚力も小さくなります。

2 迎え角を大きくすると、気流がさらに押し下げられて揚力が大きくなり、飛行機は上昇します。

3 迎え角が大きくなりすぎると、気流は不規則なうずをつくります。翼は揚力が生み出せなくなり、飛行機は失速して、降下しはじめます。

飛行機の操縦

パイロットはパタパタと開閉するフラップを動かし、飛行機のさまざまな場所で起こる気流を変えることによって、飛行機を操縦します。翼にあるフラップは、それぞれの翼の揚力を変え、垂直のフラップは飛行機の進路を左右に変えます。

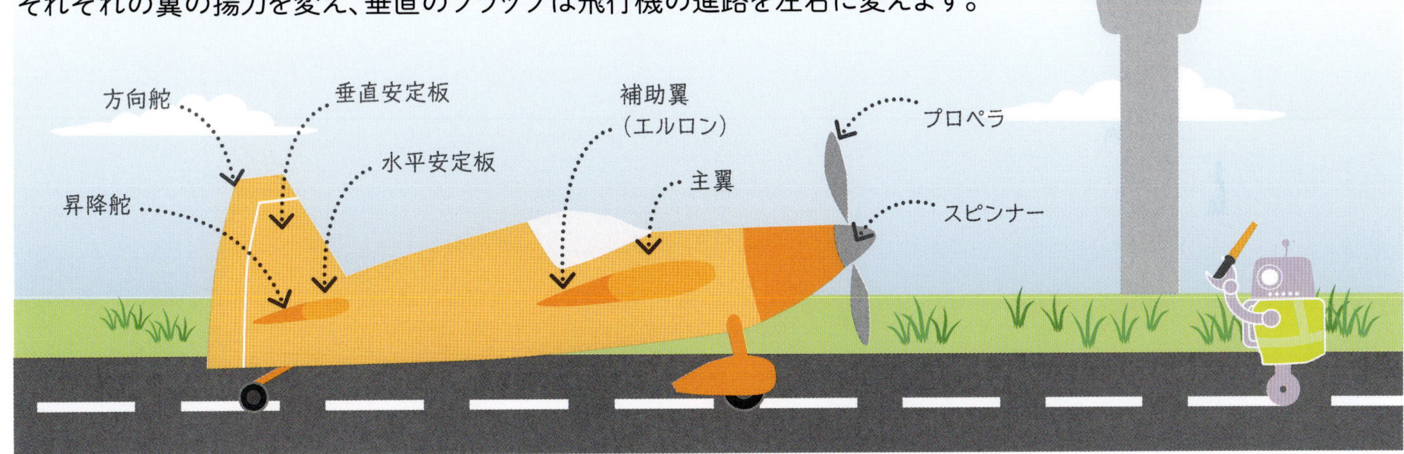

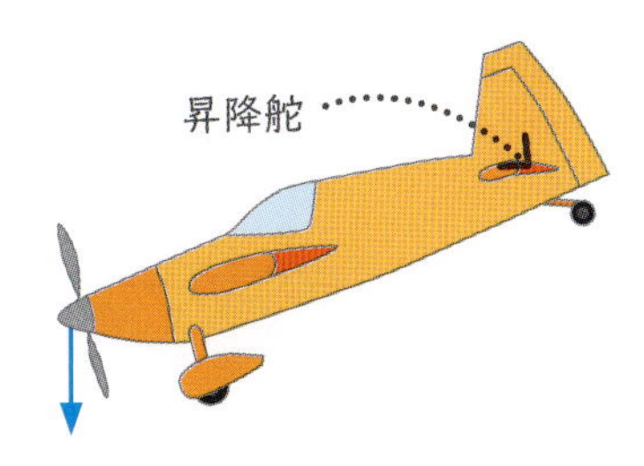

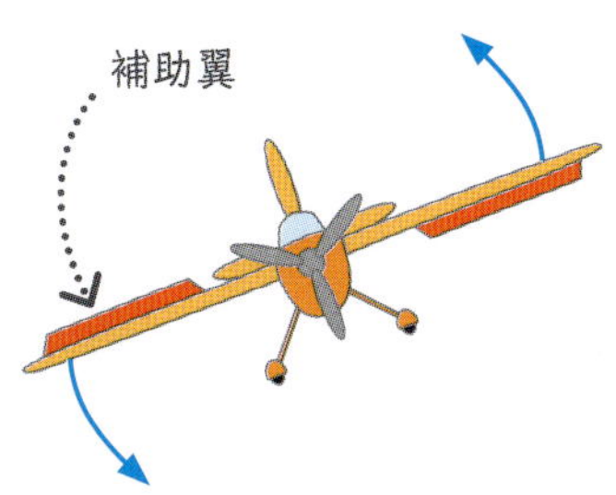

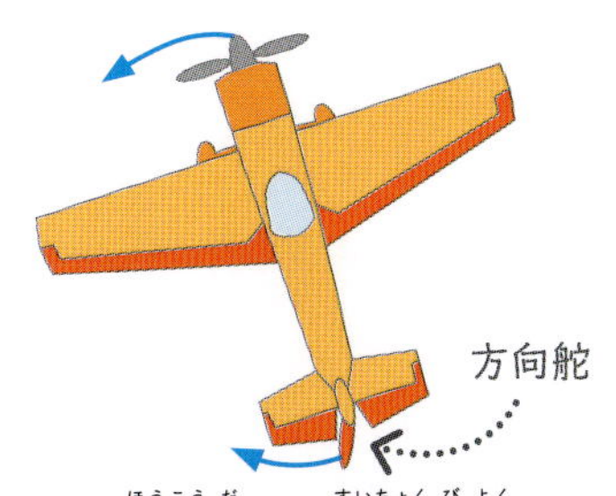

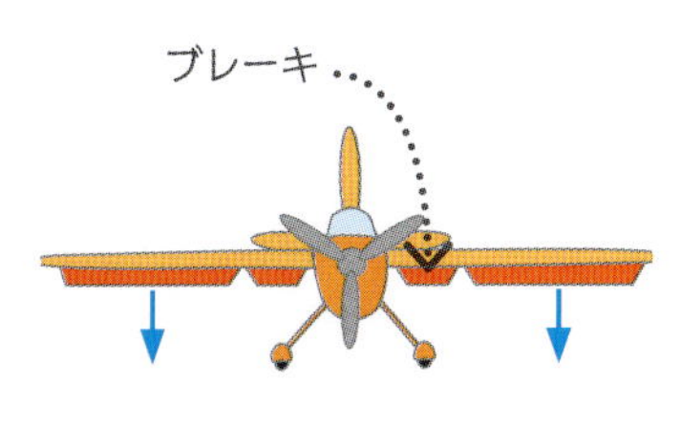

1 昇降舵は、飛行機後部の揚力を変えるフラップで、機首の上げ下げを行います。

2 補助翼は2つの主翼にあるフラップで、2つのフラップが反対の方向に動いて、機体をかたむけます。これにより旋回することができます。

3 方向舵は、垂直尾翼にあるフラップです。船の舵と同じように、飛行機の進路を左または右に変えます。

4 翼上のフラップまたは飛行機の他の部分のフラップは、抗力（244～245ページ）を大きくすることによりブレーキの役目をします。

圧力

画びょうは、壁に簡単にさすことができます。でもゾウは体重がとても重いのに、足が地面にめりこむことはありません。力が集中したり拡散したりする大きさのことを、圧力の大きさといいます。

気圧が変わると、風が吹いたり、天気が変わったりするんだよ。

圧力と面積

圧力の大きさは、単位面積あたりにかかる力の大きさです。同じ力であっても、作用する面積によって、生み出される圧力の大きさは異なります。

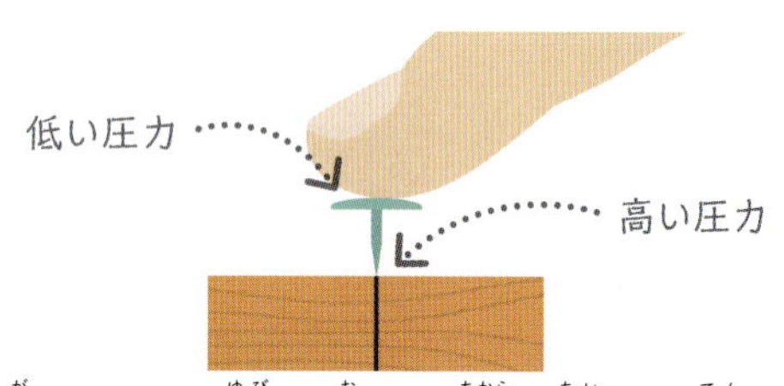

1 画びょうは指で押した力を小さな点に集中させて、とても高い圧力を生み出します。画びょうの平らな頭部は指の圧力を拡散するので、押しても痛くはありません。

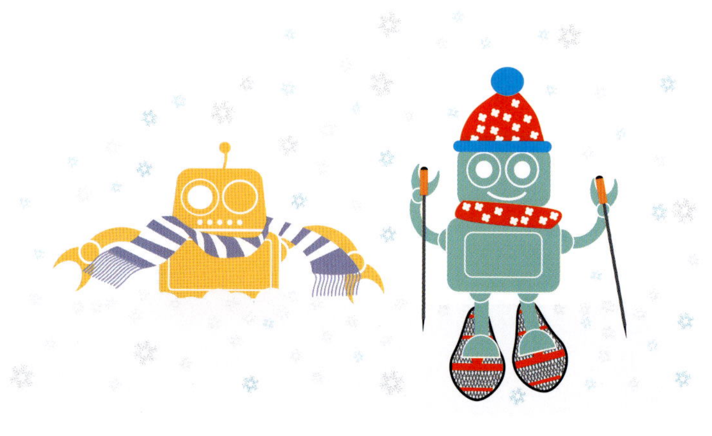

2 かんじき（スノーシュー）は、画びょうと反対の働きをします。体重を広い面積に拡散して、雪に加わる圧力を減らすので、足は雪にしずみません。

気圧

圧力を生み出すのは固体だけではありません。液体と気体も圧力を生み出します。

1 空気の分子は、物体にぶつかってはね返り、時速数百キロの速さでつねに飛び回っています。そのため気圧が生まれます。風船をふくらませると、内部の気圧がゴムを引きのばし、風船をふくらんだままにします。

2 地球の大気にある気体の分子は、地面の近くではぎっしりつまっていて、高度が上がるほどまばらになります。そのため、高いところに行くほど、気圧も低くなります。もっとも高い山々の山頂の気圧の大きさは、海抜0mの気圧の大きさの3分の1以下しかありません。

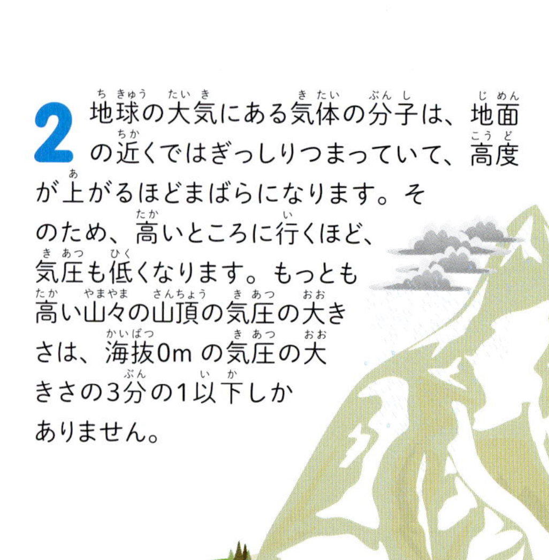

水圧

水も圧力を生み出します。海の中に深くもぐるほど、水圧は大きくなります。海中の圧力をはかるには、「気圧」(atm) とよばれる単位を使います。1気圧は、海面の位置における空気の圧力です。海中の圧力は、10m もぐるたびに1気圧ずつ増えます。

1 スキューバダイバーが安全にもぐれるのは、40 m ほどです。そこの圧力は4気圧にまで大きくなっています。

2 人間のダイバーが、潜水服を着てもぐったもっとも深い場所は、水深600m、60気圧の地点です。

3 潜水艦は、水深1km ほどまでもぐって、100気圧にたえることができますが、それ以上は水圧で破かいされてしまいます。

4 人間の乗った潜水艇がもぐった最大の深度は10.9km です。強化された潜水艇は、海面に比べて1000倍も高い水圧にたえることが必要でした。

やってみよう

浮く水

気圧の威力がわかる手品をやってみましょう。水がいっぱい入ったコップの上にカードをのせ、逆さまにしたあと、カードからそっと指を離してみましょう。水は重いのに、カードは下に落ちません。気圧がカードをガラスに押し付けているからです。

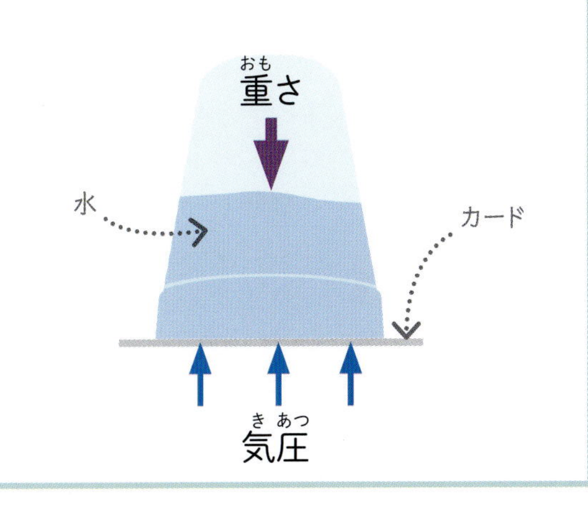

身の周りの科学

油圧ジャッキ

油圧ジャッキは、力を大きくすることにより、重いものを楽に持ち上げられるようにしてくれる装置です。ポンプを押すと、力が非圧縮性の(縮めることができない)液体を通して伝わるため、あらゆる方向に同じ圧力が伝わります。反対のはしでは、圧力がもっと広い面積に働くため、より大きな力を生み出します(でも、ものが持ち上がる距離は、ポンプを押した距離より短くなります)。

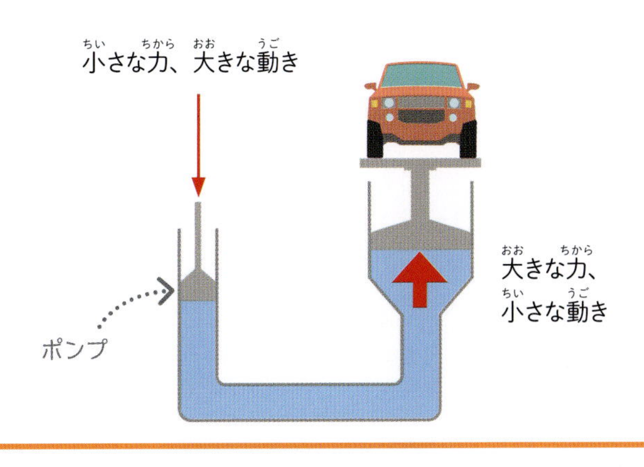

浮かぶものと沈むもの

船のように水に浮かぶものもあれば、
石のように沈むものもあります。そのわけは簡単です。
水より軽いものは浮き、水より重いものは沈むのです。

油が水に浮くのは、
水より軽いから
なんだよ。

重力と浮力

水の中にある物体は、自分の重さで沈みますが、そのとき水を押しのけます。すると水は、変位させられた量の重さと同じ力で、物体を上向きに押します。

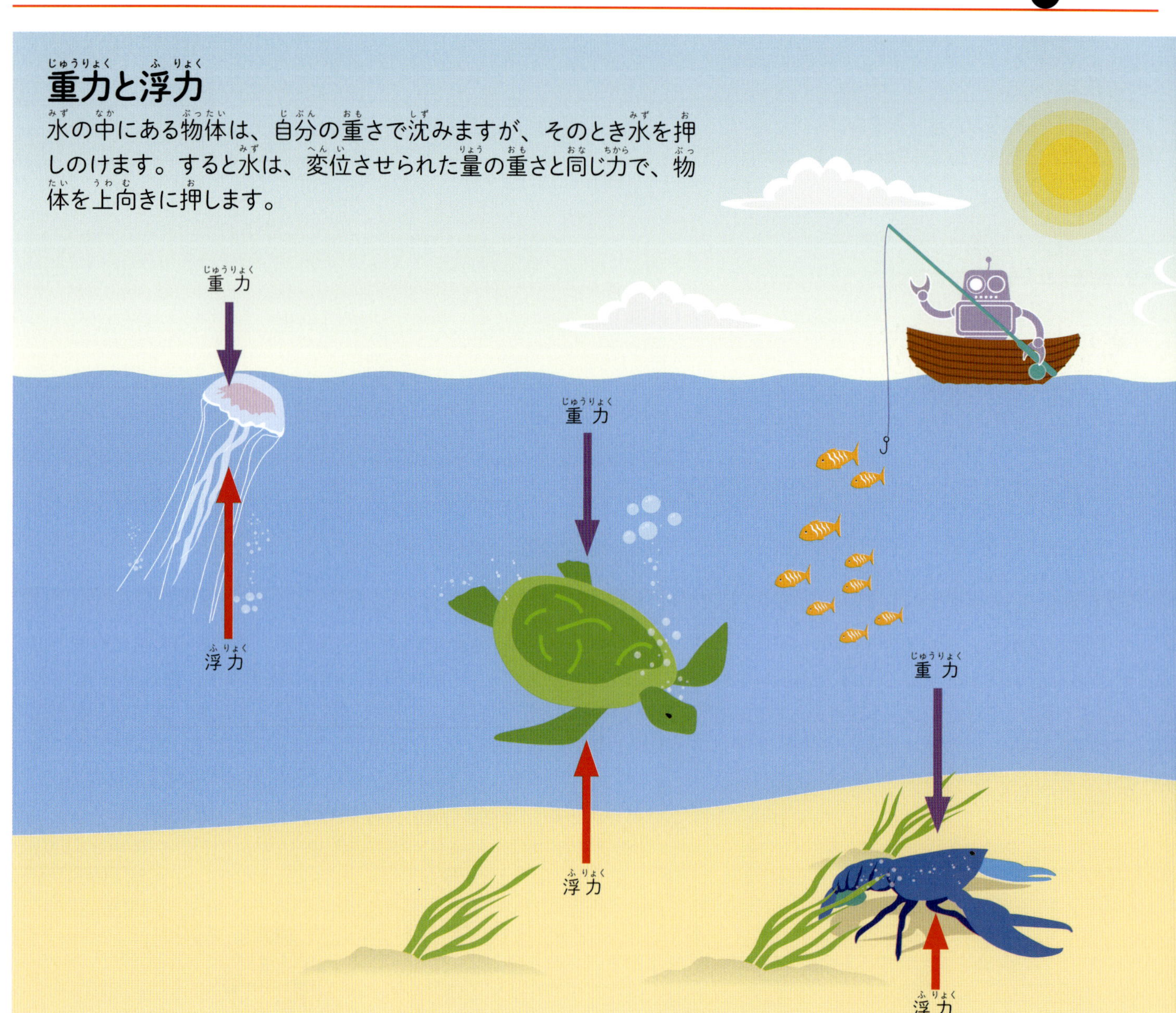

1 物体の重さが、同じ体積の水の重さより軽ければ、浮力が物体の重力を上回るので、物体は水面に浮かびます。

2 物体の重さが、同じ体積の水の重さと同じ場合は、浮力は重力と同じになり、物体は浮くことも沈むこともしません。このことを中立浮力といいます。

3 物体の重さが、同じ体積の水の重さより重ければ、物体は沈みます。物体の重力が浮力より大きいので、物体は浮いていられないのです。

アルキメデスの原理

2200年前、有名なギリシャの学者だったアルキメデスが、物体を水に入れると、重さが軽くなることを発見しました。そして、そのわけは物体が押しのける水が浮力を生み出すためであることに気づいたのです。これをアルキメデスの原理といいます。

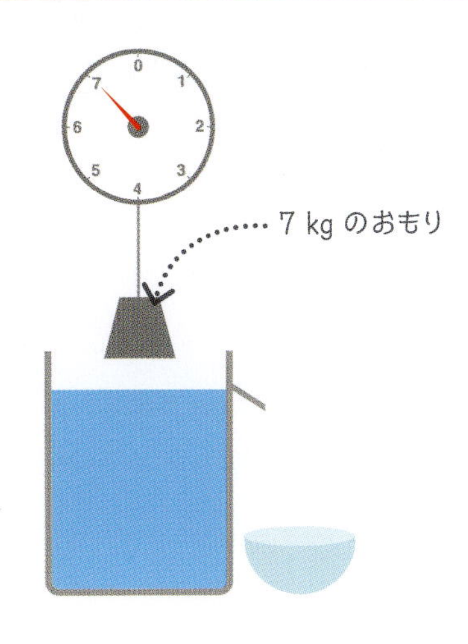

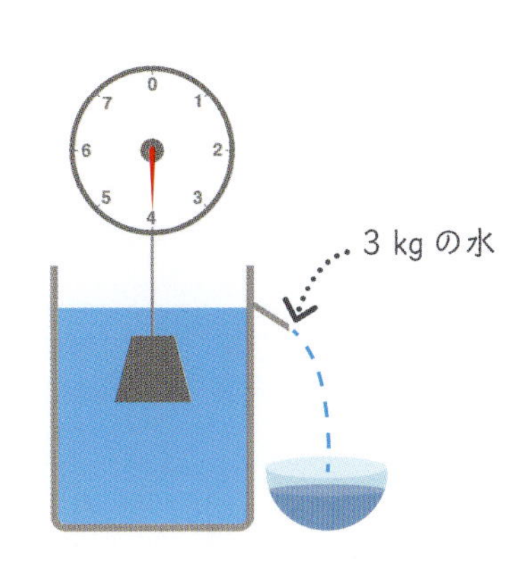

1 おもりが水の外にあるとき、はかりは、重さが7kg（70ニュートン）であると表示します。

2 おもりを水に入れると、3kg分の水を押しのけるので、はかりは、重さが4kgしかないと表示します。

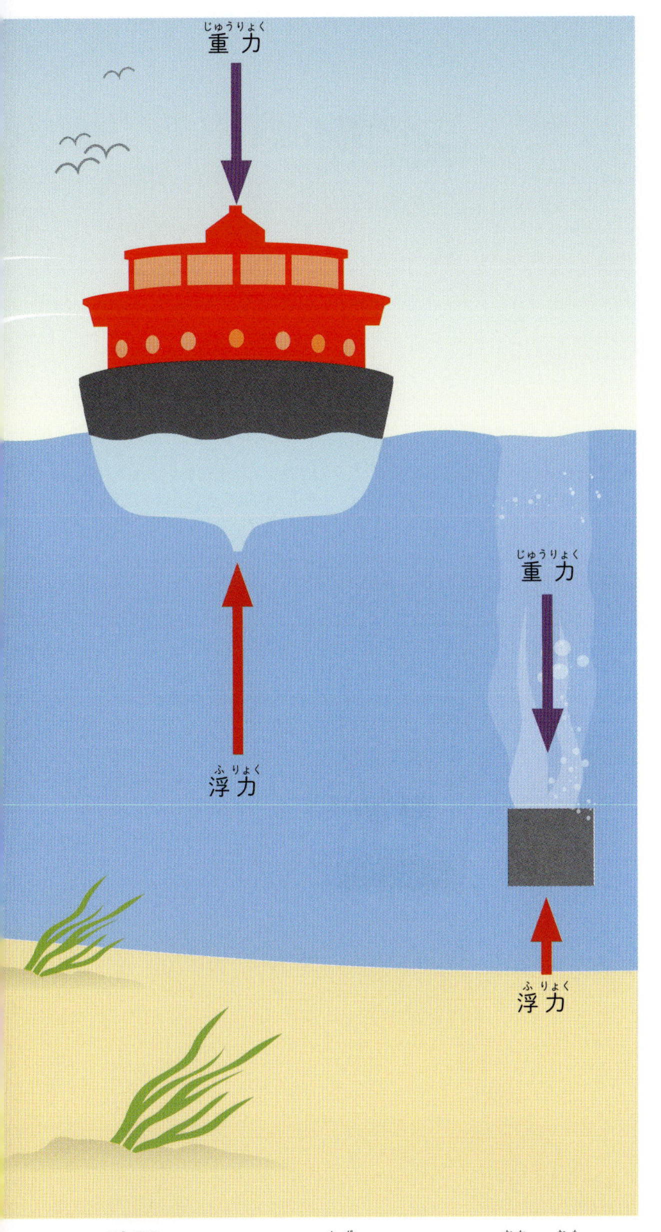

4 鋼鉄のかたまりは沈みますが、同じ重さの鋼鉄製の船は浮かびます。船には大量の空気がふくまれていて、単位体積あたりの重さが、鋼鉄のかたまりより小さいからです。このことを「密度が低い」といいます。

身の周りの科学

潜水艦

潜水艦には、バラストタンクと呼ばれる巨大な空間があります。このタンクに空気が入っていると、潜水艦は水面に浮かびます。一方、このタンクに水が入っていると、沈みます。なぜなら、潜水艦の密度が、沈むのに十分なほどになるからです。

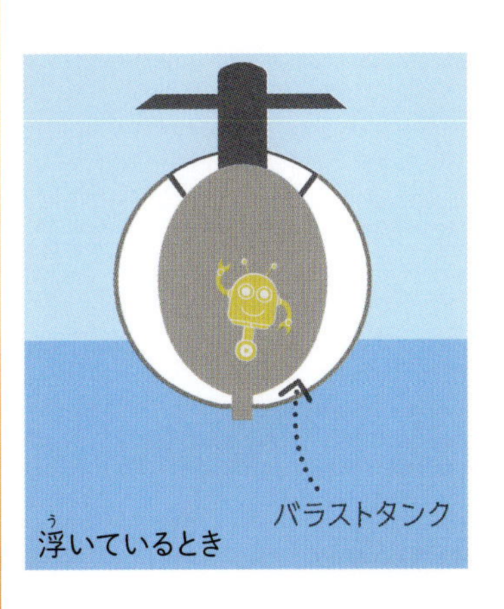

1 バラストタンクには空気がいっぱい入っているので、潜水艦は浮かびます。タンクの上部にあるベント弁は、空気を閉じこめるために閉まっています。

2 沈むには、ベント弁を開けて空気を逃がします。これにより、バラストタンクに水が入ってきて、潜水艦全体の密度が高まり、沈むことができます。

第６章

地球と宇宙

EARTH AND SPACE

宇宙には、惑星、月、恒星、銀河、そして想像できないほど広大な銀河と銀河の間の空間をはじめ、あらゆる存在がすべてふくまれています。地球は、全宇宙の中で、生命が存在していることが確認されている、ただ1つの天体です。地球には、水分を雨として地上に降らせる環境があり、その水が生命を育んでいます。また、地球の大気は、太陽の有害な電磁波から生物を守っています。

宇宙

宇宙には、あらゆるものがふくまれています。惑星（恒星の周りを公転する天体）、恒星（自分でエネルギーを出す天体）、銀河、そして観測不可能なほどかなたの広大な空間もその一部です。

宇宙の大きさはまだわかっていません。もしかしたら大きさという考え方はあてはまらないのかも。

宇宙の大きさ

宇宙の大きさは想像をこえています。天文学者は光をものさしに使って、天体の距離をはかります。なぜなら、光より速く進むものはないからです。1光年は、1年間に光が進む距離のことで、9.5兆 km にもなります。

1 地球は、何もない宇宙空間に浮かぶ小さな岩石惑星です。光の速度で進むと、地球一周には約0.13秒、もっとも近い天体の月まで行くには約1.3秒しかかかりません。

2 太陽系の惑星は、恒星である太陽の周囲を回っています。もっとも遠い惑星の海王星（青で示した天体）でも、光の速度で進めば、地球から4時間9分で着きます。

3 太陽は、わたしたちがいる銀河系（天の川銀河）をつくっている2000億～4000億個の恒星のたった1つにすぎません。恒星とガスとちりがうずまく天の川銀河の直径は、約10万光年もあります。

4 天の川銀河は、観測可能な宇宙（見ることのできる宇宙）をつくっている1500億個ほどの銀河の1つです。観測可能な宇宙の直径は900億光年以上あります。その外側に何があるかは、わかっていません。

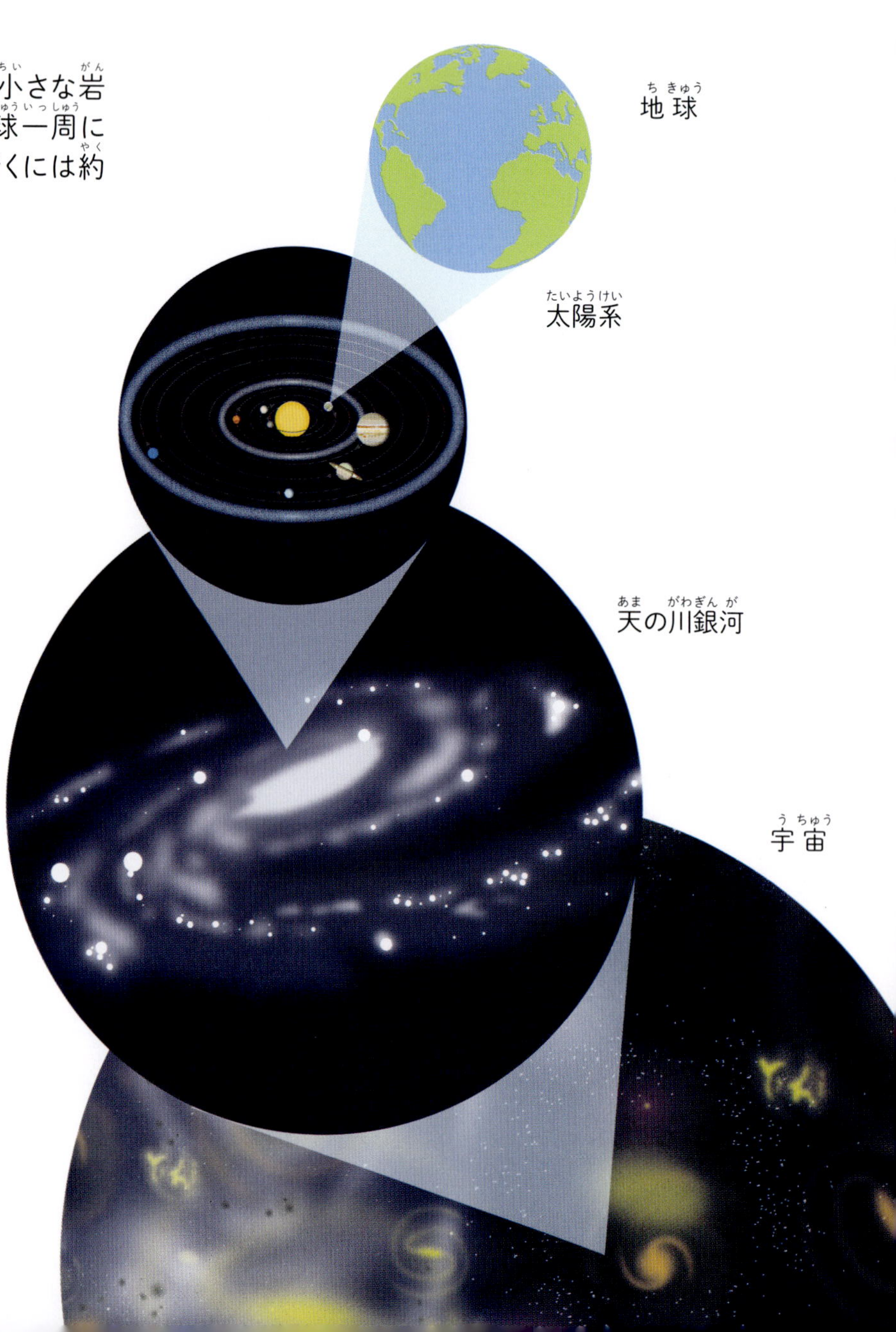

ビッグバン

宇宙は約138億年前に、ビッグバンと呼ばれる大爆発によって、何もないところから生まれたと考えられています。そのときの宇宙は小さく、とてつもなく高い温度を持っていました。時間がたつうちに宇宙は広がり、温度も下がって、現在恒星や惑星をつくっている物質のもとになる粒子を生み出しました。宇宙は今でも加速しながら膨張を続け、温度も下がりつづけています。

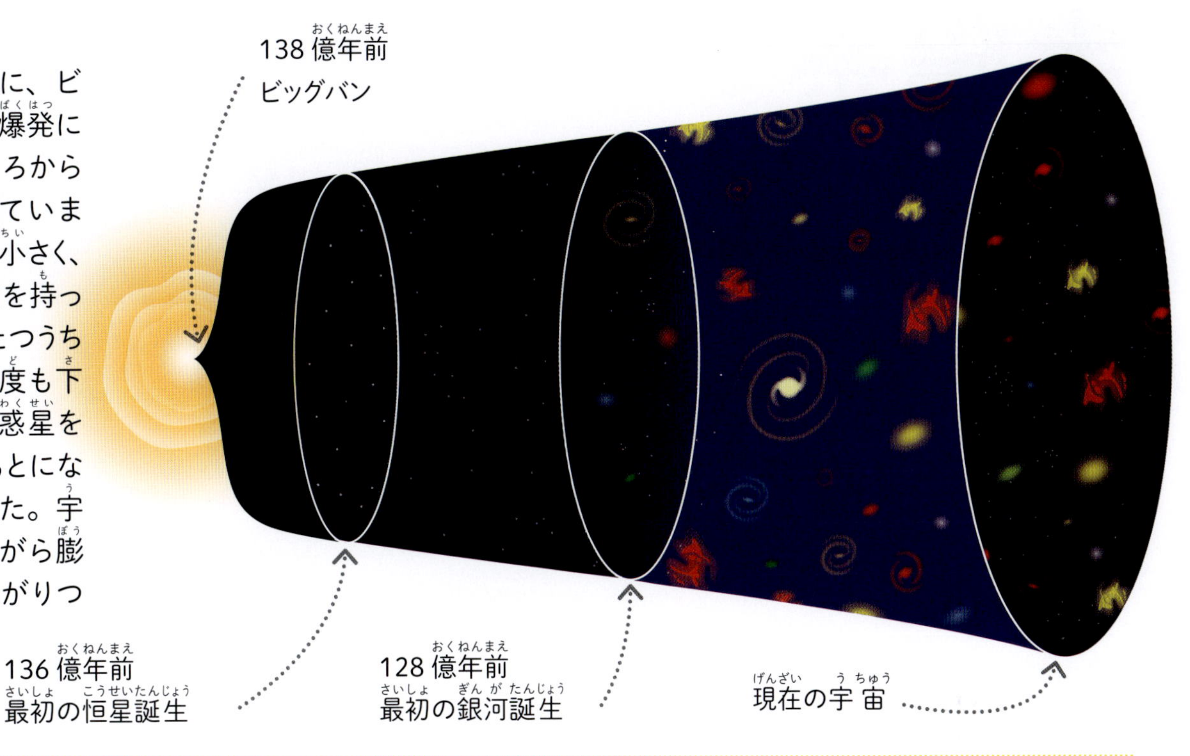

光年

光は1秒間に約30万 km 近く進むので、1光年は約9.5兆 km になります。遠くの星を見たときに目にする光は、じつは長い時間をかけて地球に届いたものです。だから、わたしたちは、その星の過去のすがたを見ていることになるのです。

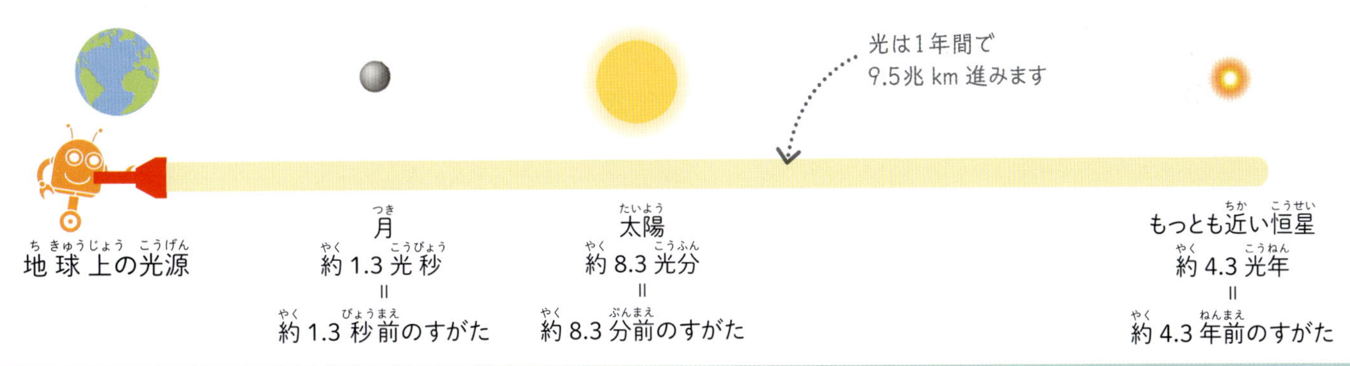

やってみよう

宇宙風船

宇宙がふくらみつづけているのは、恒星や銀河が離れていくからではなくて、それらの間の距離が広がっているからです。このしくみを理解するために、風船で宇宙のモデルをつくってみましょう。

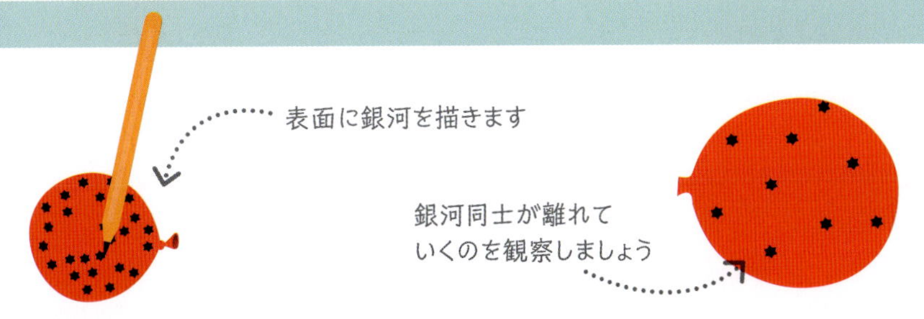

1. 風船を少しふくらませます。口をしっかりつかんだら、油性ペンで、表面に点をたくさん描きましょう。1つの点が1つの銀河を表します。
2. 風船を最大限までふくらませます。すると、風船がふくらむにつれ、銀河同士が離れていくのがわかるでしょう。

太陽系

太陽系は1つの恒星（太陽）と、その周囲を回る（軌道上を公転する）天体からなります。太陽系には、8つの惑星、惑星の衛星、小惑星、彗星、準惑星などがふくまれています。

太陽は、太陽系にあるすべての物体の質量の99.9%をしめているんだ。

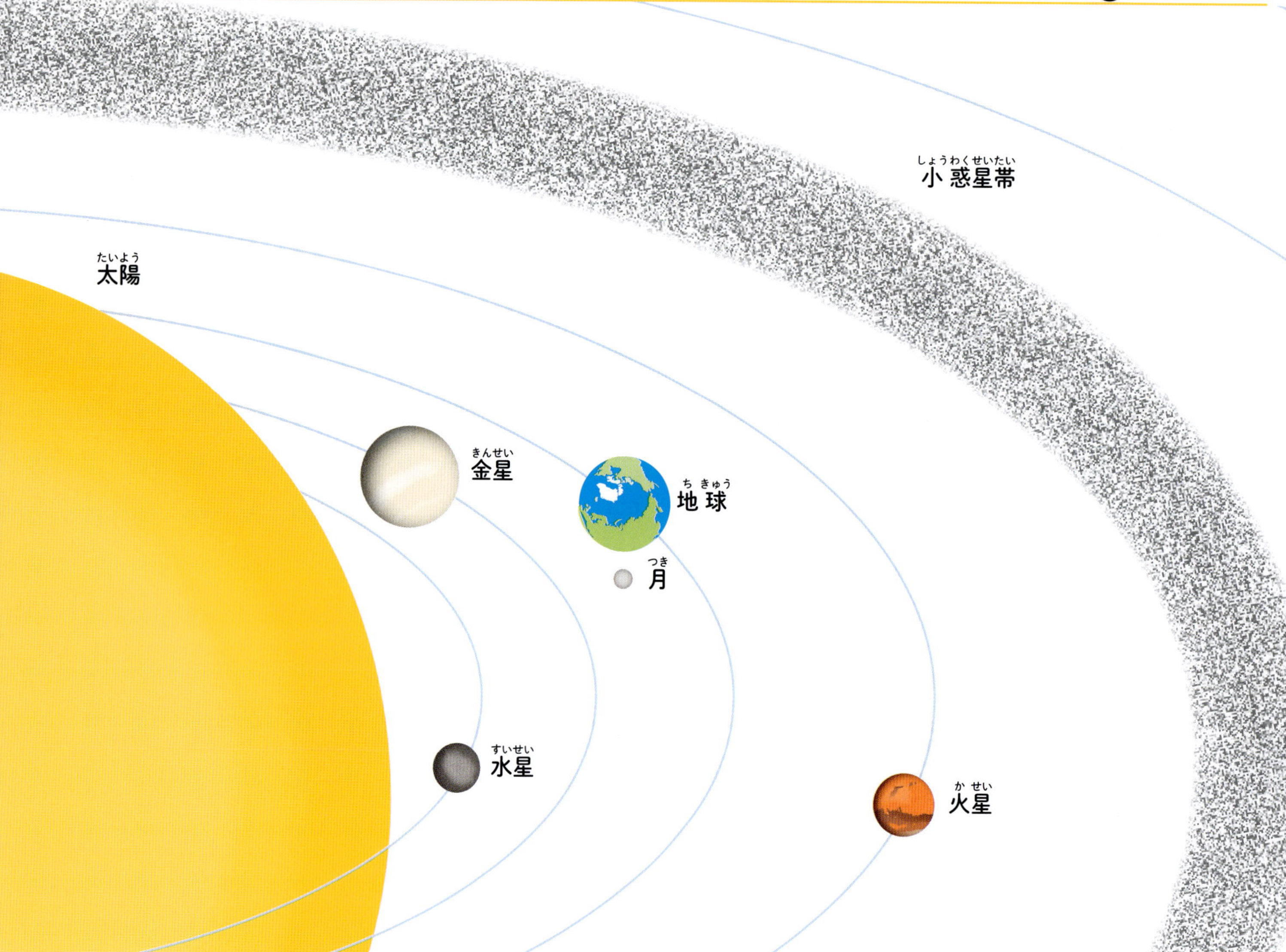

1 太陽
太陽は、太陽系の中心にある、とてつもなく高温の、光りかがやくガスのボールで、わたしたちに熱や光などのエネルギーを与えてくれます。太陽の重力が生み出す引力は、天体を軌道にとどまらせています。

2 岩石惑星
水星、金星、地球、火星は、岩石惑星として知られています。これらはみな固体の球体で、ほぼ完全に岩石と金属（一部は水や大気）からできています。

3 小惑星帯
小惑星は直径1m から数百 km にまでおよぶ岩石のかたまりです。大部分の小惑星は、火星と木星の間の小惑星帯と呼ばれる領域の中で、太陽の周囲を回っています。

身の周りの科学

ボイジャー惑星探査機

ボイジャー1号と2号は、太陽系の外側の領域を探査するロボットで、40年以上も前に打ち上げられたのに今でも地球にデータを送り続けています。以前には映像も送ってきました。

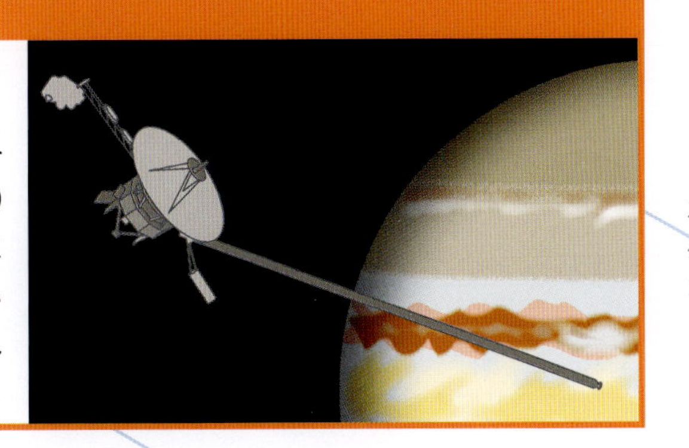

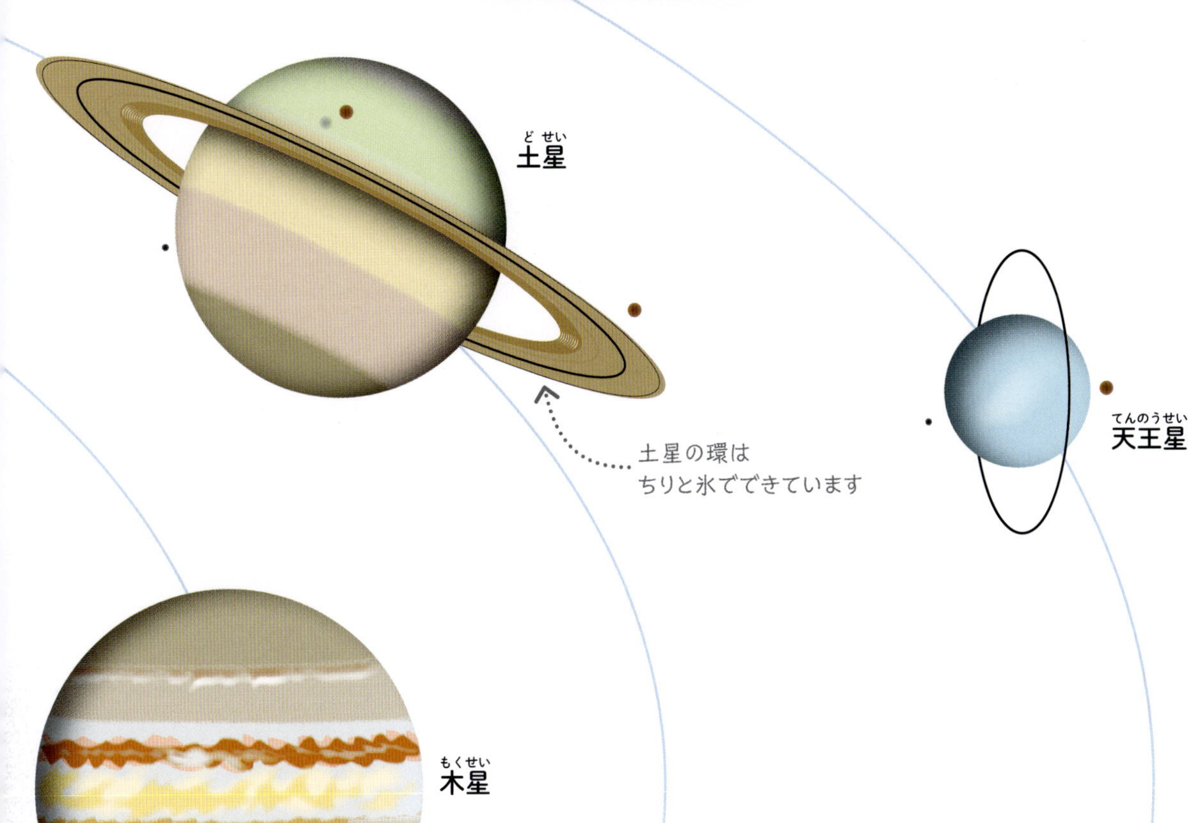

カイパーベルト
冥王星
カイパーベルトと呼ばれる無数の氷のかたまりからなる帯が、太陽系のふちを取り巻いています
土星
海王星
天王星
土星の環はちりと氷でできています
木星
彗星

4 巨大惑星

木星と土星は、ほぼ水素とヘリウムでできている巨大ガス惑星。天王星と海王星はメタンやアンモニアの氷でできている巨大氷惑星と呼ばれています。これらは岩石惑星よりずっと大きく、太陽の周囲を、非常にゆっくり回っています。

5 準惑星

冥王星のような準惑星は、岩石惑星よりずっと小さい惑星です。準惑星の重力は弱く、天体によってはやっと球体を保てるほどの力しかありません。

6 彗星

彗星は、岩石と氷とちりのかたまりで、太陽系の外側の領域で、太陽の周囲を回っていますが、ときおり、太陽の近くを通ると加熱され、明るいちりとイオンの尾をつくります。

惑星

水星、金星、火星、木星、土星、天王星は、地球から肉眼で見ることができるよ。

太陽系の8つの惑星は、大きく2つのタイプに分かれます。太陽に近い4つの惑星は、主に岩石と金属からできている岩石惑星。外側の4つの惑星は、ガス、液体、氷からできている巨大惑星です。

岩石惑星

太陽系の岩石惑星は、水星、金星、地球、火星です。これらは太陽に近い領域にある4つの惑星で、それぞれ主に岩石でできていますが、中心部には、ほぼ鉄でできている核があります。地球と火星は、衛星（月）を持ちます。

1 水星は太陽系でもっとも小さい惑星です。表面はクレーターでおおわれています。ほとんど大気はなく、昼間はきわめて高温になり、夜はとても寒くなります。

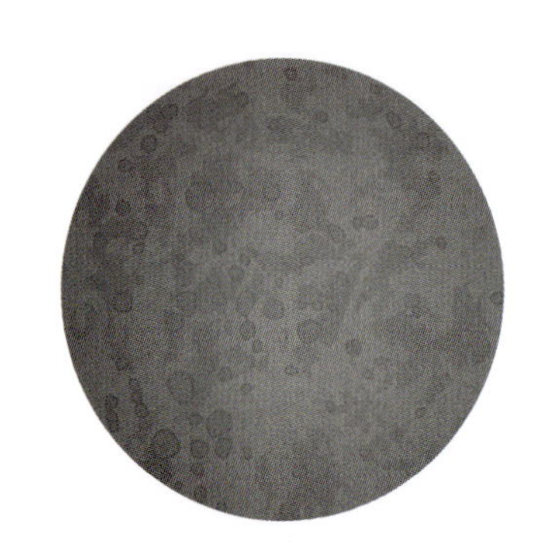

2 金星は、主に二酸化炭素ガスからなる熱い黄色の大気でおおわれています。固体の表面はきわめて高温で、かつて活動していた火山がたくさんあります。

3 地球は、地表に液体の水の海と酸素をたくさんふくむ大気を持ち、生命が存在することがわかっている、ただ1つの惑星です。地球で最初の生命体は、約35億年前に海で誕生しました。

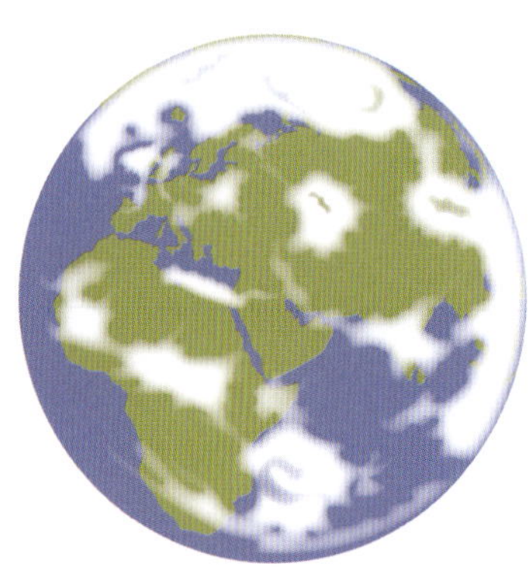

4 火星の世界は、大昔の火山、砂丘、きょう谷のあるほこりっぽい砂漠で、いん石がつくったクレーターがたくさんあります。二酸化炭素のうすい大気と、2つの小さな衛星を持っています。

大きさの比較

太陽系の惑星の大きさは、それぞれ大きく異なります。最大の木星の直径は約14万 km もありますが、最小の水星の直径は約4880km しかありません。地球と金星、海王星と天王星は、それぞれ近い大きさです。

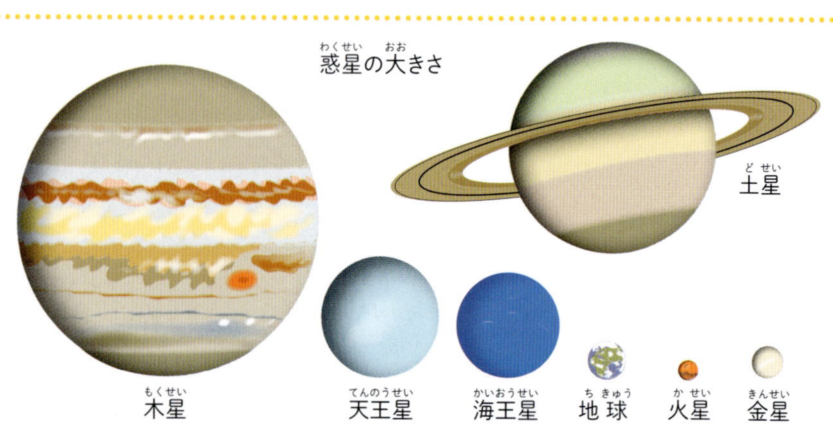

巨大惑星（巨大ガス惑星・巨大氷惑星）

巨大惑星は、木星、土星、天王星、海王星の4つです。これらの惑星には、見てわかる固体の表面がありません。その代わり、主にヘリウムと水素からなるガスの層があります。この下には、液体または氷の層と、とても小さい岩石などの固体でできている中心（核）があると考えられています。巨大惑星は、それぞれ多数の衛星を持ちます。

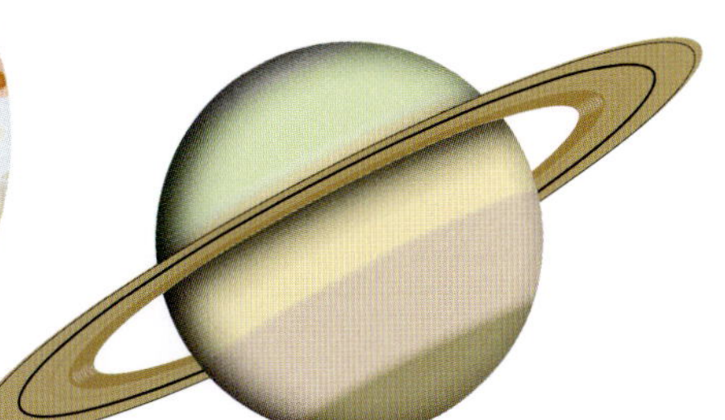

1 木星の大気にある明るい帯は、うずを巻いて荒れる雲です。木星はもっとも高速で自転する惑星です。

2 土星には、氷のかけらやちりでできている巨大な環があります。大気にも縞模様がありますが、黄色っぽいもやがかかっているので、なめらかに見えます。

3 天王星は、大気にあるメタンガスのせいで、あわい青色に見えます。他の惑星とはちがい、真横に傾いた状態で自転しています。

4 海王星はあざやかな青色をしています。時速2100kmの風が、こおったメタンガスでできた白い雲を惑星の周囲に飛ばし続けています。

太陽系以外の恒星にある惑星

天の川銀河にある大部分の恒星は、公転する惑星を持っていると考えられています。そのため、太陽系以外の恒星の周囲にも、膨大な数の惑星があることになります。でも、ちょうどよい温度を保ち、生命体が存在するかもしれない、ハビタブルゾーンと呼ばれる領域にある惑星は、ほんの少ししかありません。

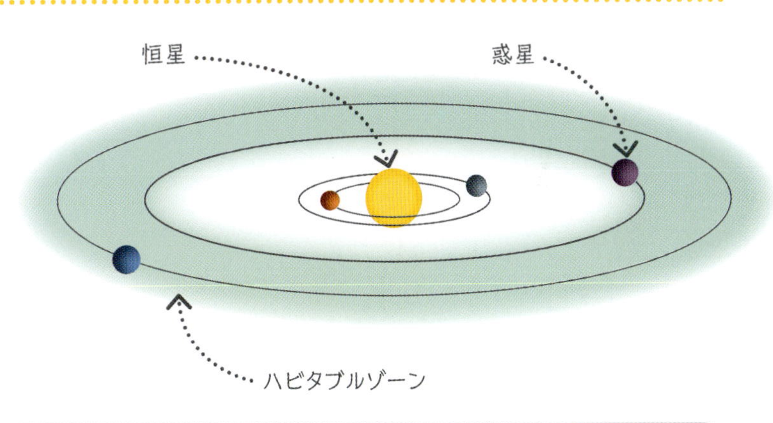

準惑星

準惑星は、自分の重力によってやっと球体を保てる大きさの天体です。けれども、自分の軌道から他の天体（小惑星など）を押しのけられるほどの重力は持っていません。冥王星は、1930年に発見されたとき、惑星と分類されましたが、2006年になって準惑星に降格されました。他の準惑星には、エリス（知られている中で冥王星に次ぐ大きさの準惑星）とラグビーボールのような形のハウメアなどがあります。

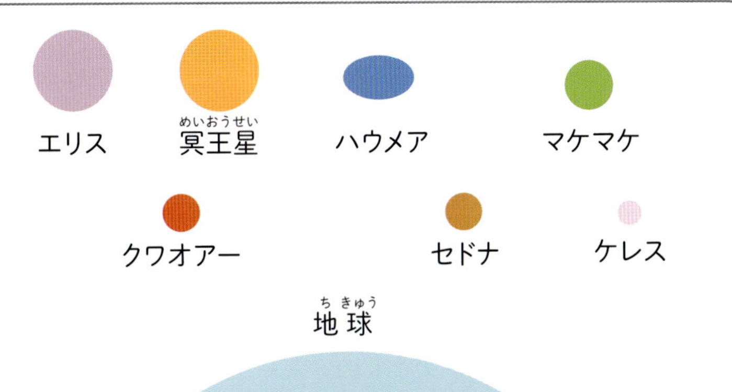

※クワオアーとセドナは将来準惑星に仲間入りする可能性の高い天体です。

太陽

地球にもっとも近い恒星である太陽は、すでに46億年ほど光りかがやき続けています。太陽は、ほぼ水素とヘリウムでできている、とてつもなく高温のガスの球です。

肉眼でも双眼鏡でも、ぜったいに太陽を直接見てはいけないよ。失明する危険があるよ！

太陽の内部

ほかの恒星と同じように、太陽の内部にも特定の層があります。熱と圧力は中心核に向かって高くなります。中心核は、太陽が生み出すパワーの源です。

1 中心核の熱は1500万℃にまで達します。このとてつもない熱と圧力が核融合反応を引き出し、光やほかの形の放射によって、エネルギーが生み出されます。

2 中心核の回りには、放射層があります。中心核のエネルギーは、放射による熱輸送によって、ゆっくりとこの層を通ります。

3 放射層の外側には、対流層があります。ここでは、高熱のガスの巨大なあわが太陽の表面に浮かんできます。太陽の表面でエネルギーを放出すると、流れは下にもどります。

4 光球は目に見える太陽の表面で、大量の光や熱や他の放射エネルギーを放出しています。光球の温度は約5800℃にもなります。

5 光球の外側には太陽の大気（彩層）があり、宇宙に向かって約2000kmものびています。彩層の一部が、プロミネンス（紅炎）と呼ばれる熱いガスの輪となって、コロナ（さらに外側の太陽大気）に向かってひんぱんに吹き出しています。

太陽がかがやくしくみ

太陽は、核融合と呼ばれるしくみによってエネルギーを生み出しています。中心核の中では、水素原子の原子核（中央の部分）がものすごいスピードで衝突し、水素の原子核どうしが融合して、ヘリウムの原子核をつくります。これにより膨大なエネルギーが生み出され、その大部分が光として太陽から放出されるので、太陽は光りかがやき続けているのです。

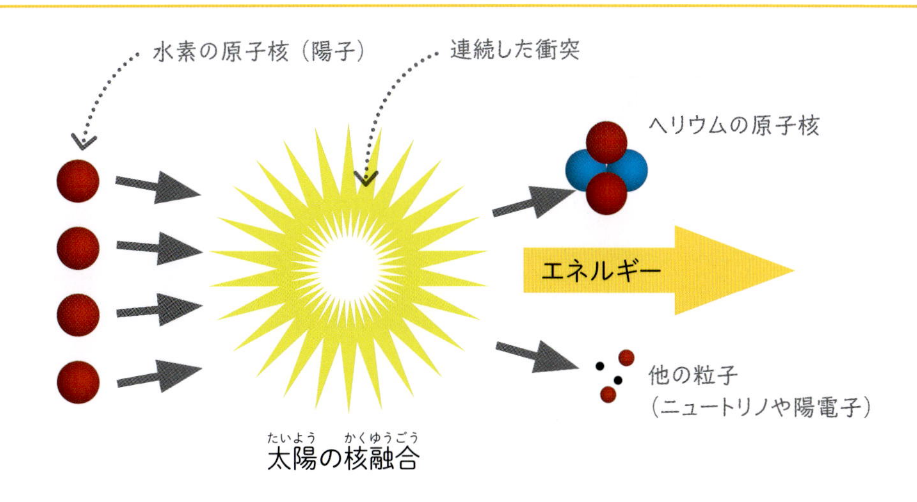

太陽の核融合

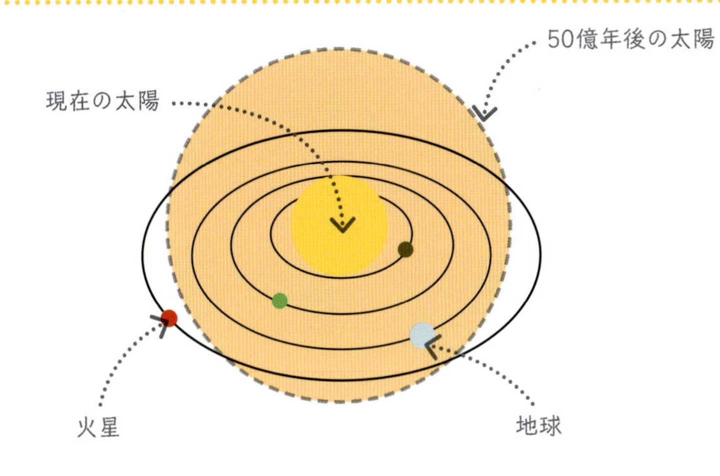

太陽の未来

今から約50億年後に、太陽の中心核は水素を使いはたしはじめます。その結果、太陽は膨張し、赤色巨星と呼ばれる恒星になります。これはとてつもなく大きいので、火星、金星の軌道を飲みこみ、地球も生命が存在しない惑星になります。その後、赤色巨星は外側のガスを宇宙に放出して、光を放つ小さな中心核だけが残り、白色わい星になります。

オーロラ

太陽は光だけでなく、電荷を帯びた粒子の流れも宇宙に放出します。これらの粒子が、地球の北極や南極の近くで大気にぶつかると、大気中の電離した分子（酸素やチッ素）が光を放ちます。これにより、夜の空に、オーロラと呼ばれる、神秘的な模様が現れるのです。

身の周りの科学

分光法

天文学者は、光を調べることによって、太陽やほかの恒星にふくまれている化学元素を知ることができます。白い光には、さまざまな色がふくまれています。そこで、分光器と呼ばれる装置を使い、光をスペクトルという模様に分けます。恒星のスペクトルには、特定の場所にギャップ（暗線）が現れます。これは、光が恒星を離れるときに、化学元素が特定の波長の光を吸収するために起こるもので、指紋と同じように、恒星にどのような元素がふくまれているかを教えてくれます。

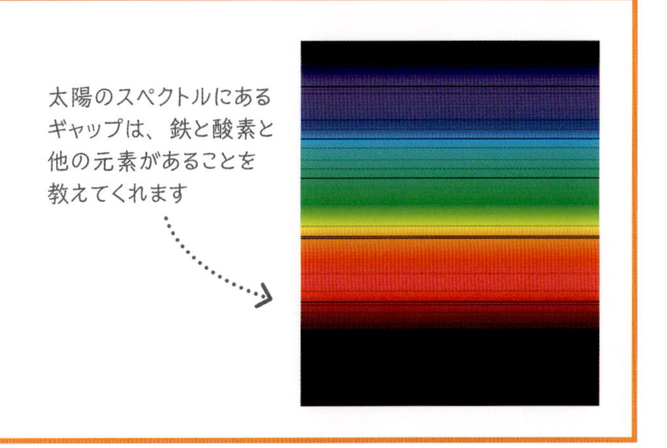

太陽のスペクトルにあるギャップは、鉄と酸素と他の元素があることを教えてくれます

重力と軌道

重力は、物体を地球に引き付ける力（万有引力）です。重力が働いているので、月は地球の周りを回る軌道から外れず、また、惑星も太陽の周りを回る軌道から外れないのです。

もし太陽の表面に立てたとしたら、強い重力のために体重は約28倍に増えるよ。

重力って何をするの？

あらゆる物体は重力を働かせています。でも、何かを引き寄せられるほど強い重力を持つのは、衛星、惑星、恒星などの巨大な天体だけです。天体の質量が大きいほど、重力も強くなります。

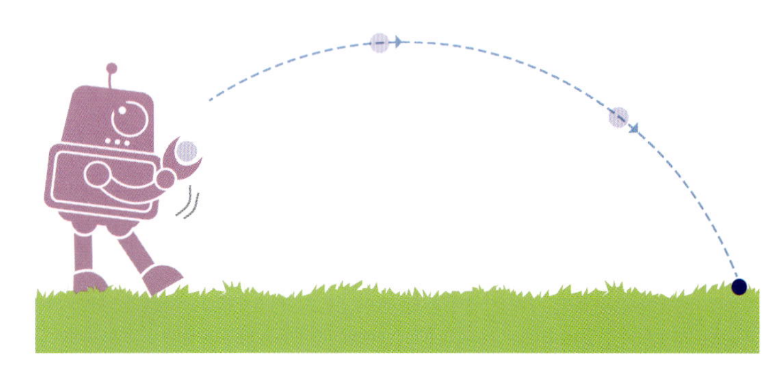

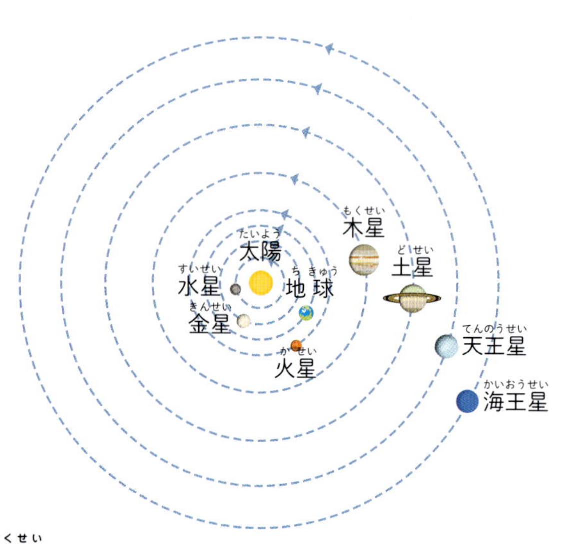

1 地球

地球では、重力が働くため、物体は地面に落ちます。ボールを投げると、重力がボールを一定の力で引き寄せ続けるので、ボールはカーブを描いて地面に落ちます。

2 惑星

太陽系の8つの惑星、180ほどの衛星、そして無数の彗星、小惑星、準惑星などは、みな太陽の重力に引き寄せられて、太陽の周囲を回っています。

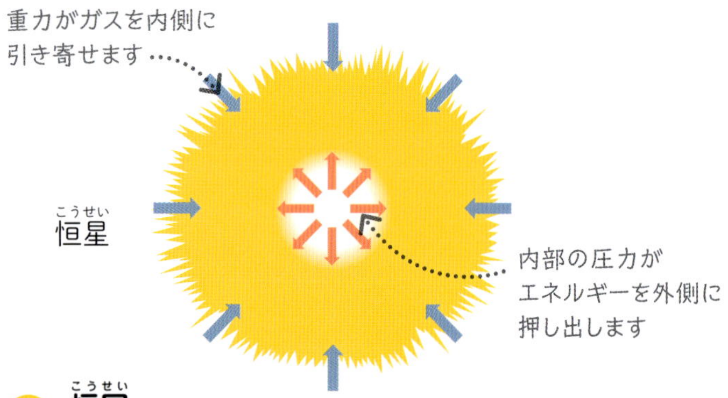

3 恒星

恒星は高温のガスでできています。このガスは重力によって内側に引き寄せられているので、宇宙ににげ出さずに、球体をつくります。恒星の中心部では、重力がガスの原子をとてつもない力で押しつぶすため、核融合反応が起きて、熱や光などのエネルギーが生み出されます。

4 銀河

銀河には、広大な空間の中に無数の恒星がちりばめられています。はしからはしまでジャンボジェット機で飛行できたとしたら、何十億年もかかるでしょう。恒星は、銀河の中心部にある膨大な量の物質の動きによって引き寄せられ、銀河そのものの形を保っています。

軌道

軌道とは、宇宙にある物体（天体）が他の物体（天体）の周囲を回るときに描く、円形の道すじのことです。月も軌道を描いて地球周囲を回っています。重力によって天体の軌道が保たれることを発見したのは、イギリス人の科学者、アイザック・ニュートンでした。

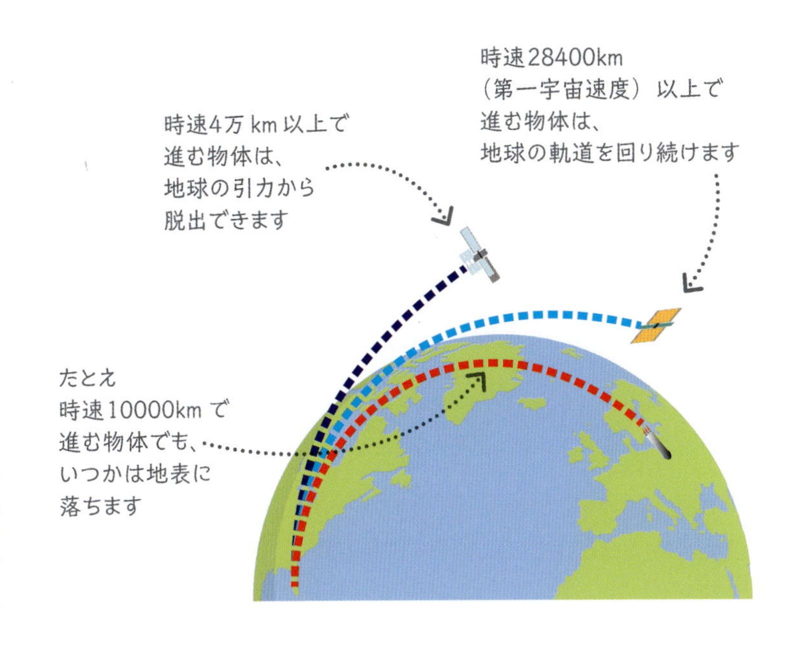

1 軌道の働き

ニュートンは、軌道を描いて進む物体は、投げられたボールと同じように進むことに気がつきました。ボールは地球の重力により、曲線を描いて地面に落ちます。でも、物体のスピードが十分に速く進んでいれば、落下が描く曲線の程度（曲率）は、地球の曲率より小さくなるため、地面に落ちずに、永久に軌道を描いて飛びつづけることになります。

2 軌道の形

軌道は完ぺきな円ではなく、だ円形と呼ばれる、円をつぶしたような形をしています。月や惑星の軌道は、円に近いだ円形をしていますが、彗星の軌道は非常に細長いだ円形をしているので、太陽の近くをかすめたり、太陽系の縁まで行ったりして、太陽の周囲を回ります。

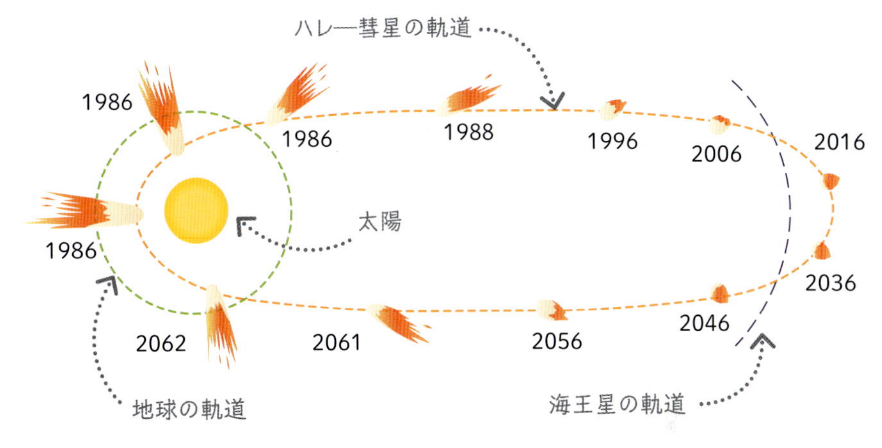

やってみよう

だ円形を描こう

輪にした糸、えんぴつ、画びょう2個、板を使って、だ円を描いてみましょう。

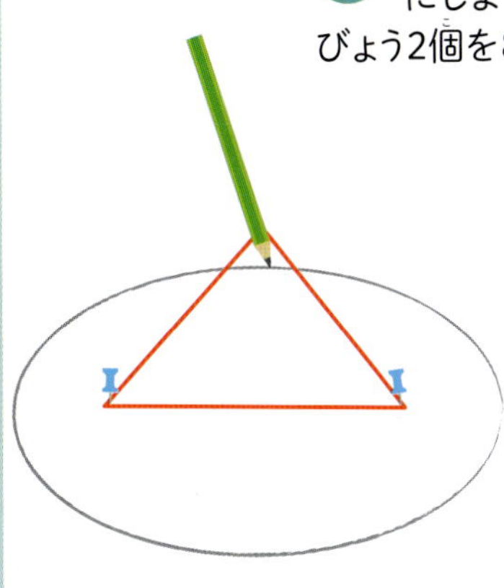

1. 20cm ほどの糸のはしを結んで輪にします。板の上に紙を置き、画びょう2個を8 cm ほど離してさします。
2. 糸の輪を画びょうとえんぴつにかけ、糸をやや強く引きながら、ゆっくりえんぴつを動かすとだ円が描けます。

身の周りの科学

人工衛星

人工衛星はそれぞれ、さまざまな軌道を描いて、地球の周囲を回っています。地球からとても遠い軌道（約35800km）まで打ち上げられた人工衛星は、地球の自転と同じ速さで回るため、地上から観察すると静止しているように見えます。これを静止軌道といいます。

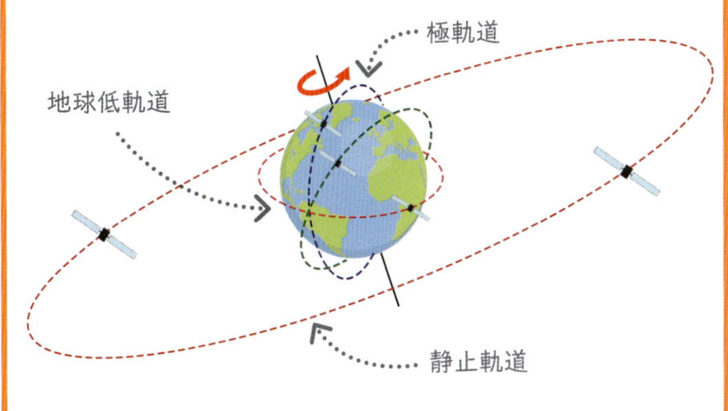

地球と月

月は地球の衛星で、地球の周りを27日7時間43分かけて1周します。自分から光を出すことはありませんが、太陽の光を反射するので、光っているように見えます。

月は約45億年前にできた、地球のたった1つの天然の衛星なんだよ。

月の満ち欠け（月相）

月は満月に見えたり、三日月や半月に見えたりします。こうした月の形の変化の度合いのことを月相といいます。月相が起きるのは、月と地球と太陽の位置関係が変わるからです。月相は、0から28まで変化しますが、1周するのに約29.5日かかります。

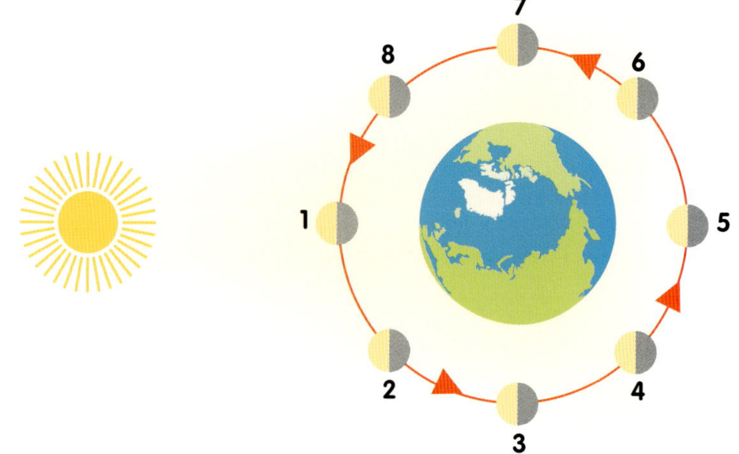

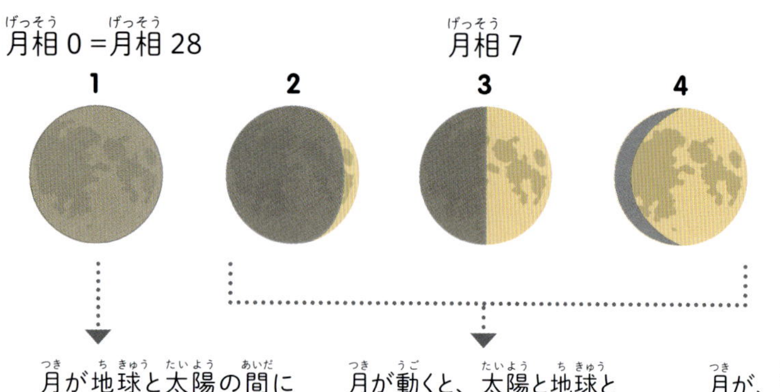

月相 14　月相 21

5　6　7　8

月が地球と太陽の間にあるとき、月は地球から見えません。これを新月といいます。日食が起こることもあります。

月が動くと、太陽と地球と月の角度が増して、太陽の光が当たっている月の表面がより多く見えるようになります。

月が、太陽から見て地球の裏側に来たときには、月の全面に太陽の光が当たっているように見えます。これを満月といいます。月食が起こることもあります。

月が軌道を進むにつれ、太陽と地球と月の角度が減り、地球から見える、太陽の光が当たっている月の表面が少なくなります。

満ち潮と引き潮（潮汐）

満ち潮と引き潮は、おもに月の重力（潮汐力）で起こります。月は、自分に近い側の地球の海水面を引き寄せるため、海水面が月の側にふくらんで満ち潮になります。地球の反対側では、月の引力がもっとも弱くなって海水が取り残されるため、こちらも満ち潮になります。地球が自転するにつれ、地球のどこでも、1日に2回ずつ満ち潮と引き潮が起こります。

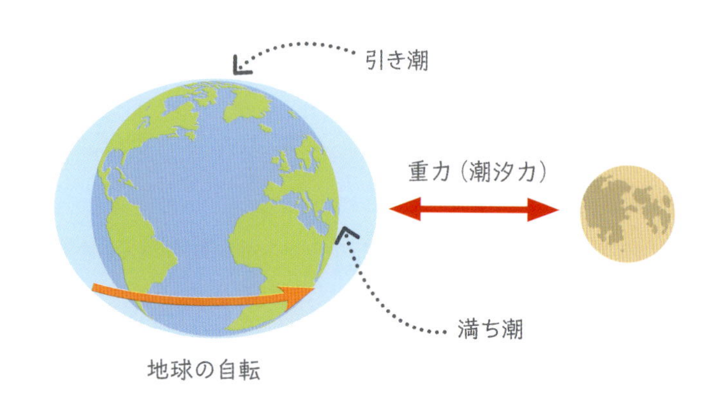

食（日食と月食）

食が起こるのは、惑星またはその衛星が、たがいの影を落としたときです。地球からは、日食と月食という、2つのタイプの食を見ることができます。地球全体で見ると、月食よりも日食のほうが回数が多いです。しかし、月食は地球上の広い範囲で見られるのに対し、日食はとても限られた地域でしか見られません。一生のうちに月食のほうが見るチャンスが多いのはこのためです。

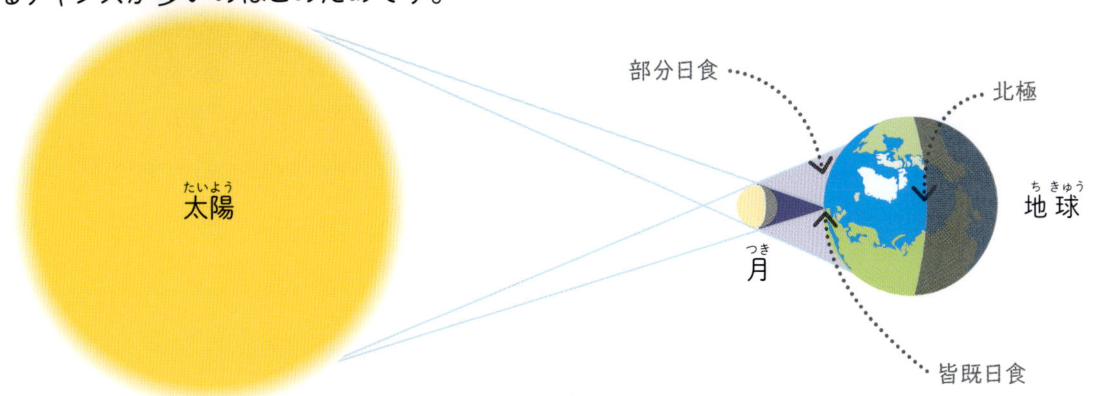

部分日食

皆既日食

1 日食

日食が起こるのは、新月が地球に影を落とすときです。月の影が太陽を数分間かくし、昼間が夜のようになります。これを、皆既日食といいます。太陽の一部だけが月の影にかくされたときには、部分日食が起こります。日食を見るときには、専用の日食メガネ（遮光板）が必要です。直接見ると、目が傷ついてしまいます。

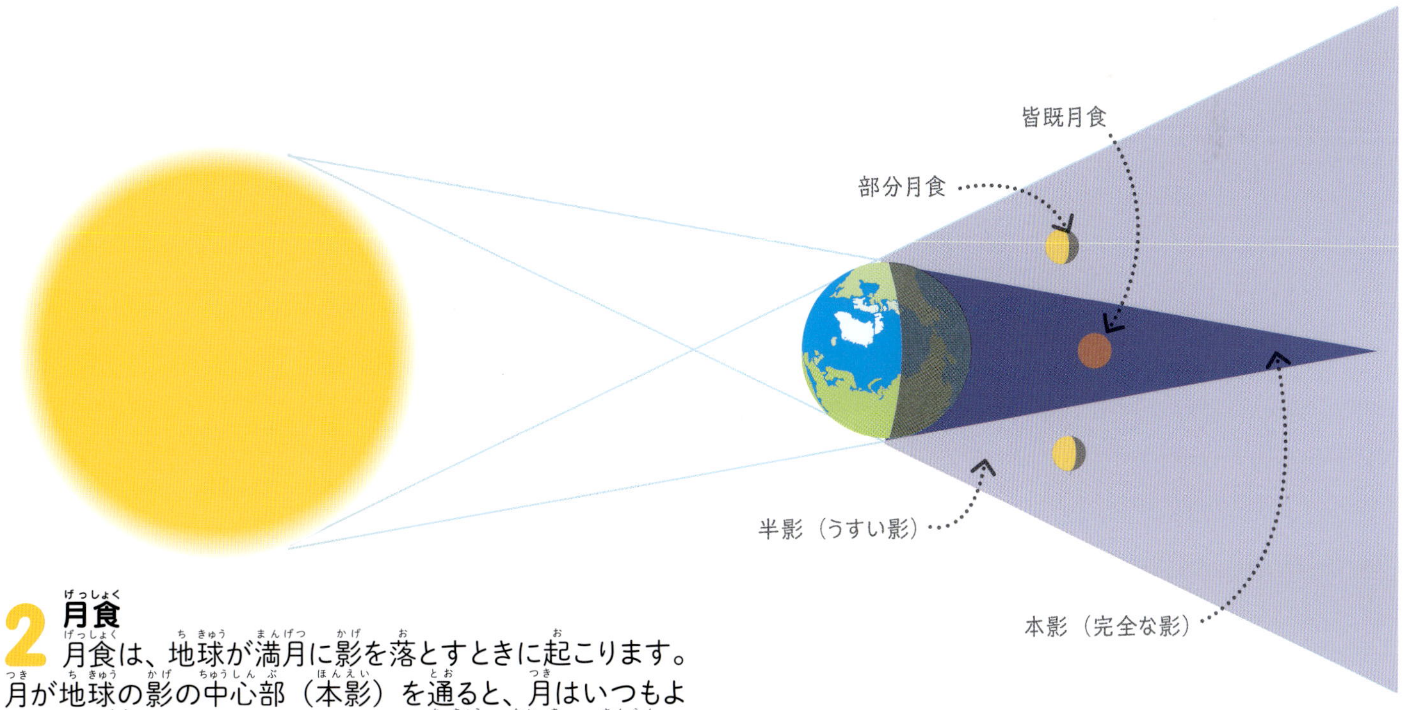

2 月食

月食は、地球が満月に影を落とすときに起こります。月が地球の影の中心部（本影）を通ると、月はいつもよりずっと暗くなります。それでも、地球の大気が散乱する太陽の光が少しとどくので、月は赤銅色に見えます。

地球の構造

もし地球を切り開いたとしたら、4つの層が見えるでしょう。これらは、地殻、マントル、そして中心部にある外核と内核です。これらすべてを、大気と呼ばれる空気の層が包んでいます。

地球の中心部の温度は、太陽表面の温度よりずっと高いんだよ。

1 地球の大気には、さまざまなガスが混じっていますが、その大部分はチッ素と酸素です。大気の厚みは何千 km もあり、じょじょに宇宙にとけこんでいきます。

2 地殻は地球の固体表面で、さまざまなタイプの軽い岩石でできています。地殻の厚みは、場所により5km から75km までさまざまです。

3 マントルの大部分は、マグネシウム、ケイ素、酸素などの元素が豊富にふくまれる、密度の高い、かたい岩石からなります。マントルは、約2850km の厚みがあります。

4 地球の外核は、高熱の融けた鉄と少量のニッケルからできています。厚みは約2200km あり、温度は5000°Cです。

5 地球の内核はとても高熱の固体金属の球で、主に鉄と少量のニッケルからできています。直径は約2550 km あり、温度は約6000°Cです。

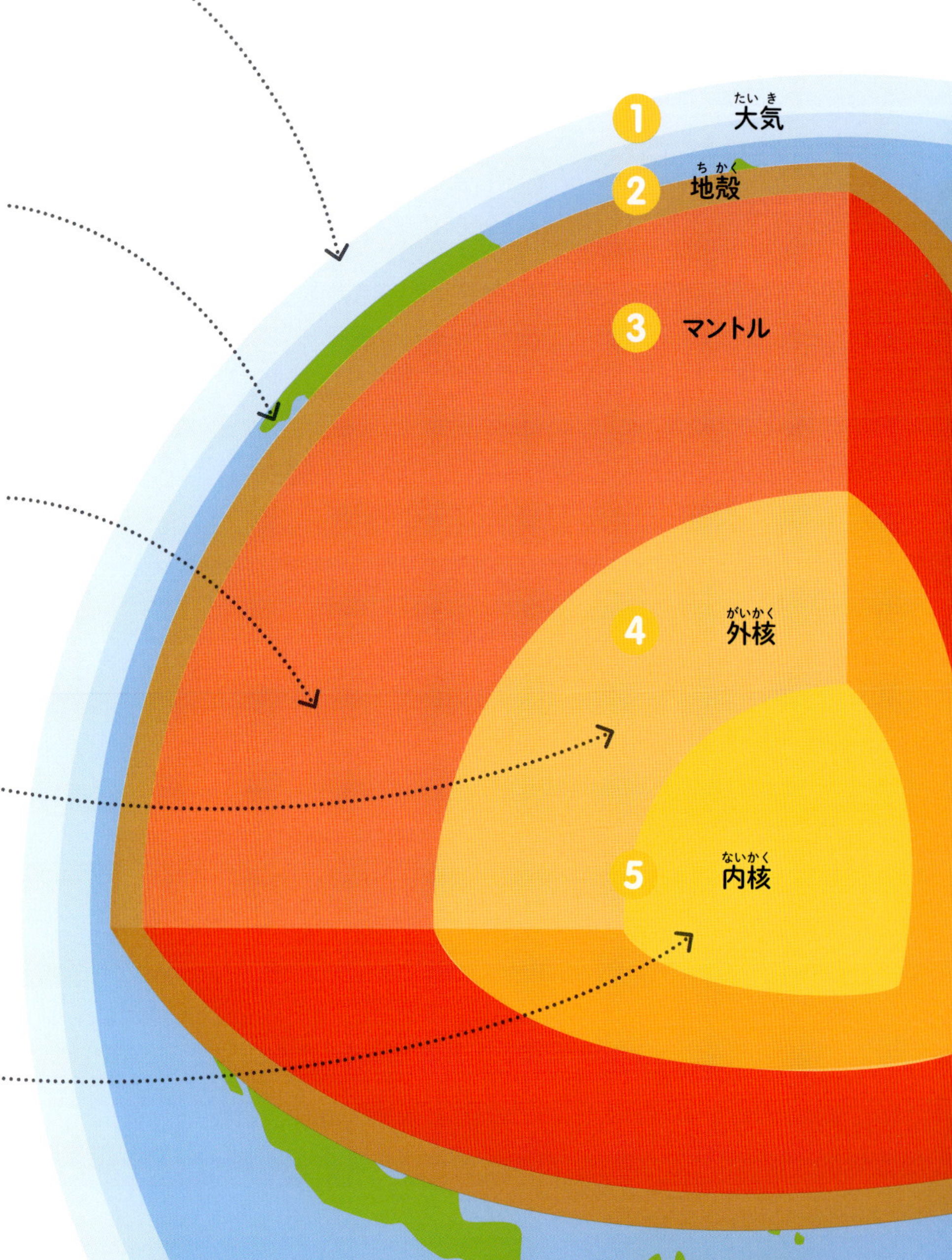

身の周りの科学

地熱エネルギー

地球には、ぼうだいな量の地熱エネルギーと呼ばれる熱エネルギーがあり、世界の一部の地域では、この地熱エネルギーを使って電気を作っています。それには、まず冷水をポンプで地下深く送り、地球内部の熱で温めます。その後、温められた水を地表にもどし、その熱エネルギーを発電所で電気に変えます。

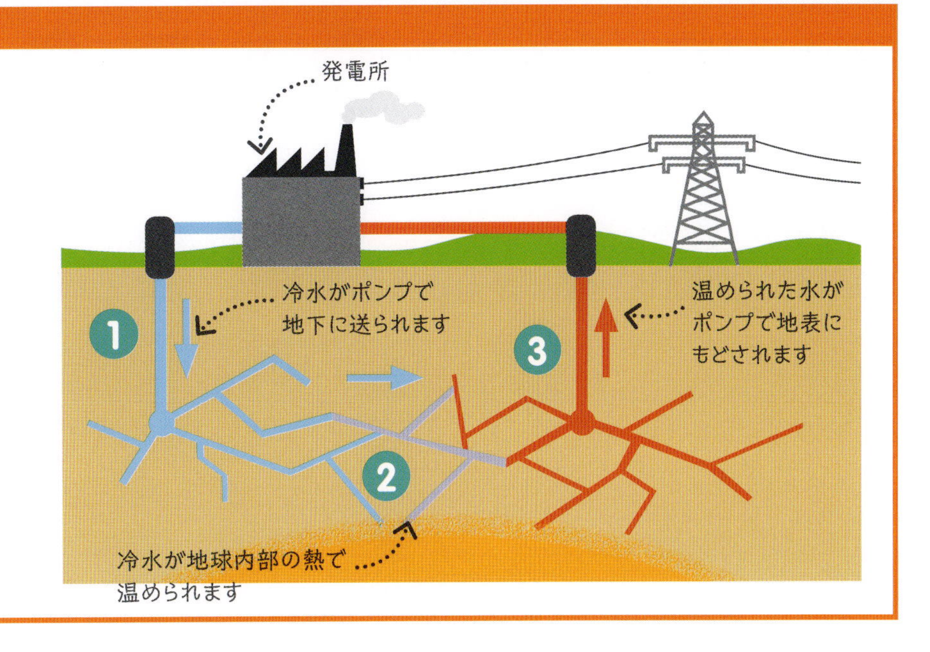

やってみよう

卵みたいな地球

かたゆで卵をつくって割ってみましょう。卵の殻と白身、黄身の比率は、地球の地殻、マントル、核の比率に似ているのです。実際の地球は半熟卵に似ています。

1 卵をかたゆでにし、とがっている方を上にしてエッグカップに入れます。ない場合は、アルミホイルなどで台をつくって立てましょう。殻の先をスプーンでやさしくたたいて割ります。

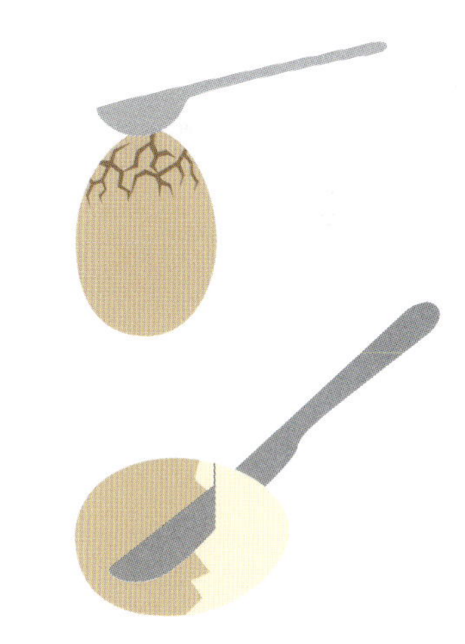

2 殻の上半分をはがします。ゆで卵をかたいものの上で横に置いて、ナイフで半分に切ります。卵がつぶれないように注意しましょう。

3 ゆで卵の断面を見てみましょう。その構造は、地球の層の構造にとてもよく似ています。

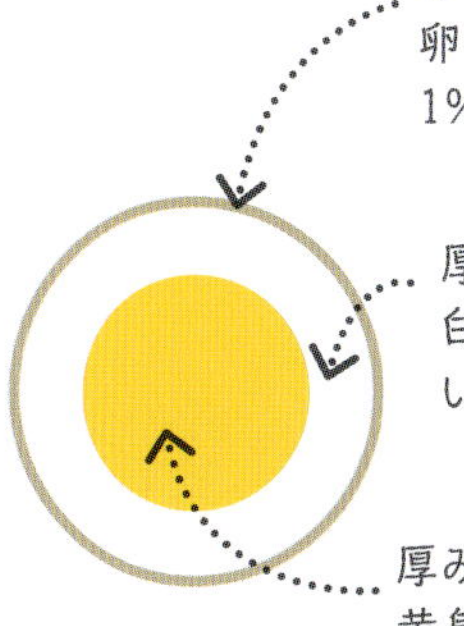

卵の殻の厚みは、卵全体の厚みの1%以下です
厚みの約45%は白身でしめられています
厚みの約54%は黄身でしめられています

プレートテクトニクス

地球の大陸が動く速さは、
ヒトのつめが伸びる速さと
同じぐらいなんだよ。

地球の表面は、地殻とマントル上部の岩石でできた、何枚もの岩盤でおおわれています。これらはプレートと呼ばれ、非常にゆっくり動いていて、つねに地球の表面の様子を変えています。

プレート

プレートはそれぞれちがう形をしていて、ジグソーパズルのように組み合わさって、地球の表面をおおっています。それぞれのプレートの上部は岩石でできている地殻で、その下にある2番目の層は、マントルの一番上の層になっています（280～281ページ）。

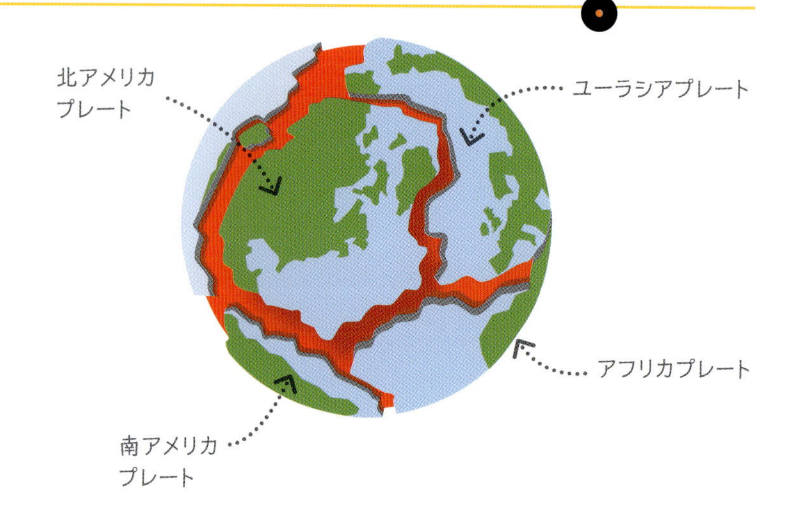

プレートの動き

プレートとプレートの境界では、とてつもない力が働いて、山脈や火山ができます。下の図は、4枚のプレートの境界を横から見たものです。

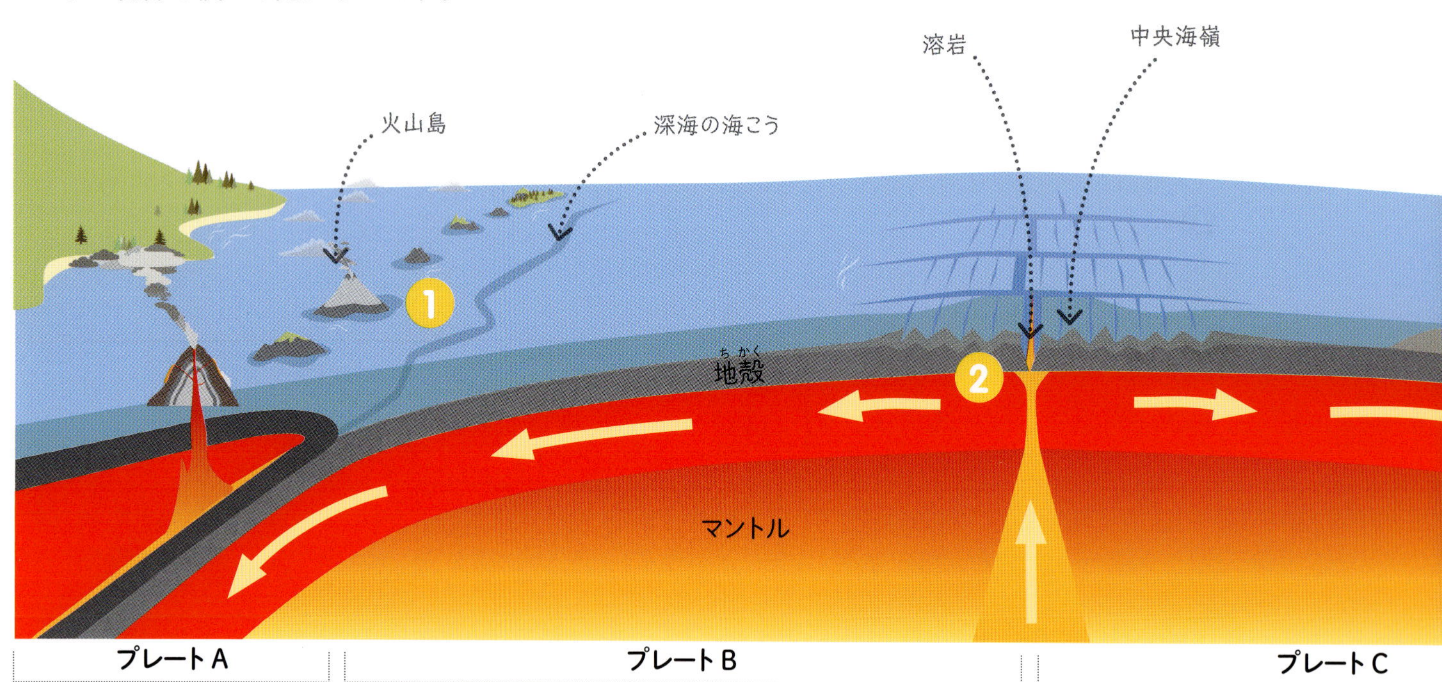

1 火山島

プレートどうしが海の下でぶつかり、片方のプレートが、もう片方のプレートの下にもぐりこんでいる地帯があります。すると地下の深い場所にある岩石がとけ、このとけた岩石が海底に噴出して海面上まで成長すると、火山島が誕生します。

2 中央海嶺

プレート境界の多くは、大きな海の中央部にあります。そこで、地球のマントルからわきあがる高温の岩石がプレートを別の方向に押すので、プレートがゆっくりと離れていきます。このような境界には、海底山脈の一種である中央海嶺ができます。

やってみよう

大陸クラッカー

大きめのクラッカーかウエハースを、つくりたてのやわらかいアイシング（ケーキの上にかける甘いペースト）の上にのせて両方から押すことにより、大陸プレートがぶつかったときの様子を再現することができます。

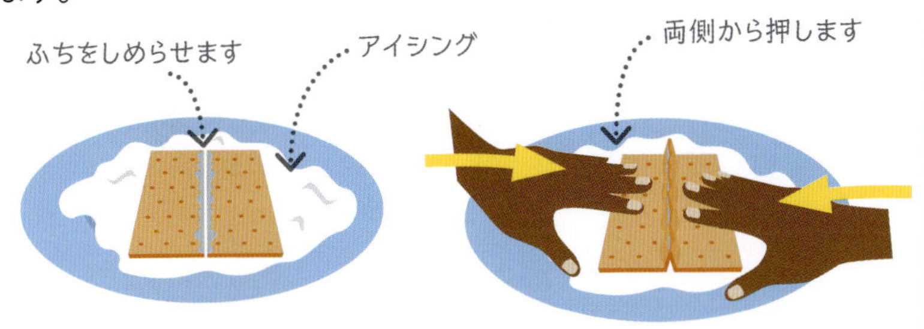

1 つくりたてのアイシングを大きな皿かトレーの上に広げます。それぞれのクラッカーのふちを水でよくしめらせて、ぬれたふちが向き合うように、アイシングの上に並べます。

2 クラッカーを両側から押して、大陸がぶつかるときの様子を再現しましょう。クラッカーのふちにしわが寄り、山脈のようなものができる様子がわかります。

大陸どうしがぶつかって押し上げられたところが山脈になります

大陸地殻

3

プレートD

3 大陸の衝突

大陸の下でプレートがぶつかると、片方のプレートが、もう片方のプレートの下にもぐりこむことがあります。これが起こると、上にきたプレートの地殻にしわがより、山脈ができます。ヒマラヤ山脈をはじめ、世界の主な山岳地帯は、このようにして生まれたものです。

プレート境界

プレートが出合うふちのことを、プレート境界といいます。プレート境界には、「収束型境界」、「発散型境界」、「トランスフォーム型境界」の3種類があります。

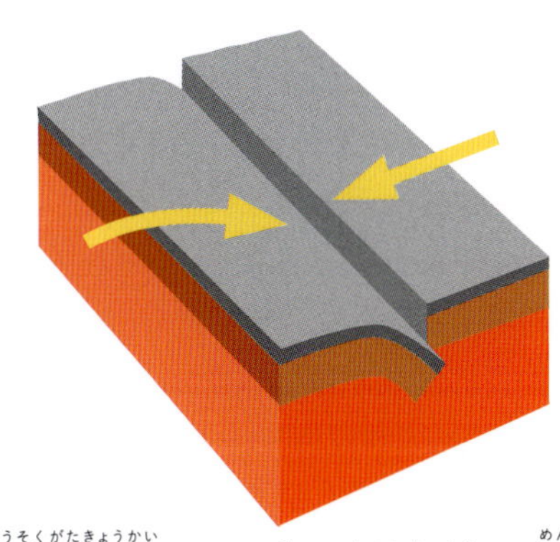

1 収束型境界では、プレートはたがいに面するように動き、片方のプレートが、もう1つのプレートの下にもぐりこみます。

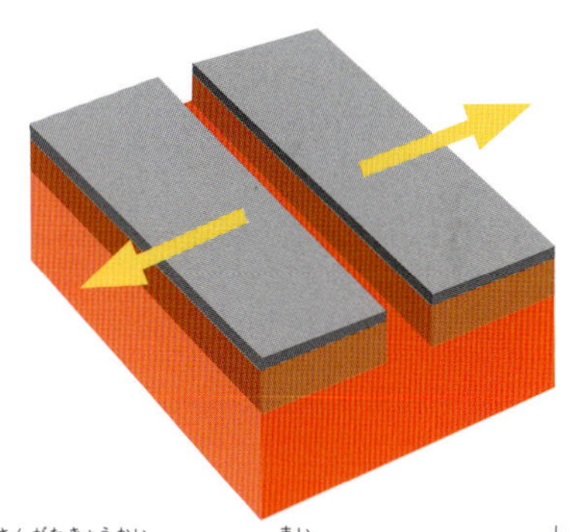

2 発散型境界では、2枚のプレートが、下からわき上がる熱い岩に押されて離れます。

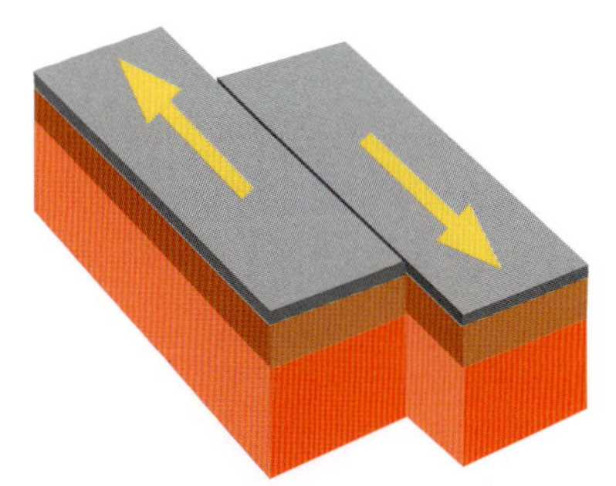

3 トランスフォーム型境界では、2枚のプレートがたがいに常にこすれ合っています。トランスフォーム型境界（断層）が、短時間にずれ動くと、大きな地震が発生します。

地球が引き起こす災害

地震、津波、火山噴火は、惑星（地球）の内部が原因で地球が引き起こす自然の災害です。
これらはみな、おそろしい大被害をもたらしますが、予知するのはとても困難です。

超巨大地震が起きると、地軸がずれたり、地球の自転速度がほんの少しおそくなることがあるんだよ。

地震

地球の地殻をつくっているプレートは、つねにゆっくり動いていて、プレートどうしが押し合ったり、こすれ合ったりしています。そうしたプレートどうしの働きで長い年月の間に大きな力がたまり、その力が短い時間で放たれると、振動が起きて地表に伝わります。これにより地面が振動するのが地震です。

1 地殻どうしがこすれ合うと、長い年月の間に大きな力がたまります。この力が限界を超えると、短い時間で地殻がずれ、地震波として大量のエネルギーを放出します。地震が起こった地下の地点を震源といいます。

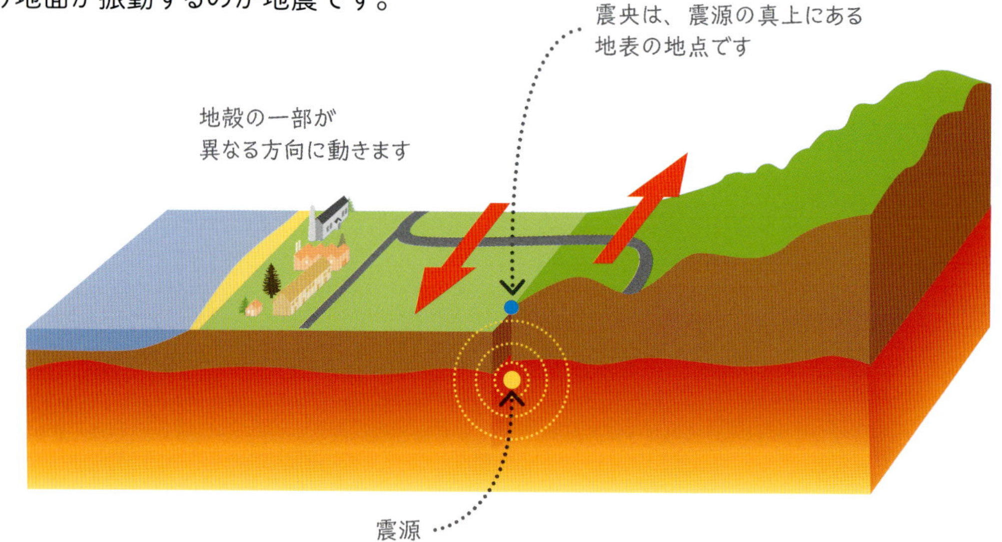

2 地震波は、震央と呼ばれる、震源の真上にある地表の地点でもっとも強く伝わるのがふつうです。被害がもっとも大きくなるのも震央周辺であることが多いです。震央周辺では建物もはげしくゆれ、たおれるものもあります。本震のあとに起きる余震が、さらに大きな被害をもたらすこともあります。

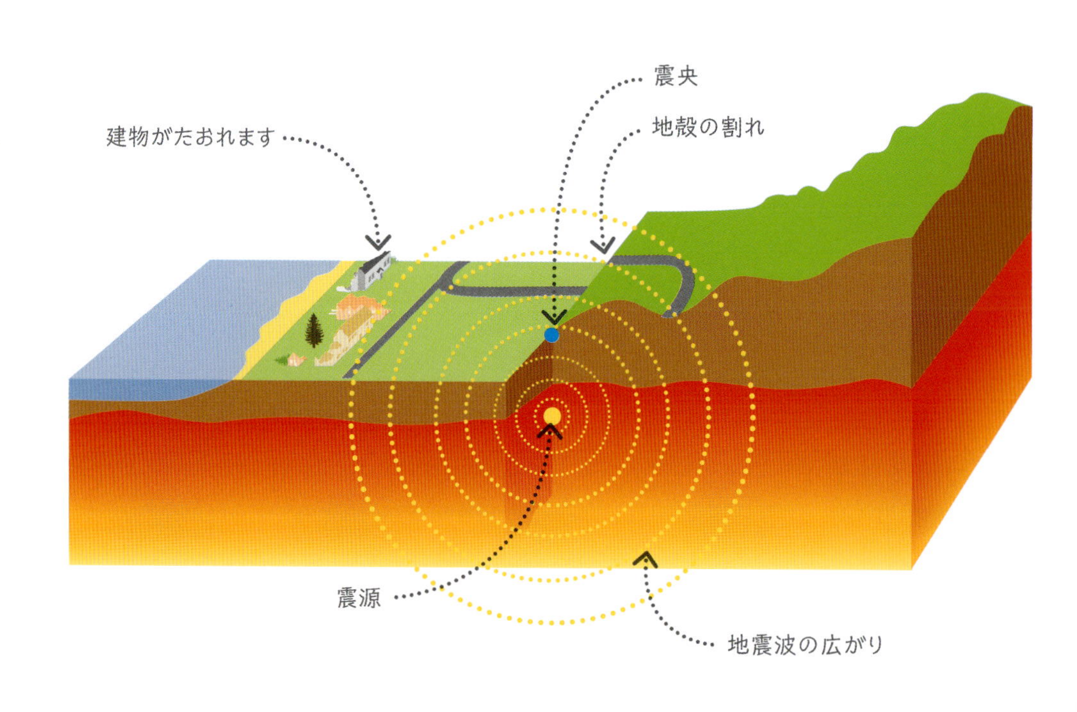

津波

津波は、海底に短い時間で起きた変動が引き起こす巨大な波で、海面を伝わって遠くまで達します。津波が伝わる速さは時速800km 以上にもなりますが、波そのものは海の上では感じられず、沖にいる船は津波に気づかないほどです。しかし、海岸や港に達すると、波の高さは30m 以上になることもあります。津波はもともと津（港）に押し寄せる波という意味の日本語ですが、今では“Tsunami”として世界共通語になっています。

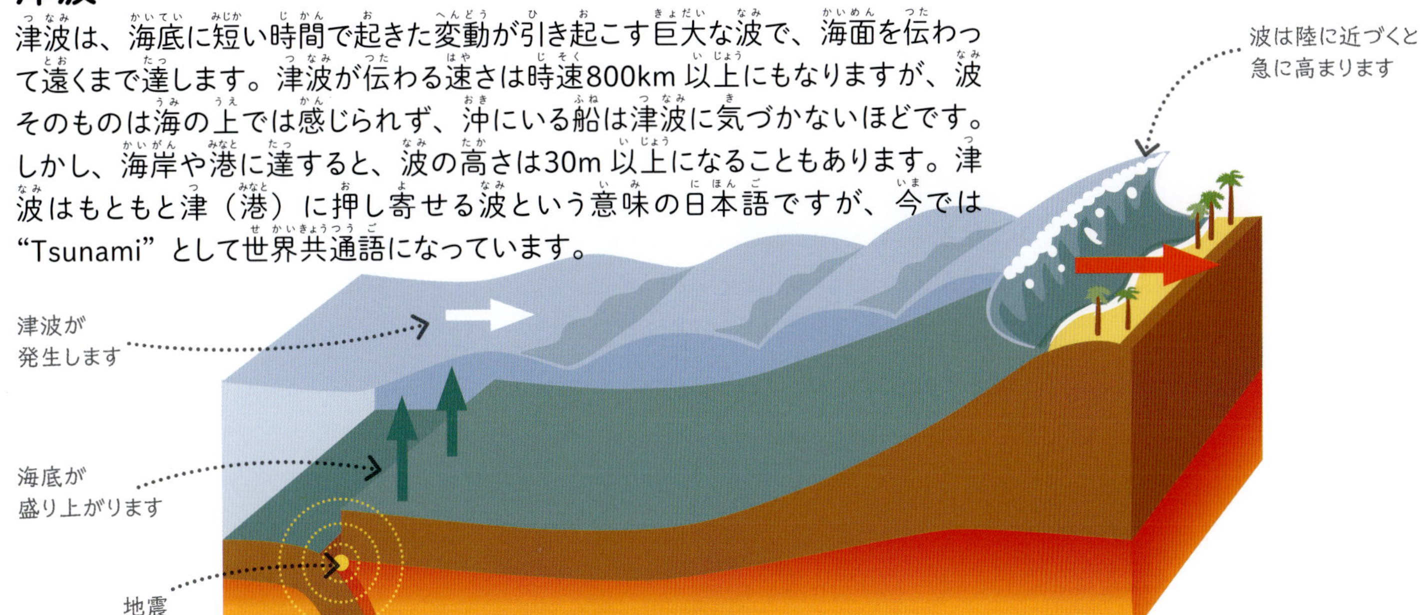

1 海底の下で地震が起きると、海底の一部が盛り上がります。この海底のとつぜんの動きが、その上にある大量の海水を押し上げます。

2 下から押し上げられた海水は、高いエネルギーを持つ波をいくつも引き起こし、それらが急速に海面を伝わっていきます。

3 海岸や港では、それぞれの波が押し寄せ、陸地まで水びたしにして建物を破壊します。船や車が遠くの内陸まで流されることもあります。

火山噴火

火山は、地球の深部にあるマグマだまりから、マグマ（高熱でとけた岩石）が、火道と呼ばれる、地表の火口につながる道を通って噴き出すことにより生まれます。火山の噴火は激しいものになることがあり、火山灰や火山弾（とけた岩石が空中で冷え固まったもの）などを噴き出し、それらが地表に落ちてきます。また、噴火口から噴き出したり、あふれ出した溶岩が、山の斜面を流れ下ることもあります。高温の火山灰や岩石がかたまりで流れてくる火砕流も起こります。

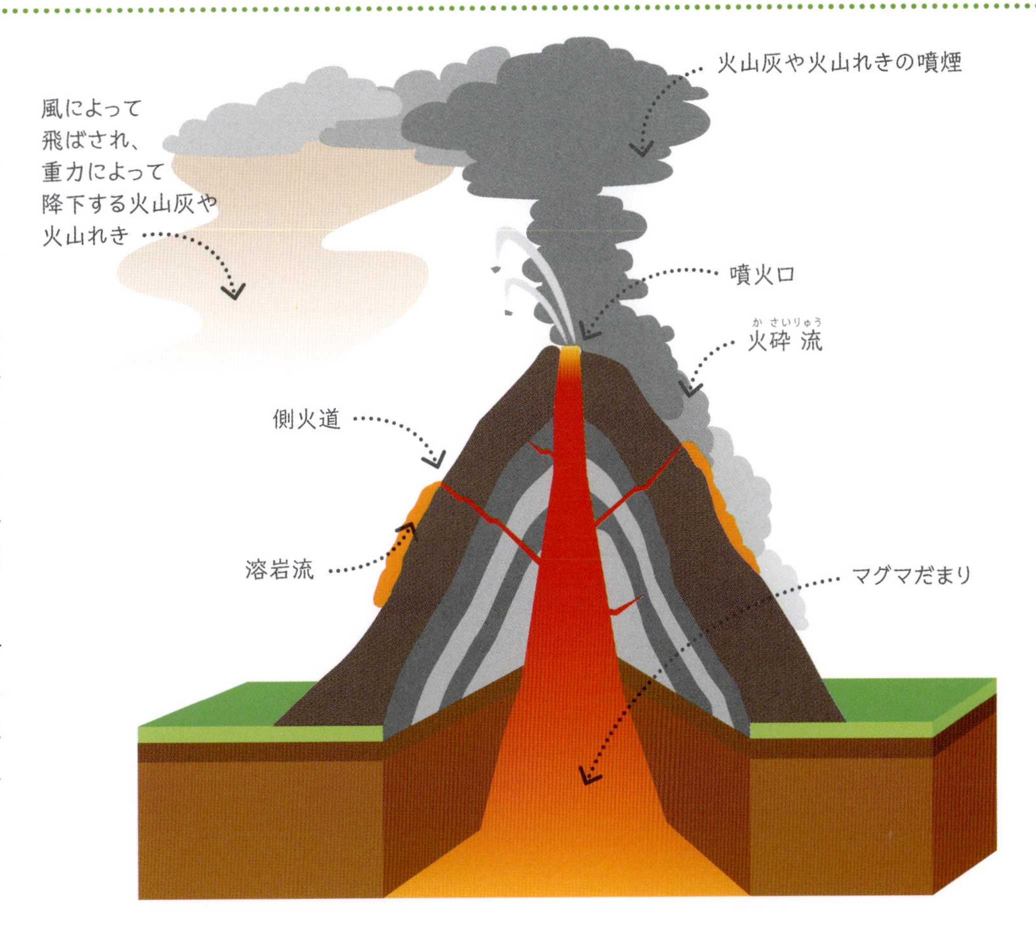

岩石と鉱物

地殻は数多くのタイプの岩石からなり、それぞれの岩石は、1つ以上の鉱物と呼ばれる化学物質の結晶が集まってできています。岩石や鉱物は、宝石類から建物まで、さまざまなものに使われています。

鉱物のかたさ（硬度）は種類によって大きくちがうよ。一番かたい鉱物はダイヤモンドなんだ。

岩石ってなに?

岩石は、鉱物粒子（小さな結晶）が集まって固まってできたものです。1種類の鉱物だけでできているものもあれば、複数の異なる鉱物でできているものもあります。たとえば、桃色花崗岩には、長石類、角閃石、雲母類、石英の粒子がふくまれています。岩石は、形成方法により、火成岩、堆積岩、変成岩という、3つの主なタイプに分類されます。

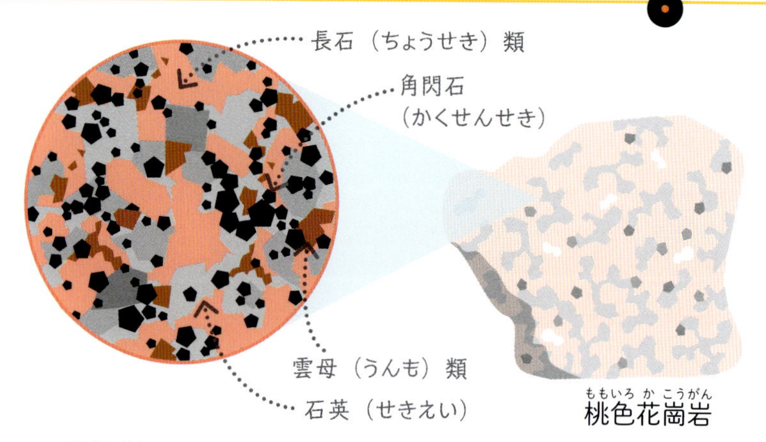

1 火成岩

マグマ（高熱でとけた岩）が冷えて固体になると火成岩ができます。マグマが地下でゆっくりと冷えて固体になると、大きな結晶ができますが、噴火口からあふれ出て急速に冷えたときには、小さな結晶になります。花崗岩は火成岩の一種です。

堆積岩には化石が
ふくまれているものがあります
石灰岩

2 堆積岩

堆積岩は地表近くで形成されます。岩石や鉱物の小さな粒子が、海や湖の底、地表に積もり、それらが長い年月の間に圧縮されて固まり、堆積岩になります。石灰岩（白亜含む）、砂岩、凝灰岩などは、みな堆積岩です。

3 変成岩

変成岩は、もともとあった岩石が、熱か圧力、またはその両方を受けて変成した岩石です。マグマが周囲の岩石を熱し続けることによってつくられる場合と、地下深くの岩石がさまざまな方向からの強い圧力を受けて変成した場合があります。片麻岩、結晶質石灰岩（大理石）、結晶片岩などは、みな変成岩です。

鉱物ってなに?

鉱物は、ほとんど固体の形で産出される化学物質です。鉱物の種類は5300種以上もありますが、単独で産出する鉱物は少しだけで、ほとんどの場合、地球上の岩石の大部分をつくっています。鉱物には、タイプごとに独特の形状があります。

身の周りの科学

クォーツ時計

クォーツ(水晶)は、精密な時計に使われています。とてもうすい水晶の結晶に電圧をかけると、水晶の結晶が厳密で規則正しい周波数で振動します。そのため、この振動を利用する時計は、正確に時間を刻むことができるのです。

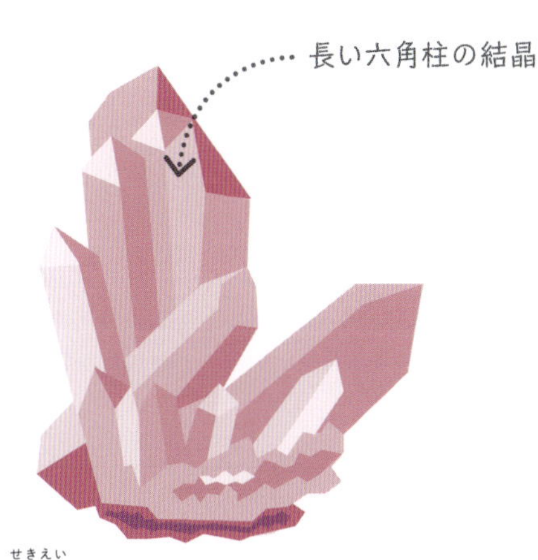

1 石英
石英(水晶)は、岩石をつくっている鉱物の中で、非常によく見られるものの1つです。石英の成分は酸素とケイ素です。純粋な石英は無色透明ですが、わずかに別の物質がふくまれていると、さまざまな色を現します。

2 黄鉄鉱
光たくのある立方体や直方体の結晶をつくる黄鉄鉱は、金属製のサイコロが岩石にうめこまれているように見えます。黄鉄鉱は見た目は金に似ていますが、本物の金はずっと高価です。そのため「愚か者の金」というあだ名で呼ばれることもあります。

3 アラレ石(アラゴナイト)
アラレ石は、炭酸カルシウムの1種で、カルシウムと炭素と酸素の化合物でできています。白い結晶の場合もあれば、青色や茶色っぽいだいだい色など、いろいろな結晶の色を現します。

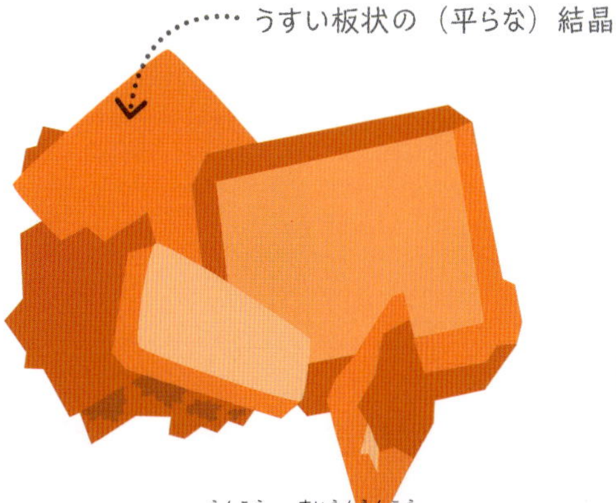

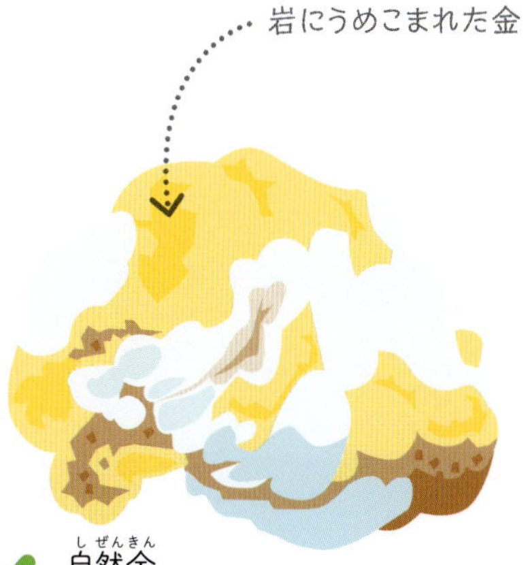

4 赤鉄鉱(ヘマタイト)
銀白色、赤褐色、または黒色のヘマタイトは、酸化鉄(鉄と酸素の化合物)の一種です。ヘマタイトは世界の金属鉄の主な原料の一つです。

5 モリブデン鉛鉱(水鉛鉛鉱)
よくある水鉛鉛鉱の結晶は、赤味か黄色味がかった、あざやかなだいだい色をしています。この鉱物は鉛と酸素と、モリブデンと呼ばれる金属の化合物でできています。

6 自然金
あざやかな黄金色の金は、産出量の少ない高価な金属です。ふつう金属は他の化学元素との化合物の形で見つかることが多いのですが、金は自然界において自然金という単独の形で産出されます。

岩石のサイクル

もっともかたい岩石でも、永遠にそのままではいられません。長い年月のうちに、どんな岩石も小さな粒子に分解されます。でもこの粒子は再利用されて、新しい岩石の材料になります。

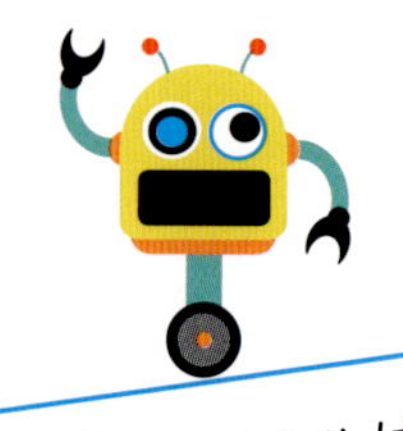

岩石のサイクルは、何百万年もかけてゆっくりと起こるんだよ。

岩石の再利用

岩石は地球内部の熱で融かされることがあります。また、地表にあるものは、風化や侵食（294ページ）の作用を受けて、非常にゆっくりとすりへっていきます。岩石は主に3つの種類に分けられます。自然の中で常に再利用され、長い時間をかけて別の種類の岩石になります。

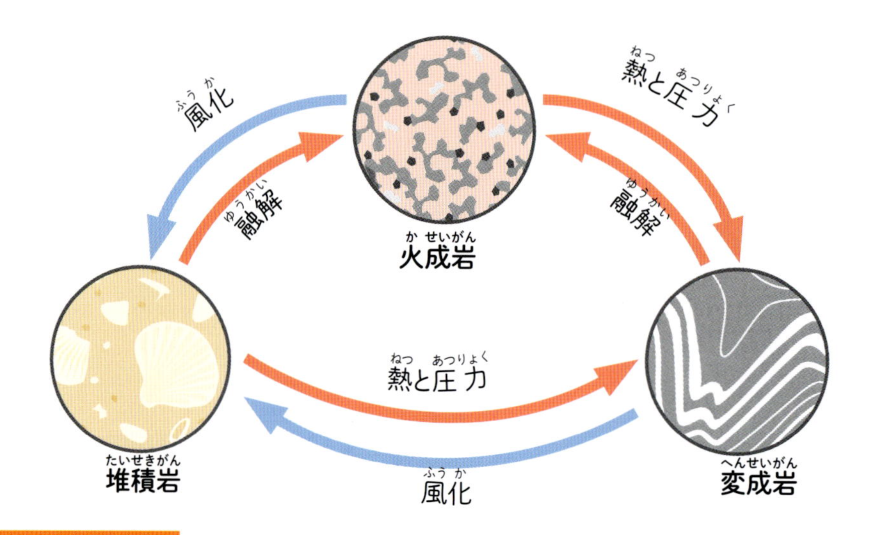

身の周りの科学

石油探査

海底にある堆積岩の層には、貴重な石油やガスがとじこめられていることがあります。地質学者は、海底に音波を送り、海面に浮かべたマイクで反響音波をとらえて、こうした油田やガス田を探し出します。反響音波を分析すれば、さまざまな岩石層の様子や、その間にとじこめられている物質が液体かガスかもわかります。

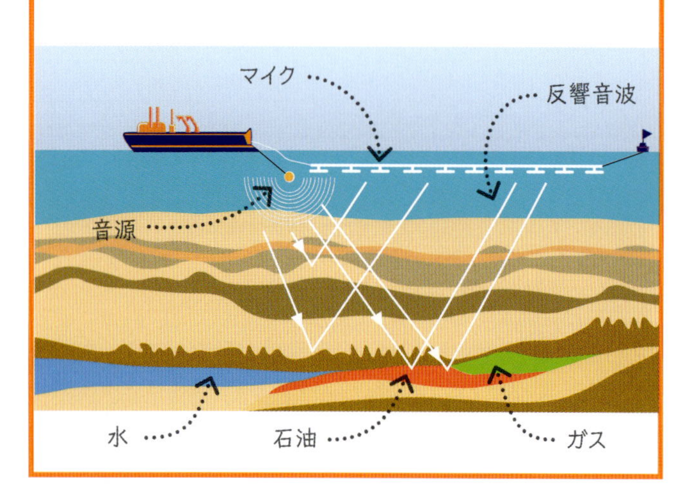

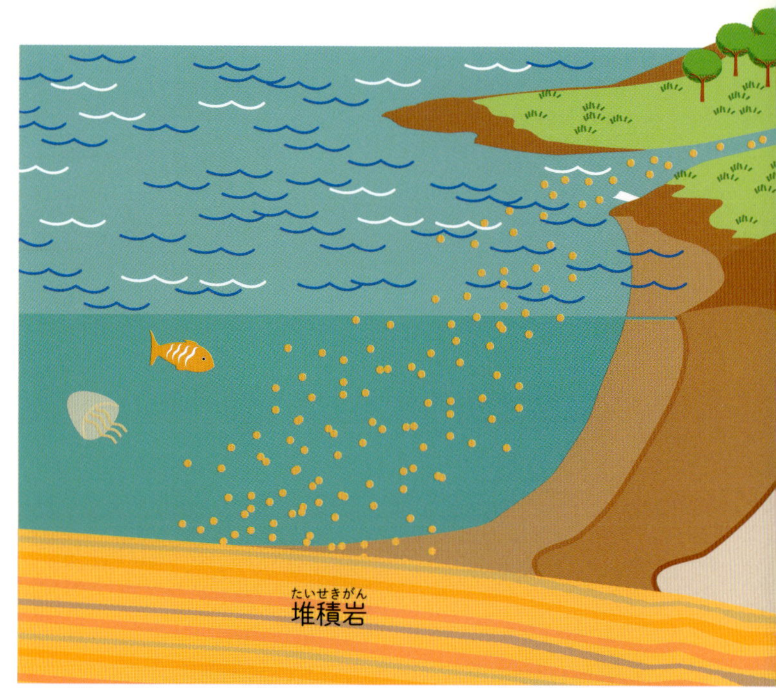

2 岩石の粒子が川によって海に運ばれ、海底に層を築いて積みあがります。これを堆積物といいます。何百年も経つうちに、それらが圧縮されて、堆積岩になります。

1 日光、霜、雨などが、地表にある岩石をゆっくりくずしたり、すりへらしたりし、砂やシルト、粘土の小さな粒子に分解します。粒子はその後、川に流されたり、風で吹き飛ばされたりします。

火山から生まれた
溶岩がかたくなると、
火成岩ができます
雨はやや酸性なので、
岩石を化学的に分解します
川は岩石の粒子を
海に運びます
火成岩
マグマ
火成岩
変成岩

3 地面のずっと下のほうでは、圧力や熱が岩石を物理的・化学的に変えて、火成岩や堆積岩を、変成岩に変化させます。

4 地球内部の高熱は岩石をとかして、マグマと呼ばれる赤く高温の液体状の岩石に変えます。マグマが冷えて固体になると、火成岩という種類の岩石ができます。

化石のできかた

化石とは、動物や植物などの死がいや、その生活のあとが、岩石中に保存されたものです。顕微鏡でしか見えないバクテリアの細胞のあとから、巨大な恐竜の骨や、石になった木の幹まで、さまざまな種類があります。

かつて地球上で生きていた動物と植物のほとんどは、すでに絶滅してしまったんだよ。

化石のできかた

地球で生きていたすべての動物や植物の中で、化石として残ったものは、ほんの少ししかありません。化石になるにはとても長い年月にわたる複雑なしくみが必要だからです。化石はめったに見つかりません。でも、発見されたときには、わたしたちに、わくわくするような地球の歴史を教えてくれます。

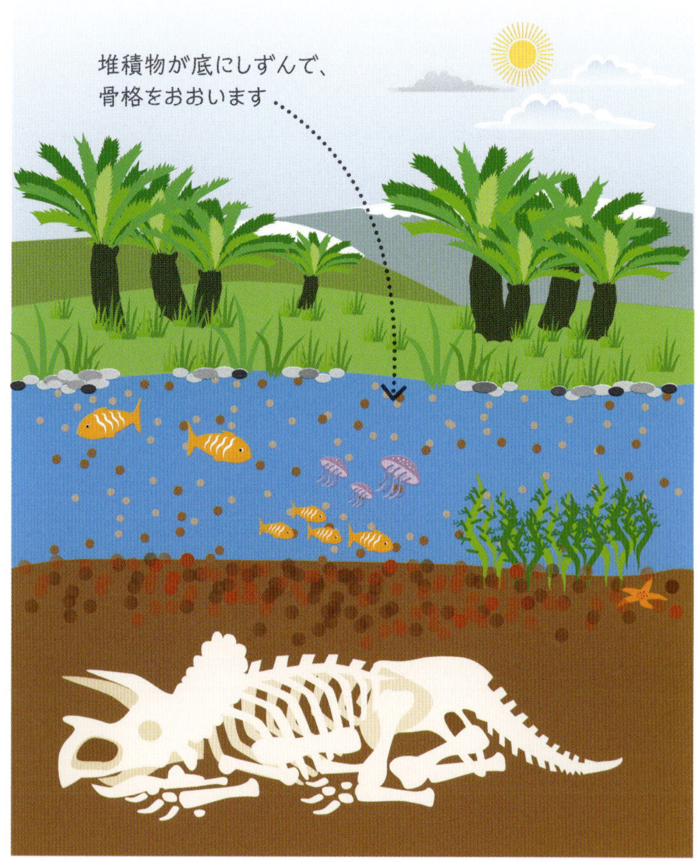

堆積物が底にしずんで、
骨格をおおいます

1 化石になるには、まず動物が湖のようなところで死ななければなりません。砂やどろ（堆積物）にうずもれる必要があるからです。死がいのやわらかい部分は、動物に食べられたり、くさったりして、主に歯と骨だけが残ります。

2 動物の骨は、完全にボロボロになってしまう前に、短期間で堆積物の層におおわれることも必要です。その後何百万年もたつうちに、さらに多くの堆積物が積み重なり、動物の骨格は地中深くうめられます。

さまざまな化石

化石は、死んだ動物の骨だけからできるわけではありません。たとえば次のような化石もあります。

炭化した化石は、黒か茶色のかげ絵のように見えます

1 石化した貝がら
石化した海洋生物のからは、世界中でふつうに見つかる化石の1つです。

2 モールド化石
岩石に囲まれた生物がとけてなくなってしまい、その形が型になって残ったものです。

3 炭化した化石
これは、生物が分解されてできた炭素が、長年にわたって岩石の上に積み重なったためにできた化石です。

4 足あと化石
足あと化石は「生痕化石」と呼ばれる化石の一種です。動物の姿そのものではなく、活動の場所や様子を教えてくれます。

5 ふんの化石
「ふん石」と呼ばれる、この生痕化石は、大昔に生きた動物のふんが石になったものです。

6 虫入り琥珀
木の樹液が虫を閉じこめ、そのままの状態で固まったためにできた化石です。

3 重なった層の重みが、堆積物の粒子をセメントのように固めて、動物の骨格を岩石の中に閉じこめます。岩石の間から骨に水がしみこんで、骨の成分が水にとけている鉱物のもとになる成分とゆっくり入れかわって、骨格が化石になります。

4 化石が発見されるためには、うめられている岩石の層が地殻の動きによって、地表近くまで上がってくる必要があります。そのあと、水や氷や風などが、化石をおおっている層をけずりとらなければなりません。これには、さらに何百万年もかかることがあります。

地球の歴史

何十億年にもわたる地球の歴史は、さまざまな時代区分に分けられています。その中の「紀」の名前は、世界中の堆積岩の層の名前にちなんでつけられています。それぞれの層には特定の化石がふくまれ、わくわくするような大昔の様子を教えてくれます。

ふつう古い堆積岩の層は、もっと新しい堆積岩の層の下にあるんだよ。古いほうが先にできたからね。

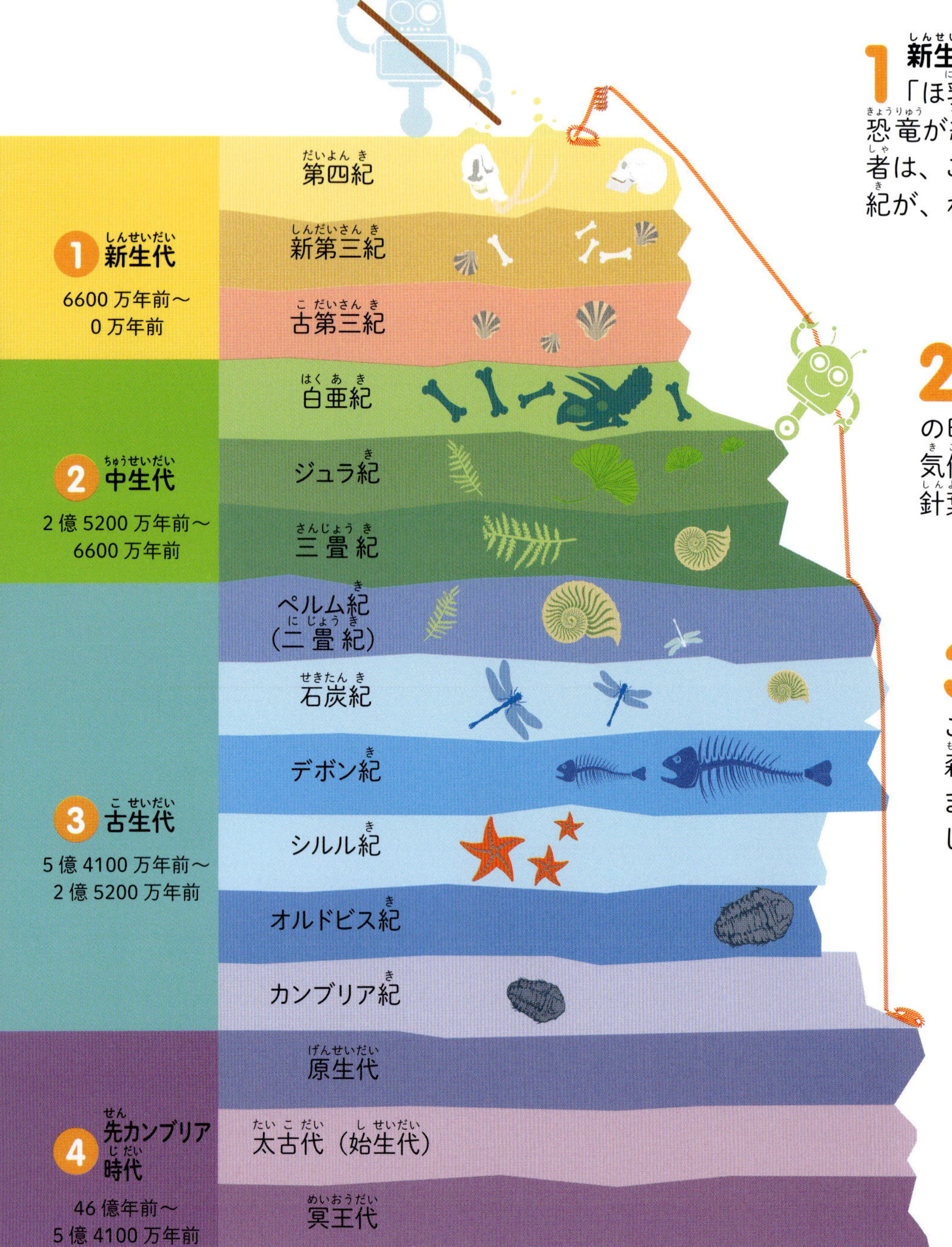

1 新生代

「ほ乳類の時代」とも呼ばれる新生代は、恐竜が絶滅したあとに始まりました。地質学者は、この時代を3つに分けています。第四紀が、わたしたちが今生きている時代です。

2 中生代

恐竜が繁栄した中生代は「は虫類の時代」とも呼ばれています。地球の気候は今より温暖で、陸地の大部分は針葉樹林におおわれていました。

3 古生代

古生代の初期、生物は海に閉じこめられていましたが、そのあと沼と森におおわれた陸地に上がっていきました。最初の魚、昆虫、木が登場したのもこの時代です。

4 先カンブリア時代

「隠生代」とも呼ばれるこの時代は地球の歴史の90%をしめています。でも、わかっていることはほとんどありません。唯一の生命体だった海の微生物が、化石をほとんど残していないためです。

大量絶滅

地球の歴史には、大量の動物と植物の種が、化石の記録からとつぜん消えている時期が何回かあります。この出来事は大量絶滅と呼ばれています。

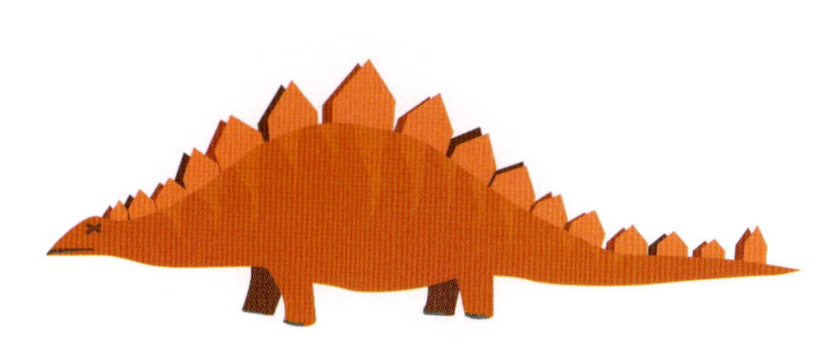

1 今から2億5200万年前ごろ、何かが96%の海洋生物種と、ほぼすべての陸上の生物を絶滅させせました。原因はわかりませんが、巨大な火山噴火により大気と海が汚染されたためではないかと考える科学者もいます。

2 今から6600万年前ごろ、恐竜をふくめ、あらゆる動植物の4分の3が絶滅しました。原因は、小惑星か彗星が、現在のメキシコ南部に衝突したためと考えられています。

3 今日の地球は、人間が引き起こした、もう1つの大量絶滅に向かっている可能性があります。森林破壊や気候変動などが動植物の自然生息地を破壊し、多くの種が絶滅しているからです。

移動する大陸

地質学者は、世界の異なる場所にもともとはつながっていた同じ岩石層があることにより、地球の大陸は、以前1つにつながっていたことを発見しました。非常に長い時間をかけて、大陸はゆっくり移動し、たがいにくっついたり、分かれたりしたのです。たとえば三畳紀には、現在のすべての大陸は、パンゲア大陸と呼ばれる1つの「超大陸」としてまとまっていたと考えられています。

2 億 2500 万年前

1 億 5000 万年前

現在

身の周りの科学

放射年代測定

地質学者は、ある化学元素がどれぐらいふくまれているかを調べることにより、岩石の年齢を計算します。たとえば、U-235と呼ばれるウランの同位体は、長い年月がたつと、最後は鉛に変化します。そのため、たとえば、ある岩石が61個の鉛原子につき、39個のウラン原子を持っているとしたら、その岩石の年齢は約10億歳であることがわかります。この方法が使えるのは火成岩だけですが、火成岩の周囲にある堆積層の年齢も、この方法により間接的に知ることができます。

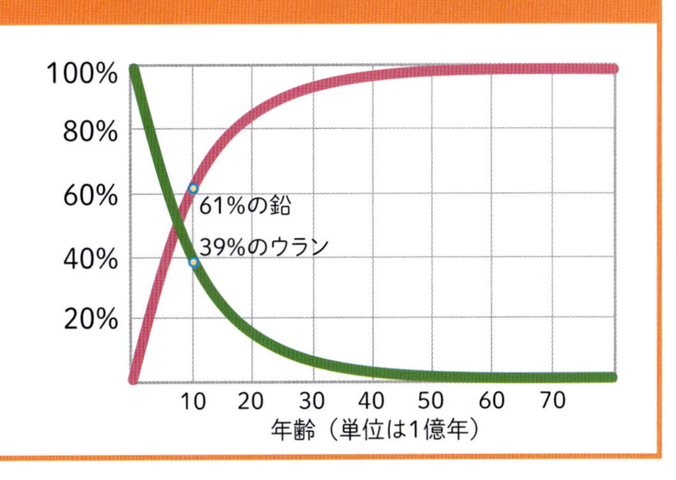

風化と侵食

山やけい谷、谷や平原など、地球上のさまざまな風景は、みな風化と侵食によってつくられたものです。風化と侵食は、地球の地殻をつくっている岩石をゆっくりけずりとる働きです。

風化

風化とは、かたい岩石を細かなかけらにしていく作用です。これにはいくつかの方法があります。

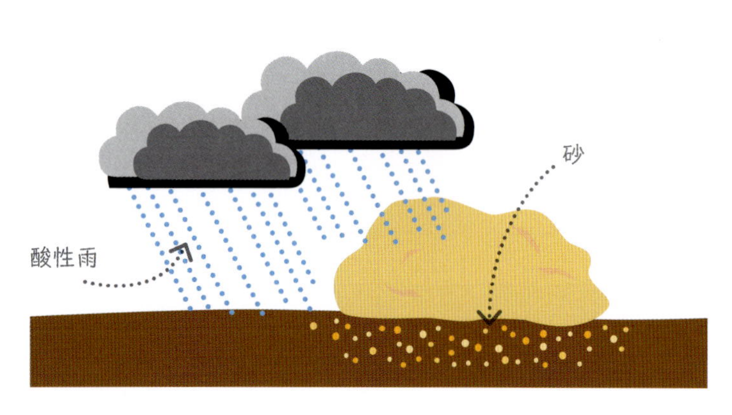

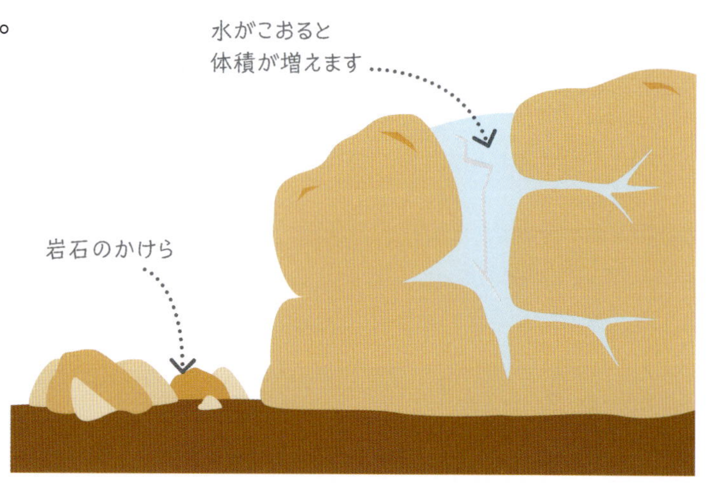

1 化学的な風化は、雨によって起こります。雨はやや酸性なので、岩石にふくまれる特定の鉱物に働き、それらをやわらかい粘土に変えて流し去ります。岩石のかたい成分は残り、砂つぶになります。

2 氷による風化は、水が岩石の割れ目に入ってこおることで起こります。水は氷になるとふくらむので、くさびのように岩石の割れ目を広げ、岩石のかけらができます。

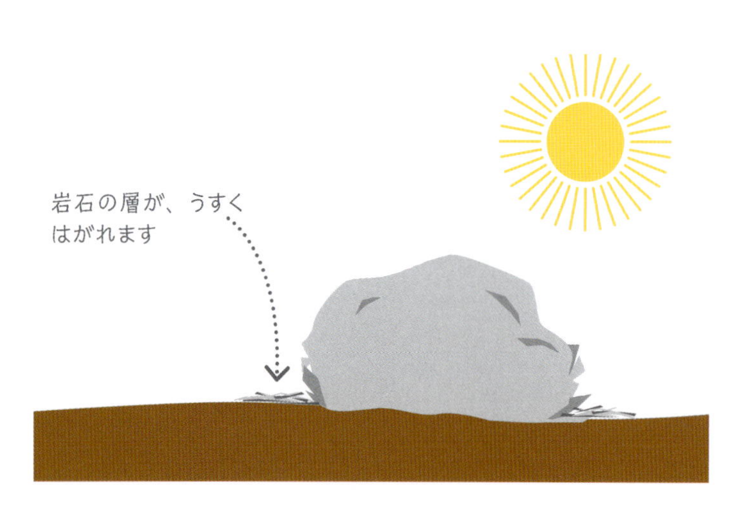

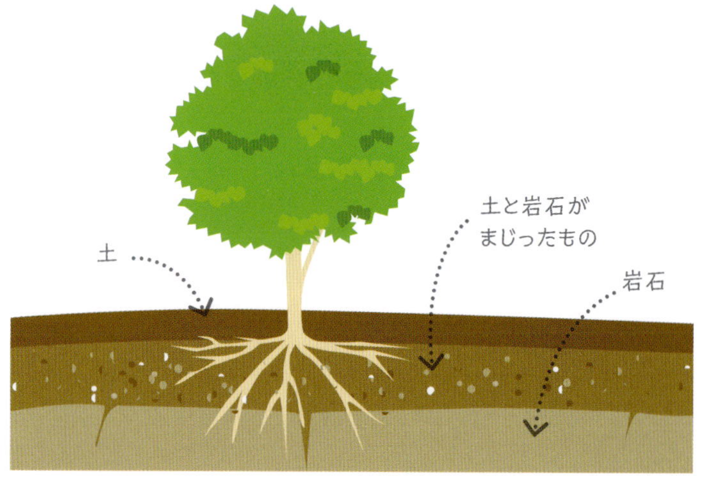

3 熱による風化は、太陽の熱によって起こります。太陽にあたためられて冷やされるたびに、岩石はふくらんだり、縮んだりします。このくり返しにより、岩石の層が、表面からうすくはがれるのです。

4 生物によって風化が起こることがあります。あなを掘る動物は地下の岩石をけずり、植物の根は岩石の割れ目に入りこんで割れ目を広げます。

侵食

侵食とは、岩石のかけらが別の場所に動かされる働きのことです。水、氷、風は、どれも侵食の原因になります。

風化は岩石をかけらにし、
侵食は岩石のかけらを
動かすんだよ。

1 氷河は、ゆっくり山を下るときに、砂つぶから巨岩まで、さまざまな大きさの岩石を運びます。かけらは氷河の一番下にたまります。

2 川は岩のかけらを、砂つぶ、シルト（砂つぶと粘土の中間）、粘土などの形で運びます。年月がたつうちに、川は地面をけずって、はば広い川の谷や、切り立ったきょう谷などをつくります。

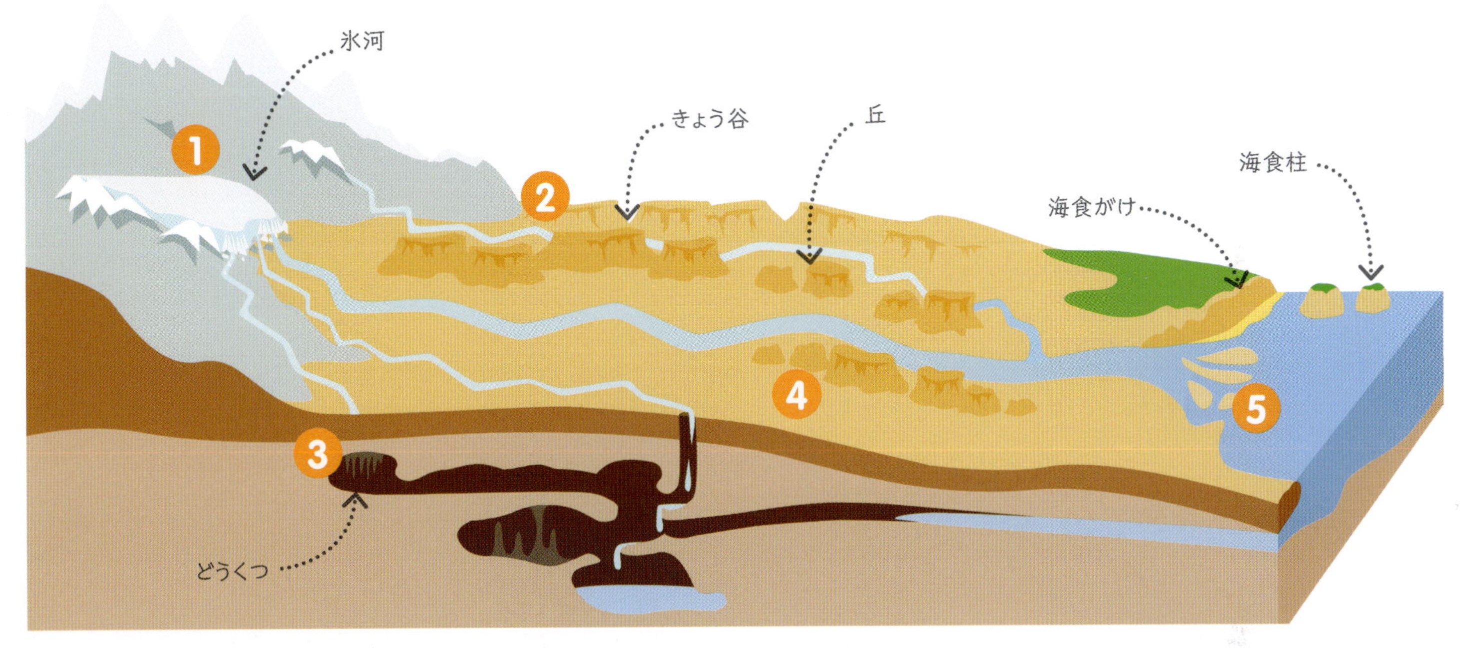

3 川は地面の上を流れるだけではありません。地下にも流れています。風化と侵食により、巨大などうくつ（しょうにゅう洞）をつくることがあります。

4 乾燥した場所では、風に吹きよせられた砂が岩を侵食し、頂上が平らな台地（メサ）やアーチ型の岩など、さまざまな変わった地形をつくります。砂が堆積すると砂丘ができます。

5 岸に打ち寄せる波も岩石を割り、海食がけ、海食洞、海食柱と呼ばれる海につき出た岩石の塔などをつくります。岩石のかけらは海に押し流されて堆積します。

やってみよう

波の侵食模型

波を生み出す模型をつくって、岸が侵食される様子を見てみましょう。この実験に必要なのは、ペンキ用のトレーや四角いプラスチックの入れもの、砂、小石、水、ふたをしめた空のペットボトルです。

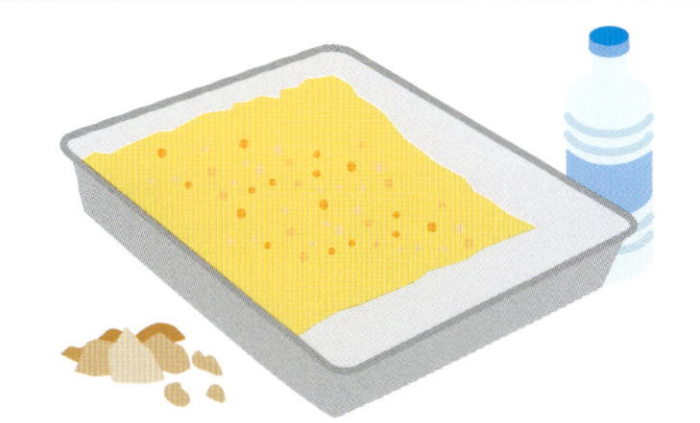

1 砂をトレーの片方のはしに入れ、上に小石をいくつか置きます。次に、反対側のはしから水を入れます。

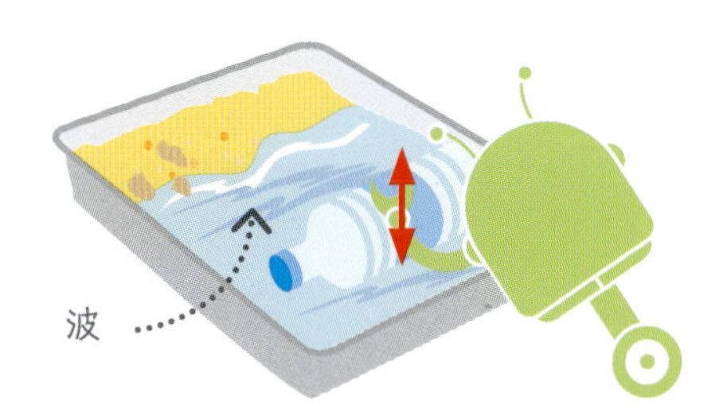

2 ペットボトルを何度もジャブジャブしずめて波をつくり、砂が変化する様子を観察してみましょう。

水の循環

地球にある水の量は変わらず、何度もくり返し使われます。水は、海と大気と陸のあいだを永遠に往復し続けています。

地球の水はつねに自然の中で再利用されているんだ。これを水の循環というんだよ。

やってみよう

部屋の中で雨を降らそう!

この簡単な実験は、蒸発と凝縮が水の循環のカギであることを示すものです。熱いお湯を使うので、おとなの人に手伝ってもらいましょう。
※ヤケドにも注意しましょう。

1 深いボウルか洗面器にコップを入れます。おとなの人に、熱いお湯をボウルに(コップにではなく)注いでもらいましょう。

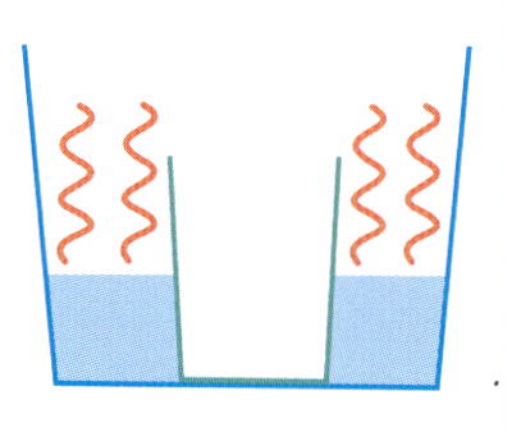

2 ボウルにラップをかけます。空気が出入りしないように、ラップはすき間なくピッチリかけましょう。

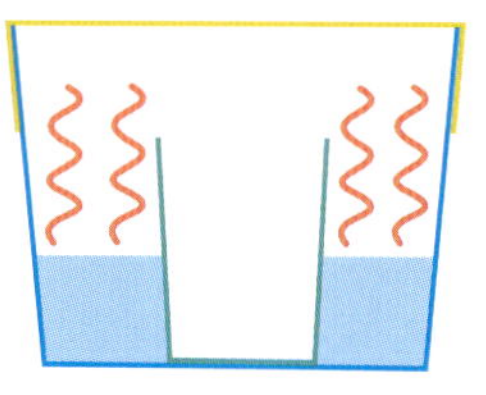

3 氷をコップの上の位置にのせます。水蒸気が凝縮(液化)して、ラップの裏に水滴ができます。

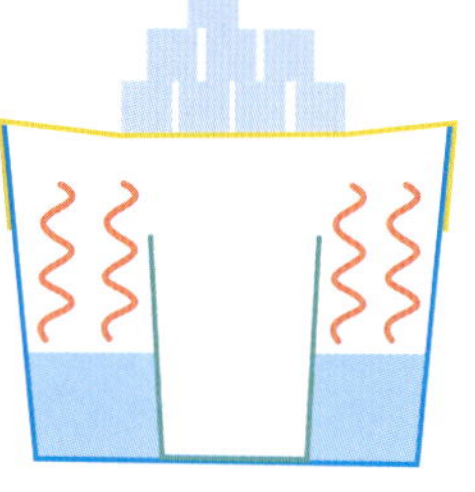

4 水滴がじゅうぶんに大きくなると、コップに落ちてきます。つまり、雨が降ってきたのです!

水の循環のしくみ

水の循環は太陽の熱によって起こります。まず、水分が蒸発して大気の中に入ります。数日たつと、水分は降水により地面にもどります。降水とは、雨、雪、みぞれ、あられなどが降る現象を科学的に表現した言い方です。

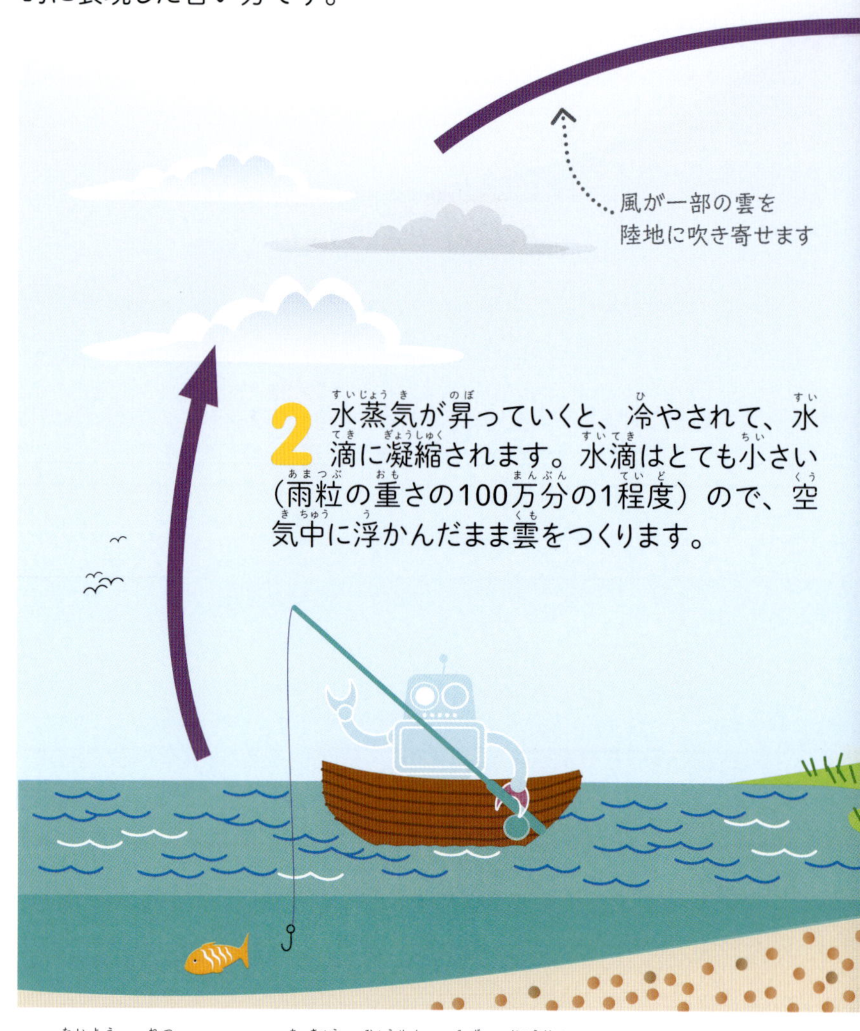

1 太陽の熱により、地球の表面の水が蒸発して大気中に入ります。水は、水蒸気と呼ばれる目に見えない気体になります。

身の周りの科学

海水から塩をつくる

何世紀ものあいだ、人々は塩を海水からつくってきました。海辺に浅いくぼみを掘って海水を流しこむと、海水が蒸発して、あとに塩の結晶が残ります。

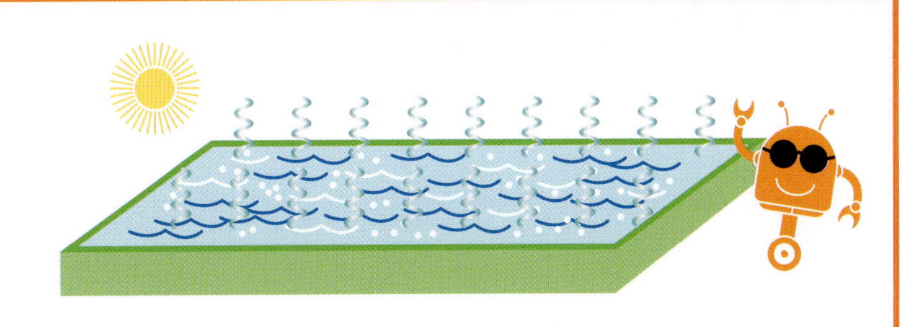

3 木などの植物も、蒸散と呼ばれるしくみによって葉から水蒸気を出します。これにより大気中の水分量が多くなり、さらに雲ができます。

厚い雨雲が
黒っぽく見えるのは、
日光をさえぎっているからです

4 雲粒（ごく小さな水滴）が結合して、さらに大きな水滴になります。その水滴が大きく重なって地球の重力や、上昇気流の力に勝つと、雨として落ちてきます。

木も大量の
水蒸気を放出します

川の水は海に
流れこみます

6 一部の水は地面にしみこんで、植物や他の生物に吸収されます。地面の下にしみこんだ水も、地下を通って海に流れこみます。

5 雨水や、雪どけ水は、地面を流れ、川に合流し、やがて海に流れこみます。

川

陸に降った雨や雪の大部分は川に流れこみます。
長い年月のうちに、川は谷をけずったり、その堆積物で
洪水のはんらん原や三角州を形成し、地球の風景を変えます。

川は、食べ物、
エネルギー、運ぱん路、
遊びや癒し、それに飲み水も
与えてくれるんだよ。

山から海へ

川は、山などの高い場所から、川はばを少しずつ広げながら低地に流れ下ります。川の水源は1つだけではありません。流域と呼ばれる広い土地から雨水を集めます。

1 急流

多くの川は、岩の多い斜面を下る急流として始まります。雪どけ水は集まって激流となって地面をえぐります。やわらかい地面がすりへり、かたい岩の棚が残ったところには、滝ができます。

2 谷

川は数百万年をかけて川底を少しずつすり減らし、谷をつくります。高地では斜面の切り立ったV字谷ができますが、下流では、より広く浅い谷になります。

3 はんらん原

はんらん原は、川を取りかこんで広がる平らな低地です。川がはんらんをくり返し、川の両側が水びたしになることで、堆積物がたまっていきます。

三日月湖

川の蛇行（曲がったところ）は、カーブの外側の流れの速い水が、内側より速く土地を侵食するので、つねに形を変えます。時間がたつにつれ、蛇行した部分が流れから切り離されて、三日月湖ができることがあります。

1 侵食のために、蛇行の首の部分が細くなり（1）、ループが広がります（2）。

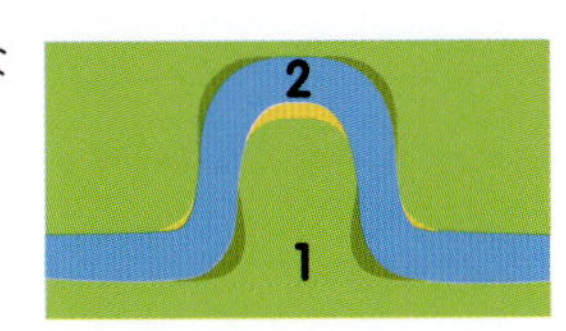

2 やがて首の部分はとてもせまくなり（1）、水があふれ出るようになると、水がその部分をとびこえて流れるようになります。

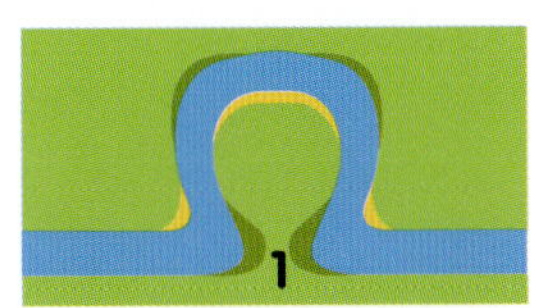

3 ついにループの一部が切り離されて三日月の形をした湖があとに残り（1）、川は一時的にまっすぐになります（2）。

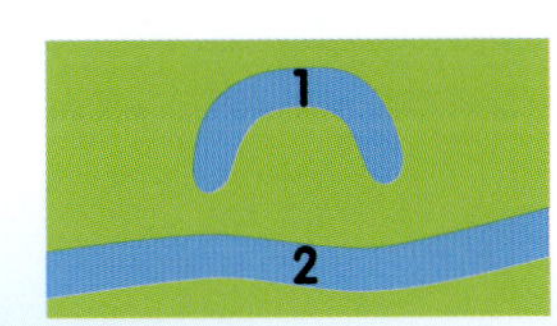

身の周りの科学

水力発電

川の流れのエネルギーを利用して、電気をつくることができます。それにはまず、ダムを築いて貯水池をつくります。次に、ダムから水路を通して水を流し、発電機につながれているタービンという機械を回します。こうしてできた電気は、送電線によって運ばれます。

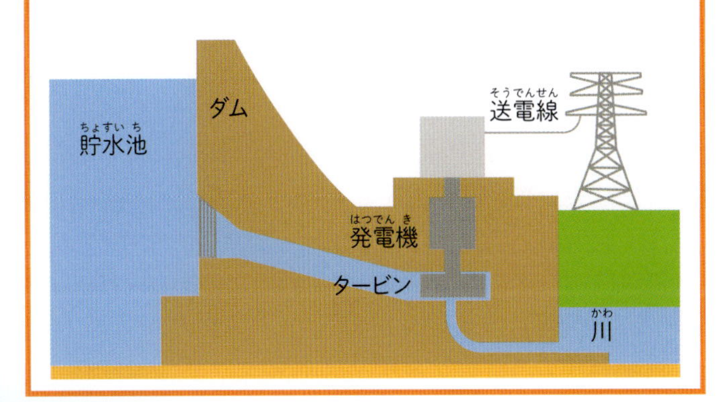

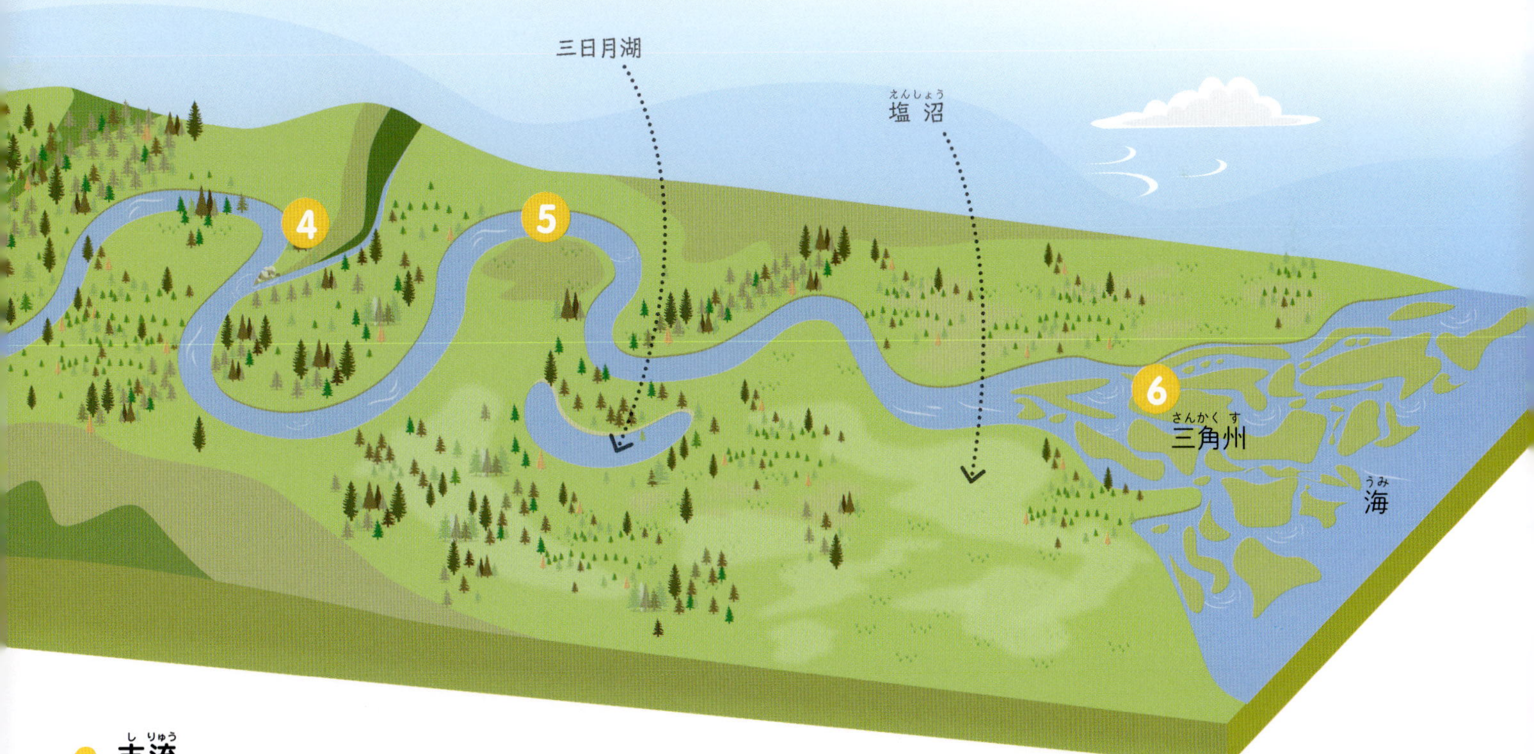

4 **支流**

支流は、本流に流れこむ、本流よりも細い川です。それぞれの支流が水を加えていくので、本流は海に向かって、どんどん川はばの広い川になっていきます。

5 **蛇行**

蛇行と呼ばれるS字型やV字型の曲がった流路です。海に近くなり、傾斜がゆるやかになったところにもできます。

6 **河口**

河口は、川が海と出合うところです。河口にたまる堆積物は、平地と複雑な水路からなる三角州（デルタ）をつくることがあります。三角州にはいくつかの形があります。

氷河

氷河は山岳地帯と極地（南極や北極）に見られる巨大な氷のかたまりです。ゆっくりと山を下るにつれて、おおっている地面をけずり、少しずつ周囲の風景を変えていきます。

地球にある陸地の約11%は、氷河でおおわれているんだよ。

1 山頂近くの雪が多くとけにくい地帯に、雪が積み重なります。厚い雪の層が長い年月の間に圧縮されて氷になります。この氷は、山はだを、おわんの形に侵食し、ここがのちに湖になることがあります。

2 氷河の本体は1日で数cmから数mの速さで、ゆっくり山を下ります。

3 谷にあった岩石のかけらが氷河に取りこまれ、氷河が下るにつれて、巨大な紙やすりの役割をして、谷の底と側面をけずります。

4 氷河の表面には、クレバスと呼ばれる巨大な割れ目と氷河上の水路がジグザグに走ります。

5 谷の下のほうは気温が高いので、消もう域と呼ばれる、氷がとけはじめる場所となっています。ここでは氷河が割れはじめます。

6 氷河の一番下に、とけた氷に残された岩のかけらがたまり、三日月型の土手（端堆石）ができます。氷河がとけた水の小川が氷河から流れ出します。

地形をつくる

長年のうちに、氷河は両側の切り立った川の谷を、U字谷（右側の図）に変えます。こうした谷は地球の北半球によく見られ、かつて地球は、今よりずっと広い範囲が氷河におおわれていたことがわかります。

1 氷河ができる前、本流の谷はV字型をしています。支流の谷は、本流の谷と直接つながっています。

2 氷河ができて、本流の谷を下ります。氷河の氷と岩石のがれきが谷底と谷の両側を侵食し、谷を深く広くけずります。

3 数千年がたち、氷河がとけました。本流の谷は今ではU字谷になり、支流の谷の一番下が本流の谷のはるか上で終わり、その場所には落差の大きな滝ができることが多いです。

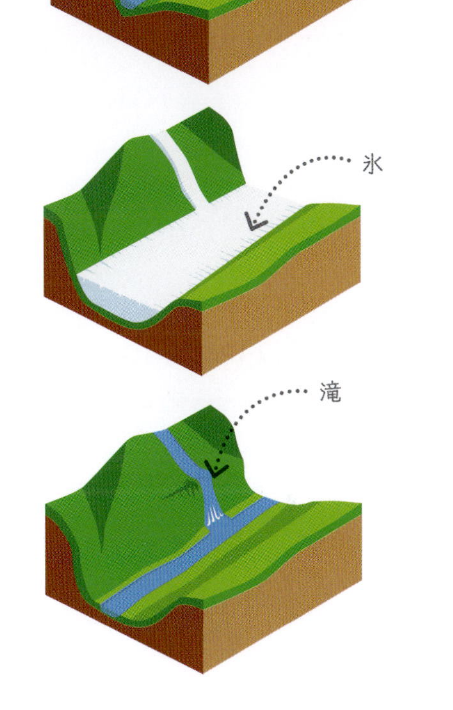

氷河の他の特徴

U字谷のほかにも、とけたあとの氷河がつくった地形学的な特徴があります。これらは、氷河がとけると見えるようになります。

1 氷堆丘（ドラムリン）
氷河に運ばれてきて積もったあと、氷河の移動によって卵のような形にけずられた丘で、固まっていない岩石や砂利でできています。

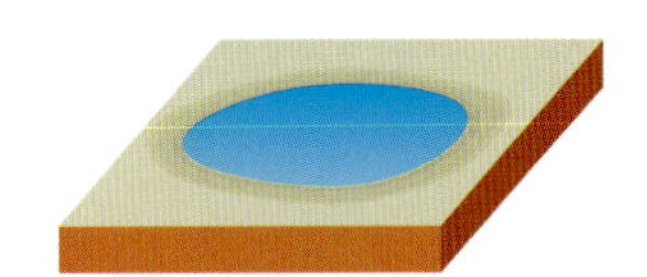

2 釜状陥没地（ケトル）
氷河がとけた水がくぼみにたまってできた、丸くて浅い、小さな湖です。

3 迷子石
氷河によって遠くから運ばれ置き去りにされた単独の巨大な岩石です。

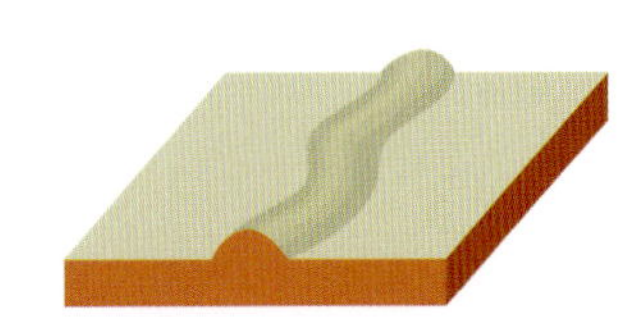

4 エスカー
氷河の下を流れる川に運ばれてきた岩石のかけらがつくった、曲がりくねった土手です。

季節と気候帯

地球には、春、夏、秋、冬と
4つの季節を持つ地域が多くあります。
昼間の長さ、日差しの強さ、平均気温などは、
季節によって変わります。

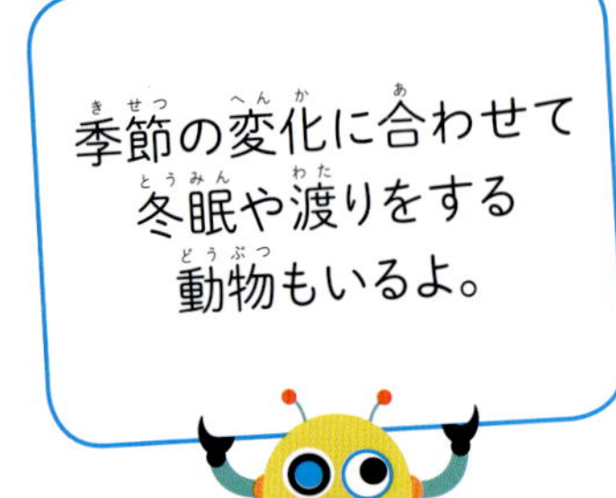

季節が生まれるわけ

地球が自転する軸（地軸）は約23.5°傾いています。そのため、1年のうち太陽側に傾く時期が、北半球と南半球では異なります。その結果、季節が生まれるのです。

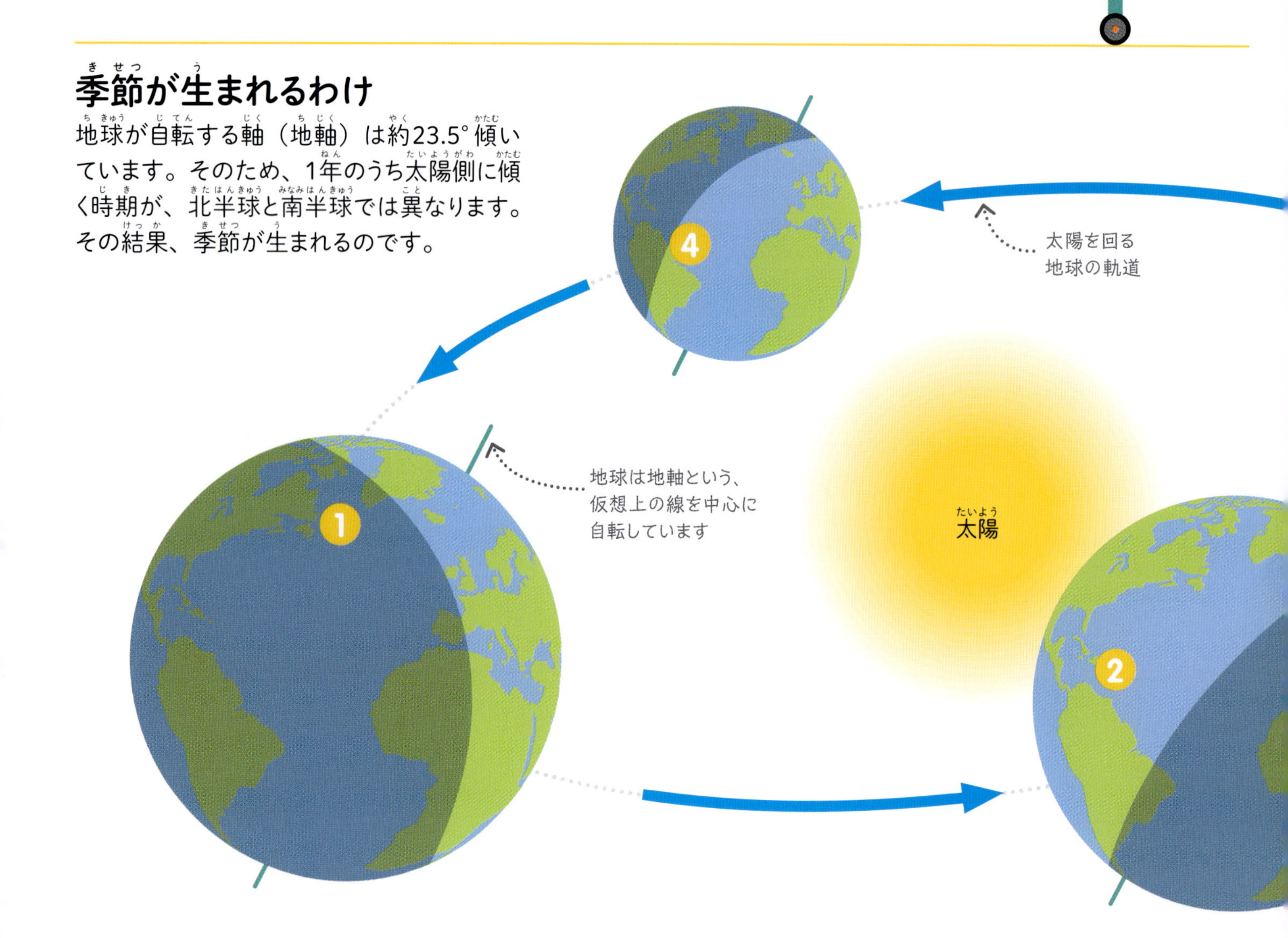

1 **6月**
北半球は太陽側に傾くため、昼間が長くなり、太陽の光をたくさん浴びる夏を迎えます。一方、南半球では、傾きが太陽から遠ざかるため冬になります。

2 **9月**
北半球も南半球も太陽に向かって傾かないため、地球のどこでも、昼間と夜の時間がほぼ等しくなります。北半球では秋、南半球では春になります。

3 **12月**
南半球は太陽側に傾くため夏になります。北半球では、傾きが太陽から遠ざかるため、夜が長くて気温が低い冬になります。

やってみよう

ビーチボールの天候モデル

地球の赤道地域が北極や南極より暖かい理由を知るために、この実験をやってみましょう。直径30cm ほどのビーチボールに電気スタンド（白熱球）の光をしばらく当てます。そのあと、ボールの表面をさわってみましょう。赤道の近くでは温かく、北極と南極の場所では冷たく感じられるはずです。なぜなら、赤道の部分は電気スタンドに直接向かっているので、光線の力をすべて受けますが、北極や南極に当たる光は、浅い角度で表面に当たるため、より広い地域に拡散されてしまうのです。

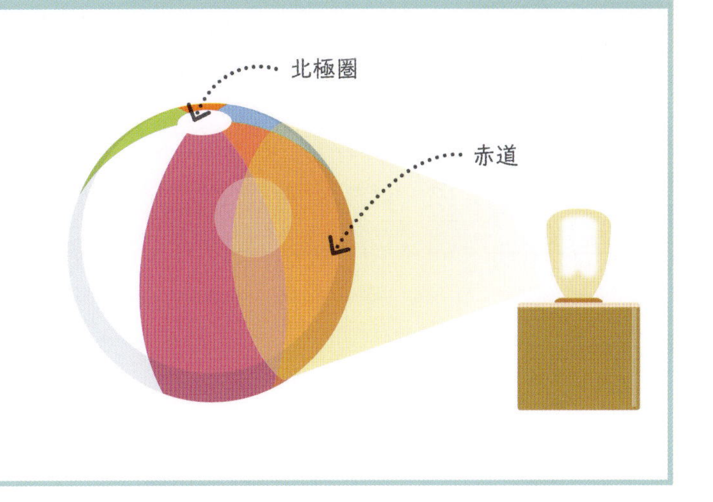

気候帯

地球の形と傾きのため、その表面に一年間に当たる日差しの量は、場所によって異なります。これにより、気候帯と呼ばれる、それぞれの気候を持つ地域が帯状にできます。気候帯は主に、寒帯、温帯、熱帯の3つに分かれます。

1 寒帯は2つあります。1つは北極、もう1つは南極の周囲の地域です。地球でもっとも寒く、季節は夏と冬しかありません。

2 地球の2つの温帯には、どちらも春夏秋冬の4つの季節があります。平均的な気候は温暖ですが、とても暑い夏ととても寒い冬を持つところもあります。

3 赤道近くの気候帯は一年中暑い熱帯です。熱帯の北と南のはしは、夏と冬のかわりに、雨季と乾季があります。赤道にはほぼ1年中、毎日雨が降る時間があります。

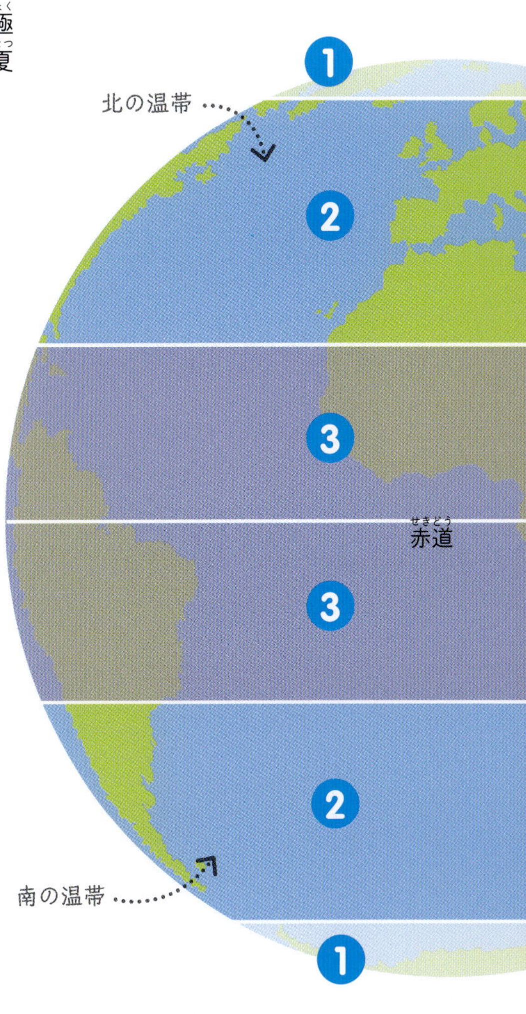

4 **3月**
北半球では、日に日に昼が長くなり、暖かい春を迎えます。一方、南半球では、昼が短くなり涼しい秋を迎えます。

大気

地球は、うすい気体層の大気に包まれています。
大気は重力によって地表近くにとどめられ、
地球に暮らす生物に欠かせない気体をふくんでいます。

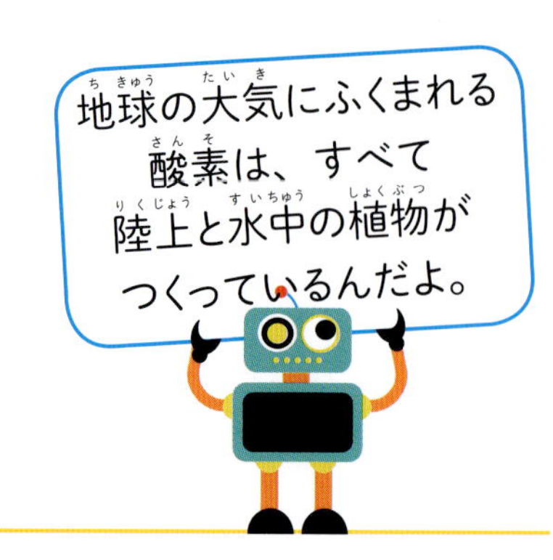
地球の大気にふくまれる
酸素は、すべて
陸上と水中の植物が
つくっているんだよ。

大気の層

大気には、それぞれちがう5つの層があります。宇宙から地球に向かって大気の中を進むと、地球に近づくにつれ、大気は濃く（密度が高く）なっていきます。

1 外気圏
もっとも外側の層は地表から何千km も先にのび、宇宙にとけこんでいます。

2 熱圏
数百 km の厚みがあるこの層には、国際宇宙ステーションの軌道があります。

3 中間圏
30km の厚みがあるこの層の上部では、気温は−100℃以下にもなり、地球でもっとも寒い場所です。小さないん石はこの層で燃えつき、流れ星になって尾を引きます。

4 成層圏
約35km の厚みがあるこの層にはオゾンガス（酸素でできた分子の一つ）の帯があり、太陽の有害な紫外線を吸収して地球の表面や生物を守っています。

5 対流圏
あらゆる気象現象は、この層で起こり、天気もここの様子で決まります。対流圏の厚みは、北極と南極の上では8～9km、赤道上では17～18km あります。

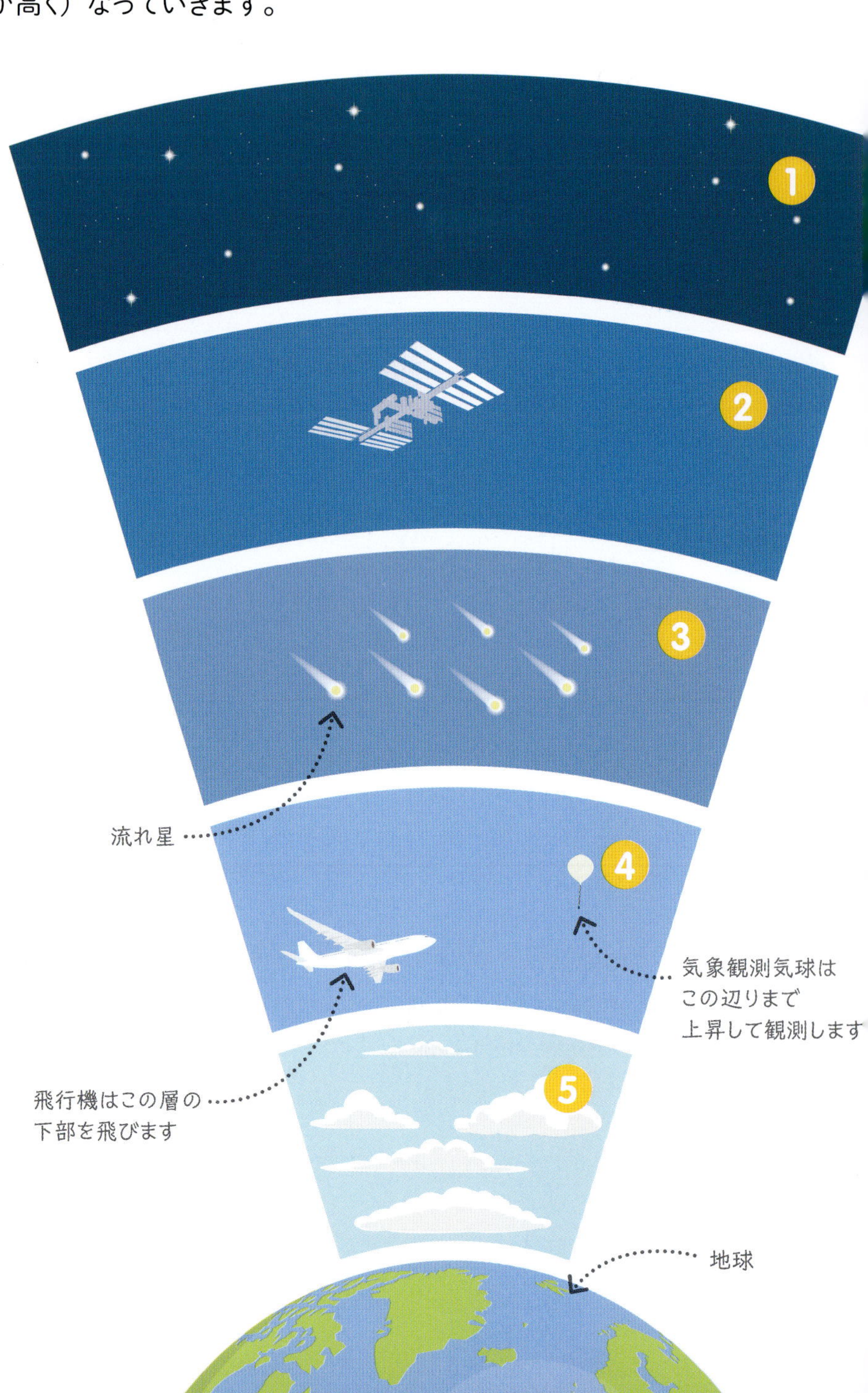
1
2
3
4
5
流れ星
気象観測気球は
この辺りまで
上昇して観測します
飛行機はこの層の
下部を飛びます
地球

大気中の気体

大気中の主な気体はチッ素と酸素ですが、ごくわずかにほかの気体もふくまれています。大気の下の方には水蒸気もふくまれ、海抜0m（海面と同じ高さ）地点の大気の約1%をしめています。

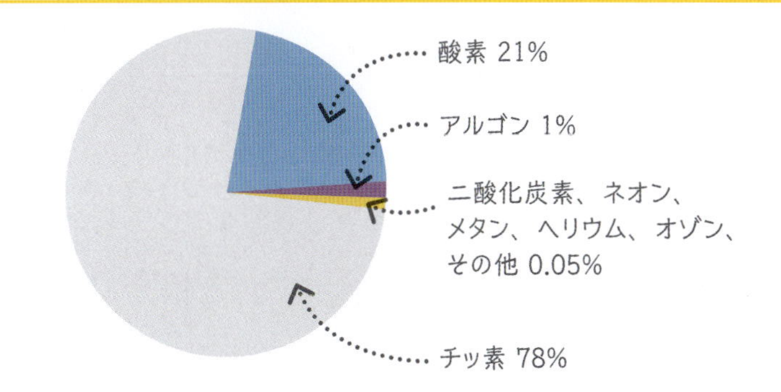

地球の風

対流圏では、対流圏循環と呼ばれるしくみにより、空気が上下に対流しています。対流圏循環には、「極循環」、「フェレル循環」、「ハドレー循環」の3つがあります。これらの大気の動きと地球の自転（大気を東または西に動かします）により、地球の表面に3つの風の流れができます。

1 北極と南極付近では、極東風と呼ばれる風が吹きます。極から吹く風が、地球の自転で曲げられて、東から西に流れます。

2 偏西風は、温暖な気候の地域で吹きます。赤道から吹く風が地球の自転で曲げられて、西から東に流れます。

3 貿易風は熱帯地域（赤道の近く）で吹きます。北半球では、北東から南西に流れ（北東貿易風）、南半球では、南東から北西に流れます（南東貿易風）。

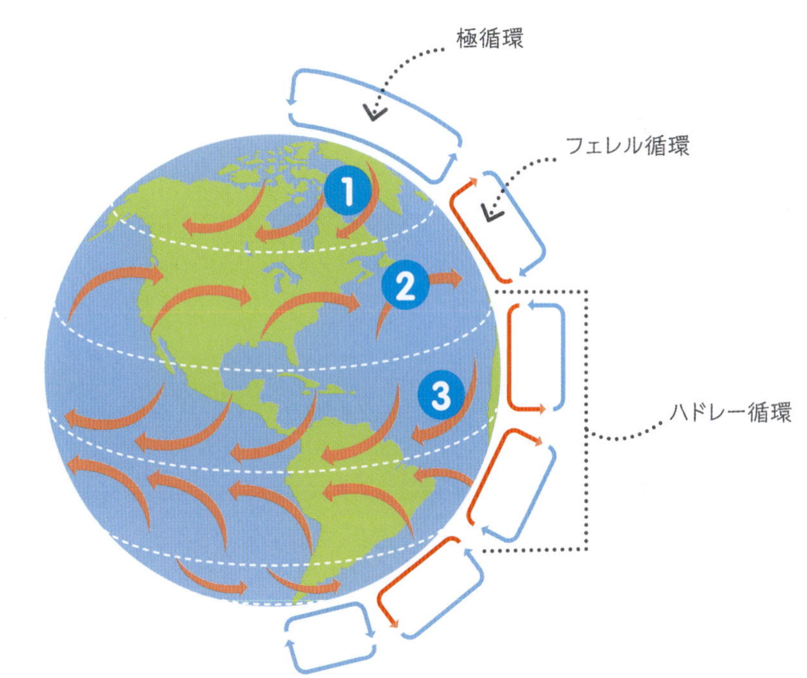

身の周りの科学

はねかえる電波

大気が電波をはね返すことを利用して、世界中に長距離通信を行うことができます。送信機が、電離層（中間圏と熱圏にまたがって存在）と呼ばれる大気の部分に向けて電波を送ると、電離層が電波を反射して地球にもどします。これを受信機が受信します。

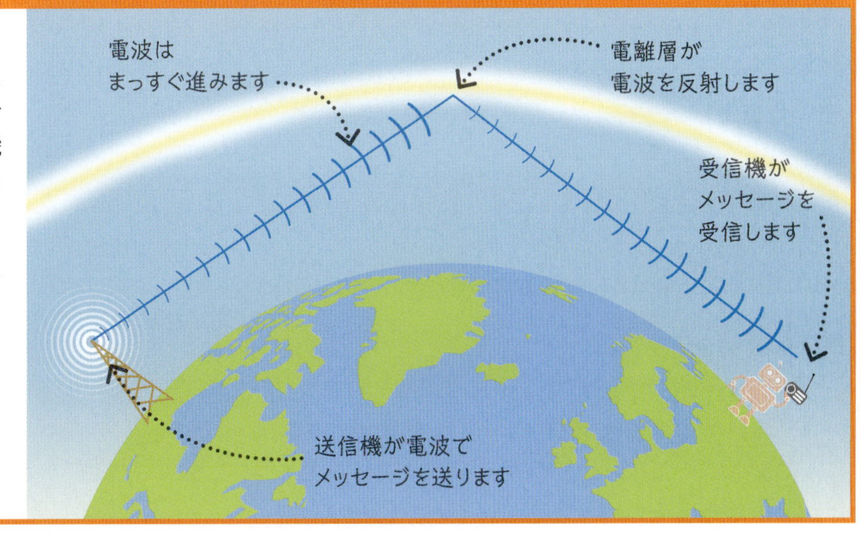

天気

空気と水は、太陽のエネルギーと地球の自転により、地球の大気の中をつねに移動しています。風や雨などは、この動きによって生まれます。

気候とは、ある地域で長い期間変化しない、それぞれの気象や天気の特徴のことだよ。

空気の移動

天気の変化は、大量の空気が移動し、大気中でぶつかり合って生まれることがよくあります。空気が下降するときには晴れますが、空気が上がるときには、水蒸気も空高くまで運ばれるので、雲ができやすく雨になることが多いのです。

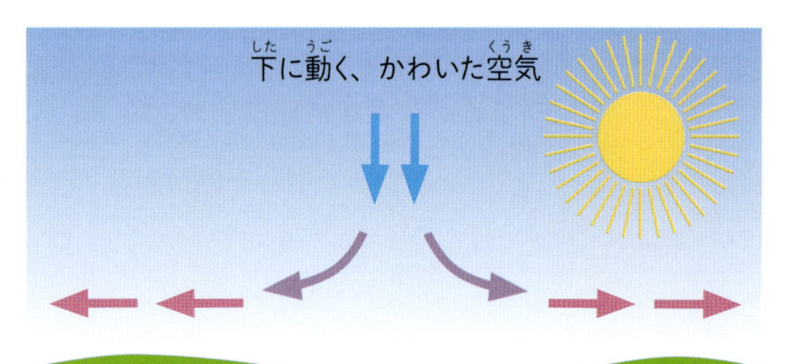

1 高気圧

空の高いところにある空気が下降するときには、その下の空気が押されて、高気圧が生まれます。高いところにある空気はふつうかわいているので、高気圧は、よく晴れた天気をもたらすことが多いです。

2 低気圧

空気が上昇すると、低気圧が生まれます。空気は空を上るにつれて冷やされ、空気中の湿気が凝縮されて雲ができます。空気が上昇すると、天気は、くもりや雨になることが多いです。

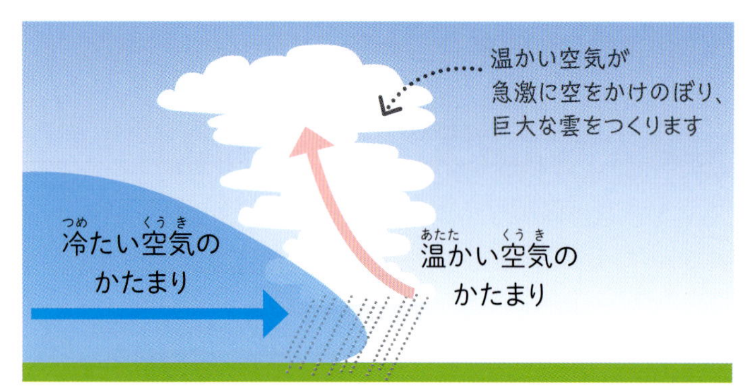

3 寒冷前線

冷たい空気のかたまりが、温かい空気に入りこむと、それを強く押し上げます。これを寒冷前線といいます。気温は急に下がり、温かい空気の水蒸気が巨大な雨を降らせる雲をつくります。

4 温暖前線

温かい空気のかたまりが、冷たい空気に入りこむと、その上をおだやかにすべり上がって温暖前線をつくります。温かい空気の水蒸気が空を上がるにつれてゆっくり冷え、雲をつくって雨を降らすことがあります。

異常気象

天気は変わりやすいものですが、いつもの年よりずっと暑かったり、寒かったり、荒れたりすることがあります。異常気象とは、命や財産などをおびやかす、ふだんの年とは明らかにちがう気象や天気のことです。

1 ハリケーンや台風は、熱帯の海で発生する巨大なうずを持った嵐です（近年の地球では、ハリケーンや台風が強大化しています）。

2 竜巻きは巨大な積乱雲（スーパーセル）から発生します。急速に回転する空気の柱が、激しい破壊的な風を生み出します。

3 成長した積乱雲の下で降る雷雨は、雷鳴とかみなり、突風（ダウンバースト）、降水（雨やひょう）をもたらします。

4 暴風雪は吹雪（冬の嵐）のことで、大量の雪と強風をもたらします。

5 雨氷の嵐では、雨が地面に落ちたときにこおり、地上のあらゆるものを氷の層でおおってしまいます。

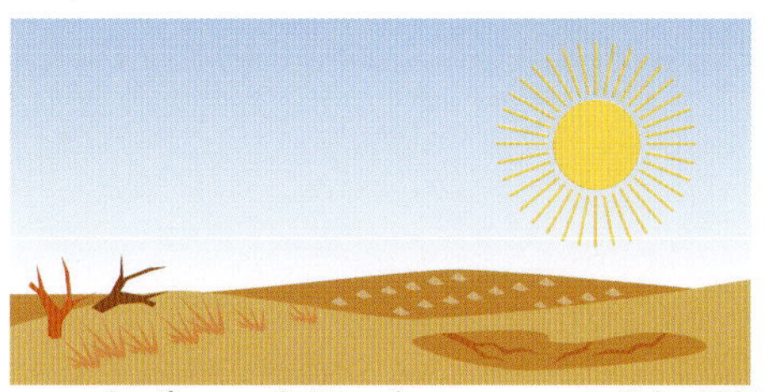

6 熱波は、季節に合わない、異常に高温の空気が地域をおおうことで、人々の健康や作物に被害を与えます。

身の周りの科学

天気図

気象予報士は天気図を使って、現在の天気と予想天気を説明します。同心円の線は等圧線といい、同じ気圧の地点を結んだものです。温暖前線は赤の半円がついた線で示され、寒冷前線は青の三角形がついた線で示されます。前線は半円や三角形のついた方向に移動します。前線は温かい空気と冷たい空気の境目のことで、前線付近では雨が降ることが多くなります。

熟練した気象学者は、天気図を見ただけで天気を予想することができますが、天気予報はふつう、地球大気の変化をシミュレーションするスーパーコンピューターを使って行われています。

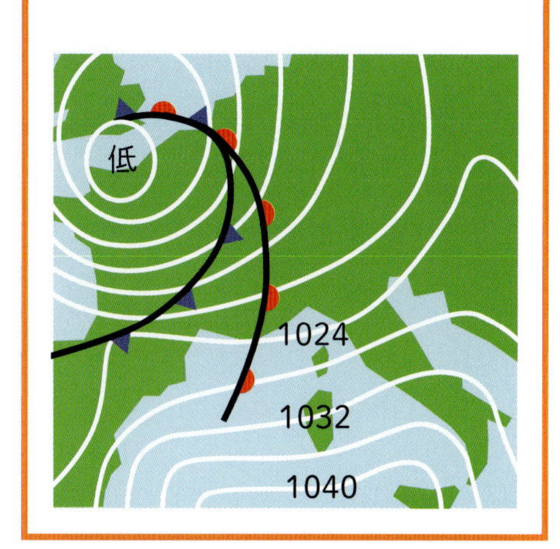

雲の名前

雲の形はさまざまです。雲は「かたまりになっているか」「横に広がっているか」「すじのようになっているか」など形によって、それぞれ名前がつけられています。はけを引いたようなすじ模様になっているのは巻雲、魚のうろこのように小さく白いかたまりになっているのが巻積雲、綿のようにもくもくした雲が積雲です。積雲が高く成長した積乱雲の真下では激しい雷雨になります。層雲は霧雲とも呼ばれ、その中に入ると霧になります。早朝や雨上がりによく見られます。代表的な雨雲は乱層雲で、地上から見ると雲が灰色に見えます。

海流

海の水は、風と地球の自転により、
海流と呼ばれる巨大な流れをつくって地球をめぐっています。
海流は多くの地域の気候に大きな影響を与えています。

ウミガメは海流を高速道路のように使って長い距離を移動するんだよ。

表層海流

海流には、海面近くを流れるものがあります。大洋の西側では、海流が熱帯からの温かい海水を気温のより低い地域に運びます。大洋の東側では、海流が冷たい海水を熱帯にもどします。こうした海流の多くは、たがいに結びついて、還流と呼ばれる巨大なだ円形の流れをつくっています。

1 カリフォルニア海流は、冷たい海水を北太平洋の東側にそって南に運んでいます。これにより、北アメリカの西海岸の気候は、暑さがやわらいでいます。

2 メキシコ湾流は、温かい海水を北大西洋の西側にそって北に運んでいます。とても速く流れるこの海流は、地球上で最強クラスの海流です。

3 北大西洋海流は、温かい海水をメキシコ湾海流からヨーロッパ西岸に運んでいます。これにより、イギリス諸島やノルウェーでは、きびしい冬の寒さがやわらいでいます。

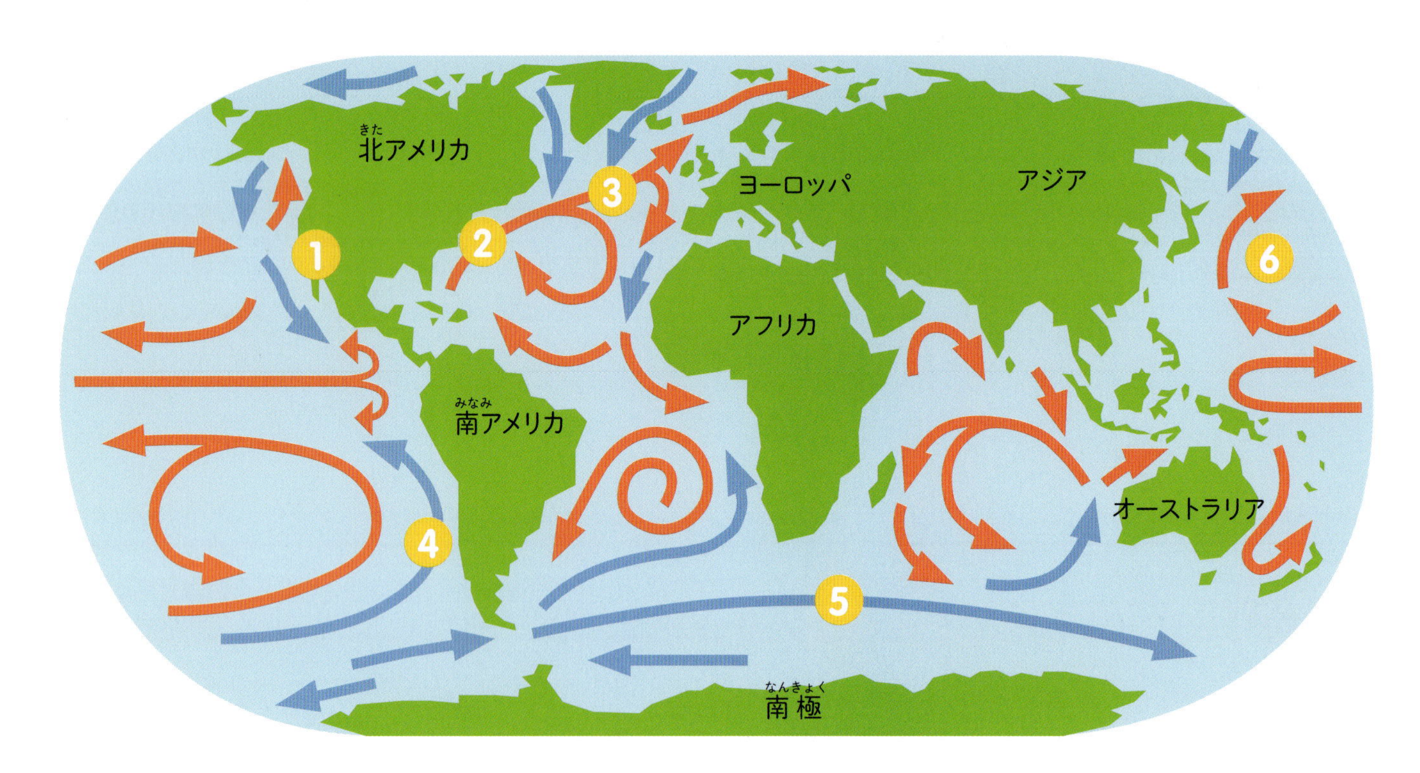

4 ペルー海流は、南アメリカの西海岸にそって流れる寒流です。冷たい空気は温かい空気より湿気が少ないので、南アメリカ西岸の気候を乾燥したものにしています。

5 南極還流は、南極大陸の周囲をめぐる寒流です。温かい海水をしめだすので、南極大陸やその周辺の氷がとけるのを防いでいます。

6 黒潮（日本海流）は、温かい海水を北太平洋の西側にそって北に運んでいます。このおかげで、日本の南部は温かい気候を保ち、海は豊かな漁場となっています。

深層海流

海流には、海底にそって流れるものもあります。この深層海流は、表層海流よりゆっくり流れますが、世界の気候に重要な影響を与え、海の生命の持続を助けています。

1 深層大循環（熱塩循環）

北大西洋では、表層海流が冷やされて、一部が氷になるので、海水の塩分が多くなります。これにより水が重くなってしずみ、海底にそって流れます。深層の海水の一部には、とてもゆっくり海底を流れ、太平洋上に浮上し、もとの位置にもどるのに1000年もかかるものがあります。この大海流は、深層大循環と呼ばれ、世界の気候のカギになっています。南極大陸の氷がとけると、この循環がさまたげられて、北半球で氷河時代が始まると考える科学者もいます。

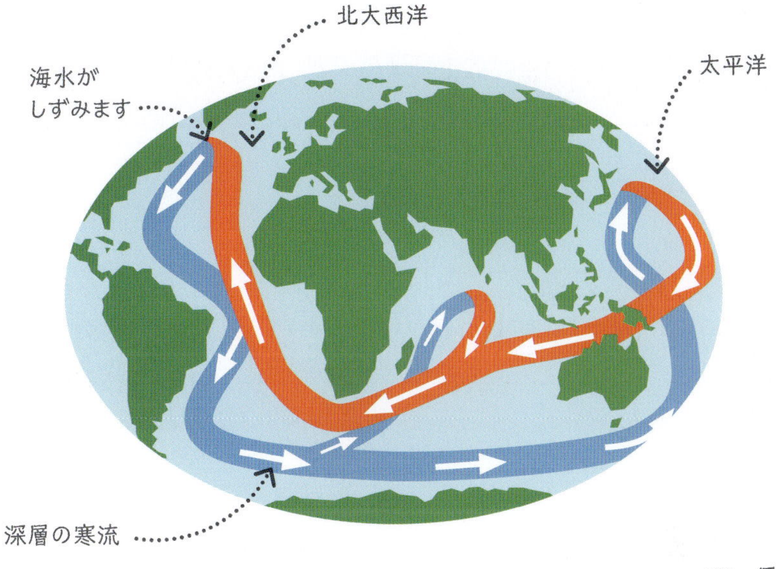

2 湧昇流

世界には、風が海を岸から遠ざけて、海水を下からわきあがらせる地域があります。このわきあがる海流を、湧昇流といいます。この海流は栄養を多くふくんでいるため、さまざまな海洋生物が安定して育ちます。世界の重要な漁場の多くは、湧昇流の近くにあります。

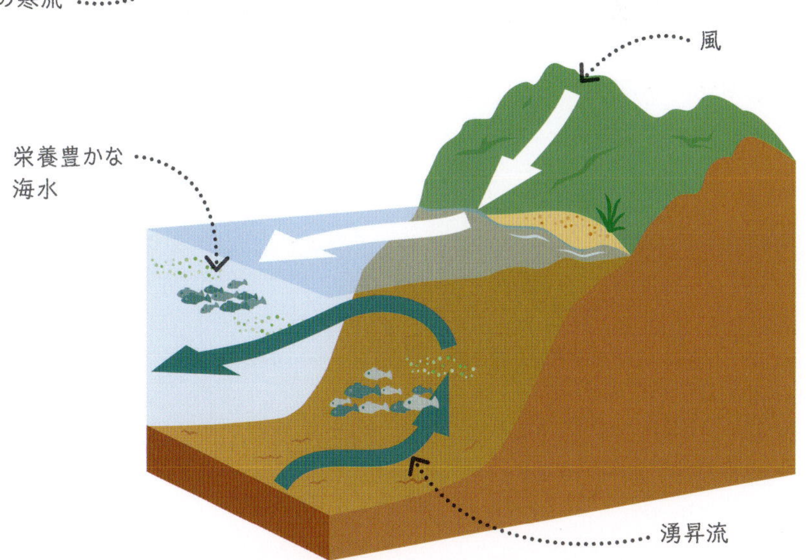

身の周りの科学

海底タービン

海流は膨大な量のエネルギーを運んでいます。もし、メキシコ湾流のほんの0.3%のエネルギーを利用することができたら、アメリカのフロリダ州全体の電力をまかなえるほどです。技術者は将来、エネルギーを海流から取り出せるようにする技術の開発を進めています。その1つの案は、地上の風力タービンと同じようなしくみのものを海底にも設置することです。

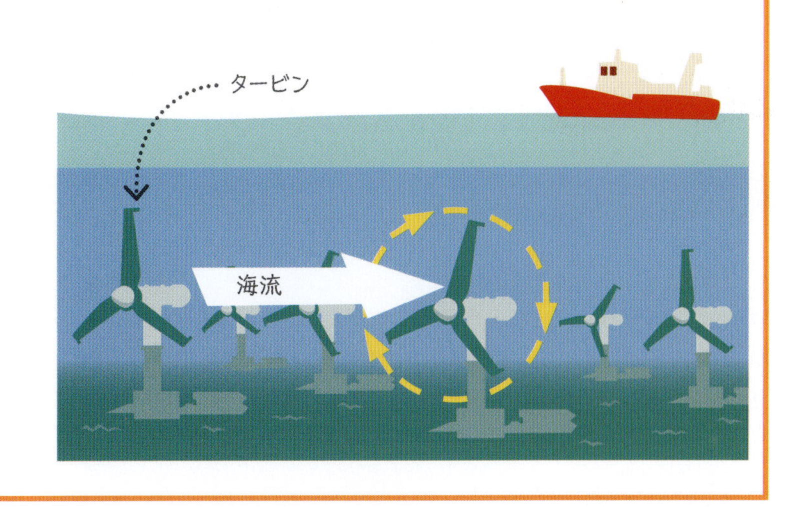

炭素循環

地球上のあらゆる生物は炭素をふくんでいます。炭素はまた、化石燃料や一部の岩のような、生命のないものにもふくまれています。生物、海、大気、地殻のあいだに起こる炭素の動きのことを、炭素循環といいます。

大気中の
二酸化炭素レベルは、
1960年と比べて25%も
増えたんだよ。

炭素循環が起こるところ

炭素循環には、数日間で炭素が移動するところもあれば、何百万年も炭素を貯めておくところもあります。人間の活動は、二酸化炭素が大気に放出されるスピードを速めることがあります。

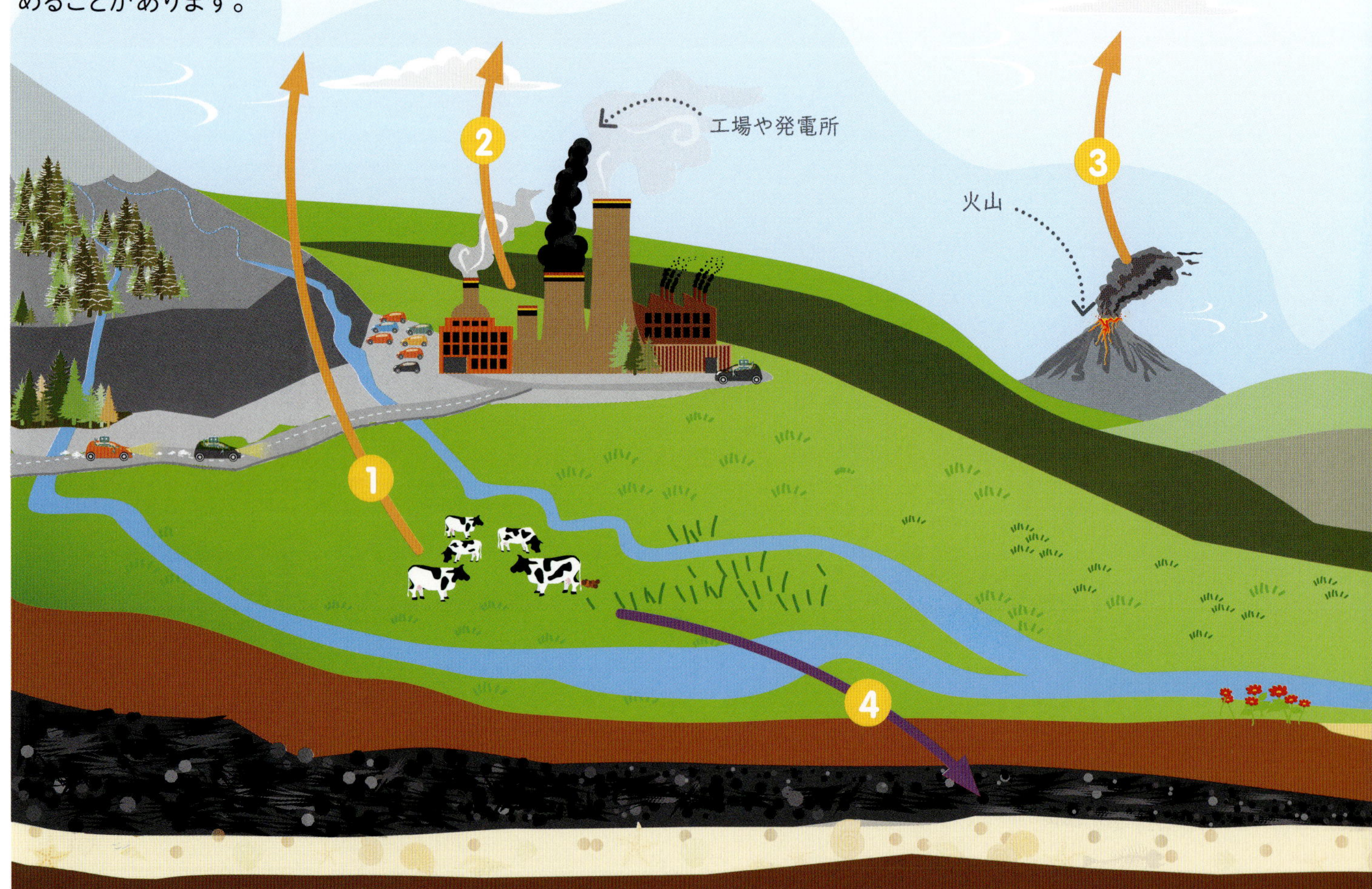
工場や発電所
火山
1
2
3
4

1 呼吸

動物をはじめとする生物は、炭素を食物からとりこんで、二酸化炭素として放出します。炭素はまた、ふんや体が分解するときにも放出されます。

2 化石燃料を燃やす

工場、発電所、家庭で化石燃料（石油や天然ガス）を燃やしたとき、また車や飛行機で出かけたときも二酸化炭素が大気中に放出されます。

3 火山活動

火山や温泉は、長期間炭素をためておいた地下の貯蔵庫から、二酸化炭素としてゆっくり大気にもどします。

4 化石化

死んだあと分解されず、地下深くの地層の一部になって、そこに炭素をとじこめる生物もいます。何百万年もたつうちに、それらの死がいは化石燃料になります。

身の周りの科学

地球温暖化

地下に貯められた炭素が大気中にもどる速さが、化石燃料を燃やすことによって劇的に速まり、大気中の二酸化炭素の割合が上がっています。ガラスが温室に熱を閉じこめるのと同じように、二酸化炭素も大気中に熱を閉じこめます。そのため、地球の平均気温は、現在上がり続けています。多くの科学者は、氷河がとけ、かんばつや洪水がひんぱんに起こり、サンゴ礁が死めつしている理由は、地球温暖化にあると考えています。

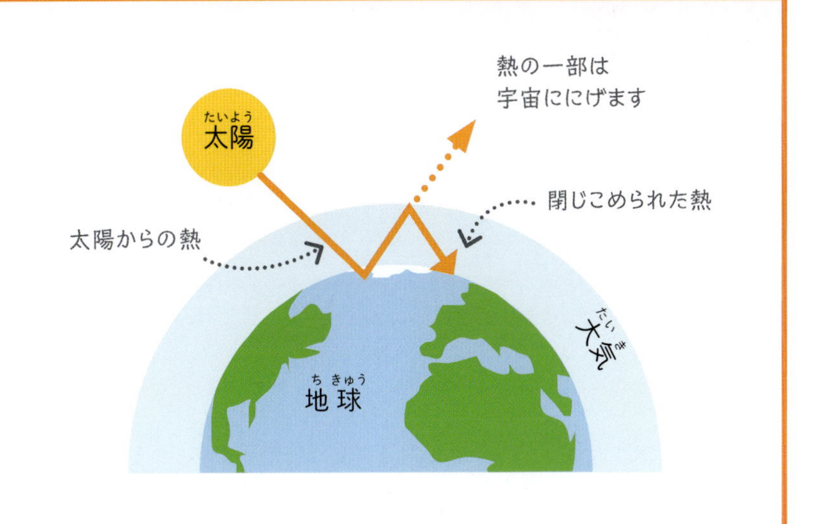

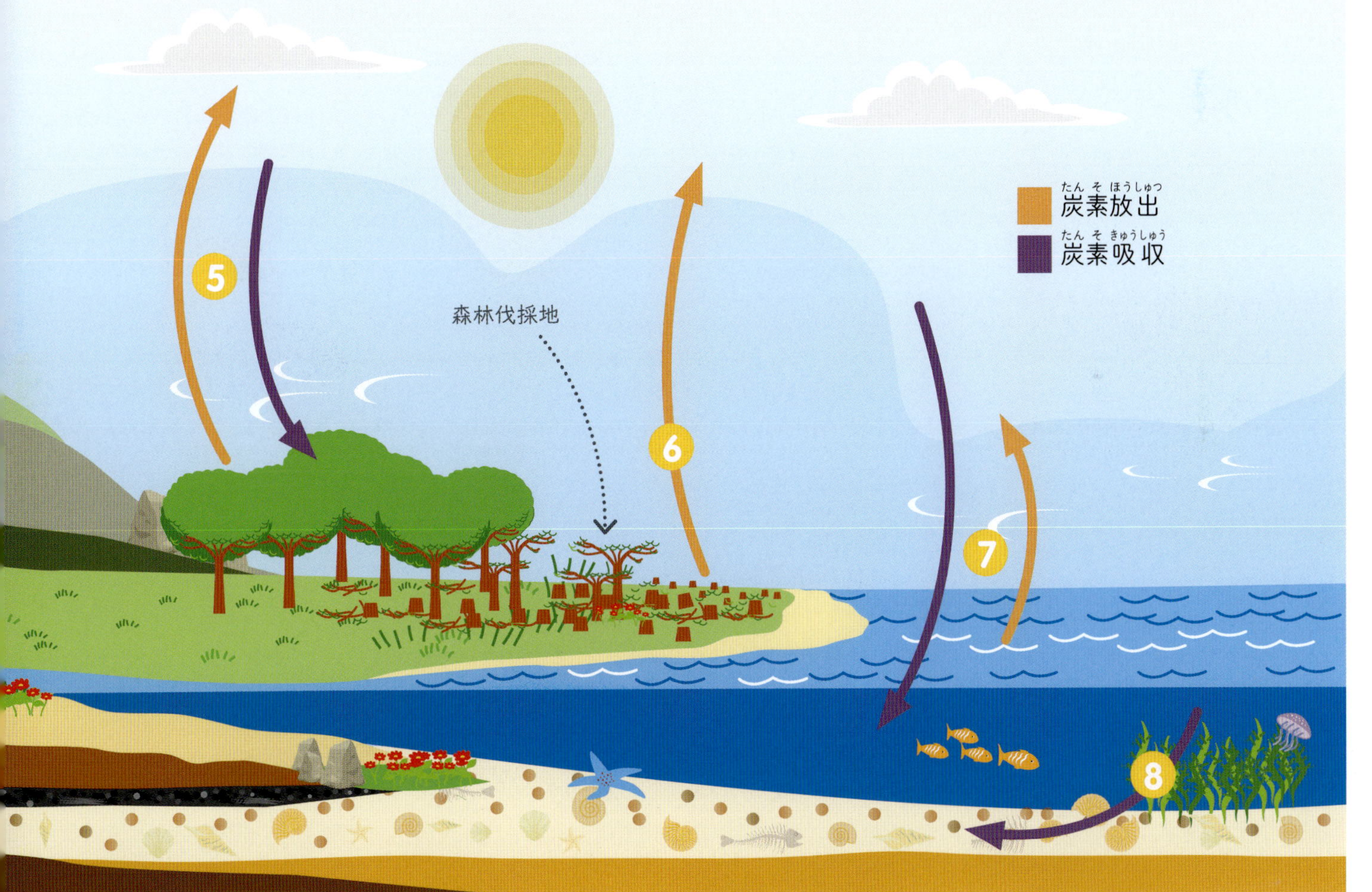

5 光合成
植物は光合成を行って、二酸化炭素を大気から取りこみ、デンプンなどの栄養をつくります。また、光合成とは別に呼吸も行い二酸化炭素をわずかに大気に放出します。

6 森林伐採
森林を切りひらいて、木を燃やしたり、放置した木が分解したりすると、炭素が空気中にもどります。

7 海と大気の炭素交換
二酸化炭素は、海と大気の間を行き来します。世界の海が吸収する炭素の量は、放出する炭素の量より多いので「二酸化炭素吸収源」として知られています。

8 海の炭素貯蔵庫
海洋生物には、二酸化炭素を使って殻をつくるものがあります。こうした生物の死がいは海底にしずんで化石化し、石灰岩になります。これは、長期間炭素固定できる貯蔵庫になります。

用語集

【亜鉛めっき】鉄の表面をうすい亜鉛の膜でおおって、さびないようにすること。またはそのようにしたもの。

【圧力】物体の表面を垂直に押す力。空気が押す力を気圧、水や海水が押す力を水圧という。

【アルカリ】水に溶けると、水素イオン指数が7より大きくなる物質。酸と反応して中和する。水酸化ナトリウム、アンモニアなど。

【イオン】1個の電子を得るか失ったかしたため、プラスまたはマイナスの電荷を帯びた原子または原子のグループ。

【遺伝子】生物のDNA分子上にある、ある長さのコードで、体をつくる特定の役割を果たす。遺伝子は世代ごとに受け渡されていく。

【陰イオン】マイナス（負）の電荷を帯びたイオン

【陰極】電気分解や真空管のマイナスの電極。

【隕石】太陽軌道上にある岩石や金属のかたまりが、惑星や衛星に落下し、地表まで落ちたもの。月や水星のクレーターは、隕石落下でできたもの。地球のように大気のある天体では、光や衝撃波を発しながら落下する。

【宇宙】地球を含むすべての空間と、物質、エネルギーなどの全存在。

【運動エネルギー】動いている物体が持つエネルギー。

【衛星】惑星の周りを回る天体。月は天然の衛星。地球を回る人工衛星は、データの受け渡し、気象観測、GPSなどさまざまな仕事をしている。

【栄養素】植物と動物などが生き続け成長するために必要とする化合物。

【X線】高エネルギーの電磁波の一つ。レントゲン線という。歯や骨の像を得るために使われる。

【塩】酸と塩基が反応する時にできる化合物のグループ。塩化ナトリウム、硫酸銅など、さまざまな化合物がある。

【塩基】酸と反応して水と塩を作る化合物。

【エンジン】燃料を酸素と反応させて燃やした時に放出されるエネルギーを使って、仕事をする機械。

【オーロラ】北極や南極の夜空に現れる、光のカーテン。太陽から来る高エネルギーの粒子が地球の上層大気の気体分子を光らせてできる。

【回折】光（電磁波）や音（音波）などの波が、せまいすき間を抜けた時に、周囲に回り込む現象。壁の陰でも音が聞こえるのは、光よりも音のほうが回折が起きやすいため。

【回路】電気が流れる閉じた経路。あらゆる電気装置の中には回路がある。

【化学結合】原子どうし、または分子どうしの結びつき。

【化学式】元素記号と数字のみで書かれ、化学物質（化合物）の元素の構造や、反応前後の物質の変化を示す式。

【核（細胞）】細胞の中にある遺伝子のある部分。

【核（地球）】地球の中心にある、もっとも熱い場所。液体や固体の鉄とニッケルでできていると考えられている。

【拡散】分子の自由な動きによって、2つ以上の物質がゆっくりと混じり合うこと。

【化合物】2種類以上の元素が、化学結合した物質。

【火成岩】火山活動などでとけたマグマが、冷えてできた岩石のグループ。地上や地上付近でできなものを火山岩、地下深くでできたものを深成岩という。

【化石】人類誕生以前の植物や動物の死がいや痕跡。地層中の岩石に保存されていることが多い。化石を調べることで、その地層ができた時代がわかることがある。

【化石燃料】大昔の生物の死がいが変化してできた燃料。石炭、原油、天然ガスはどれもみな化石燃料。

【加速】動いている物体の速度の変化。速度の上昇、方向の変化などを指す。

【活性化エネルギー】化学反応を始めるために必要となるエネルギー。例えば、マッチを着火させる時の「まさつ熱」など。

【干渉】合わさって、別の波の形ができる現象。池の静かな水面に、小石を2個投げ入れて、2つの波の環をつくると、観察できる。

【慣性】動く物体が、ある力によって止められるまで、進み続けようとする性質。

【ガンマ線】電磁波の一種。波長が非常に短く、エネルギーが高い。生物にとってはとても危険。

【器官】それぞれがちがった働きをする、生物を形作る体内の重要な構造。ヒトの体には、胃、脳、心臓などの器官がある。

【気候】1年のあいだに、その地域に現れる典型的な気象や、季節の特徴的なパターン。

【気候変動】地球の気象パターンに現れる長期的な変化。人類や自然環境にとって、悪影響をもたらす変化を指すことが多い。

【寄生生物】他の種類の生物（宿主）にとりついて、宿主から栄養をうばって、自分が生きるのに使う生物。

【軌道】ある天体（たとえば衛星）が、他の天体（たとえば惑星）の周囲を回る経路。

【吸熱反応】周囲からエネルギーを取りこんで、反応前より温度が下がる化学反応。

【凝固点】ある物質が、液体から固体に変化する温度。物質の種類によって凝固点はちがう。水の凝固点は約0°C、エタノールの凝固点は約マイナス114°C。

【凝縮】気体が液体になること。例えば、水蒸気が冷やされて、液体の水になる現象。

【共有結合】分子の中の原子どうしが、電子を共有することで結びついている化学結合。

【銀河】重力によって引き寄せあっている、恒星、ちり、ガス、ダークマターなどの膨大な集合体。わたしたちの住む太陽系は、天の川銀河と呼ばれる銀河にある。

【空気圧】物体の表面または容器を押す、空気分子が生み出す圧力。

【空気抵抗】物体が空気中を進みにくくする力。

【屈折】光が、ある物質（たとえば空気）から別の物質（たとえば水）に入るときに、進む方向が変わること。

【クローン】もとの個体とまったく同じ遺伝子を持つ生命体。多くのプランクトン、植物の挿し木などはクローンの例。

【結晶】固体の物質が、物質ごとに決まった形になった状態。雪つぶ、天然のダイヤモンド、食塩のつぶなどは結晶の例。

【原子】物質を形作るごく小さな粒子。元素が姿として見える、最小の微粒子。陽子、中性子、電子で構成される。

【原子番号】ある原子が、原子核の中に持つ陽子の数。同じ原子番号の元素でも、中性子の数はさまざまで、それらを同位体という。

【元素】物質を構成する基本的な成分。元素が集まって、単体や化合物をつくる。

【合金】金属を他の元素（金属や非金属）とまぜて作った物質。例えば、原料の純粋な金属より強くかたくなるなど、多くの使い道がある。

【光合成】植物が、日光、水、空気中の二酸化炭素を使って食物分子（でんぷんなど）を作るしくみ。葉のほか、実や茎の表面でも行われる。

【光子】エネルギーを運ぶ、素粒子の一つ。光の粒子と考えても良い。

【鉱石】自然界で産出する、主に金属を精錬する原料になる岩石。

【酵素】生物の体が、タンパク質をもとに作り出す化学物質。ヒトの場合、たとえば、消化や吸収に必要な化学反応を助ける役割をする。

【抗体】血液や体液中にある「糖タンパク質」の一種。バクテリアやウィルスなど、病気のもとになる外敵を攻撃する。

【光年】1年間に光が進む距離をもとにした、長さ（距離）の単位。主に、恒星や銀河までの距離を表すのに使われる。1光年は9.5兆 km。

【鉱物】天然に産する、決まった化学組成の炭素をふくまない物質。固体が多いが、液体のものもある。石英、方解石など。水も鉱物の一種。

【交流】一定の時間をおいて、強さと流れる向きが変わる電流。「交番電流」の略。（→直流）

【抗力】液体や気体の中を進む物体を、進みにくくする力。

【呼吸】生物が体の外から酸素を取りこみ体内で使ったあと、二酸化炭素を放出すること。多くの動植物が行っている。

【骨格】動物の体を守ったり支えたりする、骨の集まり。関節という部分でつながっていて、柔軟に動かせる部分もある。

【コロイド】気体や液体の中に、とけない微粒子が分散した状態。牛乳は液体の中に脂肪などの微粒子が分散したコロイドの例。

【コロナ】太陽の周囲にある、非常に高温の大気層の一つ。普段は見えないが、皆既日食の時だけは、肉眼でも見えることがある。

【混合物】2種類以上の物質が混ざり合ったもの。物質どうしは化学結合していない。たとえば空気は、さまざまな気体分子の混合物。

【細菌（バクテリア）】細胞核を持たない単細胞の微生物で、地球上もっとも古く、数の多い生命体。大腸菌などの細菌は、常に人体の中で活動している。

【再生可能エネルギー】日光、波力、風力など、使い果たされることがないエネルギー。

【細胞】ほとんどの生物の体を作る、壁に囲まれた小さな構造。ヒトをつくる細胞は30兆個以上だが、たった1つの細胞でできた生物もある。

【細胞分裂】生物の1つの細胞が2つに分裂して、娘細胞になる現象。

【酸】水にとけたときに水素イオンを放出する化合物。酢やレモン汁は、弱い酸。塩基と反応して水と塩を作る。

【酸化物】酸素が他の元素と結びついてできる化合物。鉄のさび（酸化鉄）は酸化物の例。鉱物も金属の酸化物が多い。

【紫外線（UV）】可視光よりもやや短い波長の、目には見えない電磁波の一種。蛍光灯も紫外線を出している。可視光よりも強いエネルギーを持ち、日焼けの原因になるが、殺菌にも使われる。

【仕事】物体に力が加わり、動いたり変形したりした時のエネルギー。仕事量は、力に距離をかけることによって求められる。

【地震波】地震や火山の爆発などで発生したエネルギーが、地球上の物体を伝わる波。固体（地中）だけでなく、水中や空気中を伝わる波もある。超巨大地震の地震波は、地球を1周以上伝わることもある。

【質量】物体が持っている固有の量。物体の「動かしにくさ」を表す量でもある。

【支点】てこを支える固定点。そこを中心にてこは回転する動きをし、てこのはたらきが生まれる。

【磁場】磁気力が働く空間。磁石や電気の流れる導線の周囲などにつくられる。地球の周囲にも磁場がある。

【周期表】現在知られている、すべての元素を並べた表。原子番号順に横に並べられ、たての列は、互いに似た性質を持った元素の集まりになっている。

【集積回路】さまざまな役割の小さな電子回路（素子）が、半導体チップの内部にうめこまれた電子部品。

【重力】質量を持つあらゆるものが、互いに引き合う力。地球の重力は地球上の物体や、地球に近い物体（月や人工衛星）を、地球の中心に向かって引き寄せている。重さ（重量）も、重力が生み出す。

【受精】動物のオス（男性）の精子が、メス（女性）の卵に入り、遺伝子どうしが結合すること。動物が子孫を残す方法の一つ。

【消化】動物が体の中で、食物を水にとける小さな分子（糖など）に分解して、細胞が吸収できるようにすること。

【蒸気】液体の物質が気化したり、固体の物質が昇華して気体になったもの。水の蒸気を水蒸気という。

【蒸発】液体の表面（たとえばコップに入れた水の水面）から、物質の分子が気体として逃げ、空気とまざること。蒸発が起きると、液体の量は少しずつへっていく。液体の温度が上がり、内部で気体になることを「沸とう」という。

【静脈】動物の体の臓器や組織から、心臓に血液をもどすための血管。毛細血管で動脈と連結している。

【蒸留】液体の混合物にふくまれる、2種類以上の化学物質を分離する方法の一つ。液体を熱して、物質ごとに沸点がちがう性質を利用して、凝縮させて集める。

【小惑星】太陽の周囲を公転する天体で、惑星、準惑星、衛星、彗星などをのぞいたもの。岩石質で、不規則な形のものが多い。名称や番号がつけられたものだけでも、30万個以上ある。

【食】観察者から見て、ある天体が別の天体やその影にかくされる天文現象。月食、日食、惑星や恒星が月にかくされる星食、金星の太陽面通過、惑星どうしの食などがある。

【触媒】自分自身は変化せずに、化学変化を促進させる化学物質。動物の体内でつくられる消化酵素も、触媒の一種。

【食物連鎖】生物どうしの「食べる」「食べられる」という関係が、1本のくさりのようにつながっていること。

【磁力】磁石どうし、電気が流れているものどうし、またはそれらと別の物質（鉄やニッケル）の間に働く、目に見えない力。極の向きによって、引き付け合ったり、しりぞけ合ったりする。

【進化】生物が何世代もかけて、変化していくこと。気候や環境の変化に合わせて起きることが多く、新しい種が出現することもある。現在のヒトも、サルに似た生物から進化した。

【神経】動物の体内にある組織の一つ。電気信号（電位差）を使い、さまざまな情報を、脳と体の間で伝達する重要な役割をする。

【侵食】土地や、地表に近い場所の岩石が、風、水、氷河などによってけずられて、小さくくだかれること。

【浸透】半透膜（たとえば生物の細胞膜）を通して、うすい溶液が、濃い溶液のほうへ、とかしているもの（たとえば水）が自然に移動して、膜の両側で同じ濃さになろうとする現象。

【振動】物体が一か所にとどまらず、または常に形を変えている状態。非常に速い振動から、非常におそい振動までさまざまな種類がある。

【彗星】太陽の周囲を公転する、氷とちりでできた小さな天体。何年かに一度太陽に接近し、地球からも長い尾が見えることがある。

【水力発電】ダムにためた大量の水の位置エネルギーを使ってタービンを回し、電気をつくりだす発電の方法。

【スペクトル】電磁波（特に可視光）を分光器（たとえばプリズム）に通すと得られる、色のついた帯状のもよう。天文学、化学、生物学などでもちがう意味で使われる。

【生殖細胞】動物の生殖（繁殖）に必要な、元になる細胞。精子や卵は生殖細胞の一種。

【成層圏】普通の気象現象（雨、風、雲、台風など）が見られる対流圏の上、高さ8 ～ 17km 以上の大気の層。風はほとんど吹かず、雲もできない、とても静かな場所。

【生息地】自然の中の、動物や植物のすみか。生物の生活や食物によって、生息地もちがう。

【生態系】動物や植物などの生物と、それらが生息する環境が、ひとつの範囲に閉じられているという考え方の呼び名。

【生命体】生きているもの。地球上のもので考えれば、生物とほぼ同じ意味。ただし生物がどんなものなのかを、はっきり説明するのは難しい。

【赤外線（IR）】熱を持った物体が放つ、目には見えない電磁波の一種。暖房器具などに使われる。人体も常に赤外線を放出している。

【赤道】天体（恒星、惑星、衛星）の表面を取り巻く、緯度0度（北極点と南極点の中間）の地点を結んだ仮想の線。地球では、赤道より北を北半球、南を南半球という。

【絶縁体（不導体）】熱や電気を通しにくい物質。ガラス、紙などは電気の絶縁体の例。雲母（鉱物の一種）や磁器（陶器の一種）は熱の絶縁体の例。

【摂氏】温度の表記法の一つ。普通の気圧で、水が凍る温度の0℃と、水が沸とうする温度の100℃を基準にして、測定される。

【絶対零度】計算で求められた宇宙の最低温度。絶対温度0K（ケルビン）で、−273.15℃に相当する。

【染色体】生物の細胞核の中にある、棒状の構造体。遺伝子を含んだDNAと、それを折りたたむ役割のタンパク質（ヒストン）でできている。

【草食動物】主として植物をえさにする動物。消化に時間がかかるので、肉食動物よりも消化管が長い。

【速度】決まった時間で、物体が移動する時の、位置の変化量。「時速40km」「秒速3m」などの表し方をする。

【素粒子】物質をつくりあげる材料になったり、それらを結びつけたり、質量を与える役割をする、宇宙で最小の粒子。光子、ヒッグス粒子、クォーク、レプトン（電子を含む）などは素粒子の例。

【大気】惑星や衛星が重力でとどめている、厚さがわずかな気体の層。地球の大気は、チッ素分子78%、酸素分子21%、アルゴン原子1%、その他のわずかな気体分子（二酸化炭素など）でできている。

【胎児】ほ乳類の母親の子宮の中で育っている、出産前の子。動物の種類によって、胎児の数や、子宮の中にいる日数がちがう。

【体積】物体が空間にしめる量。

【堆積岩】風や川の水に流された、砂、泥、火山灰などが、海底や湖底に積もり、長い年月をかけて、セメントのように固まってできた岩石。

【太陽系】太陽と、その周囲の軌道を回る惑星（地球、木星など）、小天体（小惑星、彗星など）を合わせた呼び名。数十万個の天体を含むが、太陽系全体の質量の99.9%は太陽が独占している。

【対流】液体や気体が、上下に循環することで、熱を拡散させる現象。あたためられて密度の小さくなった部分が上昇し、冷やされて密度が大きくなった部分が下降することを、くり返して起きる。地球の大気下層部（対流圏）も、常に対流している。

【炭水化物】生物（特に動物）のエネルギー源の一つとなる有機化合物。甘い食べ物や、米やパンなどのでんぷんが豊富な食品にふくまれる。

【弾性】力が加わって形や大きさが変わった物体が、力をゆるめると、もとの形や大きさにもどろうとする性質。

【タンパク質】アミノ酸をもとに生物が作る有機化合物。生物（特に動物）は成長や体の維持に、タンパク質が必要。肉、魚、チーズ、大豆などの食品に、多くふくまれている。三大栄養素の一つ。

【地殻】地球の一番外側（大気の下）にある、主に岩石でできたうすい層。

【力】物体の状態を変化させる作用。たとえば、物体を押す、引く、速さや方向を変えるのは力の働きによる。

【力（パワー）】一定の時間で、どれだけエネルギーを使っているかを表す量。機械の性能を表す場合などに使われる。

【置換反応】有機化合物（炭素を含む化合物）の構造の一部が、ほかの構造とそっくり置きかわる化学反応の一種。

【地球温暖化】人類の生産活動増加や生活向上の結果、大気中に二酸化炭素などの気体が増加し、気温や海水温が上昇し続けている現象。海水の膨張、異常気象の増加、熱波などの問題を引き起こしている。

【中性子】陽子とともに原子核を構成する、電荷を帯びていない粒子。1種類の元素では陽子の数は決まっているが、中性子の数はさまざま。これらのちがうものを同位体という。

【中和】酸と塩基の化合物が反応して、水と塩ができること。水酸化ナトリウム水溶液と、うすい塩酸を反応させると、食塩水になるのは、中和反応の例。

【超音波】ヒトの耳では聞き取れない、高い周波数の音波。ネズミやコウモリは聞くことができる。胎児の診断など、生きた体の内部を画像化するのに役立つ。

【直流（DC）】時間がたっても強さが変化しても、流れる向きが変わらない電流。直流と異なる電流は交流という。（→交流）

【DNA】生物の細胞核の中にある、染色体を形作る物質の一つ。DNAの一部は遺伝子として機能し、子孫を残す、体の組織を作るなどの働きをしている。

【抵抗】電流の通りにくさのこと。その値はΩ（オーム）という単位で表す。

【テクトニックプレート】地球の表面をパズルのようにおおう、十数枚の巨大な岩盤。マントルの動きに合わせて、非常にゆっくり動き、プレートどうしは押し合ったり、もぐりこんだり、はなれたりしている。

【てこ】固定されたものを支点として動く、丈夫な棒。小さな力から大きな力を生み出す（たとえばペンチ）、大きな動きから細かい動きを生み出す（たとえばピンセット）などがある。

【電解質】水にとかすと、電気を通しやすい物質。酸や塩基は電解質が多い。電気を通すと電気分解することもある。

【電極】電流が運ぶ電子を集めたり放出したりする、金属または炭素などでできた接続部分。

【電子】原子核の外側にある、マイナスの電気を帯びた非常に小さな粒子。電子が移動すると、電流が生じたり、磁場が形成されることがある。

【電磁石】鉄芯などの周囲に、コイル状に何度も導線を巻き、そこに電気を流した時だけ磁力を生み出す、磁石の一種。

【電磁スペクトル】波長が短いガンマ線から、X線、紫外線、可視光、赤外線、波長が長い電波までの、すべての波長の電磁波の範囲（帯域）。

【電磁誘導】磁力の大きさが変化する空間で、電気を通すものに、電流が発生すること。発電機は、電磁誘導の原理を利用している。

【電池】化学反応のエネルギーや、光や熱のエネルギーから、電力を生み出す機器の一つ。乾電池、太陽光電池、燃料電池などがある。

【伝導】物質を通して熱や電気が伝わること。

【電流】伝導の一種（電気伝導）で、電荷が移動する現象。電子が電線の中を一つの向きに移動すると、その逆向きに電流が発生する。

【糖】炭水化物の中で、比較的小さな分子の物質。ブドウ糖、果糖などは糖の例。水にとけやすく、動物の体に吸収されやすい。甘い味がする。

【導体】電気を通す物質。熱を伝えやすい物質を指すこともある。

【動脈】動物の心臓から、体の各部に血液を運ぶ丈夫な血管。酸素が豊富な血液（動脈血）が流れている場所が多い。ただし、心臓から肺に血液を送る血管も動脈（肺動脈）というが、酸素はほとんどふくまれない血液（静脈血）である。

【肉食動物】主に生きている動物を食べて、栄養とする動物。ライオン、フクロウ、ヘビの仲間、カマキリ、クモの仲間など。

【二進法】0と1の数字だけを使って数を表す方法。デジタル装置は、データを二進法で保存・処理する。十進法の2は二進法では10、十進法の5は二進法では101と表す。

【ニューロン】動物の神経細胞のこと。体の中のさまざまな情報を伝達する。感覚細胞や運動神経細胞などがある。

【燃焼】元素や物質が、熱や光を出しながら、はげしく酸素と結合する化学反応。ろうそくの燃焼、メタノール（アルコールの一種）の燃焼、鉄の綿（スチール・ウール）の燃焼など。

【濃度】溶液にとけている溶質（物質）の質量の割合。たとえば、100gの食塩水（水溶液）に15gの食塩（物質）がとけている時は、濃度15%（15wt%）と表す。

【波長】電磁波（X線、可視光、電波など）、音波、海の波などの、くり返される長さ。波の山から次の山までの長さで表す。

【発芽】植物の種子から、芽や根が出ること。

【発電機】動きのエネルギー（仕事）から、電気エネルギー（電力）を生み出す機械。小さな手回し発電機から、発電所の発電機まで、さまざまな大きさのものがある。

【発熱反応】エネルギーを放出する化学反応や物理反応。放出されるのは熱エネルギーが多いが、光や電気の場合もある。

【半球】惑星や衛星の球面の半分。地球の場合、赤道（緯度0度）を境に、北極側を北半球、南極側を南半球という。

【反射】電磁波（光や電波）や音波が、主に物体の表面ではね返る現象。鏡は光の反射を利用した道具。

【半透明】物体が一部の光を通すこと。透明な物体の中に、わずかな細かい粒子がふくまれていて、その粒子は入ってくる光を散乱する。霧や靄は空気が半透明な状態。

【光ファイバー】光が通る細いガラスの繊維。電気を使った導線よりも、デジタル信号を大量に、高速で遠くまで送ることができる。

【微生物】顕微鏡を使わなければ見えないほど小さい生物。プランクトン、一部の菌類、細菌など。

【ヒューズ】電子回路や電化製品で使われる、保護部品の一つ。多くのヒューズは細い金属線でできていて、決まった値を超えた電流が流れたり加熱すると、ヒューズ自身が融けて、電流を止める役割をする。ヒューズが融けることを「ヒューズがとぶ」という。

【氷河】積もり続けた雪が固まって、その重力や地面の傾きで、ゆっくり動く巨大な氷のかたまり。

【表面張力】液体の表面（液体と気体の界面）で、液体ができるだけ表面を小さくしようとする性質。葉の表面の水玉は、表面張力でつくられる。アメンボが水面を歩けるのも、表面張力のおかげ。水銀は水の約7倍の強力な表面張力で、こぼすとほとんど球になる。

【物質】物理学では、空間を占めて質量を持ち、物体を形作るもの。化学では化学元素や化合物のことをいう。

【沸点】液体が沸とうする温度。沸点は物質によってちがう。水の沸点は約100°C、エタノールの沸点は約78°C、液体チッ素の沸点は約マイナス196°C。

【沸とう】液体が気体になる現象（気化）の一つ。液体の温度が上がって、液体の表面だけでなく、内部からも気化が起きる現象。沸とうした液体は、気化した物質が泡のように見える。

【不透明】光を反射または吸収してしまい、反対側や中身が見えない（またはほとんど見えない）状態。身の周りには透明なものよりも、不透明なもののほうが圧倒的に多い。

【ブラウン運動】液体や気体の中に浮かぶ微粒子が、決まった動きではなく、不規則に動く現象。液体や気体の分子が、常にさまざまな方向から微粒子にぶつかることで起きる。

【プランクトン】海水や淡水の水中や水面にいる浮遊生物。自分では泳ぐ能力がほとんどない。顕微鏡でなければ見えない小さな生き物から、クラゲの仲間のように大きなものもふくまれる。植物性のプランクトンも存在する。

【浮力】液体の中にある物体に働く、重力とは反対の上向きの力。

【分解】生物が生産した大きな分子（有機物）を小さな分子（無機物）に変えること。自然界で分解を行う、キノコやカビ（菌類）や細菌類は、分解者と呼ばれる。1つの化学物質の分子を2つ以上に分けることも分解という。たとえば水を電気分解して、酸素と水素に分けること。機械などを修理するために、バラバラにすることも分解という。数学でも分解という操作がある。

【分子】2つ以上の原子が、化学結合で結びついたもの。1種類の原子どうしが結びついたもの（たとえば酸素分子）と、2種類以上の原子が結びついたもの（たとえば塩化ナトリウム）がある。

【ヘモグロビン】動物の血液中の赤血球（細胞）にある、赤色の化学物質（タンパク質）の一種。吸った空気の中の酸素と結合し、体中に酸素を運ぶ役割をしている。ヒトの血液が赤く見えるのは、ヘモグロビンの色のため。

【変圧器】交流電力の電圧や電流を、高くしたり低くしたりする機械や部品。トランスとも呼ばれる。変電所にある非常に大型のものから、家庭用の AC アダプターの中に組み込まれている、小型のものまである。

【変成岩】マグマの熱や岩盤の圧力などで、もとの岩石の性質や組成が変わった岩石の仲間。結晶片岩、片麻岩、ホルンフェルスなどがある。

【変態】昆虫や甲殻類（エビやカニ）の成長で起きる、姿の変化。完全変態のアゲハチョウ（卵→幼虫→前よう→さなぎ→成虫）や、不完全変態のオニヤンマ（卵→幼虫→成虫）などがある。エビやカニも、幼生（こども）と成体（おとな）で、形が大きくちがう。

【放射線】強い放射能を持った物質から放出される、高いエネルギーの粒子や電磁波。生物や人体に有害だが、医療で役立つものもある。陽子線、X線、ガンマ線など。

【放射能】一部の元素が、原子核がこわれて、別の元素に変化する性質。多くの元素は、放射能を持ったもの（放射性同位体）とそうでないもの（安定同位体）がまざり合っている。ポロニウムやウランのように、放射性同位体しかない強い放射能を持った元素もある。

【骨】せきつい動物（ヒト、魚、鳥など）の骨格を形作るもののうち、かたい組織。体を支える、運動を助けるほかに、栄養の貯蔵庫、血球の生産の働きもある。骨格のうち、やわらかい部分は軟骨という。

【ポリマー（重合体）】決まった分子の並び（モノマー）が何度もくり返され、長いくさり状やかたまりになったもの。プラスチックの一種のポリエチレン（エチレンの重合体）や、タンパク質（アミノ酸の重合体）などがある。

【マグマ】地下深いところにある、液体状の岩石。地殻の弱い場所を上昇して、火山噴火を起こすこともある。マグマが地上に出て冷え固まった岩石を「火山岩」、地下でゆっくり冷え固まった岩石を「深成岩」、マグマの熱で変成した岩石を「変成岩」という。

【まさつ】固体の物体どうしが接している時、それぞれが動きにくくなっている現象。まさつ力という力の働きで起きる。まさつは熱を生み出すこともあり、手のひらをこすり合わせると、温かく感じるのはこのため。

【マントル】惑星や衛星の、地殻と核（コア）の間にある層。地球のマントルは約2850km の厚さがあり、非常にゆっくり対流している。地球の重さ（質量）の大半を占める。

【密度】決まった体積あたりの物体の質量。Kg／㎥、g／㎤ などの単位で表す。同じ大きさ（体積）の物体を持った時、密度が大きいもの（たとえば鉄）よりも、密度が小さいもの（たとえば木材）のほうが軽く感じる。水よりも密度が小さい物体は、水に浮く。

【無性生殖】生物が、単独（ひとつの親）で、子孫を残す方法。タマネギのりん茎、ジャガイモのかい茎、ユリのむかごなどは、無性生殖の例。

【毛細血管】動物の動脈（心臓から送り出された血液が通る管）と静脈（心臓に血液をもどす管）をつなぐ、非常に細い血管。ヒトの場合、体中に毛細血管があり、血液と周囲の細胞や組織の間で、酸素、二酸化炭素、栄養物質、老廃物などを交換する場所になっている。

【網膜】目（眼球）の一番外側（くだものにたとえると、皮の少し内側）にあたる部分。目に入ってきた光（映像）を、電気信号に変えて、脳に送る役割をしている。

【モーター】永久磁石と電磁石の両方の性質を利用して、電気エネルギーを力学エネルギー（回転）に変える機器。もともと「モーター」とはエンジンやロケットもふくむことば。

【有機化合物】大部分の炭素原子をふくむ化学物質。地球の生物の体の多くは、有機化合物と水分でできている。二酸化炭素や炭酸カルシウムなども、炭素をふくむ化合物だが、無機物に分類される。

【融合】たがいにとけこみあうこと。原子核どうしが融合して、より重い原子核になる現象も融合の一種で、核融合という。

【有性生殖】2つの種類の親の、それぞれのDNAを交換して行う、生殖の方法。動物の精子（オスの生殖細胞）と卵（メスの生殖細胞）の受精、植物の受粉（自家受粉もふくむ）などは、有性生殖の例。有性生殖は、親と似た形質の子を作るが、完全に同じではない。

【融点】純粋な物質が、固体から液体に変化する温度。物質の種類によって、融点はちがう。水の融点は約0°C、鉄の融点は約1540°C。

【陽イオン】プラス（正）の電荷を帯びたイオン

【陽極】電気分解や真空管のプラスの電極。

【陽子】中性子とともに原子核を構成する、正（プラス）の電荷を帯びている粒子。プロトンともいう。1種類の元素では陽子の数は決まっていて、その数と原子番号は一致する。

【溶媒】溶質をとかしこんで、溶液をつくる物質。ほとんどの場合、溶媒は液体。水、エタノール、アセトンなどは溶媒の例。

【揚力】気体や液体の中を移動する、平らな物体（たとえば航空機の翼）にかかる力のうち、重力にさからって上向きに作用する力。航空機を空中にとどめる働きをする。

【葉緑素】多くの植物が、光合成を行って食物（養分）を作り出すために、光エネルギーを吸収する化学物質。クロロフィルともいう。電磁波（可視光や紫外線）のうち、緑色の光線を吸収せずに反射してしまうので、植物の葉は緑色に見える。

【葉緑体】葉緑素を豊富に含み、光合成を行う、植物細胞の小器官。

【流星】太陽軌道にある、非常に小さな天体（岩石や金属質の物体）が、高速で地球大気に突入して、発光する現象。流れ星ともいう。流星のうち、特に大型で明るいものを火球、さらに地上まで落下したものを隕石という。

【流体】固体とはちがい、自由に流れたり変形したりできる性質の物質。液体、気体、プラズマが流体にふくまれる。

【レーザー光】波の形が非常にしっかりとそろった人工的な電磁波。可視光が多いが、X線や赤外線のレーザー波もある。広がりにくいので、強いレーザー光は、地球から月面までとどく。光通信や、DVD プレーヤーにも利用されている。

さくいん

あ

か

Acknowledgments

Dorling Kindersley would like to thank Ben Ffrancon Davies and Rona Skene for editorial help; Louise Dick, Phil Gamble, and Mary Sandberg for design help; Katie John for proofreading; and Helen Peters for indexing.